嵌入式系统译丛

嵌入式实时系统的DSP软件开发技术

DSP Software Development Techniques for Embedded and Real-Time Systems

[美] Robert Oshana 著

郑 红 刘振强 王 鹏 译

北京航空航天大学出版社

内容简介

本书详细介绍了DSP在嵌入式实时系统设计中的软件开发方法，是探讨DSP软件设计技术的专业技术指南。内容包括：数字信号处理技术、嵌入式实时系统与DSP的内在关联性、DSP嵌入式系统基本开发步骤、DSP硬件结构及DSP软件性能与其硬件结构的关系、DSP软件设计的优化方法和技术、DSP软件设计的实时操作技术、DSP系统的测试和调试方法、多CPU片上系统开发中嵌入式DSP软件设计技术等。随书附光盘一张，内含书中大量应用实例的代码。

本书适合对DSP软件技术开发有兴趣的本科生、研究生、研发人员阅读。

图书在版编目(CIP)数据

嵌入式实时系统的DSP软件开发技术 / (美) 奥沙那(Oshana，R.) 著；郑红，刘振强，王鹏译. -- 北京：北京航空航天大学出版社，2011.1

书名原文：DSP Software Development Techniques for Embedded and Real-Time Systems

ISBN 978-7-81124-521-9

Ⅰ.①嵌… Ⅱ.①奥… ②郑… ③刘… ④王… Ⅲ.①微型计算机—系统设计②数字信号—信息处理系统—系统设计 Ⅳ.①TP360.21②TN911.72

中国版本图书馆CIP数据核字(2010)第251333号

嵌入式实时系统的DSP软件开发技术

DSP Software Development Techniques for Embedded and Real-Time Systems

[美] Robert Oshana 著

郑 红 刘振强 王 鹏 译

责任编辑 王福秋

*

北京航空航天大学出版社出版发行

北京市海淀区学院路37号(100191) 发行部电话:010-82317024 传真:010-82328026

http://www.buaapress.com.cn E-mail:bhpress@263.net

北京市松源印刷有限公司印装 各地书店经销

*

开本:787 mm×960 mm 1/16 印张:30.25 字数:678千字

2011年1月第1版 2011年1月第1次印刷 印数:4 000册

ISBN 978-7-81124-521-9 定价:69.00元(含光盘1张)

版权声明

北京市版权局著作权登记号:图字:01－2008－3398

DSP Software Development Techniques for Embedded and Real－Time Systems
Robert Oshana
ISBN－13:978－0－7506－7759－2

Authorized Simplified Chinese translation edition published by the Proprietor.
ISBN:978－981－272－174－7

Elsevier (Singapore) Pte Ltd.
3 Killiney Road
#08－01 Winsland House I
Singapore 239519
Tel:(65) 6349－0200
Fax:(65) 6733－1817

First Published 2011
2011年初版

译者序

《DSP Software Development Techniques for Embedded and Real－Time System》是一部详细介绍DSP在嵌入式实时系统设计中软件开发方法，以及探讨DSP软件设计技术的专业技术指南。本书的作者Robert Oshana是美国德州仪器(TI)公司DSP系统部软件开发的工程管理人员，具有超过20多年的实时嵌入式软件设计开发经验。他也是Southern Methodist University的兼职教授，教授研究生软件工程以及嵌入式实时系统课程。

本书的特点是从DSP与嵌入式系统的内在联系着手，介绍实时DSP软件开发技术。全书由浅入深、从理论到实践地探讨了嵌入式实时DSP系统软件开发过程的各种问题，使读者对于DSP用于实时嵌入式系统的软件技术形成一个完整的概念：从数字信号处理理论到DSP常用信号处理算法软件开发技术；从嵌入式系统特点到嵌入式DSP系统涉及的硬件结构与软件性能的相互制约关系；从一般开发步骤介绍，到DSP软件设计优化方法实现；不仅突出了DSP软件技术开发难点，也给出了相应的解决方案以及大量实例，并综述了DSP软件技术发展前景。全书的体系结构合理，不同于国内有关DSP方面的图书主要介绍硬件系统及其应用为主的结构体系，而是以软件开发技术为重心，对于DSP软件技术研究及开发具有很好的指导作用。

我们从事嵌入式实时DSP系统应用研究多年，研究中发现软件问题是系统性能提高的关键，这本书也给与我们启发良多，因此，翻译出来与同好共享。

本书的翻译工作主要由北京航空航天大学DSP实验室的教师和研究生共同参与完成，除第一作者外，翻译者包括刘振强、王鹏、杜佳颖、方能辉、陈磊、刘钊江、赵振华、李文庆及李香祯等。正是他们的辛勤努力，才使得本书的翻译工作得以在这么短的时间内完成。在此，对他们的工作深表谢意。

译　者

2010年秋于

北京航空航天大学

致谢

此书的编写得到了来自家人、朋友和同事在技术和感情上的重要支持。这里不可能将所有帮助支持过我完成整个项目的人全部列出，若有遗漏，深表歉意。

我的编辑工作人员众多。Tiffany Gasbarrini，很高兴与你共事，能与你共同努力是我的荣幸。Carol Lewis，我不会忘记你。感谢 Elsevier 公司的扶持。感谢 Borrego 出版社 Kelly Johnson 的所有努力工作和支持。

感谢 Frank Coyle，作为我在南卫理工会大学的学术和私人顾问，你提供了本书最初的灵感。感谢你所做的一切。

我要感谢这些向我提供了重要资源以及支持这项工作的人：Gene Frantz、Gary Swoboda、Oliver Sohm、Scott Gary、Dennis Kertis、Bob Frankel、Leon Adams、Eric Stotzer、George Mock、Jonathan Humphreys 及 Gerald Watson，来自 TI 技术训练培训组的众多技术作者，以及我在书中引用和参考的优秀应用笔记的无名作者们。同时，特别感谢 Cathy Wicks、Suzette Harris、Lisa Ferrara、Christy Brunton 和 Sarah Gonzales 的支持、奉献和幽默。

感谢我的经理们，让我有机会在从事这项工作：Greg Delagi、David Peterman、Hasan Khan 和 Ed Morgan，谢谢你们。

感谢所有评审人。我曾努力纳入所有的反馈意见，并将继续接受任何新的反馈意见。感谢那些允许在书中使用其图片的人们，这些图片增加了素材的质量。

我还要感谢我的家人和朋友的支持和理解，这本书也耗费了他们很多时间。Susan、Sam 和 Noah，感谢你们，很高兴有你们陪伴着我。

让我们走进 DSP！

绪论：为什么要用 DSP

为了便于理解可编程数字信号处理器(DSP)的用处，我首先做一个类比，然后解释哪些特殊环境可以采用 DSP。

实际上，DSP 只是一种特殊形式的微处理器。它具有所有与微处理器相同的基本特征和部件：CPU、存储器、指令集、总线等。主要的区别就是对每个部件都进行了略微的改进，以便更有效地执行某些特定的操作，我们将马上讨论这些细节。不过，通常 DSP 具有最优化的硬件结构和指令集，用以实现高速的数字处理应用以及环境中模拟信号的快速实时处理。CPU 也有略微的自定义改动，存储器、指令集、总线等也是如此。

我想用社会做一个类比。比如，每个人都是处理器(有认知能力的处理器)，都能专门做好某些事情：工程设计、看护、财政管理等。我们接受某些(专门的)领域的训练和教育，从而能够高效地执行某些工作。当专门从事某一套任务时，我们消耗较少的能量就能完成这些任务。这与微处理器没有太大的差异。这里有成百上千的微处理器可供选择，每类微处理器都在某些专门领域中有良好表现。DSP 是专门完成高效信号处理的处理器，并且如同我们生活中的专业一样，因为 DSP 专于信号处理，它完成这一工作消耗的能量也比较少。因此，在执行信号处理任务时，DSP 比通用微处理器耗费更少的时间、能量和功率。

当你专门研究一个处理器时，要注意研究频繁使用它的专门领域。能高效完成一些从不需要的事情的东西的制作是没有意义的。专攻那些能带来巨大收益的领域吧！

在继续之前，我要给出一个简捷的摘要——作为一个数字信号处理器必须做什么？要做好的事有两件。首先，它必须擅长数学并能在一秒内完成数百万(确切的说是数十亿)次乘法和加法运算。这对于执行数字信号处理算法来说是必要的。

其次，就是保证实时性。让我们回到现实生活的例子中。最近我带孩子去看电影，到电影院以后，我们不得不排队购票。实质上，我们被置入一个待处理的队列中，在其他看电影的人之后站成一队。如果队列保持相同的长度并且不会变得越来越长，即相同数目的顾客正在处理中并有顾客加入队列，那么这个队列就是实时的。这个人的队列可能变短或变长一点，但不会无止境的增长。回忆一下飓风丽塔靠岸而导致的休斯顿撤离，那就是一个无限增长的队列！这个队列明显不是实时的，它无限制地增长，并且系统（撤离系统）被认为是失败的。不能实时执行的实时系统是失败的。

如果队列真的很大（意思是，如果我在电影院所在的队伍真的很长），但是不增长，该系统仍可能是行不通的。如果我花了50 min来排队买到票，或者直接在买到电影票前离开（我的孩子肯定会认为这是一个失败），我可能会真的感到沮丧。实时系统也需要注意能导致系统失败的大队列。实时系统能通过以下两种方法之一处理信息（队列）：要么一次处理一个数据元素，要么缓存信息，然后处理“队列”。队列长度不能太长，否则系统会有显著的延迟，并且被认为是非实时的。

如果实时性受到干扰，那么会导致系统中止，并且必须重新启动。进一步讨论有关实时系统的两个方面。第一个概念是，每个采样周期内必须捕捉一条输入数据并发送一条输出数据。第二个概念是延迟时间。即从信号输入系统到系统输出信号之间的时间延迟。

考虑实时系统时，要谨记：过晚产生正确答案是不合适的！如果排队等候之后，我拿到了所要的电影票，并且买票的钱找零数量无误，但是电影已经开始了，那么这个体制仍然是毫无价值的（除非我晚到的时候电影刚开始）。下面再回到我们的讨论中。

那么DSP能执行哪些“特定的”操作呢？如同它的名字所述，DSP善于信号处理。“信号处理”是什么意思呢？其实，它是在数字域内处理信号的一组算法。这些算法也有对应的模拟算法，但是经证明数字化的处理更加有效。这种趋势已经存在很多年了。信号处理算法是世界上很多应用的基础模块；从手机到MP3播放器、数码像机等。综述这些算法如下表所列。

算　法	公　式
有限冲激响应滤波器	$y(n)=\sum_{k=0}^{M}a_k x(n-k)$
无限冲激响应滤波器	$y(n)=\sum_{k=0}^{M}a_k x(n-k)+\sum_{k=1}^{M}b_k y(n-k)$
卷积	$y(n)=\sum_{k=0}^{N}x(k)h(n-k)$
离散傅里叶变换	$x(k)=\sum_{n=0}^{N-1}x(n)\exp\left[-j\left(\frac{2\pi}{N}\right)nk\right]$
离散余弦变换	$F(u)=\sum_{x=0}^{N-1}c(u)f(x)\cos\left[\frac{\pi}{2N}u(2x+1)\right]$

几乎每个信号处理应用中都用到这些算法中的一个或多个。有限冲激响应(FIR,Finite Impulse Response)滤波器和无限冲激响应(IIR,Infinite Impulse Response)滤波器被用来去除被处理信号中的多余噪声;卷积算法用于寻找信号中的相似点;离散傅里叶变换被用来以更易处理的形式表示信号;而离散余弦变换多用在图像处理中。稍后我们将详细讨论这其中的一些算法,但是对于所有算法需要注意一些事情:它们都具有加法操作。在计算机领域,这相当于大量元素的累加,通过 for 循环完成。鉴于这一特点,DSP 拥有大量的累加器。DSP 还具有专门的硬件来执行 for 循环操作,因而程序员不需要再通过软件完成,那会慢很多。

以上算法还包含两个不同操作数的乘法运算。逻辑上,如果要提高这一操作的速度,会设计一个处理器来适应两个操作数如此快捷的乘法和加法运算。事实上,这就是 DSP 所做的工作,它们被设计用来支持数据组的快速乘法和加法运算,大多数在短短一个周期内即可完成。由于这些算法在 DSP 应用中非常普遍,通过优化处理器可以极大地节省执行时间。

DSP 算法中的固有结构允许它们并行分离操作。正如在现实生活中,如果我能并行地做较多事情,就能在相同时间内完成更多的工作。由此推知,信号处理算法也具有这种特征。因此,可以通过在 DSP 中置入若干互不相关(互不依赖)的执行单元来实现并行机制,并在完成这些算法的时候利用它。

DSP 也必须将某些实际的内容加入以上算法的组合中。就上述的 IIR 滤波器而言,仅仅通过观察该算法,就可以发现将上次输出反馈到当前输出的计算反馈环节。无论你何时处理反馈,始终存在一种内在的稳定问题。就像其他反馈系统一样,IIR 滤波器也能变得不稳定。不小心执行类似 IIR 滤波器的反馈系统,会导致输出振荡,而不是渐近衰减到零(首选的方式)。这个问题混杂于数字世界中,我们必须处理有限字长,这是所有数字系统的一个关键限制。我们可以通过软件中的饱和度检查,或者使用特殊指令来弱化这一问题。在 DSP 中,因为信号处理算法的性质,使用特殊的饱和下溢/上溢指令来有效处理这些情况。

关于这个我可以谈更多,但是你要抓住要点。专业化是 DSP 的全部,这些设备是专门设计来做信号处理的。当处理不以信号处理为中心的算法时,DSP 可能不如别的处理器(这很正常,我也不擅长医学)。所以理解你的应用并选择适当的处理器是很重要的。

随着旨在优化信号处理算法的特殊指令并行执行单元等的应用,没有多余的空间来执行其他一般用途的优化。通用处理器包含了诸如分支预测和前瞻执行之类的优化逻辑,在其他种类的应用中实现了性能的优化。但是这些优化中的某些技术在信号处理应用中不起作用。例如,当应用中有很多分支时,分支预测效果良好,但是 DSP 算法并没有很多分支。很多信号处理代码中包含了执行信号刺激的预定义函数,而不是需要很多分支逻辑的复杂机构。

数字信号处理同样需要软件上的优化。尽管DSP中有了各种奇特的硬件优化，但它仍然需要某些重要工具的支持——特别是编译器。编译器是一个优秀的工具，它采用C之类的语言并将生成的目标代码映射到指定的微处理器中。优化的编译器要执行一个非常复杂和艰巨的任务——产生充分"利用"DSP硬件平台的代码。稍后在本书中，我们将讨论更多关于优化编译器的问题。

DSP中没有巫术。事实上，在过去数年中，用来为处理器产生代码的工具已经改善到了这个地步——你可以用C和C++之类的高级语言编写大部分的代码而让编译器去映射和优化这些代码。当然，总有些你可以做的特别的事，而且，为生成最佳的代码，你经常需要给编译器提供某些提示，但是这些真的与其他处理器没有什么区别。事实上，我们将花费几个章节来讨论如何优化DSP代码以实现最佳的性能、内存和功耗。

不光是DSP中运行的算法种类，DSP操作的环境也是很重要的。许多(但非全部)DSP应用需要与现实世界相互作用。这是一个有着很多要素的世界，比如声音、光、温度、运动等。DSP同其他嵌入式处理器一样，不得不对现实世界作出一定的反应，此类系统其实被称为反应式系统。作为一个反应式系统，它需要响应和控制现实世界，毫无意外，它应是实时的。来自现实世界的数据和信号必须被及时处理。从一种应用到另一种应用的定义是时变的，但它要求我们跟上环境的变化。

由于这种时效性的要求，DSP以及其他处理器必须对现实世界中的事件迅速地作出响应，迅速地输入输出数据，并迅速地处理数据。我们已经讨论了这一部分的处理。但是不管相信与否，在很多实时应用中，其瓶颈并非数据处理，而是快速地从处理器输入和输出数据。高速I/O端口、缓冲串行端口以及其他外围设备等，在DSP设计中都是用以尽可能满足现实世界的需求。事实上，由于其处理数据流的速度，DSP经常被称为数据泵。这是使DSP与众不同的又一个特征。

DSP也在很多嵌入式应用中出现。我将在第2章中详细讨论嵌入式系统。然而，嵌入式应用的一个限制因素是资源不足。资源短缺是嵌入式系统的本质特征。我在这里谈到的主要资源是处理器周期、内存、功率和I/O。后文中将一直如此。不管嵌入式处理器运行速度多么快，适合于芯片的内存多么大等，总会有应用消耗掉所有资源，并寻求更多资源。同样，嵌入式系统具有非常特殊的应用，不像桌上电脑更多地被普通大众应用。

在这一点上，我们应该理解，除了能高效专门执行信号处理，DSP与任何其他可编程处理器是一样的。那么现在惟一的问题应该是：为什么要编程呢？我不能将所有信号处理用硬件完成么？事实上你能。伴随着在灵活性、成本、功耗和其他几个参数上的相应权衡取舍，DSP执行技术的内容相当广泛。下面这个图总结了决定是选择可编程性还是固定功能的两个主要权衡因素：灵活性和功耗。

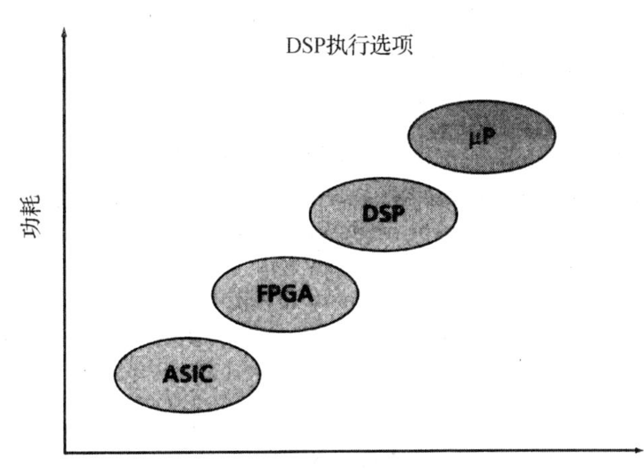

专用集成电路(ASIC)是只执行操作的硬件。这些设备被编程以执行一个固定的功能或一组功能。作为一个只有硬件的解决方案,ASIC不会受到来自类似可编程冯·诺伊曼体系的某些限制,例如指令和数据的加载及存储等。与可编程解决方案相比,这些设备的运行是非常快的,但是它们不够灵活。在某种程度上,构建ASIC与构建任何其他微处理器是相似的。它的设计过程相当复杂,所以你必须确定将要设计成ASIC的算法是有效的并且暂时无需改变。你无法轻易地重新编译以修改缺陷或改成一个新的无线标准(事实上,你可以,但是那将花费大量的金钱和时间)。如果你有一个稳定的、定义清楚的功能需要很快速地运行,ASIC是可行的。

现场可编程门阵列(FPGA)是一种折中的选择。在一定程度上,你可以对它们进行编程和现场重新编程。这些设备不如真正的可编程解决方案灵活,但是它们比ASIC要灵活。由于FPGA是硬件,它们拥有与其他基于硬件的解决方案相似的性能优势。FPGA可以被"调整"以实现精确的算法,这是很好的性能。与ASIC不同,FPGA并非真正的专用电路。把FPGA想象为一个大型的门的海洋,在那里你可以打开和关闭不同的门来执行你的功能。最后,你实现了应用,但是周围闲置着很多门,有点像待行的汽车。这占用了额外的空间和成本,因此你需要作出权衡:成本、物理面积、开发成本和性能都符合你的期待吗?

DSP和μP(微处理器):在这里我们已经讨论过它们的不同了,因此不再重复。个人而言,我喜欢走灵活路线:可编程的。开发信号处理系统时,我会犯很多错误,因为那是很复杂的技术!因此,当我需要修改错误、执行附加优化以增强性能或减少功耗(我们同样将会在本书中讨论更多相关内容)或改成下一种标准时,我乐于知道自己拥有灵活性来作出改变。整个信号处理领域在不断增长并且变化的如此之快——证据就是标准的不断发展和改变——我宁愿进行快速而便宜的升级和改变,而这只能由可编程解决方案提供。

一般的答案，一如既往，找到平衡点。实际上，许多信号处理解决方案分割横跨多个不同的处理单元。算法流的某些部分——那些有较高概率在未来发生改变的——映射到可编程DSP。在可预计的将来能保持相当稳定的信号处理功能则被映射到硬件门电路(ASIC、FPGA或者是其他硬件加速)。信号处理系统中控制输入输出、用户界面以及系统中心的整体管理的那些部分可以映射到更通用的处理器中。复杂的信号处理系统需要合适的处理单元的联合以实现正确的系统性能/成本/功耗的权衡。本书也会在此问题上花费更多的时间。

信号处理时代已经到来，它无处不在。无论何时你得到一个信号，想要更多了解它，以某种方式传递它，把它变得更好或更坏，都需要处理它。数字化只是一个使它可以工作在某些种类计算机上的过程。如果是一个嵌入式应用，你就必须用尽可能少的资源来完成它。什么都会耗费金钱、周期、内存和功率，所以什么都必须节约。这是嵌入式计算的特性：特定应用，为掌上工作量身定造，尽量减少成本，尽可能提高效率。这是1982年我开始从事这个行业的方式，而今天应用了同样的技术和处理，标准当然也改变了，当时需要超级计算机的计算问题今天可在嵌入式设备上解决！

本书将触及这些以及更多涉及数字信号处理的领域。这里有很多东西需要讨论，而我将采用实践而非理论的途径来描述这些做好DSP所需面临的挑战和过程。

光盘内容

CCStudio开发工具120天的完全免费试用版以及“DSP入门基本指导”。还有关于样本算法，或者是CCStudio集成开发环境的丰富功能，探讨的基准测试程序。更多关于TI DSP的信息，请访问www.ti.com/dsp。

目　　录

第1章 数字信号处理概论

1.1 什么是数字信号处理?

数字信号处理(DSP)是一种信号和数据的处理方法,可实现对信号的增强或调整,或者通过分析信号以测定特殊的信息内容。它包含对现实世界中信号的处理,这些信号被转换为数字序列,然后进行数学处理,以剥离出某些信息或者将信号转换为某些更合适的形式。

"数字信号处理"中的"数字"要求在处理中使用离散的信号(更易于处理的数字形式)来表现数据,换句话说就是信号被数字化了。这种表现方法意味着对一种或多种信号特性以某些形式进行量化,包括时间特性。

这只是数字数据的一种,其他种类还包括 ASCII 码制的数字和字母。

"数字信号处理"中的"信号"是一种可变参量,因为它流经电子电路,这个参量又被视为一种信息。信号通常[①]以一条不断变化的信息的形式出现在模拟世界。现实世界中的信号包括:气温、流量、声音、光、湿度、压力、速度、体积及位置。

这类信号本质上是一个变化于无穷数值(理论上)之间的电压值,它代表了物理量的变化模式。信号的另一个例子是正弦波,人类的语音和传统的电视摄像机中的信号都是这种波形,一个信号就是一个可以检测的物理量。在这些信号的基础上我们可以进行信息的传输。

当一个信号把某个物理量的变化描述为单变量的函数时,它被称作是一维的(1-D)。音频或者语音信号就是一维的,因为它表现了空气压力连续变化的时间函数。

最后,"数字信号处理"中的"处理"是指通过相对于硬件电路的软件程序对数据进行处理的过程。数字信号处理器是一个通过源程序来操作信号以执行对现实(模拟)信号的处理功能的设备或系统。我们能够相对容易地改变软件程序以调节信号处理的行为,这是一种优势,要改变模拟电路就困难得多了。

由于数字信号处理器与外界信号相互影响,DSP 系统必须对外界环境反应灵敏。换言

---

① 用"通常"来描述是因为某些信号本身已经是离散的形式。例如开关信号,它可直接由开或关的状态量来表示。

之，DSP 必须与环境变化保持一致，这就是我们很快就要谈到的“实时”处理的概念。

1.2 数字信号处理简史

第一批数字信号处理解决方案是采用中等规模集成 TTL[①] 硅芯片，上百片这种芯片被用来组成多级算术逻辑单元和独立乘法器。这些早期的系统体积大、价格昂贵并且需要高压供电。

第一个单芯片的 DSP 出现于 1982 年，是由 TI 公司出品的 TMS32010 DSP。没过多久 NEC 也推出了 uPD7720。这些处理器运算速度达到 5 MIPS[②]。早期的单芯片只有很小的 RAM，售价约 600[③] 美元。这种单芯片方案有效减少了整个系统芯片的数量，在减少制造的复杂度和成本的同时，降低了系统功耗，提高了系统的稳定性。这类 DSP 的制造多数采用了 NMOS[④] 技术。

随着 DSP 设备市场的持续增长，厂商开始增加更多的集成内容，比如片内 RAM、ROM 和 EPROM。高级的寻址功能，包括 FFT 位反向寻址和循环缓冲寻址，被开发出来（这是两种常见的 DSP 中心寻址模式，后面会做更多细节上的介绍）。增加了串行口以实现高速数据传输。这些第二代产品其他功能结构上的增强包括：定时器、直接存储器存取（DMA）控制器、包含映像寄存器的中断系统以及集成的数模和模数转换器。

浮点型 DSP 出现于 1988 年。DSP32 是 AT&T 公司推出的浮点型 DSP 产品，同期 TI 公司也推出了 TMS320C30。它们更易于编程并且具有自动缩放等特点。由于浮点型结构的硅面积较大，浮点型 DSP 的成本比传统的定点型处理器要高，同时功耗较高而且处理速度偏低。

20 世纪 90 年代初，支持并行处理的 DSP 开始出现，支持高级通信功能的单处理器 DSP（例如 TI 的 TMS320C40）面世。多个处理单元被设计集成到同一集成电路中（例如 TMS320C80）。

如今出现许多高级 DSP 结构类型，本书将讲述其中的几种。高级的结构包括多功能单元、甚长指令字结构和快速处理专门任务（例如手机中的回波消除）的专用功能单元。

---

① Transistor - Transistor Logic，晶体管—晶体管逻辑（电路），输出从两个晶体管引出的普通逻辑电路。第一个采用 TTL 的半导体是由 TI 公司于 1965 年开发的。

② 单位 MIPS（Millions of Instructions Per Second，百万条指令每秒）是计算机性能的常用量度标准，也是一台较大型计算机能完成的工作量的标准。历史上许多年间，由 MIPS 每美元度量的计算机成本每年减少一半（摩尔定律）。

③ 今天一个类似的器件售价低于 2 美元。

④ Negative - channel Metal - Oxide Semiconductor（N 沟道金属氧化物半导体）的缩写。这种半导体反向偏置，从而通过电子流动实现晶体管的开关。相对地，PMOS（Positive - channel MOS）通过空穴的流动起作用。NMOS 比 PMOS 速度快，但是它的生产成本也比较贵。

1.3　DSP的优点

相比模拟解决方案，使用数字信号处理解决方案有许多优点：

- 易变性——用于其他用途或完善当前功能时，数字系统的重新编程十分简单，即DSP应用的改变和升级容易实现。
- 可重复性——模拟组件的特性会随时间和温度的变化而有所不同，而基于系统可编程的特性，一个可编程的数字方案更具可重复性。例如，一个系统中的多个DSP，可以运行完全相同的程序而表现出很强的可重复性。然而伴随着模拟信号处理时，系统中的每个DSP都不得不进行单独的调试。
- 尺寸、重量和功耗——一个主要靠编程的DSP解决方案意味着DSP设备自身总体功耗比一个使用硬件组件的解决方案要少。
- 可靠性——模拟系统的可靠是指在一定程度上硬件设备功能正常。如果这些设备中的任何一个由于物理状况而停止运作，整个系统都会失效或停止运转。而只要软件执行无误，运行软件的DSP系统就能正确地实现功能。
- 扩展性——为给系统增加更多的功能，工程师必须增添更多的硬件，而这有时是无法实现的。给DSP增添功能则只需增添软件，相比较而言更容易实现。

图1.1展示了一个模拟信号幅值随时间变化的例子。这个信号可能代表了一个噪声源(比如白噪声)与语音信号的叠加或者是声回波信号。信号处理系统所要进行的操作是消减或滤除噪声信号并保留语音信号。一个免提蜂窝式电话车用套件就是一个需要去除这类噪声或声回波的系统。大部分数字信号处理发生在时域范围内，这个域主要关注的是随时间变化的信号值。这是很自然的，因为无论如何那是诸多这类信号从信号源产生的方式，一个随时间变化的连续信号流。随后会看到有时在其他域内描述相同的信号也是有意义的，而且那使得信号处理更加有效率。

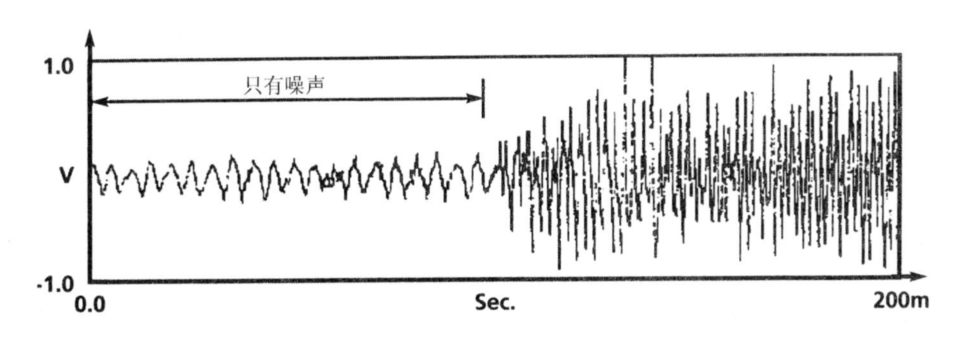

图1.1　幅值随时间变化的模拟信号

1.4 DSP 系统

DSP 处理器处理的信号来自现实世界。因为一个 DSP 必须响应现实世界中的信号，它必须能够基于它在现实世界中的“所见”不断变化。我们生活在一个身边信息不断变化的模拟世界中，这种变化有时非常迅速。一个 DSP 系统必须能够处理这些模拟信号并及时作出响应。一个典型的 DSP 系统（如图 1.2 所示）包含了以下内容：

- 信号源——产生信号的物体，比如麦克风、雷达传感器或流量计。
- 模拟信号处理（ASP）——对某些原始信号进行放大或滤波的电路。
- 模拟数字转换（ADC）——将连续变化的（模拟）信号转变为多个层次的（数字）信号的电处理过程，这种转变没有改变信号的本质内容。ADC 的输出等级或状态是明确规定了的。这些状态的数量一般总是 2 的指数——例如 2、4、8、16 等。最简单的数字信号只有两种状态，被称作二进制。
- 数字信号处理（DSP）——各种各样的技术被用来改善现代数字通信的精确性和可靠性。DSP 工作依靠的是数字信号等级或状态的清晰化、标准化。DSP 系统有能力区分出人工信号和噪声，前者是有序的，后者则是无序的。
- 计算机——如果系统需要进行附加处理，必要的情况下可以采用附加的计算资源。例如，如果经 DSP 处理后的信号需要被格式化以向用户演示，可以用附加的计算机来完成这一任务。
- 数字模拟转换（DAC）——在此过程中，信号的几个（一般是两个）等级或状态（数字的）被转化为理论上的无数个状态（模拟的）。一个常见的例子是将计算机内数据通过调制解调器转换为可通过电话双绞线传输的音频信号。
- 输出——现实化处理过的数据的系统，它可以是一个显示终端，也可是扬声器或另一

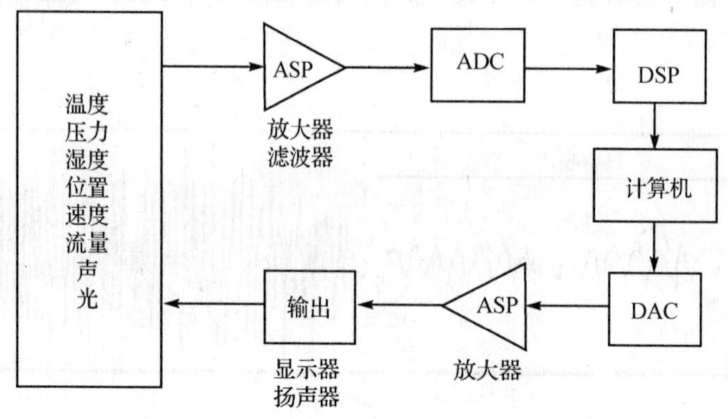

图 1.2 DSP 系统

台计算机。

系统对信号进行操作以产生另一种新的信号。例如，麦克风将空气振动的压力转换成电流，而扬声器将电流信号转换成为空气振动。

1.4.1 模/数转换

信号处理系统的第一步是获取现实世界中的信息并将其采入系统。这需要将模拟信号转换为数字形式以适应数字系统的处理。信号要经过一个称为模拟-数字转换器(ADC)的设备，这个ADC通过一定频率的采样或测量将模拟信号转换为数字形式。每个采样值都分配一个数字代码(如图1.3所示)，然后这些数字代码就由DSP进行处理。

模拟信号的例子有代表人语音的波形和来自电视摄像机的信号。这些模拟信号每个都能通过ADC转换为数字形式，然后由可编程DSP进行处理。

数字信号处理起来比模拟信号更有效率。数字信号通常有明确的规定并且是有序的，这使得电子电路能够较容易地把它们与无序的噪声区别开。噪声信号基本上都是无用信息，它可以是来自汽车的背景噪声，也可以是已被转换为数字形式的图像中的划痕。在模拟世界中，噪声能被表现为电能或磁能，它使信号和数据的质量下降。然而，噪声在数字系统和模拟系统中都存在，采样错误(更多时候称之为延迟)也会降低数字信号的质量。过多的噪声会损害所有形式的信息，包括文本、程序、图像、音频、视频以及遥感信息。数字信号处理提供了一种最小化噪声影响的有效方式，它容易地将信号中的"有害"信息滤除出来。

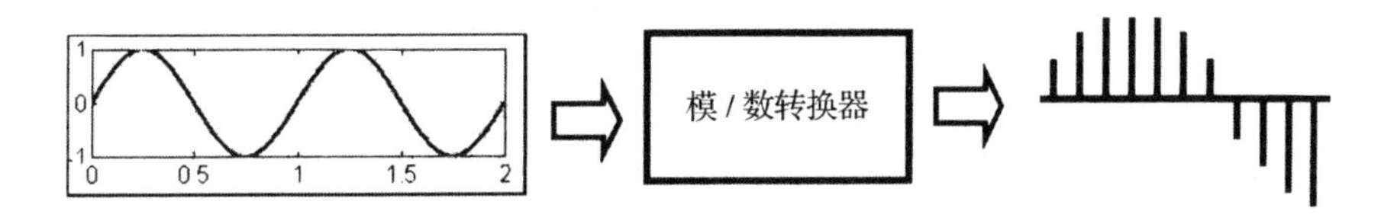

图1.3 信号处理的模/数转换

设想图1.3中的模拟信号需要被转换为数字信号以进行进一步处理。首先要考虑的问题是以什么样的频率来采样或测量模拟信号，以准确地将信号在数字域中表示出来。采样频率是指以在数字域中表示某一事件为目的，一秒钟内对此模拟事件(比如声音)进行采样的次数。假设我们每隔 T 秒对信号进行一次采样，可以表示为：

采样周期(T)=1/采样频率

采样频率以赫兹(Hz)[①]为单位。如果采样频率是8 kHz，则相当于每秒采样8 000次。采

---

① 赫兹是一个频率(声波、交流电或其他周期性波的形状态或周期的变化)单位，1赫兹为一个周期每秒。这个度量单位是以德国物理学家Heinrich Hertz的名字命名的。

样周期则为：

$$T=1/8\ 000\ \text{Hz}=125\ \mu\text{s}=0.000\ 125\ \text{s}$$

这告诉我们，对于一个在此频率被采样的信号，在下一次采样之前有 0.000 125 秒的时间来执行所有必须的处理（记住，采样是连续进行的，故对其处理不能落后）。这是实时系统的一个共同性质，随后对它进行讨论。

既然知道了这个时间限制，就能决定处理器与采样频率保持一致所需的速度。处理器的“速度”不是指处理器的时钟频率有多快，而是指处理器执行指令有多快。一旦知道了处理器的指令周期时间，就能决定有多少个指令可用来处理采样：

采样周期(T)/指令周期时间＝每次采样的指令数目

对于一个每个周期可以执行一条指令的 100 MHz 的处理器，它的指令周期时间是

1/100 MHz＝10 ns

125 μs/10 ns＝12 500 指令/采样

125 μs/5 ns＝25 000 指令/采样（对应 200 MHz 处理器）

125 μs/2 ns＝62 500 指令/采样（对应 500 MHz 处理器）

在这个例子里，处理器指令周期执行越快，每次采样就能进行更多的处理。如果它只是这样简单，就可以尽可能选择最高速的处理器并获得大量的处理空闲。可惜它并非如此简单，许多其他的限制因素包括成本、精确度和功耗等也必需考虑在内。嵌入式系统有很多诸如此类的限制，比如体积、重量（对便携设备很重要）。另外，我们如何知道应该用多快的采样速度把输入的模拟信号准确地转换到数字域中？如果采样频率不够高，获得的信息将不足以表示真实的信号。如果采样过多，我们可能“过度设计”了系统并过度限制了自己。

1.4.2 数/模转换

在许多应用中，信号在 DSP 内做增强和转换处理后必须送回到实时世界中。数字/模拟转换（DAC）是一个将具有几种（通常是两种）已规定等级或状态的信号（数字的）转换为有非常多状态的信号（模拟的）的处理过程。

DAC 和 ADC 都在许多数字信号处理的应用中起着重要作用。通过将模拟输入转换为数字形式，将数字信号去噪或增强，然后通过 ADC 将增强后的数字脉冲转换回模拟形式（信号的数字输出等级决定了直流输出电压），模拟信号的保真度一般能够得到提升。

图 1.4 展示了数字信号通过了另一个叫做数模转换器（DAC）的设备，将数字信号转换为模拟信号并输出信号到外部环境中。

图1.4 数/模转换

1.5 DSP的应用

这一节将探讨DSP的一些普通应用。DSP有很多不同的应用,我们主要关注这三类:

- 低成本、优良性能DSP应用;
- 低功耗DSP应用;
- 高性能DSP应用。

1.5.1 低成本DSP应用

作为一种低成本解决方案,DSP成为诸多领域中越来越受欢迎的选择,一种很流行的应用就是电机控制。从洗衣机到电冰箱,电动机存在于许多消费产品中。在这些设备中,电动机能量的消耗是设备总能量消耗的重要部分。控制电机的转速对于设备总的能量消耗有直接的影响①。为实现必要的性能改善以满足控制能量消耗的目的,制造商采用了高级的三相变速驱动系统。家电应用中,需要更多基于DSP的电机控制系统来促进更高级电机驱动系统的发展。

随着近年来性能需求的不断增长,DSP的需求也在不断增加,如图1.5所示。

从基本的逻辑控制到高级的噪声和抖动消除,应用的复杂性也在不断增加。如图1.5所示,随着应用复杂性的增加,控制方式也出现了从模拟控制到数字控制的转移。这实现了可靠性、效率、灵活性和集成度的增加,从而导致系统成本的全面降低。

一些早期的控制功能采用单片机作基础控制单元。单片机是一种集成的微处理器,同一片内集成了CPU、少量RAM和(或)ROM以及一套专用的外围设备。电机控制系统算法复杂度的增加导致对高性能和高编程能力解决方案需求的增加(见图1.6),数字信号处理器为此类需求②提供了很多的带宽和可编程性。DSP在更高级的电机控制技术中找到了自己的

① 现今许多节能压缩机需要电机速度能在1 200 rpm到4 000 rpm范围内得到控制。

② 例如,电机控制的趋向已经由电刷电机向无刷电机转换,而基于DSP的控制简化了这一转换。电刷的消除实现了性能的改善。第一,没有了电刷的阻碍,电机的整体效率得到提高。第二,电子噪声对遥控的干扰远远减少了。第三,无刷电机使用的一生中不需要维护,也没有性能的退化。

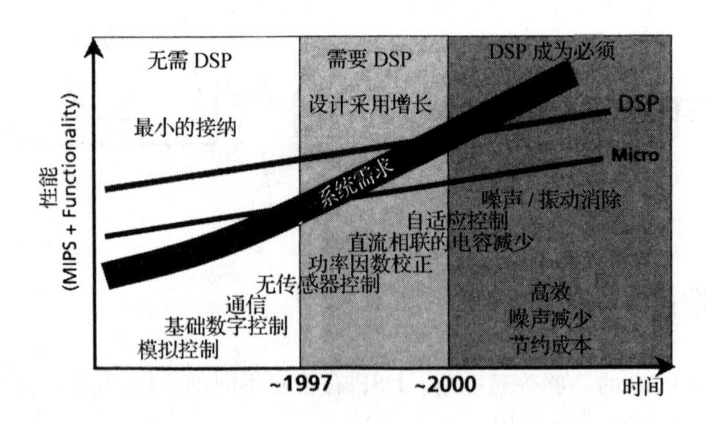

图 1.5　低成本高性能 DSP 电机控制应用

应用：

- 变速电机控制；
- 无传感器控制；
- 磁场定向控制；
- 电机软件建模；
- 控制算法改进；
- 以软件程序代替高成本硬件部分。

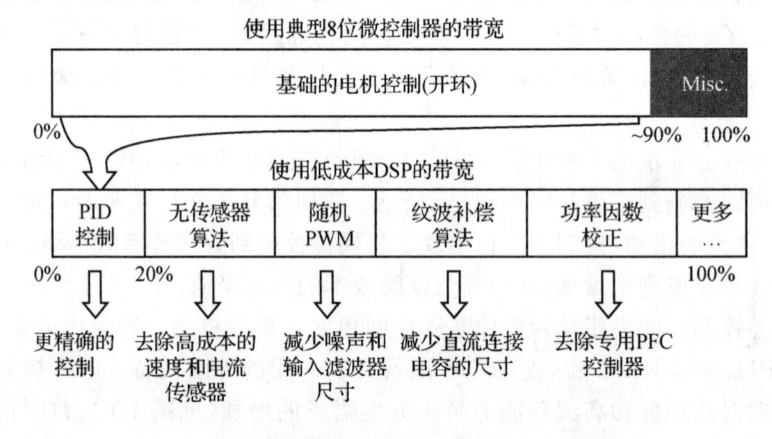

图 1.6　电机控制方面单片机与数字信号处理器的比较

图 1.7 展示了典型的电机控制模型。在这个例子中，DSP 用来提供快速准确的 PWM 开关的转换。DSP 还为系统提供了多种模拟电机控制参数（例如电流、电压、速度、温度等）的快速精确的反馈。电机控制有两种不同的途径：开环控制和闭环控制。开环控制系统是控制的最简单形式。开环系统有很好的稳态特性，然而缺少电流反馈，限制了它很多瞬态特性（见

图 1.8)。低成本 DSP 被用来实现三相感应电机的可变速控制，改善系统功效。

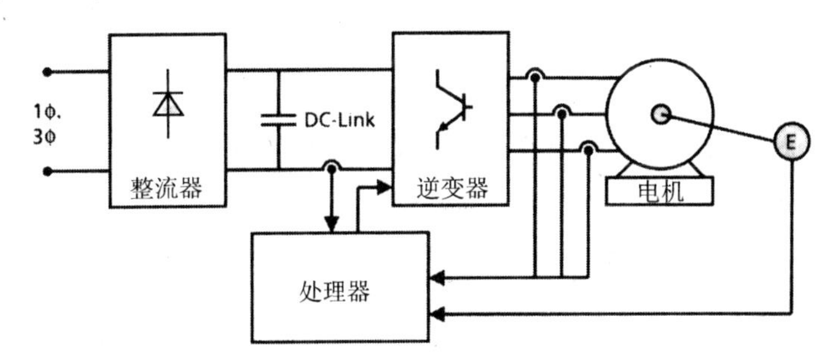

图 1.7 简化的 DSP 控制的电机控制系统

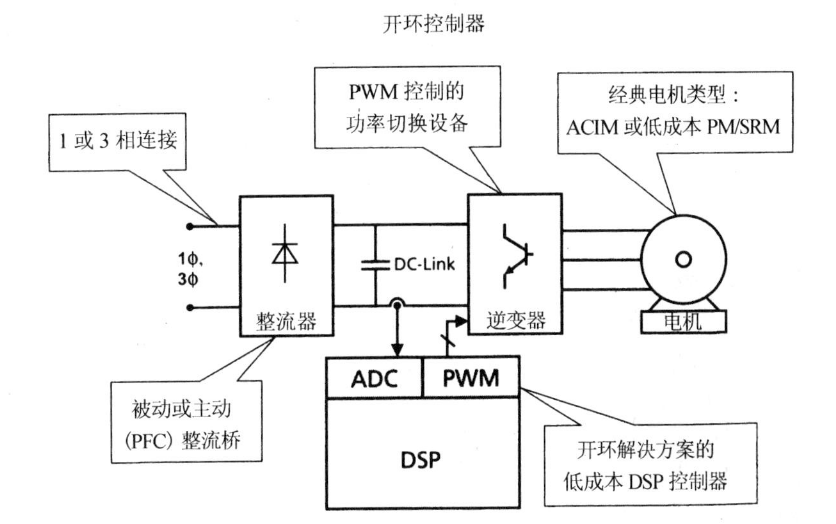

图 1.8 开环控制器

闭环解决方案(见图 1.9)就复杂得多。较高性能的 DSP 被用来控制电流、速度和位置的反馈，改善了系统的瞬态相应，实现了严密的速率/位置控制。此外，更先进的电机控制算法也能在较高性能 DSP 中得到执行。

使用低成本 DSP 的应用还有很多(如图 1.10 所示)。比如，制冷压缩机采用低成本 DSP 控制可变速压缩机，显著提高了能效。许多洗衣机里也用低成本 DSP 实现变速控制，消除了对机械传动装置的需求。DSP 还为这些设备提供了无传感器控制，无需速度和电流传感器。改进的失衡检测及控制实现了更高的转速，衣物甩干产生的噪声及颤动更小了。加热、通风和空气调节(HVAC)系统在送风机和导风叶轮的变速控制中采用了 DSP，提高了加热炉的效率，改善了舒适度。

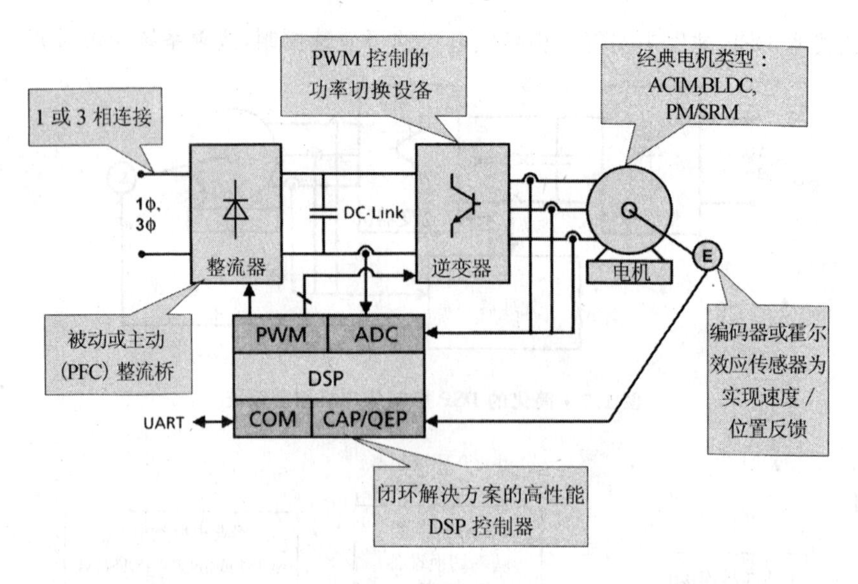

图 1.9　闭环控制器

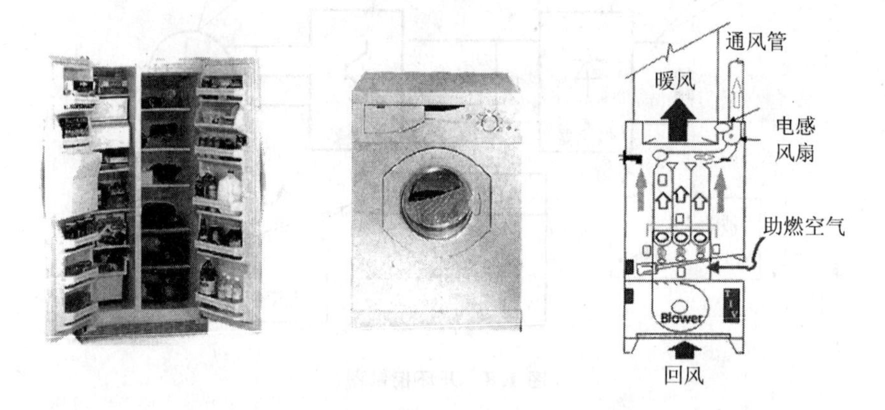

图 1.10　电机控制业中低成本 DSP 的应用

1.5.2　低功耗 DSP 应用

我们生活在一个追求便携的社会中，从手机到个人数字助理的应用，我们可以随处工作和游戏。这些系统依靠电池提供能源，电池的寿命越长越好。因此这些系统的设计师对处理器功率的关注有了意义。低功耗的处理器使电池寿命更长，并使这些系统和应用成为可能。

减少功耗的一个结果是系统散热的降低，从而消除了对散热片之类用来提高散热效率的昂贵硬件组件的需要。组件数量的减少，在全面降低系统成本的同时全面缩小了系统的尺寸。

继续沿着这条路线，同理，如果系统能用更少的部件简化制成，设计师就能将这些系统更快地推向市场。

低功耗设备还给了系统设计者大量的新选择，比如潜在的电池后备以实现无中断操作，以及用相同的功耗(成本)预算实现更多功能性和(或)更高性能的能力。

这里有几种类型的系统适合低功耗 DSP，如图 1.11 所示。便携式消费电子使用电池供电。由于普通用户希望尽量减少电池的更换，对他们而言，一块电池运行时间越长越好。这类消费者也很关注尺寸的大小，他们希望所携带的产品可以夹在带子上或装到口袋里。

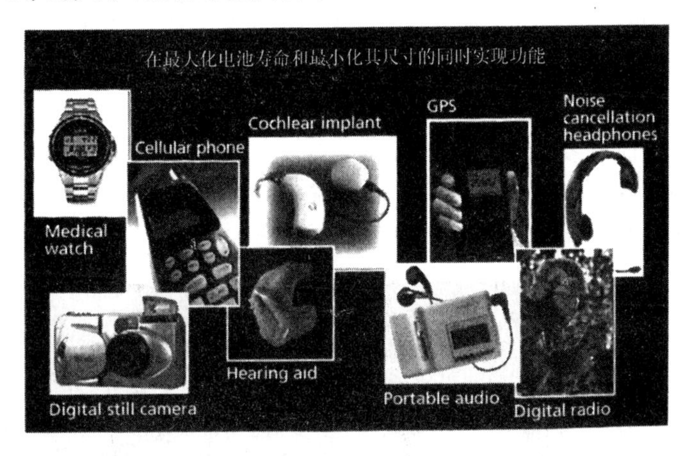

图 1.11 靠电池运作的产品需要低功耗 DSP

某些类型系统要求设计者遵循一个严格的功耗预算。这些拥有固定功率预算的系统包括运作在有限的线路功率、备用电池或固定电源之上的系统(图 1.12)。对这类系统，设计者打

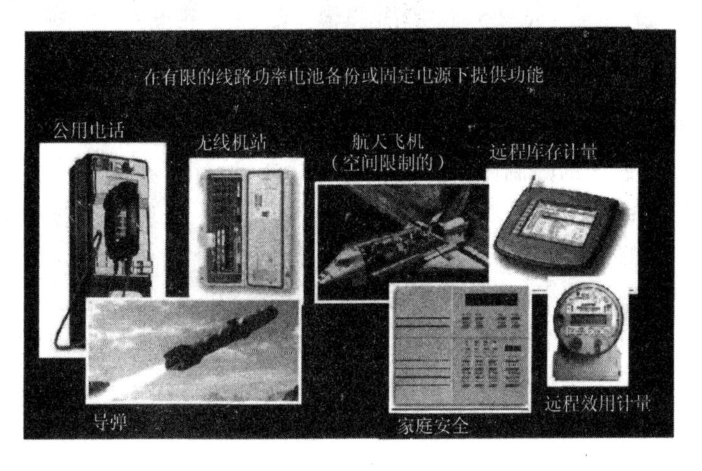

图 1.12 低功耗 DSP 允许设计者满足严格的尺寸、重量和功耗限制

算解放由电源供应所强加的功能上的限制。这些系统的例子包括一些防御系统和航空系统，有很严格的尺寸、重量和功耗限制。低功耗处理器在这三个重要的限制上给了设计者更多的灵活性。

另一类重要的功耗敏感系统是高密度系统(图1.13)。这些系统一般是高性能系统或多处理器系统。电源效率对这些系统很重要，不只是因为电源供应限制，还涉及散热问题。这些系统包含高密度电路板，每个电路板具有大量的元件。在一个狭窄区域内，每个系统也可能具有数个电路板。这些系统的设计者在关心降低功耗的同时也关心散热问题。低功耗DSP能够实现高性能和高密度。较少的散热片和冷却系统使更易于设计的低成本系统成为可能。这些系统的主要关注点有：

- 每个通道创造更多功能；
- 每平方英寸完成更多功能；
- 避免冷却问题(散热片、风扇、噪声)；
- 全面降低功耗。

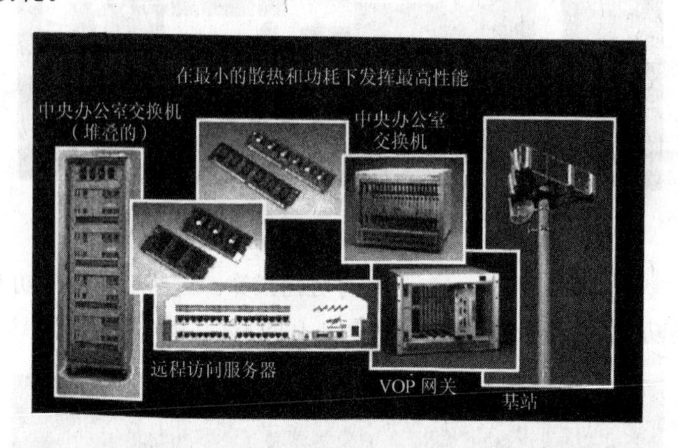

图1.13　低功耗DSP允许设计者提供最高的性能和更高密度的系统

目前，功率是很多系统的限制因素。为了降低功耗，设计者必须对系统设计的每一步进行最优化。任何系统设计首先的步骤之一就是处理器的选择。处理器的选择应基于为实现低功耗性能[①]而最优化了的结构和指令系统。对密集的信号处理系统，通常的选择是DSP(图1.14)。

作为低功耗DSP解决方案的例子之一，固态音频播放器如图1.15所示。此系统需要大量的以DSP为核心的算法执行必要的信号处理，以产生高逼真度音乐品质的声音。图1.16

---

① 处理技术也对功耗有着重大的影响。通过集成内存和功能(例如DTMF和V.22)到处理器，可以降低系统功率水平。在DSP结构一章会详细讨论这一问题。

算法	基础功能
语音压缩相位检测	FIR滤波器
双音多频，图形均衡	IIR滤波器
回声消除；高位速率调制解调器；运动检测器	自适应滤波器
音频译码器(MP3,AP3)	改进的反相离散余弦变换
前向纠错	Viterbi(维特比)译码

图 1.14 DSP 可高效处理的算法功能模块

展示了系统中需要的一些重要的算法。低功耗 DSP 能够对音频数据进行解压、译码和处理。这些数据能像单独 CD 的存储器一样可以保存在可相互替换的外部存储器中，这些存储器也可以被重新编程。用户界面功能可由微控制器处理。保存着音频数据的存储器可以连接到微控制器上，由其读取数据并传输给 DSP。另外，数据可以从电脑或网上下载下来并直接播放，或者写入空的存储器中。DAC 将 DSP 输出的数字音频转换为可在用户耳机中播放的模拟格式。整个系统由电池供电(例如两节 AA 电池)。

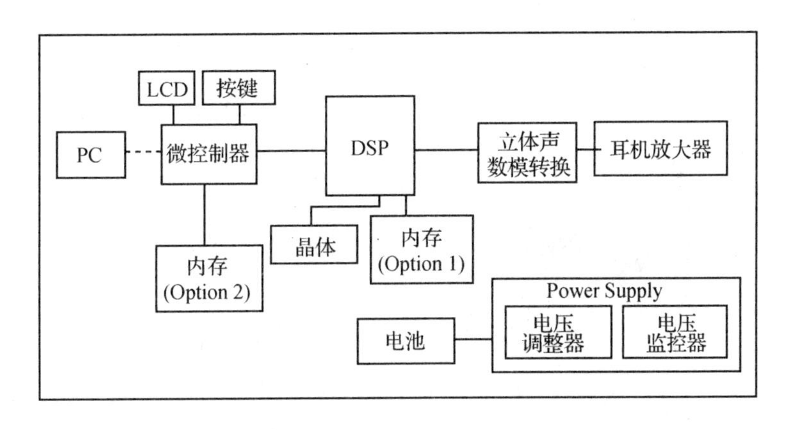

图 1.15 固态低功耗音频音乐播放器框图

对于此类产品，一个关键的设计限制是功耗。用户不喜欢更换他们便携设备中的电池。因此，与系统功耗直接相关的电池寿命是一个关键问题。由于没有任何活动部件，固态音频播放器比前几代播放器(磁带和 CD)使用更少的电能。因为它是一款便携产品，所以尺寸和重量也是明显需要关注的。固态设备，例如这里所描述的(固态音频播放器)，由于整个系统的部件较少，也有规模效率。

Human I/F
PC I/F
解码
译码
采样速率转换
均衡器
音量控制
系统功能

算　法	DSP处理
AC-3 2通道	~25
5-图形均衡器	21/立体声
采样率转换	4/通道
音量控制	<1/立体声
包含范围的开销	62~67 MIPS

图 1.16　固态音频音乐播放器的普通信号处理算法

对于系统设计者,可编程性是一个关键关注点。拥有可编程的 DSP 解决方案,便携式音频播放器可以从万维网或存储器中及时下载更新最新的解压、编码和音频处理算法。像这里所描述的这个一样的基于低功耗 DSP 的系统解决方案可以使系统功耗低至 200 mW。这将会使同样由 2 节 AA 电池供电的便携音频播放器拥有 3 倍于 CD 播放器的续航时间。

1.5.3　高性能 DSP 应用

在高端性能系列中,DSP 利用先进的架构执行高速信号处理。先进架构例如甚长指令字(VLIW)广泛使用并行和流水线操作实现高性能。这些先进的架构也利用其他技术(诸如优化编译器)来实现这一性能。高性能计算(如图 1.17 所示)的需求不断增长,其应用包括:

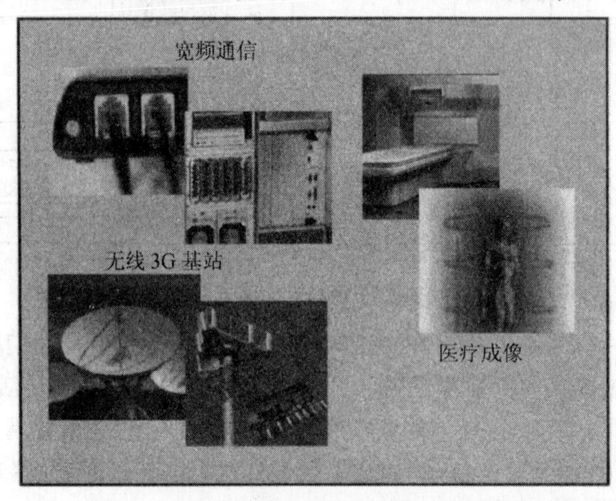

图 1.17　高性能信号处理的需求不断增长

DSL调制解调器、网络摄像机、基站收发器、安全鉴定、无限局域网、工业扫描、多媒体网关、高速打印机、专业音频及高级加密。

1.6 结论

虽然模拟信号也能通过模拟硬件(包含主动和被动因素的电子电路)处理,但是数字信号处理有着以下几个优势:

- 模拟硬件通常局限于线性操作,数字硬件能实现非线性操作。
- 数字硬件是可编程的,允许在实时和非实时操作模式中对信号处理过程进行简单修改。
- 相比模拟硬件,数字硬件对温度之类的变化敏感度较低。

这些优势导致成本的降低,这也是无线电话、消费电子、工业控制器和其他众多应用领域正在进行的由模拟处理向数字处理转变的原因。

不论是模拟还是数字,信号处理都由大量具体技术组成。它们可以粗略的划分为两类:

- 信号分析/特征提取技术,用来提取信号中的有用信息。包括雷达信号中目标的语音识别、定位和鉴定,气象或地震数据的变化的检测和表征。
- 信号过滤/整形技术,用来提高信号质量。有时它作为初始步骤在分析和特征提取之前完成。这类技术的实例有通过滤波算法去除噪声和干扰,将信号分解为较简单的成分,以及其他时域和频域调整。

一个完整的信号处理系统通常包含许多元件并整合了多种信号处理技术。

第2章

嵌入式系统与实时系统总括

现实世界中,几乎所有的DSP应用都是嵌入式实时系统的一部分。本书将主要关注嵌入式实时系统的DSP部分。如果不考虑实时DSP系统的本质或者整个系统的嵌入式本质而试图对DSP进行应用是幼稚的。

本章将着重讲解一些嵌入式实时系统的特殊设计问题。首先关注实时的问题,然后是一些特有的嵌入式问题,最后是关于实时和嵌入式系统的应用趋势和存在问题。

2.1 实时系统

实时系统是需要对来自环境(包括消逝的自然时间)的激励在指令时间间隔内做出反应的。牛津字典这样定义实时系统:任何时刻输出均有意义的系统。这通常是因为输入响应一些自然世界的变化,而输出必须与这些变化有关。从输入到输出时间的延迟必须足够小,达到可接受的时效性。另一种实时系统的定义是在一个有限的指定的时期内,能对外部产生的输入激励做出响应的任何信息处理活动或系统。通常,实时系统是一种在连续时间维持与环境相互作用的系统(图2.1)。

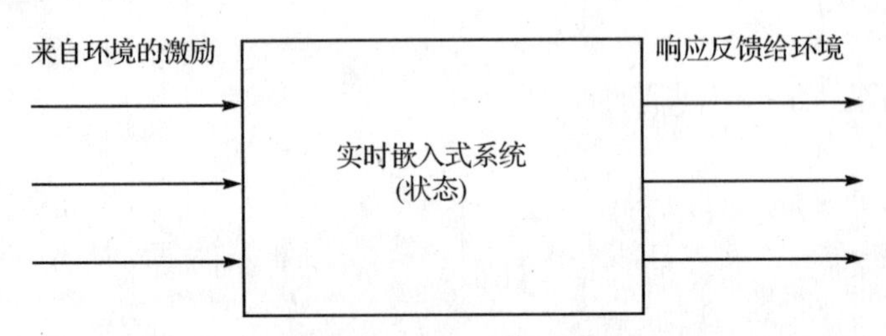

图2.1 一个实时系统:对环境输入进行反应,产生的输出影响环境

实时系统的类型——软和硬

计算的正确性不仅仅依赖于它的结果,也依赖于输出产生的时间。实时系统必须满足响应时间约束或者遵循系统的因果。如果结果表现为性能下降而不是失败,那么系统被看做一个软实时系统。如果结果是系统失败,那么系统被看做一个硬实时系统(例如,汽车中的防锁刹车系统)。

2.2 硬实时系统和软实时系统

2.2.1 硬实时系统和软实时系统简介

当且仅当系统功能(硬件、软件或两者结合)对完成一个响应或任务有硬时限时,该系统被当作硬实时。这个时限经常是必须满足的,否则任务将失败。系统可以有一个或者多个硬实时任务,同样也可以有其他非实时任务。系统要能够保证合理地安排这些任务,并且硬实时任务总是可以满足它们的时限。硬实时系统通常也是嵌入式系统。

2.2.2 实时系统与分时系统的区别

实时系统与分时系统在三个基本方面存在不同,见表2.1。这些包括对紧急事件的可预见的快速响应:

- 高度调度——系统的定时需求必须满足资源使用的高度。
- 最坏情况的延迟——确保系统在最坏的响应时间情况下仍能对事件进行响应。
- 短暂过载下的稳定性——当事件使系统过载,使其不可能满足所有的时限时,必须保证被选择的关键任务的时限。

表2.1 实时系统与分时系统的基本不同

特　征	分时系统	实时系统
系统容量	高吞吐量	调度和系统任务满足时限的能力
响应	快速平均响应时间	保证最坏的潜伏期,即最坏情况下对事件的响应时间
过载	对一切平等	稳定——当系统过载时,重要任务必须满足时限,而其他的可能搁置

2.2.3 DSP系统是硬实时系统

通常，DSP系统限定为硬实时系统。举一个例子，假设一个模拟信号要被数字化。要考虑的第一个问题就是确定采样频率以在数字域内精确描述该模拟信号。采样频率是每秒内对模拟事件（如声音）的采样次数。根据信号处理中的Nyquist准则，信号采样的频率至少是希望保留的最高频率的2倍。例如，如果信号包含频率为4 kHz的重要组成部分，则采样频率至少需要8 kHz。采样周期将是：

$$T=1/8\ 000\ \text{Hz}=125\ \mu\text{s}=0.000\ 125\ \text{s}$$

采样周期是在信号采样时在下次采样来临前执行操作的时间。

这说明，若信号以这个频率被采样，将有0.000 125 s在下个样本来临前去实现所有的处理。样本是连续出现的，系统无法落后于处理这些样本而仍产生正确的结果——这是硬实时。

2.2.4 硬实时系统

硬实时任务的共同时间性是二值化的——它们或者总是满足时限（在一个正确作用的系统），或者满足不了（系统是不可实行的）。在所有的硬实时系统中，共同的时间性是确定的。这种确定性并不意味着实际独立的任务完成次数或者是任务执行次序需要提前被知道。

作为硬实时的计算系统并没有说明时限的数量级，它们可能是微秒或周。在考虑到术语“硬实时”的使用的时候有一些疑惑。一些与硬实时有关的响应时间数量级低于任意阈值，比如1 ms。其实，许多这样的系统事实上正好是软实时。这些系统在更多情况下被称为“真正地快”或者“真正地可预测”，但不是硬实时。

这种可行性和硬实时计算的耗费（例如，从系统资源的角度来说）依赖于对任务和执行环境相关的未来行为特点的了解程度。这些任务特点包括：

- 时效性参数，比如到达时期或上界；
- 时限；
- 最坏条件下的完成次数；
- 准备和悬挂次数；
- 资源使用概况；
- 优先级和排除限制；
- 相对重要性等。

也有许多与执行环境相关的特点：

- 系统加载；
- 资源交流；
- 排队规则；
- 仲裁机构；
- 服务延迟；
- 中断优先级和定时；
- 超高速缓存等。

在硬(软)实时计算中，要确定共同任务的时间性，需要确定相关任务和执行环境的未来特点，即绝对要预先知道。对这些特点的了解必须用于预分配资源以满足所有的截止时间。

通常，必须调整任务和执行环境的未来特点，使进程和资源分配满足截止时间。用其他因素来评价满足所有截止时间的算法或者时间表。在许多实时计算应用中，主要因素通常是最大化处理器利用率。

硬实时计算的空间分配已经用不同的技术实现了。其中一些技术包含了引导一个离线静态时间表枚举搜寻，该静态时间表将总是满足所有的截止时间。时序安排算法包含了被指派给不同系统任务的优先级的使用。这些优先权或者被应用程序员分配为离线，或者被应用或操作系统软件分配为在线状态。任务优先权的分配或者是静止的(固定的)，如速率单调算法，或者是动态(可变)的，如最早到期优先算法。

2.3　实时事件的种类与特点

实时事件分为三类：异步事件、同步事件和等时事件。

异步事件是不可预测的。比如，移动电话到达一个移动基站，就基站而言，打电话的动作是不可预测的。

同步事件是可以预测的，而且发生时有着精确的规律。例如，摄像机的音频和视频是同步发生的。

等时事件发生在规则的、给定的窗口时间内。例如，在一个网络工作的多媒体应用内在响应视频流到来时，音频数据必须在窗口时间内出现。等时性是同步的一个附属类。

在许多实时系统中，任务和未来实施环境特点是难以预测的。这样使真正的硬实时调度不可实行。在硬实时计算中，确定地满足共同实时标准是驱动的需要。满足要求必须采用的方法是确定任务和执行环境特点情况下的静态(先验的)调度。每一个系统任务和他们的未来执行环境可以激活离线调度和资源分配，对这些高级知识的需要限定了硬实时计算的适用性。

2.4 有效执行与执行环境

实时系统对时间要求很严，它们的完成效率要比其他系统更重要。效率可以根据处理器周期、内存或功率进行分类。这个限制迫使我们放弃处理器的选择而去考虑编程语言的选择。使用高级语言的一个主要的好处是允许编程者把实时细节抽象地提取出来而关注如何解决问题。在嵌入式世界中，这不总是正确。某些高级语言有一些指令要比汇编语言慢很多。然而，高级语言可以通过正确的技术在实时系统中有效地运用。在第 6 章中我们将讨论许多类似的话题。

资源管理

一个系统在实时情况下运作，只要它能够在可以接受的时间内完成处理。“可以接受的时间”被定义为系统行为或“非功能”需求的一部分。这些需求必须是客观可以计量和测量的(例如要求系统状态必须是“快”，这就是不可计量的)。如果包含一些实时资源管理的模型(这些资源必须是明确地为了实时操作的目的而被使用的)，则一个系统被认为是实时的。如前所述，资源管理可以表现为静态的离线或动态的在线。

实时资源管理需要成本。系统实时运行的程度不仅仅与硬件能力相关(例如，用一个更快的 CPU 达到更好的表现)。为了节约成本，必须存在某种形式的实时资源管理。实时运行的系统由实时资源管理和硬件资源组成。与物理设备相互作用的系统需要更高度的实时资源管理，这些计算机被认为是嵌入式系统。同我们早期定义的那样。这样的嵌入式计算机基本没有使用实时资源管理。被使用的资源管理通常是静态的且在系统运行之前进行分析。在一个实时系统中，为了与时间发生的精确时刻联系起来，物理时间(与逻辑时间相对)对于实时资源管理是必需的。物理时间也可以用于记录历史数据。

所有的实时系统对调度成本和性能进行了折中，从而在调度实时分配的优化规则和离线调度的性能评估分析之间达到一个合适的平衡，获得可接受的时效性。

实时系统的类型——反应式和嵌入式

实时系统分为两种类型：反应式和嵌入式。一个反应式实时系统与它的环境有着持久的联系(例如一个宇航员控制飞机)。一个嵌入式实时系统用于控制特定的安装在较大系统中的硬件(例如微处理器控制汽车的防锁刹车)。

2.5 实时系统设计的挑战

设计实时系统对设计者提出重大的挑战。其中的一个挑战来自实时系统必须与环境交互作用的事实。环境是复杂的而且是变化的,因此交互也会变得相当复杂。许多实时系统不仅与一个而是与很多环境中带有不同的特点与相关等级的实体有关。例如,一个手机基站必须能在同一时间对数以千计的手机用户做出正确的处理。所有的这些复杂性必须被设计和考虑到。

2.5.1 响应时间

实时系统必须在环境中对外部的相互作用在一个预定的时间内做出响应,并必须在很短的时间内产生正确的结果。这暗示了响应时间与产生正确结果一样重要。实时系统必须被设计得满足这些响应时间。这些系统的软硬件设计也必须支持响应时间的要求。系统需求的软硬件最优划分也很重要。

构造实时系统必须满足系统响应时间的要求。通过用软硬件的结合,工程学给出这样的结构决策,例如,系统处理器的互联、系统连接速度、处理器速度、内存大小、I/O带宽等。主要的问题回答如下:

结构是否合适?——为了满足系统响应时间的要求,系统可以设计成一个强大的处理器或几个小的处理器。若在系统中没有大的连接瓶颈,应用可以划分到几个小处理器么?如果设计者决定用一个强大的处理器,系统能满足它的动力要求么?有时一些简单的结构可以达到很好的效果——过于复杂会导致一些不必要的响应时间问题。

处理单元是否足够强大?——一个高利用(大于90%)的处理单元将导致不可预知的运行期行为。在这种利用率的水平下,系统中低优先级的任务将难以满足。负载为90%的实时系统花费大约两倍的开发时间,这是由于在这个利用率下的系统优化与集成周期的问题。在95%利用率时,系统由于这些问题用3倍的时长进行开发。用多处理器将很有帮助,但是要设计好处理器间的通信。

通信速度是否可以胜任?——在实时嵌入式系统中,通信和I/O是一个常见的瓶颈。许多响应时间的问题不是来自处理器过载,而是潜在的读入写出。在某些情况下,过载通信端口(大于75%)可以导致一些不必要的不同系统节点的排队问题,这也导致了整个系统剩余部分消息传递的延迟。

系统调度是否正确?——在实时系统中,处理实时事件的任务必须拥有高优先级。但是,如何为实时的多个任务安排时序呢?有几种调度方法可以使用,工程师必须设计时序算法去适应系统的优先级以满足所有实时的时限。因为外部事件可以在任何时候发生,调度系统必须能抢占某些正在运行的任务以便允许高优先级的任务运行。调度系统(实时操作系统)不允许引入大量的开销到实时系统中。

2.5.2 从失败中恢复

实时系统与不可靠的环境相互作用。因此,实时系统必须能探测和克服环境中的失败。同样,由于实时系统常常嵌入到其他系统中而且难以达到(如飞机或卫星),这些系统必须能够探测与克服内部错误(并没有一个"复位"键简单的提供给用户)。由于事件在环境中的不可预知性,它不可能去测试环境中每一个可能的事件的组合与顺序。这是实时软件的特点,在某种意义上它是不确定的,几乎不可能在某些实时系统中以环境中不定行为为根据去预测多路径的执行。实时系统必须探测与掌握的内部和外部失败的例子有:处理器失败、电路板失败、连接失败、外部环境的无效行为和互联失败。

2.5.3 分布式和多处理器结构

实时系统如此复杂,以至于应用通常分布在一些通信系统中的多处理器系统执行,这向多处理器系统中应用划分有关的设计者提出了挑战。这些系统包含了一些不同节点上的处理。一个节点也许是DSP,另一个节点也许是普通用途的处理器,一些特殊的硬件处理单元等。这导致了一些工程师团队设计方面的挑战:

系统的初始化——初始化一个多处理器系统非常复杂。在大多数多处理器系统中,软件装载文件驻留在普通用途的处理节点上。直接连接普通用途处理器的节点,比如DSP,将首先被初始化。在这些节点完成装载和初始化后,在其他相连的节点上重复同样的过程直到系统完成初始化。

处理器接口——当多处理器必须彼此通信时,必须小心保证处理器之间的接口上的消息被很好地定义并与处理单元相一致。消息协议中的不同,包括大小字节谁在前、字节顺序和其他连接规则,可以使系统集成复杂化,尤其有些系统需要向后兼容。

分布式加载——早先提到,多处理器导致分布应用的挑战,可能发展该应用以支持在处理单元之间的有效应用划分。应用划分的错误可以导致系统瓶颈,通过过载某些处理单元并留下其他的不加利用,使系统全兼容性退化。应用开发者必须设计应用以在处理单元之间有效地划分。

集中资源分配与管理——在多处理单元系统中,仍有一套共同的资源包括外部设备、交叉开关、内存等,这些同样要被管理好。在某些情况下操作系统可以给进程提供一些信号量去管理这些共享资源。在其他情况下,可能会有机智的硬件来管理这些资源。不管使用哪种方法,系统中重要的共享资源必须很好地管理以阻止更多的系统瓶颈。

2.6 嵌入式系统

一个嵌入式系统是一个特殊的计算机系统，这通常是一个大集成系统相的组成部分。一个嵌入式系统由软件和硬件相结合以形成一个特殊功能的计算引擎。与通用的桌面系统不同，嵌入式系统被限制在特殊的应用中。根据先前描述，嵌入式系统常常用在反应和时限环境中。粗略地划分嵌入式系统，它包括为应用（和其他系统属性，比如安全）提供支持的硬件和为系统提供大多数特点和适应性的软件。典型的嵌入式系统如图 2.2 所示。

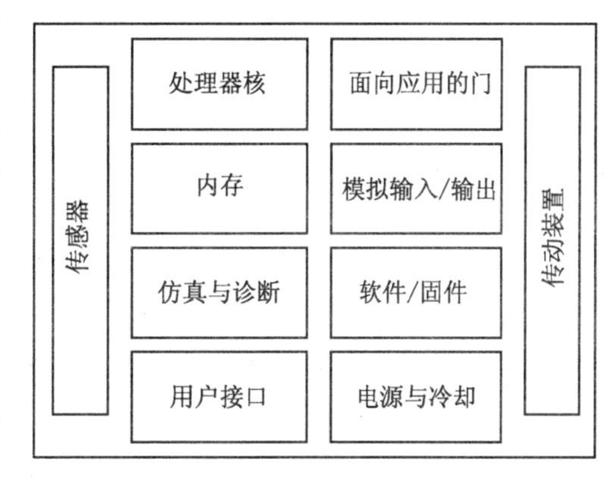

图 2.2 典型的嵌入式系统部件

- 处理器核——嵌入式系统的心脏就是处理器核。这可以是一个简单便宜的 8 位微处理器，也可以是更复杂的 32 位或 64 位微处理器。嵌入式设计者必须为应用选择最合适的设备以便满足所有的功能和非功能（时限）需求。
- 模拟 I/O——D/A 和 A/D 转换被用于从环境中得到数据和将数据反馈回环境。嵌入式设计者必须明白环境需要的数据类型，数据的准确性以及输入/输出率，以便为应用选择合适的转换器。外部环境决定了嵌入式系统的反应属性。嵌入式系统至少要足够快，以赶上环境变化。这就是模拟信号（如光或声音、压力或加速度）被感知和输入嵌入式系统的地方（见图 2.3）。
- 感知器和执行器——感知器用于从环境中取得模拟信息。执行器用于以某种形式控制环境。
- 嵌入式系统同样也有用户接口。这些接口可以从一个简单的闪动的 LED 到复杂的移动电话或者数码相机接口。
- 专用门——硬件加速器（如 ASIC 或 FPGA）被用于加速应用中具有高性能需求的特殊功能。嵌入式设计者必须能适当地通过使用可用的加速器去映射或划分应用以得到最佳的应用性能。
- 软件是嵌入式系统开发的重要部分。在过去的几年中，嵌入式软件数量的增长要比莫尔定律要快，每十个月数量几乎要翻倍。嵌入式软件通常通过某些方式被优化（性能、内存或功率）。越来越多的嵌入式软件用 C、C++高级语言去编写，一些对性能要求很高的地方仍然用汇编语言去编写。
- 内存是嵌入式系统一个很重要的部分，嵌入式应用可以耗尽 RAM 或 ROM。有很多

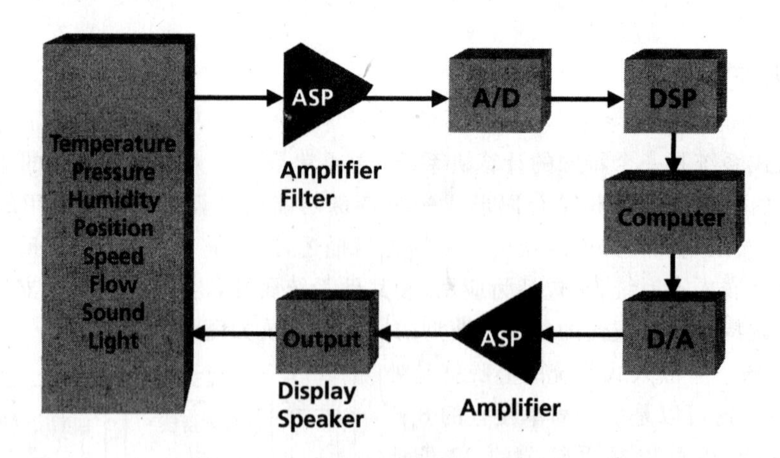

图 2-3 嵌入式系统处理的各类模拟信号

类型的易失和非易失的内存用于嵌入式系统，将在以后讨论这个问题。

- 仿真与诊断——许多嵌入式系统难以看见或接触到，需要一种方法去连接嵌入式系统来调试。诊断端口例如 JTAG 用于调试嵌入式系统。芯片仿真用于提供应用行为的可视化。仿真模块提供运行期的行为和表现的复杂的可视化，实际上用板上诊断替代了外部逻辑分析功能。

嵌入式系统是响应系统

典型的嵌入式系统通过传感器响应环境，并用执行器控制环境，如图 2.4。这对嵌入式系统实现性能与环境一致提出了要求。这也是为什么嵌入式系统被认为是响应系统。一个响应系统必须用软件和硬件的结合去响应环境中的事件。这些外部事件可以是周期性的和可以预测的，也可以是非周期性的和难以预测的，这些通常使问题复杂化。在嵌入式系统中，为进程

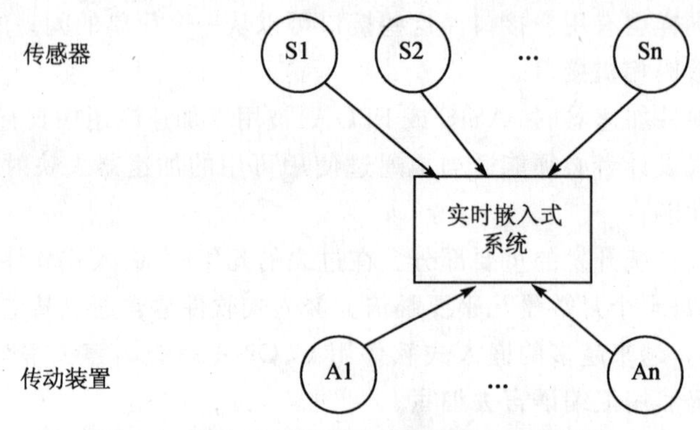

图 2.4 嵌入式系统的传感器和执行机构模型

进行事件调度时，周期和非周期的事件必须都被考虑，性能必须保证最坏情况下的正常应用。这是一个重大的挑战。

考虑图2.5的例子。这是一个汽车气囊展开系统，传感器包括碰撞严重度和安全防护系统。这些传感器监视着环境，可以在任何时候给嵌入式系统提供信号。嵌入式控制单元(ECU)包含过负荷传感器以探测碰撞脉冲。同样，滚动传感器，扣紧传感器和重量传感器(见图2.7)用于决定如何和什么时候展开气囊。图2.6说明了在同样系统中的执行器。这些包括胸部气囊执行器、带有负载限制器的扣带预紧点火装置和中心气囊控制单元。当一个碰撞发生时，传感器必须探知并送一个信号给ECU，它必须能在一个非常短的时限内展开气囊。

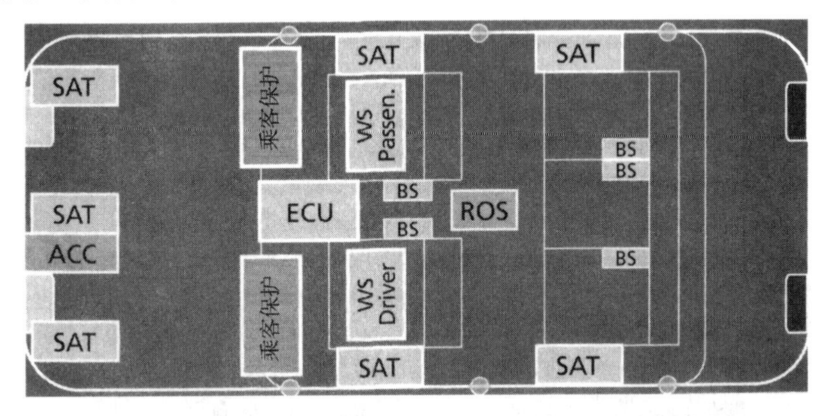

图2.5　安全气囊系统：可能的传感器(包括剧烈碰撞探测)

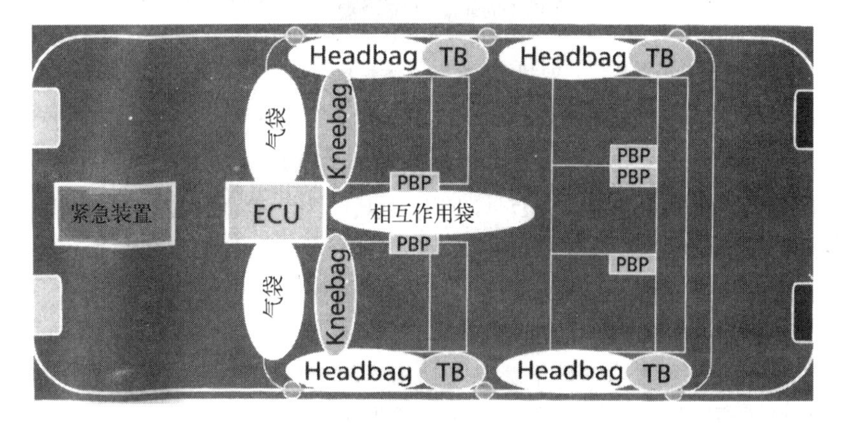

TB＝胸袋　PBP＝带负载限制的扣带预紧点火装置　ECU＝中心气囊控制单元

图2.6　安全气囊系统：可能的传感器(包括剧烈碰撞和乘员检测)

先前的例子说明了嵌入式系统的几个主要的特点：

- 监视和对环境的反应——典型嵌入式系统都是从数据传感器得到输入。有许多不同类型的传感器监视环境中各种各样的模拟信号，包括温度、声音压力和震动。这些数据通过嵌入式系统算法处理。结果可以以某种形式展示给用户或者仅仅是用控制执行器(例如展开气囊和呼叫警察)。

- 控制环境——嵌入式系统可以形成和传递命令到控制执行器(例如气囊、马达等)。
- 信息处理——嵌入式系统通过一种有意义的方式去处理传感器得来的数据,如数据的压缩和解压、侧位撞击探测等。
- 专用——嵌入式系统经常应用到实际,例如气囊弹出装置(如图 2.6 所示)、数码相机或者移动电话。嵌入式系统也可以设计用于处理控制定律,有限状态机和信号处理算法。嵌入式系统必须能够准确对内部计算环境和周围系统中的故障进行检测和反应。

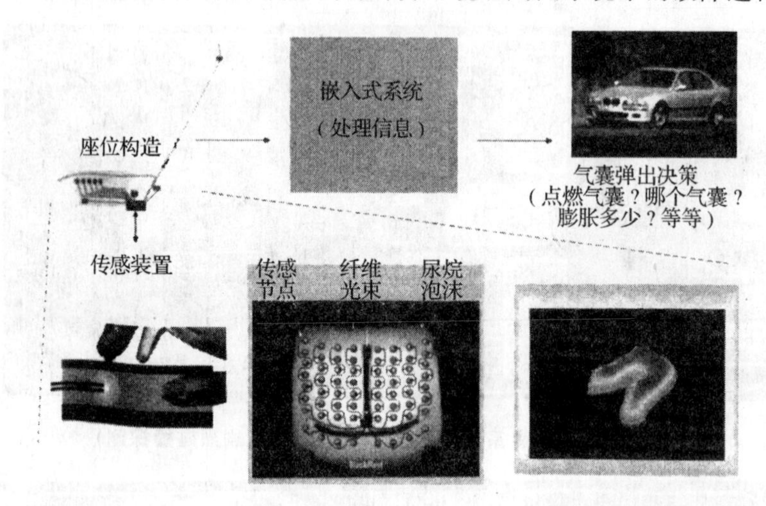

图 2.7　汽车座椅乘员检测

图 2.8 展示了一个数码相机(DSC)。一个 DSC 是一个嵌入式系统的例子。回顾图 2.2 所示的嵌入式系统的主要结构,可以在 DSC 中发现如下结构成员:

- 电荷耦合器件模拟的前端(CCD AFE)作为系统中主要的传感器;
- 数字信号处理器是系统中主要的处理器;
- 电池管理模块控制着系统的电源;
- 预览液晶屏是系统的用户接口;
- 红外端口和一系列的端口是系统与电脑相连的接口;
- 图像控制器和图像压缩模块需要使用处理加速的专用门阵列;
- 信号处理软件运行在 DSP 上。

图 2.9 展示了另一个嵌入式系统的例子,这是一个手机的结构图。在图 2.9 中,主要的嵌入式系统的结构同样很明显:

- 天线是系统中一个传感器。麦克风是另一个传感器。键盘提供给系统非周期的事件。
- 声音的编/解码器是硬件门中专用的加速装置。

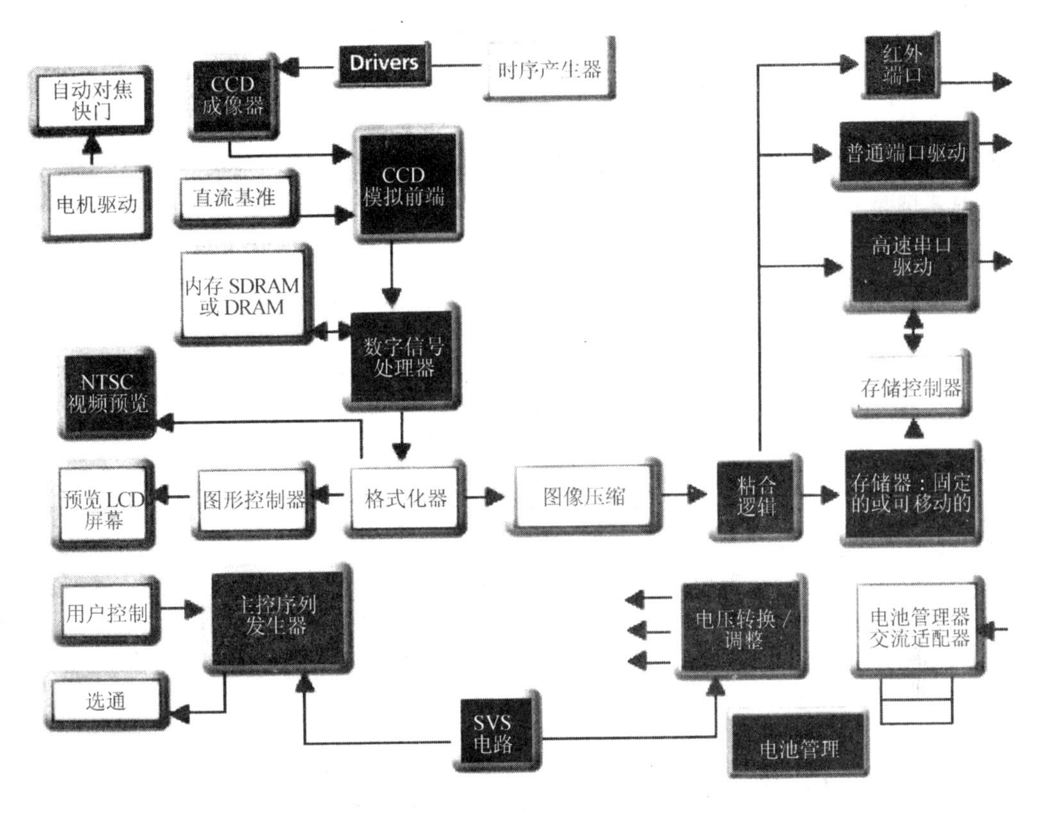

图 2.8　数字相机框图

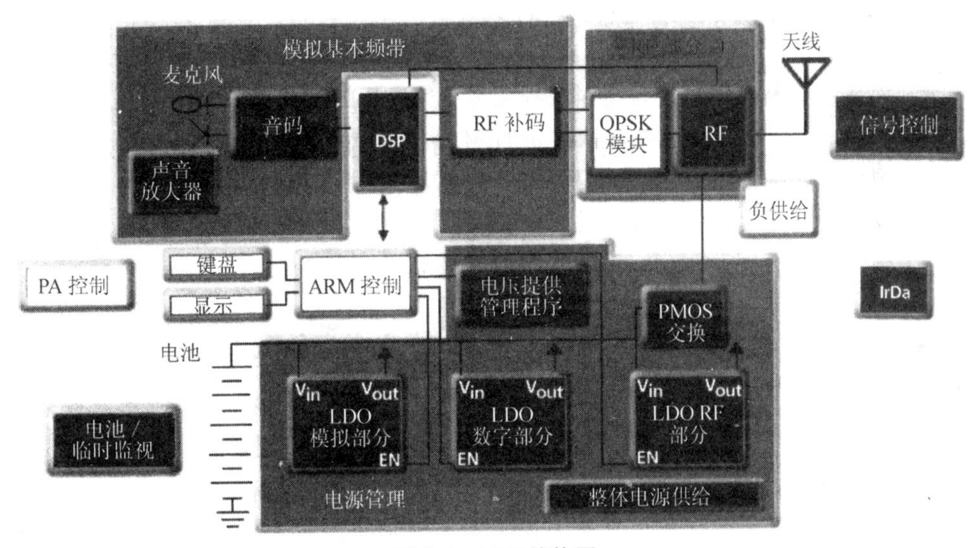

图 2.9　手机结构图

- DSP 是其中一个主要的处理器，大多数信号处理算法都运行在上面。
- ARM 处理器是另一个主要的系统处理器，用于运行状态机，控制用户接口和系统的其他部分。
- 电池/温度监视器与电压支持管理程序一起控制系统的电源。
- 显示屏是系统主要的用户接口。

2.7 总　结

我们每天接触或使用的事物中许多都包含嵌入式系统。嵌入式系统是一个“隐藏”在我们接触的事物中的系统。例如，移动电话、自动对答机、微波炉、VCR、DVD 播放器、视频游戏控制杆、数码相机、音乐合成器、汽车都含有嵌入式处理器。一个新的模型车包含 60 多个嵌入式微处理器。这些嵌入式处理器通过控制例如反锁刹车、空调、引擎、收音机和气囊弹出，使我们安全舒适。

嵌入式系统有责任对外部“模拟”环境进行快速有效的反应。这可能包括响应按钮，在碰撞过程中触发气囊，或手机上收到电话。简单地说，嵌入式系统的截止时间可以是可变化的，也可以是固定的。给定的“隐藏的”嵌入式系统的属性必须反应和解决没有人类干涉的不寻常的状况。

DSP 在嵌入式系统被广泛应用有一个主要原因：信号处理。在实时系统中进行复杂的信号处理，使 DSP 优于其他形式的嵌入式处理器。DSP 必须实时从环境中响应模拟信号，并把它们转化成数字形式，对这些数字信号进行增值处理，如果需要再把处理过的信号转化成模拟信号返回给环境中。

在后面的几章，将讨论特殊的结构和技术使 DSP 在实时嵌入式系统中的表现更优越。

为嵌入式系统编程需要一个与桌面或框架编程完全不同的方法。嵌入式系统必须可以用一个可以预测的、可靠的方法对外部事件进行响应。实时编程不仅仅是执行正确，而且要及时。迟到的响应是一个错误的响应。因为这些需求，我们将关注例如并发、互斥、中断、硬件控制和处理以及书中后面提到的更多问题，这些主题以后将是主要考虑的。例如，多任务已经被证明是一个构建可靠的易于理解的实时程序的良好范例。

第3章

DSP 嵌入式系统开发生命周期概论

3.1 嵌入式系统

如前所述，嵌入式系统是专门的计算机系统，是综合系统的一部分。许多嵌入式系统是通过 DSP 来执行的。DSP 往往通过与其他嵌入式器件结合工作，从而产生特定的功能。特定的嵌入式应用决定了将使用哪种特定的 DSP。比如，如果嵌入式应用是视频处理，系统设计者就会选择专门处理多媒体(包括视频和音频)的 DSP，图 3.1 展示了这个应用的一个具体例子。设备包括两个软件可配置成输入或者输出的视频通道接口，它们同时支持视频信号过滤、自动横向比例缩放以及各种数字电视信号(比如 HDTV)。设备还包括多通道音频串行接口、多重立体声线路以及一个可以连接到 IP 包网络的以太网外设。显然，DSP 系统的选择取决于嵌入式应用。

本章将讨论使用 DSP 进行嵌入式应用开发的基本步骤。

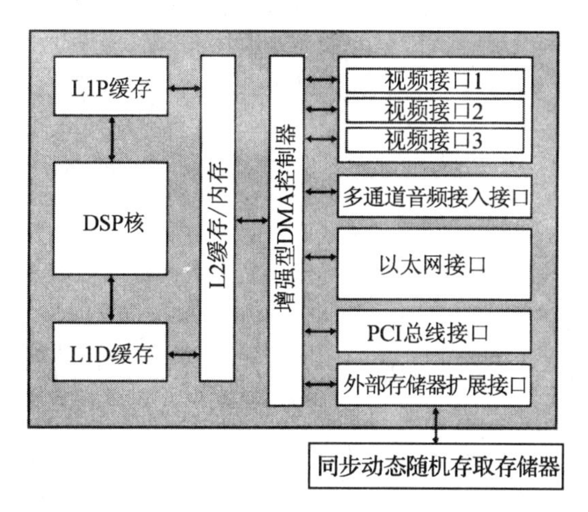

图 3.1 基于 DSP 的嵌入式视频应用"系统"

3.2 DSP 嵌入式系统的生命周期

本节将概述使用 DSP 的嵌入式系统的基本生命周期。开发一个嵌入式系统包括许多步骤，其中一些同其他系统开发活动类似，另外一些则不同。我们将通过 DSP 应用来贯穿嵌入式系统开发的全部基本过程。

3.2.1 步骤 1 检查系统的全部要求

选择一个设计方案是一个艰难的过程。通常决定权来自一个特殊卖主的情绪或者处理器的附属物，一般基于先前的工程或者舒适水平。嵌入式设计者必须抱着积极地态度去比较各种基于已经成型的标准的方案。对于 DSP 而言，特殊的标准选择必须考虑进来。如图 3.2 所示，许多信号处理应用要求一系列系统元件的结合。

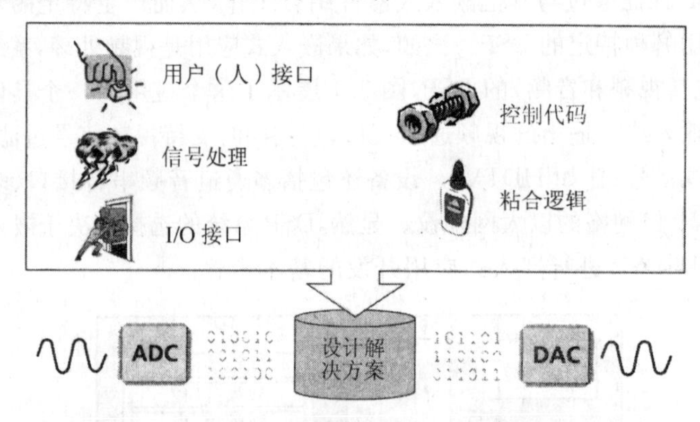

图 3.2 大部分信号处理应用要求各种系统部件的结合

什么是 DSP 解决方案？

一个典型的 DSP 产品设计包括使用 DSP 本身、模拟/混合信号功能、存储器及软件，所有这些设计都必须在对系统功能有着全面深入理解的基础上进行。在 DSP 产品中，真实世界里的模拟信号（从温度到声音以及图像的各种信号）将通过模拟/混合信号设备转换成数字位——0 和 1。接下来将通过 DSP 来处理这些数字位或者数字信号。相对传统的模拟信号处理而言，数字信号处理不仅速度更快，而且精确度更高。这种形式的处理速度正是适应了现代要求信息即刻处理的通信设备以及连接到因特网的便携式设备的应用。

选择嵌入式 DSP 系统有许多标准，其中一些如图 3.3 所示。伯克利设计技术公司（www.bdti.com）制定了许多主要的选择标准。其他选择标准则大多是基于“即时通向市场”理念的“便于使用”及“个性”。这一段里讨论的一些基本标准包括：

- 对于固定成本而言，要求最多功能；
- 对于固定功能而言，要求最低成本。

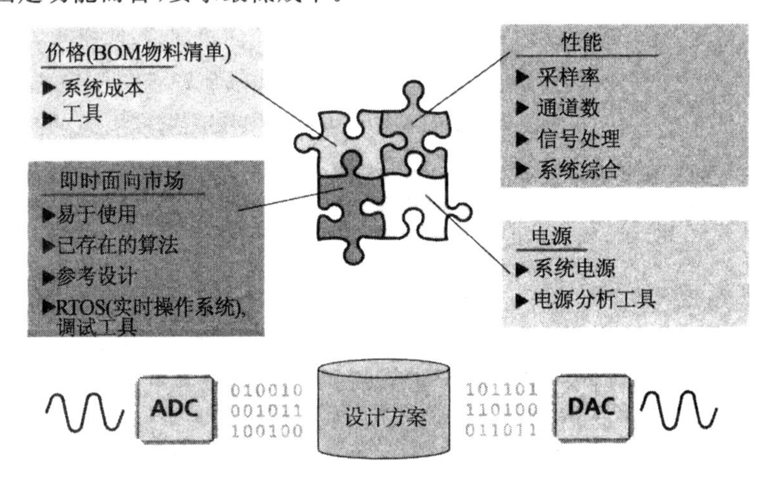

图3.3　设计方案将受到这些主要标准和其他因素的影响

3.2.2　步骤2　选择系统要求的硬件元器件

在许多系统里，通用处理器(GPP)、现场可编程门阵列(FPGA)、微控制器(mC)或者DSP通常都不是单一的方案。这是因为设计者常常把方案合并起来，从而使得各个器件的功能最大化，见图3.4。

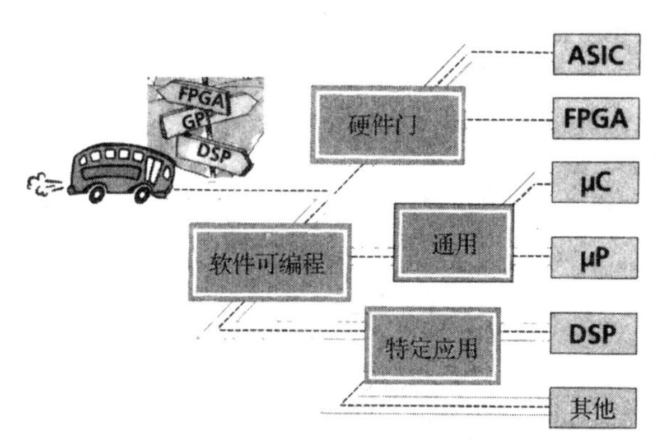

图3.4　多种应用，多种解决方案

当选择处理器时，设计者通常最先考虑的一个问题是选择使用C语言或汇编语言开发的软件可编程处理器，还是用门电路进行逻辑设计的硬件处理器。FPGA或者专用集成电路(ASIC)都可以整合成一个处理器核(这在ASIC里面很常见)。

1. 硬件门电路

硬件门电路是布置在信号流里的逻辑块，因此任何程度的平行指令在理论上都是可行的。逻辑块的延迟非常低，所以 FPGA 用于构造外设的效率比使用软件设备进行“位—脉冲”更高。

如果设计者选择硬件设计，那将使用 FPGA 或 ASIC。FPGA 被描述成“现场可编程”，这是由于它们的逻辑结构存储在非易失存储器里并且导入到设备里。因此，FPGA 能通过调整非易失存储器（通常是 FLASH 或者 EEPROM）很容易地实现现场再编程。ASIC 是不可以现场编程的，在工厂里，它们通过不可更改的模板烧写。ASIC 通常比较便宜或者功耗较低。它们通常有着相当大的非重复性工程（NRE）成本。

2. 软件可编程

在这个模式里，命令是用连续的方法从存储器里执行的（这就是说，每周期一次）。软件可编程方案的平行指令是有限的，然而，有些设备可以在单周期里平行地执行多重指令。因为指令在 CPU 里是从内存里执行的，所以不需要重启设备即可改变它的功能。而且，由于指令是从内存里执行的，许多不同的功能或者程序可以集成到一次编程里，不需要从门电路级别设计每一个单独的程序。这一点也使得软件可编程器件执行由一大堆子程序组成的非常复杂的程序时比较消耗时间。

如果设计者选择软件设计，则有许多种类的处理器可供选择。存在许多通用处理器，但是有很多已经针对专门的应用做了优化。例如图像处理器、网络处理器及数字信号处理器（DSP）。应用专门的处理器通常能在有目标的应用中更高效，但是灵活性却比通用处理器要小。

3. 通用处理器

通用处理器可分为微控制器（μC）和微处理器（μP），如图 3.5 所示。

微控制器通常拥有面向控制的外设。它们通常比微处理器成本低，当然性能也低。微处理器通常拥有面向通信的外设，它们成本更高，性能也更好。

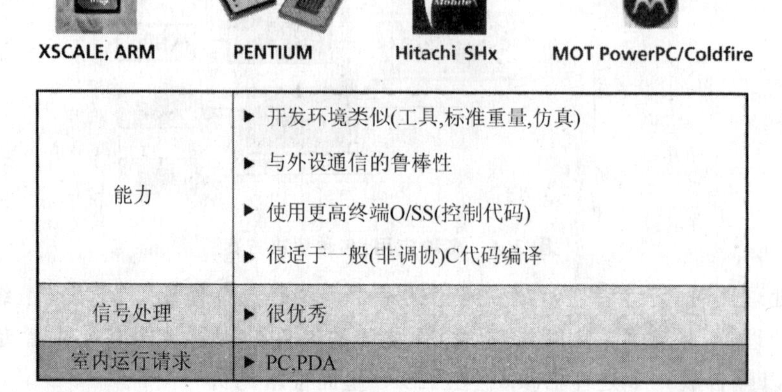

能力	▶ 开发环境类似(工具,标准重量,仿真) ▶ 与外设通信的鲁棒性 ▶ 使用更高终端O/SS(控制代码) ▶ 很适于一般(非调协)C代码编译
信号处理	▶ 很优秀
室内运行请求	▶ PC,PDA

图 3.5 通用处理器解决方案

值得一提的是，一些GPP拥有集成的MAC单元。拥有这个并不是GPP的“优势”，因为所有的DSP都有MAC。考虑到GPP上MAC的性能，它不同于每一个处理器。

4. 微控制器

微控制器是包含许多或所有组成控制器的元件的高度集成的芯片，如图3.6所示。这其中包括CPU、RAM/ROM、I/O接口及计时器，许多通用计算机也是按照同样的方式设计制造的。不过嵌入式系统中的微控制器通常是针对特定的任务设计的。顾名思义，所谓特定的任务就是控制一个特殊的系统，这也正是微控制器得名的原因。由于任务的定制性，设备的一部分能被简化，这使得这些设备对于这些种类的应用来说十分消耗效率。

MICROCHIP PIC12　68HC11/16　intel MCS51　TEXAS INSTRUMENTS MSP430

能力	▶ 很好地控制外设 ▶ 也许能使用中等行列的O/S ▶ 成本很低 ▶ 集成的FLASH ▶ 低功耗
信号处理	▶ 效果不好
室内运行请求	▶ 嵌入式控制，小型家用

图3.6 微处理器解决方案

事实上，有些微控制器能在单周期里做乘法和加法（MAC）。但这并不是使其成为DSP的充分条件。真正的DSP能在单周期里做两个16×16的MAC，还有在总线上读入数据等，这才是一个DSP的真正的部分功能。因此，带有硬件MAC的设备往往能得到一个“及格”的评价，其他的只能得到“差”的评价。通常，微控制器可以做DSP，不过速度比较慢。

5. FPGA解决方案

FPGA是允许硬件编程的逻辑门的阵列，能实现用户制定的任务。FPGA是通过导线和可编程开关连接起来的可编程逻辑宏单元的阵列，它的每个宏单元都产生一个简单的逻辑功能。这些逻辑功能通过工程师的程序来设定。在DSP应用里，FPGA包含巨量的宏单元（1 000～100 000个）可用于构造功能模块。使用FPGA的优势在于工程师可以非常有效地针对有限的任务构造特殊目的的功能模块。FPGA能被动态重组（通常100～1000次/s，这取决于设备）。这使在复杂任务里通过优化FPGA使速度超过通用处理器成为可能。在门级处理逻辑的能力意味着我们可以针对所要求的DSP功能定制DSP中心处理器。通过同时处理所有运算法则的次功能使这个成为可能。这就是FPGA在功能上可以超过DSP处理器的地方。

当使用FPGA时,DSP设计者必须懂得平衡,见图3.7。如果一个简单的DSP可以实现,这通常是最好的办法,因为对DSP编程通常比对FPGA编程简单。而且,软件设计工具很常见,便宜且人性化,这降低了开发的时间和成本。大部分常见的DSP算法往往在包装好的软件里能找到。对于FPGA设计来说,这样的算法实现起来和获得要困难许多。

然而,当使用一个或两个DSP不能实现目标功能,或者有重要的电源要求(尽管DSP也是高效电源设备——需要执行基准测试),或者开发和集成一个复杂软件系统时有关键的程序问题,FPGA仍然是值得考虑的。

FPGA的典型应用包括探测器/传感器阵列、物理系统和噪声模型,还有真正的高性能I/O以及高带宽应用。

FLEX 10K/ Stratix　　Spartan-3/ Virtex-II

能力	▶ 尽可能快速计算 ▶ 优秀的开发支持工具 ▶ 通常在设计中要求一些PCD ▶ 几乎能综合任何外设 ▶ 开发容易 ▶ 灵活性特征——可编程阵列
信号处理	▶ 优秀的高速&并行信号处理
室内运行请求	▶ 粘合逻辑,探测器/传感器阵列

图3.7 针对DSP的FPGA解决方案

6. 数字信号处理器

DSP是特殊的微处理器,它能更有效地处理从模拟域转换来的数字信号。DSP的一个巨大的优势在于它是可编程的,因而针对设计要求能改变重要的系统参数。DSP是专门针对数字信号处理的。

DSP提供极快的指令序列,比如移位后相加、相乘后相加。这些指令序列在数学强化的信号处理应用中很常见。往往重要的信号处理才用DSP,比如声卡、调制解调器、手机、高容量硬盘及数字电视,见图3.8。

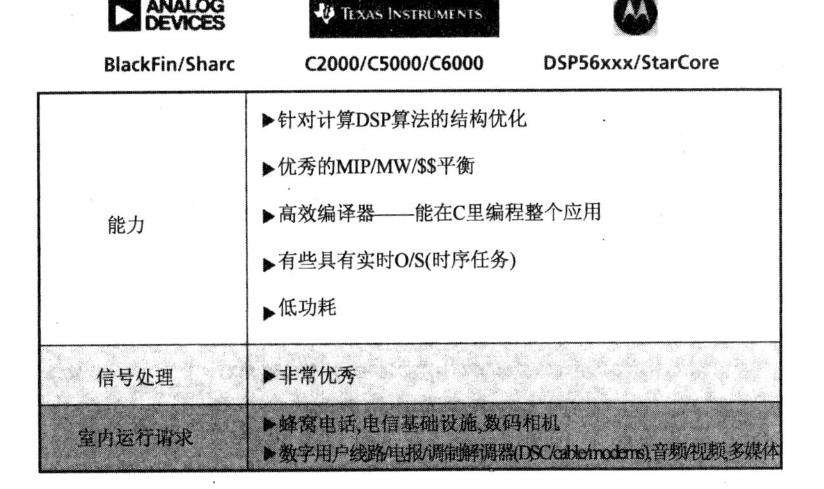

能力	▶针对计算DSP算法的结构优化 ▶优秀的MIP/MW/$$平衡 ▶高效编译器——能在C里编程整个应用 ▶有些具有实时O/S(时序任务) ▶低功耗
信号处理	▶非常优秀
室内运行请求	▶蜂窝电话,电信基础设施,数码相机 ▶数字用户线路/电报/调制解调器(DSC/cable/modems),音频/视频,多媒体

图 3.8 DSP 处理器解决方案

7. 通用信号处理解决方案

图 3.9 展示的解决方案允许每个设备承担其最擅长的功能,从而依据成本/电源/功能来实现一个更有效的系统。比如,系统设计者把系统控制软件(声明机器或者其他通信的软件)放到通用处理器或者微控制器上面,把高性能、单一固定功能放到 FPGA 上面,把高 I/O 信号处理功能放到 DSP 上面。

当考虑到嵌入式产品开发周期时,使用 GPP/μC、FPGA 和 DSP 的结合能有更多的机会降低成本,提高性能。这在更高端的 DSP 应用里越来越成为一条规则。这些应用一般对计算要求比较高,对性能要求比较苛刻。这些应用要求比单独的 GPP 所能提供更强的处理能力和通道密度。对于这些应用而言,系统设计者必须考虑软件/硬件的选择。每种选择都会有不同程度的性能优势,而且必须估量包括成本、能耗还有即时占有市场在内的其他重要系统参数。

系统设计者会出于以下原因选择在 DSP 系统里使用 FPGA:

- 通过把计算密集的工作交给 FPGA 来延长通用、低成本的微控制器或者 DSP 的寿命。
- 减少或者排除使用更高成本、更高性能的 DSP 处理器。
- 增加计算吞吐量。如果现存的系统的吞吐量需要增加到更高的目标或者更大的信号带宽,FPGA 是一个选择。如果所要求增加的性能本来就是计算,可以选择 FPGA。
- 新的信号处理算法的原型设计;由于许多 DSP 算法的计算核心能用一小段 C 代码来描述,系统设计者使用到硬件或者其他类似 ASIC 的解决方案之前可以在 FPGA 上迅速建立新的算法原型。
- 执行"粘合"逻辑。许多处理器外设已经其他随机的或者"粘合"逻辑通常在一个 FP-GA 里面得到加强。这能减小系统尺寸,降低复杂度和成本。

通过结合 FPGA 和 DSP，系统设计者能增加系统设计解决方案的余地。固定硬件和可编程处理器的结合是一个很好的范例，它能使系统变得灵活，可编程，而且提高了硬件计算能力。

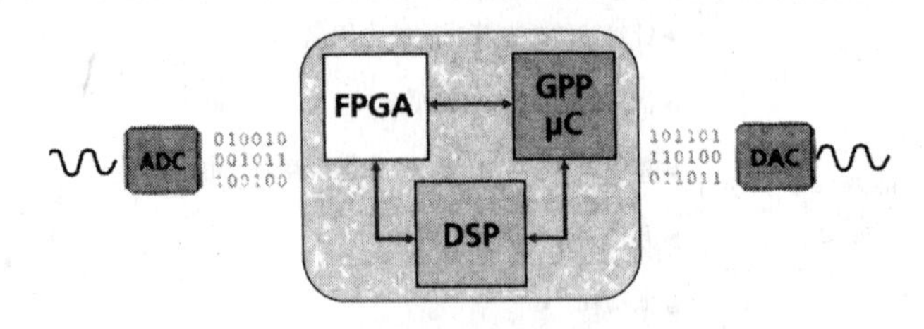

图 3.9　通用信号处理解决方案

8. DSP 加速策略

在 DSP 系统设计中，当决定某个功能组件由硬件还是软件实现时，需要考虑以下因素：

信号处理算法并行机制——现在的处理器结构有多种指令级并行形式(ILP)。例如，64×DSP 拥有非常长的指令字(VLIW)结构(更详细的说明见第 5 章)。64×DSP 通过在单周期里把各种指令(加、乘、加载及存储)分组来实现 ILP 的拓展。对于 DSP 算法而言，与这种指令并行性映射成功使得关键的功能得以实现。不过并非所有的信号处理算法都进行了这种形式的并行性拓展。滤波算法比如有限脉冲响应算法(FIR)是递归的，而且映射到 DSP 时是次优的。数据递归阻止了有效的并行性计算和 ILP。作为替换，系统设计者可在 FPGA 里面构造专门的硬件执行器。

计算复杂度——取决于算法的计算复杂度，在 FPGA 里运行算法也许比 DSP 更有效。这是有意义的，因为对于一定的算法功能来说，在 FPGA 里实现可以释放 DSP 的周期来运行别的算法。有些 FPGA 结构里拥有多重时钟域，这能把信号处理硬件单元依据计算要求分成不同的时钟速度模块。FPGA 还可以拓展数据和算法的并行性，增加灵活性，这通过设备里多重硬件执行器实例化实现。

数据局部性——以特定次序和间隔来访问内存是一种重要的能力。影响数据访问时间(时钟周期)的因素有构架延迟、总线竞争、数据队列、直接存储器存取(DMA)传输速度，甚至系统中使用的内存种类。比如，静态 RAM(SRAM)通常比动态 RAM(DRAM)速度快，但价格更高。而后者由于速度快常常作为高速缓冲存储器。另一方面，同步 DRAM(SDRAM)的速度直接取决于整个系统的时钟速度(这就是我们称之为同步的原因)。它基本上和系统总线的速度保持一致。系统的整体性能常常部分受到使用的存储器种类影响。数据单元和运算单元之间的物理接口是数据局部性的根本驱动。

数据并行性——许多信号处理算法对于数据的操作是高度并行的，比如许多滤波算法。一些更先进的高性能 DSP 在结构上拥有单指令多数据(SIMD)能力，并且编译器能执行各种矢量处理操作。FPGA 也同样擅长这种类型的并行运算。大量的 RAM 用于支持高带宽要求。取决于使用的 DSP 处理器，FPGA 能为拥有这些特征的算法提供 SIMD 处理能力。

基于 DSP 的嵌入式系统能结合这些设备里面的一个、两个或所有三个。这取决于许多因素：

- #信号处理任务/通道；
- 采样率；
- 所需要的内存/外设；
- 所需电源；
- 所需算法的可用性；
- 控制代码的规模；
- 开发环境；
- 操作系统(O/S 或者 RTOS)；
- 调试能力；
- 格式因素，系统成本。

如图 3.10 所示，嵌入式 DSP 开发的潮流更多的向着可编程解决方案方向发展。通常基于应用考虑，这会有一个平衡。但是整体趋势是倾向于软件和编程的解决方案。

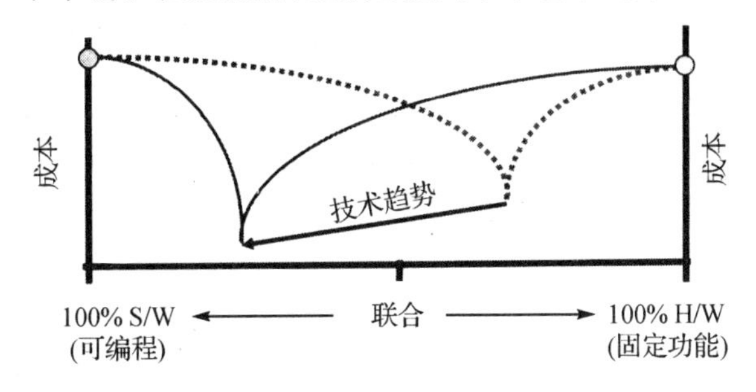

图 3.10　一个嵌入式系统中的软硬件混合，趋势是更多的软件

"成本"对于不同的人来说有不同的含义。有时解决方案是"设备成本"最低。然而，如果开发小组在重复性的工作上浪费了大量时间，整个工程也许会被耽误。从长远看来，"上市时间"延长所造成的成本增加比使用低成本设备所节约的要多。

首先，100%的软件或硬件往往是最昂贵的选择。两者的结合才是最好的。过去，很多功能是由硬件而不是软件来实现。硬件更快更便宜(ASIC)，而且没有针对嵌入式处理器的优秀的 C 编译器。然而现在有了更好的编译器和更快、更低成本的处理器，潮流更倾向于软件编程的解决方案。只依靠软件的解决方案不会是(而且可能永远不会是)最佳成本。始终需要一些硬件。比如，设想有 10 个功能需要实现而且其中 2 个要求极速，是选择一个特别快的处理器(它将花费 3～4 倍为其他 8 个功能需要的速度)还是花费 1 倍在低速处理器上，再买 ASIC 或者 FPGA 来实现那两个苛刻的功能？也许结合使用是最好的选择。

成本由如下的结合决定：

- 设备成本；
- NRE；
- 制造成本；
- 机会成本；
- 电源分散；
- 实时面向市场；
- 重量；
- 大小。

软件和硬件结合使用通常能使系统设计成本降到最低。

3.2.3 步骤 3 理解 DSP 基础和构架

选择 DSP 处理器设计嵌入式系统应用的一个重要原因是性能。当选择 DSP 时必须理解 3 个重要的问题：

- DSP 之所以成为 DSP 的原因。
- 它能有多快？
- 不用汇编语言怎么达到最大性能？

本小节将回答这 3 个问题。DSP 实际上是特殊应用的微处理器，它们用来做信号处理之类的事情特别高效。前面提到过 DSP 里面使用的不同种类的信号处理算法。图 3.11 列出了这些算法。

算　法	公　式
FIR 滤波器	$y(n)=\sum_{k=0}^{M}a_k x(n-k)$
IIR 滤波器	$y(n)=\sum_{k=0}^{M}a_k x(n-k)+\sum_{k=1}^{N}b_k y(n-k)$
卷　积	$y(n)=\sum_{k=0}^{N}x(k)n(n-k)$
离散傅里叶变换	$X(k)=\sum_{n=0}^{N-1}x(n)\exp[-j(2\pi/N)nk]$
离散余弦变换	$F(u)=\sum_{x=0}^{N-1}c(u)\cdot f(x)\cdot\cos\left[\frac{\pi}{2N}u(2x+1)\right]$

图 3.11 典型的 DSP 算法

请注意每种算法的通用结构：

- 都积聚了大量计算；
- 都是大量元素的总和；

● 都进行了一系列乘法和加法运算。

这些算法都有一个共同的特点：它们反复地做乘法还有加法。这一点通常被理解为乘积的和(SOP)。

DSP 设计者已经开发出了允许算法高效执行的硬件结构，这能充分利用算法的优势，尤其是在信号处理中。比如，图 3.11 展示了 DSP 适合算法的一些特殊的结构特征。

以图 3.12 中 FIR 图表为例，它清楚地展示了乘法/加法，还有快速实现 MAC 以及读取至少两个数据值的必要。如图 3.12 所示，滤波算法能通过若干行 C 语言代码来执行。信号流程图以更视觉化的方式表现了这个算法。信号流程图用来表述整个逻辑流程、信号相关性和代码结构。它们在代码文件里是一个有用的添加。

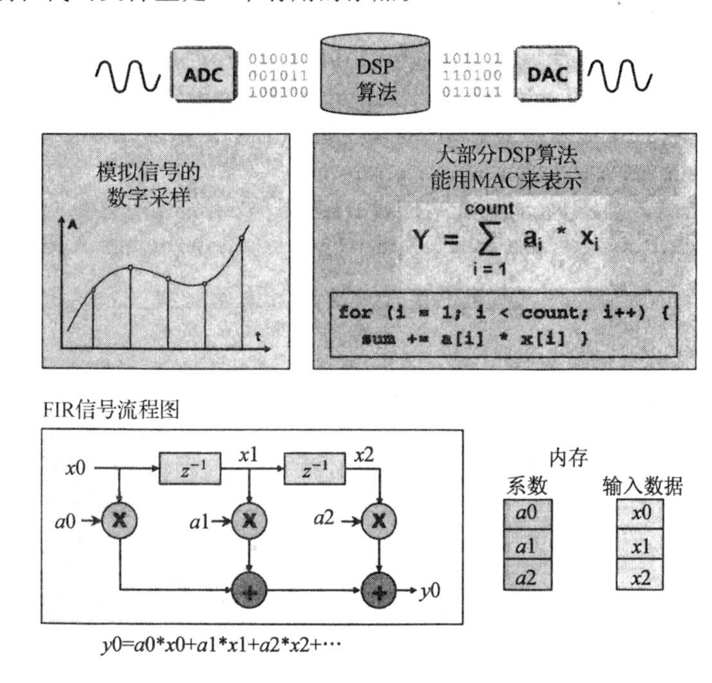

图 3.12 利用 FIR 的 DSP 滤波

要实现最快速度，DSP 必须具备以下几点：

● 从内存中至少读取两个数值(最小值)；

● 系数与数据相乘；

● 将乘积累加到总数；

● 在一个单周期里做到全部以上几点(至少)。

DSP 的结构支持以上的要求，见图 3.13。

● 高速内存支持多重读取/周期；

● 多重读总线允许从内存读取两个(或者更多)数据读取/周期；

● 处理器流水线叠加 CPU 操作允许单周期执行。

所有这些集合在一起能实现执行 DSP 算法时性能的最优化。有关 DSP 结构更深入的讨论请见第 5 章。

DSP 的 CPU 结构特征见图 3.14。

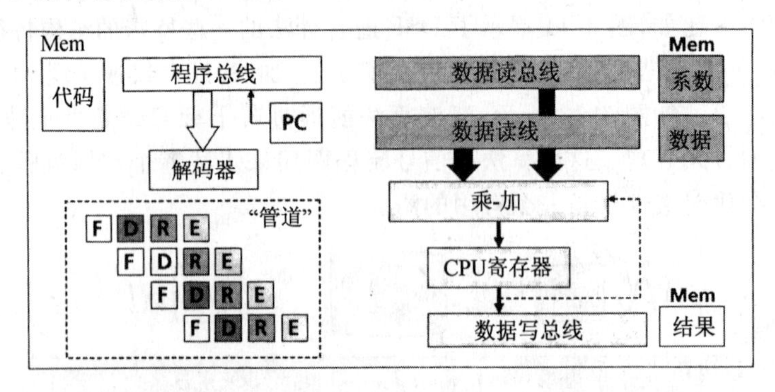

◆ 高速内存结构支持多重读取/时钟周期
◆ 多重读总线允许从内存里两个(或更多)数据读取/时钟周期
◆ 覆盖CPU操作的管道允许里周期执行

图 3.13 DSP 结构框图

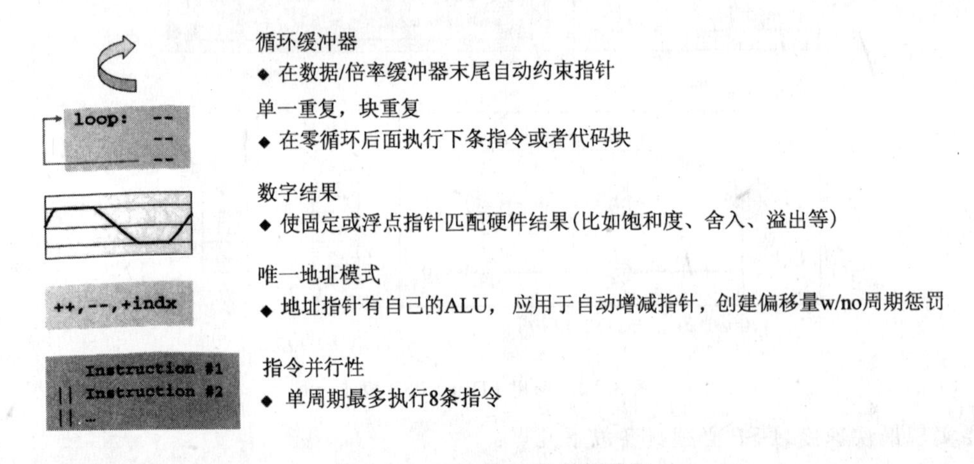

图 3.14 DSP 的 CPU 结构特征

1. DSP 处理模型

存在两种 DSP 处理模型——单采样模型和块处理模型。在单采样模型信号处理中，见图 3.15(a)，输出必须在下一个输入样本之前得到结果。目标是把延迟时间(输入到输出的时间)降到最小。这些系统应该是中断密集型的，中断把处理导向下一个采集。DSP 应用范例包括电机控制和噪声消除。

在块处理模型中，见图 3.15(b)，系统将在下一次输入缓冲器填满之前输出一个缓冲器的结果。像这样的 DSP 系统使用 DMA 来把采样数据传输到缓冲器中。在此过程中，处理之前的缓冲器填充是延迟时间增加的原因所在。然而，系统计算将更高效。使用块处理的 DSP 应用主要包括蜂窝电话、视频还有电信基础设施。

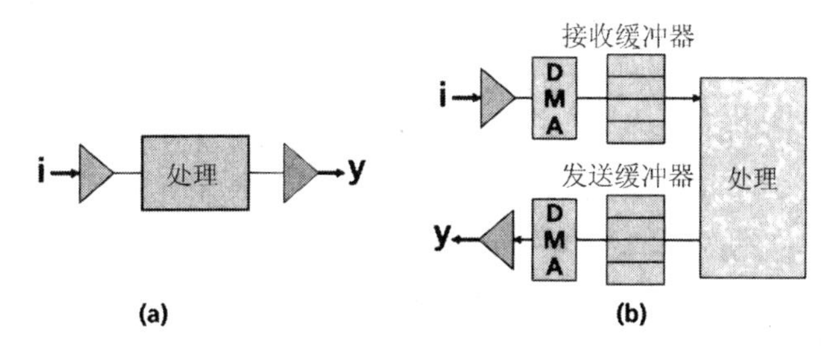

图 3.15 DSP模型的信号采集和模块处理

数据流处理的一个例子是平均数据采样。那样的 DSP 系统必须把 1 个信号的最后 3 次数字采样取平均，然后以同样的速度输出一个信号作为被采样的结果。要求如下：

- 输入一个新样本并且存储起来；
- 把这个新样本和最后的两个样本一起做平均；
- 输出结果。

在下次采集之前必须完成以上 3 步，这是数据流处理的一个例子。信号必须实时处理。每秒采样 1 000 次的系统为了达到实时性能必须在一秒内完成 1 000 次操作。

另一方面，块处理在收集下一批缓冲采样数据的同时积累大量采样数据，并且处理。一些算法比如快速傅里叶变换(FFT)就是这样实现的。

在 DSP 系统中块处理(在一次严格的内循环里处理一大块数据)有一些优势：

- 如果 DSP 拥有指令缓存，这个缓存必须优化指令使第二次(或者随后的)运行速度更快。
- 如果数据访问遵循引用局部性(这在 DSP 系统里很常见)，性能将得到提高。处理该阶段里的数据意味着任何给定阶段里的数据将从很少的几个区域读取，这样反复调整缓存的可能性就会减少。
- 块处理常常能在简单的循环里实现。这些循环有着只进行一种处理的进程。通过这种方式，不管从寄存器到存储器还是相反过程，信号逆行都会减少。在许多场合，大部分(如果不是全部)中间结果都保存在寄存器或者一级缓存中。
- 通过使数据读取变得有序，即使从最慢的存储器(DRAM)里读取数据也能变得快很多，这是因为很多类型的 DRAM 都是设计成有序读取。

DSP 设计者将在系统里使用这两个方法之一。典型的控制算法使用单采样处理，因为它们不能像块处理那样使输出延迟太长。在音频/视频系统里，块处理常被使用，因为从输入到输出延迟是被容许的。

2. 输入/输出选择

DSP 应用在许多系统里，包括电机控制应用、围绕性能的应用还有功耗敏感应用。DSP 处理器的选择不仅取决于 CPU 的速度或结构，还有用来使数据输入/输出的外设集成或者 I/O 设备。毕竟，DSP 应用的瓶颈不在于计算引擎，而在于数据的输入输出。因此，正确地选择外设对选择应用设备是非常关键的。DSP 的输入输出设备如下：

GPIO　　允许多种常用连接的、很灵活的并行接口。

UART　　通用异步收发器。这个器件能在传输时把并行数据转换成串行数据，也能在数字处理时把接收到的串行数据转换成并行数据。

CAN　　区域网控制器。CAN 协议是在许多汽车应用里广泛使用的国际标准。

SPI　　串行外围接口。一个由摩托罗拉开发的 3 线串口。

USB　　通用串行总线。这是个能使设计者把外部设备（数码相机、扫描仪、音乐播放器等）连接到计算机的标准接口。USB 标准支持数据传输速率为 12 Mbps（每秒百万位）。

McBSP　　多通道缓冲串行接口。在系统里它们提供 DSP 和其他设备的直接全双工串行接口。

HPI　　主机端口接口。它用于从主处理器下载数据到 DSP。

图 3.16 展示了 DSP 应用的 I/O 机制概要。

电机	•12-bit ADC	•CAN 2.0B	•SPI
	•PWM DAC	•GPIO	•SCI
	•McBSP	•EMIF	•I^2C
	•UART		
电源	•USB	•EMIF	•MMC/SD serial ports
	•McBSP	•GPIO	•UART
	•HPI	•10-bit ADC	•I^2C
接口	•PCI	•EMIF	•Video ports
	•McBSP	•GPIO	•Audio ports
	•HPI	•I2C	•McASP
	•Utopia SP		•Ethernet 10/100 MAC

图 3.16　输入/输出选择

3. DSP 计算性能

在为特定应用选择 DSP 处理器之前，系统设计者必须估计 3 个关键的系统参数如下：

▶ CPU 性能最大化

CPU 能执行算法的最多次数？

▶ I/O 性能最大化

I/O 能跟上最大数目的＃通道数吗？

▶ 可用的高速内存

有足够的高速内存吗？

有了这些知识，系统设计者能调整数字来满足应用需求并且确定：

● CPU 负载(CPU 最大值的百分比)。

● 在这个水平上，能实现的其他功能。

DSP 系统设计者能把这个过程用于他们评估的任何 CPU。目标是根据性能找到"最弱环节"，这样能知道系统的约束是什么。CPU 也许能以足够的速度处理数据，但是如果 CPU 不能与数据配合得足够快，拥有一个快的 CPU 并不能真正起作用。我们的目标是对于给定的特定算法能确定可以处理的最大数目通道，然后根据其他约束(最大输入/输出速度还有可使用的内存)把它落到实处。

例如，图 3.17 展示了一个处理过程。目标是确定这个特定的 DSP 处理器能配合给定的特定算法所达到的最大通道数。为了做到这点，首先必须确定所选择算法的基准(在这个例子里，是 200 拍的 FIR 滤波器)。类似这种算法(来自 DSP 功能库)的相关文献给了两个参数的基准：nx(缓冲器的大小)和 nh(＃系数)，它们用于计算的第一部分。这个 FIR 程序每帧使用了大概 106K 时钟周期。现在，考虑采样频率，一个关键问题是"每秒填充多少帧?"为了回答这个问题，根据缓冲器大小来分割采样频率(指明了多久采集一个新的数据)。进行这个计算确定了我们每秒大约填充 47 帧。

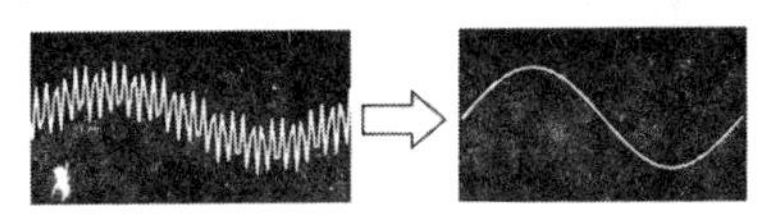

算法:200top(nh)低通FIR滤波器
帧大小:256(nx)16位元素
采样频率:48kHz

DSP针对给定算法能提供多少通道?

CPU	FIR基准:	(nx/2) (nh+7) = 128 * 207 =	26496 cyc/frm
	满载频率时间:	(samp freq / frm size) = 48000/256 =	187.5 frm/s
	MIP计算:	(frm/s) (cyc/frm) = 187.5 * 26496 =	4.97M cyc/s
	结论:	FIR takes ~5MIPs on a C5502	
	最大通道数:	60 @300MHz	

不包括上头的中断、控制代码、RTOS等

I/O以及内存能配合这么多通道吗?

I/O	要求I/O速度:	48Ksamp/s * #Ch = 48000 * 16 * 60 =	46.08 Mbps
	DSP SP速度:	serial port is full duplex	50.00 Mbps ✓
	DMA速度:	(2x16-bit xfrs/cycle) * 300MHz =	9600 Mbps ✓
	要求数据存储:	(60 * 200) + (60 * 4 * 256) + (60 * 2 * 199) =	97K x 16-bit
	可用内存:		32K x 16-bit X

所需内存假定:60个不同的滤波器，199元素延迟缓冲器，双缓冲收/发

图 3.17　性能计算

接下来是最重要的计算——这个算法要求处理器的 MIPS 为多少？我们需要找出这个算法要求的每秒时钟周期数。现在计算：帧数/秒 * 周期数/帧，得到大约 5 MIPS 的吞吐率。假设这是处理器里面运行的唯一的计算，通道密度(一个处理器能同时处理的通道数目)最大为 300/5=60 通道。这完成了 CPU 的计算，但这个结果不能用于 I/O 计算。

下一个问题是"I/O 接口能满足 CPU 处理 60 通道的速度吗?"第一步是计算串行接口的"位速率"。为了做到这点，将最大通道密度(60)乘以所要求的采样率(48 kHz)。然后用 16(假设字大小为 16——这由选定的算法给出)去乘。由计算得出工作在 48 kHz 的 60 通道要求 46 Mbps 的速度。在这个例子里，5502 DSP 串口能支持多大速度？文献指出最大位速率是 50 Mbps(CPU 时钟频率的一半是 50 Mbps)。这就是说处理器能满足要求。DMA 能足够快速地把这些样本从 McBSP 搬到内存吗？文献告诉我们这没有问题。

第二步是考虑所需的数据内存的问题，计算有点复杂，需要多做解释。

假设这个应用的所有 60 个通道都使用不同的滤波器，那就是说，60 组不同的系数和 60 个双缓冲器(这能在接收端和发送端使用乒乓缓冲器来执行)。每个通道总共有 4 个缓冲器，因此每个通道有 * 4+延迟缓冲器(只有接收端有延迟缓冲器)。于是算法变成了：

通道数 * 2 * 延迟缓冲器大小=60 * 2 * 199

这是很保守的，如果不是这种情况，系统设计者能节省一些内存。但是这是最坏的情况，因此，我们将有 60 组系数(每组 200 个)，60 个双缓冲器(接收端和发送端的各一对乒乓缓冲器，因此 * 4)，并且我们还需要一个延迟缓冲器，其大小为系数数目减 1，即 199。于是，计算公式变成：

(#通道数 * #倍率)+(#通道数 * 4 * 帧大小)+(#通道数 * #延迟缓冲器 * 延迟缓冲器大小)=
(60 * 200)+(60 * 4 * 256)+(60 * 2 * 199)=97 320 字节

这个结果要求 97K 内存。5502DSP 片上只有 32K 内存，这是个限制。再一次，假设只使用了一种滤波器重新计算，或者换另一种处理器。

现在我们把计算扩展到 2812 和 6416 处理器(图 3.18)。有些问题需要注意：

2812 用在单样本处理模式中很好，所以在 2812 上面使用块 FIR 应用并不是个最好的选择。但是作为例子，这样做能得到它和其他处理器的对比。块处理不适合 2812 的原因与把样本送进片上内存的方式有关。2812 没有 DMA，因为在单采样处理时不需要。计算里的"测试"期限是把来自 A/D 的输入样本信号移动(使用 CPU 周期)到内存所花费的时间。这将通过中断服务程序来实现，这点必须被考虑在内。请注意，2812 的基准和 5502 十分接近。

6416 在做 16 位处理时是高性能的设备——在处理例子里使用的 FIR 算法能做到 269 通道。当然，I/O(在一个串行接口里)跟不上这个速度，但是在操作中能使用 2 个串行接口。

一旦做了这些计算，就能把计算"返回"到系统要求的精确通道数目，确定初始的 CPU 理论负载，然后确定对于额外的带宽(图 3.19)都做些什么。

CPU	DSP	FIR基准	cyc/frm	frm/s	cyc/s	%CPU	Max Ch
	C2812	(nx/2)(nh+12)+ â	27712	187.5	5.20M	3.5	28
	C5502	(nx/2)(nh+7)	26496	187.5	4.97M	1.7	60
	C6416	(nx/4+15)(nh+11)	16669	187.5	3.13M	0.4	230

把16个样本传送到内存的额外时间

I/O	DSP	#Ch	要求的IO速度	可实现的SP速度	可实现的DMA速度	所需内存	可用内存
	C2812	28	21.5 Mbps	50Mbps ✓	None	46K	18K X
	C5502	60	46.1 Mbps	50Mbps ✓	9.6 Gbps	97K	32K X
	C6416	230	176.6 Mbps	100Mbps X	46.1 Gbps	373K	512K ✓

◆ 带宽计算帮助确定处理器的能力

◆ 约束因素:I/O速度、可用内存、CPU性能

◆使用你的系统需求(比如8ch)来计算CPU负载(比如3%)CPU负载能帮助指导系统设计

图 3.18 计算性能分析

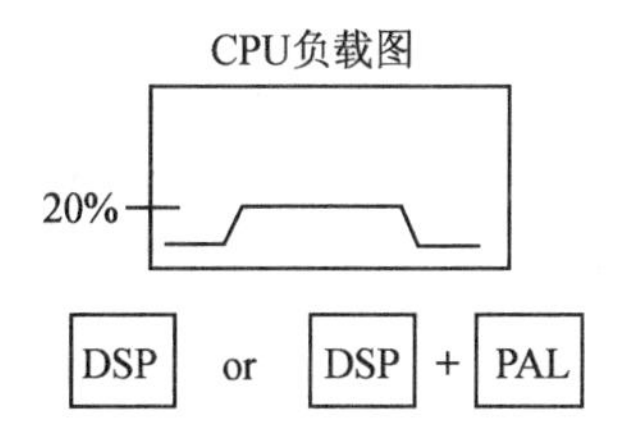

①应用:简单,低结束(CPU负载5%-20%)
用其他80%~95%干什么?
• 额外功能/任务
• 增加采样率(增加精确度)
• 增加更多通道
• 降低电压/时钟频率(更低功耗)

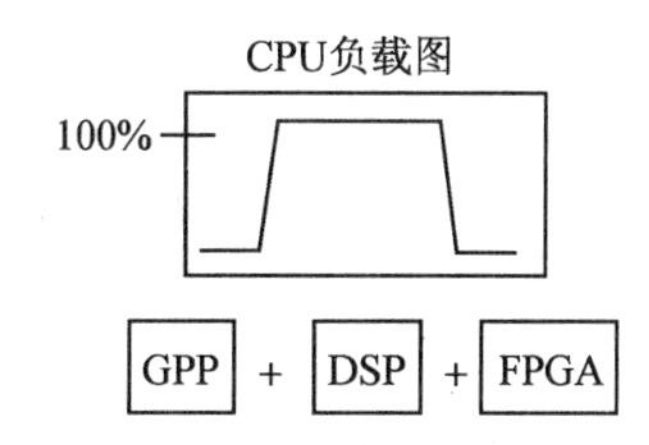

②应用:复杂,高结束(CPU负载100%)
怎样把任务合理分割?
• GPP/μC(用户接口),DSP(所有的信号处理)
• DSP(用户接口大部分信号处理) FPGA(调整任务)
• GPP(用户接口),DSP(大部分信号处理),FPGA(调整任务)

图 3.19 基于有效的 CPU 带宽可以做的事情

图 3.19 展示了两个采样的情形,能帮助理解有关 CPU 负载详细情形的讨论。在第一种情况里,整个应用只占用了 20% CPU 负载。那些额外的带宽用来干什么?设计者能增加更多的算法处理、增加通道密度、增加采样率以达到更高的目标或者精确度,或者降低时钟/电压以使 CPU 负载降下来,进而节省大量电源。这取决于系统设计者基于系统要求而确定的最佳策略。

第二个例子恰好相反——应用需求超过了 CPU 能提供的处理能力。这导致设计者考虑联合解决方案,这个同样取决于应用需求。

4. DSP 软件

DSP 软件开发最基本的要达到系统性能目标。使用高水平语言比如 C 或 C++开发 DSP

软件更有效，但有些高性能不容易实现，强化 MIPS 的算法要求至少部分使用汇编语言。当产生 DSP 算法代码时，设计者应该利用一个或者更多以下的途径：

- 找到已经存在的算法(开源代码)。
- 从卖主那里买到算法或者算法使用权。这些算法也许和工具捆绑在一起或者对于特定应用有归类的库，(见图 3.20)。
- 写算法。如果利用这个途径，尽可能多的用 C/C++执行算法。这通常能更快走向市场并且要求工业里通用的技能。找到一个 C 程序员比找到一个 5502 DSP 汇编程序员要容易得多。使用正确的技术，DSP 编译器能变得非常高效并且高性能。有一些调整技术能用来产生选择性代码，这些将在后面的章节讨论。

◆ 同工具捆绑,包含:
- C可调用的高度优化的汇编程序
- 每个算法有关的文件
- 例子:FIR、IIR、FFT、卷积,最小化/最大化、对数等

◆ 针对特定DSP的其他可用的库
- 图像库
- 其他特定控制的免费库

◆ 使用第三方
- 通过平台、算法和第三方列举应用软件
- 包括说明，比如数据/代码大小、性能、许可文件

图 3.20　重新使用的机会——使用 DSP 库和第三方产品

为了调整代码，得到尽可能高的效率，系统设计者需要明白 3 件事情：结构、算法和编译器。

图 3.21 展示了一些帮助编译器产生高效代码的途径。这些技术在第 6 章将有更加详细的讨论。编译器天生就是悲观的，因而有关系统算法的信息(诸如内存中数据所在)越多越好。如果使用正确的技术，C6000 编译器对比手写汇编代码能达到 100% 的效率。同时用汇编语

▷ 代码段:编译器的特定目标指令/线索

```
#pragma DATA_SECTION(buffer,"buffer_sect");
int buffer[32];
//在存储器映射的特定位置放置缓冲器
```

▷ 本质:C功能调用读取特定ASM指令

C: `y=a*b;`　　本质: `y=smpy(a,b);//增加渗透`

▷ 编译器选项:影响编译器效率

- 优化水平
- 特定目标选项
- 调试信息量
- 更多

图 3.21　产生最强性能代码的编译器优化技术

言编写 DSP 算法有很多正面和反面的效果，所以如果非得用汇编写，一定要从头开始理解源程序，如图 3.22 所示。

正面	● 能得到尽可能高的性能 ● 本地指令系统(包括特殊应用指令)
反面	● 通常学习曲线困难(常常增加开发时间) ● 通常不是便携式的
结论	● 尽可能用C语言写程序(大部分时候不要求汇编) ● 不要将框架从新使用(充分利用库和第三方等)

图 3.22　用汇编语言写 DSP 代码的准备

5. DSP 框架

所有 DSP 系统都有一些基本要求——处理高性能算法的基本要求。包括：

● 输入/输出
  - 输入由模拟信息转换成的数字数据；
  - 输出有数字数据转换回去的模拟格式；
  - 设备驱动同真实硬件的对话。

● 处理
  - 应用于数字数据的算法，比如加密安全的数据流或者解码录音 MP3 文件的算法。

● 控制
  - 控制指令拥有做系统级决定的能力，比如停止播放或者播放 MP3 文件。

DSP 框架必须连接设备驱动和算法，这样才能正确地进行数据流传输和处理(见图 3.23)。

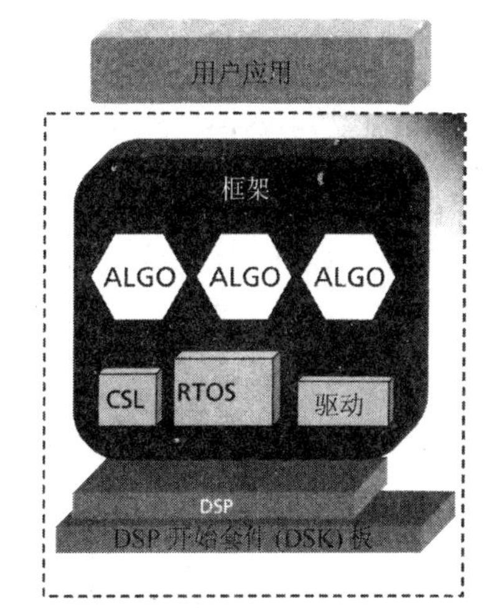

图 3.23　信号处理 DSP 框架模型

DSP 框架能够针对应用开发，针对其他应用再使用，甚至能从卖主手里买到。如上所述，既然许多 DSP 系统有着相似的处理框架，再使用是一个可行的选择。框架是使用标准接口连接算法和软件的系统软件。它包括算法和硬件驱动。使用 DSP 框架的优势包括以下几点：

● 不需要从零开始开发；
● 对于许多应用来说，框架可以作为一个起始点；
● 框架内的软件有着定义好的接口并且运行良好；
● DSP 设计者能把注意力集中在应用层上，这常常是开发的产品主要不同点所在，框架

能被再使用。

图 3.24 展示了一个 DSP 框架的例子。DSP 框架包括：

- 输入/输出的 I/O 驱动；
- 通用算法的两个处理线程；
- 分割/合并思路用于模拟/利用立体声多媒体数字信号编解码器。

这个框架默认有两个通道。设计者能够针对应用需求添加或者移除通道。

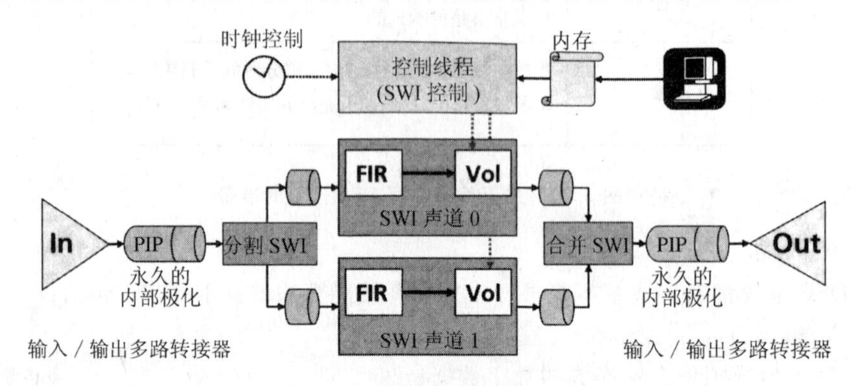

图 3.24 DSP 参考框架的一个例子

图 3.25 展示了 DSP 解决方案的例子。DSP 在这里作为中央处理单元，有把数据从系统中输入输出的机制(ADC 和 DAC 元件)。针对系统电源管理有电源控制模型，还有使用一些可能外设(包括 USB、FireWire 等)进行数据块传输，一些时钟发生器和针对 RF 元件的传感器。当然，这只是一个样例，但许多 DSP 应用遵循相似的结构。

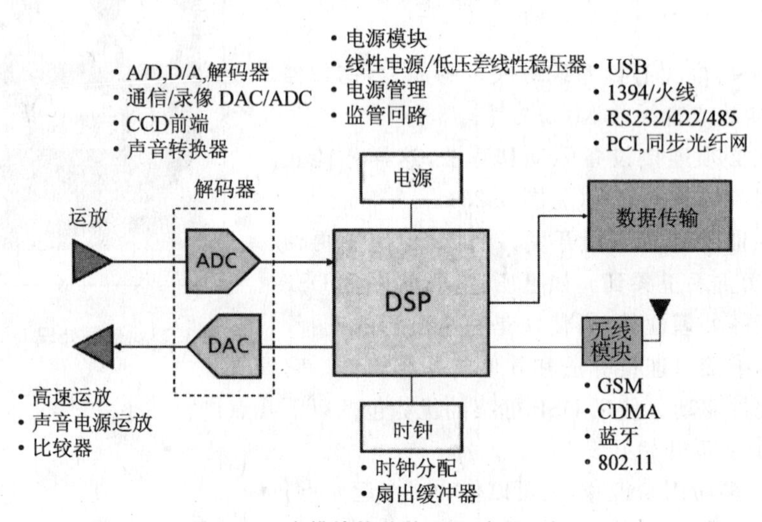

图 3.25 主模块构建的 DSP 应用实例

第4章 数字信号处理算法概述

4.1 算法的定义

算法通常是一个公式或一组解决实际问题的步骤。一个算法由一组规则组成，这组规则清晰，且具有明确的终止点。算法可以用许多形式表示，例如自然语言或类似 C 或 C++的编程语言。

算法可用于各种情形，烤蛋糕的方法就是算法的一个例子。大部分计算机程序都是由各种算法的结合构成的。编程，尤其是信号处理算法编程，基本挑战之一是尽可能少步骤及尽可能简单算法的发明。

从 DSP 的角度看，算法就是一组规则，它指明了算术操作的顺序和格式，这些操作用于一组特定数据。算法操作的例子包括循环规则、逻辑决策、sine 函数或其他公式。

为了在计算机中有效运行，算法必须是精确、有效及可终止的。算法中的每一步必须有一个清楚的定义。算法也必须是有效的，在这个意义上，任务总是应该按照需求完成。最后，算法必须有一个步骤终止处，完全停止算法。尽管许多嵌入式系统应用嵌入在一个"while(1)"循环中，有效地"无休止"运行，但是，应用循环内部的算法必须有始有终。

计算机算法由不同逻辑结构结合而成。运行于计算机上的算法基本构成是：

- 顺序——步骤必须遵循逻辑顺序。
- 决策——对于某种特定情况可能需要程序跳转。
- 重复——"while …","until…"或某一个条件为真时，可能需要一定步骤的重复。

从数字信号处理的实时性特点出发，重要的是基于多种性能测试分析运行在 DSP 上或 DSP 系统上的算法，比如执行时间(算法运行所需要的时间)。

算法运行时间性能的分析是很重要的，在实时嵌入式系统中，通过使用更高速处理器来解决算法运行慢的问题并不总是恰当的。原因有很多。更快的处理器花费更多的钱，而且它的组件成本昂贵。换句话说，每个含有更高速处理器的系统的建立都要花费更多。如果工程师能花时间来优化算法以运行在较小的处理器上，这将是一种只需付出一次的非重复性开支。

对大批量产品而言，这种方法非常有意义。越快的处理器消耗越多的电能，它将导致对便携式产品中电池的更大需求，也可能需要更大的风扇来冷却处理器。有些 DSP 算法花费较少的开发成本，能够产生有益的质量改进（例如，FFT 减少了完成 DFT 的变换时间从 N^2 次操作到 $N\log N$ 次操作）。

记住：一个快速算法可以解决特定问题，但不一定能够对系统的其他部分产生重要影响，这点以后再述。

对于实时 DSP 应用，重要的是估计一个算法的运行时间。这要求分析如下几个方面：

- 问题规模；
- 输入规模；
- 所使用的基本算术操作（加法、乘法、比较等）。

算法的有效开发是非常重要的。尽管一直以来处理器的速度变得越来越快，但是，越来越多的算法需要被开发以满足客户需求的高级应用。一个低效率的算法，无论处理器速度多快，都将需要一个长时间的执行过程，使用更多的处理周期、内存、功耗。DSP 工程师总是应该分析系统算法，估计系统完成任务花费的时间，找到并删除多余的代码。识别低效率算法要求设计者改进整个系统设计。

DSP 算法分析开始于高水平算法执行分析并通过不断细化的估计步骤决定应用的运行时间。

用来估计算法效率性的一个方法称为 big－OH 或 $O(n)$，这里 n 是被估计的函数变元。这个符号不会产生一个算法的精确运行时间。例如，利用 $O(n)$ 分析一个算法时，常数相乘被忽略，由于这个方法仅仅关心阶乘。big－OH 估计随着输入数据增加，算法的整个执行时间如何增加。这是一个重要的分析步骤，因为许多算法都可以用乘法实现。许多情况下，最简单、最直接的算法执行起来也最慢。傅里叶变换算法就是一个极好的例子。离散傅里叶变换（DFT），信号处理最重要的算法之一，其运算量以 n^2 速率增长。快速傅里叶变换 FFT 是 DFT 的快速实现，运算量以 $n\log n$ 速率增长，即 $O(n)=n\log n$。随着输入采样数 n 的增加，两种算法计算量的差别变得愈发明显。图 4.1 为 DFT 与 FFT 计算效率曲线，图中用对数刻度表示计算周期数的差别。当 n 增加时，这个差别是很重要的。一些常用的算法运行时间效率描述方法如下：

常数增长率：$O(n)=c$

线性增长率：$O(n)=c\times n$

对数增长率：$O(n)=c\log n$

二次增长率：$O(n)=c\times n^2$

幂增长率：$O(n)=c\times 2n$

线性增长率是最有效的选择。

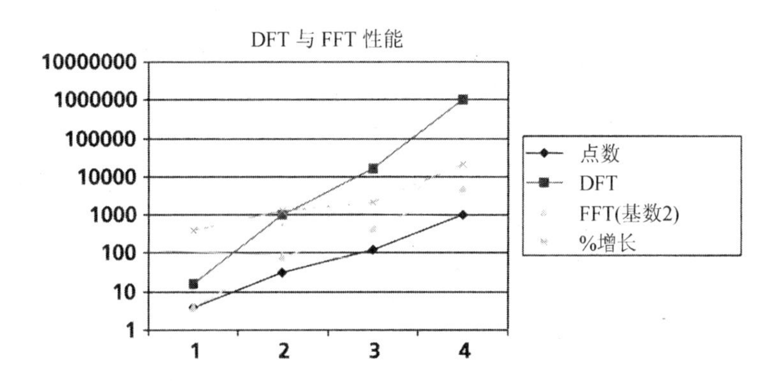

图 4.1　线性增长率算法(DFT)和对数增长率算法(FFT)在计算周期里算法效率的差别

信号处理在许多实时嵌入式系统中执行多种功能。最常见的几种是：

滤波——去除信号中不需要的频率；

频谱分析——确定信号中含有的频率；

合成——产生复杂信号，比如语音；

系统辨识——通过数值分析辨识系统特性；

压缩——减少存储信号所用的内存或带宽，例如音频或视频信号。

数字信号处理工程师使用算法工具箱来执行复杂的信号处理功能。复杂系统应用可以通过使用支撑算法的组合来建立，这些算法本身就是由基础的信号处理功能组成，见图 4.2。本章将介绍一些基础功能，是它们建立了复杂的信号处理功能。

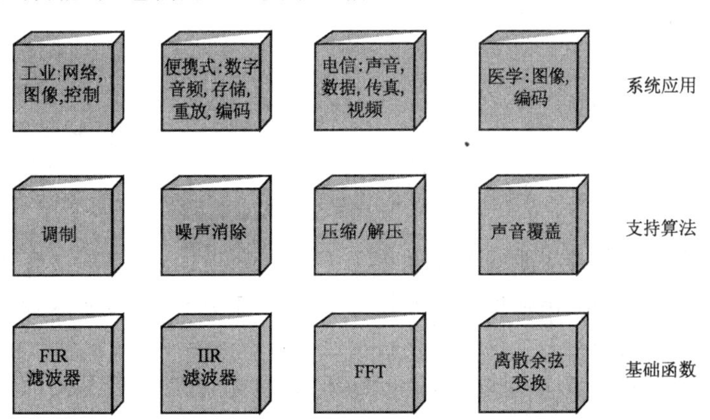

图 4.2　系统构建模块；系统应用，支持算法，基础函数

系统和信号

在开始谈论 DSP 系统之前，必须介绍几个所有系统都通用的概念。然而，重点是概念如何在 DSP 系统中应用。DSP 应用中的系统通常是线性时不变系统。有许多理由说明线性是非常重要的特性，但是，最重要的理由是系统不依赖于处理阶数。例如，一个 8 阶系统可以分成 4 个 2 阶系统，仍然保持同样的输出。时不变也是一个重要特性，因为我们需要知道系统反应相同，换言之，当输入相同时，输出不依赖于输入的时间。这两个特性使得系统是可预测的。

信号和系统常常勾划出输入与输出的关系。有两种典型的方式观察数据：时域和频域。时域方法对于控制应用尤其方便，这里响应时间是很重要的。频域方法对于观察滤波器性能非常有用，可以明白哪些频率通过及哪些频率被阻止。

在时域，常用冲激响应描述系统。一个冲激是一个幅度无穷大、时间无穷小的脉冲，它的积分为 1。由于它一个瞬间跨越了所有频率，所以冲激成为显示一个系统对于输入响应的很好的测试方法。对于冲击输入的响应，称为冲激响应，可以用来描述系统。在数字信号领域内，一个冲激是在 0 时刻幅度为 1，其他时刻处处为 0 的输入信号，如图 4.3 所示。一个系统对一个冲激输入的反应方式可以认为是系统的传递函数。传递函数(或冲激响应)可以提供关于系统在时域或频域对于输入信号响应的所有细节。

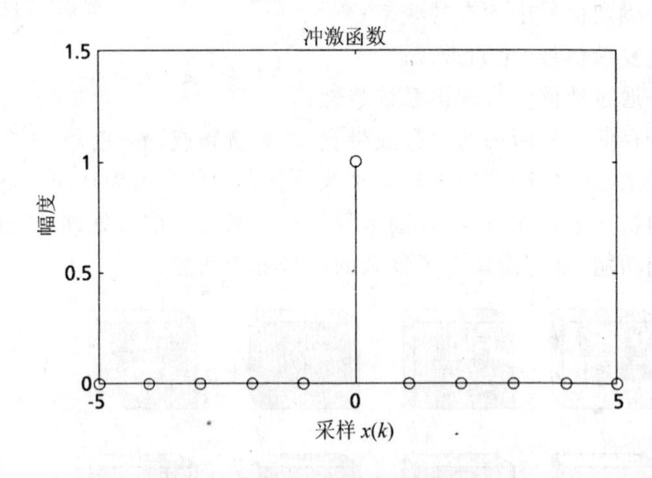

图 4.3　一个冲激响应函数

系统响应常常用频域响应曲线刻划系统对于不同频率信号的影响，有两个相关特性：幅度和相位。幅度是信号的输出强度与输入强度之比，例如，一个信号多大程度能够通过一个指定频率的滤波器。相位是指一个信号频率将被滤波器改变多少，常常是指信号滞后还是超前了多少。并不是所有的应用中相位都很重要，但有时相位是非常重要的，例如音乐或语音方面。

4.2　DSP 系统

DSP 常常用于处理某类连续现象，像声音、无线频率信号、或电机电流。DSP 与其他处理器一样，是数字器件，运行处理离散数据的算法。离散数据说明 DSP 必须处理实际信号的采样表达（近似表达），采样近似能否充分表达原始信号依赖于采样过程。

模拟信号如何转换为数字信号？模拟信号转变为数字信号的过程称为采样。采样是采集模拟信号并将其离散为数字的过程。

4.2.1　模数转换

数字信号处理系统的第一步就是获得来自真实世界的信息。这意味着需要变换模拟信号成为可以由系统处理的数字信号。模拟信号通过模数转换器（ADC），进行采样或周期性量化转换成为数字形式。一旦信号转换为数字形式，这个信号就可以用 DSP 处理了。

ADC 的输入是随时间连续变化的电压。例如，人类语音信号、电视摄像信号等。ADC 的输出分为量化等级或状态数。状态数常常是 2 的幂，也就是说，按照惯例，输出用二进制表达。二进制表达的最大数定义了 ADC 的“分辨率”。

下面举一个声音的例子。

在语音应用中，模拟信号是指通过空气传播的声波的直接表达。一个简单的声调，如一个正弦波，使空气均匀地、周期性地、由高到低地改变压力。当这些变化的声波到达耳鼓或麦克风时，就会使其以一定速率均匀地前后移动。此时，可以测量麦克风振动产生的电压。如果在时域画曲线，这个信号如图 4.4 所示。

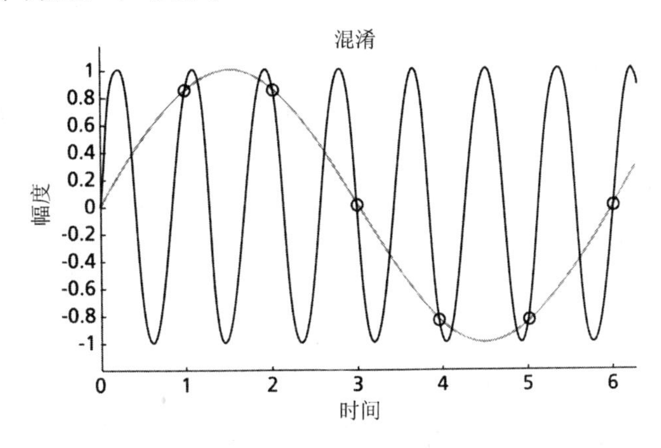

图 4.4　模拟信号（一个采样后的正弦波）时域曲线和一个错误表达原始信息的混淆信号

这个模拟信号必须用数字设备存储、编辑、处理及传输。因此，它必须首先转换成数字形式。利用ADC，输入的电压等级转换成二进制数字。这个操作过程中两个基本概念是采样频率（电压取值的频繁程度）和分辨率（电压测量的数值大小）。当一个模拟信号被数字化时，间隔地取得波形中离散的“快照”。这个间隔称为采样频率。采样值以二进制的形式依次存储。当利用采样值进行波形重构时，结果将是原始波形的“阶梯”式近似，如图4.5所示。

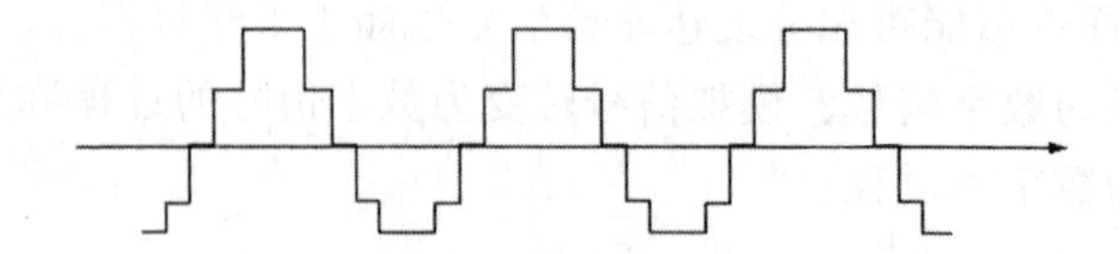

图4.5 采样数字波形的模拟信号重构

当数字化后的采样值变回电压时，利用滤波器平滑台阶近似。这样输出结果看上去就与输入类似了。采样的约束是非常重要的，因为如果采样频率、分辨率太低，重构的波形精度会受到影响。

采样率设定了一个硬件系统实时性要求。不能按时采样或按时产生结果的效果一致，即硬件系统（如CD机、手机）会丢失计算。因此，采样率与计算复杂度一起设定了必要处理时间的下界。可以总结为：

$$(\text{处理指令数} * \text{采样率}) < f_{\text{CLK}} * \text{指令数/周期(MIPS)}$$

这里 f_{CLK} 是DSP器件的时钟频率。DSP工程师在开发过程中，必须尽早理解这些约束，以便设定系统时间线的非功能约束。时序要求是非功能要求的一种形式。

4.2.2 Nyquist准则

采样的最重要的规则之一称为Nyquist定理。这个定理陈述如下：可以精确表达波形的最高频率是采样率的一半。Nyquist速率表明了充分描述一个给定信号的最小采样率；换言之，采样率使得从采样值得到信号的精确重构成为可能。实际上，为了重构原始信号，要求采样率必须或多或少高于Nyquist速率，这是因为采样过程中引入量化误差的缘故。

例如，人类可以探测或听到范围在20～20 000 Hz的频率。如果存储一个声音（比如音乐）到一个CD上，这个声音信号必须以至少40 000 Hz的速率采样，才能重构20 000 Hz的信号。标准CD以每秒44 100次，或44.1 kHz的速率采样。

要求的采样率依赖于应用要处理的信号频率。雷达信号的采样率为1 GHz到几GHz之间，视频应用采样接近10 MHz。声音应用的采样率在40～60 kHz范围，建模（如气象或金融模型等）的采样率要低得多，有时低于每秒1次。

Nyquist准则定义了采样率的下界。实际上，算法复杂度定义了上界。算法越复杂，要求计算结果所需要的指令就越多，降低采样率必定会提供处理复杂算法的时间。这就是为什么有效算法必须被设计和实现的理由，它可以在满足采样率要求的情况下，获得正确的计算结果和分辨率。

4.2.3 混 淆

如果一个模拟信号以小于 Nquist 速率被采样，所得到的数据将不能真实地表达原始信号。再次考查图 4.4 的正弦波。

图中的圆点表明了 ADC 处理过程的采样点。图 4.4 的采样率低于 Nquist 频率，这意味着不能够重构图 4.4 的原始波形。

采样得到的信号看上去与输入信号不同，这种错误的表达称为混淆。在声音或图像应用中，混淆产生了假的频率，这些假频率与正确的频率混淆在一起。

混淆是一种采样率现象，当测量信号频率超过采样率 1/2 时，就会产生这种现象。发生混淆时，Nyquist 频率之上的能量或功率实际上“镜像”地返回到所表达的区域 0～1/2 之内。例如，一个 4 500 Hz 的信号以 6 000 次/s 采样，就会表现出像 1 500 Hz 的信号，这是一个“混淆”信号。

混淆的数学描述，有如下公式：

$$X(n) = \sin(2 * p_i * f_o * n * t_s) = \sin(2 * p_i * f_o * n * t_s + 2 * p_i * k)$$

重写如下：

$$X(n) = \sin(2 * p_i * f_o * n * t_s) = \sin(2 * p_i * f_o + k * f_s) * n * t_s)$$

为了避免这种模糊，必须限制信号中的所有频率在 0～f/2 范围内。频率 f/2 称为 Nquist 频率(或 Nyquist 速率)。必须限制系统频率满足这个要求，别无他选。利用一个模拟(抗混淆)滤波器满足这个要求，将滤波器放在 DAC 之前。

基本 DSP 系统

图 4.6 为基本 DSP 系统，它有 ADC、DSP 和 DAC 组成。典型地，系统在转换前后有模拟滤波器，以使信号更纯粹。下面详细讨论系统的细节。

由于信号不包含 Nyquist 频率之外的频率，必须采取步骤保证高频从信号中滤除。这利用一个低通滤波器实现，其截止频率在 Nyquist 频率附近。这个模拟滤波器称为抗混淆滤波器。然后，信号输入 A/D 转换器，转换为数字信号，以便 DSP 处理。DSP 完成系统要求的动作，如滤波、传输新的信号到 D/A。D/A 转换数字输出到模拟信号。这个模拟输出常常包含由 D/A 引入的高频信号，所以需要一个低通滤波器平滑波形到所希望的形状。这个滤波器称为重构滤波器。

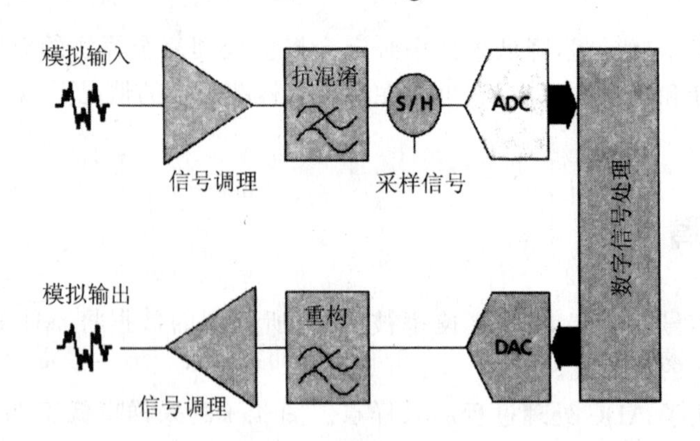

图4.6 基本DSP系统

4.2.4 抗混淆滤波器

数字图像中，混淆会产生锯齿边缘或阶梯效应。声音应用中，混淆会产生蜂鸣。为了去除蜂鸣，A/D转换器利用低通滤波去除所有高于Nyquist频率的信号。这就是"抗混淆"。抗混淆的作用是对混淆产生的图像、声音或其他信号的粗糙的平滑。这种方法针对不同信号会有所变化。例如，一个图像可以应用一种技术来调整像素位置或处理像素亮度以便一条线的色彩与背景色彩变化更大。对于声音信号，通过去除超过采样率一半以上的频率，去除混淆。

低通滤波也用来去除多余的高频噪声和采样之前引入的干扰。抗混淆滤波器实际上有助于减少系统成本，以及满足存储要求，并利用较低的采样率分析时序。低通滤波器用于任何数据采集系统分的重要部分，这里采集数据的精度是非常重要的。在后面的章节将更多地讨论低通滤波器。

4.2.5 采样率和处理器速度

上面讨论了ADC处理过程，如图4.7所示。为了更充分地理解典型应用所要求的处理器速度，考虑一个简单的转换器。一个转换器可以将计算机或数字装置的输出数字信号转换为模拟信号。它也可以将输入的模拟信号转换为用于计算机的数字信号。

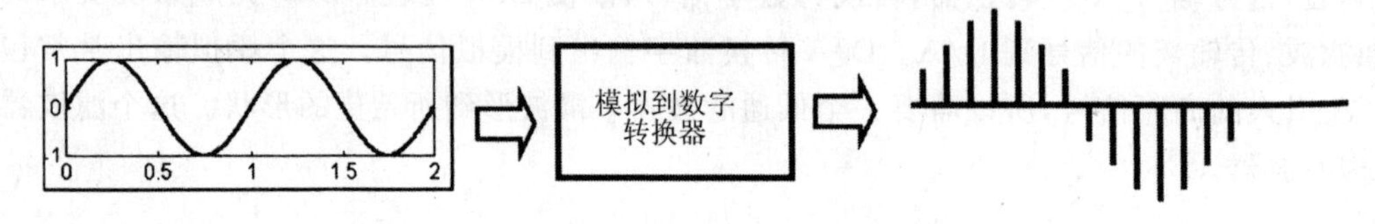

图4.7 信号处理的模数转换

对于这个例子，假定模拟信号的频率不超过 3 500 Hz。因此，如果以 8 kHz 的频率采样，就 Nyquist 准则来说，这是安全的。采样周期 T 是：

$$T = 1/8\,000\ \text{Hz} = 125\ \mu\text{s} = 0.000\,125\ \text{s}$$

从处理要求来看，对于以这个速率采集的信号，必须在下一个采样到来之前，以 0.000 125 s 的时间完成所有必要的处理（记住，采样连续进行，在处理过程中不能遗漏）。这是一个硬件实时性要求的问题。

是否能够满足这个实时性要求依赖于算法的性能和执行算法的处理器速度。知道了采样率之后，就可以决定每个采样周期之间处理器需要处理多少指令：

采样周期(T)/指令周期＝每个采样间隔的指令周期数

对于一个 100 MHz 的处理器，它每个周期执行一条指令，指令周期时间为 1/100 MHz＝10 ns。

125 μs/10 ns ＝ 12 500 采样周期指令数
125 μs/5 ns ＝ 25 000 采样周期指令数（要求 200 MHz 处理器）
125 μs/2 ns ＝ 62 500 采样周期指令数（要求 500 MHz 处理器）

上述例子表明，处理器指令执行速度越高，每次采样之间可处理内容就越多。如果处理速度可以任意设置而不需要成本支持，就可以选择最高的处理速度，给出更宽裕的处理控件。但是处理速度的提高并不容易。处理器速度的提高意味着花费更多的成本，消耗更多的功率，要求更多的冷却等。

4.2.6 A/D 转换器

模数转换器（ADC）转换外界的模拟信号为数字表达，这种数字表达可以由类似 DSP 的计算机处理。DSP 工程师可以在几类不同的 ADC 中选择。选择依赖于应用要求的精度和分辨率，以及采样所要求的速度。ADC 所产生的数值表示了有限分辨率之下的输入电压的离散值。ADC 的分辨率由用于表示数字数值的位数决定。通常，一个 n 位转换器具有 2^n 分之一的分辨率。描述为：

1 LSB＝满刻度范围/2^n-1　（针对 n 位转换器）

例如，一个 10 位转换器具有 1/1 024 的分辨率（$2^{10}=1\,024$）。10 位分辨率对于 5 V 电压范围，最小离散单位是 4.88 mV。如果这个分辨率不够，利用 12 位 ADC 就会有 $5\ \text{V}/2^{12}=1.22\ \text{mV}$ 的分辨率。给定这些特征，不减少动态范围来增加 ADC 分辨率的唯一方法是选择一个更高位数的 ADC。在 DSP 开发生命周期的早期必须完成许多分析。不恰当的分析可能导致 ADC 的选择不能满足应用要求，如视频分辨率、声音质量、代码分辨率等。

数据转换的常用类型如下：

- Flash 转换器——这类转换器或许是最简单的 ADC 实现。它们利用由电阻和比较器组成的电压分压器，将参考电压分成一系列离散值，这些离散值就是转换器的分辨率。Flash 转换器执行速度快，但是，由于增加电路才能提高分辨率限制了分辨率的提高。例如，一个 8 位的 ADC 需要 256 个比较器($2^8=256$)。所有比较器都需要占用空间和消耗功率。
- 逐次渐进——逐次渐进 ADC 利用一系列越来越精确地逼近完成模拟信号到数字信号的转变。由于逐次渐进是串行工作，所以逐次渐进 ADC 比 Flash ADC 速度慢，但相对成本较低。
- 电压—频率转换器——这类 ADC 用与输入电压成比例的脉冲串频率进行工作。输出频率由固定时间间隔的脉冲计数决定。这种数据转换形式用于高抗干扰要求的应用，如信号较低而噪声较高的场合，像许多自动化应用的环境噪声较高。将模拟信号转换成脉冲频率表达，使得信号可以长距离传输而不必担心传输噪声。
- Sigma－delta 转换——Sigma－delta 转换器利用非常快的信号采样率产生非常精确的模拟信号转换。此类数据转换器的精度直接与用来采样信号的时钟速率相关。时钟速率越高，转换结果就越精确。这种方法避开了模拟器件的使用，如逐次逼近的电阻网络，但是，由于快速时钟对于过采样输入的要求，这类转换器比其他转换器要慢。

4.2.7 D/A 转换器

数模转换器(DAC)，就像它的名字一样，是一个从数字输入转换为模拟输出的器件。DAC 转换一个有限离散数字编码为相应的离散模拟输出值。

因为任何数字化的值的有限精度，有限字长是模拟输出的误差源。这是量化误差。任何数字值都是实际模拟信号的近似。DAC 的数字表达位数越多，模拟输出信号就越精确。基本上，转换的最低位 LSB 表达了连续模拟输出的离散水平。可以认为 DAC 为一个数字电位计，它产生模拟输出，这个输出是满刻度电压值的分数，这个电压值由用于转换器的数字编码决定。与 ADC 类似，DAC 的性能由它可以处理的采样数和转换过程中使用的位数决定。例如，一个 3 位转换器(如图 4.8 所示)将比一个 4 位转换器(如图 4.9 所示)性能要差。

现在我们知道，一个 DAC 基于一个数字电压序列产生一个模拟输出。这将产生一个离散的模拟波形，不是连续的。离散输出可以在接收器件或 DAC 中积分。如果积分在 DAC 中进行，所谓的采样保持电路用来完成积分。采样保持逻辑将“保持”来自于 DAC 的信号，直到下一个脉冲的到来。不管积分在哪里完成，产生的模拟信号都需要通过一个低通滤波器滤波。这个操作利用去除 DAC 过程中的高频信号“平滑”了输出波形。

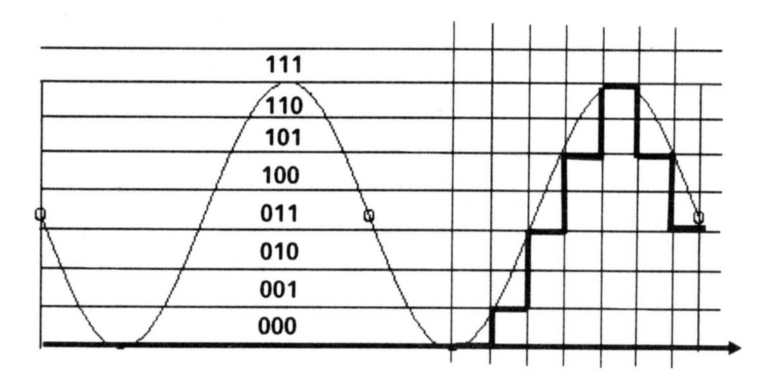

图 4.8　一个 3 位 DAC(产生一个类似图像)

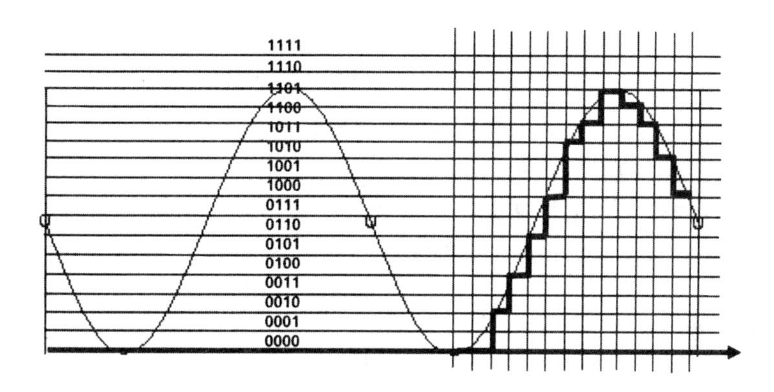

图 4.9　一个 4 位 DAC(产生一个类似图像)

4.2.8　多采样率应用

在许多实时信号处理应用中,时域处理要求在不同的处理阶段改变系统的信号采样率。这被称为多速率采样。在同一系统中,多速率采样比单速率采样用得更多,采样间隔可以在点与点之间变化。这种方法基于 Nyquist 准则,一个信号仅需要用超过其最高频率的 2 倍速率采样就可以了。过采样或许会提高系统性能,但是,如果过采样一个信号产生了无意义的值,而低速采样却可以减少系统处理负担,那就用低速采样更合适。这样做还有其他的好处:采样信号越多,需要的存储空间就越大,所要求的附加处理就越多。因此,过采样一个信号往往伴随着处理和存储负担的加重,这一点不可忽略。因此,多采样率处理可以提高处理效率,由于采样率可以根据任务调整,并尽可能减少采样率。多采样率采样和信号处理使用的技术分别称为抽取和插补,或者下采样和上采样。

抽取由关系式 $y(n)=x(Mn)$ 确定,这里 M 是一个整数。这个关系说明在时间 n 的输出

等于时间 Mn 的输入。换言之，只有 M 整数倍的输入采样被保留。这是采样率减小的有效算法，这里输入采样根据所选择的因子进行抽取。这种采样率的减少可以与使用滤波器减少带宽相比较。

插补函数完成相反的功能。不是“抛弃”，而是在一个采样输入序列中插入采样值，插补在两次采样之间插入新的采样值。这种操作有效地创建了一个“伸长”的采样序列。这个关系可以描述为 $y(n)=x(n/M)$，这里 n 是 M 的倍数，否则 $y(n)=0$。这个算法导致了采样率的增加。这个过程的另一个术语称为“采样率扩展”。插补和抽取应用于无线电及雷达信号处理的软件中。

4.2.9 采样小结

为了充分利用数字处理的能力，必须转换环境的模拟信号到可以有效处理的数字信号。这个过程涉及模数转换过程。为了精确刻画环境中的模拟信号，必须进行足够的采样以使用数字信号表达这些模拟信号。如果采样不足，就会导致不恰当的特性表达。采样过于频繁会导致处理成本和内存空间的浪费。我们不仅必须进行合适的采样，也必须以正确的精度表达采样信号。转换过程的位宽与采样速率一样重要。一旦完成信号处理过程，处理后的波形可能需要传回环境去控制对象，如电机、TV 等。数模转换常用于这个过程。

4.3 滤波器简介

4.3.1 简　介

在日常生活中常常使用滤波器，清晨使用咖啡过滤器来煮咖啡；戴太阳镜过滤环境中有害的射线；使用数字手机去滤出合适的电话呼叫；在一个繁忙的饭馆中，我们滤出其他的声音和噪声听到呼喊我们的名字。在工作中也使用滤波器在主机或计算机中搜寻确定有用的存储信息。

信号由不同成分的正弦波组成。信号由许多正弦周期函数合成，这些函数可以用来逼近许多在信号处理领域非常有用的信号。例如，一个方波信号可以由如下正弦波信号组成：

$$y = \sin\omega t + 1/3\ \sin 3\omega t + 1/5\ \sin 5\omega t + 1/7\ \sin 7\omega t$$

连续逼近显示于图 4.10 中。谐波或基波是简单的单一正弦波，其频率等于方波的频率。每个附加的项都使得波形更逼近方波波形。滤波也用于此类信号，滤波可以用来去除信号中的此类正弦波。为了去除给定信号中的噪声或其他不希望的正弦信号也常常使用滤波方法。

本部分介绍滤波器的主要概念，讨论与模拟滤波器相比数字滤波器的优点，提供数字滤波器的特性的简单概述。

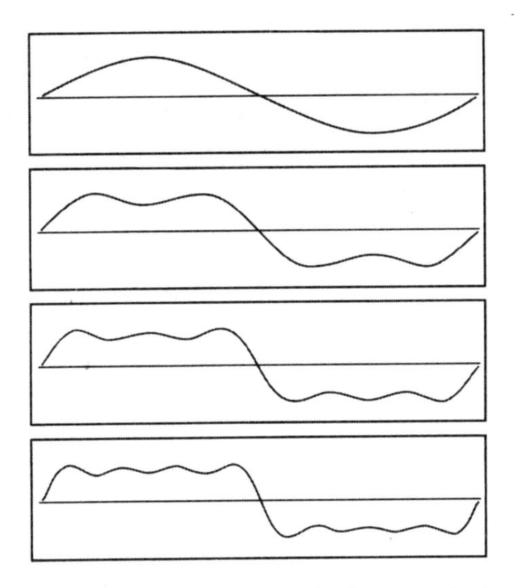

图 4.10 由一系列正弦波产生方波：$y=\sin wt+1/3\ \sin 3wt+1/5\ \sin 5wt+1/7\ \sin 7wt$

4.3.2 什么是滤波器？

一个滤波器可以认为是一个处理过程，它接收某类数据为输入，并以某种方式转换这些数据，然后输出转换数据。

一个滤波器可以是一种器件，甚至是一种材料，它可以抑制或最小化某种频率的信号。模拟世界充满了不希望的噪声，如声、光等。在数字信号处理中，滤波器的主要功能就是去除信号中不想要的部分，这些部分常常是来自环境的随机干扰，而保留信号中的有用部分，它常常位于频率的特定范围。

广义地讲，一个滤波器并不依赖于它的实现。当滤波器是一个广义的概念时（如上所述），DSP 滤波器的大部分时间处理环境中的模拟信号。

滤波器用作两个主要功能：信号分离和信号恢复。当信号中混杂有噪声或不希望的其他信号时，就进行信号分离。当信号以某种方式发生畸变，需要处理已得到的原本信号时，就进行信号恢复。

通常 DSP 滤波器常常用来选择信号中一定的频率而拒接其他的频率或信息。图 4.11 显示了一个简单的正弦波形图，这个正弦波或许代表一个单调的声频，它是我们处理中感兴趣的频率。这个信号来自于实际环境，环境中这个信号必须与许多其他的不希望所谓噪声信号竞争。噪声可能来自于自然环境，也可以人为产生。不管哪种情况，噪声就是我们感兴趣的信息带内不希望的干扰。噪声用附加频率的方式干扰了单调的声音。不希望的信号加入希望的信号，使得信号看起来不像我们“寻找”的信号。图 4.12 部分显示了附加值噪声的正弦信号，产生了畸变波形。许多电子系统用各种方式处理这种噪声干扰，从希望的信号中滤除噪声对于系统的正常运行是非常重要的。事实上，用于电子系统的重要指标之一就是信噪比(SNR)，它是指在给定时间点上，所希望的信号幅度与噪声信号幅度的比值。

然而，我们自然地有空间感(或时间感等)，而数字计算机需要一种不同地考虑方式——频域。频域主要涉及周期(频率)和相位，而不是区间和时序。图4.13显示出频域中同样的正弦信号。时域的正弦信号表示频域的频率分量，我们简单地将这个信号波形变换为一个频率图，图4.13显示出信号由两个频率组成，它们分散在频谱的两个离散点(忽略了负频率表示)。已经证明时频变换的概念在信号处理中是非常重要的。后面将会看到，可以有效地将信号从空域转换到频域，或者相反。

如果我们现在考虑如何保持有用的信息和特性或去除噪声，分析会变得稍微简单一些。在这个例子中，有用的信号是大“刺”，噪声是小“刺”。如果打算画一个方框包围希望保留的信号部分，这个方框类似图4.14的虚线。

图4.15表示一个设计的实际数字滤波器逼近图4.14理想滤波器的情况。可以看到实际的滤波器并不能完全达到理想滤波器的要求。一个理想滤波器有一个垂直的截止频率(称为传输率)，在现实世界中，这是很难达到的。截止频率越陡峭，滤波器的品质因数就越高。为了得到高品质因数，就会要求一个复杂的滤波器设计，见图4.16。后面将会看到，高品质因数滤波器的设计也可能使得滤波器变得不稳定，这会导致其他问题的出现。选择滤波器的关键是理解和刻画频率以及所涉及信号的幅度及其相应的设计。如果正在设计一个蜂窝电话滤波器，这意味着你必须理解最糟糕的情况下连续信号的幅度和位置，设计滤波器保护这些信号避免不希望信号的干扰。最后，图4.17表示了图4.12滤除高频噪声后的信号。这个结果与图4.11中我们所希望的信号相似。注意，图4.11～图4.17是利用1997年James Broesch开发的“DSP计算器”软件生成的。

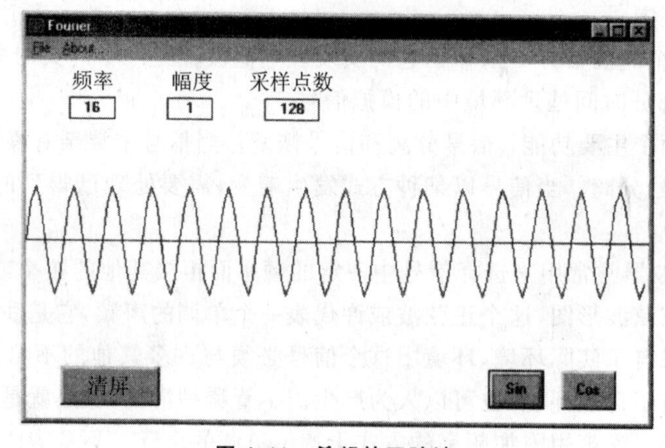

图4.11 希望的正弦波

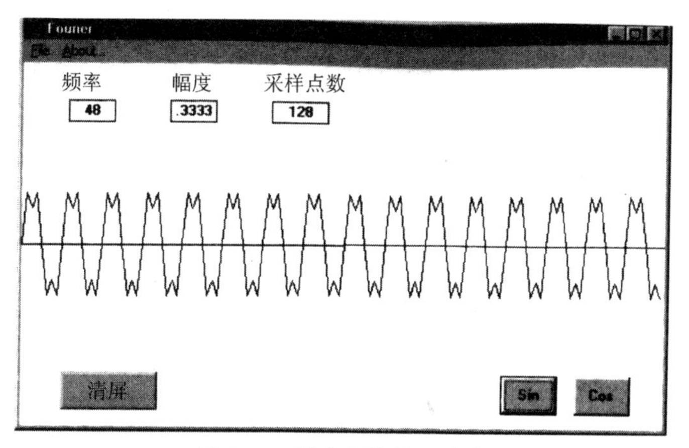

图 4.12　噪声污染的正弦波

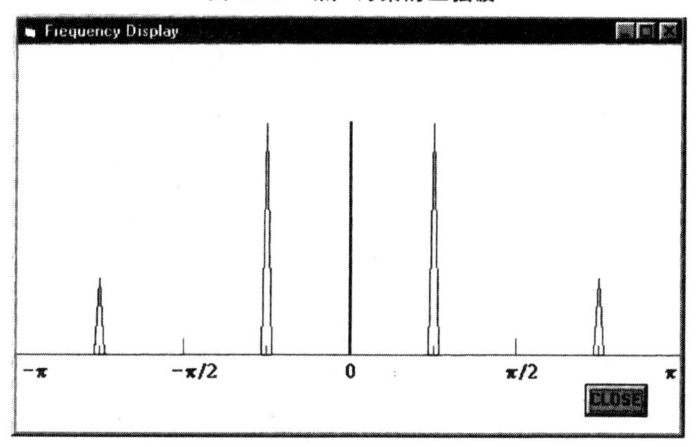

图 4.13　信号的频率图,存在两个主要频率点

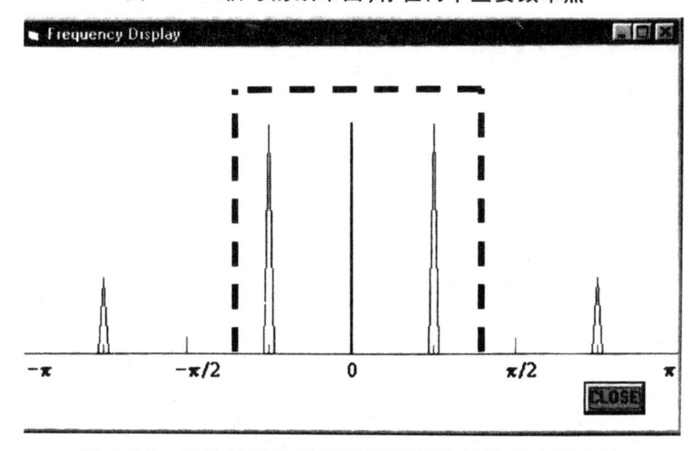

图 4.14　保持希望信号滤除不希望信号的滤波器特性

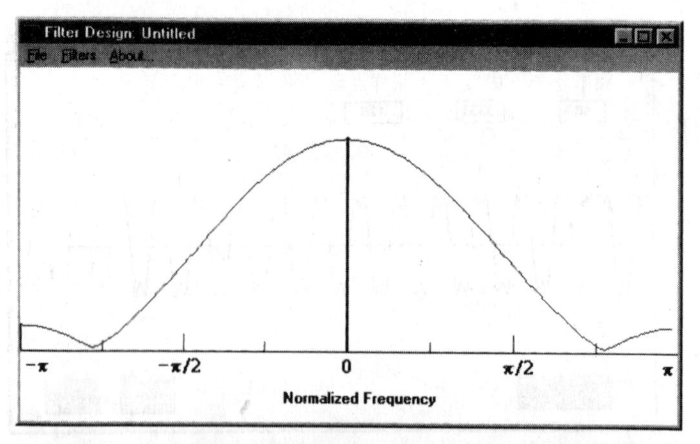

图 4.15 逼近图 4.14 理想滤波器的实际数字滤波器特性

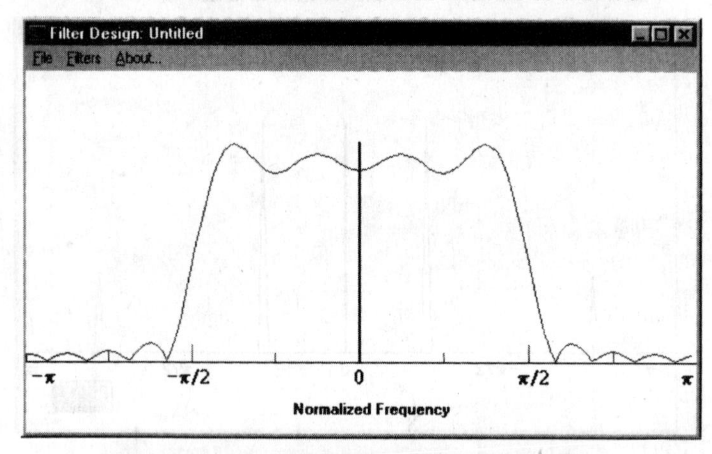

图 4.16 具有更陡峭截止段的更复杂滤波器

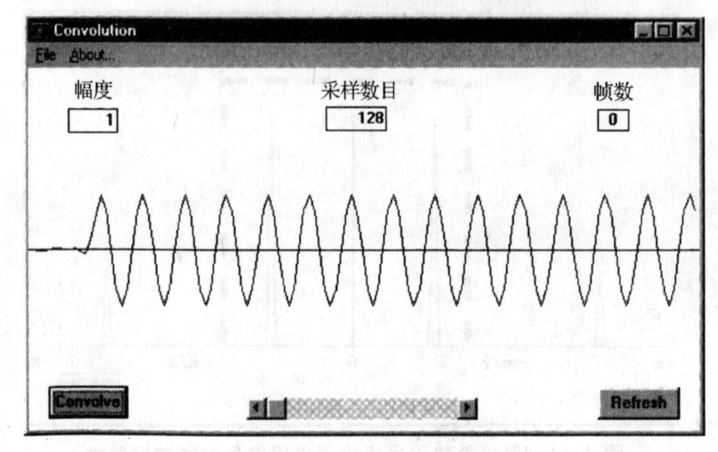

图 4.17 滤波后的波形

滤波器可以用硬件或软件实现。DSP 的优点之一是能够用软件有效地实现滤波。但在 DSP 之前，我们要做什么？如图 4.18所示的简单模拟低通滤波器。这个简单电路由电阻和电容构成。在这样的滤波器中，电容 C 将高频信号接地(高频被削弱)，低频被允许通过。这个简单滤波器的频率响应看上去类似图 4.15 的响应。滤波器的频率响应可以定义为输出信号的频谱，频率响应显示出频域所表达的信息如何改变。

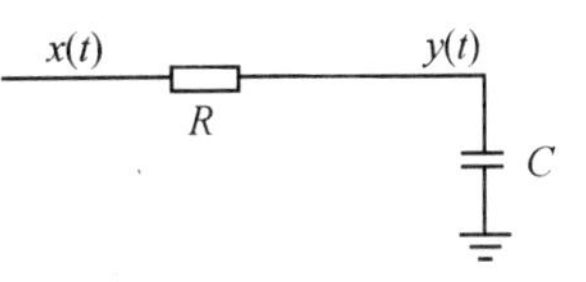

图 4.18 电阻和电容构成的简单滤波器

4.3.3 更多可选择滤波器

图 4.18 所示滤波器可以利用增加更多的模拟电路进一步改善。如果利用硬件进行改进，一种方法是按照图 4.19 所示串联滤波器部分。正如所看到的，更复杂的硬件滤波器要求加入更多的分立元件，这增加了整个电路的复杂性。另外，利用软件算法，更为容易——但是这种方法也要求软件算法复杂性增加，因此，也要求更快的处理器周期和更大的存储空间。天下没有免费的午餐！

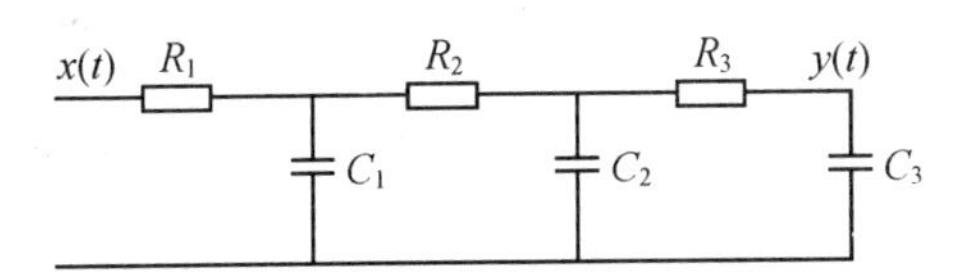

图 4.19 具有更多滤波器部分的另一种模拟低通滤波器

在 DSP 领域还有其他一些可供选择的滤波器。例如，带通滤波器，它是一种允许在两个特定频率之间的信号通过的滤波器，衰减(去除)其余的频率信号，见图 4.20(a)。带通滤波器有许多应用，包括无线传输限定输出信号带宽到最小范围。这些滤波器也用于接收器中，允许一定选择频带内的信号通过，而阻止进入系统的其他频率的信号进入。

滤波器的另一种形式称为高通滤波器。这些滤波器仅仅传送超过一定频率的能量，见图 4.20(b)，所有其他的频率都被衰减。这些滤波器常用于图像处理，这里高通滤波器用来去除低频，即缓慢变化的图像部分，放大图像的高频细节。例如，如果要高通滤波一个房子的图像，我们可以看到房子的轮廓，房子的边缘是唯一的位置，那里相邻像素彼此不同。

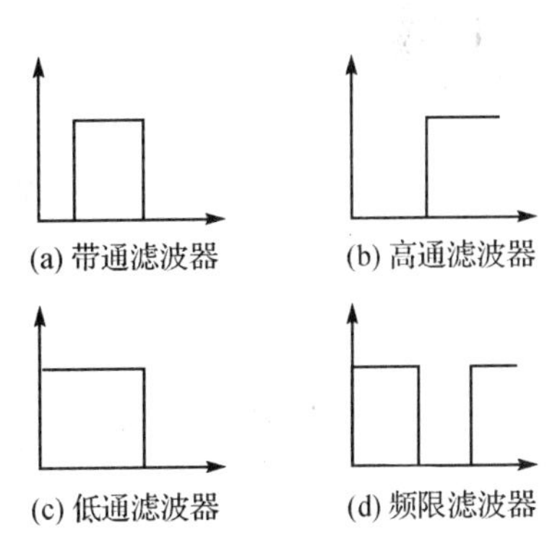

图 4.20 组合模拟滤波器设计

我们已经讨论了低通滤波器。低通滤波器传输低于某一频率的能量，如图 4.20(c)所示，高频能量备衰减。低通滤波器通常用于语音处理。当处理语音信号时，第一步就是滤除所有超过 20 kHz 以上的频率(语音上限频率)，保留低于 20 kHz 以下的频率。

图 4.20(d)是带阻滤波器实例。这类滤波器仅仅传输高于某一特定频带的能量。也称为 notch 滤波器。这类滤波器的目的是有效地通过预定频带之外的所有频率，而频带内衰减。这些滤波器主要用于从信号中去除不希望的频率成分，获得所希望的信号。

4.3.4 相位响应

所有滤波器，不管其衰减或放大哪些频率，都在信号的输入和输出之间引入了延时。如果从时域角度观察，这是一个简单的时间延迟或传输延迟。在频域，这个延时称为相移。如果滤波器中所有频率的延迟相同，这就不会成为一个大问题。然而，滤波的一个潜在问题是滤波过程中传输延迟对于所有频率或许并不相同。某些具有陡峭截止频率的滤波器可能出现这个问题，这种情况称为相位失真。如果观察一个时域中具有相位失真的滤波信号，这个信号具有前置尖头、过冲、振铃，尤其是输入信号变化快的情形。相位失真并不总是坏事情，因为许多应用并不要求线性相位响应。

有些滤波器设计成对所有频率具有固定相位延迟。这些滤波器具有相移与频率呈线性的关系。这些滤波器也称为线性相位滤波器。这些滤波器对于特定输入情况非常有用，例如，输入的快速暂态信号。下降趋势说明滤波器对于所有不希望的频率没有足够的衰减，除非设计复杂的滤波器。线性相位对于数字调制解调器应用是一个非常重要的要求。

4.3.5 滤波器类型小结

有许多类型的滤波器分类解决不同的问题。下面将讨论一些基本滤波器类型。这里是某些通用滤波器的样本：

Boxcar 滤波器	每一个乘法系数都是 1.0。一个 N 位 Boxcar 滤波器，输出就是过去的 N 个采样值之和。
Hilbert 变换滤波器	将信号相位移动 90°。此类滤波器用于来自实际的复杂信号的图形化部分。
Nyquist 滤波器	用于多采样率应用。在 Nyquist 滤波器中，每 L 个系数中有一个是 0，它的作用类似于下采样操作。这有效地减少了实现滤波器要求的乘加操作的次数。
Raised－Cosine 滤波器	用于数字数据应用。这个滤波器通带内的响应是余弦形状，它具有一个常数的“上升”段。
Butterworth 滤波器	去除由时间求导或传感器输入噪声产生的不希望的低频信号。

	Butterworth 滤波器是一种性能优良的通用滤波器，易于理解。Butterworth 滤波器常用于声音处理领域。
Chebyshev 滤波器	最小化理想滤波器与实际频率响应之差。Chebyshev 滤波器提供更为陡峭的截止频段，但是也存在通带内纹波，使对于声音系统存在不稳定因素。此类滤波器更适合于通带仅包含单个感兴趣频率的应用。例如，当需要从方波中产生一个正弦波时，可以滤除其他谐波成分。

4.4 有限冲激响应滤波器(FIR)

在计算机编程应用中，以最通用的形式来说，一个滤波器就是一个程序，它用一定的质量标准检测输入和输出是否满足要求(如数据采集、文件等)。然后，滤波器按照这些要求进行某种处理，并使处理结果与要求一致("滤波"这个术语是 UNIX 系统中的一般操作，现在也用于其他操作系统中)。通常，一个滤波器是一个"通过"函数，它完成如下步骤：

① 检测一组输入数据；

② 对于输入数据进行判断；

③ 如果必要，变换数据；

④ 传递处理后的数据到另一个处理函数。

在类似远程通信的 DSP 应用中，滤波器是函数，它可以选择性地把各种信号分类，通过所希望的各种信号，抑制其他信号。滤波器工作类型常常用于抑制噪声，分离信号到不同带宽通道。

记住 DSP 所处环境是自然的模拟世界，如光、气压等信号都在不断地变化。这种连续变化的信号可以用如下形式表达：

$$X_i = x(ih)$$

这里 X_i是 $t=ih$ 的采样值，i 是计数变量。

ADC 处理之后，模拟信号变成了 DSP 内部的数字序列：

$$X_0, X_1, X_2, X_3, \cdots, X_n$$

这个序列表示了在各个采样间隔的时间 $t=0, h, 2h, 3h, 4h, \cdots, nh$ 上的信号值。

DSP 大致完成这些信号采样的某些操作。这个过程或许在某种程度上改进，如去除噪声或增强信号。DSP 或许输出一个改进的信号回到环境。在这种情况下，输出采样必须利用数模转换返回成模拟形式：

$$(X_0, X_1, X_2, X_3, \cdots, X_n) \rightarrow \text{DSP 变换} \rightarrow y_0, y_1, y_2, y_3, \cdots, y_n$$

$y_0, y_1, y_2, y_3, \cdots, y_n$是 DSP 处理后增强或改进后的输出序列。定义输入与输出处理方式的算法是数字滤波器的滤波特性。有许多方法来完成这个变换，下面讨论几个基本方法。

有限冲激响应滤波器(FIR)实际是一个给定输入信号的权重移动平均。这个算法可以用常规设计方法实现,特殊硬件或运行于类似DSP的算法,或可编程门阵列芯片(FPGA)。本节主要集中于这些滤波器算法的结构。

4.4.1 FIR移动平均滤波器

作为滤波器工作的一个简单例子,考察德州、休斯顿每月温度记录。图4.21为两年的温度数据曲线。这些数据可以被滤波或平均,以显示以6个月为周期的平均温度。基本算法是累积足够的采样(本例为6),计算6个采样的均值,加入新的采样点,重复计算所得到的最近的6个采样的"移动"均值。这样就产生了所感兴趣区域的温度的滤波均值。这个由图4.21的半年均线表示。注意"相位延迟"效应。半年均线与温度曲线有同样的形状,但是,由于平均而产生了"延迟",它也被平滑了。注意峰值和谷值在均值或平滑后与原来的不同。

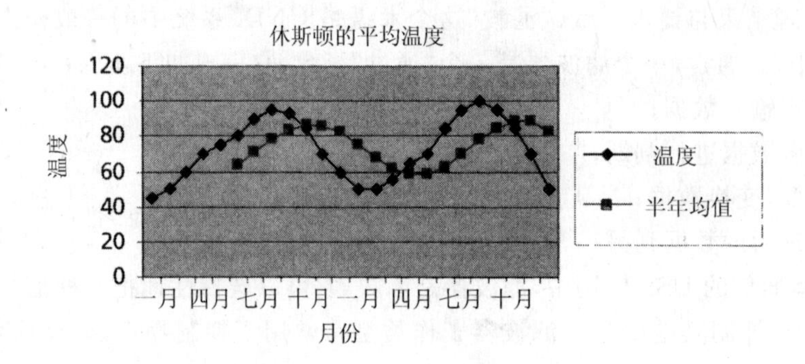

图4.21 计算温度的滑动均值的算法

从上述例子可以发现一些情况。首先是温度值的个数或用于完成滤波的采样值个数。本例中,阶数是6,因为计算的是6个月滑动均值。这被称作滤波器的"阶"。数字滤波器的阶数定义为用于计算当前输出所用的之前输入采样值的个数。在进行实时滤波运算时,这些数值存储在DSP的内存中。

例如,0阶滤波器表示为:

$$Y_n = X_n$$

这种情况下,当前的输出Y_n仅依赖于当前的输入X_n,不依赖任何其他先前的输入。0阶滤波器也可以表示为:

$$Y_n = KX_n$$

这里使用了乘法因子K,利用常数放大或缩小输出采样值。一阶数字滤波器的一个例子表示如下:

$$Y_n = X_n - X_{n-1}$$

这个滤波器使用了一个之前的值(X_{n-1})以及当前的采样值 X_n来产生当前的输出值 Y_n。

类似地,下式的变换是一个二阶滤波器,因为需要之前的两个输入采样产生输出采样。

$$Y_n = (X_n + X_{n-1} + X_{n-2})/3$$

至此为止的讨论中,当前的输出采样 Y_n仅仅由当前和之前的输入值(如 $X_n, X_{n-1}, X_{n-2}, \cdots$)进行计算。这类滤波器称为非递归滤波器。FIR 滤波器就是非递归滤波器。

4.4.2 归一化思想

至此,已经讨论了简单的基本的 Boxcar 滤波器。当这个简单的无权重或均匀权重移动平均滤波器在许多低通滤波应用中产生可接受的结果时,可以利用改变分配给过去和当前输入值的权重获得滤波器性能的更好控制。这样做不改变程序;对于每个输入采样,相应权重(也称为系数)与当前及之前的输入值相乘,然后,各乘积相加产生一个输出结果。用代数式表示结果如下:

$$y(n) = a_0 \times x_n + a_1 \times x_{n-1} + a_2 \times x_{n-2} + a_3 \times x_{n-3} + a_4 \times x_{n-4}$$

或

$$Y_0 = a_0 \times x_0 + a_1 \times x_1 + a_2 \times x_2 + a_3 \times x_3 + a_4 \times x_4$$

上述方程可以统如下:

$$Y = \sum_{n=1}^{4} a_n \times x_n$$

4.4.3 硬件实现(流程图)

这个计算可以直接用特定硬件或软件实现。从结构上看,硬件 FIR 滤波器只由两种特性构成:一个简单的延时单元和一组系数,如图 4.22 所示。图中延时单元表示为 z^{-1},系数或权重表示为 a_0、a_1、a_2、a_3、a_4,输入采样值为 x。

采样延时单元表明是存储元素,要求存储前一个采样信号值。这些延时元素数学上表达为 z^{-1},这里 z^{-1}就是单位延时。单位延时算子在一个序列中产生前一个值。单位延时引入了一个采样间隔的延时。因此,如果应用算子 z^{-1}到一个输入值 x_n,那么将得到前一个输入值 x_{n-1}。

$$z^{-1} x_n = x_{n-1}$$

上述类似 FIR 的非递归滤波器有一种简单的表达(称为变换函数),不包含任何分母项。二阶 FIR 滤波器的变换函数是:

$$Y_n = a_0 x_n + a_1 x_{n-1} + a_2 x_{n-2}$$

这里每项都有一个滤波权重。

后面将会看到，有些滤波器确实带有分母项，它可能使滤波器不稳定(输出不能收敛到0)。

因此，值 a_0、a_1 等是算子的系数或权重，值 x_1、x_2 等是运算数据。每一个系数/延时对称为一个节点(出自连接或两个延迟单元的节点)。

FIR 的节点数(常常表示为 N)说明如下：

- 要求实现滤波器的存储量；
- 要求的计算量；
- 滤波器可以实现的“滤波”能力，实际上，节点越多，阻带衰减越多，通带纹波越小，滤波带宽越窄等。

为了按图 4.22 操作滤波器，算法步骤如下：

① 输入采样进入延时线；

② 延时线上的每一个采样值与相应的系数相乘，然后结果相加；

③ 采样移出延时线为下一个采样留出位置。

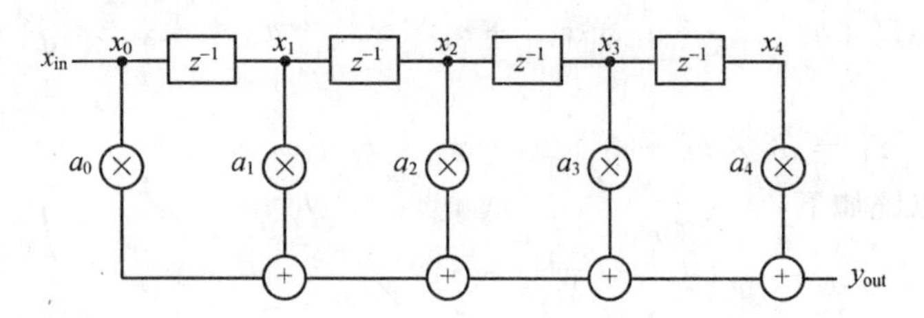

图 4.22　一个有限冲激响应滤波器流程图结构

4.4.4　基本软件实现

FIR 的可以直接实现，它仅仅是权重移动平均。任何具有完善的算术指令或数学库的处理器都可以完成必要的计算。实时性的约束是速度。许多通用处理器不可能实时地、足够快地完成输入到输出的计算。这就是使用 DSP 的原因。

一个类似 DSP 的特定硬件解决方案，与通用处理器相比，有两个主要的速度优势。DSP 具有乘法算术单元，它可以使得权重均值独立项并行工作。DSP 结构也有数据通路，实现 FIR 滤波器的镜像数据移动。DSP 中的延时线自动地根据合适的系数排列当前的采样窗口，这相当大地增加了数据吞吐量。乘法结果自动地进入累加器，进一步增加了运算效率。

可编程处理器中，DSP 结构提供了优化和并行操作的机会。DSP 具有乘法算术单元，可以并行工作，最好地模仿了滤波计算的并行机制。这些 DSP 也趋向于对特定数据移动进行操作。这些操作也可以“移动”数据于 DSP 中的特殊目标寄存器中。DSP 处理器几乎总是有特定的复杂指令(像乘加计算或 MAC 操作)，它允许数据直接从乘法器进入累加器，而不需要如图 4.23 所示的精确控制。这就是为什么DSP可以在一个时钟周期内完成这些MAC的原因之一。

学会有效地使用一个特定DSP的处理器就是学会如何使用这些特性。

在DSP中,MAC操作是一个相应的延时采样数据乘以一个系数,然后,累加这些结果的操作。FIR滤波器常常要求每个节点对应一个MAC操作。

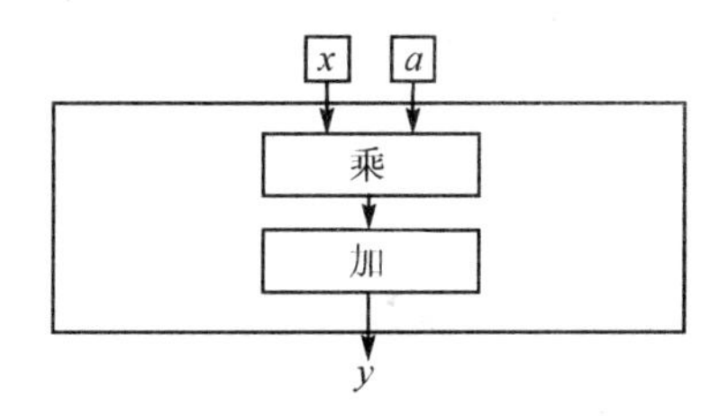

图4.23 为了实现快速乘加运算,DSP利用优化的MAC指令

4.4.5 FIR滤波器特性

FIR滤波器的“冲激响应”仅仅是一组FIR系数。换言之,如果给FIR滤波器一个“冲激”,这个冲激序列由值为“1”的一个采样值与一系列“0”采样值构成,滤波器的输出就是一组简单的系数,当1值依次移动过每一个系数,就构成了输出序列。

我们称冲激响应为“有限”,因为在这种滤波形式中没有闭环反馈。如果输入一个如前面描述的冲激,在“1”这个采样值以其固有的方式在延时线上通过所有系数后,输出就会变成0。叙述这个现象更常用的方法是不管输入到滤波器的信号是何种形式,或不管输入滤波器的信号序列是多长,输出最终将变为0。达到输出为0所花费的时间依赖于滤波器的长度,这个长度由“节点”(一个延迟采样乘积)数以及采样率(“节点”计算的速度)决定。FIR滤波器计算所有滤波“节点”所花费的时间决定了输入到系统的采样值与系统输出采样结果之间的时间。这称为滤波器的相移。

如果系数是自然对称的,滤波器就称为线性滤波器。线性滤波器延迟了输入信号,但不会产生相位失真。

FIR滤波器通常设计为线性相位,尽管它不必要求线性相位。如前所述,如果(仅仅如果)FIR滤波器的系数是围绕中心系数是对称的,这个滤波器就是线性相位的。这说明以第一系数与最后一个系数是相同的,第二个系数与倒数第二个系数是相同的,依此类推。

计算FIR的延迟是简捷的。给定N个“节点”的FIR滤波器,延时计算如下:

$$(N-1)/F_s$$

这里F_s是采样频率。如果使用一个21“节点”的线性相位FIR滤波器,以1 kHz频率运算,延迟计算为:

$$(21-1)/1\ \text{kHz} = 20\ \mu\text{s}$$

4.4.6 自适应FIR滤波器

FIR滤波器的通用形式称为自适应滤波器。自适应滤波器用于从噪声信号中抽取语音信号的情况。假定语音信号埋没在恶劣的噪声环境中,具有许多与语音信号处于同一频段的噪声。以一个自动化应用为例。一个自适应滤波系统使用噪声删除模型尽可能地去除噪声。

自适应滤波系统使用两个输入:一个输入包含被噪声污染的信号,另一个输入是噪声参考输入。噪声参考输入包含与主输入相关的噪声输入(如背景噪声)。自适应系统首先滤除噪声参考信号,使得信号更接近主输入信号。滤波后的信号再减去主信号。这个算法的目的就是去除噪声,留下语音信号。尽管噪声绝不可能完全去除,但是,它被大大地削弱了。

完成此类自适应算法的滤波器可以是任何类型,但是,FIR滤波器是最常用的,由于简单和稳定(图4.24)。在这个方法中,有一种标准的FIR滤波算法,可以使用MAC指令在一个时钟周期内完成节点操作。"自适应"过程要求用计算去调整FIR滤波器匹配所希望的响应特性。如果FIR输出匹配系统响应,这个滤波器被调整完成,不必进一步调整。如果两个值有差别,说明需要进一步调整FIR滤波器系数,这个差别称为误差项。这个误差项用于每次滤波器运行时调整每一个系数值。

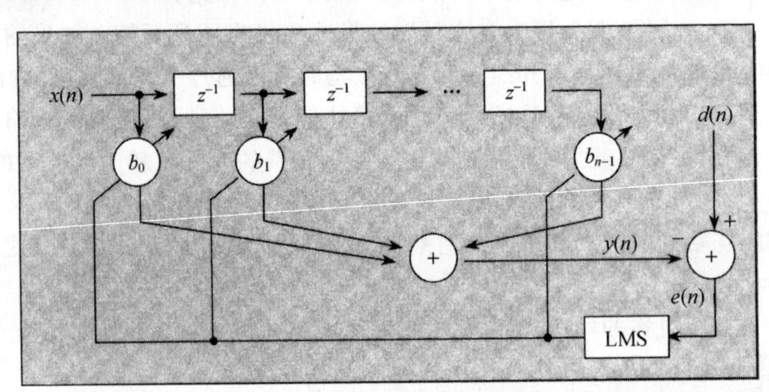

图4.24 自适应FIR滤波器通用结构。由于能够忍耐非优化系数,这个滤波器常用于自适应算法

计算自适应滤波器的基本过程如图4.25所示。滤波器操作的每一次迭代都要求系统首先确定滤波器误差,然后,用一个"热"因子或自适应响应率标定它。由于每次迭代只完成一组,所以整个系统成本非常低。

下一步就是决定每个系数调整多少。不是所有的项都必须进行同样的调整。在特定节点的数据越强,它对误差的贡献就越大,这一项被标定的就越多。(例如,一个节点碰巧它的数据是0,它就不会对结果有任何影响,因此,在那个迭代中就不会被采用)。这个独立的误差加入

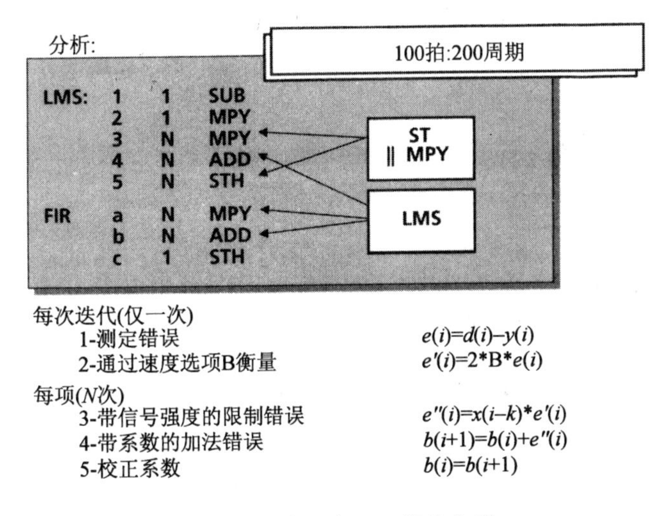

图 4.25　自适应 FIR 算法分析

系数值，然后，写回系数存储单元对系数进行“刷新”或“适应”这个滤波器。DSP 加载分析（图 4.24）显示出由 $3*N$ 步构成的自适应过程。这比 FIR 本身大，FIR 要求 $2*N$ 过程运行。自适应滤波对于一个 N 节点滤波器要求 $5N$ 步操作，这比简单的 FIR 滤波器多许多运算周期。这个操作对计算机的负担可以通过 DSP 的 MAC 指令，减少到 $4N$ 次。DSP 也可以使用并行指令，当分开的运算指令运行时，它允许赋值与存储同时执行。

本例中，用多项式并行存储可以吸收 LMS 过程中的两部，进一步减少每次迭代对 $3N$ 周期的赋值。LMS 加法需要系数值，也在 MAC 指令期间存取。一个特定的 LMS 指令（另一种特殊指令），合并了 LMS ADD 与 FIR 的 MAC。这可以减少对于一个 N 节点自适应滤波器的 $2N$ 时钟周期赋值。对比预期的 500 时钟周期，现在一个 100 阶的系统将运行约 200 个时钟周期。当选择一个 DSP 用于系统时，在研究给定功能需要多少 MIPS 时，类似的微小特性讨论是非常有意义的。

4.4.7　FIR 滤波器的设计与实现

一个滤波器可以用高级语言——C 语言很容易地实现：

```
y(n) = 0.0;
for(k = 0;k<n;k + + )
{
y(n) =  y(n) + c[k] * x[n - k]
}
```

y(n)　　表示输出样本；

c[k]　　表示滤波器系数；

x[n-k]　　表示滤波器以前的输入样本。

尽管这个代码看上去相当简单，但是在DSP上，它并不十分有效。需要合适的实现或调整，否则，算法的运行将非常低效，不能从DSP上获得最大的"技术优势"。例如，上述的算法实现中，存在一些低效部分。

循环内重复地存取y[n]，这是一种低效率操作(如果存取片外存储器，存取操作耗费很高)。尽管设计的DSP结构(稍后将在第5章详细讨论)用以最大化同时存取内存中的若干数据块，编程者应该采取措施最小化内存存取次数。

用c[k]变址方法存取数组也是低效率的；许多情况下，如果利用指针代替变址寻址(数组变址计算要花费若干时钟周期，是非常低效的)，根据内存性能，一个优化的DSP编译器能够产生更有效的代码。如果类似FIR的函数处理同样的变量若干次，效果会更明；否则，必须一步步计算一个大数组的每一个元素。使用这个例子中的变址寻址意味着C编译器仅仅知道这个数组的开始地址。为了读数组中的任意一个元素，编译器必须首先找到该元素的地址。当数组元素用变址寻址[i]存取时，编译器就不得不计算这个地址，这需要花费时间。事实上，C语言特别地提供了"指针"类型以避免变址寻址的低效率数组元素存取操作。指针可以很容易地修正来决定新的地址，而不需要进行内存存取操作，只需要使用简单熟悉的操作*Ptr++就可以了。但是，指针必须初始化，而且不止一次。

任何处理器中，使用指针比用变址方式存取数组都更有效。对于DSP来说，这个益处是多种多样的，因为DSP中的硬件支持，可以实现无成本快速地址运算和简单的地址增加，同时，完成数据存储，DSP处理器就是按照这个思路优化的。当讨论DSP结构时，显然，DSP可以实现同时多数据存取，因此，可以同时自动增加地址。

常常由于处理器进行数据输入、输出时产生延时，使得DSP处理过程受到影响。存储器存取成为DSP处理的瓶颈。即使具有多存取优势的DSP构架，从存储器多数据存取来实现滤波操作也可能超过整个DSP的运算能力。利用快速DSP寄存器使得存储器存取模式更加灵活，这些存储器允许编译器存取常用的内存值，而不必进行昂贵的存储器存取(例如，关键字"register"可以用来告知编译器，只要可能，就放参考值到快速存取寄存器中)。

数字FIR的主要缺点是执行所花费的时间。由于滤波器没有反馈，与IIR滤波器相比，为了满足设计要求，系统方程需要多得多的系数。对于每一个额外的系数，就多一次额外的乘法和对DSP额外存储器要求。对于一个希望的系统，实现FIR系统的速度和存储器要求可能使得系统实现更困难。

4.4.8 DSP 器件的基本 FIR 优化

不计算那些不必计算的事情可以使得 FIR 的实现更有效(这一点适用于所有算法)。

例如,如果滤波器有 0 值系数,实际上不必计算那些环节。这种情况是“半带”滤波器,每一个其他的为 0 的系数都具有这个特性。

还有,如果滤波器是“对称”的(线性相位),在进行乘法之前,可以“预加”采样值,这些采样值乘以同一个系数。由于这个技术主要是用加法取代乘法,在 DSP 中这种方法实际上没什么用处,因为 DSP 中可以在一个时钟周期内实现一个乘法操作。然而它在 ASCI 实现中是有用的(ASCI 中加法比乘法计算代价低得多);还有,现在许多 DSP 处理器提供特殊的硬件指令来使用这个技巧。

对称 FIR 实现过程首先是将两个同样系数的数据相加。图 4.26 中,第一个指令是双字操作 ADD,在一个时钟周期内,它利用寄存器 AR2 和 AR3 完成这个功能。寄存器 AR2 和 AR3 分别指向第一个和最后一个数据,累加器 A 保存和的结果。这些数据的指针自动地(不需额外时钟周期)增加,指向后续 ADD 的采样数据对。重复指令 RPTZ 使 DSP 实现后续“N/2”次指令。FIRS 指令对于每两个环节在一个时钟周期内实现滤波器其余的计算。FIRS 从累加器 A 中取出数据,用来自数据总线的系数与之相乘,将运行中的滤波器结果与累加器 B 内容相加。在完成乘加操作(MAC)的并行 MAC 单元中,通过总线 C 和 D 向 ALU 提供下一对数值,相加结果送入累加器 A。复合多总线、数学乘法硬件,以及有效分配任务的指令,使得 N 个环节的 FIR 滤波器在 $N/2$ 个时钟周期内实现。这个过程在每个时钟周期内使用了三条总线。这导致了大数据吞吐量(在 10 ns 内,这个量是 30M 字/s——持续不断,非“突变”)。

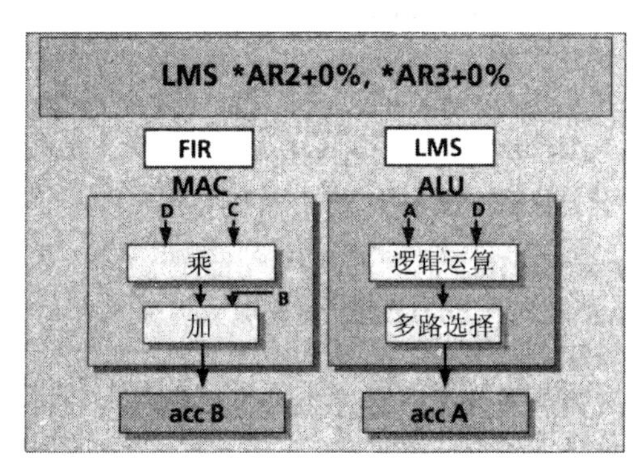

图 4.26 DSP 上实现一个对称 FIR 滤波器

设计一个 FIR 滤波器

FIR 滤波器的最简单设计是一个均值滤波器,所有的系数相等。然而,这种滤波器不能给出满意的幅度响应。设计滤波器的技巧是获得正确的系数。今天，有一些很好的算法来寻找这些系数，一些软件设计程序可以进行辅助计算。一旦获得系数，将这些系数带入算法，实现滤波器就变得很简单。下面讨论选择系数的技术。

Parks－McClellan 算法

用于确定滤波器系数的最“catch－all”的算法是 Parks－Mcclellan 算法。一旦获得说明（滤波器的截止频率、衰减及带宽），它们是提供给函数的参数，函数的输出是滤波器的系数，由整个频率响应的误差控制程序工作。因此，通带和阻带纹波“最小”误差相等是标准。还有，Parks－Mcclellan 算法不限制前面所讨论的滤波器类型（低通、高通）。可以有所希望的多个通带，每一个通带的误差给定权重，这使得随机频率响应的滤波器建立更为灵活。为了设计滤波器，首先用如下方程计算滤波器的阶数：

$$\hat{M}=\frac{-20\log_{10}\sqrt{A\delta_1\delta_2}-13}{14.6\Delta f};\qquad \Delta f=\frac{w_s-w_p}{2\pi}$$

这里 M 是阶数，w_s 和 w_p 是通带和阻带频率，δ_1 和 δ_2 是通带和阻带纹波。

δ_1 和 δ_2 根据希望的通带纹波和阻带衰减进行计算，公式如下：

$$\delta_1=10^{A_p/20}-1;\quad \delta_2=10^{-A_s/20}$$

一旦获得这些值，结果可以插入 MATLAB 函数 remez 来得到系数。例如，一个滤波器，通带在截止频率 0.25～0.3 之间，通带纹波 0.2，阻带衰减 50 dB，如下的技术指标可以插入 MATLAB 源文件，以得到滤波器系数：

```
% 设计规范
wp = .23; ws = .27; ap = .025; as = 40;
% 计算变化量 δ
d1 = 10^(ap/20) - 1; d2 = 10^( - as/20); df = ws • wp;
% 计算 M
M = (((( - 10 * log10(d1 * d2)) - 13)/(14.6 * df)) + 1);
M = ceil(M);
% 为低通滤波器往 reme 函数里填充数字
ht = remez(M - 1,[0  wp  ws  1], [1  1  0  0];
ht 是包含 35(M 值)系数的矢量排列,为了得到频率响应,使用如下 MAILAB 命令。
[h, w] = freqz(ht);              % 得到频率响应
w = w/pi;                        % 规范频率
m = abs(h);                      % 计算数量
plot(w,m);                       % 绘图
```

低通滤波器频率响应见图 4.27。

加　窗

FIR 滤波器的另一个通用技术是从理想冲激响应中产生频率系数的技术。这种理想冲激

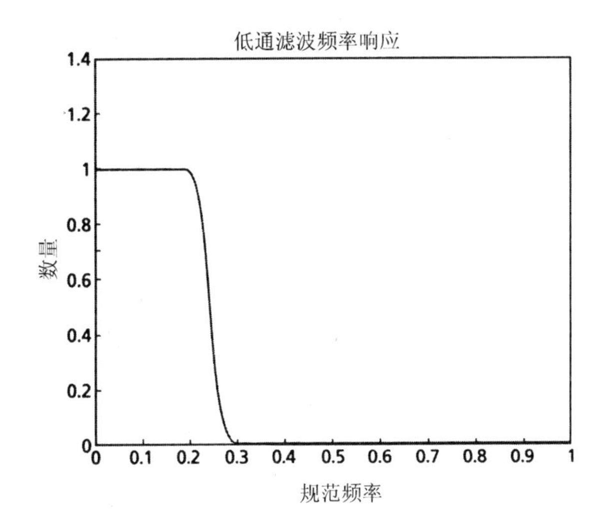

图 4.27　低通滤波器频率响应

响应的时域响应可以用作滤波器的系数。使用这个方法的问题是频域的频率急剧变化将产生无穷长的时域响应。当滤波器被截尾时,由于时域的中断频域的截止频率点会产生振铃效应。为了弱化这个问题,使用所谓的加窗技术。

加窗过程是由平滑系数边缘的算法乘以时域系数。这里的平衡是减小振铃与增加传输宽度。讨论几个窗函数,每一个都是传输宽度与阻带衰减的平衡结果。

如下是几类通用的窗函数:

矩形窗	最陡峭的传输,阻带最小的衰减(21 dB)。
Hanning	超过矩形窗 3 倍传输,但是 30 dB 衰减。
Hamming	螺旋传输,30 dB 衰减。
Blackman	矩形窗的 6 倍传输,74 dB 衰减。
Kaiser	任何(用户)窗可以基于阻带衰减产生。

当使用窗技术设计滤波器时,第一步是响应曲线或试错法确定哪一个窗适合应用。然后,选择所希望的滤波器系数。一旦窗的长度和类型确定下来,就可以计算窗的系数。然后,用理想滤波器响应乘以窗的系数。对于前面同样的滤波器,使用 Blackman 窗,其代码如下,频率响应见图 4.28。

```
% 使用67倍加重平均窗口设计低通滤波器
% 设计特征
ws = .25; wp = .3;
N = 67;
```

```
wc = (wp - ws)/2 + ws            % 计算中止频率
 % 建立滤波器系数范围
n = - 33:1:33;
hd = sin(2 * n * pi * wc)./(pi * n);     % 理想频率
hd(34) = 2 * pi * wc/pi;         % D 理想频率
hm = hamming(N);                 % 计算窗口系数
hf = hd. * hm;                   % 用理想响应乘以窗口
```

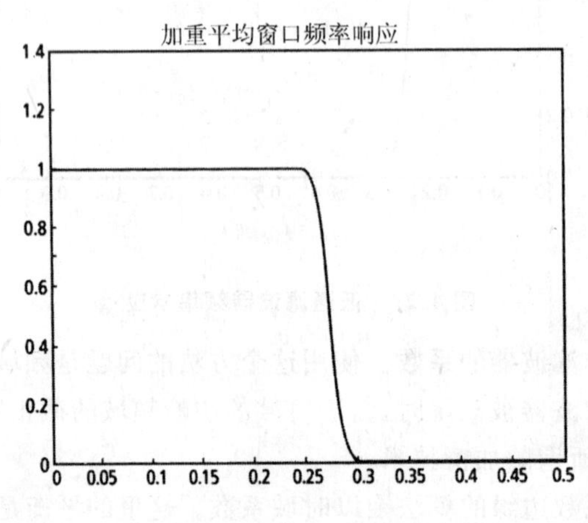

图 4.28 Hamming 窗频率响应

4.4.9 FIR 滤波器小结

本章至此都是讨论数字滤波器,当前的输出采样 y_n 仅仅从当前和之前的输入值计算(如 $x_n, x_{n-1}, x_{n-2}, \cdots$)。这种类型的滤波器称为非递归滤波器。事实上,FIR 滤波器也称为非递归滤波器。

FIR 滤波器很容易理解和实现。这类滤波器稳定,它很容易使用。但是,FIR 滤波器要求大量的滤波环节来产生所希望的滤波特性。这可能使滤波器对于实际应用来说不稳定,这里采样处理禁止使用超过几个滤波环节的滤波器。使用许多滤波环节也使得滤波器响应特性不够精确,这是因为多级累加误差的累积。在整数定点 DSP 中,尤其明显。

FIR 滤波技术适合于许多声音应用。这些应用中 FIR 滤波器可以对声音的质量产生重大影响。FIR 线性相位失真事实上是不可感知的,由于所有的频率延迟了同样的量。

尽管递归滤波器要求使用以前的输出值,存在几种计算,但是不多,在递归滤波器操作中进行。使用递归滤波器获得特定的频率响应特性常常只需要低阶滤波器,因此,与等效结果的非递归滤波器相比,DSP 只需要计算很少的项。

4.5 无限冲激响应滤波器(IIR)

4.5.1 IIR 简介

当描述 FIR 滤波器时,仅仅讨论了简单地输入采样的某种加权平均。换言之,FIR 算法的计算不涉及反馈。在电路理论中,众所周知反馈可以改进结果,数字滤波器中也一样。DSP 滤波器中的反馈也可以改进结果。IIR(无限冲激响应)滤波器是我们前面讨论的 FIR 滤波器增加反馈部分。IIR 滤波器设计更复杂,但这类滤波器可以利用更少的滤波环节产生更好的结果。

IIR 滤波器也称为反馈滤波器或递归滤波器。有限冲激响应滤波器被认为是非递归的,由于当前的输出(y_n)的计算全部来自于当前和之前的输入值($x_n, x_{n-1}, x_{n-2}, \cdots$)。一个递归滤波器是一种滤波器,除了当前和之前的输入值之外,也使用之前的输出值产生结果。从定义上看,递归意味着"反向运行"。

递归滤波器反馈之前计算的输出值产生最新的输出。这些滤波器分类为"无限"型,这是由于迥然不同的反馈机制。因此,当描述 IIR 滤波器时,滤波器当前的输出值依赖于之前的输出。理论上,IIR 滤波器可以使用许多(或无限)以前的输出,这就是术语"无限"的由来。这种对于之前输出的依赖意味着 IIR 滤波器没有线性相位。

类似其他的反馈系统,IIR 滤波器的反馈机制在滤波器操作过程中可能产生不稳定。通常,这种滤波器的不稳定可以用滤波器设计工具处理。大部分情况下,当滤波器变得"不稳定"时,这意味着滤波器中的反馈太大了,类似其他反馈系统的不稳定原因。如果 IIR 滤波器确实不稳定了,滤波器的输出将产生幂指数增加的振荡,如图 4.29 所示。这种潜在的不稳定软件可以检测。软件计算中,输出振荡可能产生溢出,使系统产生异常,更糟的是崩溃。即使系统不崩溃,也会产生错误的结果,这种情况难以探测和校正。

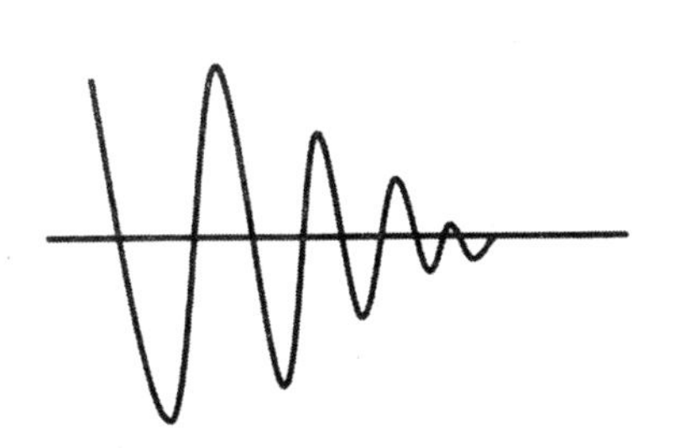

(a) 受控的 IIR 滤波器反馈

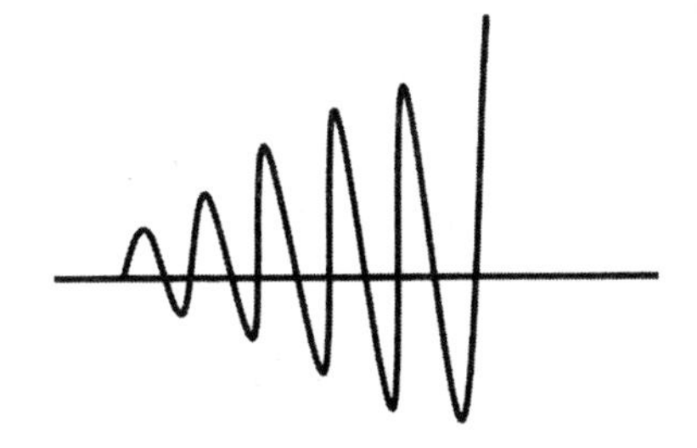

(b) 失控的 IIR 滤波器反馈

图 4.29 IIR 滤波器反馈

如果考虑移动平均FIR滤波器的例子(早前讨论的Houston平均温度),输出由利用之前的输入采样计算。如果加上以前输出采样进行均值计算,会得到一个IIR滤波器如何计算输出采样的粗略概念;使用以前的输入和输出采样计算当前的输出值。

递归滤波器描述包含输入值($x_n, x_{n-1}, x_{n-2}, \cdots$)以及之前的输出($y_{n-1}, y_{n-2}, \cdots$)。IIR滤波器最简单的形式如下所示:

$$y(n) = b_0 * x(a) + a_1 * y(n-1)$$

递归滤波器一个简单实例如下:

$$y_n = x_n + y_n - 1$$

输出表达式中,y_n是当前输出x_n与前一次输出y_{n-1}相加。如果扩展表达式为$n=0,1,2,\cdots$,我们得到如下的项:

$$y_0 = x_0 + y_{-1}, y_1 = x_1 + y_0, y_2 = x_2 + y_1, \cdots$$

对递归滤波器与非递归滤波器进行一个简单比较。如果我们需要在时间$t=10$h时刻计算滤波器输出,递归滤波器计算如下:

$$Y_{10} = x_{10} + y_9$$

利用非递归滤波器完成同样计算如下:

$$Y_{10} = x_{10} + x_9 + x_8 + x_7 + x_6 + x_5 + x_4 + x_3 + x_2 + x_1 + x_0$$

显然,非递归滤波器要求更多的计算,多得多的存储单元,以及花费更长的计算时间。

简单IIR滤波器C代码如下:

```
void iir(short * outPtr, short * inPtr, short * b, short * a, int M)
{
int i,j,sum;
for(i = 0;i < M;i ++ ){
 sum = b[0] * inPtr[4 + i]
    for(j = 1;j < = 4;j ++ )
     sum + = b[j] * inPtr[4 + i - j] - a[j] * outPtr[4 + i - j];
     outPtr[4 + i] = (sum≫15);
  }
}
```

类似于FIR代码,IIR代码可以用所用DSP特有的编程优化技术进行优化。

4.5.2 IIR的差分方程

许多IIR滤波器的表达中,反馈项是负的,要求IIR算法表示为差分方程,其通用形式如下:

$$y(n)=-\sum_{k=1}^{N}a(k)\cdot y(n-k)+\sum_{k=0}^{M}b(k)\cdot y(m-k)$$

$a(k)$是反馈系数。$y(n-k)$是输出。$b(k)$是前项，$x(m-k)$是输入数据流。若所有 $a(k)$ 都是 0，方程退化为 FIR。许多 IIR 滤波器中，反馈系数的个数 N 与前项系数的个数 M 相等，这里允许有效地调入延时线到前项系数中，稍微简化一下编程。

图 4.30 显示了无限冲激响应(IIR)滤波器的通用结构。这个结构可以直接映射为硬件。注意系数 b 支持前馈通路，系数 a 支持反馈通路。

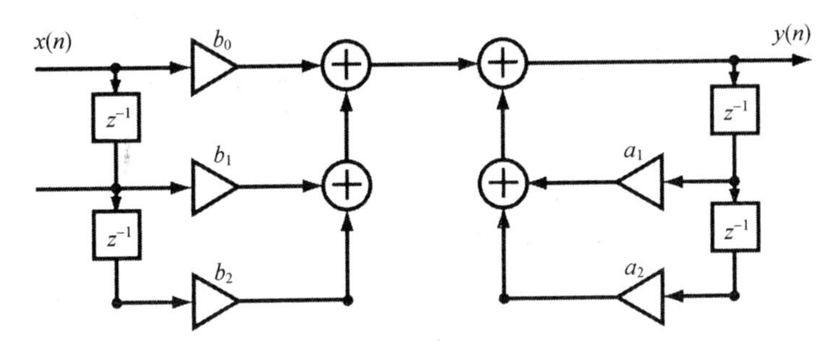

图 4.30　二阶 IIR 滤波器的基于差分方程的电路

4.5.3　IIR 的传递函数

IIR 滤波器可以用传递函数描述。传递函数使用一个方便简洁的表达式描述一个滤波器。这个传递函数可以用来决定滤波器的某些重要特性，如滤波器的频率响应。一个 IIR 的传递函数如下：

$$H(z)=\frac{b_0+b_1\cdot z^{-1}+b_2\cdot z^{-2}}{1+a_1\cdot z^{-1}+a_2\cdot z^{-2}}$$

上述传递函数是 IIR 滤波器的特征，这些特性使得 IIR 滤波器比 FIR 滤波器更强，但是，也可能使 IIR 滤波器不稳定。类似这种形式的其他表达，如果传递函数的分子为 0，则整个传递函数的值为 0。在 IIR 滤波器设计中，这种使得传递函数为 0 的值称为函数的“零点”。如果分母为 0，就会出现被 0 除的情况，传递函数的值就变成(达到)无穷大，使传递函数达到无穷大的值称为函数的“极点”。设计 IIR 滤波器的目标就是选择系数来防止滤波器变得不稳定。这听起来很困难，但实际上有许多有效的滤波器设计软件包，可以帮助 DSP 工程师设计一个滤波器满足系统需求，即在要求操作情况下保持稳定。

一个 IIR 滤波器的二阶传递函数形式如下：

$$H(z)=\frac{b_0+b_1\cdot z^{-1}+b_2\cdot z^{-2}}{1+a_1\cdot z^{-1}+a_2\cdot z^{-2}}$$

直接把这个传递函数映射成硬件，会给出比差分方程更多的简洁电路。图 4.31 为二阶滤波器。

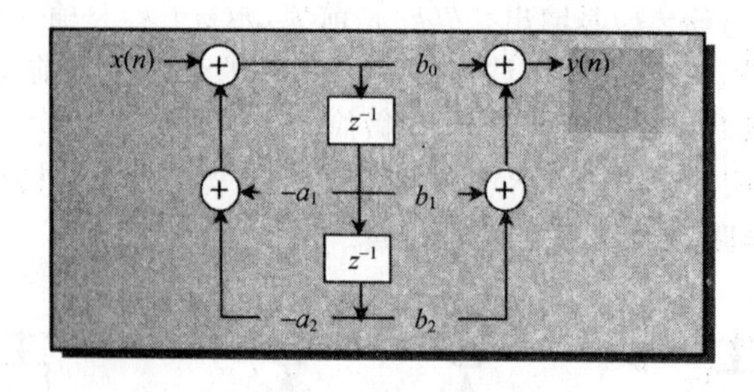

图 4.31 二阶递归 IIR 滤波器结构

4.5.4 IIR 滤波器设计

对于 IIR 滤波器，加入反馈允许方程比对应的 FIR 滤波器包含的系数少 5～10 倍。然而，它破坏了相位，使得设计和实现滤波器更复杂。

滤波器常常用软件设计，了解滤波器设计中的相关技术，以便设计者了解所使用软件的思路，以及满足目标的方法是十分有益的。设计 IIR 滤波器中有两个基本技术——直接法和间接法。

直接法在 z 域(数字域)完成所有工作，而间接法设计滤波器在 s 域(模拟域)，然后转换结果到 z 域。大部分时域 IIR 滤波器在使用模拟技术设计，而这看起来似乎不太有效，模拟方法设计滤波器比数字方法具有更长的时间，这些已经得到证实的方法也可以以同样的方式用于数字滤波器。

间接设计中，设计者依赖优化的模拟设计技术开发滤波器。一旦开发者对于其模拟滤波器得到一个优化解，问题就剩下转换这个模拟解成为数字解。由于模拟域可以包含无穷多的频率，而数字域被限定到采样率的一半，这两个域不能完美匹配，频率必须被映射。有两个通用技术实现这个映射，一个是扭曲 s 域为 z 域中的单位圆，另一个是压缩 s 域为单位圆。

过去几年，已有一些模拟域中的优化技术，它们大部分在特定方面的应用非常有效，如通带纹波、过渡带斜率及相位。最常用的模拟技术及其有用特点如下：

Butterworth	用于小的带通纹波。以及幅度响应不随频率增加。
Cbebychev	比 Butterworth 更陡峭的截止过渡带，但是，通带纹波更大。
Cbebychev Ⅱ	通带无纹波，但阻带纹波增加。
Bessel	IIR 滤波器相位是很重要的情况下，使用这个滤波器。
Eliptical	最陡峭的截止斜率，但阻带和通带内都有纹波。

一旦滤波器的零点和极点被确定，为了使用数字滤波器，它们必须转换到 z 域。这种转换

的常用技术是双线性变换。双线性变换方法利用映射(或压缩)所有频率到单位圆上。用非线性方法完成这个操作,为补偿频率扭曲,滤波器设计之前频率必须被“预扭曲”。

因此,为了使用双线性变换开发一个了滤波器,设计者应该遵循如下指令:

- 确定临界频率和采样率。
- 预扭曲滤波器的临界频率。
- 用这些预扭曲频率“分类”技术设计一个模拟滤波器。
- 利用双线性变换转换滤波器到 z 域。

用于转换 s 域的零极点到 z 域的另一个技术称为冲激不变法。冲激不变法仅仅将 s 域的半采样率部分转换到 z 域。因此,这个方法仅限于低通或带通滤波器。这个方法益处是创建了一个冲激响应,这个冲激响应是 s 域冲激响应的一个版本。

许多 MATLAB 函数辅助滤波器设计。设计模拟通用滤波器的函数是 BUTTER、CHEB1AP、CHEB2AP、ELLIPAP,这些函数返回 IIR 滤波器系数。有另外两个函数转换模拟系数到数字域:BILINEAR 和 IMPINVAR。函数 BILINEAR 做必要的“预扭曲”。

典型地,手动设计 IIR 滤波器时,仅仅使用低通滤波器。然后,用复杂的公式将其变成所需要的合适滤波器。然而,当使用类似 MATLAT 软件包时,用户不必担心这个转换。

4.5.5 IIR 的平衡设计

递归滤波器的优点

使用 IIR 滤波器时要考虑某些平衡。使用一个递归 IIR 滤波器结构的优点之一是这些滤波器要求少得多的滤波阶数。这意味着与同样效果的非递归滤波器相比,处理器计算需要更少的总项数。另外,递归滤波器计算输出项比非递归模型更有效。因此,如果需要使用 FIR (非递归)滤波器为信号处理应用增加滤波器结构,就要加入附加项。

用一个 IIR 滤波器得到同样陡峭的滚降特性,可以用很少的递归系数实现,直到输出得到陡峭的截止频率。实际应用来自于设计者的观察。递归实现使得系统硬件需求减少。

与 FIR 滤波器相比,IIR 滤波器也有一些缺点。

当使用 IIR 滤波器时,反馈部分也将原始信号中的噪声反馈回来。由于这个原因,滤波器很可能增加了输出噪声。进入系统的反馈噪声量实际上增加了滤波器设计的阶数。

切记: IIR 滤波器将具有非线性相位特征。这或许使其对于某些应用成为不好的选择。

与使用 FIR 滤波器相同,DSP 工程师必须了解 IIR 滤波器实现的相关问题。例如,IIR 滤波器的精度依赖于滤波器系数的精度(定量)。这些系数的精度由所用 DSP 的字长决定。当设计这类滤波器时,工程师应用尽可能长的字表达系数。

另一个实现问题与循环有关。由于数字信号处理算法中的多循环结构必须进行迭代累加，因此，DSP 的累加器很大。当计算完成之后，结果必须以字的形式存入内存。一个常用的变换是一个 60-bit 的累加器存入 DSP 内存中的 32-bit 字。因为 IIR 滤波器是递归的，同样的转换问题也是存在的。

另一个潜在的问题是溢出。可能产生不稳定的 IIR 反馈机制，如果设计不合适，也会导致溢出。对 DSP 工程师来说，有一些方法可以减轻这种状况。第一个方法就是标定滤波器的输入和输出。为了做到这一点，必须加入附加的软件指令(因而需要更多的周期)来完成这个任务。这可能是一个问题，也可能不是。它依赖于滤波器的性能要求以及有效的系统处理资源(时钟周期、内存)。

另一个方法是使用有效的 DSP 饱和算术逻辑。越来越多的 DSP 在处理器实现中拥有了这个逻辑。这个包含在 DSP 基础中，目的是不需要软件介入来防止溢出(下溢)。当计算结果超出了 DSP 中加法器的有效字长，就会发生溢出。这导致结果错误(上溢为负，下溢为正)。这恰恰产生与希望相反的结果。饱和逻辑保护加法器电路在从最大正值到负值之间的"反复"跳跃，代替的方法是保持结果在最大的可能值(下溢也是同样的)。这个结果仍然是错误的，但是更接近于实际。

4.5.6 IIR 小结

使用本章所递归方法实现具有陡峭截止特性的 IIR 滤波器。这可以使用相对较少的系数。这类方法的优点是软件实现过程减少了内存和处理时间。然而，这些滤波器具有非线性相位特征，因此，DSP 编程者必须关注这个问题。当使用此类滤波器时，幅度响应是主要关注点。这种非线性相位特征使得 IIR 滤波器对于像语音处理、立体声处理等应用成为不好的选择。一旦这些限制被理解，DSP 工程师就可以选择最好的滤波器用于实际。使用 IIR 滤波器递归实现的主要缺点是不稳定。小心使用设计技术可以避免这个问题。

4.6 滤波器实现的 DSP 结构优化

今天的 DSP 结构是面对所有 DSP 算法的最大化应用，如 DSP 滤波器。DSP 的一些特点如下：

- 片上内存——内部存储器允许 DSP 快速存取算法数据，如输入值、系数及中间数据。
- 特殊的 MAC 指令——为了完成乘加运算，一个时钟周期完成数字滤波器的一个环节。
- 分开的程序和数据总线——允许 DSP 取代码的同时不影响运算结果。
- 多读总线——用于在一个时钟周期内获取所有数据提供该 MAC 指令。
- 分开的写总线——用于写 MAC 指令的结果。
- 并行结构——DSP 一次可以执行多条不同阶段的指令。例如，当一条指令正在执行乘法时，另一条指令可以利用DSP上的其他资源取数据。

- 循环缓冲——当周期性处理系数及之前的输入时，使得指针寻址更容易。
- 循环之前置0——特殊硬件，用以循环中的计数器和分支。
- 位反转寻址——用于计算FFT。

1. 数据格式

当变换一个模拟信号为数字信号格式时，由于DSP的有限精度，数字必须被截尾。DSP有定点或浮点格式。当用浮点格式操作时，由于良好的精度与动态范围的结合，截尾并不是一个主要的影响因素。然而，实现与浮点格式相关硬件更难也更昂贵，所以，现今市场上的大部分DSP是定点格式。当用定点格式工作时，必须考虑许多问题。例如，当两个16位数相乘时，结果是一个32位数。由于常常希望用16位格式存储结果，需要处理这种数据损失。显然，对这个数进行截尾，将失去这个数据的一些部分。为了处理这个问题，用小数格式操作，称为Q格式。例如，Q15(或1.15)格式中，最高位用来表示符号，其余的数字位代表数据的小数部分。这要求数据的动态范围在－1到1之间。然而，乘法的结果绝不可能比1大。因此，如果结果的低16位被截除，结果的低位将失去。乘法的一部分是两个符号位，结果必须左移1位以去除冗余信息。大部分处理器都小心地处理这个问题，因此，当一行中进行许多乘法时，设计者不必浪费时钟周期。

2. 溢出与饱和

当使用定点计算时，可能发生的两个是溢出和饱和。然而，DSP帮助程序员处理这些问题。DSP解决这个问题的一种方法是在累加器中提供保护位。在一个通用16位处理器中，累加器可能是40位：32位用于计算结果(记住16×16位结果是32位)，另外8位用作溢出(块重复的多项式乘法产生)保护。

使用额外的保护位，乘法可以溢出饱和，这里结果包含比处理器可以保持的更多的位。这种情况用所谓的溢出标志位处理。当处理结果超过累加器时，处理器自动设置标志位。

当标志位置位，累加器的结果通常变为无效。DSP的另一个特点可以用：饱和。当应用DSP的饱和指令执行时，处理器设置累加器中的数值到累加器可以处理的最大的正值或负值。这样，代替可能的数值从高的正值到负值之间跳跃，结果将是处理器可以处理的最大正值。

也有一种模式的DSP处理器，如果溢出标志置位，将会自动产生饱和结果。

4.7 实现一个FIR滤波器

下面开始讨论在DSP上实现一个算法，利用C代码编写一个满足要求的FIR程序。这个代码相当简单。

```
long temp;
```

```
int block_count;
int loop_count;

// 循环输入
for (block_count = 0;block_count < output_size;block_count ++ )
{
    temp = 0;
    for (loop_count = 0; loop_count < coeff_size; loop_count ++ )
    {
      temp + = (((long) x[block_count + loop_count] * (long)a[loop_count])
      <<1);
    }
    y[block_count] = (temp>>16);
}
```

这个代码是用 C 语言写的，具有较少警告的简单工程的组合。警告的原因来自于数据格式问题，前面已经进行过讨论。首先，临时变量必须声明为一个长整型，以便于表示一个 32 位临时计算结果。其次，MAC 的值必需右移到左边的第一位，由于两个 1.15 格式的数相乘会导致一个 2.30 格式的结果，而我们希望的是 1.15 的格式。最后，在些输出结果之前，临时变量右移 16 位，以便得到结果中的主要数字。

正如所看到的，这是一个写起来非常简单的算法，集中了大部分 DSP 的应用。用 C 代码实现的问题是运行速度太慢了。设计嵌入式 DSP 应用的一个规则是 90/10 规则。它决定用 C 些什么，用汇编写什么。这说明 DSP 应用常常花费 90%的时间写 10%的代码，这 10%的代码用汇编编写，在这种情况下，汇编代码就是 FIR 滤波器代码。

下面是 TMS320C5500DSP 汇编语言写的一个滤波器代码：

```
fir:
            AMOV    #184, T1                    ; 把 184 赋给 block_count 变量
            AMOV    #x0, XAR3                   ; 初始化输入指针
            AMOV    #y, XAR4                    ; 初始化输出指针
                                                ; 执行
oloop:      SUB     #1, T1                      ; block_count 自减
            AMOV    #16, T0                     ; 把 16 赋给 loop_count
            AMOV    #a0, XAR2                   ; 初始化系数指针
            MOV     #0, AC0                     ; 把 0 赋给 y[block, count]
                                                ; 执行
loop:       SUB     #1, T0                      ; loop_count 自减
            MPYM    *AR2 + , *AR3 + ,AC1        ; 把 x[]乘以 a[]赋给 temp1
```

```
nop
ADD     AC1,AC0                 ; 把 temp1 赋给 temp
BCC     loop, T0 != #0          ; 当 loop_count>0 时
nop
nop
MOV     HI(AC0), *AR4+          ; 把 temp 右移 16 位,再赋给 y[block_count]
SUB     #15,AR3                 ; 调整输入指针
BCC     oloop,T1 != 0           ; 当 block,count>0 时
RET
```

这个代码与C代码实现同样的功能,它是用汇编写的。然而,它并没有用到DSP结构的优势。我们现在重新开始写这个代码,同时考虑到DSP结构的优势。

1. 利用片上 RAM

典型地,滤波器系数存储于ROM中。然而,当运行一个算法时,设计者不希望不得不从ROM中读下一个系数。因此,把系数从ROM复制到快速执行的内存是一个很好的方法。如下的代码是这么操作的一个例子:

```
copy: AMOV      #table,XAR2
      AMOV      #a0,XAR3
      RPT       #7
                MOV       dbl(*ar2+),abl(*ar3+)
      RET
```

2. 特殊的 MAC 指令

所有的DSP都设计成在一个时钟周期内完成乘加(MAC)操作。在MAC指令方面有许多事情需要讨论。有乘法、加法、指针增加、下一MAC值的装载都在一个时钟周期内。因此,在核心循环中使用这个指令是非常有效的。新的代码如下:

```
MAC. *AR2+, *AR3+,AC0        ; temp+ = x[]*a[]
```

3. 块滤波

典型地,一个算法在一个时钟周期内不能完成。通常是一个数据块被处理,这称为块滤波。这个例子中,用循环实现滤波算法于100个输入,而不是1个输入,因此,一次产生100个输出。这个技术需要许多优化,下面讨论这一点。

4. 分开的程序和数据总线

55x结构中有3个读总线和2个写总线,如图4.32所示。在滤波器中使用所有的3个读总线和2个写总线,使用所谓的系数指针一次计算2个输出。由于算法在每个循环中使用一些系数,对于系数指针来说,一个总线可以共享,其他的两个总线可以由输入指针使用。这也

允许在一个内部循环中使用 2 个输出总线和 2 个 MAC 单元，允许计算速度超过 2 倍。下面是优化 MAC 硬件单元和总线后的新代码：

```
AMOV    #x0,XAR2            ; x[n]
AMOV    #x0+1,XAR3          ; x[n+1]
AMOV    #y,XAR4             ; y[n]
AMOV    #a0,XCDP            ; a[n]系数指针

MAC     AR2+,CDP+,AC0       ; y[n] = x[n] * a[n]
::MAC   *AR3+,CDP+,AC1      ; y[n+1] = x[n+1] * a[n]

MOV     pair(hi(AC0)),dbl(*AR4+);通过 AR4 将 AC0 和 AC1 移入 mem 指针
```

注意：一个冒号分开了两个 MAC 指令。这告诉处理器执行并行指令。由于并行执行，使用了处理器在硬件中的两个 MAC，用两个硬件单元指令 DSP 在一个时钟周期内完成 2 个 MAC 指令。

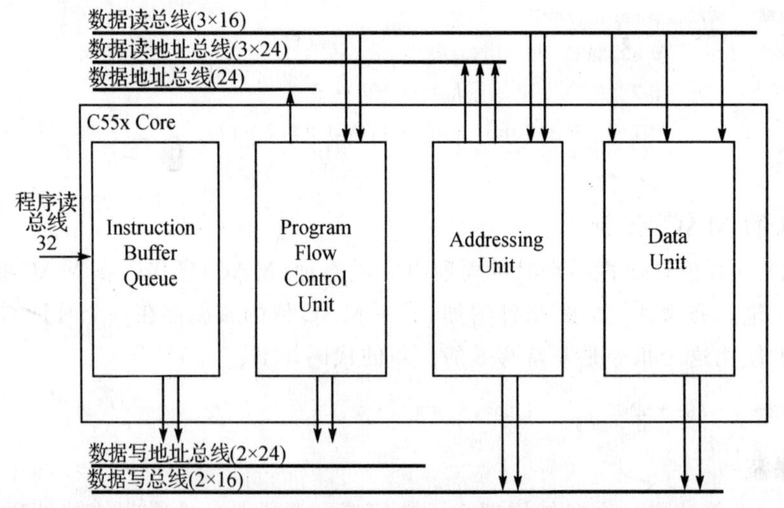

图 4.32　C55x 结构

5. 清除过多循环

DSP 处理器有一些特殊的硬件在循环开始之前需要注意。设计者只需要初始化几个寄存器，执行 RPT 或 RPTB(指令块)指令，处理器就会执行特定的循环次数。这里是使用循环之前清零的代码：

```
MOV       #92,BRC0      ;同时计算 2 系数,block loop 等于184/2
```

下面是实际的循环代码：

```
RPTBlocal    endfir                                        ；重复此标签，循环开始
             MOV     #0,AC1                                ；输出归零
             MOV     #0,AC0
             MOV     #a0,XCDP                              ；重启系数指针

             RPT            #15                            ；内部循环
                     MAC    *AR2+,*CDP+AC0
                     ::MAC*AR3+,*CDP+,AC1
                     SUB    15,AR2                         ；校准输入指针
                     SUB    15,AR3
                     MOV    pair(hi(AC0)),dbl(*AR4+)       ；写y和y+1输出值
endfir:                     nop
```

6. 循环缓冲

循环缓冲在DSP编程中是有用的，因为大部分的实现包含了某种循环。在滤波器的例子中，所有的系数被处理，然后，循环结束时，所有指针重置。使用循环缓冲系数指针，当循环遇到结束时，自动地返回到开始。因此，节省了刷新指针的时间。初始化循环缓冲常常涉及写一些寄存器，告诉DSP缓冲区的开始地址，缓冲区长度，以及告诉DSP使用循环缓冲的位。下面是初始化循环缓冲的代码：

```
;setup coefficient circular buffer
    AMOV      #a0,XCDP        ；系数数据指针
    MOV       #a0,BSAC        ；循环缓冲的起始地址
    MOV       #16,BKC         ；循环缓冲的大小
    MOV       #0,CDP          ；循环缓冲的起始偏移地址
    BSET      CDPLC           ；设置循环替代线性
```

循环缓冲另一个有用的例子是独立输入工作时，仅存最后 N 个输入。写一个循环缓冲，当所分配的输入缓冲到达时结束，指针自动地返回到缓冲的开始处。确保正确地写内存。这节省了检查缓冲结束的时间，如果结束，则重新设置指针。

7. 系统讨论

滤波器代码初始化之后，写代码时，有几个其他问题需要认真考虑。首先，DSP如何得到数据块？典型地，A/D和D/A通过串口与DSP相连。串口提供一个与DSP连接的通用接口，也将处理许多时序问题。这节省了DSP许多时钟周期。另外，当数据进入串口时，不是让DSP用中断处理串口，而是配置DMA处理数据。DMA是为移动存储从一个位置到另一个没有阻碍DSP存储所设计的片上外设。通过这种方法，DSP可以集中处理算法、DMA和串

口处理传输的数据。这种类型实现框图如图 4.33 所示。

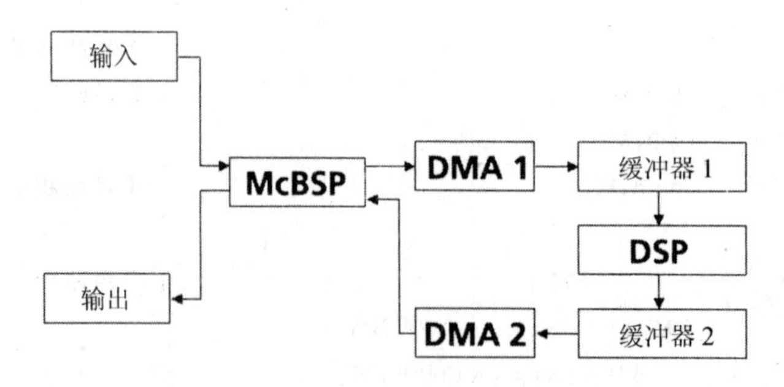

图 4.33　使用 DMA 输入/输出数据

4.8　快速傅里叶变换

在数字信号处理中最普通的操作之一是频谱分析。频谱分析是一种技术，用以确定一个信号中包含什么频率。合适的类比是一个滤波器，它可以被调整让很窄的频率通过(就像调无线电台)。这种方法决定了所感兴趣信号中包含的频率。这个分析也可以揭示被加入的产生感兴趣信号复制正弦波的频率是什么，这类似于频谱分析器的函数。这是一个测量信号频谱的仪器。这些早期的工具是用滤波器组和其他把信号分成不同频率部分的部件实现的。现代的系统利用数字技术完成这些操作。最普通的技术之一是使用所谓快速傅里叶变换的算法。快速傅里叶变换(FFT)和其他的技术给出一个信号在频域以及一个特定信号在不同频率的能量的图。

在数字信号处理领域，一个信号可以分类为纯调或复杂调。一个纯调信号由单一的频率组成，波形为单一正弦波；一个复杂调不是一个纯正弦波，而是一个可以周期化的复杂调。复杂调具有潜在的重复模式。一个声音或许有一种模式，每一次出现时看起来都非常类似(例如狗吠的声音都很相像)。然而，波形本身，并没有长期的可识别模式。

FFT 是一个用于解构一个时域信号成为独立的频率分布的算法。这种变换一个时域信号到独立频率成分的过程称为频谱分析或谐波分析。

4.8.1　时间和频率

Jean Baptiste Fourier 在 1800 年代发现任何现实世界的波形都可以利用不同正弦波叠加实现。甚至如图 4.34(a)所示的复杂波形也可以利用不同正弦波叠加重构，见图 4.34(b)和(c)。在 19 世纪，初傅里叶所做的工作也是今天一直在做的工作，解构随时间变化的信号称为随频率变化的信号。

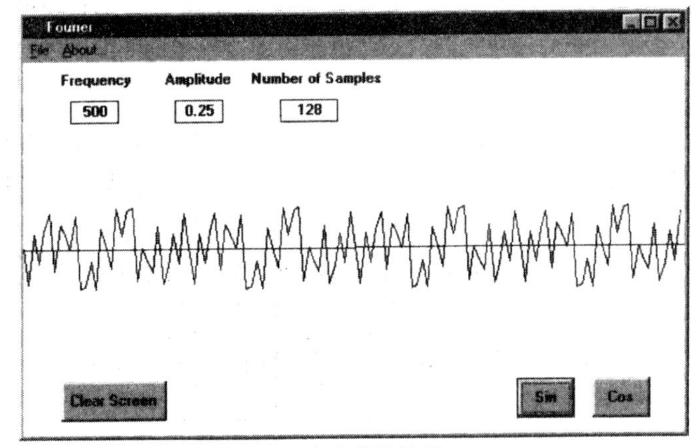

(a) 复杂信号波形

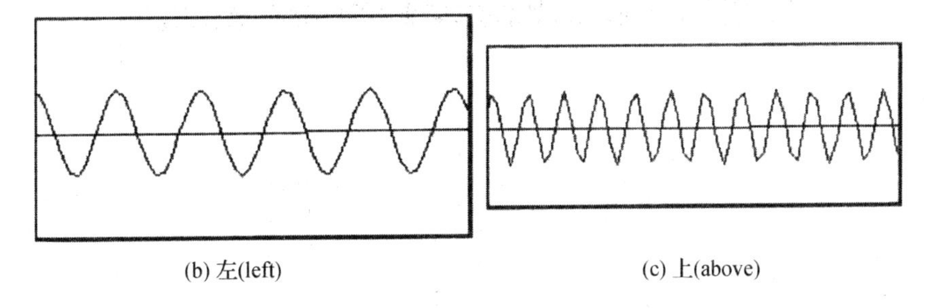

(b) 左(left)　　(c) 上(above)

图 4.34 不同正弦波之和构成的复杂信号(使用 DSP 计算软件产生)

时间与频率的关系

开始解释傅里叶变换之前,首先理解时域与频域的相互关系是非常重要的。许多信号在频域比在时域更容易观察。原因很简单,有些信号在一个域或另一个域需要更少的信息。考虑一个正弦波,这个波形需要许多信息在时域进行精确定义。然而在频域,仅需要 3 个信息就可以定义它:频率、幅度和相位。

傅里叶变换假定一个给定信号是在一个长时间区间内分析。由于这个假设,当分析频域信号时没有时间概念。这意味着在这个分析中,频率不可能随时间改变。在时域,这是可能的。当分析信号时,不希望混合两种表达(保持它们是正交的)。然而,我们在两个域之间进行相互转换,依赖于对信号的分析。

许多真实世界的信号具有频率分量,它随时间而变。语音信号是一个很好的例子。当分析语音信号,它具有有效的无限区间时,仍然可以利用将信号分成短时间片,完成这个信号的分析,然后,利用傅里叶变换分析每一时间片信号。这个语音信号每一时间片的频谱描述了那个特定时间段内的频率内容。许多类似的情况下,当采样一个类似语音的长时间相关信号时,信号的平均频谱常常用于分析。

傅里叶变换的操作在如下假设之下：任何信号都可以由无限长时间的一系列正弦波相加得到。我们知道，正弦波是一个连续的周期信号。傅里叶变换操作就像信号中的数据也是连续的和周期的。

傅里叶变换的基本操作如下：对于每一个频率，傅里叶变换决定了分析出来信号组成的频率上复杂正弦波的贡献。回到频谱分析器的例子。可以认为傅里叶变换是一个频谱分析器，它由具有许多频率的滤波器序列 $x(n)$ 组成。假定运行输入序列通过一个图 4.35 所示的大量滤波器组成。假定每个滤波器都有一个中心频率，这个操作的结果就是每一个滤波器输

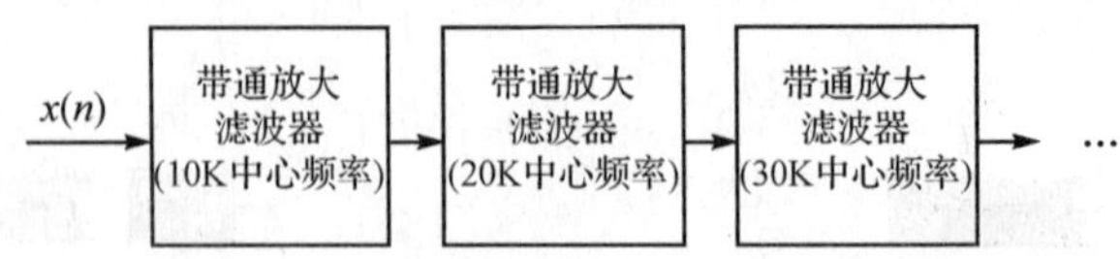

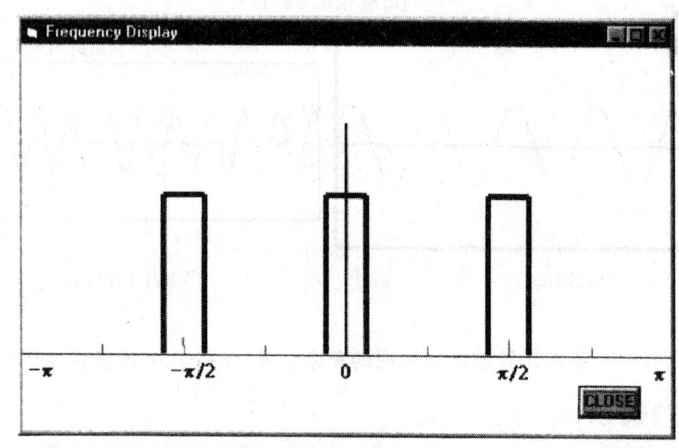

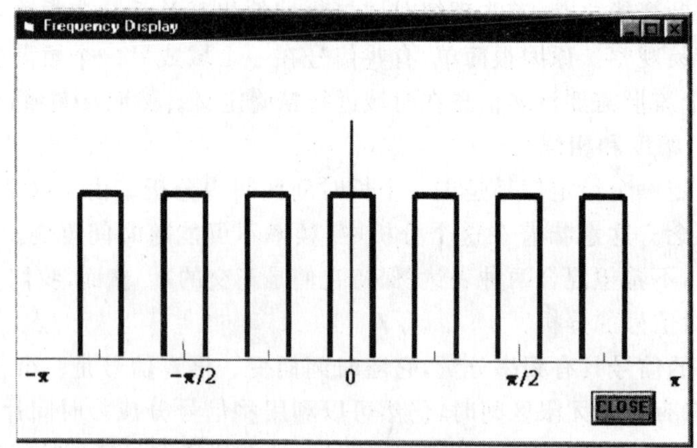

图 4.35　一个傅里叶变换类似于一个输入序列通过大量的带通滤波器输出响应之和(利用 DSP 计算软件产生)

出幅度的和。当然，不希望使用一个频谱分析器做这件事情。一个更快的、更便宜的方法是使用一个具有合理的“big OH”执行时间的算法。这个算法就是傅里叶变换。

几种不同类型的傅里叶变换总结如下：

- 傅里叶变换(FT)是使用积分的数学公式。
- 离散傅里叶变换(DFT)是一个离散的数字等效，用和代替积分。
- 快速傅里叶变换(FFT)是一种快速计算DFT的方法。

由于DSP总是工作于离散状态，采样数据，这里仅仅讨论离散形式(DFT和FFT)。

4.8.2 离散傅里叶变换

如前所述，为了让计算机处理一个信号，这个信号必须是离散的。信号由大量的采样值构成，常常来自于连续信号的ADC操作。一个连续傅里叶变换的“计算机”形式是离散傅里叶变换变换。DFT用于离散输入采样序列。“连续”或模拟信号必须以同样的速率采集(在早先Nyquist速率中已经讨论过)，以产生一个计算机的采样表达。N采样的序列称为$f(n)$，可以检索这个序列由$n=0,\cdots,n=N-1$。

离散傅里叶变换现在可以定义为$F(k)$，这里$k=0,\cdots,k=N-1$：

$$F(k)=\frac{1}{\sqrt{N}}\sum_{n=0}^{N-1}f(n)e^{-j2\pi kn/N}$$

$F(k)$称为傅里叶系数(有时也称为谐波)。这个序列在非常长(也可能无穷)的序列操作，因此，用N除这个累加结果，如上所述。

也可以用另外的方法。上述序列$f(n)$可以从$F(k)$计算。这个反变换利用反离散傅里叶变换实现(IDFT)：

$$f(n)=\frac{1}{\sqrt{N}}\sum_{k=0}^{N-1}F(k)e^{+j2\pi nk/N}$$

$f(n)$和$F(k)$是两个复数，可以从由复数指数$e^{j2\pi nk/N}$看出。这或许是个问题。如果被分析的信号是一个实信号(没有虚部)，由于与复制指数相乘，这些离散变换将使得结果成为复数。当编程DFT或IDFT时，DSP程序员必须基于信号的组成决定如何和是否使用结果的复数部分。

用DSP的术语来说，复指数($e^{-j(2\pi nk)/N}$)有时称为旋转因子。在上述DFT中，有N个旋转因子。每一个旋转因子都可以认为是带通滤波器bin，如图4.14所示。当前面讨论Nyquist采样率时，提到以两倍最高信号频率采样是保证信号精确表达的唯一途径，傅里叶变换中也是类似的。即采样信号越多，要求的旋转因子就越多(根据箱子模拟考虑这个问题，按照更多的采样信号，可以创建更多的bin)。在分析中使用更多的bin，就可以获得更高的频域分辨率和精度。

上述算法中，序列 $f(n)$ 相对于时域数据，$F(k)$ 相对于频域数据。$f(n)$ 的采样不必是时域信号的采样。也可以是空间信号的采样(考虑 MRI)。

从实现的角度看，傅里叶变换涉及数据(输入序列)矢量与矩阵相乘。由于傅里叶变换可以根据计算规模进行标定，对于 N 个数据点的变换，$N\times N$ 傅里叶矩阵的第 h 行和第 k 列是 $e^{\{2(\backslash\pi)ink/N\}}$。

这个傅里叶矩阵的每一项都是非 0 的。完成一个 $N\times N$ 处理(基本的是一个矩阵与一个矢量相乘)是一个非常消耗时间的任务。利用 big-OH 分析，这涉及 N^2 级的处理量。从 big-OH 观察，如果 N 很小，这不是一个大问题。但是，当 N 增大($N>512$ 或 $N>1000$)时，N^2 处理就成了相当大的计算瓶颈。

4.8.3 快速傅里叶变换

正如名字所述，快速傅里叶变换(FFT)是 DFT 的快速版本。FFT 利用直截了当的方法计算傅里叶变换完成多个重复的、完全相同的处理。FFT 算法使用傅里叶矩阵的代数特性，以一种非常有效的方法组织多余的计算。特别地，FFT 使用了正弦函数的周期性完成计算。基本上，FFT 将傅里叶矩阵分解为几个稀疏矩阵。这些系数矩阵有许多 0 项。利用稀疏矩阵减少了所要求的计算总量。FFT 删除了几乎所有冗余计算，保存了重要的计算量，它使傅里叶变换在现今的许多应用中更为实际。

FFT 算法采取的是“各个击破”的方法解决问题。FFT 方法试图尽可能快地解决一系列小问题，来解决更为困难的大问题。大的数据集合分解成小的数据集合，每一个小数据集合依次分解成更小的数据集合(依赖于初始数据集合的大小)。64 点 FFT 首先分解成 2 组 32 点数据集合，然后分解成 4 组 16 点数据集合，再分解成 8 组 8 点数据集合，16 组 4 点数据集合，最终是 32 组 2 点数据集合。2 点计算是简单和低成本的。然后，FFT 在这些小数据集上完成 DFT。这些数据多阶段变换结果结合得到最终结果。

DFT 需要花费 N^2 次操作计算一个 N 点 DFT(使用 big-OH)。同样的 N 点数据，FFT 需要 $\log2(N)$ 次操作。完成总的计算(big-OH)算法下与 $N*\log2(N)$ 成比例。由这个比较可以看出，FFT 比 DFT 快 $N/\log2(N)$ 倍。也就是说，原来要求 N^2 的计算现在仅仅需要 $N\log2(N)$ 次计算。当数据集合增大时(见图 4.1)，加速因子会更好。另一个益处是较少的计算意味着编程中的较少的错误机会。这里的格言就是保持简单!

本章将更多地谈论软件优化。在开始优化软件开始改进效率之前，DSP 工程师必须理解算法是运行在机器上。冗长代码的优化是困难的及易于出错的，许多同样功能的改进需要简单算法的改进来完成，就像使用 FFT 代替 DFT 一样。许多情况下，算法的这种改进方式在效率方面超过了其他方法。可以将算法运行于较新的计算机或处理器上，它的处理速度是现在用的计算机的十倍，来加速算法。这会给一个 10 倍的改进，但是，所得到仅仅是 10 倍的加速。

对于类似 FFT 的快速算法当问题变得更大时，它所获得的加速会更大。这是在任何类似复杂计算系统中获得效率的首选方法。在研究代码效率之前，首先集中于算法效率。

FFT 算法的分开部分输入采样成为许多一组采样长度信号。当这个操作完成时，采样按照所谓位码倒叙的方式重新排序。其他类算法也有这个边际效应。实际的 FFT 计算在复合相位方面进行。对于混合的两组数据值进行复数处理，完成采样的结合，这个计算跟随所谓蝶形计算。蝶形操作计算复数变化操作，这应用了傅里叶变换的对称性。

蝶形结构

前一部分描述的蝶形结构是一个具有规则结构的图。这些蝶形结构规模不同。高度为 3 的蝶形结构示于图 4.36。FFT 蝶形是一种表示处理和加法要求的图方法，它描述了被变换的数据采样的过程。蝶形符号表示如下：每一个具有进入箭头的点是箭头端的两个数值的加。结果用一个常数项相乘。图 4.37 显示出一个简单的 FFT 蝶形结构相乘。项 WN 是用于表示前面讨论的旋转因子的符号。

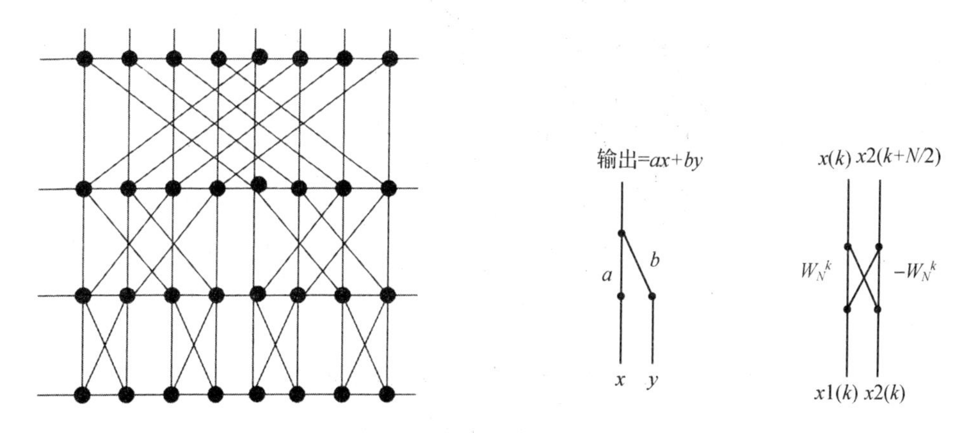

图 4.36 高度为 3 的蝶形结构，蝶形结构常用于 FFT 算法 **图 4.37 一个简单的蝶形计算和 FFT 蝶形结构**

4.8.4 FFT 算法形式

有两种 FFT 算法形式，分别称为时域抽取(DIT)或频域抽取(DFI)。两种方法的差别涉及 DFT 的项被如何组织。从算法角度看，抽取相对分解某些东西称为其组成部分的过程。因此，DIT 算法涉及分解一个时域信号成为更小的信号。这些更小的信号更容易处理。DIF 算法由正常输入采样顺序开始，产生一个位码倒叙的输出顺序。另外，DIT 开始于位码倒叙的输入，产生一个正常的输出(见表 4.1)。许多 DSP 支持位码倒叙寻址，这使得以这样的顺序存取数据更容易。工程师不必写软件来完成位码倒叙寻址，这是非常耗时的计算。如果 DSP 中具有位码倒叙寻址功能，DIF 和 DIT 可以交互使用完成正反向变换。使用这个方法实现 FFT

的算法模板如下：

- 采样(采样点数为 N)输入序列补 0，直到采样数为 2 的最接近的幂(例如，$N=250$，这意味着要增加 6 个 0，得到采样数为 256，因为 256 是 2 的幂)。
- 为反转输入序列(就像实现一个时域抽取)。
- 计算输入的 $N/2$ 个 2 采样 DFT。
- 计算 2 采样 DFT 结果的 $N/4$ 个 DFT。
- 计算 4 采样 DFT 结果的 $N/8$ 个 DFT。
- 继续这个算法直到所有的采样结合成一个 N -采样 DFT。

图 4.38 所示为频域中 8 点抽取，用 JAVA 写的 FFT 计算全部列表。

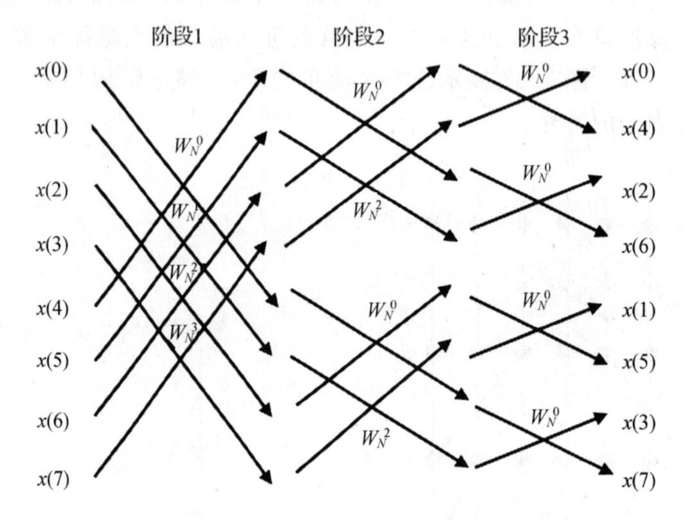

图 4.38　一个频率 FFT 的 8 点抽取

表 4.1　FFT 中的位反转寻址

原始编码	十进制数	最终编码	十进制编码
000	0	000	0
001	1	100	4
010	2	010	2
011	3	110	6
100	4	001	1
101	5	101	5
110	6	011	3
111	7	111	7

JAVA 的一个 FFT 实现如下：

```
import java.awt.*;

double[][]fft(double[][]array)
{
    double u_r,u_i,w_r,w_i,t_r,t_i;
    int  ln,nv2,k,l,le,le1,j,ip,i,n;

    n = array.length;
    ln = (int)(Math.log((double)n)/Math.log(2) + 0.5);
    nv2 = n/2;
    j = 1;
    for(i = 1;i<n;i ++ )
    {
        if(i<j)
        {
            t_r = array[i - 1][0];
            t_i = array[i - 1][1];
            array[i - 1][0] = array[j - 1][0];
            array[i - 1][1] = array[j - 1][1];
            array[j - 1][0] = t_r;
            array[j - 1][1] = t_i;
        }
        k = nv2;
        while(k<j)
        {
            j = j - k;
            k = k/2;
        }
        j = j + k;
    }
    for(l = 1;l <= ln;l ++ )/ * 阶段循环 * /
    {
        le = (int)(Math.exp((double)l * Math.log(2) + 0.5);
        le1 = le/2;
        u_r = 1.0;
```

```
            u_i = 0.0;
            w_r = Math.cos(Math.PI/(double)le1);
            w_i = -Math.sin(Math.PI/(double)le1);
            for(j = 1;j <= le1;j ++ )/* 每阶段 1/2 旋转值的循环 */
            {
            for(i = j;i <= n;i += le)/* 每 1/2 旋转的点循环 */
            {
                ip = i + le1;
                t_r = array[ip - 1][0] * u_r - u_i * array[ip - 1][1];
                t_i = array[ip - 1][1] * u_r + u_i * array[ip - 1][0];

                array[ip - 1][0] = array[i - 1][0] - t_r;
                array[ip - 1][1] = array[i - 1][1] - t_i;

                array[i - 1][0] = array[i - 1][0] - t_r;
                array[i - 1][1] = array[i - 1][1] - t_i;

            }
            t_r = u_r * w_r - w_i * u_i;
            u_i = w_r * u_i + w_i * u_r;
            u_r = t_r;
        }
    }
    return array;
}/* FFT_1d 结束 */
```

注意: DFT 和 FFT 涉及许多乘法和累加操作。这是典型的 DSP 操作,称为乘加操作。事实上,许多 DSP 算法展示了这种特性。这就是为什么这样多的 DSP 处理器并行地执行乘法和加法的原因。对于这种特定的信号处理算法类来说,这是一个巨大的效率推进。

4.8.5 FFT 实现问题

Cache 和存储器问题

基于 Cache 的 DSP 系统正在变得越来越通用。处理器中 Cache 的出现可能导致软件性能的非直观影响,包括类似 FFT 代码的信号处理算法。FFT 算法可以在可编程器件或硬件门阵列中实现。FFT 计算的自然并行机制使得这些器件称为很好的候选者,像“海量门”的FPGA 或 ASCI,其中,多并行通道执行极易实现。

同样的问题迫使 DSP 设计者考虑如何在可编程器件 DSP 上实现 FFT。一个可能的低效率的例子之一是层层相套的循环 FFT 的执行。用这种方法,每一个循环就需要存取和修正整个正在转换的数组。是否适合使用处理器的 Cache,依赖于处理数据的规模。如果整个数组不适合内部 Cache,那么整个数组每一次都要在时钟作用下重新通过 Cache,使 Cache 卡住。这时,当新的数据涌入 Cache 或装载新数据,会浪费处理器时钟(Cache 的详细讨论在附录C)。

关于这个约束的一种解决方法是“就地”完成 DFT 和 DIT 算法。这是一种技术,在计算下一个子变换之前,直接计算子变换段。如果这些子变换足够小,就很适合于在 Cache 中完成,可能的 Cache 卡壳就会最小化,产生重要的性能改进。当然,实际的性能改进依赖于多种因素,像 Cache 规模、Cache 线长度以及所用的替代算法。当使用基于 Cache 的系统时,精确地确定改进程度是困难的,因此,推荐的方法是观察每一个试验,确定哪一个完成得最好。

许多 DSP 具有少量的快速片上内存。这个内存可以用单一时钟周期存取。这可以称为程序员管理的 Cache,这个优点是确定无疑的。程序员/设计者都知道任何时间任何位置内存中装载的内容,应用也极易测试。这种方法提供了性能和确定的优势。通用的拇指规则是 DSP 善于循环但不善于堆栈。目标成为设计 FFT 规范,尽可能在内存中完成子变换。

一种方法是在外部存储器中完成一个大规模变换的头几关。一旦子变换的模块变得足够小,就移动(通过 DMA)它到片上存储器。每个块在时钟节奏下进入内存,变换,结果写回外部存储器。DIT 变换可以在内存中完成最初的子变换,然后,在片外存储器上完成其余的变换。两种方法,通过内存的变换利用 DMA 完成,这允许其他有用的计算并行完成。

图 4.39 描述了一个 2-D FFT 可以时钟同步进入内存,一次一行,在内存中处理,然后,时钟同步输出到外部存储器。

图 4.39 一个 2-D FFT 以一次一行的方式时钟同步进入 DSP 内存,改进整个算法性能

4.8.6 FFT 小结

离散傅里叶变换(DFT)被描述为离散非周期信号的频域分析工具。FFT 是实现同样功能的更有效的方法,尤其是与变换的规模增大时,效果更明显。当时域的信号变得太复杂,难以直接分析时,FFT 可以用来变换信号为频域表达,使分析更容易、更简单。FFT 是在时域与频域之间快速转换的有力工具,便于利用不同域中信号的特征。许多情况下,频率中的数学计算更为简单。FFT 的有效性允许信号变换到频域,进行处理,再返回时域,而不会导致大量的计算费用。

感谢 Dennis Kertis 对于本章写作的大力支持。

第5章 DSP体系结构

通用处理器的设计目标是功能的多样性，使这些处理器可以有多种不同的应用。通用处理器的性能目标是在广泛应用中有尽可能高的性能。另外，专用处理器的设计旨在利用有限功能满足特定的目标。DSP是一类特殊处理器，这些处理器的设计把重点放在信号处理应用，因而并没有支持某些特征，如虚拟内存管理、内存保护以及某些类型的CPU异常。

DSP作为一种专用处理器，有定制架构以实现在高性能信号处理中的应用。传统DSP的设计是为内部循环最大限度地提高性能，包含累加器。因此，DSP通常包括硬件支持快速算法、单周期乘法指令(通常包括定点和浮点)、大型(额外宽度)累加器和硬件支持高速流水线、并行计算和数据传输。支持并行计算可能包括多个流水线执行单位。DSP系统通常依赖于专门的、高带宽的内存子系统保持稳定的运算。最后，DSP特有的用于极低开销循环控制以及其他专用指令以及寻址模式的专用指令和硬件减少了描述典型DSP算法所需的指令数目。

5.1 高速、专门的运算

DSP的设计目的是为了快速完成某些数学运算操作。以一个7阶FIR滤波器处理400 kHz的信号为例，每秒需要完成超过560万次乘法运算和560万次加法运算。DSP厂商认识到了这个瓶颈，并已增加了专门的硬件来在单周期内完成乘法运算。这将为这些类型的算法大幅提高吞吐量。

DSP的另一个显著特点是它的大型累加器寄存器或多寄存器。累加器是用来无溢出地保存几个乘法操作的和。累加器数位比通用处理器用来在积累中间结果期间避免溢出的寄存器要宽几位，这些额外的位叫做保护位。DSP乘法器、加法器和累加器几乎总是级联的，使在DSP算法中普遍用到的“乘累积”操作可以指定为一个专门指令。这一指令(通常称为MAC)就是一个DSP优化以减少DSP算法中取指数量的例子。

5.1.1 乘加单元

DSP 的 CPU 核心是乘加单元(用于乘法和累加),它是一个将计算结果提供给累加器的乘法器。为了最高效地利用乘法器,一套“数据”总线用于“X”阵列;一套“系数”总线用于“A”阵列。同时使用两套数据总线是 DSP 系统的一个基本特性。如果系数为常数,用户可能想将它们存储在 ROM 中。这是一个保存程序的公共空间,它允许用户使用存储在可编程存储器中的系数进行乘累加操作,并通过程序总线存取。乘加操作的结果在两个累加器寄存器之一累加,这两个寄存器是等同的。这使得程序可以维持两个计算链而不是一个。乘加单元调用 MAC 指令,见图 5.1。这个指令在一个周期进行许多操作:从存储器读取两个操作数,增量两个指针,将两个操作数相乘并且在变化总和中累加乘积。

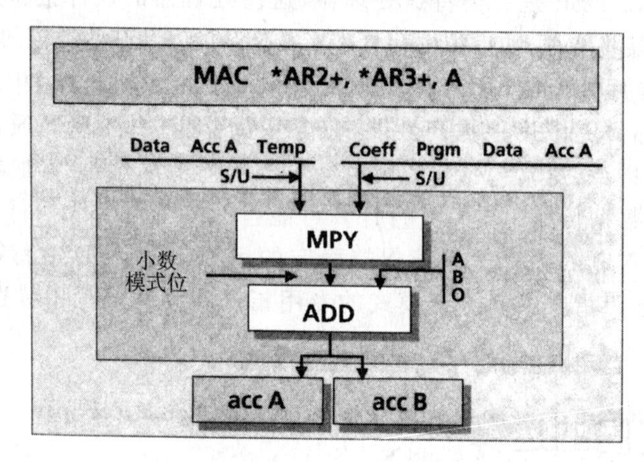

图 5.1 DSP 中的乘加功能

5.1.2 并行算术逻辑单元

大多数 DSP 系统需要执行大量的通用算术(简单的加减)。针对此类处理,一个单独的算术逻辑单元(ALU)经常增加到 DSP 中。算术逻辑单元的运算结果是基本的数学或布尔函数。这些结果将送交前面提到的累加器中。该算术逻辑单元执行标准点运算和二进制运算。算术逻辑单元也有加法器,该加法器确保有效地实施简单的数学运算而不干预专门的乘加单元。

算术逻辑单元的输入,与乘加单元一样,在获得高效率的代码执行前提下,为用户提供最大灵活性。算术逻辑单元可以使用累加器和数据系数总线作为单或双输入,见图 5.2。算术逻辑单元产生标准状态位包括 A 和 B 的溢出标志、零标志以及进位标志。

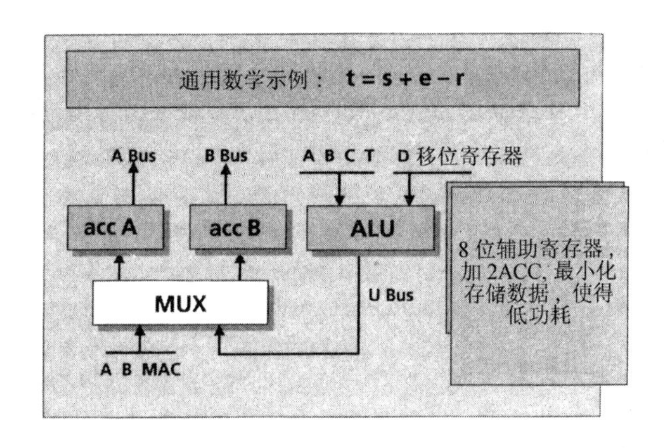

图 5.2　DSP 的 ALU

5.1.3　量化表示

DSP单元便于进行传统的定点运算，现代处理器越来越多提供定点和浮点运算的结合。浮点数对DSP有许多优势。

第一，浮点算法通过使用高级语言而不是汇编语言简化了编程。定点器件使用中，程序员必须追踪隐含二进制点的位置。程序员也必须在整个计算中注意适当的缩放比例，以确保所要求的精度。这导致容易出错、难以调试和难以整合。

浮点数比定点数提供了更大的动态范围和精度。动态范围是数字在溢出或下溢之前可以表示的范围。这个范围内有效地表明一个信号何时需要被缩放。缩放操作耗费很多时钟周期，所以缩放影响了应用性能。缩放数据还造成错误，原因是数据截断和近似误差(也称为量化误差)。处理器的动态范围是由指数的大小决定的。因此对于一个8位指数，其可表示数量范围是：

1 * 2 * * (−127),…,2 * 2 * * (127)

浮点数有更高的精度。精度衡量可以表示数据的位数，精度可以用来估计由于取整和近似所带来误差的影响。浮点数的精度是由尾数决定的。32位浮点DSP的尾数通常是24位，32位DSP带24位尾数的精度至少等同于24位定点器件。最大的不同是，浮点器件的硬件会自动标准化和换算结果数据，为所有数字保持24位精度。对于定点DSP，则需要程序员来完成标准化和换算操作。

浮点器件也有一些缺点：

算法问题　一些算法如数据压缩不需要浮点精度而且能在定点器件上执行得更好。

功耗更大　浮点器件需要更多的硬件来完成浮点操作和自动标准化和换算，这使得DSP

体积增大而带来功耗增大。

速度较慢　更大的器件体积和更复杂的操作使得浮点器件比同等规模的定点器件速度慢。

价格更贵　由于增加了复杂程度，浮点DSP比定点DSP更贵，用户在应用器件时需要考虑器件成本和软件设计成本。

5.2 高带宽存储器结构

有几种途径可以增加存储器带宽和数据、指令访问速度。DSP体系可以设计为允许多个独立的存储空间在单周期内同时取得多个操作数(一种改进的哈佛结构)。I/O口的数量可以增加，这样为数据的吞吐量提供了更大的带宽。DMA控制器可以用来将数据传入/传出处理器，增加系统的数据带宽。存储器访问时间可以减少，允许数据从存储器更快地存取。这通常需要增加更多的寄存器或片上存储器(下文会讨论到)。最后，多个独立的存储体可以减少存储器访问时间。在很多DSP器件中，存储器访问时间是指令周期时间的一部分(通常是一半，即两个存储器访问操作可以在单周期内完成)。访问时间当然也受存储器大小和RAM技术的影响。

5.2.1 数据和指令存储器

DSP器件需要一种更完善的存储器体系，其主要原因是在诸多DSP应用中的存储器带宽需求。在这些应用中保持处理器核心实时数据供给非常必要，单一存储器接口不够好。以简单的FIR滤波器为例，每个滤波器节点需要访问存储器4次：

- 取指令；
- 读取采样值；
- 读取相应的系数值；
- 在下一个存储器位置写入采样值(数据移动)。

如果这个操作用DSP的MAC指令完成，每条指令需要访问存储器4次。冯·诺依曼结构下，这4次访问必须全部通过相同的处理器/存储器接口，这样就导致了由于数据等待而引起的处理器核心速度的减慢。在这种情况下，处理器处于数据“饥荒”，并且性能受到影响。

为了克服这个性能瓶颈，DSP器件经常用几套总线连接CPU和存储器：数据总线、系数总线和程序总线，这些总线都将数据从存储器搬运到DSP。一套增加的总线可以用来将结果存回到存储器。在每个周期内，任何数目的总线都可以访问内部存储器阵列，并且任何一套总线都可以和外部器件通信。如果几套总线试图同时访问片外资源，DSP内部控制逻辑将防止总线冲突的可能。

为了MAC指令能够高效执行，需要多总线来保持数据不断传输到CPU，这样能使器件的处理速度更快。

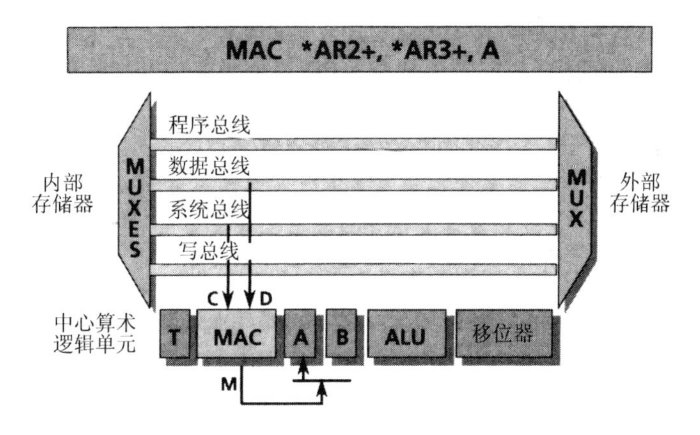

图 5.3 DSP 利用多总线读/写数据

5.2.2 存储器选择

在 DSP 体系里有两种不同种类的存储器：ROM 和 RAM。不同种类和版本的 DSP 存储器大小不同。目前的 DSP，取决于不同的器件最多集成了 48K 的 ROM 和 200K 的 RAM。RAM 以两种形式出现：单存取(SARAM)和双存取(DARAM)。为了达到最佳性能，数据应该存储在双存取存储器而程序存储于单存取存储器。DARAM 的主要优点在于将一个结果存回到存储器不会阻塞相同存储器块上并发的读操作。

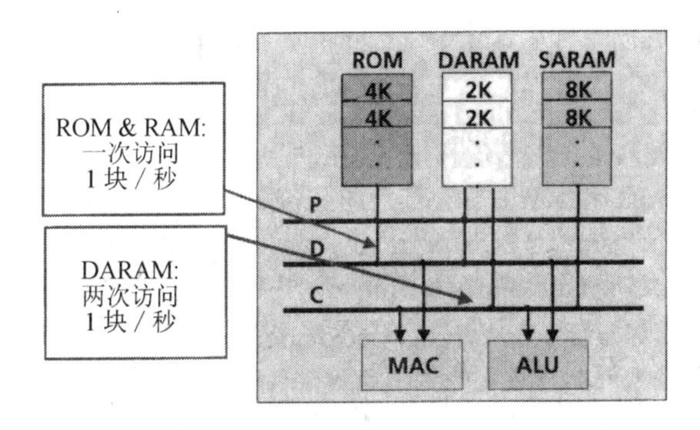

图 5.4 DSP 的存储器选择

5.2.3 高速寄存器

许多 DSP 处理器集成了一块快速单周期存取存储器。这块存储空间用来存放 FIR 滤波

器等算法产生的临时数据。单周期存取时间允许乘和累加在一个时钟周期完成。事实上，一个 DSP 系统包括了如图 5.5 所示的多种存储器。片上暂存的寄存器文件用来保存应用中重要的程序信息和最重要的变量。例如，延时操作在 FIR 滤波中是必需的，这意味着信息必须保存下来供后续使用。把这些值保存在外部存储器中是低效率的，因为从外部存储器读/写时有时间消耗。因此，实际应用中这些延时值保存在 DSP 寄存器或内部存储器块中以备后续使用，这样就避免了访问外部存储器带来的等待时间。片上存储器块也可用于存储程序和数据，同样能缩短访问时间。外部存储器的存取是最慢的，在数据能得到处理之前需要 DSP 的几个等待状态。外部存储器用来保存处理结果。

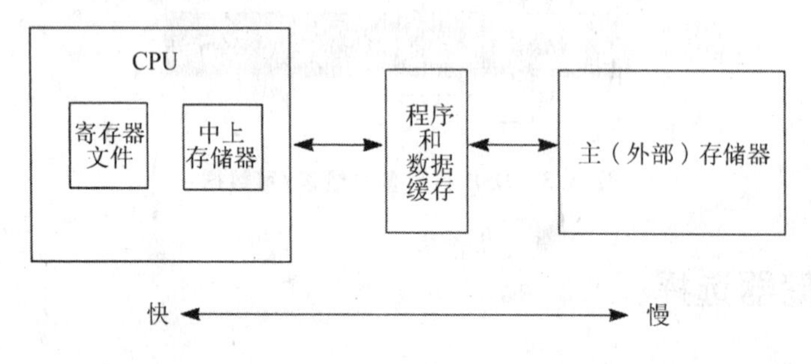

图 5.5 DSP 存储器系统层次

5.2.4 存储交叉

DSP 器件把由分离块组成的内存及这些块分离地址的锁存器合并起来(图 5.6)，这些存储块顺序交叉。这就允许来自一个长度等于块数量的存储区的多个字同时被获取。块组织形式也可用于匹配带有存储器访问时间的总线带宽。若是独立寻址，则在不同块中的多个字可以被同时获取，这促成了 DSP 应用性能的显著提高。

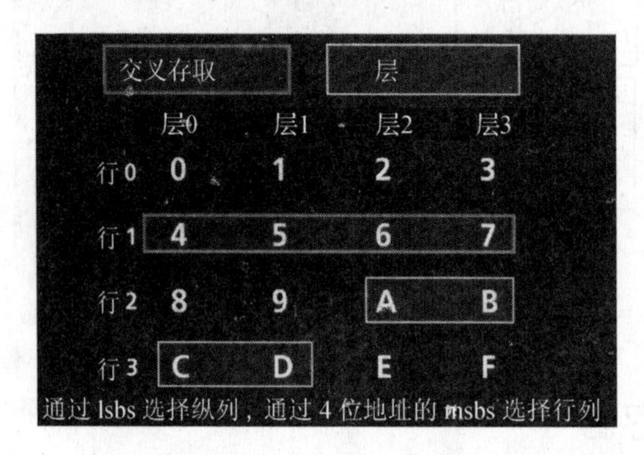

图 5.6 交叉内存全面提高性能

块交叉组织是块组织形式的一种特例，所有的块被同时寻址且行对齐。这使得来自连续地址数据的多个存取可以进行。这种方法减少了器件对地址锁存器数目的需求。

5.2.5 存储块切换

现代DSP提供存储块切换的能力。存储块切换允许读操作后要求额外时钟周期来关闭外部存储器块之间的互相切换。通过这种能力，当跨越程序或数据空间中的存储块边界时，一个额外的总线周期会被自动插入。DSP也可以在程序和数据访问之间或者跨越用户定义的物理存储边界时，加入一个等待状态。

存储器规模

当缺乏足够的片上存储器时，则要求设计者提供功耗、体积和价格方面相对于片上存储器较差的的片外存储器。但一个带有过大规模片上存储器的处理器在功耗、体积和价格方面也非最优。不同的应用对于存储器需求区别很大。设计者需要分析系统需求并选择片上存储器、性能和功耗的最佳组合来满足应用需求。例如，TI5402DSP是高性能低功耗和低成本的最优化器件。这个器件的设计是为了满足不需要大容量片上存储资源的应用。但在视频解码网关等应用中则需要非常大规模的存储器，这时就需要集成大规模片上存储器的DSP。

表5.1 不同应用中对片上存储器的需求

系　统	存储器需求	片上存储器
手持音频设备	21K字	32K字(C5409)
公用电话	15K字	16K字(C5402)
音频解码网关	182K字	200K字(C5420)

5.2.6 DSP高速缓存

高速缓存(Cache)系统通常会提高系统的平均性能，但不能改变最坏情况下的性能。这导致了对于那些取决于可预计最坏性能的系统没什么价值。但是，某些含有比一般功能微处理器Cache更小更简单的Cache的DSP系统常用于释放存储带宽，而不是减少总体存储器等待时间。这些Cache通常是指令(程序)Cache。

不支持数据Cache(或自改变代码)的DSP硬件结构简单，因为它不需要将数据写入Cache并处理相应的一致性问题。DSP Cache通常是软件控制而不是硬件控制，例如，DSP片内集成存储器经常用作软件控制数据Cache来减少主要存储器等待时间。片上存储器不能归类为Cache，因为它在存储器映射中有地址分配且没有标志支持，但片上存储器可以当软件Cache来用。

1. 重复缓冲区

DSP 经常执行所谓的重复缓冲区。重复缓冲区是一个有效的单字指令 Cache,这个 Cache 需要配合 DSP 的一条特殊的"repeat"指令使用。"repeat"指令将会重复执行下一条指令 n 次,其中 n 可以是一个立即数或寄存器整数。这是一条用于单指令重复执行的常用且有效的指令①。

与重复缓冲区一样的高级形式还有"多入口重复缓冲区"。它与重复缓冲区原理上相同只是有多条指令存在缓冲区。为使用这条指令,程序员必须指定要存在缓冲区里的一批指令。这些指令将在第一次执行时被复制到缓冲区。一旦这些指令进入了这个区域,所有接下来的循环执行将在这个缓冲执行②。

2. 单入口指令高速缓存

与指令 Cache 形式相似的叫做单入口指令 Cache。这种构造下,一次只允许有一段相邻的代码在这个 Cache 中。在开始时,这种 Cache 系统允许多个入口指向这段连续代码而不是单一入口。这种高速缓存允许间接操作访问这个缓冲区,如 jump、goto 和 return③。

3. 关联指令高速缓存

关联指令高速缓存允许多入口或者多批指令存在 Cache 中。这是一个不必考虑块对齐问题的全关联系统,硬件可以控制在 Cache 中的块。这样的系统通常有特殊的指令来使能、关闭和加载,也可进行手动控制。这种模式可以用来提高性能或确保可预知的应答④。

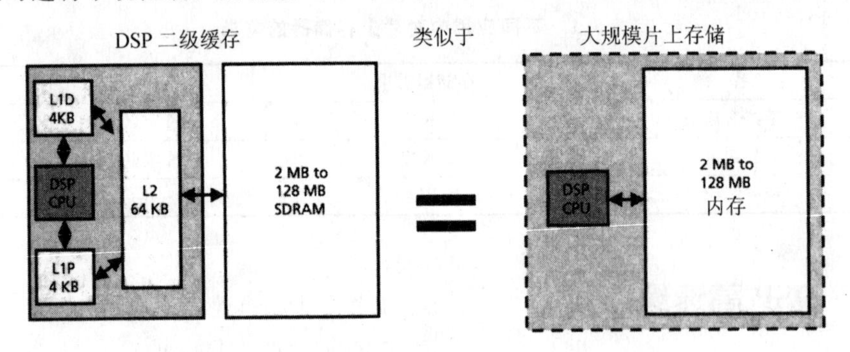

图 5.7 两级 Cache 类似大规模片上存储器

4. 双重高速缓存

双高速缓冲系统可以被配置为 RAM(在存储器映射中)或 Cache,程序员可以选择模式。这种方式的优点在于可利用 Cache 使初始化程序迅速启动,然后可由性能/可预知做优化选择。

---

① TMS320C20 是使用这个指令的例子。

② LucentDSP16xx 可以执行这种指令。

③ ZR38000x 集成这种 Cache 系统。

④ TMS320C30 和 FreecaleDSP96002 都是这样的系统。

5.2.7　执行时间可预估性

DSP等带有严格时间约束的特殊处理器要求设计满足最坏的情况。可预知性非常重要，这样才能使时间响应可以计算且预计准确[①]。许多现代通用处理器体系结构复杂使执行时间预计困难(例如，超级无向量结构为并行执行动态选择指令)。如果用户不能预计最坏运算情况下的性能，则提高DSP的平均性能将变得很难。因此，DSP的体系结构相对直接明了，且有开发和分析工具支持，这些工具可以帮助程序员精确地确定执行时间。

大多DSP存储体系限制了Cache的使用，因为常用Cache只提供随机执行模型。如果处理器要执行的指令在Cache中，则这些指令将以Cache速度执行。如果指令和数据不在Cache中，处理器需要等待，直到程序和数据装载到Cache里。

Cache的不可预知并不是高级体系结构的唯一难题。分支程序同样会导致潜在的执行时间预计问题。现在的CPU有很深的流水线来发掘指令流中的可并行性，这历史性地成为提高通用处理器及DSP性能最有效的方法。

分支指令能引发流水线的相关问题。分支指令是if—then—else结构的执行。如果条件成立，则跳转到其他位置；如果不成立，则继续执行下一条指令。这种情况导致了流水线下指令流的断裂和不规则的引导，而不是通常稳定的前移。处理器无法知道下一条指令是什么，直到执行完分支指令。这种行为将迫使处理器停滞直到目标跳转位置确定。处理器的执行流水线越深，处理器在确定下一条放入流水线的指令前等待的时间就越长。这是处理器指令连续执行和执行时间预计的最大限制因素之一，这些结果被称为分支效应。分支效应可能是现代处理器性能的唯一最大制约。

动态指令序列也会导致执行时间预估问题。动态指令序列就是处理器为并行执行动态地选择连续指令，取决于可执行单元和指令间的附属关系。如果附属程序允许动态指令序列执行，可能会造成乱序。超级无向量处理器结构可以使用动态指令序列。市场上的许多DSP因为执行可预知性不强的原因而不常用。

5.2.8　直接存储器存取(DMA)

直接存储器存取是DSP计算机总线结构提供的一种能力，它允许数据直接从外围器件(如磁盘驱动器或外部存储器)传输到其他DSP地址空间中的其他存储器中。DSP不参与数据的传输，从而提高了整体运算性能。

DMA是可以给主CPU承担数据传输工作的部分从属协处理器。DMA为DSP提供了

---

① 执行预计是程序员预测一段特定程序段精确执行时间的能力。执行预知在DSP应用中非常重要因为用户需要精确地预测性能，保证实时性并且为最佳执行速度优化代码。

很高的性能。目前DSP(TMS320C6x等)中的DMA控制器的数据传输率高达800 Mbps,它能在每个周期内读写一个32位字。不必负担数据传输工作使得CPU可以专注于运算。DMA可以控制的典型传输方式有:

- 存储器到存储器传输(内部到外部);
- I/O器件到存储器传输;
- 存储器到I/O器件传输;
- 通信端口和存储器之间的传输;
- 串行端口和存储器之间的传输。

1. DMA配置

配置一次DMA操作要求CPU写几个DMA寄存器。配置信息包括传输数据的源地址、数据传输量、传输类型和寻址方式、传输方向和目标地址或目标外设等。当执行请求完成后,CPU将给DMA控制器信号。

实际数据传输包括以下步骤:

① DMA在准备好传输后请求总线。

② CPU完成当前操作中的所有存储器相关处理,并把总线控制权交给DMA控制器。

③ DMA传输数据直至完成或CPU请求总线。

④ 如果DMA在传输完成前交出总线控制权,则它必须再次申请以完成传输。

⑤ 当整块数据传输完成后,DMA可以选择性地以中断方式通知CPU。

2. 冲突管理与多请求管理

DMA控制器的特性可以减少总线或资源冲突。许多DMA控制器通过中断来完成源地址或目标地址的同步传输。DMA控制器允许程序员将数据在片上和片外间来回搬运。现在的DSP为DMA提供多存储器和端口,DSP带有独立的数据和地址总线来防止CPU的总线冲突。TI的TMS320C6x、摩托罗拉的DSP96002和Analong Devices的ADSP-2106x系列都有某种形式的DMA功能。

多通道DMA功能允许DSP同时处理多个传输请求,伴随着基于优先级的子块传输和源、目标有效性仲裁(图5.9)。DSP厂商称这种功能为多通道,但事实上这是一种处理方式的分离,而不是物理硬件实现。每个DMA通道都有它自己的控制寄存器来存放处理信息。以TI TMS320C5xDSP为例,它有6通道DMA的功能。

某些DSP上的DMA允许并行和/或串行数据流从内/外存储器中上传/下载。这就使得CPU能够专门处理任务而不必做数据搬运。

3. DMA实例

以图5.8中的便携音频设备为例,DMA同时完成从存储块中获取并传输压缩数据以及将解压数据通过DAC传到耳机。这使CPU可以只处理它最擅长的工作—数字信号处理。

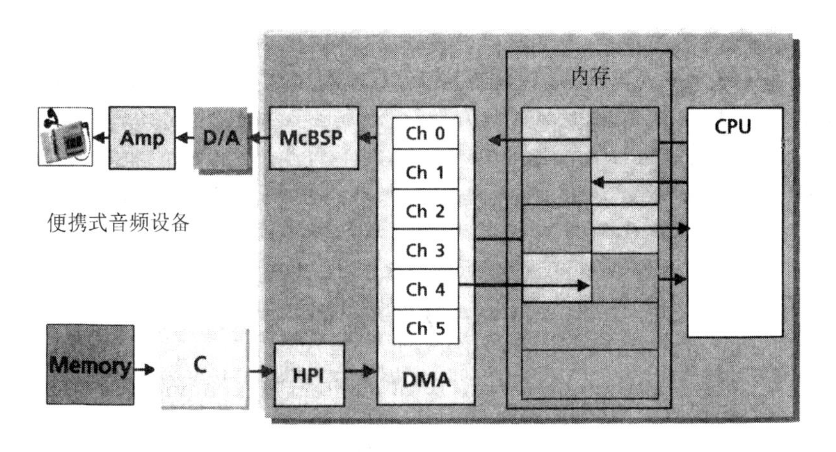

图 5.8 TI TMS320C5x DSP 的 6 通道 DMA 功能

4. DSP 特性

DMA 控制器并不限于高效数据传输，它们通常提供分类、填充等有用的数据变换功能见图 5.9。一些更复杂的模式包括：

- 循环寻址——这种模式在处理循环缓冲区等应用中很有用。
- 位取反——这种模式在搬运 FFT 运算结果时效率很高，因为这些结果数据是位反向序列。
- 1D 到 2D 等多维传输——这种模式在处理多维 FFT 和滤波时非常有用。
- 隔行传输——这种模式使用的情况例如：仅需要访问几列数据的 DC 部分。

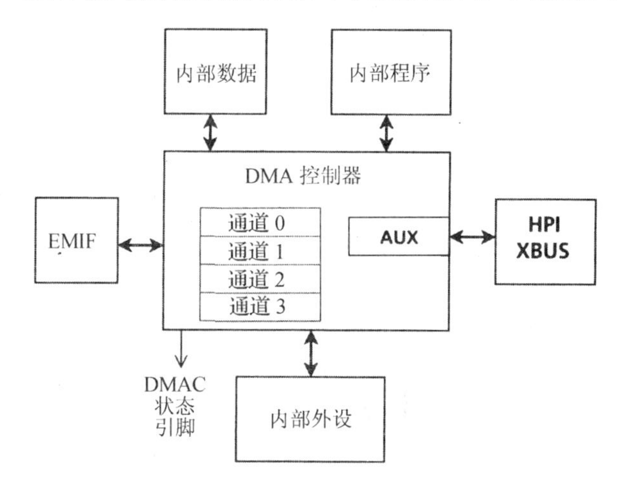

图 5.9 DSP 的 DMA 控制器

5. 主机接口

一些 DSP 的存储系统也可以通过主机接口来访问。主机端口接口(HPI)用于连接通用处理器。HPI 是 8 或 16 位特定二进制并行端口。这种端口允许主机向 DSP 存储空间执行数据传输。某些主机接口允许处理器强制执行指令或设置于结构状态探测下的中断。主机接口可以用来将 DSP 配置为部分从属协处理器。主机接口通常也用于用户操作主机的开发环境,主机控制从 DSP。

通常,HPI 是异步 8 位或 16 位连接(取决于器件的不同),是为通过无缝连接到一系列外部主机的便捷通信而设计的,很多控制引脚兼容这种连接模式的不同,并且不需要 DSP 为主机提供时钟。主机接口允许 DSP 成为主机的类似 FIFO 的器件,极大地简化并减少了不同类的两种处理器连接的成本。HPI 非常便于从系统主机引导一个含有较少 ROM 的 DSP,也非常便于在主机和 DSP 间实时交换输入数据和处理结果。

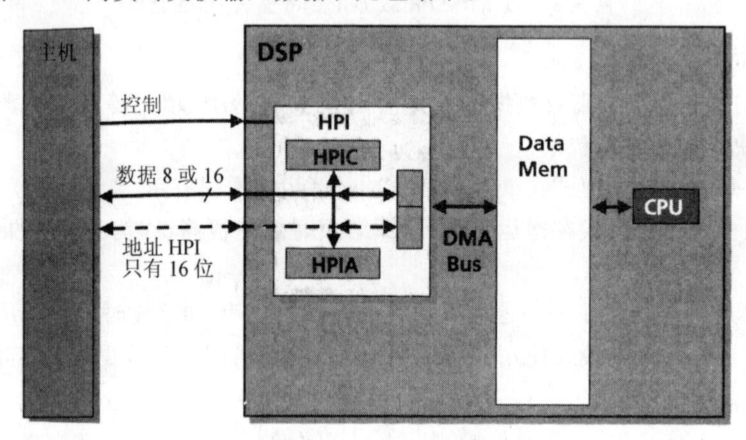

图 5.10 主机接口可以用来在主机和 DSP 之间传输大量数据

6. 外部存储器

在如图 5.11 固态手持音频应用中,DMA 可以通过 EMIF 读取闪存卡。外部寻址空间允许 DMA 访问闪存卡的整个存储空间[①],如图 5.11 所示。图 5.10 中的 16 位接口是从存储器中存取 16 位数据的数据接口。23 位接口是地址线(8 M 字寻址范围)。不同的 DSP 器件有不同的扩展程序地址范围(器件也可能有 16 位 I/O 和数据空间,每个 64K 字)。

EMIF 是有效的片外存取总线。片外存取需要功耗,使用内部总线可以节省功耗。因为外部总线没有被使用,则对应于外部总线的时钟可以停止,从而节省了功耗。内部存储器操作工作于 DSP 内核电压,而不是外部 SRAM 和 EMIF 总线电压,这样就降低了功耗,见图 5.12。

---

① CompactFlash 卡的容量从 4 MB 到 128 MB 不等,SmartMedia 卡的容量从 2 MB 到 8 MB。在这个例子中大于 8 MB的卡不可用。

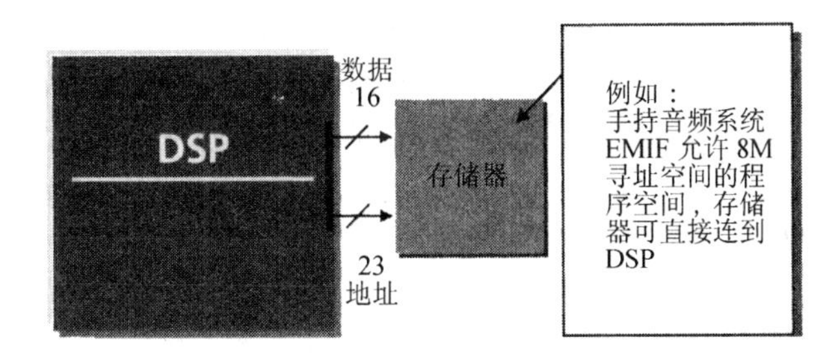

图 5.11 外扩存储器接口为片外存储器存取提供灵活性

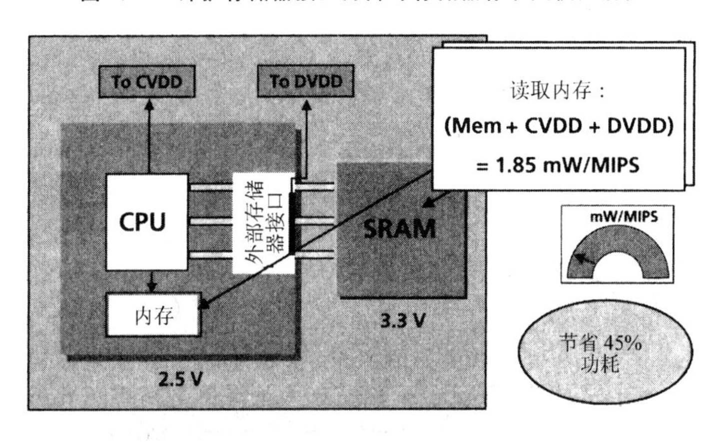

图 5.12 DSP 的内部存储器有利于减小功耗、提高性能

内部存储器存取在大部分情况下只需外部存储器存取功耗的一半。

5.3 流水线处理

DSP 处理器与其他大部分处理器相似，最慢的处理速度决定了系统的速度。处理器体系结构在近几年经历了一个转变。过去是由 CPU 操作(乘、加、移位增量指针等)支配器件的总体等待时间并决定应用的执行时间，存储器访问时间可以忽略。但现在相反，很小的几何结构可使 CPU 操作很快，但存储器访问速度跟不上。这个问题的一个解决办法就是将这些指令执行分解为较小的块。这种方法在处理器等待存储器访问的同时，至少可以执行待完成工作的一部分。如果一个操作的子操作不同分步之间在时间上重叠，称这个操作被流水线化。指令流水线是 DSP 达到高性能和显著执行速度的基本因素。

在任何处理器执行指令时，必须完成这些标准子操作或步骤，见图 5.13：

预取　计算指令的地址。决定下一行代码的位置，通常在多数处理器中通过程序计数器或程序计数寄存器。

取指　收集指令。检索在存储器目标地址中找到的指令。

解码　解释指令。决定指令代表什么操作,并计划如何执行。

访问　收集操作码的地址。如果需要一个操作码,确定这个值在数据存储器中的位置。

读取　收集操作码。从数据存储器中获取需要的操作码。

执行　执行指令。

DSP 将这些子操作中的每一个都执行得很快,使得可以达到高指令执行速率。

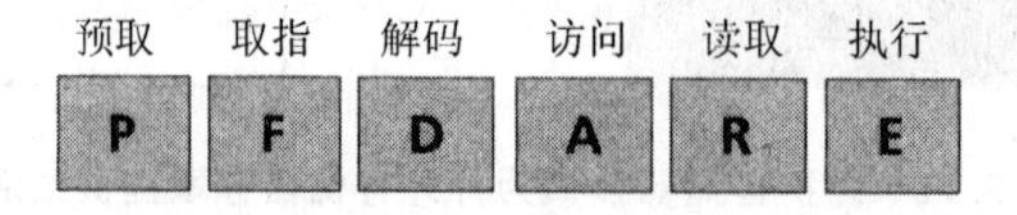

图 5.13　DSP 指令执行的子操作

所有指令必须通过这些步才能被执行,每步将消耗一个周期。这在速度很重要时听起来像一大笔开销。既然每个流水操作与其他的子操作使用分离的硬件源,那么每个周期里执行多条指令就成为可能,见图 5.14。

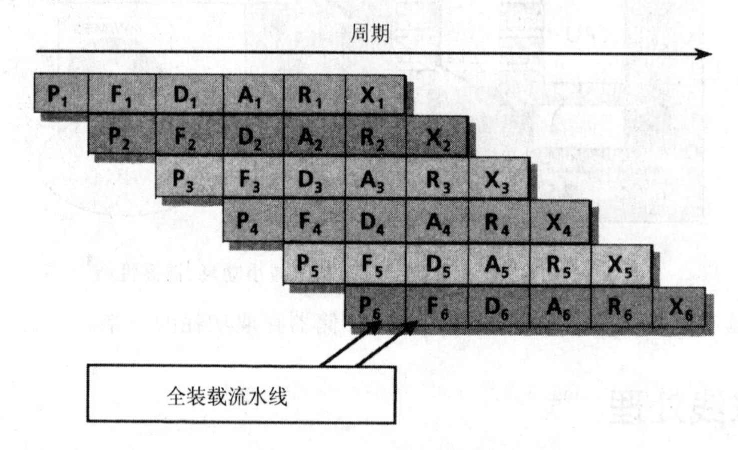

图 5.14　DSP 指令流水线

如图 5.14 所示,指令 1(P1)第一个执行它的预取指操作,然后指令移动到取指操作。在指令 1 使用取指硬件时,预取指硬件就可以为指令 2(P2)工作。在下一个周期,指令 1 到解码(D1)这一步,指令 2 就可以前进到取指(F2)并启动预取指硬件处理指令 3。这个过程持续到指令 1 执行完。指令 2 将在下一个周期执行,而不是 6 个周期以后。这保证了流水线 DSP 中的高指令执行速率。这个过程由 DSP 自动地完成,程序员并不需知道。图 5.15 展示了应用流水线概念并行执行多指令所获得的速度改进。通过减少所需要周期数,流水线也减少了总功耗。

增添流水线步骤增加了每个步骤的有效计算时间,使得 DSP 可以工作在较低的时钟周期下。较低的时钟频率减少了数据转移,CMOS 电路在变换时会增加功耗,所以降低时钟频率

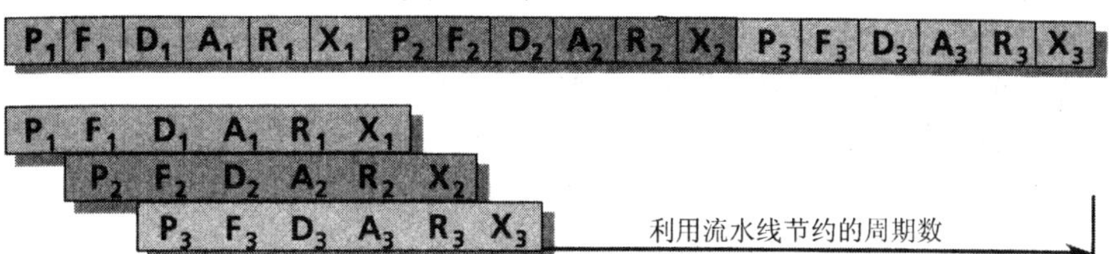

图 5.15 使用流水的 DSP 速度

可以减少功耗[①]。但需要折中的是大规模流水线导致更大的硅面积。总之,流水线如果可以有效管理将提高 DSP 的总体功耗效率。

原子指令

原子指令是指对于一个处理器来说与处理器时钟(周期为 T_c)同步的指令,该指令称为原子指令的意思是一条指令必须在下一条指令开始前完成。每一条上述指令具有 N 个中间状态(N 是整数,很可能是 1),并且具有 $L=N*T_c$ 个时钟延时,总的程序执行时间是处理器执行的动态指令流中每一条指令的延时的和。原子指令的一大优势是它可以将硬件资源的消耗降低到最小程度。硬件资源可以在一个指令中最大限度地加以利用,而不会与其他指令相互冲突。例如,ALU 可以用作地址生成与数据运算。存储状态与数据的硬件可以为一条指令进行优化而不用担心并发指令带来的硬件资源划分问题。原子指令另一个优势是其提供的硬件与软件模型是最简单的。

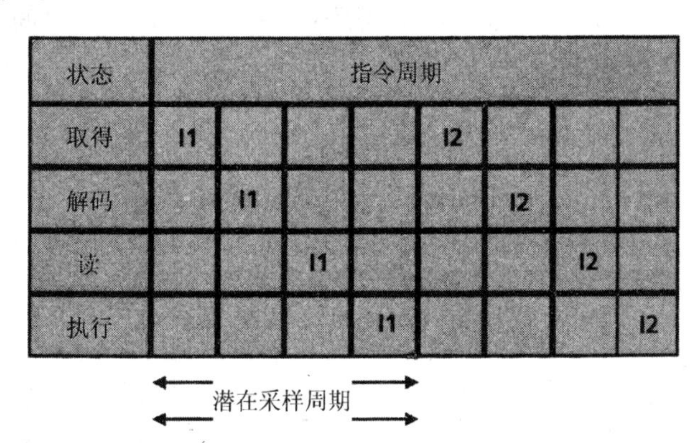

图 5.16 原子指令的执行

原子执行降低了硬件资源的消耗,但是并不一定是高性能的,原子执行时允许各阶段被复用。以 ALU 为例,该单元可以同时进行地址运算和数据运算。因此,其执行周期与延时可以

① COMS 电路在转换时耗能。通过减低时钟频率来减少转换,CMOS 电路的功耗将显著降低。

由流水线分割技术加以优化而使硬件资源最大限度地利用。总之，具有流水线的硬件比不具备流水线的硬件具有更高的效率。硬件中与每个阶段的计算相关的单元在每个周期内而不是 $1/N$ 个周期都得到了利用(假设流水线的长度为 N)。

在理想流水线中，所有的指令均具有相同的顺序、状态数(N)和延时($L=N*T_c$)。一条指令在其前一条指令的第一个阶段结束时开始执行。因此，指令执行的频率为 $1/T_c$(见图 5.17)。程序运行的时间为动态指令数目乘周期数加上最后一条指令的延时。

状态	指令周期							
取得	I1	I2	I3	I4	I5			
解码		I1	I2	I3	I4	I5		
读			I1	I2	I3	I4	I5	
执行				I1	I2	I3	I4	I5

潜在采样周期

图 5.17　理想流水线

流水线硬件在理想情况下具有最高的效率。硬件中与每个阶段的计算相关的单元在每个周期内，而不是 $1/N$ 个周期都得到了利用(一些单元在一个中间状态中也许没有被使用)。

5.3.1　限　制

经常增加流水线的深度以实现更高的时钟频率。每个阶段的逻辑指令越少，则时钟周期越短，吞吐量越大。时钟频率的增加对于所有指令都有益处。但是，数据由于流水线深度的增加而造成数据吞吐量的增加也是有限制的。考虑如果每条指令都是一条单独的逻辑指令，则会由于程序流程的改变造成流水线的打断，从而造成性能上的损失。流水线的另外一个局限性是由于要处理资源冲突与数据冲突而增加了硬件与软件的复杂度。这些限制所造成的延时显著地影响了总体性能(相当于时钟周期对性能的影响)。延时的来源增多，包括由于等待额外的流水线操作造成的寄存器延时，额外的寄存器设置以及其他寄存器的时钟不同步带来的延时。

传统 DSP 的流水线深度为 2 至 6 级，见表 5.2。

表 5.2 不同 DSP 的流水线描述

处理器	流水线描述
Analog Devices2101	指令获取/解码 执行(包括单周期 MAC)
TI TMS320C10	指令获取/解码 执行 1：乘 执行 2：累加
Motorola DSP 5600's	指令获取 解码 执行
TI TMS320C30(浮点)	指令获取 解码 操作码读/写 执行
TI TMS320C54x	预获取指令＝计算指令的地址 获取指令＝读指令 解码＝指令译码 访问＝计算操作码地址 读＝读操作码 执行＝执行操作
TI TMS320C6x(通常指令为 7)	PG＝产生获取地址 PS＝将地址送到存储器 PW＝等待数据 PR＝读操作码 DP＝包解码 DC＝指令解码 E1＝执行一般指令(加,减,逻辑) 多达 12 种最坏的情况,取决于指令 E2＝乘 E3＝加载 E4＝加载 E5＝加载 E6＝转移

阻止流水线到达 100％重叠的因素包括：

- 资源冲突——两条或更多指令在流水线中在同一周期里需要相同的硬件。
- 数据障碍——下一条指令在前一条指令未完成前需要其结果。
- 分支控制流——由分支程序的结果引起的指令流改变使在分支程序执行完之前无法

完成下一条指令的获取。

● 中断控制流——由于中断引起的改变导致任意中断被自动插入。

5.3.2 资源冲突

举一个中断冲突的例子，假设一个处理器具有以下条件：

● 指令获取，解码，读，执行流水线。

● 双端口存储器，双边都可读/写。

● "ADD * R0，* R1，R2"指令在读阶段读取操作数。

● "STORE R4 * R3"指令在读阶段读取操作数，并在执行阶段存储到存储器。

这个处理器可在流水线中执行一系列加或存储。但如果存储优先于加，则在加的读阶段和存储的执行阶段，双端口存储器将被要求读两个量并存储第三个。

状态	指令周期							
取指令	I1	ST	ADD	I3	I4	I5	I6	I7
解码		I1	ST	ADD	I3	I4	I5	I6
控制码			I1	ST	ADD	I3	I4	I5
执行				I1	ST	ADD	I3	I4

ADD 在每个周期读两条指令
并且 STORE 写一条指令

图 5.18 资源冲突的流水线表

状态	指令周期							
取指令	I1	ST	ADD	I3	I4	I4	I5	I6
解码		I1	ST	ADD	I3	I3	I4	I5
控制码			I1	ST	ADD	ADD	I3	I4
执行				I1	ST	—	ADD	I4

增加额外的周期

图 5.19 解决资源冲突的流水线表

之前描述的程序员解决资源冲突的一个方法就是在存储和加指令之间插入一个NOP，这将在流水线中引入一个延时来消除冲突，如图5.19所示。当程序员必须这么做来阻止冲突时，这个管道称为未保护或显露的。

某些DSP在硬件上保护冲突并将store和所有后面的指令延迟一个周期。这被称为被保护的或透明流水线。不管程序员还是硬件引入的延时，每个指令的执行由于这个额外的延时而推后。

资源冲突由各种情况引起，以下是一些引起资源冲突的例子：

- 两个周期写操作——一些存储器可能消耗两个周期来完成写操作，但是读只需要一个周期。写入存储器的指令就会与从该存储器中读出的指令重叠。
- 字乘指令——一些指令使用超过一个字，因而就需要两个指令获取周期。例如，一条指令带有等于一个字长度的中间数据。
- 存储器块冲突——只有当存储单元不在同一分块时，存储器支持多路存取。
- Cache缺失或片外存储器——如果存储单元不在Cache或片上存储器，访问片外的较长延时将导致流水线停止。
- 相同存储器冲突——处理器仅支持存储器地址在不同存储器中的多路存取。

1. 数据冲突

数据冲突类似于资源冲突。数据冲突的一个例子如下：

如果“ADD R1,R2,R3”(R1是结果)之后是“SUB R4,R1,R5”，R1在SUB读它时还没有写入，这就存在数据冲突。数据冲突也会发生在被用作地址计算的寄存器，如图5.20所示。

状态	指令周期							
取指令	I1	ADD	SUB	I3	I4	I5	I6	I7
解码		I1	ADD	SUB	I3	I4	I5	I6
控制码			I1	ADD	SUB	I3	I4	I5
执行				I1	ADD	SUB	I3	I4

ADD在每个周期开始写入但
SUB试图在开始时读取

图5.20 数据冲突的流水线表

转发(Bypassing或Forwarding)通常是减少数据冲突的方法。在将结果写入寄存器文件之后，硬件就能立刻检测到，将其提前一个单元绕过读/写操作，见图5.21。

有几种数据冲突类型，包括：

状态	指令周期							
取指令	I1	ADD	SUB	I3	I3	I4	I5	I6
解码		I1	ADD	SUB	I3	I3	I4	I5
控制码			I1	ADD	SUB	SUB	I3	I4
执行				I1	ADD	—	SUB	I3

添加额外的周期

图 5.21　数据冲突的解决

- 写之后读——即 j 在 i 写入之前试图读一个源码。
- 读之后写——即在被 i 读之前，j 写入了一个目标地址，这样 i 就获得了这个错误的新赋值量。这类数据冲突在一个增量地址指针被下一条指令作为操作数来读取时发生。
- 写之后写——这类数据冲突发生在 j 在 i 写一个操作数之前试图对其写操作。写操作结束于错误的次序。这只发生于写入多于一个流水阶段或执行无序指令的流水线操作时。

分支控制流

分支条件在流水线的解码阶段被检测出来。在一个分支指令中，目标地址未知，直到指令的执行阶段。而其后的指令已经被获取，这将有可能导致潜在的问题。

这种情况不仅仅在分支时发生，也在子程序调用和返回时发生。一种流水线中分支指令的发生如图 5.22 所示。

状态	指令周期							
取指令	BR	I2	—	—	NOP1	NOP2	NOP3	NOP4
解码		BR	I2	—	—	NOP1	NOP2	NOP3
控制码			BR	I2	—	—	NOP1	NOP2
执行				BR	I2	—	—	NOP1

图 5.22　DSP 流水线转移的发生

分支效应的解决办法是"清洗"或丢弃目前流水线中的所有子程序指令。当处理器在忙于获取新指令时，流水线被有效停止，直到目标地址已知。之后处理器开始获取分支目标。

这种情况导致"气泡"——此时处理器不做任何事，有效地使得分支成为一个等于流水线中分支深度的多周期指令。因此,流水线越深(指令经历的流水线阶段越多),清洗流水线所需要的时间就越长,处理器等待时间也就越长。

另外一种解决办法称作一个延时分支。这实际上类似于清洗法,但拥有一个编程模型分支后的指令通常在那里被执行。指令的数目等于需要清洗的周期数。如有可能程序员用做有用工作的指令来填充槽。否则,程序员插入NOP。一个带有三个延时槽的延时分支如下例:

```
BRNCH Addr.              ;分支到新地址
    INSTR 1              ;一直执行
    INSTR 2              ;一直执行
    INSTR 3              ;一直执行
    INSTR 4              ;分支未采取时执行
```

另一个分支停止情况的解决方法是利用"重复执行缓冲区"。对于特殊循环,重复执行缓冲区是一个很好的解决办法。在这种情况下,流水线顶层存在特殊硬件来重复获取指令。循环指令的局部缓冲发生,因而可立即取指。

在"可取消的条件分支"解决方法中,处理器中断被禁止,后续的指令被获取。如果分支条件不满足,则执行过程照常;如果条件满足,则处理器将取消分支之后的指令直到目标指令被获取。

某些处理器执行分支预测解决方法。这种方法的一个范例会被用来预测分支是否会发生。分支目标位置的高速缓冲被处理器保存,这个标记是分支的位置,数据是分支的目标位置。控制位可以指示分支的记录。当一个指令被获取,并且它在Cache中,它是一个分支并且将会做出预测。做出预测后,分支目标将会被获取。否则,下一个后续指令被获取。解决之后,如果处理器预测正确,则执行过程不带有任何延时。如果处理器预测不正确,则将清洗分支指令后的所有指令并重新获取正确的指令。

分支预测是处理分支指令的另一途径。这种方法减少了气泡数量,取决于预测的准确度。在这种方法中,处理器不能改变机器状态直到分支完成。由于这种方法显著的不可预见性,分支预测没有在DSP体系中得到应用。

2. 中断效应

中断可以被视为到中断服务程序的转移。中断有与分支类似的效果。这种情况的严重后果是流水线增加了处理器的中断响应时间。

在TITMS320C5xDSP中,中断过程由在解码阶段插入中断而不是当前指令(图5.23)产生。插入整个气泡避免了所有的流水线危险和冲突。指令允许排出,因为它们可能改变诸如地址指针等状态。中断返回时,I5是第一条获取的指令。

另一个这种中断处理的例子,考虑摩托罗拉5600x JSR(跳到子程序)指令。JSR被保存为两个字中断向量的第一个字。第二个字在这种情况下未被获取,见图5.24。

状态	指令周期							
取指令	I4	I5	—	—	—	NOP1	NOP2	NOP3
解码	I3	I4	INT	—	—		NOP1	NOP2
操作码	I2	I3	I4	INT	—	—	—	NOP1
执行	I1	I2	I3	I4	INT	—	—	—

↑中断同步

图 5.23　流水线处理器中的中断过程

状态	指令周期						
取指令	I3	I4	JSR	—	NOP1	NOP2	NOP3
解码	I2	I3	I4	JSR	—	NOP1	NOP2
执行	I1	I2	I3	I4	JSR	—	NOP1

↑中断同步

图 5.24　Motorola 5600x 中断过程

5.3.3　流水线控制

DSP 程序员必须了解处理器流水线控制选项。有不同种类的处理器流水线控制。第一种称为数据固定流水线控制。这种方法中,程序指出在不同点同时包含不只一个操作会对一个操作数序列产生什么结果。这种控制通过序列操作跟踪单一操作数序列并且更容易读。

时间固定流水线控制是当程序指定一个包括多于一批操作数和操作符的流水线的每一点何时发生了何事。程序员指定功能单元(地址产生器、加法器、乘法器)在任何点的行为。这种方法允许更明确的时间控制。

互锁或被保护流水线控制允许程序员指定不受流水线阶段控制的指令。DSP 硬件解决资源冲突和数据冲突。这种方法更容易编程。

举一个时间固定控制的例子,LucentDSP16xxMAC 循环指令如下所示:

```
A0 = A0 + p     p = x * y     y = * R0 ++     x = * Pt ++
```

这条指令执行时可以被解释如下：

- 累加 p 和 A0 中的量；
- 将 x、y 中的值相乘并存在 p 中；
- 存储指向 R0 的存储器地址于 y，并增加这个指针；
- 存储 Pt 指向的存储器位置于 x，并增加这个指针。

其中：

P＝结果寄存器；　　　　A0＝累加寄存器；

x＝数据寄存器；　　　　R0＝指针寄存器；

y＝数据寄存器；　　　　Pt＝指针寄存器。

举一个数据固定控制的例子，Lucent DSP32xxMAC 循环指令如下：

```
A0 = A0 + ( * R5 ++ = * R4 ++ ) * * R3 ++
```

对这段指令解释如下：

- 获取指向 R3 的存储器位置存于 y，并增加这个指针；
- 获取指向 R4 的存储器位置存于 x，并增加这个指针；
- 将上步获取的量存于 R5 指向的存储器位置，并增加这个指针；
- 将 x 和 y 中存储的值相乘并累加于 A0。

5.4 特殊指令和寻址方式

如前文所提，DSP 有特殊指令来快速地执行乘和累加等特定操作。很多 DSP 中有专门的硬件加法器和硬件乘法器。加法器和乘法器经常设计为并行操作以使乘和加可以在同一个时钟周期执行。特殊的乘和累加（MAC）指令设计在 DSP 中就是这个目的。图 5.25 展示了并行乘法和加法单元的高级体系。

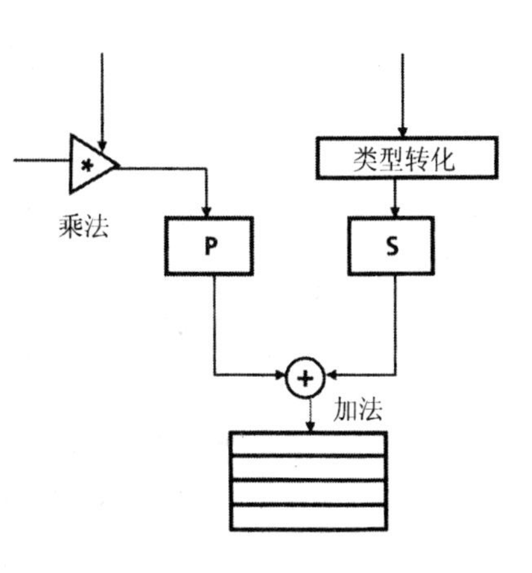

图 5.25 并行加法和乘法操作

DSP 也可以利用附加的并行形式执行多 MAC 操作，TIDSP C5000 系列集成两个加法器——其中一个在 ALU 中，另一个在 MAC 单元，如图 5.26 所示。这种附加并行形式允许每个周期执行两个滤波节点的运算，有效地使这类操作的性能提高一倍。RPTZ 指令是一个零额外开销循环指令，能减少这种运算中的额外开销。这是 DSP 不同于其他通用微处理器的另一个独特特征。

图 5.26 中的指令是对称 FIR 操作的一部分。对称 FIR 首先将两个共享公用系数的数据样本相加。如图 5.27，第一条指令是一个双操作数 ADD，并且利用 AR2 和 AR3 寄存器来实

现这个功能。寄存器 AR2 和 AR3 指向首末两个数值，允许累加器 A 在单周期内获得它们的和。指向这些数值的指针自动增加（无额外周期）来指向子程序 ADD 的下一对数据样本。重复执行指令（RPTZ）指示 DSP 执行下一条指令“N/2”次。FIRS 指令以每个周期两个节点的速度完成剩余的滤波。FIR 指令从累加器 A 取得数据和，将其乘以从程序总线获得的公用系数，并且把运行滤波和加到累加器 B。并行于 MAC 单元执行乘加操作（MAC），ALU 接收 C 和 D 总线提供的下一对数值，并且将它们的和存入累加器 A。多总线、多数学硬件以及使它们有效工作的指令组合在一起使 *N* 阶 FIR 滤波在 *N*/2 个周期内完成。这个过程中每个周期使用三套输入总线。这导致了大量数据吞吐（10 ns 达到 30 M 字每秒——持续的，不“喷发”）。

另一种形式的 LMS 指令（另一种 DSP 特殊指令）融合 LMS ADD 和 FIR 的 MAC。这可以使 N 节点自适应滤波器的载入减少到 2N 个周期。这样，一个 100 阶系统将会在 200 个周期内运行完成，而不是预想的 500 个。当选择系统中要使用的 DSP 时，类似的细微性能问题对给定函数对指令执行速度的要求有非常显著的效果。

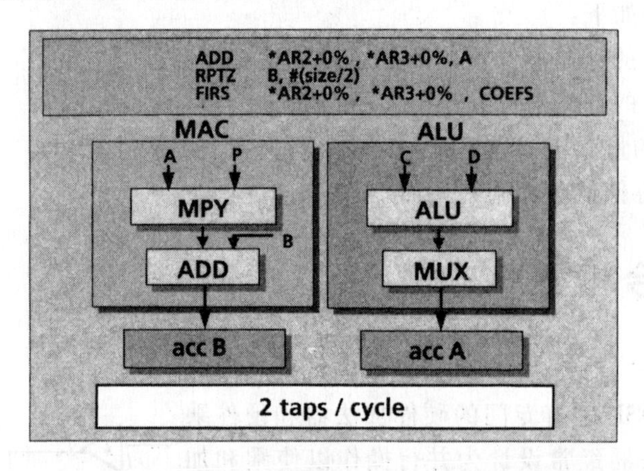

图 5.26 DSP 带有两个加法器，一个在 MAC，一个在 ALU

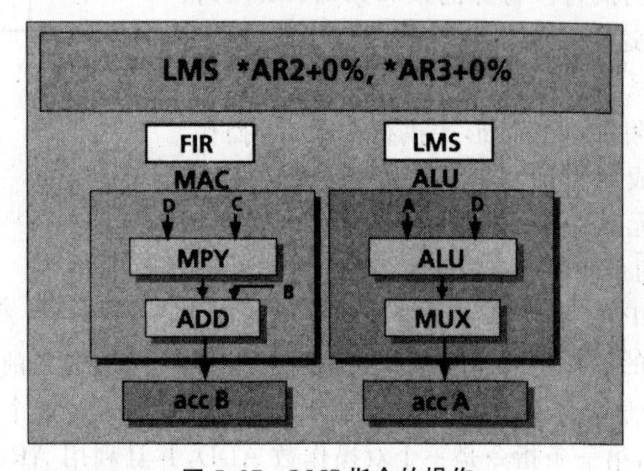

图 5.27 LMS 指令的操作

TI 5000 系列 DSP 的 LMS 指令工作起来类似于 MAC(图 5.27)。LMS 使用两个地址寄存器(AR)来指向数据和系数阵列。一个普通的 MAC 在累加器 B 中执行 FIR 过程。系数与特定节点的权重误差的加法也被并行执行,结果被送到累加器 A。双累加器在这个过程中通过提供附加资源来起作用。FIRS 和 LMS 只是现代 DSP 特殊指令的一小部分。另外,更高性能的指令已经出现,用来增加算法的执行速度,如编码本搜索、多项式计算、维特比解码处理。通过它们的执行可以节约相比于"普通"指令 2∶1 至超过 5∶1 的开销。表 5.3 列出了一些数字信号处理器的其他特殊指令,这些指令相比于通用指令能使性能显著提高。

表 5.3　重要 DSP 算法的特殊 DSP 指令

指　令	描　述	用　途
.0.0.0.26.1 DADST		通道解码
DSADT	减/加 16 位或双精度模式	通道解码
CMPS	比较上一个字和下一个字或累加器并将较大量存入存储器	通道解码/均衡器(维特比)
SRCCD	存储块复制量的值	编码本搜索
SACCD	读并更新一个量	编码本搜索
MPYA	乘累加前面结果	编码本搜索
POLY	与乘、加、舍入和存储并行移位并累加	多项式计算
LMS	最小均方误差	自适应滤波的 LMS
MACA	累加器复用高端部分	网格滤波
FIRS	执行对称滤波计算	对称 FIR
ST||MAC	与乘累加操作并行地在存储器内存值	网格滤波
ST||LD	并行存储和加载	多项式计算

1. 循环寻址

在许多信号处理应用中,半无限数据流被映射到有限缓冲区。许多执行数据获取功能的 DSP 系统需要稳健的方法来存储进入系统的突发数据或数据流以及数据被有序定义的进程。在这些系统中,数据连续地通过缓冲区。这是一种 FIFO 模式的数据处理。一个线性缓冲区(图 5.28)要求滤波操作中的延时通过手动移动数据到延时线来执行。在这个处理中,新的数据在专用缓冲区的顶部被写入最近空出的位置。许多 DSP 与 ADC 等数据转换器相同,像循环缓冲一样执行 FIFO 队列。循环缓冲在滤波操作中实现延时线,例如通过移动指向数据的指针,而不是数据本身。新的数据样本写入位于前面样本之前的位置[①]。在循环缓冲区使用中,读和写指针用来处理缓冲区。写指针用来跟踪缓冲区变空和下一次写的发生。读指针用来跟踪最新读走的数据位置。线性缓冲区中,任意一个指针到达缓冲区的末端都必须重新设定其指向缓冲区的起始。在循环寻址模式下,这些指针的复位处理都使用模运算。

某些系列的 DSP 有特殊存储器映射寄存器和专用电路来支持一个或更多循环缓冲区。辅助寄存器可作为指向循环缓冲的指针。需要初始化两个附属寄存器以设定缓冲的首末地址。循环缓冲在电话网络和控制系统等很多信号处理应用中都有使用,这些系统中用循环缓冲做滤波或其他变换。滤波操作中,一个新样本 $x(n)$ 被读入循环缓冲,覆盖缓冲区中最旧的样本。新样本存储在 DSP 辅助寄存器 AR(i)所指向存储器位置。滤波计算用 $x(n)$ 执行而后指针指向下一个输入样本[②]。

如果缓冲区被填满,针对不同的应用 DSP 程序员可以选择覆盖旧的数据或者等待循环缓冲中的数据被取回。在缓冲区从开始填充就要被覆盖的应用中,只需要在缓冲区未填满的任何时候取回数据(或者保证数据消耗速率大于数据产生速率)。循环缓冲区也可应用于前和后触发机制。利用循环缓冲区,程序员可以在特定触发之前获取数据。如果失败与触发事件相关,应用软件可以访问循环缓冲区来获取导致失败的信息。这使得循环缓冲区便于特定种类的故障隔离。

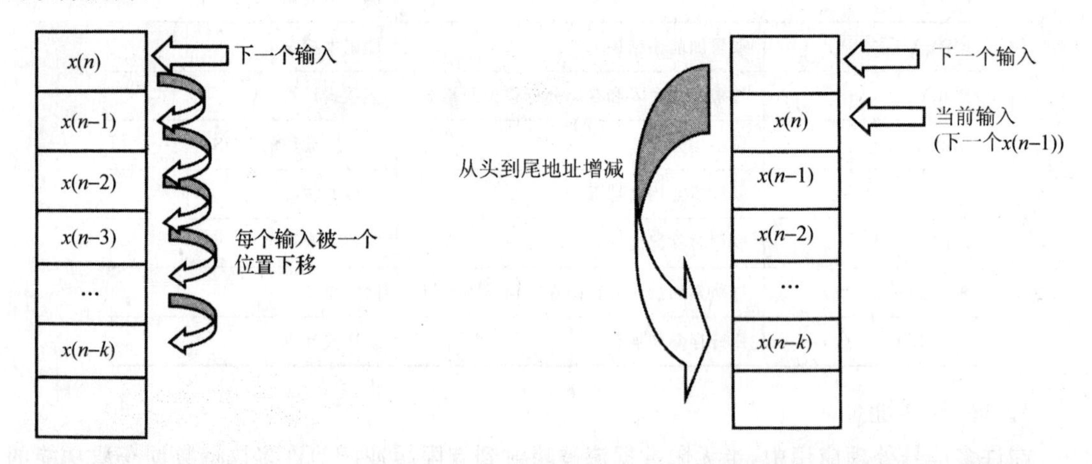

图 5.28 线性缓冲区需要手工数据搬运　　**图 5.29 循环缓冲区,指针在数据间移动,数据本身不动**

---

① 完整描述见使用记录 SPRA292, Implementing Circular Buffers with Bit-Reversed Addressing, Henry Hendrix, Texas Instruments.

② 更多请参见 Texas Instruments 应用记录 SPRA264, Using the Circular Buffers on the TMS320C5x, Thomas Horner.

2. 位取反寻址

位取反寻址是 DSP 应用中的另一种特殊寻址模式，主要用于 FFT 运算。在这些运算中，输入是位取反顺序或者输出是按位取反顺序生成。DSP 位取反寻址是一种优化。利用这种寻址模式的计算，FFT 在速度和减少存储器占用方面得到优化。软件上的节约不需要来回复制输入数据或输出结果到标准寻址模式。这样节约了时间和存储空间。位取反寻址是很多 DSP 里的一种模式，它通过设定模式状态寄存器中的一位来使能。当这种模式被使能时，所有利用预定义索引寄存器的地址输出时都是位取反形式。这种逻辑使用附带寄存器间接寻址来保持基本地址和增量(对于 FFT 计算，增量值是 FFT 长度的一半)。

5.5 DSP 体系结构实例

本节给出了几种不同 DSP 体系的实例。DSP 控制器、内核以及高性能 DSP 都有论述。

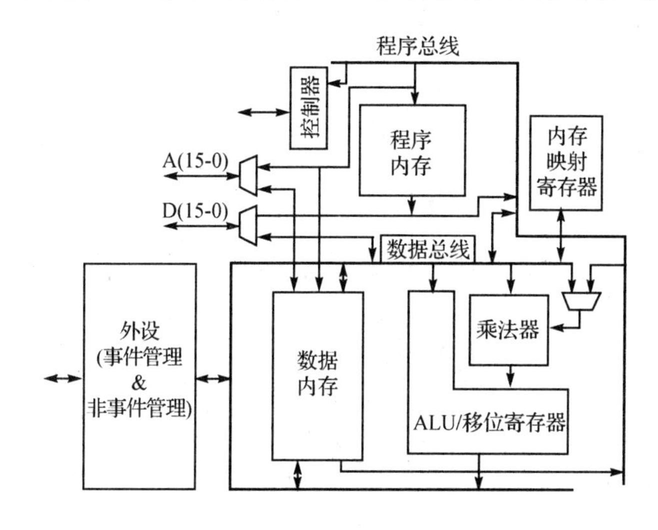

图 5.30 TI TMS320C24x DSP 体系

1. 基于低功耗累加器结构

以 TMS320C24x DSP 微控制器为例(图 5.30)。这款 DSP 利用由分离程序和数据总线、程序、数据和 I/O 分离存储空间组成的改进哈佛结构。它是基于累加器的结构。DSP 的基本构成包括：程序存储器、数据存储器、ALU 和移位器、乘法器、存储器映射寄存器、外设和控制器。这些低开销 DSP 是针对电机控制和工业系统，以及针对工业系统、多功能电机控制以及设备和消费应用的解决方案。低成本和相对简单的体系结构使得这款 DSP 成为低成本应用的理想选择。

2. 低功耗 DSP 结构

图 5.31 所示 TI TMS320C55x DSP 是低功耗 DSP 结构的一个实例。这是一款基于高级功耗管理技术的低功耗设计 DSP。这些功耗管理技术的例子包括：

- 可选择使能/禁止的 6 个功能单元(空闲范围)。这允许更大的断电配置和粒度(图 5.32)。
- 自动开/关外设机构和片上存储阵列。只有存储器阵列读/写，以及正在使用的寄存器有电能消耗。这种功能性的控制对用户完全透明。
- 存储器访问最小化。32 位程序减少了内部/外部获取的数目。带有突发填充的 Cache 系统最小化片外存储的访问，这可以防止外部总线的开关从而减少了功耗。
- 由于增加了器件内部的并行性，从而减少了每个任务所需时钟周期数。这款 DSP 有 2 个 MAC 单元、4 个累加器、4 个数据寄存器和 5 套数据总线。这款 DSP 也有“软双”指令，例如单周期内的双通道写、两次写和两次压入。
- 乘法单元在有简单计算操作可以完成的情况下不被使用。

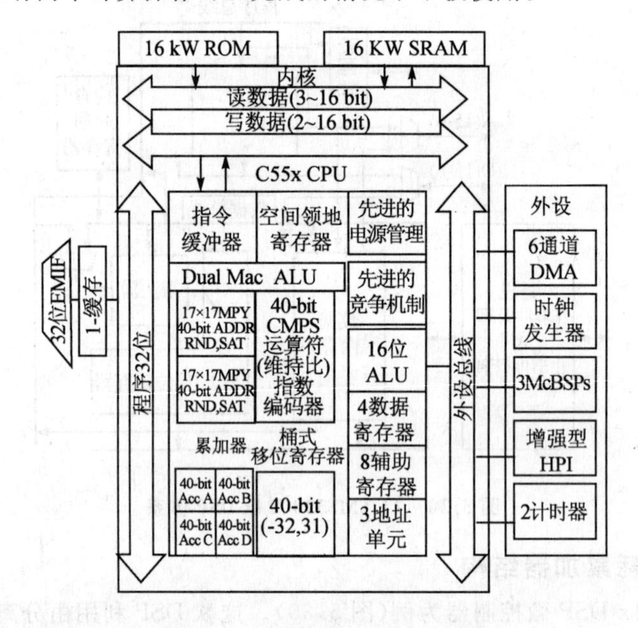

图 5.31 TMS320C5510 DSP 结构

3. 事件驱动循环应用

许多 DSP 应用为事件驱动循环。DSP 等待事件产生，处理新来的数据，然后进入循环等待下一个事件。

在 DSP 上编程实现的一种方法是利用 NOP。一旦事件发生，DSP 就可以开始执行适当的程序(有效区域如图 5.32 所示)。在程序的末尾，程序员可以选择将 DSP 送回结构体的无限循环或执行 NOP。

另一种选择是利用 IDLE 模式。这些是 C5000 上的断电模式。这些模式关闭 C5000 上的不同部分来节省那些未使用区域的功耗。如图 5.32 所示,空闲模式比 NOP 功耗更低。

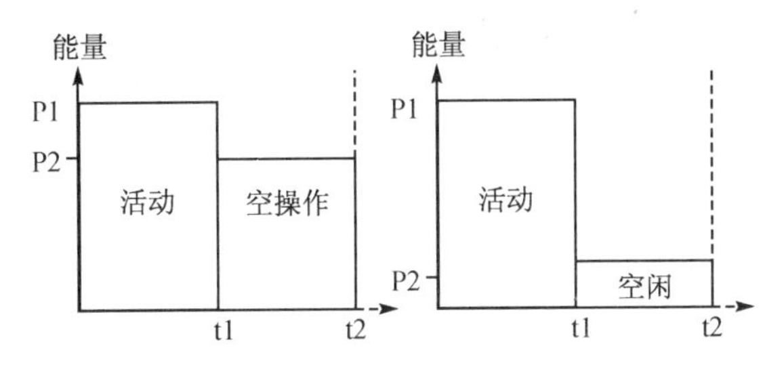

图 5.32 用空闲模式代替 NOP 可以节省功耗

4. 带空闲模式的 DSP

TIC 5000 有三种空闲模式可以通过软件控制来初始化。在普通模式下,所有的器件组成部分都会被提供时钟。在 IDLE 1 模式,CPU 处理器时钟被禁止但外设仍然在运行。

IDLE 1 可以在等待从外围器件输入数据时使用,也可以在处理器接收数据但不处理时使用。当外设运行时,它们可以使处理器退出断电状态。

5. 高性能 DSP

图 5.33 展示了高性能 TMS320C6xDSP 的结构。这款器件是超长指令字(VLIW)结构。

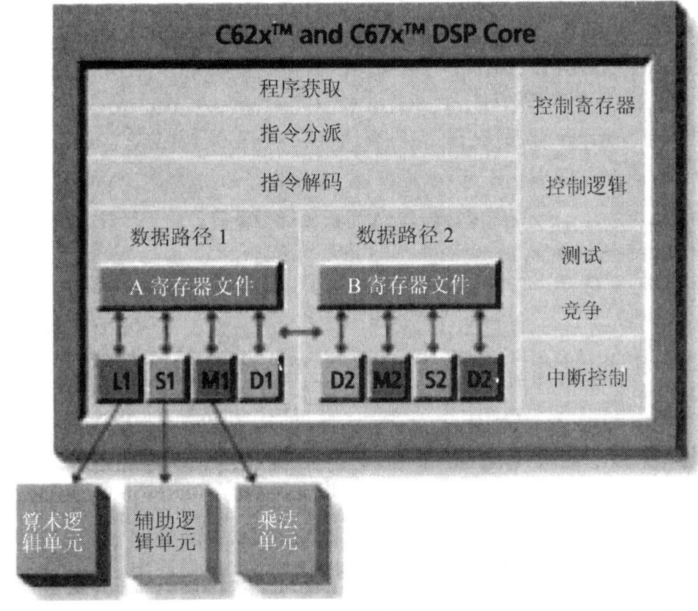

图 5.33 高性能 DSP—TMS320C6x 有双数据通道和正交指令单元来提高整体性能

它具有高度并行和确定性结构，这种结构可以加强基于软件的灵活性和通过编译器效率提高代码性能。这款器件 DSP 核内有 8 个功能单元，包括两个乘法器和 6 个算法单元。这些单元是高度并行的，它们给编译器提供许多执行资源来使得编译过程更容易。多达 8 个 32 位类似 RISC(精简指令集计算机)指令可以被 CPU 在每个周期内获取。器件结构包含指令打包，从而允许 8 条指令并行执行，连续执行或并/串行组合。这种优化方案使得这款器件的高性能体现为程序指令获取数量的减少和显著的功耗降低。

5.6 VLIW 载入和存储 DSP

图 5.33 是装入存储结构 VLIW DSP 的例子。这种体系结构包括 CPU、双数据通道、8 个独立的垂直功能单元。这款处理器的 VLIW 结构允许它每个周期执行多达 8 条 32 位指令。

寄存器结构的详细论述如图 5.34 所示。8 个单独的执行单元是正交的，它们可以在每个周期内独立地执行指令。有 6 个算术单元和两个乘法器。这些正交执行单元是：

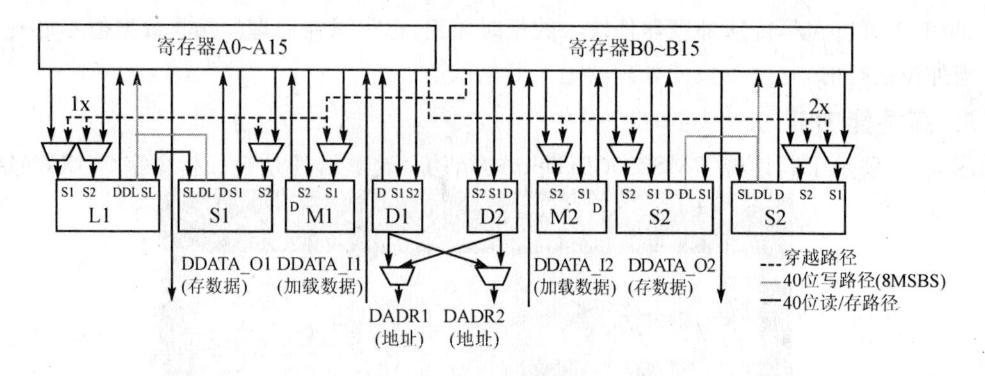

图 5.34 VLIW 结构详细描述

- L 单元(L1,L2)：这是 40 位整数 ALU 用于比较、位计算和标准化。
- S 单元(S1,S2)：这是 32 位 ALU，且有 40 位移位器。这个单元用于位阈操作和分支。
- M 单元(M1,M2)：这是 16×16 乘法器，产生 32 位结果。
- D 单元(D1,D2)：这个单元用于 32 位加减，也用于地址计算。

独立控制和多达 8 个 32 位指令可以并行执行。两个寄存器文件每个带有 32 位寄存器和 1 个通路，允许指令在寄存器文件的每一边执行。外部存储器接口(EMIF)对于高性能 DSP 是一个重要外设。EMIF 是异步并行接口，可为程序、数据和 I/O 空间分离选通。EMIF 地址范围扩展的基本优势是防止总线竞争和易于连接存储器，因为不需要外部逻辑。EMIF 被设计为可与符合工业标准的 RAM 和 ROM 直接连接。

5.7 小 结

现在，市场上有许多 DSP 处理器。每种处理器都宣称自己拥有提高 DSP 处理性能的独特功能。这些 DSP 听起来各不相同，但存在不少相同的基本特性。尤其是所有的 DSP 必须具备：

- 实现高速运算；
- 单周期内存储器的多路访问；
- 能够处理来自或输出到现实世界的数据。

为了达到这些目标，处理器设计者采取了广泛的先进结构技术。因此，为创造高性能的 DSP 应用，程序员不仅要掌握相关的 DSP 算法，而且还要掌握具体结构的惯用方法。下一章将会提到这些内容。

第6章

DSP 软件优化

6.1 概 述

许多 DSP 应用会受到实时因素的限制，嵌入式 DSP 应用最终都会强调 CPU、内存或电源可用的资源。理解 DSP 体系、编译器与应用算法的工作方式将加快甚至成倍地加快应用的速度。本章将在循环计数、内存应用和电源功耗方面概述一些提高代码性能的技术。

6.1.1 什么是优化

优化是寻找一个或多个最大或者最小性能指标的过程，包括：

- 吞吐量(执行速度)；
- 内存使用；
- I/O 带宽；
- 功率消耗。

由于许多 DSP 系统属于实时系统，至少一个(或更多)指标必须优化，同时优化以上所示的指标很困难。例如，为使应用更快，开发者可能需要更多的存储空间来实现目标，设计者必须权衡指标得到最佳平衡。

优化 DSP 应用的技巧是理解不同性能指标之间的权衡。例如，优化速度通常意味着相应的电源消耗下降和内存使用的增加。因为更少的存储器存取，优化存储器可能导致功耗的下降，但这样会降低代码的性能。在采取任何优化前，必须理解和仔细考虑平衡策略和系统目标。

优化哪些指数取决于应用开发者的目的。例如，性能优化意味着开发者可用低速或价位低的 DSP 完成同样的工作。对于一些嵌入式系统，成本降低对产品的成功有着重要影响。开发者可选择优化产品以增加附加功能，或者增加潜能，如为基本的配置增加额外的通道。存储器优化可使整体系统成本下降；电源优化使得产品在同样的电源下运行时间更长，对使用电池供电的产品很重要，考虑到功耗需求和其他制冷功能需求，这种优化也减少了整个系统成本。

6.1.2 处理过程

DSP优化遵循80/20法则。这个法则指在一个典型的系统中,20%的软件占用了80%的处理时间。该规则特别适用于在最内层循环的DSP算法上消耗大量时间的DSP设备。因此,优化的关键不是如何优化,而是在哪里优化。优化的第一条法则是“不优化”。在理解执行周期在哪里消耗之前不要优化。

剖析应用是决定优化哪段代码的最好方法。这可以回答哪个单元占用最长执行时间的问题,这是基于性能优化的最好方法。相似的问题有存储器使用和电源消耗。

DSP优化需按照一定的方法才能达到最佳结果。可遵守以下过程:

① 运行回归测试通常足以较早发现问题。程序员必须证实程序优化没有破坏应用。当程序破坏后很难撤消做过的优化。

② 全面了解。对DSP的结构、DSP编译器和算法有彻底的理解。了解每种处理器和编译的优缺点是成功优化的关键。目前的DSP编译器很发达,开发者可以使用C等高级语言和少量的汇编语言,可以加速代码开发,简化调试,重复利用代码。但是开发者必须理解编译器准则,以产生高效代码。

③ 了解何时停止。性能分析和优化是一个返回递减的过程。早期相对少的努力可产生重要的改进,这是“挂在低处的果实”。例如,从片上存储器用DMA和软件流水内层循环存取数据。随着优化进程,需要花费更多的努力,但是性能提高速度将下降。

④ 一次改变一个参数。每次向前走一步。避免同时做多种改变,否则难以了解是何种改变提高了性能。在每次较大改变后重新测试,每次测试一种改变。记录测试结果和改变历史,对回顾及理解如何到达现在的位置很重要。

⑤ 使用正确的工具。由于现代DSP CPU和优化编译器的复杂性,开发者认为什么优化了代码和什么真正提高了性能并无真正关系。分析器是最有用的工具之一,可以运行程序并剖析哪里使用了时钟周期,从而迅速识别和关注代码的瓶颈所在。没有分析器,臃肿的性能问题及低级的代码调整将长期不被注意,导致整个代码优化过程缺乏条理。

⑥ 有一系列每次迭代后使用的回归测试。优化是很困难的,更多困难的优化产生的程序行为微小的改变会导致错误的结果。在编译器中复杂的代码优化有时会产生错误的代码(编译器本身就是一个有自身缺陷的软件)。开发一个测试计划对比期望的结果和真实的结果,运行回归测试通常足以较早发现问题。程序员必须证实程序优化没有破坏应用,当程序破坏后很难撤销做过的优化。

一般的代码优化过程包含了一系列迭代,如图6.1所示。每次迭代,编程者需要检查编译器产生的代码并寻找优化的机会。例如,编程者可以寻找大量NOP指令或者其他由于存储器或其他资源的存取造成的低效代码段,这些是改进的重点。编程者可以使用软件流水、循环

展开、DMA 等以减少指令周期(后面将详细介绍),最后可用汇编语言手动改写算法。

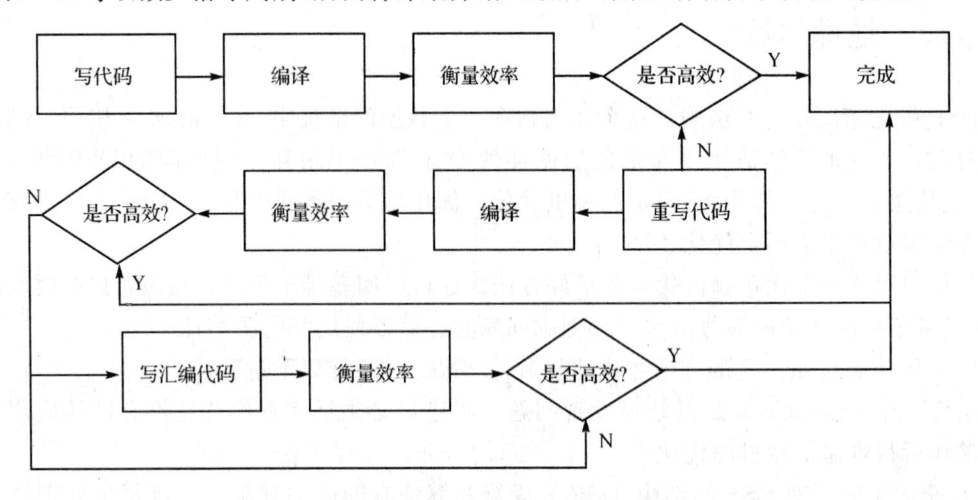

图 6.1 一般的 DSP 代码优化过程

通常,稍稍改变 C 代码就可以达到预期效能,但是为最佳(或接近最佳)的解决方案找到准确的"微调"需要消耗大量时间和多次迭代。记住软件工程师/程序员必须至少为部分优化负责。在高级的优化技术方面,DSP 编译器有潜在的提升空间。由于有些高级算法被用于辨别优化的机率及代码转换,这些优化编译器变得十分复杂。复杂性的增加使得编译器出错率增大,必须很好地理解算法和工具,才能提供编译器不能提供的优化。本章将基于过程讨论如何优化 DSP 软件。

6.2 加速经常性事件

计算机设计和基于 DSP 的实时系统设计最基本的原则是"加速经常性事件的速度,优选频繁事件"。这就是 Amdahl 定律所说的:采用某些更快的执行方式后系统性能的提高受限于使用这种执行方式的频率。没必要优化那些很少运行的代码,即使有再多创新,也不会有太大收获,而如果从一个执行上千次的循环中消除一条指令,将对结果产生很大影响。下面将讨论三种不同的方法来加速经常性事件(即讨论占用最多周期、存储器和功耗的代码)。

- 理解 DSP 结构;
- 理解 DSP 算法;
- 理解 DSP 编译器。

6.2.1 加速经常性事件——DSP 结构

DSP 结构是为了使经常性事件更快而设计的。许多 DSP 设备组成包括一系列标准的

DSP基础块,如滤波、傅里叶变化及卷积。下面列出一些常用的DSP算法:

$$y(n) = \sum_{k=0}^{M} a_k x(n-k)$$

$$y(n) = \sum_{k=0}^{M} a_k x(n-k) + \sum_{k=1}^{N} b_k y(n-k)$$

$$y(n) = \sum_{k=0}^{M} x(k) h(n-k)$$

$$X(k) = \sum_{n=0}^{N-1} x(n) \exp[-j(2\pi/N)nk]$$

$$F(u) = \sum_{x=0}^{N-1} c(u) \cdot f(x) \cdot \cos\left[\frac{\pi}{2N}u(2x+1)\right]$$

注意这些算法的通用结构:

- 都累积了大量的计算;
- 都有大量的元素求和运算;
- 都有一系列的乘加运算。

这些算法都有相同之处,它们一再执行乘加操作,通常称为乘积和(SOP)。

如前面讨论,DSP是专用的处理器,它的硬件结构允许利用专业的信号处理算法高效执行。适应DSP算法的特殊结构包括:

特定指令如单周期乘加(MAC)。一些数字信号处理算法需要大量的乘加操作。图6.2所示硬件计算乘法相对于软件微代码计算的时间节省。数字信号处理中有大量的乘法操作时,4个周期的节省显得很重要。

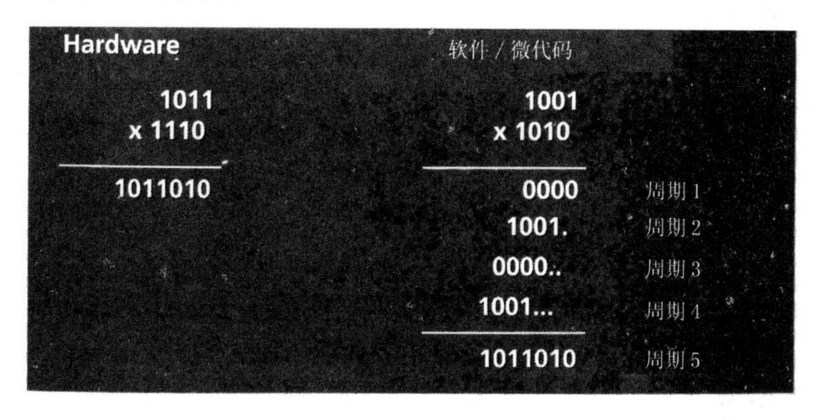

图6.2 加速DSP处理的特定乘法硬件

- 大量的累加器可以累加大量元素。
- 特定的硬件帮助循环检验,从而不必执行较慢的软件循环检验。

● 同一周期存取两次或更多的数据元素。许多信号处理算法需要将数据和系数两个数组相乘，此时可同时取两个操作数将提高操作效率。图 6.3 所示的 DSP 结构可以一周期存取两个或更多数据。

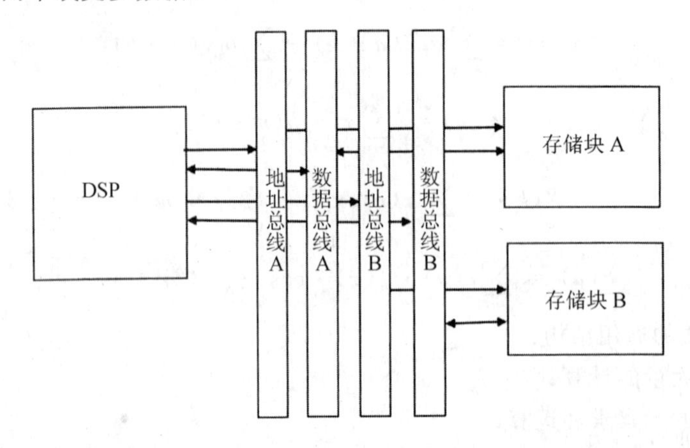

图 6.3 DSP 硬件结构：同时执行的多路寻址和多存储器交叉的数据总线存取

更多的讨论详见第 5 章。开发者需要选择合适的 DSP 结构以适应信号处理算法，以及其他因素如成本、工具支持等。

6.2.2 加速经常性事件——DSP 算法

通过算法上的转换技术，使 DSP 算法运行更快。以傅里叶变换为例，傅里叶变换是将时域信号分解为频率成分的数学方法，这种分析方式也叫谱分析或谐波分析。

有多种方式描述傅里叶变换：

① 傅里叶变换(FT)使用积分数学公式：

$$F(u) = \int_{-\infty}^{\infty} f(x) e^{-x\pi ixu} \mathrm{d}\omega$$

② 离散傅里叶变换(DFT)用离散数字的和代替积分，可很好地映射到 DSP 的信号处理器中：

$$F(u) = \frac{1}{N} \sum_{x=0}^{N-1} f(x) e_j^{-x\pi i\omega u f N}$$

③ 快速傅里叶变换(FFT)使用快速方法计算 DFT，减少了冗余的计算量。

这些变换如何执行对算法整体性能有重大的影响。FFT 是 DFT 的快速版本，利用了正弦函数的周期性，极大地降低了计算量。对于 N 点的变换，DFT 需要 N^2 个操作，而 FFT 只需要 $N * \log2(N)$。随着 N 增大，FFT 的快速性更明显，如图 6.4 所示。

认识到高效执行的算法对系统整体性能的重要性，DSP 提供商开发了高效 DSP 算法库。

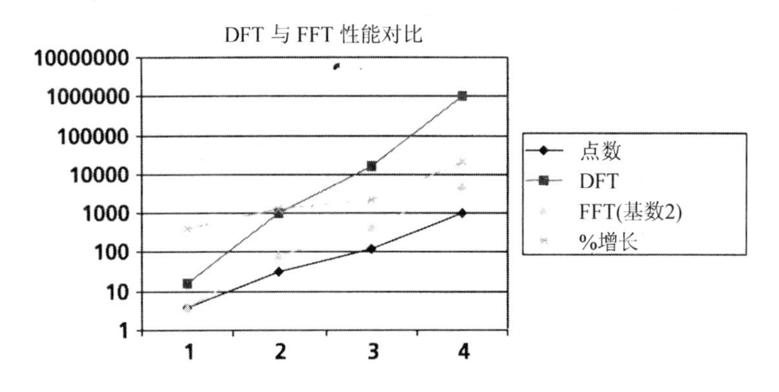

图6.4 DFT和FFT不同的变换规模(对数刻度)

根据算法的类型,这些库可以从网站下载(注意免费的算法,由于没有质量保证而存在错误)或者从DSP技术支持购买。

6.2.3 加速经常性事件——DSP编译器

几年前,有一个非明文的规则,使用汇编语言编写代码比高级语言有更好的性能。早期的"优化"编译器产生的代码性能比开发者编写的汇编代码要差。而如今编译器有很高的优化性能,与最好的汇编程序编写者不相上下。

优化编译器执行复杂的程序分析,包括程序内部和程序之间的分析。编译器也进行数据流和控制流的分析,独立性分析,并用可证明的正确方法修改和转换代码,已经证实,这些分析一般情况下是正确的。许多优化策略也十分具有启发性。

一个有效的优化策略是编写可用编译器流水化的DSP代码。软件流水是一种有效安排循环和功能单元的优化方式。现代DSP芯片有许多功能单元是可同时使用的(见图6.5)。编译器可以安排指令群,使功能单元并行工作。有时C代码结构的微小改变就能够实施软件流水。在软件流水中,循环的多次迭代可以并行执行。重组循环,流水代码中的每次迭代由原循环中处于不同迭代的指令组成。例如图6.6所示的5阶循环的3次迭代,有一个初始化阶段(n、$n+1$周期),叫作prolog,管道在此时"填装"或初始化加载操作。周期$n+2$到$n+4$是流水阶段,处理器执行3个不同循环(1、2和3)的三种不同操作(C、B和A)。退出循环前执行剩余指令的阶段叫epilog。上面的例子充分利用流水线,产生最快最有效的代码。

程序6.1显示了一段C代码及相应的汇编语言。输出的汇编语言中可明显看到流水的前奏与核心部分。注意代码的前奏和收尾部分分别准备流水和清除流水,见图6.6。在本例中,流水代码不是最佳的。核心段中NOP指令较多处是低效代码段。本例中,核心段共有5个NOP周期,其中2个在第16行,3个在第20行。本循环共占用10个周期。存在NOP表

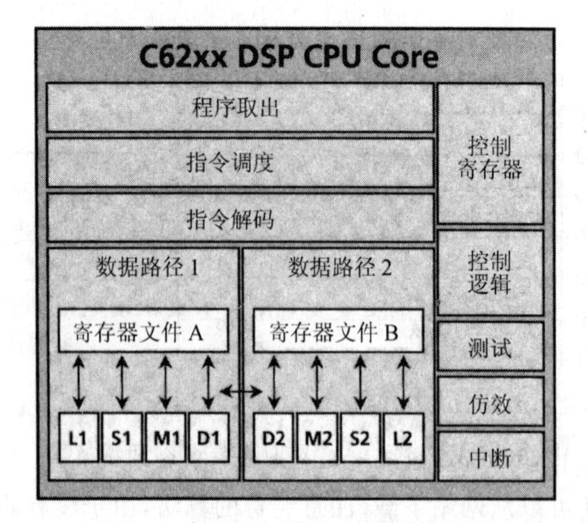

DSP 结构可能是平行单元，执行 DSP 算法的数据通路更有效。本图中，单元 L1，S1，M1，D1 和 L2，S2，M2，D2 都是并行执行，如果条件正确，同一指令周期内编译器可以执行顺序指令

图 6.5　C62xx DSP CPU 核

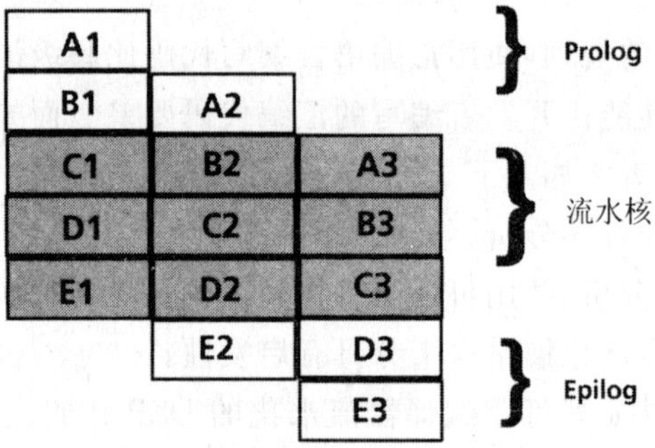

A1			Prolog
B1	A2		
C1	B2	A3	流水核
D1	C2	B3	
E1	D2	C3	
	E2	D3	Epilog
		E3	

图 6.6　编译器软件安排的 5 级指令流水线

示代码可以更优化。不过循环究竟可以多短？一种检验方法是找到执行次数最多的单元。本例中，D 单元使用次数最多，共 3 次(第 14、15 和 21 行)。对于一个超标量结构有两种方式，一是在最小的两时钟周期循环每个单元每周期使用两次(D1 和 D2)，另一种是第一个周期两个 D 操作，第二个周期使用一个 D 单元。编译器能够用这两种方式(第 14 和 15 行)，使代码只占用一个周期。当等待 load 完成时，可以执行其他指令，代替 NOP。

程序 6.1　C 实例和对应并行的流水线汇编语言输出

```
1    void example1(float * out,float * input1,float * input2)
2    {
3      int i;
```

```
4
5       for(i = 0;i<100;i ++ )
6         {
7           out[i] = input1[i] * input2[i];
8         }
9       }
```

```
1       _example1:
2       ; * * ----------------------------------------------------------*
3                       MVK         .S2        0x64,B0
4
5                       MVC         .S2        CSR,B6
6       ||              MV          .L1X       B4,A3
7       ||              MV          .L2X       A6,B5
8                       AND         .L1X       -2,B6,A0
9                       MVC         .S2X       A0,CSR
10      ; * * ----------------------------------------------------------*
11      L11:            ; PIPED LOOP PROLOG
12      ; * * ----------------------------------------------------------*
13      L12:            ;PIPED LOOP KERNEL
14                      LDW         .D2        * B5 ++ ,B4          ;
15      ||              LDW         .D1        * A3 ++ ,A0          ;
16                      NOP                    2
17      [B0]            SUB         .L2        B0,1,B0              ;
18      [B0]            B           .S2        L12                  ;
19                      MPYSP       .M1X       B4,A0,A0
20                      NOP                    3
21                      STW         .D1        A0, * A4 ++          ;
22      ; * * ----------------------------------------------------------*
23                      MVC         .S2        B6,CSR
24                      B           .S2        B3
25                      NOP                    5
26                      ; BRANCH OCCURS
```

在这个for循环中,两个输入数组(数组1和数组2)可能在存储器中独立或重叠,输出也一样。这在C、C++中是允许的,编译器必须正确地处理。编译器一般是保守的,如果有生成代码不合适执行,编译器就不优化,在这种情况下,编译器假定,输入依赖上次循环产生的输出。如果已知输入不取决于输出，可以声明输入 1、输入 2 的“restrict”关键字，告知编译器，表明输入不会改变。在本例中，“restrict”是 C 中的关键字，可以用于此方式，这也是产生软件流水的方法。C 代码与相应的汇编代码见程序 6.2。

程序 6.2　对应并行汇编语言输出

```
1   void example2(float * out,restrict float * input1,restrict float * input2)
2   {
3    int i;
4
5    for(i = 0;i<100;i ++ )
6     {
7       out[i] = input1[i] * input2[i];
8     }
9   }
```

```
1   _example2;
2   ; * * -------------------------------------------------------------- *
3                MVK        .S2          0x64,B0
4
5                MVC        .S2          CSR,B6
6   ||           MV         .L1X         B4,A3
7   ||           MV         .L2X         A6,B5
8
9                AND        .L1X         - 2,B6,A0
10
11               MVC        .S2X         A0,CSR
12  ||           SUB        .L2          B0,4,B0
13
14  ; * * -------------------------------------------------------------- *
15  L8:          ;PIPED LOOP PROLOG
16
17               LDW        .D2          * B5 ++ ,B4         ;
18  ||           LDW        .D1          * A3 ++ ,A0         ;
19
20               NOP                     1
21
22               LDW        .D2          * B5 ++ ,B4         ;@
23  ||           LDW        .D1          * A3 ++ ,A0         ;@
```

```
24
25  [B0]      SUB      .L2      B0,1,B0        ;
26
27   [B0]     B        .S2      L9             ;
28  ||        LDW      .D2      *B5++,B4       ;@@
29  ||        LDW      .D1      *A3++,A0       ;@@
30
31            MPYSP    .M1X     B4,A0,A5       ;
32  ||[B0]    SUB      .L2      B0,1,B0        ;@
33
34   [B0]     B        .S2      L9             ;@
35  ||        LDW      .D2      *B5++,B4       ;@@@
36  ||        LDW      .D1      *A3++,A0       ;@@@
37
38            MPYSP    .M1X     B4,A0,A5       ;@
39  ||  [B0]  SUB      ,L2      B0,1,B0        ;@@
40
41  ;**----------------------------------------*
42  L90:      ;PIPED LOOP KERNEL
43
44      [B0]  B        .S2      L9             ;@@
45  ||        LDW      .D2      *B5++,B4       ;@@@@
46  ||        LDW      .D1      *A3++,A0       ;@@@@
47
48            STW      .D1      A5,*A4++       ;
49  ||        MPYSP    .M1X     A4,A0,A5       ;@@
50  ||  [B0]  SUB      .L2      B0,1,B0        ;@@@
51
52  ;**----------------------------------------*

53  L10:      ;PIPED LOOP EPILOG
54            NOP               1
55
56            STW      .D1      A5,*A4++       ;@
57  ||        MPYSP    .M1X     B4,A0,A5       ;@@@
58
59            NOP               1
```

```
60
61            STW        .D1           A5, * A4 ++          ;@@
62   ||       MPYSP      .M1X          B4,A0,A5             ;@@@
64            NOP                      1
65            STW        .D1           A5, * A4 ++          ;@@@
66            NOP                      1
67            STW        .D1           A5, * A4 ++          ;@@@@
68   ; * * ------------------------------------------------------*

69            MVC        .S2           B6,CSR
70            B          .S2           B3
71            NOP                      5
72            ;BRANCH OCCURS
```

汇编程序中有一些需要注意：第一，流水后的循环核变得更小，只有两周期。第 44～47 行在一个周期内执行(并行指令由||符号标出)。第 48～50 行在循环的第二个周期执行。用"restrict"限定后，编译器可以充分利用执行单元的并行性有效地安排循环内部代码。而前奏和收尾部分变得更长(prolog 和 epilog)。更短的流水内核需要更多填装操作协调各种指令和分支延迟。但是一旦填装完毕，循环核可极快执行循环的不同迭代操作。软件流水的目的是，如前所述，加速经常性事件。本例中循环核就是经常性的，并且可以很快地执行。流水对循环次数较少的小循环可能没有明显作用，但是对大的执行上千次的循环，流水可显著提高性能，但同时增加了代码长度。

在上面的两周期流水核中，汇编代码中右边的列显示哪个层次在执行("@"是层次的计数。在第 44 行，执行 $n+2$ 层，第 45、46 行执行 $n+4$ 层，第 48 行存储第 n 层的结果，第 49 行计算 $n+2$ 层的乘法，第 50 行计数 $n+3$ 层的减法。所有这些都在两个周期内)。当流水核停止执行时，epilog 结束操作。程序员可以使原循环缩短到两周期长，如预测一样。

流水后的代码长度增大，编程者在速度与大小之间寻求平衡。

只有细心分析和组织代码才能完成软件流水。只有少量迭代次数的循环不需要流水，因为这无所收益。大的循环，每次许多指令也可能不能流水，因为没有足够的处理器资源(尤其是寄存器)在流水操作中存储关键数据。如果堆栈溢出，找回信息将浪费不必要的时间。

6.3 DSP 优化的深入讨论

DSP 处理器提供大量的吞吐量潜能，除非理解重要的实现技术，否则很难发挥这个潜能。下面讨论可以大量缩减整体 CPU 周期的关键技术和方法。最主要的技术是充分利用处理器和存储器潜在的并行性。这些技术包括：

- 直接存储器存取；
- 循环展开；
- 更多的软件流水。

6.3.1 直接存储器存取

现在DSP可以非常快，甚至处理器已经计算出结果而存储器还来不及提供新的操作数，即"数据匮乏"。必须更快地读取数据防止DSP空转。直接存储器存取是解决这个问题的方法。

直接存储器存取(DMA)是不需CPU干预的存储器访问方式。外围设备(DMA控制器)用于直接存储器的读/写，不需要CPU参与。DMA控制器是另一种类型的CPU，功能只是快速地移动数据。CPU发出指令给DMA控制器，说明需要移动什么数据(用一种数据结构叫传输控制块(TCB))，然后继续做原来的事情，创造并行机会。DMA控制器并行的移动数据(见图6.7)，转移结束后告知CPU。

DMA尤其适用于移动大量数据。小的数据量不需要DMA，建立DMA产生额外时间，不如直接用CPU。如果使用得当，DMA可以节约大量时间。用DMA移动片上或片外数据而CPU在同一周期访问这些数据，代替从慢的外部存储器获得数据，而大量周期用于等待。

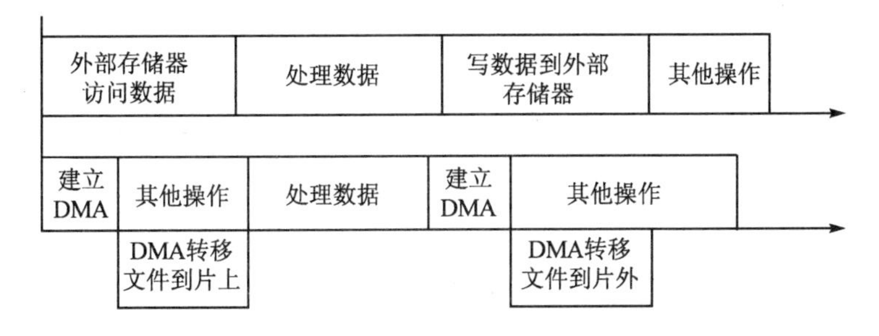

图6.7 用DMA代替CPU可以提供高性能改进，因为当CPU忙于执行重要操作时，DMA进行数据搬移

1. 使用DMA

由于访问外部存储器的多种不利后果和CPU介入产生的损失，如果可能，则应该尽量使用DMA，而代码量不会太大。DMA需要一个数据结构描述哪些数据要访问(在哪里、要去哪、多少等)。可以提前建立这个数据结构的一部分，剩下只是写存储器映射的DMA使能寄存器以开始操作(程序6.3)。最好在真正需要数据之前就开始DMA操作，给CPU时间做更重要的事情，不必等待数据转移。当真正需要数据时，它已经准备好了。需要一个寄存器，验证操作是否成功。如果操作提前完成，就定时查询这个寄存器，而不是循环检测寄存器，以致消耗有价值的处理时间。

程序 6.3 初始化和时能 DMA 应用的代码是简单的。主要的操作包括初始化一个数据结构(上例中称为 TCB),执行几个存储器映射操作来初始化和检查操作结果

```
/* 一些重要的 DMA 寄存器地址 */
#define DMA_CONTROL_REG          (*(volatile unsigned*)0x40000404)
#define DMA_STATUS_REG           (*(volatile unsigned*)0x40000408)
#define DMA_CHAIN_REG            (*(volatile unsigned*)0x40000414)
/* 等待 DMA 完成发信号给状态寄存器的宏 */
#define DMA_WAIT                 while(DMA_STATUS_REG&1){}
/* 预建立 tcb 结构 */
typedef struct {
    tcb setup fields
} DMA_TCB;
```

```
extern DMA_TCB tcb;
/* 建立 tcb 结构剩余的空间,数据传送到该空间,预传送的数据量 */
tcb.destination_address = dest - address;
tcb.word_count = word_count;
/* 写寄存器开始 DMA */
DMA_CHAIN_REG = (unsigned)&tcb;
Allow the CPU to do other meaningful work ...
/* 等待 DMA 完成 */
DMA_WAIT;
```

2. 数据分级

CPU 访问片上存储器比外部存储器快很多。使尽可能多的数据在片上是提高性能的最好方法。但是,考虑到价格和空间,多数 DSP 芯片没有足够的片上存储器。这要求编程者协调算法以充分利用片上存储器。由于片上的存储器限制,需要用 DMA 移动数据至片上或片外。当 CPU 正处理数据时,所有的数据转移可以后台操作。一旦数据转移到片上,CPU 就可快速访问(见图 6.8)。

合理的布局和利用片上存储器,明智的使用 DMA 可以消除大部分访问外设的不足。一般地,用 DMA 将数据移入和移出片上存储器,并在片上产生结果。图 6.9 显示 DMA 如何移动数据块上下芯片。该技术用双缓冲机构搬移数据,CPU 可以处理一个缓冲区而 DMA 处理另一个,速度可以提高 90%。

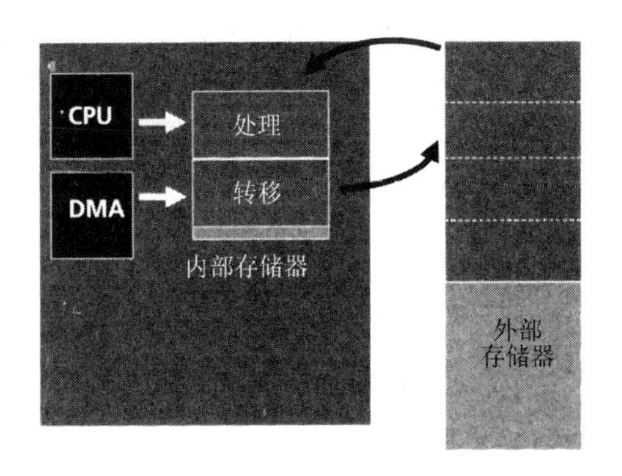

图6.8 用DMA搬移数据至片内片外的模板

```
INITIALIZE TCBS

DMA SOURCE DATA 0 INTO SOURCE BUFFER 0
WAIT FOR DMA TO COMPLETE

DMA SOURCE DATA 1 INTO SOURCE BUFFER 1
PERFORM CALCULATION AND STORE IN RESULT BUFFER

FOR LOOP_COUNT =1 TO N-1
    WAIT FOR DMA TO COMPLETE
    DMA SOURCE DATA I+1 INTO SOURCE BUFFER [(I+1)%2]
    DMA RESULT BUFFER[(I-1)%2] TO DESTINATION DATA
    PERFORM CALCULATION AND STORE IN RESULT BUFFER
END FOR

WAIT FOR DMA TO COMPLETE
DMA RESULT BUFFER[(I-1)%2] TO DESTINATION DATA
PERFORM CALCULATION AND STORE IN RESULT BUFFER

WAIT FOR DMA TO COMPLETE
DMA LAST RESULT BUFFER TO DESTIMATION DATA
```

图6.9 对于有限的片上存储器，用DMA搬移数据进出片上存储器，让CPU执行其他操作

用DMA写代码不会造成成本消耗。代码大小会因使用DMA多少而增加，同时复杂性也增加。如果使用专门的DMA处理器，代码就可能减少。只有要求高吞吐量时，才使用DMA。

3. 一个实例

考虑程序6.4的代码，对一组数据求和，并计算简单的百分比。共有5行可执行代码。假设数据在外部存储器中。每次取数据元素都产生额外的存储器访问时间。

程序6.4 一个共有5行可执行代码的简单函数

```
int i;
float sum;

/*
 ** 计算数据域
 */
sum = 0.0f;
for(i = 0;i<num_data_points;i ++ ;)
{
         sum + = processed_data[i];
}
/*
 ** 计算百分比并返回
 */
return(MTH_divide(sum,num_data_points));
}/* 结束 */
```

程序 6.5 的代码与程序 6.4 相同，但是应用了 DMA 从外部存储器向内部或片上存储器转移数据块，有 36 行可执行代码，但是速度比程序 6.4 中的代码快。相比于对片上存储器快速的数据访问，设置 DMA，建立转移包，初始化 DMA 和检查 DMA 是否完成所用的时间相比较少。这段代码参照图 6.9 所示的模板，并且在数据求和时做了循环展开（循环展开后面详细讨论），这也加速了代码。该代码用信号量保护片上存储器和 DMA 资源。信号量与其他系统功能在实时操作系统单独讨论。

程序 6.5　同样的函数增加 DMA。这个函数具有 36 行可执行代码，但是比程序 6.2 运行得快得多

```
#define NUM_BLOCKS 2
#define BLOCK_SIZE(DATA_SIZE/NUM_BLOCKS)

int i,block;
float sum = 0;
float sum0,sum1,sum2,sum3,sum4,sum5,sum6,sum7;
/*指向内部缓冲区的指针数组*/
float * processed_data[2];
unsigned index = 0;
/*等待片上存储器信号*/
SEM_pend(g_aos_onchip_avail_sem,SYS_FOREVER);
MDMA_build_1d(tcb.                          /*tcb指针*/
0,                                          /*prev tcb in chain*/
(void*)processed_data[0]                    /*目地地址*/
(void*)p_processed_data,                    /*源地址*/
BLOCK_SIZE);                                /*移数据量*/
MDMA_update(tcb,                            /*tcb指针*/
  MDMA_ADD,BLOCK_SIZE                       /*源更新模式*/
  MDMA_TOGGLE,BLOCK_SIZE                    /*目标更新模式*/

    MDMA_initiate_chain(1_tcb);

    for(block = 0,block<NUM_BLOCKS;block ++ )
{
 /*指向当前缓冲区*/
 internal_processed_data = processed_data[index];
 /*交换缓冲区*/
 index^ = 1;
 if(block<(NUM_BLOCKS - 1))
```

```
{
 MDMA_initiate_chain(1 - tcb);
}
else
{
 MDMA_wait();
}
/*
 * * 对数据求和计算百分比
 */
 sum0 = 0.0;
 sum1 = 0.0;
 sum2 = 0.0;
 sum3 = 0.0;
 sum4 = 0.0;
 sum5 = 0.0;
 sum6 = 0.0;
 sum7 = 0.0;
for(i = 0;i<BLOCK_SIZE;i += 8)
{
 sum0 + = internal_processed_data[i  ];
 sum1 + = internal_processed_data[i + 1];
 sum2 + = internal_processed_data[i + 2];
 sum3 + = internal_processed_data[i + 3];
 sum4 + = internal_processed_data[i + 4];
 sum5 + = internal_processed_data[i + 5];
 sum6 + = internal_processed_data[i + 6];
 sum7 + = internal_processed_data[i + 7];
}
 sum + = sum0 + sum1 + summ2 + sum3 + sum4 +
        sum5 + sum6 + sum7;
}/* block loop */
/* 释放片上存储器信号 */
SEM_post(g_aos_onchip_avail_sem);
```

程序6.5的代码比程序6.4快很多。不足是增加了代码长度，占用存储资源。这个可能是问题，视存储器限制而定。另一个不足是代码稍难理解，而可能造成维护问题。而且代码只使用于特定 DSP,当需要移植到其他 DSP 时,编程者可能需要重写代码。

4. 挂起和查询

可以把 DMA 当作如存储器、CPU 一样的资源。当进行 DMA 时,应用程序可以等待 DMA 结束,或者处理其他程序直到数据转移结束。每种方式各有优缺点,如果应用程序等待 DMA 结束,必须一直查询 DMA 状态寄存器直到完成位被设置,而浪费了 CPU 周期。当转移数据较短时,只占用少量周期是合适的。若数据较长,应用工程师可能想用一个类似信号量的同步机制在传输完成时发信号。在这种情况下当转移进行时,应用程序需要悬挂一个标志。应用程序与需要与另一个准备好的应用程序交替执行,而造成额外的负担。只有交替造成的负担小于单纯查询 DMA 是否完成造成的负担时,才使用交替。等待时间取决于数据量大小。

程序 6.7 的代码检查转移的长度,并执行 DMA 查询操作(转移量小),或者标志量挂起操作(转移量大)。"不大不小的"数据长度由处理器和接口结构决定,也应被原型化以确定量佳长度。

挂起操作见程序 6.7。应用程序执行 SEM_pend 操作,等待 DMA 结束。应用程序可以暂时悬挂当前任务,进行其他工作。这种操作系统的细节在第 8 章详细讨论。但应用程序这样做,会引起一些问题,问题的多少由 DSP 和操作系统而定。

查询操作见程序 6.8。应用程序持续查询 DMA 完成状态寄存器。但是使用 CPU 进行查询会妨碍 CPU 进行其他工作。如果传输量足够小并且 CPU 只需很短的时间去查询状态寄存器,该方法可能更有效。决策的制定取决于数据大小及用于查询的 CPU 周期数。如果查询比通过操作系统换出一个任务并开始另一个所需时间开销少,那它就是有效率的。代码检查转移的长度,当长度小于得失平衡点的数据长度时,调用查询 DMA 转移状态的函数。如果长度大于预定的截止长度,调用函数建立 DMA 中断。这即可保证最高效地完成 DMA 操作。

程序 6.6 检查转换长度的循环代码,调用一个驱动函数,即可以查询 DSP 状态寄存器中的 DMA 完成位,也可以挂起系统操作标志

```
if(transfer_length<LARGE_TRANSFER)
        IO_DRIVER();
else
        IO_LARGE_DRIVER();
endif
```

程序 6.7 挂起 DMA 完成标志的循环代码

```
/*等待端口可用*/
while(g_io_channel_status[dir]&ACTIVE_MASK)
{
          /*poll*/
}
```

```
/ * 发送 tcb * /
*(g_io_chain_queue_a[dir]) = (unsigned int)tcb;
/ * 等待数据完成 * /
sem_status = SEM_pend(handle,SYS_FOREVER);
```

程序 6.8 查询 DMA 完成位的循环代码

```
/ * 等待端口可用 * /
while(g_io_channel_status[dir]&ACTIVE_MASK)
{
        / * poll * /
}
/ * 发送 tcb * /
*(g_io_chain_queue_a[dir]) = (unsigned int)tcb;
/ * 询问 DMA 状态,寄存器等待转移完成 * /
status = *((vol_uint) * )g_io_channel_status[dir];
while ((status&DMA_ACTIVE_MASK) = =
        DMA_CHANNEL_ACTIVE_MASK)
{
        status = *((vol_uint * )g_io_channel_status[dir];
}
⋮
```

5. 管理内部存储器

DSP 最重要的资源之一是片上或内部存储器。这里存储运算的数据次数最多,访问内存比外部存储器快很多。由于决定论不可预测性,DSP 芯片没有数据高速缓存,开发者需要把 DSP 内存作为受程序员管理的缓存。通过 DMA,数据可以在后台进出,CPU 不需要或稍稍介入。通过正确有效的管理,内存将是很有价值的资源。

安排内存,了解任何时候数据在何处是很重要的。对于有限的内存资源,不是所有程序数据都能够在程序执行时间轴进入内存的,数据被移到内存,处理,移出。图 6.10 显示在应用程序的时间轴 DSP 内存如何映射。在程序执行期间,不同的数据被移至片上存储器,产生新的数据结构,最终被转移到片外,或者在片内被覆盖。

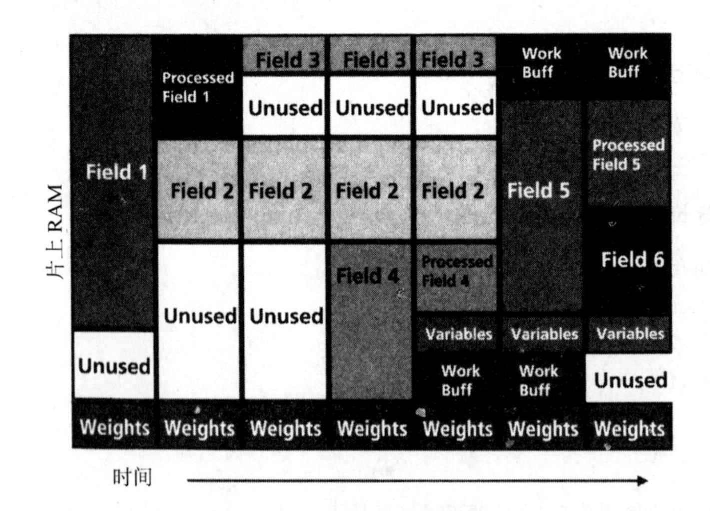

图 6.10 DSP 的内部存储器

6.3.2 循环展开

超标量及 VLIW 设备编程的标准是“保证流水线是满的”。满的流水线即是高效代码。为了确定流水线有多满，需要检查由编译器产生的汇编代码。

为了说明 VLIW 设备并行性的优点，以一个简单的循环程序开始，见程序 6.9，其汇编代码见程序 6.10。循环使用了超标量设备可用的两面，通过计算指令及 NOP 的个数，代码使用 26 周期执行循环的每次迭代，不过可以做得更好。

1. 填充执行单元

本例中注意两点，一是许多执行单元没被使用，浪费硬件。二是有许多延迟环节(20 个)，CPU 在那里停顿等待数据加载或存储。当 CPU 停转时，没有任何操作，在处理大量数据时，没有比这更糟的了。

当等待数据时，有一些方式可保持 CPU 工作。可以进行与等待的数据不相关的操作。也可以利用 VLIW 结构的其他特性帮助加载、存储其他数据。程序 6.11 中显示了为拥有多执行单元的 CPU 设计的代码。代码与常规汇编类似，但是执行运行时间很不相同，不是每行一个单一指令，上一个完成，下一个才开始执行。程序 6.11 中每行的操作可与其他操作并行执行。这种汇编形式扩展为允许编程者指定执行单元完成特定操作。编译器通过在操作栏前的额外列命名目标单元的方式(包含 D1、D2 的列)自动确定执行哪个单元。为了指明两行或更多的操作并行执行，使用并行条(如第 4、5 行)，并行规则也由编译器决定。记住，如果编程者想用汇编语言，那么需要安排每个执行单元的指令流程及如何决定并行。这非常困难，只有编译器产生的汇编不满足性能时才能尝试。

程序6.11的代码是改进版本。将NOP数量由20缩减到5,并且采用了并行代码。第4、5行同时执行两个加载分别到两个单元(D1、D2)。代码在循环最初进行分支操作,充分利用该操作的延迟完成当前周期的操作。

程序6.9 C的简单循环

```
1        void example1(float * out,float * input1,float * input2)
2        {
3          int i;
4
5          for(i = 0;i<100;i ++ )
6           {
7             out[i] = input1[i] * input2[i];
8           }
9        }
```

程序6.10 C循环的线性汇编语言实现

```
1        ;
2        ;  循环的串行执行(每次迭代20个周期)
3        ;
4        L1:          LDW       * B ++ ,B5        ; 载入B[i]到B5
5                     NOP       4                 ; 等待载入完成
6
7                     LDW       * A ++ ,A4        ; 载入A[i]到A4
8                     NOP       4                 ; 等待载入完成
9
10                    MPYSP     B5,A4,A4          ; A4 = A4 * B5
11                    NOP       3                 ; 等待乘法完成
12
13                    STW       A4, * C ++        ; 存储A4到C[i]
14                    NOP       4                 ; 等待存储完成
15
16                    SUB       i,1,i             ; 增量i
17            [i]     B         L1                ; if i != 0,goto L1
18                    NOP       5                 ; 延迟
```

程序6.11 C循环的更多并行实现

```
1     ;用延迟槽及重复执行单元
```

```
2       ；每次迭代 10 周期
3
4   L1：        LDW     .D2    *B++,B5       ;载入 B[i]到 B5
5   ||          LDW     .D1    *A++,A4       ;载入 A[i]到 A4
6
7               NOP            2             ;等待载入完成
8               SUB     .L2    i,1,i         ;增量 i
9     [i]       B       .S1    L1            ;if i!= 0, goto L1
10
11              MPYSP   .M1X   B5,A4,A4      ;A4 = A4 * B5
12              NOP     3                    ;等待乘法完成
13
14              STW     .D1    A4, *C++      ;存储 A4 到 C[i]
```

2. 减少循环损耗

循环展开增加了循环分支逻辑执行之间的指令数，减少了循环分支的执行时间，使循环体运行更快。多次复制循环体，然后改变终止逻辑以包含循环体的多次迭代，可以展开循环(见程序 6.12。程序 6.12(a)及程序 6.12(b)分别占用 4 个周期，但是程序 6.12(b)做了 4 倍的工

```
        NOP                 1
        SUB     .L2         B0,1,B0

        B       .S2         L3
||      LDW     .D2         *B5--,B4
||      LDW     .D1         *A3++,A0

        ADDSP   .L1         A5,A4,A4
||      MPYSP   .M1X        B4,A0,A5
```

(a) 汇编代码核

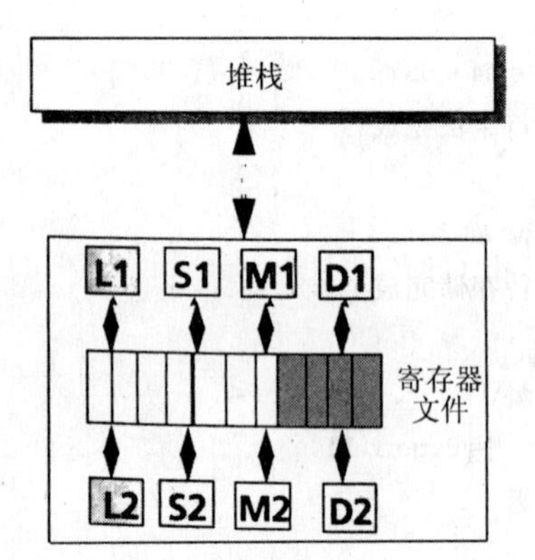

(b) 处理器上资源使用（阴影部分）

1 POINT								
CYCLE	D1	S1	L1	M1	D2	S2	L2	M2
1								
2							SUB	
3	LOAD				LOAD	BRANCH		
4			ADD	MPY				

(c) 资源占用周期

图 6.11 循环的执行

作,说明见图 6.11。循环核的汇编代码见图 6.11(a)。所用变量从循环到处理器的映射见图 6.11(b)。编译器可以建立这个循环,由于所需要用的资源都存储在寄存器中,工作涉及几个执行单元,每个执行单元的周期工作见图 6.11(c)。

程序 6.12 循环展开

(a) 简单循环

```
for(i = 0;i<128;i ++ )
{
        sum1 += const[i] * input[128 - i];
}
```

(b) 4 倍展开的极同循环

```
for(i = 0;i<32,i ++ )
{
        sum1 += const[i] * input[128 - i];
        sum2 += const[2 * i] * input[128 - (2 * i)];
        sum3 += const[3 * i] * input[128 - (3 * i)];
        sum4 += const[4 * i] * input[128 - (4 * i)];
}
```

见图 6.12 中 4 倍的循环展开,只显示循环核的汇编代码。注意,更多的寄存器被用于在更大的循环核中存储变量。另外增加了一个执行单元,及来自外部堆栈的一些字节,见图 6.12(b)。图 6.12(c)的执行单元显示仍保持 4 周期延迟的循环中,执行单元更有效的使用。这个例子中使用设备的所有可用资源显著提高了速度,虽然代码长度增加,但比程序 6.12(a)的循环运行更快。

3. 循环与寄存器空间匹配

过多的展开可能产生性能问题。在图 6.13 中,循环展开 8 倍,但是编译器找不到足够的寄存器存储变量。这时,变量存储在栈中,可能在外部存取器中,这可能花费更多周期读取变量,由此性能下降,见图 6.13。产生问题的根源是一些字节存储在外部存储器中(88 vs. 8)及循环核缺少并行性,真正的核汇编代码很长很没有效率。图 6.13(b)显示了一小部分,注意"||"指令的减少和"NOP"的增多,这时 CPU 空转等待数据从外存中转移。

4. 权　衡

循环展开的不足是它需要大量的寄存器和执行单元,每次循环需要不同的寄存器。如果寄存器不够,处理器用栈存储数据。使用片外栈是昂贵的,可能抵消掉循环展开节省的时间,只有当每一次循环没有占用全部资源时,才可以使用循环展开。如果不太肯定,则检查汇编语言输出。另外的不足是代码长度增加,见图 6.12 展开的循环,运行更快,需要更多指令和存储器。

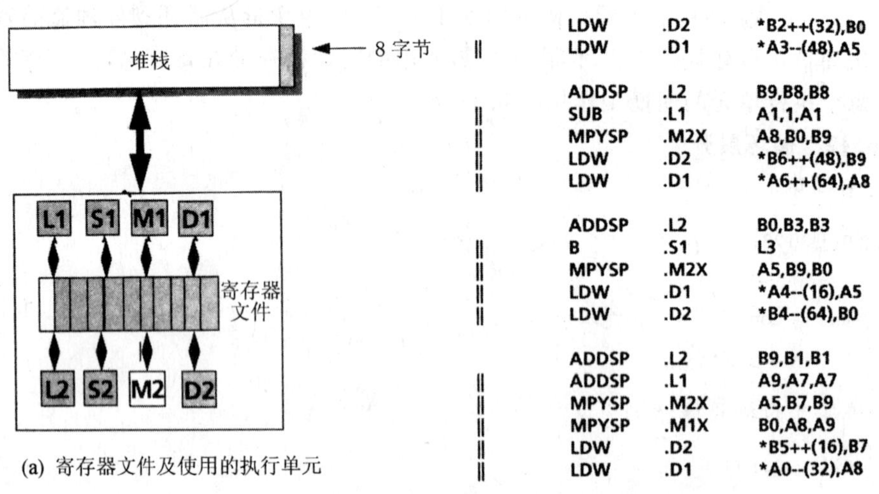

(a) 寄存器文件及使用的执行单元

(b) 汇编代码核

4 POINT								
CYCLE	D1	S1	L1	M1	D2	S2	L2	M2
1	LOAD				LOAD			
2	LOAD		SUB		LOAD		ADD	MPY
3	LOAD	BRANCH			LOAD		ADD	MPY
4	LOAD		ADD	MPY	LOAD		ADD	MPY

(c) 执行单元使用

图 6.12 4 倍展开的循环

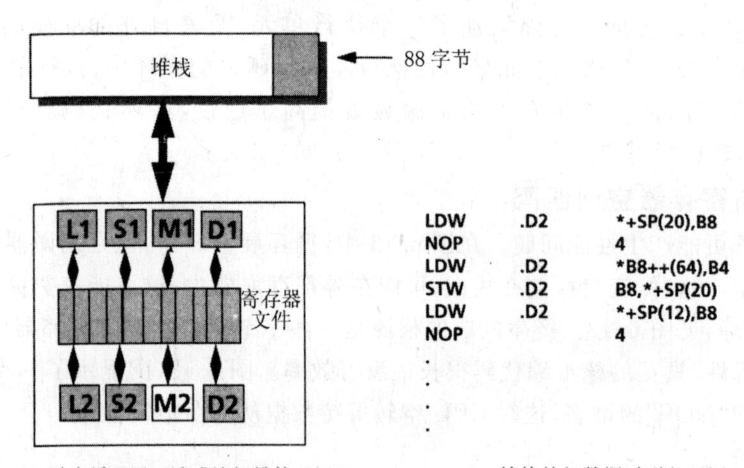

(a) 过多循环展开造成访问堆栈延迟 (b) 等待外部数据时引入延迟

图 6.13 8 倍展开的循环

6.3.3 软件流水

DSP 编程的最好方式是写可以被编译器软件流水的代码。软件流水可以有效地安排循环和功能单元,使一个循环中不同迭代的操作可以并行执行。在每次迭代中,由上次迭代产生的中间结果被使用,而本次迭代也会执行操作产生下次迭代需要的中间结果。这种技术通过最大化使用处理器功能单元,产生了高效优化代码,优点是软件流水由编译器完成,不需要编程者(除非编程者自己编写汇编级代码),这需要满足某些特定的条件,我们稍后讨论。

当代码执行时,DSP 芯片有多种可用的功能单元。以 VLIW DSP 的 TMS320C6X 为例,如果编译器可以确定如何有效利用,则有 8 个功能单元可同时使用。有时 C 代码结构的微小改变就能够实施软件流水。在软件流水中,循环的多次迭代可以并行执行。重组循环,流水后的代码中的每次迭代由原循环中处于不同迭代的指令组成。例如,图 6.6 的 5 阶循环的 3 次迭代充分利用流水线,产生了最快、最有效的代码。

标准循环、循环展开及循环流水见图 6.14。

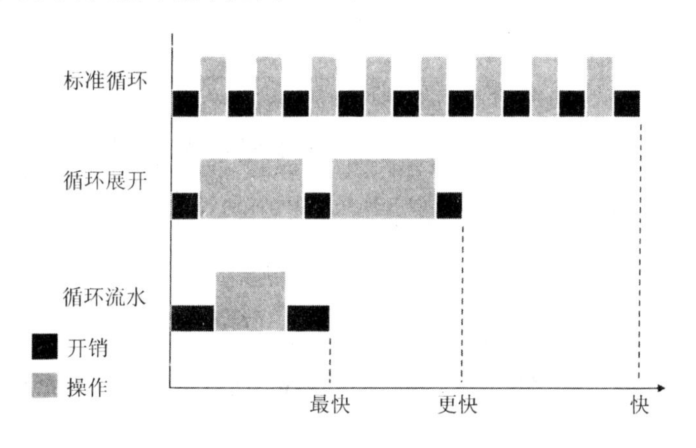

图 6.14 标准循环、循环展开及软件流水。标准循环用一个循环检查每次迭代

1. 一个实例

为了解释这种技术,请看下面的例子。程序 6.13 中,简单的 C 代码循环,对两个数组做乘法操作并储存结果在另一个数组。

程序 6.13 简单的 C 代码循环

```
1   void example1(float * out,float * input1,float * input2)
2   {
3    int i;
```

```
4
5      for(i = 0;i<100;i ++ )
6      {
7       out[i] = input1[i] * input2[];
8      }
9     }
```

(1) 串行实现

这个循环的汇编代码见程序 6.14,是 C 语言循环的串行实现,即没有真的并行发生(使用处理器其他资源),由很多 NOP 操作可轻易看出这点。当 CPU 等待数据读/写时,即插入 NOP,一个加载操作需要 5 个 CPU 时钟,在第 4 行(LDW)加载操作之前就有 4 个 NOP,这就表明 CPU 必须等待 4 个周期,数据才能正确转移到寄存器中。编程者应该尽可能地消除低效的 NOP 操作,充分利用 DSP 功能资源。

程序 6.14　循环的汇编语言输出

```
1     ;
2     ;(每循环 26 周期串行实现)
3     ;
4     L1:         LDW      * B ++ ,B5         ; 加载 B[i]到 B5
5                 NOP      4                  ; 等待其完成
6
7                 LDW      * A ++ ,A4         ; 加载 A[i]到 A4
8                 NOP      4                  ; 等待其完成
9
10                MPYSP    B5,A4,A4           ; A4 = A4 * B5
11                NOP      3                  ; 等待乘法完成
12
13                STW      A4, * C ++         ; 存储
14                NOP      4                  ; 等待存储
15
16                SUB      i,1,i              ; 增量 i
17          [i]   B        L1                 ; if i != 0,goto L1
18                NOP      5                  ; 延迟
```

(2) 最小化的并行实现

并行度更高的 C 循环代码见程序 6.15,编译器能够使用更多的功能单元。第 4 行的加载

操作,类似于前面的例子,但是加载到D2功能单元中,紧接着另一个加载到D1中,这时发生了什么?两个加载可以在同一周期进行,因为数据的目的地不同。可以预加载数据,不必浪费过多的时钟周期。由代码可见,NOP由原来的4个减少到2个,这就是实现并行的正确方向。"‖"符号标志着两个加载在同一时钟周期发生。

程序6.15 采用并行执行单元的汇编实现

```
1    ;用延迟槽等重复执行单元
2    ;每循环10周期
3
4    L1:     LDW    .D2    *B++,B5      ;加载B[i]到B5
5    ||      LDW    .D1    *A++,A4      ;加载A[i]到A4
6
7            NOP                        ;等待其完成
8            SUB    .L2    i,1,i        ;增量i
9       [i]  B      .S1    L1           ;if i!= 0,goto L1
10
11           MPYSP  .M1X   B5,A4,A4     ;A4 = A4 * B5
12           NOP    3                   ;等待其完成
13
14           STW    .D1    A4,*C++      ;store A4 into C[i]
```

(3) 编译器生成流水

程序6.16显示相同的C代码及相应的汇编代码。在本例中,通过编译选项,编译器产生流水,汇编程序中明显可见流水prolog和流水循环核,但流水代码还不完美,核心段中NOP指令较多处是低效代码段。本例中,核心段共有5个NOP周期,其中2个在第16行,3个在第20行,本循环共占用10个周期,NOP的存在表示代码可以更优化。不过循环究竟可以多短?一种检验方法是找到执行次数最多的单元,本例中,D单元使用次数最多,共3次(第14、15和21行)。对于VLTW设备有两种方式,一是在最小的两时钟周期内每个单元每周期使用两次(D1和D2),或第一个周期两个D操作,第二个周期使用一个D单元。编译器能够用这两种方式(第14和15行),使代码只占用一个周期。当等待加载时,可以执行其他指令,代替NOP。

程序6.16 C代码及相应的汇编输出

```
1    void example1(float * out,float * input1,float * input2)
2    {
3     int i;
4
```

```
5     for(i = 0;i<100;i ++ )
6     {
7         out[i] = input1[i] * input2[i];
8     }
9     }
```

```
1     _example1;
2     ; * * ----------------------------------------------------*
3               MVK         .S2         0x64,B0
4
5               MVC         .S2         CSR,B6
6     ||        MV          .L1X        B4,A3
7     ||        MV          .L2X        A6,B5
8               AND         .L1X        -2,B6,A0
9               MVC         .S2X        A0,CSR
10    ; * * ----------------------------------------------------*
11    L11:      ;循环流水 prolog
12    ; * * ----------------------------------------------------*
13    L12,      ;循环流水核
14              LDW         .D2         * B5 ++ ,B4       ;
15    ||        LDW         .D1         * A3 ++ ,A0       ;
16              NOP                     2
17    [B0]      SUB         .L2         B0,1,B0           ;
18    [B0]      B           .S2         L12               ;
19              MPYSP       .M1X        B4,A0,A0          ;
20              NOP                     3
21              STW         .D1         A0, * A4 ++       ;
22    ; * * ----------------------------------------------------*
23              MVC         .S2         B6,CSR
24              B           .S2         B3
25              NOP                     5
26              ;分行发生
```

(4) Restrict 关键字实现

在这个 for 循环中,输出不依赖于输入。但是编译器不知道,编译器一般是保守的,如果生成的代码不合适执行,编译器就不优化,在这种情况下,编译器假定,输入依赖与上次循环产生的输出。如果已知输入不取决于输出,可以声明输入 1、输入 2“restrict”关键字,告知编译

器,表明输入不会改变,产生软件流水。C代码与相应的汇编代码见程序6.17。

程序6.17 相应的汇编输出

```
1   void example2(float * out,restrict float * input1,restrict float * input2)
2   {
3    int i;
4
5    for(i = 0;i<100;i ++ )
6    {
7       out[i] = input1[i] * input2[i];
8    }
9   }
```

```
1   _example2:
2   ; * * ----------------------------------------*
3             MVK      .S2      0x64,B0
4
5             MVC      .S2      CSR,B6
6   ||        MV       .L1X     B4,A3
7   ||        MV       .L2X     A6,B5
8
9             AND      .L1X     -2,B6,A0
10
11            MVC      .S2X     A0,CSR
12  ||        SUB      .L2      B0,4,B0
13
14  ; * * ----------------------------------------*
15  L8:       ;循环流水 prolog
16
17            LDW      .D2      * B5 ++ ,B4      ;
18  ||        LDW      .D1      * A3 ++ ,A0      ;
19
20            NOP               1
21
22            LDW      .D2      * B5 ++ ,B4      ; @
23  ||        LDW      .D1      * A3 ++ ,A0      ; @
24
25     [B0]   SUB      .L2      B0,1,B0          ;
26
27     [B0]   B        .S2      L9               ;
28  ||        LDW      .D2      * B5 ++ ,B4      ; @@
29  ||        LDW      .D1      * A3 ++ ,A0      ; @@
30
```

```
31                MPYSP     .M1X     B4,A0,A5        ;
32  ||    [B0]    SUB       .L2      B0,1,B0         ; @
33
34     [B0]       B         .S2      L9              ; @
35  ||            LDW       .D2      *B5++,B4        ; @@@
36  ||            LDW       .D1      *A3++,A0        ; @@@
37
38                MPYSP     .M1X     B4,A0,A5        ; @
39  ||    [B0]    SUB       .L2      B0,1,B0         ; @@
40
41  ;**-----------------------------------------------------------------*
42  L9:           循环流水核
43
44     [B0]       B         .S2      L9              ; @@
45  ||            LDW       .D2      *B5++,B4        ; @@@@
46  ||            LDW       .D1      *A3++,A0        ; @@@
47
48                STW       .D1      A5,*A4++        ;
49  ||            MPYSP     .M1X     B4,A0,A5        ; @@
50  ||    [B0]    SUB       .L2      B0,1,B0         ; @@@
51
52  ;**-----------------------------------------------------------------*
53  L10:          ;循环流水 prolog
54                NOP                1
55
56                STW       .D1      A5,*A4++        ; @
57  ||            MPYSP     .M1X     B4,A0,A5        ; @@@
58
59                NOP                1
60
61                STW       .D1      A5,*A4++        ; @@
62  ||            MPYSP     .M1X     B4,A0,A5        ; @@@@
64                NOP                1
65                STW       .D1      A5,*A4++        ; @@@
66                NOP                1
67                STW       .D1      A5,*A4++        ; @@@@
68  ;**-----------------------------------------------------------------*
69                MVC       .S2      B6,CSR
70                B         .S2      B3
71                NOP                5
72                ;发生分支
```

汇编程序中有一些需要注意：第一，流水后的循环核变得更小，只有两周期。第44～47行在一个周期内执行(并行指令由||符号标出)，第48～50行在循环的第二个周期执行。用"restrict"限定后，编译器可以充分利用执行单元的并行性有效的安排循环内部代码，而前奏和收尾部分变得更长(prolog和epilog)。更短的流水内核需要更多填装操作协调各种指令和分支延迟，但是一旦填装完毕，循环核可极快执行循环中的不同迭代操作。如前所述，软件流水的目的是，加速经常性事件，本例中循环核就是经常性的，并且可以很快地执行。流水对循环次数较少的小循环可能没有明显作用，但是对大的执行上千次的循环，流水可显著提高性能。

在上面的两周期流水核中，汇编代码中右边的列显示哪个层次在执行("@"是层次的计数，在第44行，执行$n+2$层，第45、46行执行$n+4$层，第48行存储第n层的结果，第49行计算$n+2$层的乘法，第50行计数$n+3$层的减法，所有的都在两个周期内)。当流水核停止执行时，收尾部分结束操作。与预期一致，编译器可以使原循环缩短到两周期长。

流水后的代码长度增大，编程者在速度与大小之间寻求平衡。

总之，当处理数组时(在DSP应用中很常见)，如果数组之间相互独立，编程者必须告知编译器。编译器假定数组在存储器的任意位置，甚至互相重叠。如果不告知数组独立性，编译器假定上一次存储操作完成，下一次加载操作才能开始。

只有细心分析和组织代码才能完成软件流水。只有少量迭代次数的循环不需要流水，大的循环，每次许多指令也可能不能流水，因为没有足够的处理器资源(尤其是寄存器)在流水操作中存储关键数据，如果堆栈溢出，找回信息将浪费不必要的时间。用"restrict"限定的独立数据允许编译器在存储上次的输出时加载新的输入，这种技术也叫"内存消歧"。

2. 使能软件流水线

编译器需要决定变量是存在栈中(访问需更多时间)还是存在快速片上寄存器中，即编译器如何分配寄存器。如果循环包含太多操作，而不能有效利用寄存器，那么编译器可能不对循环软件流水。因此有必要将原来的循环改为一些更小的循环，以便编译器流水(图6.15)。

如果没有足够资源(如执行单元、寄存器等)，或者编译器确定软件流水的收益并不值得所付出的努力(例如前奏阶段和收尾阶段所需的时钟周期大于循环核节省的周期)，编译器不会对循环软件流水。不过编程者可以通过仔细分析和重组代码，编程者可以在高级语言级别改进代码使某些循环流水化，例如，一些循环内有许多处理，造成编译器找不到足够的寄存器、执行单元存储所有数据和指令，这时编译器不能对循环流水，另外循环内调用函数也不能软件流水，因为编译器需要花费大量时间调用函数。如果想软件流水，就需要用内联函数代替函数调用。

代替：

```
for(表达式)
  {
  Do A
  Do B
  Do C
  Do D
  }
```

尝试：

```
for(表达式)
  Do A
for(表达式)
  Do B
for(表达式)
  Do C
for(表达式)
  Do D
```

图 6.15 打破大循环为小循环使软件流水更有效

3. 中断及流水后的程序

在流水后代码中的中断打破了指令执行的协同性，为了保护软件流水，编译器可能在开始流水时关闭中断，流水结束后打开中断(图 6.16)。程序 6.17 中，第 11、69 行显示中断在 pro-

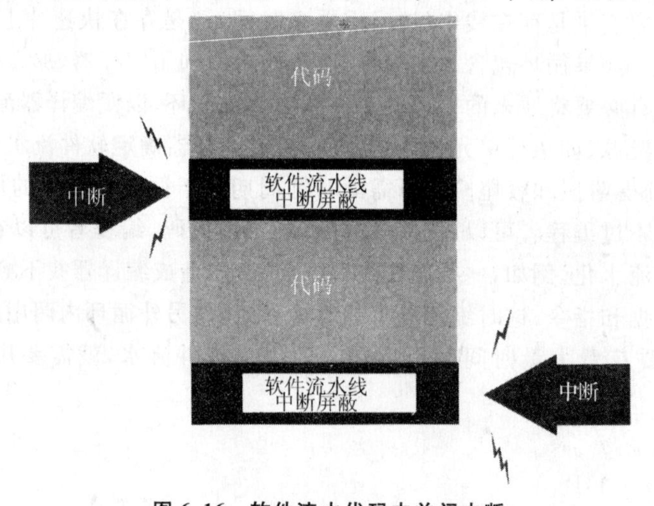

图 6.16 软件流水代码中关闭中断

log 前关闭，在 epilog 后打开。软件流水会产生不可抢占式的代码，考虑到可能对任务结构的系统构建产生影响，编程者需要确定不可抢占式的代码在实时性方面的影响。每个软件流水段都必须考虑在整个任务中的阻塞期(见第8章节的详细讨论)。

6.4 DSP编译器及优化的更多讨论

有一个非明文的规则，使用汇编语言编写代码比高级语言有更好的性能。早期的"优化"编译器产生的代码性能比开发者编写的汇编代码要差。而如今编译器有很高的优化性能，与最好的汇编程序编写者不相上下。

优化编译器执行复杂的程序分析，包括程序内和程序间分析。编译器也进行数据流和控制流的分析以及独立性分析，并且经常需要用可证明的正确方法改变或转换代码。许多优化策略也十分具有启发性。

6.4.1 编译器结构及流程

现在的编译器一般的结构见图6.17。编译器读取DSP源代码，判定输入是否合法，检测报告错误，得到正确输入，产生源代码的中级代码。编译器的中级阶段叫做优化器，优化器对代码进行一系列优化：控制流优化、局部优化和全局优化。

编译器最后由中间代码产生目标代码，执行特定目标机下的代码优化、指令选择、指令调度和最小内存带宽寄存器配置，最终产生可执行的目标代码。

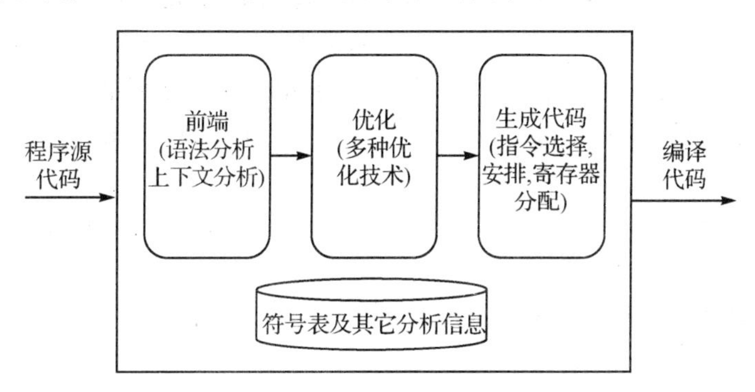

图6.17 编译器的一般结构

6.4.2 编译器优化

编译器执行机器无关和机器相关的优化方式。机器无关优化适用于不依赖于设备结构的

优化，包括：

- 分支优化——重组代码，使逻辑分支最小，联合物理独立的代码块。
- 循环不变量代码搬移——如果循环内的变量在循环中不变，那么将这个变量的运算移到循环外(程序 6.18)。

程序 6.18　循环不变量移动实例

```
do i = 1,100                    j = 100
  j = 10                        do i = 1,100
  x(i) = x(i) + j                     x(i) = x(i) + j
enddo                           enddo
⋮                               ⋮
```

- 循环展开——编译器复制循环体，调整控制循环次数的逻辑，代码分支更少，执行效率更高。编译器可以知道也可以不知道循环计数的大小。这种方法减少操作总数，同时增加代码长度。这可能是一个问题，如果增大后的代码长度比设备缓冲区容量大，损失会比循环展开的收益大得多。
- 公共子表达式删除——在公共表达式中，同样的数值被重复运算。重复的表达可以删除，用前面的数值代替，减少冗余。编译器只需要计算一次数值，并在临时变量中存储结果。
- 常数传送——在表达式中的常数被结合，产生新的常数。也适用于隐含的整型与浮点型转化。移走这些等价变量，可以节省存储空间。
- 无用码删除——删除没有使用的代码及没有使用的运算结果。
- 无用存储删除——删除没有使用的已存储数据。例如一个两次存储操作，保存在同一位置，但是之间没有中介加载。编译器会删除第一次没必要的存储。
- 全局寄存器分配(global register allocation)——用"graph coloring"算法分配硬件寄存器给变量及表达式。
- 内联——内联代替实际程序的函数调用(程序 6.19)，不必调用函数，加速软件执行。不足之处是内联会增加代码长度。

程序 6.19　内联代替实际程序的函数调用

```
do i = 1,n                          do i = 1,n
      j = k(i)                            j = k(i)
      call subroutine(a(i),j)             temp1 = a(i) * y
      call subroutine(b(i),j)             temp2 = a(i)/y
      call subroutine(c(i),j)             temp3 = temp1 + temp2
...                                       temp1 = b(i) * y
                                          temp2 = b(i)/y
```

```
subroutine INL(x,y)
        temp1 = x * y
        temp2 = x/y
        temp3 = temp1 + temp2
end
```

```
temp3 = temp1 + temp2
temp1 = c(i) * y
temp2 = c(i)/y
temp3 = temp1 + temp2
```

- 复杂运算简化——用简单操作代替复杂操作。例如用复合赋值操作代替扩展的操作，只要更少的指令：

```
Instead of:
for(i = 0;i<array_length;i ++ )
        a[i] = a[i] + constant;
Use:
for(i = 0;i<array_length;i ++ )
        a[i] += constant;
```

另一个例子是用移位代替以 2 为幂的乘法。

- 别名消除——两个以上的符号、指针或结构体指向同一存储空间时，产生别名。这会妨碍编译器在寄存器存储保留变量，因为不能确定寄存器和存储器一直存储同一变量。别名模糊消除可以确定两个指针表达式是否指向同一位置，允许编译器自由优化表达式。
- 运行支持库内联扩展——用内联函数代替小函数调用，消除调用函数时产生的消耗，为其他优化增加机会。

编程者需要控制编译器各种优化方法，不论是初级的还是高级的。一些特殊的控制稍后讨论。机器相关优化需要对目标机有一定认识，这类优化的例子包括：

- 特殊性能实现——包括产生高效代码的指令选择技术，选择机器相关指令的有效结合，在编译器执行中间代码。
- 延迟——这涉及选择正确的指令调度，以实现目标机的指令选择。有许多不同的指令调度可供选择，编译器必须选择有效的代码调度方式。
- 资源——涉及寄存器配置，包括程序变量分析、正确结合寄存器存储变量、实现最优的存储带宽。这项技术主要确定在任意时刻哪个变量放到哪个寄存器。

1. 指令选择

指令选择对产生目标代码非常重要。有一些指令 C 编译器不能充分优化，以饱和为例，许多视频或图像处理 DSP 设备都进行饱和检查。手动编写饱和代码需要写大量代码（检查符号位、确定合适限制等）。一些 DSP 可以在一周期做类似操作或一部分操作（例如用饱和乘法代替乘法 MPY，SMUL＝1）。但是编译器有时不能使用 DSP 提供的特殊算法，所以编程者需要加强这些应用，一种方法是使用内联函数。内联函数以汇编语言在目标机上执行。一些DSP内联函数包括：

- Short _abs(short src);absolute value
- Long _labs(long src);long absolute value
- Short _norm(short src);normalization
- Long _rnd(long src);rounding
- Short _sadd(short src1,short src2);saturated add

内联函数的一个优点是它们是自动内联的。想更直接地执行指令，就减少调用函数的次数。内联函数也需要设置饱和标志，可能比一个处理指令时间长，但是内联函数比调用汇编函数更好，因为编译器对那些汇编函数一无所知，而不能进行必要优化。

程序 6.20 饱和加法函数的C代码及C5xDSP的汇编输出

代码	编译器输出
int sadd(int a,int b)	_sadd:
{	MOV T1,AR1
	XOR T0,T1
int result;	BTST @#15,T1,TC1
result = a + b;	ADD T0,AR1
if(((a^b)&0x8000) == 0)	BCC L2,TC1
	MOV T0,AR2
{	XOR AR1,AR2
if ((result^a)&	BTST@#15,AR2,TC1
0x8000)	BCC L2,!TC1
	BCC L1,T0<#0
result = (a<0)	MOV#32767,T0
? 0x8000:0x7FFF;	B L3
}	L1: MOV# -32768,AR1
return result;	L2: MOV AR1,T0
}	L2: return

程序6.21是相同功能采用内联函数的代码。注意：使用特殊算法指令后，代码长度缩小了。DSP设计者需要仔细分析算法，决定哪种DSP或DSP系列支持特殊指令的算法类。在关键处使用特殊指令对整体性能有显著影响。

程序 6.21 饱和加法函数的C代码及编译器输出

代码	编译器输出
int sadd(int a, int b)	_sadd:
	BSET ST3_SATA

```
{                                   ADD T1,T0
  return                            BCLR ST3_SATA
  _sadd(a,b);                       return
}
```

2. 延迟及指令调度

如何调度指令对时间消耗有重要的影响。由于存储器访问时间不同，功能单元不同(许多功能单元处理特定操作时间不同)，不同操作需要的时间长度不同。如果状况不正确，则处理器可能延迟或停止。编译器也许可以预测到不合适的情况并重新安排指令以获得较好的调度。最糟的状况下，编译器插入延迟(有时称NOP为"无操作")强迫处理器等待存储转移。

优化编译器使用指令调度器执行一个主要的功能：重新安排操作，以试图减少执行时间。DSP编译器具有寻找最佳调度的复杂的调度器(最终编译器结束并为编程者提供结果)。指令调度的主要目标是保持程序的意义(不能破坏任何事)，最小化整体执行时间(例如避免外部寄存器溢出到主存储器)，以及从可用的立场出发，尽可能有效地执行。

对许多嵌入式DSP设备，循环是很关键的，多数信号处理在循环中执行。优化编译器通常包括特殊的循环调度。最常见的例子即软件流水。

软件流水的例子见本章前面讨论。它是软件循环中，不同迭代的并行执行。在每次迭代中，上次迭代产生的中间结果运算后，同样作为中间结果被下次迭代使用。这产生了高优化代码，并最大化地利用了功能单元。当代码结构适于做这种改变时，编译器进行软件流水。所以编程者必须生产合适的代码结构，使得编译器识别状况，进行软件流水。例如在循环内，对两个数组做乘法，编程者需要告知编译器两个输入没有指向同样的存储空间。

编译器必须假定数组能在存储器的任何位置，甚至重叠在另一数组上。除非通告了数组的独立性，它们将假设下次加载需要前次加载已完成。通过通知编译器该独立结构允许编译器在存储上次输出之前加载输入数组。如下面代码所示，"restrict"关键字被用来表示该独立性。

```
Void example(float * out,restrict float * input1,restrict float * input2)
{
 Int i;
 For(i = 0;i<100;i ++ )
 {
 out[i] = input1[i] * input2[i];
 }
}
```

指令调度的主要目的是提高运行速度。不过要注意这是如何测量的。例如，用每秒指令数测量代码质量是误导性的。虽然它是一般的量度，但是对DSP上运行的特殊应用不具有指示性。所以开发者应该测量完成一个固定的有代表性任务所需的时间。用工业基准测定整体性能不是合适的方法,因为信息过于特殊而不能广义使用。实际上没有单一基准能够准确测定代码性能,这将在稍后讨论。

3. 寄存器分配

片上寄存器在存储器等级中是最快的,见图 6.18。寄存器分配的主要任务是充分利用目标寄存器。寄存器分配与指令配置一起得到数据与变量的优化调度,防止数据溢出到主存储区。通过最小化寄存器溢出,移除昂贵的主存储器读/写操作,编译器可以产生高性能代码。

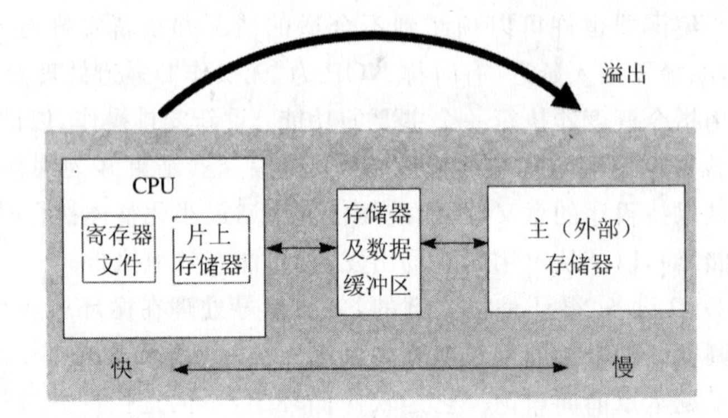

片上寄存器和存储器可以快速存取数据,典型地,一个时钟周期存取一次。
Cache 用于增强数据来自片外情况下系统的功能。

图 6.18 存储器等级

有时代码结构强迫寄存器分配器使用外部存储空间。例如,程序 6.22 的 C 代码(并无有意义的操作)显示一个运算中过多变量造成的结果。这个函数要求一组不同的变量,x0～x9。当编译器将其映射到寄存器中时,必须把一些变量放到栈中,在下面的代码显示。

程序 6.22 有许多变量的 C 代码

```
int foo(int a,int b,int c,int d)
{
 int x0,x1,x2,x3,x4,x5,x6,x7,x8,x9;

 x0 = (a&0xa);
 x1 = (b&0xa) + x0;

 x2 = (c&0xb) + x1;
 x3 = (d&0xb) + x2;

 x4 = (a&0xc) + x3;
 x5 = (b&0xc) + x4;

 x6 = (c&0xd) + x5;
```

```
 x7 = (d&0xd) + x6;
 x8 = (a&0xe);
 x9 = (b&0xe);
return (x0&x1&x2&x3)|(x4&x5)|(x6&x7&x8 + x9);
}
```

程序 6.23 缺少寄存器造成的溢出

```
;***************************************
;*函数名:foo                              *
;*
;*修改的寄存器          :A1,A2,A3,A4,V1,V2,V3,V4,V9,SP,LR,SR*
;*使用的寄存器          :A1,A2,A3,A4,V1,V2,V3,V4,V9,SP,LR,SR*
;*当前框架大小          :0 Args + 4 Auto + 20 Save = 24 byte*
;***************************************
;***************************************
      .compiler_opts --abi=ti_arm9_abi --code_state=16
      .state16
;     opt470 rob.if rob.opt

      .sect  ".text"
      .clink
      .thumbfunc_foo
      .state16
      .global_foo
;***************************************
;*函数名 foo                                               *
;*                                                         *
;* 修改的寄存器          :A1,A2,A3,A4,V1,V2,V3,V4,V9,SP,LR,SP   *
;*使用的寄存器           :A1,A2,A3,A4,V1,V2,V3,V4,V9,SP,LR,SR   *
;*当前框架大小           :0 Args + 4 Auto + 20 Save = 24 byte   *
;***************************************
_foo:
;*-----------------------------------*
    PUSH  {A4,V1,V2,V3,V4,LR}
;**21---------  C$1 = a&(C$12 = 10);
    MOV   V1,#10   ;|21|
    MOV   V2,A1
    AND   V2,V1
```

```
   MOV    V9,V2
; * * 21 - - - - - - - - -   C $ 2 = (b&C $ 12 + C $ 1;
   AND    V1,A2
   ADD    V3,V2,V1   ;|21|
; * * 21 - - - - - - - - -   C $ 3 = (c&(C $ 11 = 11)) + C $ 2;
   MOV    V1,#11    ; |21|
   MOV    V2,V3
   AND    V2,V1
   ADD    V2,V3,V2   ; |21|
   STR    V2,[SP,#0] * * * * 寄存器溢出的例子,SP 指代堆栈指针
; * * 21 - - - - - - - - -   C $ 4 = (d&C $ 11) + C $ 3;
   AND    V1,A4
   ADD    V1,V2,V1   ; |21|
   MOV    LR,V1
; * * 21 - - - - - - - - -   C $ 5 = (a&(C $ 10 = 12)) + C $ 4;
   MOV    V1,#12    ; |21|
   MOV    V4,A1
   AND    V4,A1
   MOV    V2,LR
   ADD    V2,V2,V4   ; |21|
; * * 21 - - - - - - - - -   C $ 6 = (b&C $ 10) + C $ 5;
   AND    V1,A2
   ADD    V1,V2,V1   ; |21|
; * * 21 - - - - - - - - -   C $ 8 = (c&(C $ 9 = 13)) + C $ 6;
   MOV    V4,#13    ; |21|
   AND    A3,A4
   ADD    A3,V1,A3   ; |21|
; * * 21 - - - - - - - - -   C $ 7 = 14;
; * * 21 - - - - - - - - -   returnC $ 1&C $ 2&C $ 3&C $ 4|C $ 5&C $ 6|(a&C $ 7) + (b&C $ 7)&(d&C $ 9)
 + C $ 8&C $ 8;
   MOV    V4,V9
   AND    V4,V3
   LDR    V3,[SP,#0] * * * * 寄存器溢出的例子,SP 指代堆栈指针
   AND    V4,V3     ; |21|
   MOV    V3,LR
   AND    V4,V3     ; |21|
   AND    V2,V1
```

```
ORR    V2,V4        ; |21|
MOV    V1,#14       ; |21|
AND    A1,V1
AND    A2,V1
ADD    A2,A2,A1     ; |21|
MOV    A1,#13       ; |21|
AND    A4,A1
ADD    A1,A3,A4     ; |21|
AND    A1,A2        ; |21|
AND    A1,A3        ; |21|
ORR    A1,V2
POP    {A4,V1,V2,V3,V4}
POP    {A3}
BX     A3
```

一种减少寄存器溢出的方法是把大循环改写成小循环,保持代码的正确性。寄存器分配器可以独立处理每个循环,更有可能找到合适的分配方式。程序 6.24 是将大循环改为小循环的例子。

程序 6.24　为了实现并行运行,一些循环对于编译器来说太大了。用一个循环减少计算负担,可以编译器并行执行一些小循环

```
Instead of:              Try:

for(expression)          for(expression){
{                                  Do A}
        Do A             for(expression){
        Do B                       Do B}
        Do C             for(expression){
        Do D                       Do C}
}                        for(expression){
                                   Do D}
```

消除嵌入循环如下所示,可以释放寄存器,使寄存器分配更有效。

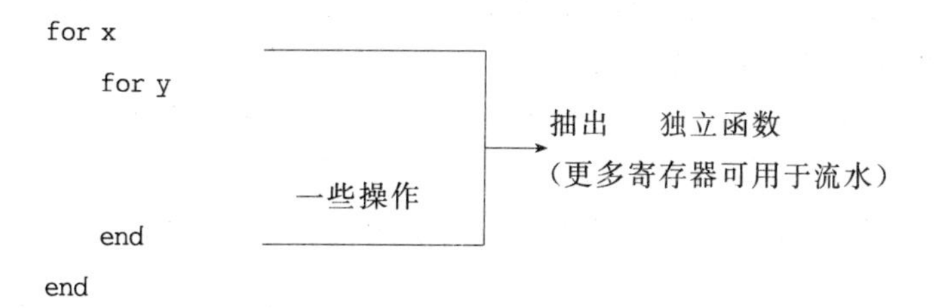

6.4.3 编译时选项

DSP 优化编译器为代码长度/性能提供多种选择，每种选择可达到不同水平。这些选项允许越来越多积极的代码缩减。DSP 编译器支持不同等级的代码优化，每种选项允许编译器执行不同 DSP 优化技术。例如：

① 一级优化——寄存器级优化。包括：控制流化简、分配变量到寄存器、无用代码删除、表达及声明的化简及内联函数的扩充调用。

② 二级优化——局部优化。包括：局部复制/常数传送、无用赋值删除及局部公用表达式删除。

③ 三级优化——全局优化。包括：循环优化、全局公用子表达式删除、全局无用赋值删除及循环展开。

④ 最高级优化——文件级优化。包括：从未调用的函数移除、含无用返回值函数的化简、小函数的内联(不需声明)、重排函数及文件级变量特性识别。

每一级的优化方法和技术因开发商和编译器而有显著不同。编程者需要学习编译器手册，理解每一级做什么及实验代码如何优化。

理解编译器想什么？

有些情况下，编程者需要从编译器得到一些信息，了解优化是否产生的原因。编译器一般会在汇编输出中产生每个函数的信息，包括寄存器堆栈使用、框架大小及存储器使用。通过检查编译器存储在信息文件中的信息(可能需要明确要求编译器产生这些信息，所用编译器命令可参见手册)，编程者得到优化决定(如是否内联)。这种信息文件告知优化是否发生(有些情况下，询问这些信息可以减低实际所需的优化数目)。

6.4.4 编程者帮助编译器

优化编译器的工作之一是弄清编程者要做什么，并有效地帮助其达到目标。所以结构好的代码更适合于编译器——更容易确定编程者要做什么。用一些辅助的“线索”，可以帮助编程者。用标准的编译器优化只能走那么远，但为了更好的优化，编程者需要提供更多信息，方法有 pragma、内联函数(instrsic)和关键字。内联函数已经讨论过，特定的函数名直接映射到汇编指令。编译指示提供关于函数及变量的额外信息给预处理器。有用的关键字则告知编译器变量是如何应用的。Inline 即是特殊的关键字用函数展开替代函数调用。

1. pragma

pragma是特殊的指令,告知编译器如何对待函数及变量。编译指示必须先于函数声明或引用列出。一些TI DSP pragma如下:

编译指示	描 述
CODE_SECTION(symbol,"section name")[;]	为函数分配指定的存储区
DATA_SECTION(symbol,"section name")[;]	分配数据变量到指定的存储区
MUST_ITERATE(min,max,multiple)[;]	告知编译器循环重复的次数
UNROLL(n)[;]	告知编译器展开循环的次数

一个指明循环次数的pragma如程序6.25。第一段代码没有加入pragma,效率低于加入编译指示的第二段代码。

程序6.25 使用附注提高代码效率

```
        C代码                                编译器输出
        int sum(const short * a, int n)      _sum
{                                            MOV#0,AR1
        int sum = 0;                         BCCL2,To < = #0
        int i;                               SUB#1,To,AR2
        for(i = 0;i<n;i ++ )                 MOV AR2,CSR
        {                                    RPT CSR
        sum += a[i];                         ADD * AR0 + ,AR1,AR1
        }                                    MOV AR1,T0
        return sum;                          return
        }
```

Efficient loop code

```
        C代码                                编译器输出
        int sum(const short * a, int n)      _sum
{                                            SUB#1,T0,AR2
        int sum = 0;                         MOV AR2, CSR
        int i;                               MOV#0,AR1
        #pragma MUST_ITERATE(1)              RPT CSR
        for(i = 0;i<n;i ++ )                 ADD * AR0 + ,AR1,AR1
        {                                    MOV AR1,T0
        sum += a[i]                          return
        }
        return sum;
}
```

```
voidfirFilter(short *x, int f, short *y, int N, int M, QScale)
{ int i, j, sum;
  #pragmaUNROLL(2)          ← 展开外层循环
  for (j = 0; j < M; j++) {
      sum = 0;
      #pragmaUNROLL(2)      ← 展开内层循环
      for (i = 0; i < N; i++)
            sum += x[i + j] *filterCoeff[f][i];
      y[j] = sum >>QScale;
      y[j] &= 0xfffe;
  }}
```

2. 内联函数

现代优化编译器有特定的内联函数直接映射到内联的 DSP 指令集。内联函数使优化更快,它们的调用方式与调用函数相同。通常内联函数由下划线(_)标识。

如果开发者想用高级语言 C 写一个饱和加函数,类似于程序 6.26 的代码,其汇编输出见程序 6.27,可见非常不必要和低效。编程者可以调用一个函数(见程序 6.28),更简单地,产生清晰有效的汇编代码(见程序 6.29)。图 6.19 显示了 TMS320C55 DSP 一些可用的内联函数。很多 DSP 提供内联函数库。

程序 6.26 饱和加的 C 代码

```
Int saturated_add(int a,int b)
{
  int result;
  result = a + b;
// 查看 a、b 符号是否相同
  if(((a^b)&0x8000) == 0)
  {
  // 如果 a、b 符号相同,检查上溢、下溢
  if((result^a)&0x8000)
  {
    // 如果结果的符号与 a 相反,则发生上溢或下溢
    // 如果 a 是负数,将结果设为最大负数
    // 如果 a 是正数,将结果设为最大正数
    result = (a<0)? 0x8000:0x7FFF;
  }
 }
```

```
return result;
```

程序6.27 TMS320C55 DSP饱和加的汇编代码

```
Saturated_add:
          SP = SP - #1
                                   ; 约束 prolog
          AR1 = T1                 ; |5|
          AR1 = AR1 + T0           ; |5|
          T1 = T1^T0               ; |7|
          AR2 = T1& #0x8000        ; |7|
          if(AR2!= #0)goto L2      ; |7|
                                   ; 分支开始 ; |7|
          AR2 = T0                 ; |7|
          AR2 = AR2^AR1            ; |7|
          AR2 = AR2& #0x8000       ; |7|
          if(AR2 = = #0)goto L2    ; |7|
                                   ; 分支开始 ; |7|
          T0 = #32767              ; |11|
          goto L3                  ; |11|
                                   ; 分支开始 ; |11|
L1:
          AR1 = # - 32768          ; |11|
L2:
          T0 = AR1                 ; |14|
L3:
                                   ; 开始 Epilog
          SP = SP + #1             ; |14|
return                             ; |14|
                                   ; 返回 ; |14|
```

程序6.28 TMS320C55 DSP调用intrinstics的饱和加C代码

```
int sadd(int a,int b)
{
return_sadd(a,b);
}
```

程序6.29 TMS320C55 DSP调用intrinstics的饱和加汇编代码

```
Saturated_add:
```

```
SP = SP - #1
                                ; 约束 poolog 代码
bit(ST3, #ST3_SATA) = #1
T0 = T0 + T1                    ; |3|
                                ; 开始 Epilog
SP = SP + #1                    ; |3|
bit(ST3, #ST3_SATA) = #0
return                          ; |3|
                                ; 返回      ; |3|
```

内联函数	描　述
int_sadd(int src1,int src2);	增加两个 16 位整数;设置 SATA,产生一个饱和的 16 位结果
int_smpy(int src1, int src2);	src1 与 src2 相乘,并将结果左移 1 位。产生饱和的 16 位结果(设置 SAID 和 FRCT)
int_abss(int src);	创建一个饱和的 16 位绝对值(设置 SATA)
int_smpyr(int src1,int src2)	将 src1 与 src2 相乘,结果左移 1 位,再加上 2^{15}(设置 SATD 和 FRCT)
int_norm(int src);	产生标准化所需的左移数目
int_ssh(int src1,int src2);	根据 src2 左移 src1,产生 1 个 16 位结果。如果 src2 小于等于 8,结果是饱和的(设置 SATD)
long_lshrs(long src1,int src2);	根据 src2 右移 src1 并产生 1 个 32 位的饱和结果(设置 SATD)
long_laddc(long src1,int src2);	将 src1、src2 及进位相加,产生 32 位结果
long_lsubc(long src1,int src2);	优化 C 代码 src1－src2,结果符号是 src1 的符号位的逻辑逆,32 位结果

图 6.19　TMS320C55 DSP 一些可用的 intrinstics

3. 关键字

关键字是类型修饰符,提供给编译器关于变量如何使用的信息,帮助作出优化决定。一些常见的关键字包括:

const 定义一个变量或指针为常值。编译器可以把变量或指针分配到 ROM 中特定的数据段。通过关键字,编译器可以做更积极的优化。

interrupt 强制编译器保存当时的内容,在流水循环或函数中打开中断。

ioport 定义一个 I/O 变量(只用在全局或静态变量)。

on-chip 保证变量存在片上存储器中。

restrict 告知编译器只有这个指针指向它所指的存储空间(没有该位置的其他指针),允许编译器进行如软件流水的优化。

volatile 告知编译器存储空间可能在编译器不知道的情况下改变,因此该存储空间数据不能存储在临时寄存器中,而每次使用前必须从存储器中读取。

4. 内 联

不常用的函数可以直接粘贴在主程序中,减少存储器存取和参数转移的消耗。内联使用更多程序空间,但是加速执行。当内联函数时,优化器可以优化函数及其周围的代码。有两种内联方式:静态内联和正常内联。静态内联只将函数内联到调用它的地方。正常内联需要函数声明。设定好的编译器会自动地内联长度比较小的函数。内联也可以是定义控制的,指定哪些函数需要内联。

5. 缩减栈访问时间

在实时操作系统(RTOS)中,增加系统的任务会造成间接消耗。任务转换的消耗(信号操作等)因系统设置结构而不同。在片外存储器中,相对片上存储器,访问时间长得多。对于栈访问也一样,如果在片外存储器,性能随栈访问时间增多而下降。

解决方法之一是把栈分配到片上存储空间,在栈很小的情况下是合理的,但是可能没有足够的空间存储所有任务的栈。不过可以在任务开始前,将所需的栈移到片内。在任务快结束时,再把栈移出片内。图 6.20 为概略的解释,步骤如下:

① 编译 C 代码,得到.asm 文件;

② 优化.asm 文件;

③ 汇编新的.asm 文件;

④ 链接系统。

必须小心,这种更改不能在调用其他函数时进行,中断也需要关闭。编程者需保证片上二级栈不能过大,以致覆盖其他数据。

程序 6.30 更改栈指针指向片上存储空间

```
SSP     .set        0x80001000
SSP2    .set        0x80000FFC

        MVK         SSP,A0
||      MVK         SSP2,B0

        MVKH                SSP,A0
||      MVKH                SSP2,B0

        STW.D1      SP, * A0
||      MV          .L2     B0,SP
```

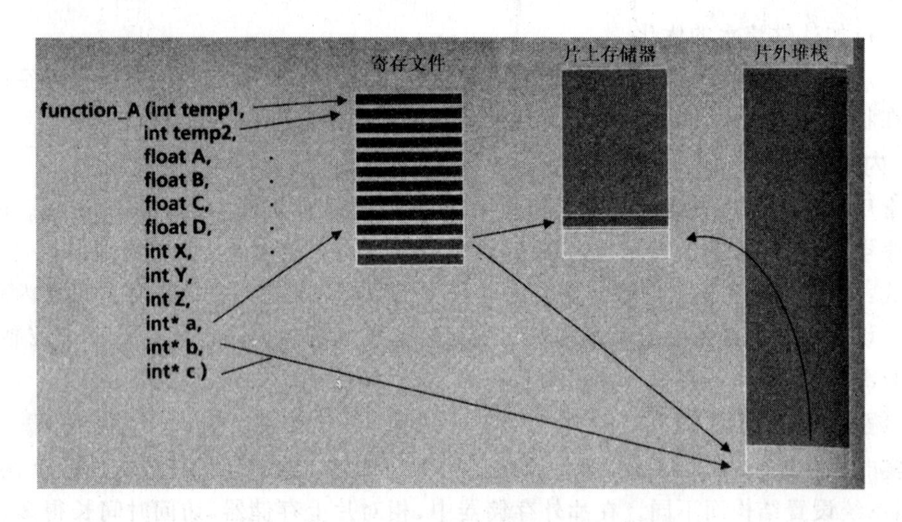

图 6.20　将栈指针移至片上提高 DSP 性能

6.4.5　编译器帮助编程者

编译器尽最大努力优化应用系统，并且产生文档告知编程者做什么优化(见程序 6.31)。通过分析文档，编程者可以理解这些约束和决定，对源代码作出合适的调整。如果编程者理解编译器处理过程，就可以改进应用程序，与处理过程更一致。下面的例子显示编译器产生的输出。输出有多种形式，包括简单的输出文档或者更精细的用户界面。更详细的讨论见附录 B。

程序 6.31　编译器输出帮助诊断优化结果

```
; * ---------------------------------------- *
; * SOFTWARE PIPELINE INFORMATION
; *
; *       Known Minimum Trip Count               :1
; *       Known Max Trip Count Factor            :1
; *       Loop Carried Dependency Bound(^)       :0
; *       Unpartitioned Resource Bound           :1
; *       Partitioned Resource Bound( * )        :1
; *       Resource Partition:
; *                               A - side  B - side
; *       . L units                  0         0
; *       . S units                  0         1 *
; *       . D units                  1 *       1 *
```

循环的关键信息

```
;  *      .M units                     1*      0
;  *      .X cross paths               1*      0
;  *      .T address paths             1*      1*
;  *      Long read paths              0       0
;  *      Long write paths             0       0
;  *      Logical  ops (.LS)           0       0     (.L or .S unit)
;  *      Addition  ops (.LSD)         1       1     (.L or .S or .D unit)
;  *      Bound(.L .S .LS)             0       1*
;  *      Bound(.L .S .D .LS .LSD)     1*      1*
;  *
;  *      Searching for software pipeline schedule at ...
;  *          ii = 1   Schedule found with 8 iterations in parallel
;  *      done
;  *
;  *      Collapsed epilog stages      :7
;  *      Prolog not entirely removed
;  *      Collapsed prolog stages      :2
;  *
;  *      Minimum required memory pad  :14 bytes
;  *
;  *      Minimum safe trip count      :1
;  *-------------------------------------*
```

迭代间隔 = 1 周期
即为：单周期内层循环

即：1 周期只有 1 个 MPY 操作

6.5 编程准则总结

下面总结一些准则，以使编程者产生更高效的代码。大部分准则适用于所有 DSP 编译器，对 DSP 软件开发是有用的参考。

1. 通用编程指南

① 避免因为 C 编译器的使用惯例而清除寄存器。否则变量可能被消除。但有些情况下是允许的，比如在中断时保护寄存器。

② 有选择地优化函数，并单独存档。使得编程者在文件级调整优化方式。

③ 最少量地使用 volatile 变量。编译器不能为这种变量分配寄存器，也不能为其内联。

2. 变量声明

① 尽量使用局部变量/指针。编译器使用栈对全局变量编址，这是低效的。如果编程者经常使用一个全局变量，最好把这个变量定义为局部变量。

② 在文件中声明经常使用的全局变量。

③ 在低地址或LSB定义常用的结构体、数组或位字段等，减少指明地址偏移产生的多余字节。

④ 尽量使用无符号变量代替整型变量，提供更动态的范围和额外信息给编译器。

3. 变量声明(数据类型)

① 注意数据类型的重要性。

② 只有绝对需要才使用类型转换，类型转换会占用更多周期，如果使用错误，会引发错误的RTS。

③ 避免数据类型假定时的一般错误。Int与short不是相同类型。对于定点结果，尽量使用int型，long型需要调用库。同样防止代码假定char是8位而long是64位。

④ 定义自己的数据类型可能更方便。16位整型定义为Int16，32位整型定义为int32。

4. 变量初始化

① 在加载时初始化全局变量，避免在整个运行过程中不断复制数值。

② 当为全局变量赋相同的值时，重新安排代码。比如用a=b=c=3代替a=3；b=3；c=3。前一种方法需要一个寄存器，而后一种需要三个寄存器。

③ 存储偏移需求和栈管理。

④ 将所有数据声明放在一起。编译器通常在偶地址使用32位数据偏移，这种数据声明更节约存储空间。

⑤ 用.align连接器保证偶地址的栈偏移量。如果编译器在偶地址需要32位数据偏移，则栈在偶地址开始。

5. 循　环

① 将循环分解为无关的操作。

② 在循环内避免函数调用和声明。如果可能，将函数调用转移到循环外，使得编译器优化循环(如局部重复或块重复)(程序6.32)。

程序6.32　在内循环中不要调用函数

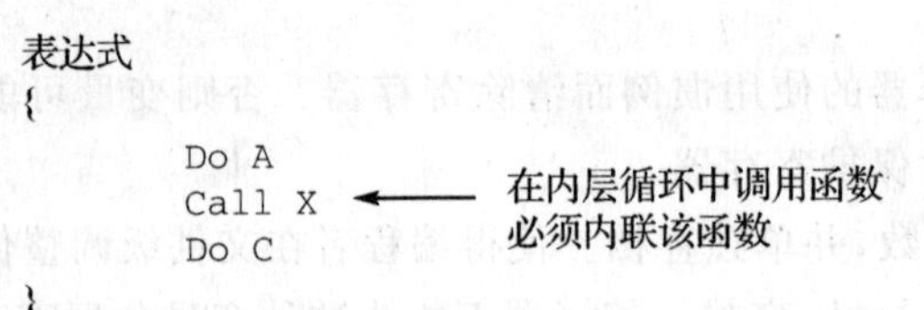

③ 保持小循环，以便使用局部重复优化。

④ 避免深层循环。循环越深越低效。

⑤ 用int或unsigned int做循环计数，不用long。DSP硬件通常使用16位寄存器做循环

计数。

⑥ 使用编译提示，提供更多有关与循环计数信息给编译器。

6. 控制代码

① DSP编译器对case数小于8的if-then-else和swith-case产生类似的代码，如果长度大于8，则编译器产生.swith label段。

② 使用swith代替if-then-else，使代码更紧凑。

③ 把最常用的case放在首位。

④ 对于单一情况，检测0比!0更有效，例如，用"if(a==0)"代替"if(a!=1)"。

7. 函　数

① 将只在相同文件中调用的函数设为静态函数，以便编译器内联函数。

② 将只在相同文件中使用的全局变量设为静态变量。

③ 将同一文件的小函数合并为一个函数，使文件级优化更有效。

④ 函数中过多的参数调用很低效。一旦寄存器不够用，剩下的参数就要存在栈中。

⑤ 多次使用的参数应该放在寄存器中。

8. 内联函数

有一些指令编译器不能很有效优化，如用标准指令饱和函数很难实现。为了实现很多代码（如检查标志位、确定合理限制等），DSP提供特别的内联函数，使实现更有效。

当开发应用程序时，用一般方法是很容易的，但是会引起很大消耗。通常，我们使用更具普遍性的算法版本，而不是适合特定需要的算法。写太多特定代码是差的编程风格，但是特定代码可以极大提高代码性能。

---

9. 使用库函数

有些优化是宏观全局性的，算法级的。如FFT、FIR滤波、IIR滤波等算法在几乎所有DSP应用中都涉及。对于这些常见应用，开发商开发了大量的高效代码，包括：FFT、滤波和卷积、相关、三角函数（如sin）、数学（max、log、div）及矩阵运算。

虽然这些算法在DSP中很常见，但是实施可能比较困难，需要深入了解算法如何工作（如FFT）、DSP结构、汇编编程专门技术并花时间调通并优化。

6.6 基于剖析的编译

在代码长度及性能之间存在权衡，因此有些函数需要性能优化，有些需要长度优化。在整个应用函数中不同层次优化需要代码长度和性能优化的结合。若应用程序有100以上的函数,而每个函数有 5 个选择,那么整体选择结合方式指数增长,DSP 开发者可能找不到最合适的优化组合方式。基于规范的编译可以解决这个问题。

基于附加值的优化自动生成及剖析多种编译选择。例如,这项技术可以用最高级优化生成整个应用程序,然后剖析每个函数得到其代码长度和周期数。这个过程可以在剩下的代码长度缩减级重复使用其他编译器选项。最后结果是一系列不同函数代码长度和周期数的数据。这些数据可以显示出最好的函数和编译方式的结合方式(见图 6.21)。图形左下角一般有最优解,这里周期数及代码长度都最小。

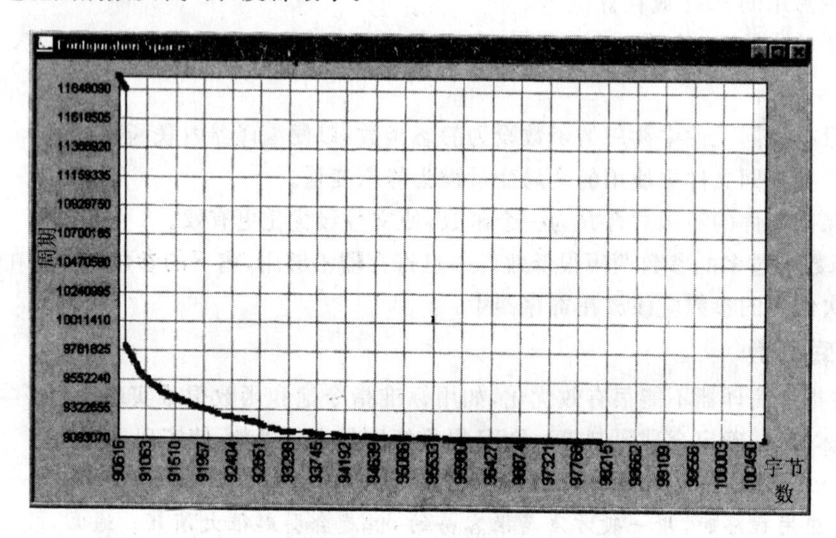

图 6.21　基于剖析的编译显示代码大小和性能的多种取舍方式

1. 优　势

基于剖析的环境的优势是基于整体系统需求,应用开发者可以通过在曲线上选择合适的点选择一种剖析。这种自动方式节省了人工试验时间。展示的剖析信息(例如模块或函数的周期),可以使开发者了解每段代码的特殊之处,并改进代码,见图 6.22。

2. 调试优化代码的问题

注意:不要在打算使用符号调试器调试时优化程序。编译优化器重排汇编代码指令,会使单个指令映射到源代码变得困难。如果同时进行,代码的重排可能造成源级代码执行顺序错误。

编程者可以要求编译器在一段编译中,产生符号调试信息。多数 DSP 编译器有该功能。DSP 编译器有指令可以产生符号调试指令用于 C 源级调试器。缺陷它是强制编译器禁止许多优化。编译器会进行与调试兼容的最大的优化。调试代码的最好方式是,第一步验证程序的正确性,然后优化。

Solution for Size = 86816 Cycles = 9375193

Function	Cycles	Size	OptionSet	Options
inflateInit2_	126	464	Minimum Size	-o3 -oi0 -ms3
inflate_blocks_new	71	260	Minimum Size	-o3 -oi0 -ms3
deflateInit2_	276	1032	Minimum Size	-o3 -oi0 -ms3
putShortMSB	45	52	Minimum Size	-o3 -oi0 -ms3
inflate	1123	1792	Minimum Size	-o3 -oi0 -ms3
inflate_blocks_reset	264	312	Speed	-o3 -oi0 -ms1
do_compress	665	804	Minimum Size	-o3 -oi0 -ms3
deflate	2011	1224	Minimum Size	-o3 -oi0 -ms3
deflateEnd	142	356	Speed	-o3 -oi0 -ms1
inflateReset	47	136	Speed	-o3 -oi0 -ms1
inflate_trees_dynamic	497	428	Minimum Size	-o3 -oi0 -ms3
inflate_trees_bits	287	168	Minimum Size	-o3 -oi0 -ms3
do_decompress	559	792	Minimum Size	-o3 -oi0 -ms3
bi_flush	235	208	Minimum Size	-o3 -oi0 -ms3
inflate_trees_fixed	2668	460	Minimum Size	-o3 -oi0 -ms3
_tr_align	973	1176	Minimum Size	-o3 -oi0 -ms3
_tr_init	68	260	Minimum Size	-o3 -oi0 -ms3
flush_pending	551	232	Minimum Size	-o3 -oi0 -ms3

图 6.22 优化代码的附加信息

6.7 代码优化过程小结

在本章的开始，展开了代码优化过程的定义。图 6.23 显示代码优化的展开软件开发过程。

这个是所有 DSP 的一般流程，可能针对不同应用稍有不同。该过程的 21 个步骤总结如下：

第 1 步：理解关键性能环节。性能环节是应用中会给 DSP 中可用资源产生压力的地方。可能是性能、存储空间和电源。理解了这些关键环节，优化过程就可集中于这些“最糟的情况”。如果可以在这种情况下达到性能要求，其他的情况都可满足。

第 2 步：如果理解了性能环节，对每种要优化的资源选择关键目标。例如，目标可以是消耗不超过存储器或者处理器吞吐量的 75%。一旦目标建立，还需要衡量过程走向和停止策略。多数开发者直到达到特定目标才停止优化。

第 3 步：选择适合应用目标的 DSP。在这里，不运行代码，但是通过多种方法分析处理器是否能够达到目标。

第 4 步：分析系统关键算法，改变算法以提高算法效率。可能与性能、存储空间和电源有关。例如选择快速傅里叶变换代替离散傅里叶变换。

第 5 步：详细分析关键算法。有些算法运算频率高或者占用资源多。这些算法应该进行详细的基准测试，甚至用目标语言写这些算法并测量其效率。既然它们消耗多数应用周期，开

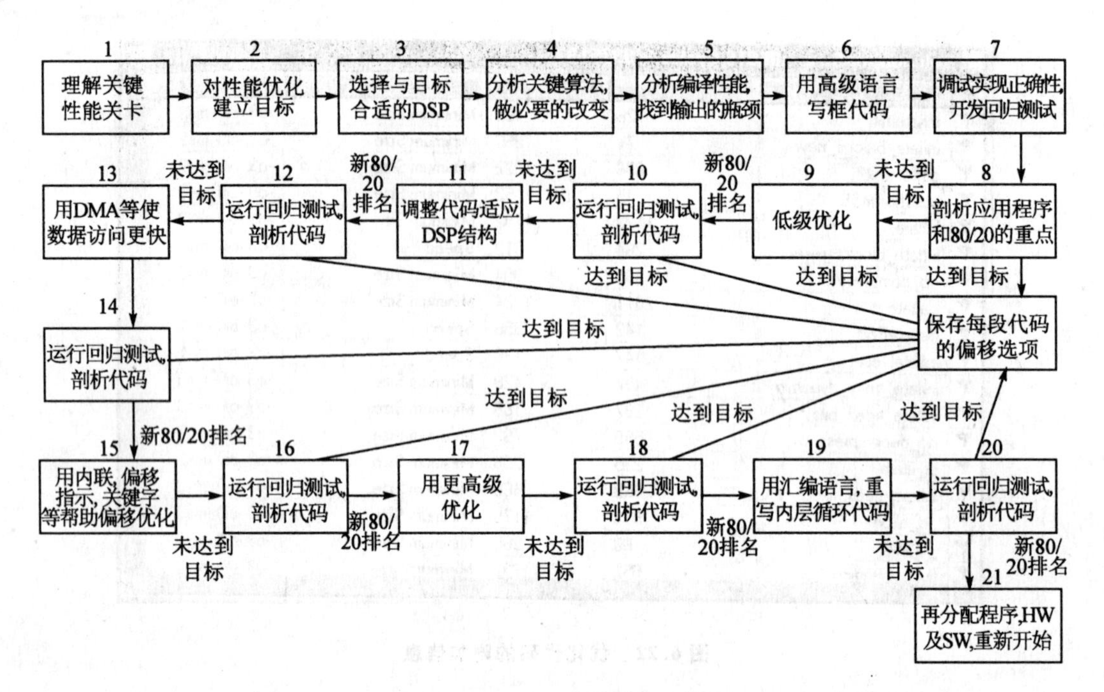

图 6.23 DSP 展开代码优化过程

发者应该拥有基准测试的详细数据,如果应用中有类似于已使用的算法,开发者可以使用工业基准数据。工业基准的例子有嵌入式处理器联盟 eembc.org 和伯克利设计技术 bdti.com。

第 6 步:写简单的 C/C++代码,不用特殊结构变换。可以是结构最简单的代码。只有在性能达不到要求时才改进代码。"越快越好"是不正确的,这种想法的症状是过分优化和不成熟优化。过分优化是当性能达到要求时,开发者仍然优化;不成熟优化是当没有理解那些是关键区域(遵循 80/20 法则)时,就进行优化。这些情况很危险,会消耗资源,延迟释放,没有直接提高性能却损害好的软件设计。

第 7 步:使其快速工作之前先使其工作正常。优化增加了复杂性,可能会破坏正常的应用程序,开发者必须保证程序是正确的。最简单的方法是停止优化,用标准编译器调试程序。同时需要建立回归测试,确保程序确实正常工作。部分回归测试应该用于所有的优化,以保证每次优化程序都是正确工作的。

第 8 步:运行程序同时收集每个函数的剖析信息。剖析信息包括函数消耗周期、存储器空间使用及电源消耗。通过剖析信息可知什么是性能最大的瓶颈,以便进一步优化。如果达到了目标,不必进行优化;否则,进行第 9 步。

第 9 步:进行基本优化。包括许多不依赖于机器的优化。选择选项减少周期或占用存储空间,也可考虑电源。

第 10、12、14 及 18 步:重运行回归测试衡量性能是否达到目标。如果没有达到目标,重剖析应用程序，建立新的性能、存储空间或电源的优先级。

第13步：重建C/C++代码结构使代码针对DSP结构更高效，可见本章例子。重建可显著提高性能，但代码可读性下降，长度增加。开发者应首先在程序性能瓶颈处重建代码。

第15步：用特殊信息帮助编译器进行更充分的优化。最常见方式是使用特殊指令如内联函数(intrinsics)、pragmas及关键词。

第17步：编译器提供多级优化，开发者可进行更高层的优化，更充分地改变代码以提高性能。但是进行高层优化，编译器运行时间更长，也可能使代码出错。因此周期的运行回归测试非常重要。

第19步：如果性能提高比使用编译器更多，用汇编语言重写关键部分的代码。这是最后一步，因为汇编代码会增加代码长度、减少可读性、使可维护性更差等。对高级结构，汇编语言意味着写更复杂的并行代码，使其在相互独立的执行单元运行。这非常困难，通常开发者需要很长时间才能成为汇编语言专家。

第21步：以上每步都是可重复的。开发者可能重复某些步才能进入下一步。如果性能目标在这步还没达到，应该考虑重分割系统的软件及硬件。这个决定代价很大，但是在优化过程最终仍达不到目标，则必须考虑。

如图6.24所示，性能提高幅度随着优化过程深入而下降。当优化普通的“out of box”C/C++代码，仅仅几步就可以显著提高性能。当代码已经与DSP结构调和，编译器也得到正确信息如：内联函数、pragmas及关键词，就很难进一步提高性能。开发者需要知道在哪里进一步提高性能。即使是汇编语言，也不会总是达到目标。开发者最终需要决定走多远，因为代价性能比随着曲线下降。

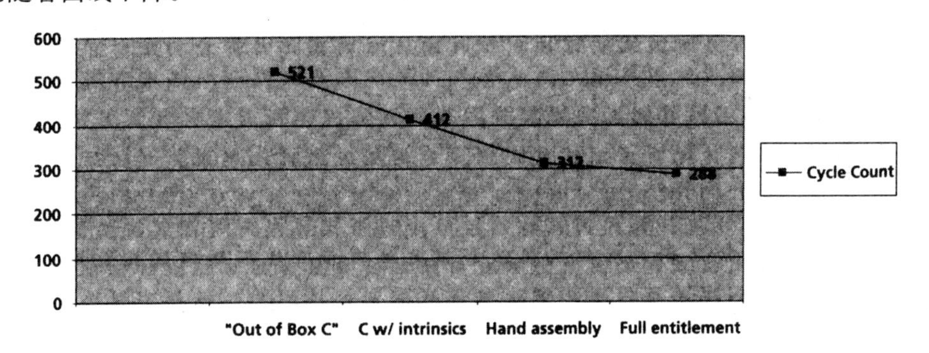

图6.24　取得充分优势，通常，在优化过程早期实现显著优化

6.8 小　结

为了提高效率，应用算法的表达需要与特殊资源及处理器能力相适应。关键在于在各种

操作中数据如何搬移。DSP算法的重复特性使得循环效率非常重要。即使依赖于编译器实现大部分代码,理解何时展开循环,何时软件流水对编写高性能DSP代码很也很关键。

以前手写汇编语言对于DSP编程很常见,不过现代优化DSP编译器已经能够产生极高性能的代码。

嵌入式DSP开发有以下三个主要的优化策略:

- DSP结构优化:DSP是优化的处理器,通过一般DSP函数所提供的硬件支持,可有效地实现信号处理功能。
- DSP算法优化:对标准及常用的DSP算法选择合适的实现方式,可以显著提高性能。
- DSP编译器优化:DSP编译器帮助开发DSP结构,通过映射代码到资源以利用尽可能多的资源。

第7章

基于 DSP 的电源优化技术

7.1 简　介

尽管电源功耗和内存空间的使用非常重要，但在 DSP 的应用中很少把重点放在电源的优化和存储空间的处理上。本章将在电源优化技术上提出一些指导建议。

低功耗设计的需求来自几个方面，包括使用电池的便携产品的可移动性，人体工学有关领域内的设备包装与其他热冷却因素的制约，和最终来自支持通道密度和其他耗电因素要求的整个系统价值，见图 7.1。

低功耗要求的创新用户终端设备

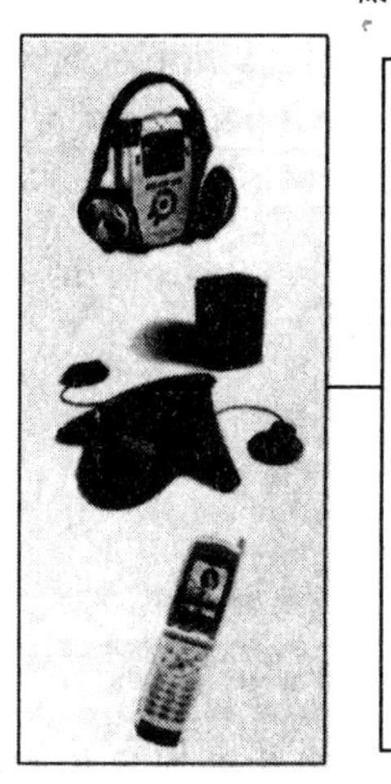

移动技术

- ◆ 具有长电池寿命的终端产品
  - ◆ 小而轻的电池
  - ◆ 小的手持式的因素

人体工学

- ◆ 冷凝器
  - ◆ 允许创新的电子产品包装
  - ◆ 减小或排除风扇噪音

价值

- ◆ 减少在电池和电力成本
- ◆ 有限空间实现了每瓦特多通道

图 7.1　低功耗要求的创新用户终端设备

在移动设备中，每毫瓦的功耗要考虑到电池的寿命，每一个较大的系统（如宽带系统和 DSL 系统）尽管被有效地塞进墙里，但是对电源的要求依然很敏感。由于这些设备产生热量，需要在这些系统中加入更多的散热设施，并限制每个区域的通道数（或者每个设备的通道数）。

在这个意义上，对于嵌入式系统开发者包括 DSP 系统设计人员来说，减少电源的消耗已经成为一个重要的设计指标。这个问题的关键是要达到一种可以接受的性能或者供电水平。要支持上述提到的这些操作，数字信号处理器主要用来达到这种性能和计算指标，由于在便携电子产品中复杂算法变得越来越普遍，这种性能和电源权衡也变得很重要。在大多数情况下，配置电源时，要满足最高的耗电要求，除非有专门的进程在整个运行周期中对电源及其性能进行管理。

与程序代码的大小和运行速度影响成本一样，电源的消耗也同样影响成本，在嵌入式设备中产生的功耗越大，就需要越大的电池能力驱动。对于便携式应用，这会导致价格上涨，更笨重而不受欢迎。为了减少功耗，考虑到每个周期内消耗一定量的电能，产品运行在必须尽可能少的周期。在这个意义上，系统性能和电源优化是相似的，消耗较少的周期数来获得更好的性能和电源优化指标。性能和电源优化战略有相似的指标，但是也有一些微妙的区别，后面将会进行介绍。

对于 DSP 嵌入式的研发者来说，关键的难题是要研发应用解决方案来满足合适的性能、价格和电源的要求。要同时满足这三个指标是一个挑战，为此，在硬件和软件中，要求一些电源优化的标准，见图 7.2。这需要生命周期的管理，开发工具、技术和合适的 DSP 设备。

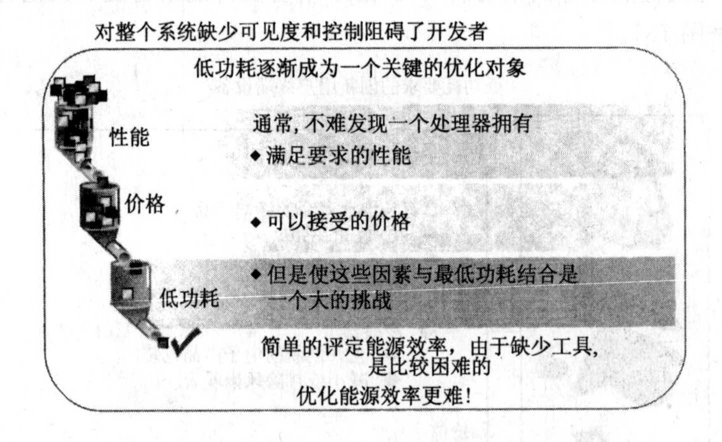

图 7.2　对整个系统缺少可见度和控制阻碍着开发者

在嵌入式应用中大部分动态功耗不是来自 CPU 内部，而是出现在 CPU 从存储器中读取数据的过程中。每当 CPU 处理外部数据时，总线就被打开，一些其他功能单元就会被上电来获取数据送回 CPU，这就是大多数电源消耗的原因。如果设计人员设计 DSP 应用时减少对外部存储器的使用，对 CPU 数据高效地输入和输出，对外围设备和缓存有效地使用防止缓存的冲撞，使外围设备的开、关有周期性等，整个应用的功耗就会显著减少。图 7.3 指出在 DSP 嵌入式系统中两大主要的电源消耗。一个是计算模块，包括 CPU 内部的算法功能的运行；另一个是存储器数据传输模块，这个是系统应用中的子系统，其中数据传输模块的耗电量占

DSP系统应用中的大多数。

电源优化的过程是DSP应用管理的关键性因素，因为在整个生命周期内电源优化必须要协调地设计和操作。DSP团队的领导者必须了解整个系统，包括硬件和软件，这样才能使电源优化的影响显著，这不仅仅是和软件相关的问题。

例如，有些DSP芯片是为低功耗操作设计的，这些芯片通过专门工艺过程专门为低功耗制作，这样的设计结构运用特殊的硬件性能，更有效地管理设备上的电源功耗，同时包含这些必要的结构特征来保证期望的DSP性能。

在软件方面，应用优化技术始于操作系统，并运用在整个应用中，本章中将讨论这些方法。

运用最优化技术，包括对性能和内存的处理，在移动技术的净功率中，采用多方法的电源优化将获得80/20的效果，见图7.4。在饼图的左边，在移动技术中，产品在将近80％的时间处于一种待机模式，仅仅20％的时间花费在运行的模式，在这20％的时间片里，大约有80％的运行时间是用于接口和一些能被其他系统或设备替代的功能的运行。因此，需要在那些可改进的功能上进行巧妙的操作，实际上，在设备中，要充分开发的是这20％中20％的时间，20％×20％，可见，对功耗的充分开发仅仅需要大约4％的时间。因此，问题在于怎么利用剩下的时间使对功耗的操作更有效？这就是需要花费时间讨论的技术问题。

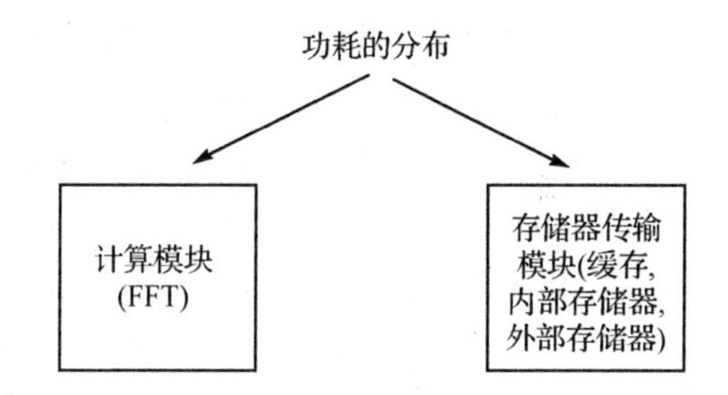

图7.3 DSP主要的电源消耗来自存储器传输模块，并不是计算模块

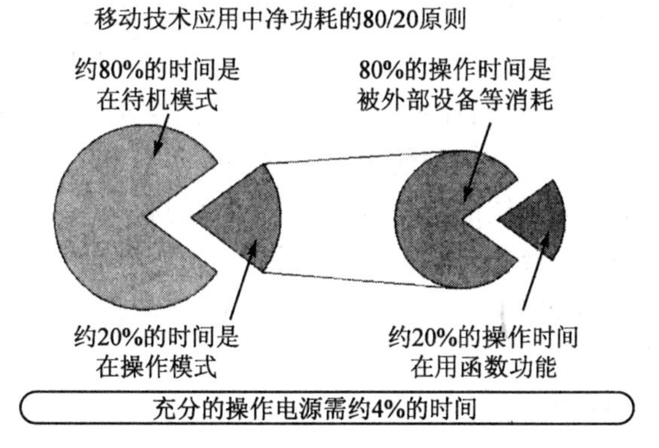

图7.4 移动产品中净功耗的80/20原则

在能源效率优化上，待机功率是越来越重要的参数。在图7.5中，左边的图表表示负载功率就像在整个时间梯道里不连续要素的充分节流，从整个时间里的功耗百分比可见，相当一部分的电源被消耗掉。但是从右图可见，可以在大部分时间为低待机功耗而进行优化，并通过在相当数量的时间内保持待机状态来有效利用电源。同时，在给设备上电时，可以如第二栏打开满负载功率电源，或启动一些接口的同时，关掉另外一些接口调至部分满负功率；如时间片里第5列所示。因此可见，可以通过待机以及只开启需要开启的功能获得更低的净功耗。

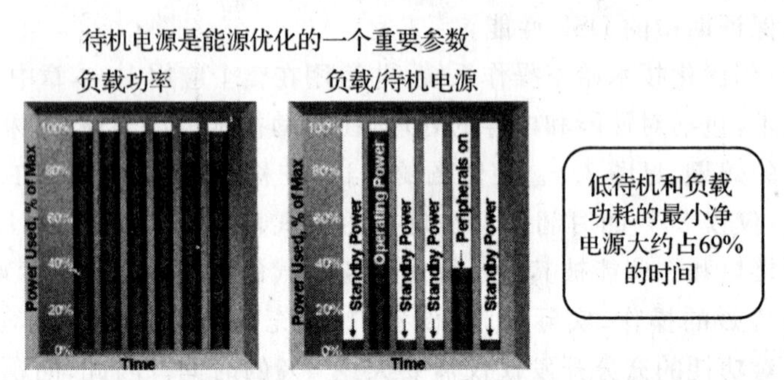

图7.5 待机电源是在能源优化上是一个非常重要的因素

电源优化领域内，对DSP嵌入式应用的管理不应该包括mW/MHz或者其他类似的功耗参量的比较。如图7.6所示，这就像是电源冰山的顶端，对于这个比喻，有比简单的比较那些测量更复杂的管理过程。这样的过程也包括对什么是片上存储器和片外存储器的分析。通常，对外部存储器的使用的后果是产生大量有时甚至是支配性数量的系统电源功耗，减少外部I/O的使用也会节省功耗。使用片上自带接口，比如USB，相对于外扩的USB，DSP工程师可以节省很大功耗。并且仅当使用到外围器件时将其电源打开，这种呈粒度性和灵活性地使用外围器件可以节约功耗。另外，减少片外I/O访问也可以节省电能；对于CPU的电压和工作频率，尽量保持低电压和频率的低缩放，可以明显减少CPU或者核电压功耗。更底层所要关心的是待机功耗，当各个项目都关掉电源后，易漏电的元器件仍然在漏掉一部分电能，因此这些设备尽管没做太多的工作，仍然消耗很大一部分电能。因此，对于整个电源事件，mW级的待机功耗是一个很重要的因素。合理地使用空闲状态和等待状态，灵活地进入和跳出这些状态，对这些状态开关的速度，对系统的功耗也会有很明显的影响。

在嵌入式应用中，主要的节约功耗的方法包括：

- 尽可能降低供电电源的电压；
- 在较低时钟频率下运行；
- 禁用未使用的功能单元；
- 不用的接口部分要断开电源。

有两种主要的电源管理类型：

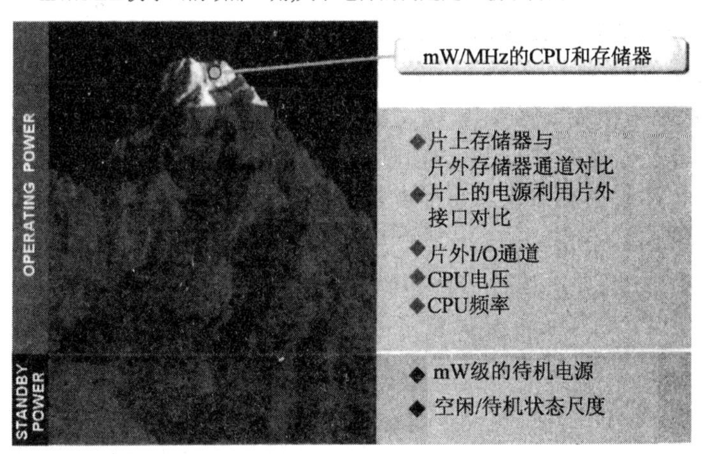

图7.6 在嵌入式系统中mW/MHz仅是电源问题的一部分

- 静态的电源管理——不依赖于CPU的活动。例如由用户激活的断电模式;
- 动态的电源管理——依赖CPU的活动。例如禁止不活动的功能模块。

本章将讨论以上各个方面。

一些系统设计思想需要设计者明白,开始电源优化阶段包括:

- CPU内部活动——指令的复杂性(被指令执行的并行操作的数目),内部总线的初始化,包括总线的数据类型、重复指令等。
- 系统时钟和转换速率——比如,如果时钟速度加倍,电流也会加倍。
- 片上和片外存储器访问——片上存储器访问要求较少的功耗,因为在内部访问过程中,外部的存储器接口不被驱动。
- ROM和RAM——从ROM执行同样的代码会比从SRAM少10%的CPU电流。
- 电容性负载的输出和控制方式。
- 地址的可见度——在内部存储器访问中,地址会传到外部地址总线上,在调试状态下有用,但是在调试结束后,要禁止。
- 掉电模式——空闲模式以减少功耗。

7.2 在DSP芯片中的电源优化技术

半导体处理技术减少了大量的DSP电源功耗,尺寸较小的晶体管非常有用——可减少DSP核电压。在有些产品中从1.6 V降到1 V,将会减少近80%的动态电源功耗。除此之外,现在工艺技术正转向通过低漏电的晶体来减少功耗,这些晶体具有较高的转换电压。这些晶体在上电时减小了静态电流，但是在系统待机模式时并不活动，DSP 芯片现在只有 0.1 mW 的待机电源消耗，不到几年前的百分之一。

在 DSP 开发周期早期，工程师必须分析这些应用，决定在运行和待机状态下功耗之间的合理平衡，在选择 DSP 芯片方面这是一个重要的问题。如果设计是一个大的热敏系统，则运行期间的电源功耗是一个主导因素，在使用电池的便携系统中，待机状态下的功耗起决定性的作用。比如手机，在待机时间和打电话时间里都很容易消耗电池电量。MP3 播放器一般不是打开就是关掉，所以待机电源消耗不是很重要，但一些手持式电器甚至不用时也会打开，消耗电源。DSP 设计者还没有明确控制处理技术是否要用在静态或动态电流中，尽管如此，工程师必须要均衡在应用中需要的运行功耗和待机功耗，只有这样，在选择 DSP 时才可能考虑其他因素的处理能力。

DSP 在硬件上将一些功耗节约和优化技术整合到了芯片的内部结构上，除了在半导体处理器本身技术发展上的节约外，现在的 DSP 芯片内也包含了以下结构上的进步：

- 对一系列 DSP 操作增添了并行和专用指令，包括空闲状态强制程序进入等待状态，直到中断或复位发生的空闲指令，在空闲状态中的掉电模式依赖于一个寄存器的配置。
- 广泛使用时钟选通外围设备，存储单元，时钟树结构，逻辑扇出。
- 内存访问——时钟选通存储器访问，减少了访问需求。例如，内部缓冲序列(IBQ 或者循环缓冲)。
- 为地址和数据定制的数据通路。
- 使用了低漏电处理技术。

很多 DSP 芯片用了 CMOS 技术，CMOS 晶体在打开或者关断时只会消耗很少的电流(漏电)，功耗只与开关性能有关。电源损耗与电压的波动、负载电容、工作频率和开关活动(少数线路的开关状态已经固定)有关。

电源消耗与工作频率呈线性关系，与电压成二次比例关系，对于容性负载，软件上无能为力，但是软件技术可以在一定尺度上减少开关电源的频率和电压。

CMOS 门在没有开关状态时具有的电流叫漏电，这本应是相对很小的一部分(占 1%)，但是这个百分数现在亚微米尺度会增加(30%在 90 nm 等级或者更小等级)，这些依然会影响芯片的待机操作。为了减少漏电损耗，软件技术可以有选择地关掉一些驱动(与硬件技术异曲同工)。

动态和静态的电源消耗，有非常显著的区别：

动态与电容、晶体开关的频率、电压和晶体管开关位数成比例。

动态功率损耗与芯片的工作频率呈线性比例(频率在下降到一半时，功率会降低)。不能只去衡量电压却不管频率，当电压下降时，为了保持芯片在动态范围内，就必须要降低频率。例如，不能使 DSP 芯片工作在 1000 MHz，然后把电压降低一半，却没有对应地降低频率。如果频率减小一半，则代码执行的时间也会增长(大约两倍的时间)。

静态的电源消耗(下文的 P_{static})包括在待机状态下降低电压得到更低的待机消耗。在过去这并不是一个大的问题,但是现在随着技术节点的不断发展,这将成为一个重要问题。

也可以彻底把电源关掉(这是在DSP芯片构造中电源域的概念),在软件控制下可以减小电压和控制电源域。

总体说来:

● 在CMOS电路中电源功耗:

$$P_{\text{total}}=P_{\text{active}}+P_{\text{static}}$$

● 动态功率即工作时的功率:最小化

$$P_{\text{active}}\sim C\times F\times V^2\times N_{\text{sw}}$$

其中,C=电容;F=频率;V=电压;N_{SW}=开关的位数。

将一些不工作的单元、外围设备关掉。

● 待机静态功率=不进行切换时的漏电=LOW

$$P_{\text{static}}\sim V\times I_{\text{q}}$$

低漏电处理技术,晶体。

以手机应用为例,动态电源损耗一般会认为是通话时间,静态电源损耗一般是指待机模式。又如自动点唱机,动态电源损耗是指它的播放时间,而静态损耗是指"返回"时间。

在图7.7中显示了一个支持电源优化的内部结构特征的例子。图中,为了更多并行操作而附加了作为寄存器的MAC(乘法累加)单元和ALU(算术逻辑单元),在DSP结构上,并行操作,对于发挥电源优势是很有效的。

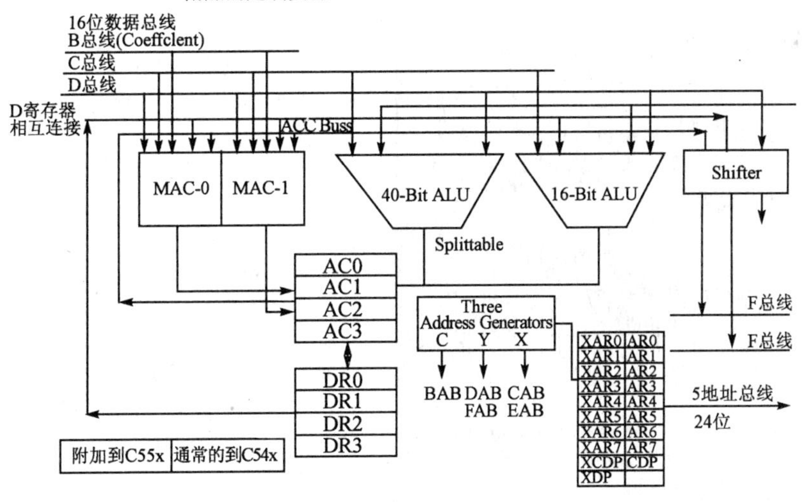

图7.7 专门用于电源敏感的应用外加的资源

在内核里，双乘法累加数据通道使得对重复的算法任务具有双倍的操作，允许内核更快地进入低功耗状态。在更多任务时，在每个 MAC 的数组值可能被同一个参数相乘，由于这种特殊的编码，可以只取一次系数，然后装载进 MAC 单元，使得每个数组相乘从 4 次取值，变为3 次。

下面的步骤可以计算整个芯片的电源功耗：

① 算法划分。经过考虑过得到的算法应该被分为不同模块操作的段，对于这些段的电源需求应该分别计算，然后在时间上对这些段平均就可以决定整个芯片电流需求。

② CPU 活动。CPU 活动的供电电流可以通过检验每个算法片段的代码和每段的时间平均电流来决定。

③ 存储器使用。在存储器使用下衡量步骤②的电流。使用内部存储器比外部存储器更节约电流（因为使用外部总线需要额外电流）。使用 ROM 而不用 RAM 同样可以节省功耗。

④ 外设。考虑定时器、标准串口、主机端接口等要消耗额外电流。

⑤ 输出电流。考虑算法操作外部数据和地址总线时需要的电流。

⑥ 平均电流的计算。如果在整个芯片活动周期观察供给电源，可以看出，不同的段在不同长度的时间内消耗不同的电流。

⑦ 在芯片工作电流下的供给电压和温度的影响。在整个设备的电流计算后加入这些因素的影响。

图 7.8 显示了 DSP 内部结构的另一个例子。这是一个 TI 6X 结构，它具有一个相对整洁

为低功耗设计的处理器结构和处理技术

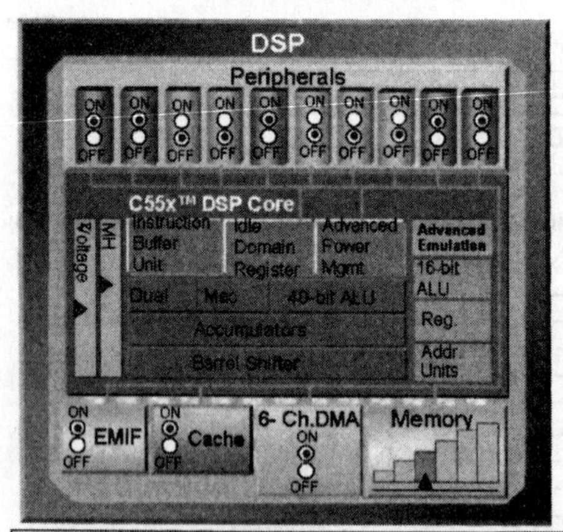

	Core + Memory (active)	Idle 3 Mode (standby)
DSP	0.46 mA/MHz	0.1 mA

全面的芯片级的低功耗管理

- 多待机模式
- 低待机电源
  - 低漏电晶体=极低的待机电流=0.012 mA
- 低/有效功耗电源
  - mW/MHz的内核和存储器
  - 能打开和关掉个别接口
  - I/O驱动电源
  - 适合有效内核的SRAM大小选择从32KB到320KB
  - 电源调整到1.2 V,1.6 V;频率调整到300 Hz
- 内核分布
  - 为粒度电源管理设计

图 7.8　为低功耗设计的 DSP 处理器结构

和正交群集的**VLIW**指令集，对于高级LIP编译人员而言，呈现了一个好目标，有助于减少系统级功耗。由于对编程和功耗的关注，很多DSP处理器向编程界面展示流水线和控制，使之具有更多控制指令的选择和规划。图7.8显示了该种处理器的一个电源逻辑模型，外设被看作是一些开关，DSP处理器为开发者提供这种特性。对于DSP，外设是较大的功耗消耗因素，当外设不使用被关掉时，在系统级上功耗的优化和节省是非常明显的。左边变化的标尺可以衡量这些处理器电源和电压的能力，外部存储器接口（EMIF）、缓存子系统、直接存储器存取（DMA）也具有同样的开关功能，可以在不用时关掉。存储器可以根据应用配置和调整，得到最佳的存储配置，以减少功耗。

很多DSP处理器整合了大约几百K字节的缓存和ROM。不考虑功耗，这块内存总是运行的话就太大了。对存储器的读取会在一块小缓存空间里多次冲突，这是大多数DSP算法的一个普遍特征。节省功耗的DSP结构利用将存储空间分块的趋势，只使能在使用的块部分。实际上，分布式的寻址结构选通行、列和使能线，如同时钟树结构，从而每个通道只有一个块，在每次存取活动中使用此2K字节的块。

存储器子系统设计通过监视和规划电源来节省功耗，即只使能在用的内存活动，关掉没被用的内存，见图7.9。禁用这些未被使用的存储器的时钟，就能节省大量的功耗。

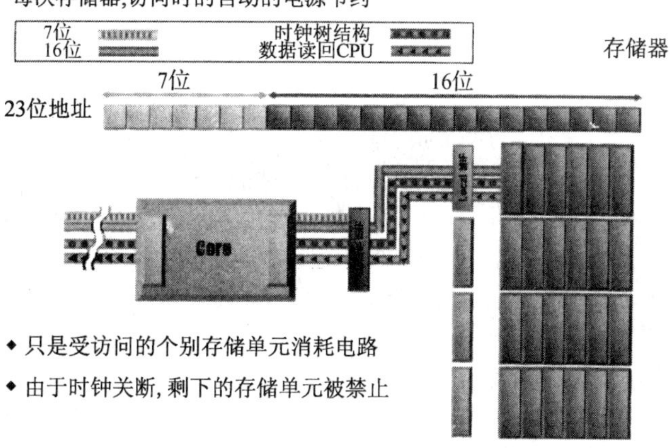

图7.9 用存储器时自动的减少功耗

同样，DSP接口在不使用时可以节省电源，如图7.10所示。在这个方案里，利用多通道缓冲串行口（McBSP）传感器检测数据，并且发送通过直接存储器存取（DMA）传到存储器子系统。当DMA未传数据时，存储器子系统被禁止，降低了整个电源功耗。类似地，当McDSP没有数据传向DMA时，DMA将自动禁止，最后，没有检测到来自传感器的数据时，这个单元也会被禁止。这种智能的接口管理为DSP应用减少了更多的功耗。

为了得到更为准确的DSP应用电源功耗模型，工程师必须遵循一定的办法，用简单的

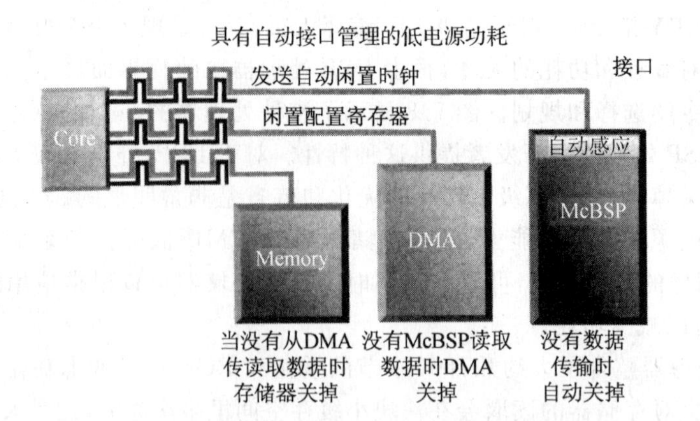

图 7.10　具有自动的接口管理的低功耗

Excel 表单就可以，不排除还有其他可用的办法。在开始设计前，工程师必须明白每个被选择的应用的价值，包括 CPU 的装载和是否应用某个接口，必须通过综合这些接口和 CPU 的使用，来得到准确的评估，见图 7.11。这个进程必须在工程师确定硬件之前开始，一张拥有一般或者更严重情况评估的简单数据表单是不够的，需要更深入的分析给出特点描述要点，回答关键性的问题例如“如果不用这个 I/O 口，电源功耗在整体上会有什么变化?”这种分析比一开始的一些基于开关的电源功耗近似值提供更多更深入的细节。第二种近似导致更准确的整体系统评估。

当负载建立的专门的芯片功能级的电源功耗电子表格

	Frequency	Idle Status	%Utilization	%Writes	Bits	%Switch	Trace (in.)	Cap. (pF)	Other
CLKGEN	72	Active							
CPU	72	Active	75						
CLKOUT	72	Disabled					1	10	
EMIF	72	Idle	0	100	16	75	2	6	Sync
HPI	72	Idle	0	100	16	0	1	10	
DMA	72	Active							
Ch. 0		Enabled	0.06		16	100			
Ch. 1		Enabled	0.005		16	100			
Ch. 2		Disabled	0		16	0			
Ch. 3		Disabled	0		16	0			
Ch. 4		Disabled	0		16	0			
Ch. 5		Disabled	0		16	0			
McBSP0	1.41	Active	100		32	100	1	10	External
McBSP1	36	Idle	0		32	100	1	10	External
McBSP2	36	Idle	0		32	100	1	10	Internal
MMC1	36	Active	5.3	0		100	2	3	
SD1	9	Idle	0	0		100	1	10	
MMC2	9	Idle	0	0		100	1	10	
SD2	9	Idle	0	0		0	1	10	
I2C	12	Active	0			100	1	10	
Timer 0	5	Idle	100				1	10	TOUT enabled
Timer 1	20	Idle	100						
WDT									
ADC		Idle	0						
USB		Idle	25			100	6 feet		
RTC									
GPIO/XF	0		0			0	1	10	0

(b)

(a)　　(c)

图 7.11　一个计算功耗电子表格的例子，为获得更精确功耗评估的功能列表

图 7.12 显示了通过禁止不同接口达到的整个电源功耗降低。在图 7.12(a)中，接口包括 McBSP、定时器、USB 和 GPIO 已经关掉，节省了更多功耗。图 7.12(c)中，整个处理器处于掉电状态，使之没有功耗。

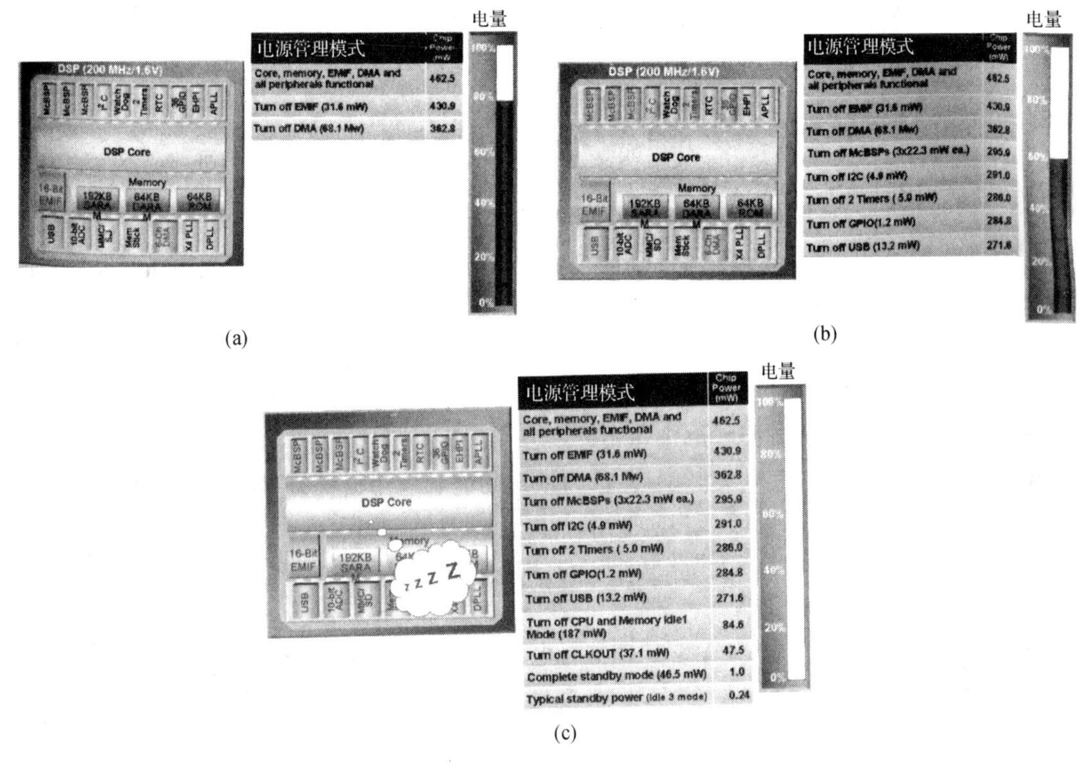

(a)　(b)　(c)

图 7.12　关掉接口节约电源的例子

7.3 DSP 操作系统的电源优化

在 DSP 系统中实时操作系统越来越流行，DSP 工程师编写软件不再是基于硬件而是相对于操作系统。RTOS 即管理硬件资源以及各种软件组件之间的同步。RTOS 也可以管理系统中不同任务的调度，并满足时限，该时限是工作量及时限内容的函数。在这些函数里，时钟频率是一个依赖型的参数，改变时钟频率可以改变整个工作时间。对于低功率的应用，工程师必须注意减小时钟频率，但要保证其仍能完成要求时间范围内的工作，见图 7.13。

功率和频率的权衡可以在 OS 级上得到很好解决，因为 RTOS 可以控制软件，也可以对硬件进行控制，包括外设和 CPU。电源和频率在整个运行过程中被动态监视和调整着。RTOS 在应用中需要实现的功能如下：

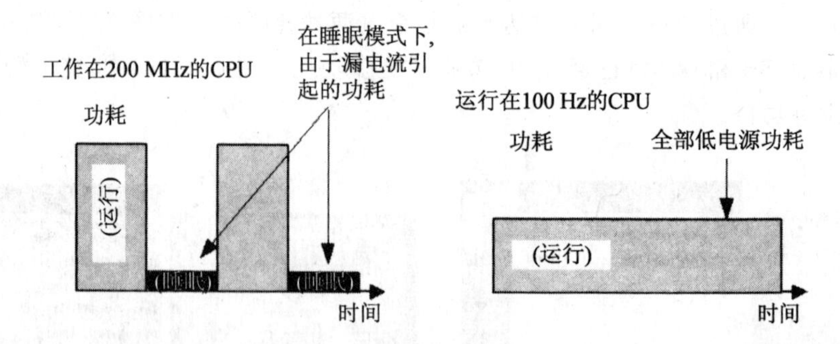

图 7.13　电源功耗调整的例子

- 管理在 RTOS 中与电源有关的功能，包括静态的（被开发者配置的）、动态的（在运行时调用的）。
- 选择性空间时钟域。
- 在 boot 时间里被调用来关掉不必要的资源的专用功耗节约函数。
- 在运行过程中动态地改变电压和频率。
- 激活芯片特有的和自定义睡眠模式，为系统功能和应用提供关于电源事件的中心注册和通告。

一个例子是用户按下 PDA 按钮，整个 DSP 时钟树被关掉（睡眠模式）；当用户按下 PDA 按钮打开系统时，从睡眠模式醒来。

RTOS 的电源解决方案必须包含处理器对电压和频率结合的特殊设定，这些数据可以改变电压和频率的设定，叫做“合法”的 V/F 组合，但是系统工程师最终要为产生这些有效的组合负责。

在应用中，很多这样的功能当作应用程序接口（API）被提出，见图 7.14。

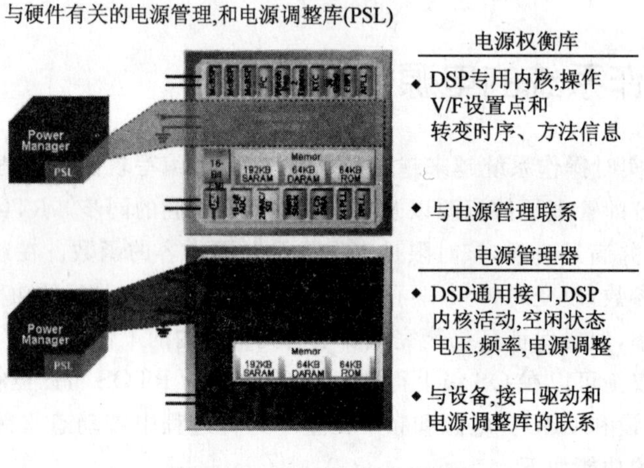

与硬件有关的电源管理,和电源调整库(PSL)

Power Manager
PSL
192KB SARAM
64KB DARAM
64KB ROM

电源权衡库
- DSP专用内核,操作V/F设置点和转变时序、方法信息
- 与电源管理联系

电源管理器
- DSP通用接口,DSP内核活动,空闲状态电压,频率,电源调整
- 与设备,接口驱动和电源调整库的联系

图 7.14　电源功耗调整的例子

通过写入和读取时钟闲置配置寄存器，电源管理软件直接与 DSP 硬件结合，使用平台化专用电源调整库(PSL)，控制内核时钟和电压回调节线路。这个电源管理系统同样支持调整前后应用代码的回调，允许调整前的准备和调整后的清除工作。这个和函数同时提出询问以决定目前的电压和频率以及支持频率和调整延迟的能力。

在系统中一些用户特征：

- 用户必理解系统的时序和调度问题，明白在什么时候频率可以降低，什么时候可以升高。
- 用户必须懂得频率的调整会影响接口，以及如何对外设相应的重新编程。

其他的一些约束包括：

- 在没有电压调节器时不应该进行电压调整，但是，可以在没有调整电压时调整频率。
- 必须由代码产生工具重新建立配置数据。
- 电源管理软件不能控制外设时钟，只能控制主 CPU 时钟。

接下来的例子是在引导时间里电源节约模块，在复位以后立即关闭不用的外设和时钟域时调用。

```
Void bootpowerReduction ( )
    {
    …
    // 调用芯片支持库，关掉 DSP 的 CLKOUT  信号 CHIP_FSET( ST3_55, CLKOFF ,1);
    //当接口时钟域空闲时关掉 time 1
    TIME_FSETH(hTimer, TCR, IDLEEN, 1);
    //关掉没用的时钟域
    status = PWRM_idleClocks(PWEM_IDLECACHE, &idleStatus);
    //关掉 LED
    DSK5510_LED_init();
    for ( i = 0, i < NUM_LEDs; i ++ ){
    DSK5510_LED_off(i);
    }
    //关掉其他没有使用的资源
    }
```

图 7.15 显示了一个电源调整库函数来降低处理器电压和频率。事件的基本顺序如下：

① 用户代码调用 PSL 来降低频率；

② PSL 降低频率，并且可以降低电压(依赖于数据结构)；

③ PSL 等待新的频率达到而非电压；

④ PSL 花费 70 μs 时间，即 PLL 锁定新的频率的时间；

⑤ 用户代码调用 PSL 以提高频率；

⑥ PSL 不会返回，直到频率和电压都被调整；

⑦ 必须等待电压升上去，因为电压升高是在频率上升之前；

⑧ PSL 花费更多的时间(电压上升的时间和 PLL 锁定的时间)。

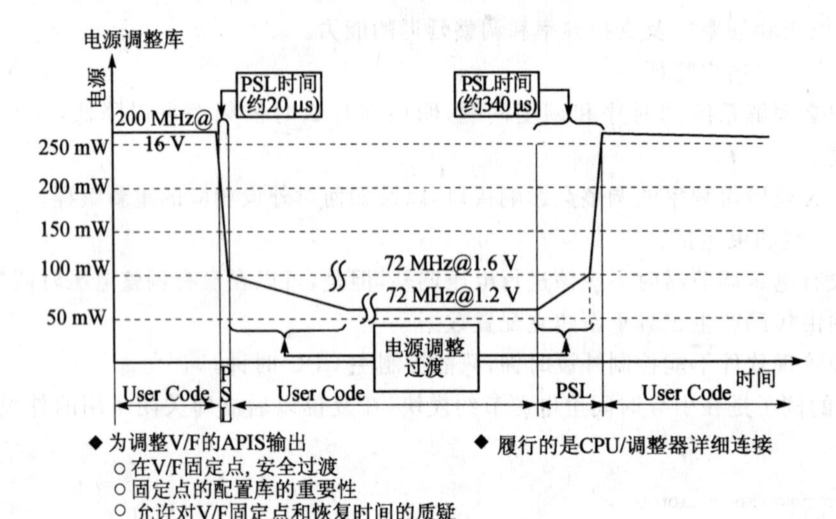

图 7.15 电源调整库的例子

对于图 7.15 中的专门的例子，操作如下：

① 频率由 200 MHz 降到 72 Hz；

② 改变电压，首先要改变频率，然后将电压从 1.6 V 降到 1.2 V，延迟由电压下降的速度决定；

③ 设备可以在下降期间工作；

④ 必须提高电压，频率会提升回去；

⑤ 在这个上升期间设备不能工作，处理器把电源管理挂起；

⑥ 如果延迟完成，电压可以下降；如果没有，电源管理只需要调整频率。较长的延迟引起一些响应性的问题，所以只进行频率调整比较好。

图 7.16 应用电源管理软件组件的嵌入式应用结构。电源管理软件组件包括以下几个方面：

- 对 RTOS 内核的松散耦合结构。
- 一系列库的例行程序；在用户环境中执行。
- 一些编程者的配置。
- 使用专门平台适应库来调整 V/F。
- 应用、驱动、时钟寄存的声明。
- 应用触发活动。

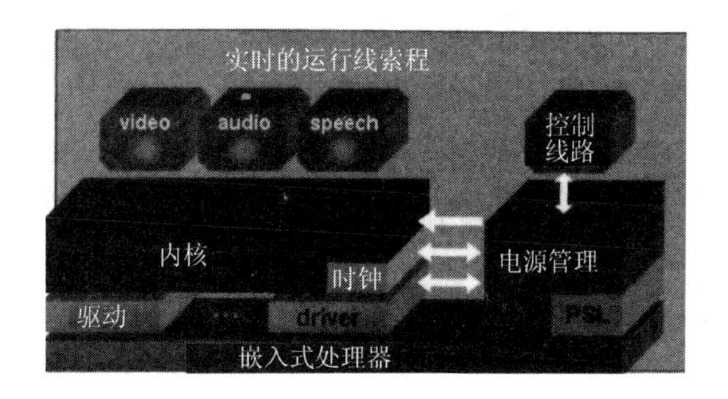

图7.16　运用电源管理软件的嵌入式应用软件结构

电源管理软件组件的作用如下：

- 在整个RTOS系统和应用中调整电源管理的活动。
- 输出API使能应用所驱动的电源管理。这些包括：
  - 选通时钟和激活睡眠模式；
  - 对V/F设置点的安全操作改变。
- 执行引导期间节电措施。
- 线程堵塞空闲状态的自动计时。
- 提供对电源时间通知的登记。
  - 在运行期间的用户登记和非登记；
  - 通知用户事件；
  - 支持一个用户的多个实例；
  - 允许用户延时完成。

在图7.17中，电源管理的操作遵循了这个顺序，在这个例子中，用户登记和声明关于频率—电压的事件。这些步骤符合图7.17中的数字，其中1～3作为寄存器顺序，4～7为调整顺序。

① 这些应用代码的登记应该注意频率—电压设置点的变化，开发者有责任决定应用的哪些部分需要被注意。

② 使用DMA从外部存储寄存器中读/写数据的驱动需要被通知。

③ 打包的二进制代码寄存器被通知。

④ 这些应用决定改变固定点，调用电源API去初始化固定点的变化。

⑤ 电源管理软件检查这些要求的新固定点是否允许所有登记过的用户，基于他们挂号时传递的参数，通知即将发生的固定点改变。

⑥ 电源管理软件调用F/V调整库，改变这些设置点，这个库写进时钟发生器和电源调整硬件，酌情安全地改变固定点。

⑦ 遵循这些变化，电源管理软件通知合适的用户。

电源管理和电源调整库的通知概念

登记顺序

1. 为传送V/F改变通知的应用寄存器
2. 通知传送前后的驱动寄存器
3. 通知传送前后的代码包寄存器

调整顺序

4. 初始化V/F固定点改变的应用
5. 在V/F改变之前用户通知的
6. PWRM调用PSL改变V/F固定点
7. 用户通知V/F调整已经做完

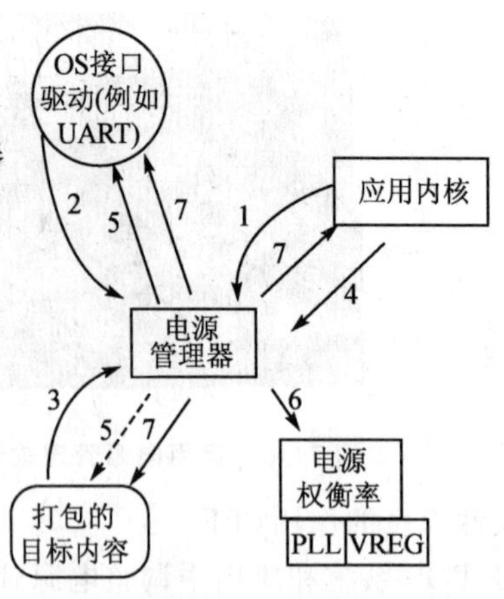

图 7.17 电源管理软件和电源权衡库通知概念

作为即将来临的调整操作的结果，用户需要执行外设更改，例如用户在改变时钟频率之前必须要停止计数器。在刚完成要求的调整操作后，用户需要执行外部的更改，如在改变时钟频率后的重新编程和重新启动定时器。

7.4 DSP 应用中的电源优化技术

在应用软件的发展过程中有几种电源管理技术是可用的，因为它们构成了低功耗应用的设计和工具，DSP 设计者需要考虑到以下的各条：

① 在引导期间节约电源。DSP 设计者需要确定一个节约功耗的函数，可以在引导期间自动调用。在包括 DSP 在内的很多处理器中，在复位后设备重启，所有功能都被打开，时钟配合所有模块，此即最大电源模式。DSP 设计者需要设计低电源模块，在 boot 模式后立即被调用，并且立即关掉那些不使用或不会立即使用的设备和外设。这马上开始节约电源了。

② 调整电压和频率。基于先前讨论过的技术动态改变电压和频率操作。

③ 使用睡眠模式和空闲时钟域。DSP 工程师应该设置通用的睡眠模式，在闲置状态下节约电源，包括闲置这个特殊的时钟域和接口，减少动态的功耗。

④ 调整和协调睡眠模式。使用登记和通知机构对睡眠模式和 V/F 调整进行必要的协调，如果处理器是睡眠状态的，可以更积极地节约功耗，在这些情况下，有必要地减小电压。

⑤ 开发事件驱动对比与查询应用。应用应被写作事件驱动而并非查询，在必须使用查询时，基于查询的定时也应被使用，在一个简单的音频设备上，这将会节约 40%的电源。

代码建模是另一种电源优化的技术，DSP 执行的每条指令都会消耗一定量的电源(最便宜的指令也就是根本不用执行的指令)。我们从代码性能优化中学来的知识可以直接用在电源优化问题上：

- 在程序中指令越少，就消耗越少的电源。
- 少的指令意味着较少的存储空间。存储空间越少，耗电的存储芯片就越少。
- 减少对存储器读/写数据的次数来减少访问时的功耗。
- 应用越小，使得重要的部分更可能被高速缓存存储，可以减少应用运行时的功耗。

用代码建模优化技术的一般做法是先剖析系统，对代码执行周期分析，辨认出“热点”——代码中大部分周期程序运行的地方。应用会在一个很小的关键循环上，花费不成比例的时间和大部分的周期，很可能花费很大功耗，关注于这些循环可以找到即使不是全部，但会是节省大部分电源的办法。在之前的讨论中，很多DSP处理器是设计运用硬件支持，比如零负载循环模型，有效地执行关键循环。编程人员可以用一些专门的工具，例如RPTB指令(在DSP C5x系列)在每次循环中剔除分支延迟开销。循环缓冲提供了另外一个模型去帮助编程人员减少功耗，如果一个关键应用循环足够小地存在于这个特殊专门的缓存里，那么DSP可以从这个低功耗高速度的缓存里读取指令，代替了从高功耗慢速的外部存储器读取数据。DSP程序员要检查编译生成的代码来决定是否选取循环缓冲器。如果该循环比循环缓冲器稍大，则可以加以修改使其能合适的装载在缓冲器内。合理地采取那些具有显然包含更多指令但代码量比同等循环小的循环，因为它适合循环缓冲，运行速度较快且功耗较低。

考虑到读取存储器消耗电源，存储总线必须是可以开、关的。现在的DSP优化编译器正尝试避免重复的从存储器中读取同样的值，然而如果代码有复杂的指针操作，特别是一些多指针的操作指令，编译器可能无法确定一个存储位置总保持相同的值。因此如果有可能，DSP程序员应该尽量避免使用复杂的指针表示方法。用数组结构替代，径直写下应用，虽然不会产生最优的解决方法，但这时用代码产生器更明智一些，现在的一些编译器可以自动帮助你完成这些转换，在做这些转换可以先用一下编译器。

链接指令文件也可以用来指导这些应用的关键段的在片上的放置，不仅比片外的存储器执行速度快，而且消耗更少的电源。程序员可以尝试在片上存储器存放尽可能多的决定性作用代码和数据段。为每个段分配一个独有段，使连接器更灵活自由的将它捆进合理的结构中。DSP程序员应该利用现有的节电库，在需要时调用。还要考虑到大小、速度问题，以及电源并不是单独等。速度的最优化解决方案并不一定是电源的解决方案。例如，在优化最后几个周期时，要注意在这时候的折衷可能造成在电源上的不成比例的代价。同样的规则可以全部清楚地表现出来，对应用和处理器的熟悉能获得更好的优化。

要得到准确的电源测量和评估，程序员要分配所需的全部地址，这对DSP系统设计者是很重要的。很多情况下，他们只依赖于处理器说明，其中包括了最坏情况的电源评估。这些情况的数据致使设计者设计一个最差情况下的电源方案。在某些时候这是正确的做法，但也会出现这样的情况：DSP设计者需要检验系统或者是部分的系统电源功耗。在这种情况下，拥有健全的电源评估和测量工具将会帮助快速地设计出节约成本的折衷方案。由于在维持便携产品低功耗的同时，嵌入式和便携产品对电源的要求继续对电源处理的关注，DSP 厂商开始生产这样的电源评估和测量工具。

7.5 使用空闲模式

现在的 DSP 存储器包含了专门的指令帮助减少功耗，例如 C5x 系列 DSP 的空闲指令将会执行如下：

- 降低时钟频率；
- 关掉外设(实际上接口比 CPU 更耗电)；
- 关掉缓存；
- 这有效地使 DSP 进入睡眠状态，显著地减少了处理器的电源要求，一个专门的中断可以使处理器离开这种睡眠模式。

考虑下面的代码片段：

```
% cl55 -o power.c
    char #include<stido.h>
    char * reverse(char * str)
    {
    int i;
    char * beg = str;
    char * end = str + strlen(str) - 1;
    for (i = 0; i<strlen(str)/2; i ++ )
    {
      chat t =  * end;
      * end --  =  * beg;
    * ben ++  = t;
    }
    return str;
    }
```

这个函数包含了一个循环术语——strlen(str)/2 的调用，使该循环的长度超过了缓存的长度，阻止了循环进入循环缓存器，因此不能利用循环缓存器的节电功能。下面的程序改变很小，可以使代码进入循环缓存器，从而实现了合适的优化。

```
char * reverse_rptblocal(char * str)
  {
  int i;
  char * beg = str;
```

```
  char * end = str + strlen(str) - 1;
  int len = strlen(str);
for (i = 0; i< len/2; i ++ )
  {
    chat t = * end;
    * end -- = * beg;
    * ben ++ = t;
  }
  return str;
  }
```

7.6　十条最有效的优化技术

很多优化技术已在上几章中讨论过，电源优化技术与这些技术的相似之处和不同之处也已讨论，以下是指导工程师在应用级的电源优化中10条最有效的方法，考虑到与其他技术的相关和不相关性，这些技术中的大多数是独立的。

① 构造软件使之拥有空闲点（包括低功耗的boot）。通过在应用中智能地设置软件、应用中的停止或者闲置点，作为关掉处理器的部分功能或者外设包括DMA的触发点。这将使整个电源管理更有效，操作更简单。

② 使用中断驱动编程（代替查询，有必要时使用DSP操作系统封锁一些应用）。

③ 代码和数据的近距离放置可以减少芯片外部通道（在快速存储空间里重复占段位）。减少片外存储通道要求打开或者关掉总线和其他外设，尽可能多地使用分等级的存储模式，包括缓存。靠近CPU意味着少的访问时间和较少的用于获取数据的硬件。

④ 执行必要代码和数据尺寸优化，减小应用存储空间、存储器和较大的内存需求引起的漏电。

⑤ 优化速度。在很多方面，性能和电源优化之间有直接关系。通过优化应用的性能，DSP设计者为更多CPU空闲模式建立一个较大时基，或者减小CPU的频率（工程师需要测量和试验得到正确的折衷）。

⑥ 不要过载运算，如果可能使用最小数据长度，这会减少总线的活动，节约功耗，同样使用小乘法器也可以节省功耗。

⑦ 使用DMA来代替CPU有效地传输数据，这个优化技术已经讨论过。

⑧ 使用协处理器来有效地操作/加速频率的/专门的处理。优化协处理器以执行某些计算集中的任务，也可以节省功耗。

⑨ 使用更多的缓冲存储器和批处理，是指在一次处理更多的计算、在低电源模式下的时间更长。

⑩ 使用 DSP 操作系统调整电压/频率，通过分析和基准测试来决定这些点(工程师应该保证设备在执行这些优化技术之前要正常地运行，这就是让其正确工作，然后使其在低功耗状态下工作得更快的原则)。

7.7 电源优化生命周期

本章提过电源优化技术，就像其他优化技术一样，是一个生命周期活动，它也影响着对处理器的购买，同样影响购买后所要做的事情，因此尤为严重。本节重新认识电源优化技术基本生命周期步骤。

一个典型的设计开发流包括应用设计、编写代码、建立、调试和分析调整阶段，见图 7.18。

在应用设计阶段，工程师将会选择要用的处理器，同时获得高水平的应用设计步骤。在这个阶段期间，工程师将会在设备级别上比较电源的数量，这些可以通过看芯片专门的数据资料或者相关的更深入的分析完成。目的是找到或者建立一个详细的专门芯片的电子数据表，提供详细的专门芯片内部功能功率，外设功能功率和其他详细的操作功率和待机功率。拥有这些级别上的资料，通过综合整个处理器的功能，工程师可设计应用的净功耗。详细的电源电子数据表提供了非常简单的尝试性配置，并且允许工程师去配置，然而他们希望配置其处理器和负载，需要载入其应用得到合理的、紧凑的功耗的表达。

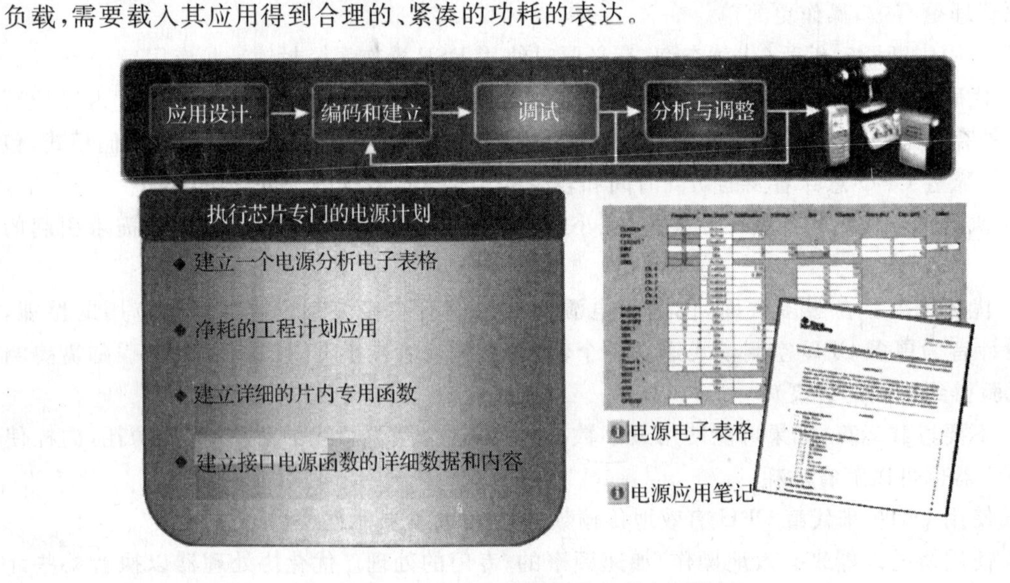

图 7.18 在应用设计阶段的电源规划

电源优化生命周期的下一阶段是代码编写和建立,见图7.19。在这个阶段应用开发生命周期,工程师在操作系统上做决定。这就是工程团队要编程的抽象级。在这个阶段,为了利用合适电源优化技术,工程师需要找到对电源和频率调整的OS支持。在这个阶段,支持代码编写和建立的软件组合是芯片专用电源调整库和电源监控OS管理者。电源调整库是可以开发、被购买或以其他方式获得。它支持设备频率和电压调整,为频率、电压、调整延迟以及其他与实际操作模式有关的东西提供查询选项,允许电源高效性能、回调以调整各种应用的前后调整等模式间的转表。

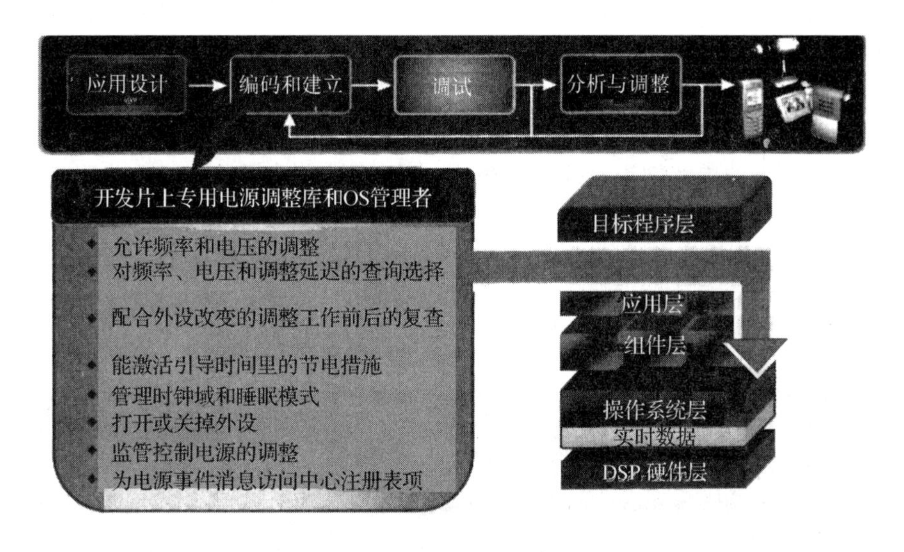

图7.19　电源优化生命周期中的代码编写和建立阶段

在操作系统中的电源管理者是软件组件,它有能力在boot期间激活想调用的低电源模式相关节省电源操作,与之相对的全部打开就难以引导。它允许操作时钟域,应用睡眠和空闲状态,监督和控制电源调整,电压调整以及I/O和外设的开关,支持在自己的应用中可以和管理者讨论的电源事件声明的登记。它将特殊芯片与电源调整库结合,提供一个综合的电源管理软件的能力。

在最小状态下,电源调整库和电源管理软件组件的联合为DSP设计者提供了:

- 空闲时钟域。工程师可以闲置这些专门的时钟域减少动态的带能源消耗。
- 在boot期间的节电。工程师需要确定一个节约功耗的函数,在boot期间自动调用。这个函数可以根据要求闲置外设。
- 电压和频率调整。动态地改变操作电压和CPU的频率。这被叫作是V/F调整。既然电源的消耗与工作频率呈线性关系,与电压成二次项关系,使用PWRM模式可以节约明显的功耗。

- 调用睡眠模式。工程师可以设置自定义睡眠模式来节约功耗，这些可以被静态设置或者是在运行时设置。
- 协调睡眠模式和调整。通过使用 PWRM 模型提供的登记和通知机制，工程师可以协调睡眠模式。

一旦获取了计划并且电源已经消耗，执行了代码和电源调整库、OS 电源管理者和电源高效软件，接下来的阶段是测量结果，见图 7.20。在生命周期的分析和调谐阶段，工程师想要知道他们有什么，并根据反馈返回并调谐。在这个阶段，工程师需要使用合适的电源测量技术和工具去测量和分析在内核系统级上的功耗，他们需要测量 CPU 内核区域和外设 I/O 区域。如果可能，这个测量结果可以生动地表示为数据—时间透视图，这里有几种工具可以使工程师建模和测量功率，一个工具是 PowerEscape，允许算法开发者在存储结构被定义之前，为了数据效率用结构独立方法调节 C 代码。现在已知，数据有效的算法，总是执行得比较快也消耗较少。需要应用领域的熟练知识来改变算法，以大幅地提高数据效率。这些改变应由发明这种算法的人在设计与数据紧密相关的应用期间去做。开发者可以在电源优化进程中使用生动的用户界面，见图 7.21。在图中，用户可以很快地获取应用的功率剖析、存储器访问评估、功耗、缓存遗源(cache misses)等。图 7.22 中的电源优化过程符合通用电源优化框架，也有从 National Instrument 公司的授权使用的执行后电源测量工具。

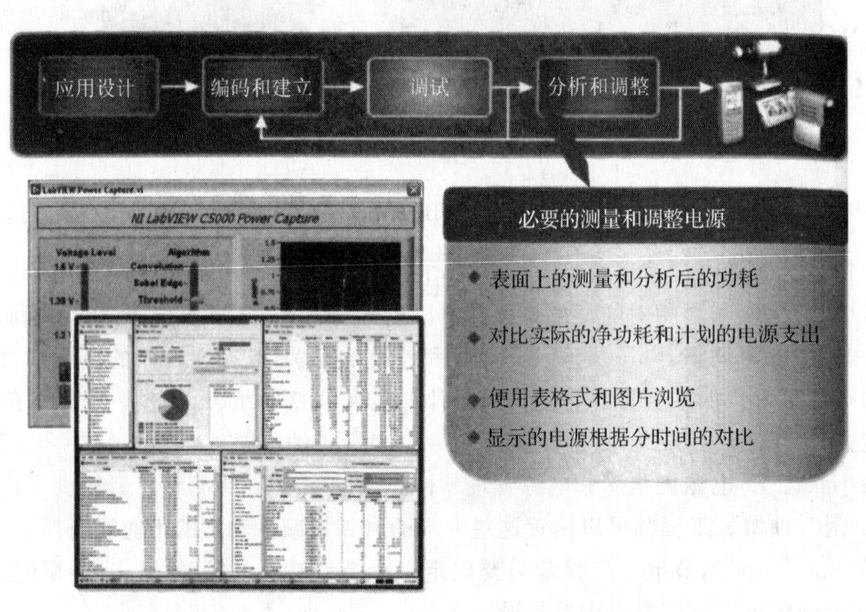

图 7.20 电源优化生命周期中的分析和调整阶段

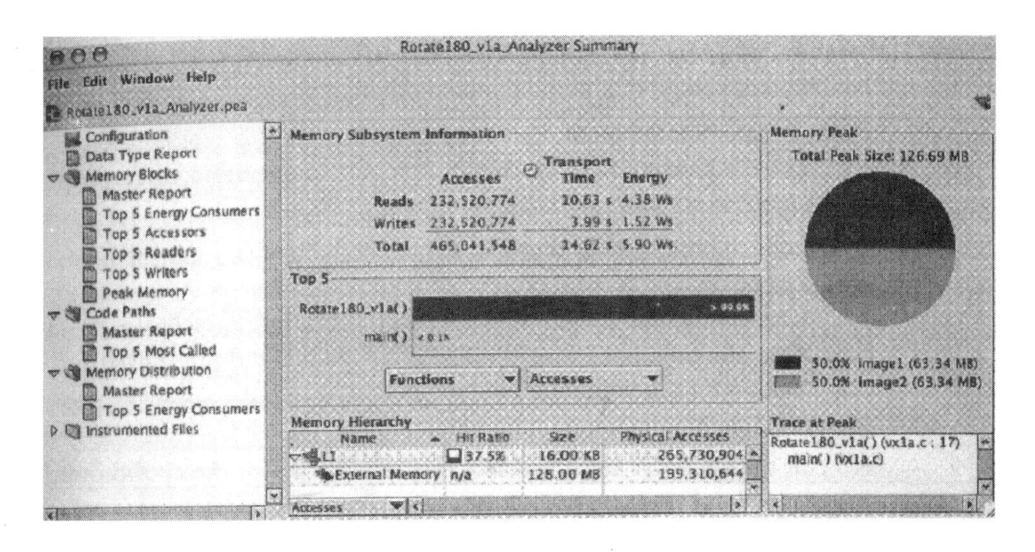

图7.21 电源优化工具例如PowerEscape为开发者在生命周期的早期提供了优化应用软件

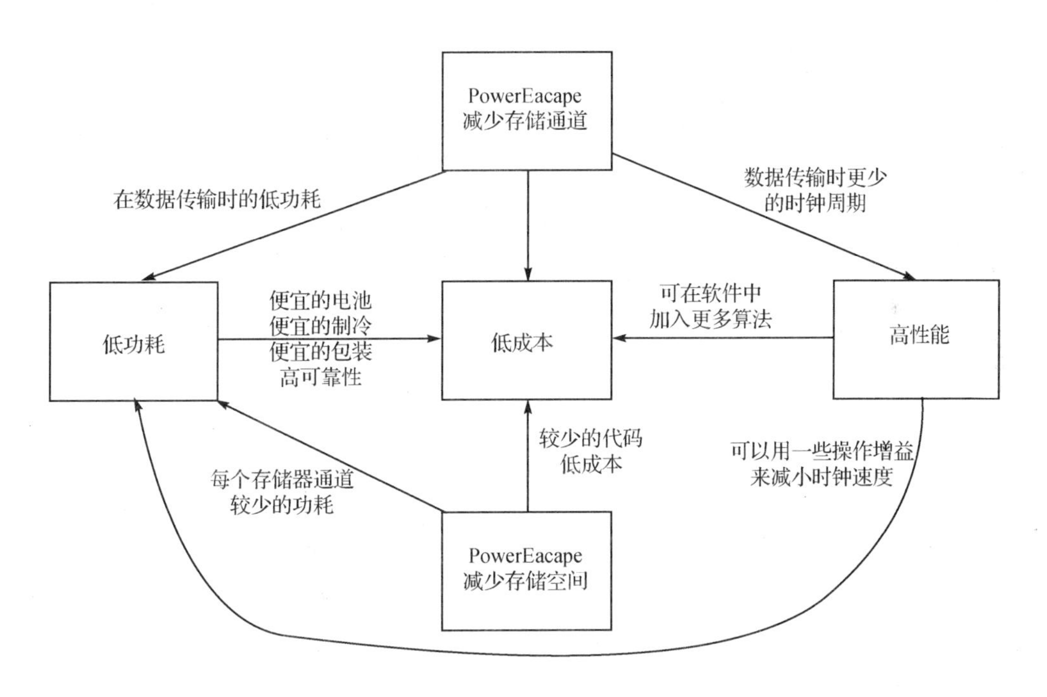

图7.22 PowerEscape定义的电源优化框架

7.8 电源优化技术综述

综述,当试图优化电源时记住下面的要点:

① 减少操作:

- 执行较少的指令;
- 减少存储器访问(编译器可以通过运行自动优化,例如子表达式的消除);
- 记住很多性能优化技术也可以节约电源。

② 使用低功率资源:可能的话,使用最低功率功能单元。

③ 识别关键的代码和数据:

- 将重要的代码放在芯片上;
- 将重要的数据放在芯片上;
- 重构代码获得缓存的最大化应用;
- 使得程序“接近”CPU(减少总线和引脚的通道)。

嵌入式电源的有效性能

处理器类型	电源有效的处理器	◆低待机电源 • 低mW的待机电源(0.15 mA) • 空闲(睡眠)状态,尺度 ◆操作电源 • mW/MHz的CPU和存储器(0.46 mA/MHz) • 片上存储器和片外存储通道相比 • 片上接口电源使用,时间和片外的相比 • CPU电压调整(1.2 V;1.6 V) • CPU频率调整(1~300MHz)
应用设计	芯片专门电源规划	◆电源应用记录 ◆电源电子表格
编码和建立	芯片专门电源调整软件	◆电源调整库
调试	实时的电源管理内核	◆建立在内核上的电源管理
分析与调整	应用电源测量工具	◆电源测量和方法工具

图 7.23 DSP 应用发展中整个电源范围的组成部分

图 7.23 描述了整个电源包括操作电源和待机电源,待机电源被分在设备级,DSP 工程师按照必须的步骤选择合适的设备。操作电源由电源调整库功率监控操作系统的管理者及应用级优化技术决定。

DSP 厂商设计芯片时允许对电源有效地操作,结构特征例如时钟闲置、电源门控、动态厂商电压和频率的调整,可以帮助 DSP 系统设计者在他们的系统里减少功耗。

为了使 DSP 工程师有效地利用这些技术，在应用开发期间必须获得关于功耗充分的信息。DSP 电源信息和控制，不仅关注典型的内核和存储消耗，而且要关注操作模式、外设和 I/O 负载。

在实时操作期间，通过片上不同的函数，工程师必须要使用来自厂商的工具和信息，得到更好的功耗可见性。为了设计一个全面的电源优化技术策略，工程师必须基于合适的处理技术和合适的特征设计，选择合适的设备，得到设备和应用的详细电源使用信息开发在本章讨论的电源节省技术，与性能设计一样细心设计应用的电源调整。

表 7.2 总结了在前面的设计决策和关于 DSP 电源优化电源管理技术。

表 7.1　预先的设计决策

决　策	描　述
选择低功耗硅处理技术	选择电源高效处理(例如低漏电 CMOS)是非常重要的预先决策，并且直接有效的驱动电源
选择低功耗元器件	元器件从一开始已经设计为有效功耗，(例如多时钟和电源域的处理器)将会对整个系统功率产生显著的节约
划分不同电压和时钟域	通过划分不同的域，不同的元器件被引导合适的电源通道和时钟线，排除了整个电路工作在某个专门模块要求的最大状态的需要
使能电压和频率调整	在可编程时钟发生器和可编程电压源的设计将会通过设备或者 OS 使能动态的电压和频率调整，同时，设计硬件最小化调整的延迟将使能调整技术扩展应用
使能到模块的不同电压门控	对比于普通操作模式，一些电路模块(例如稳态 RAM)在保留模式要求较低的电压。通过电压门控电路的设计，在休止状态电源功耗将会降低，在保持状态不变
利用中断缓冲减少软件查询	通常软件被要求去周期性地查询接口以检测事件。例如，小键盘接口程序需要跳转，或者周期地醒来检测和解决一个键的输入。设计这个接口产生一个键盘输入中断不仅使软件简化，而且可以使能事件驱动处理时，可使能处理器的活动闲置和睡眠模式
使用分级存储模式	借助缓存和指令缓冲存储器可以彻底地减少外部存储访问，随之功耗降低。
减小输出负载	在输出引脚上降低电容和直流负载会减少整个电源功耗
最小化 PLL 的活动数量	使用分享的时钟可以减少活动的时钟发生器数目和相应的功耗。例如一个处理器的片上 PLL 可能因为外部时钟信号而被忽略
对于变化的频率使用时钟分割	对于高速动态的频率调整的一个普通障碍就是在频率变化时重锁一个 PLL 的延迟。在 PLL 的输出加上一个时钟分割的电路允许不同频率的瞬时选择

表 7.2　运行期间的电源管理技术

决　策	描　述
关掉不需要的时钟	通过关掉不需要的时钟,排除了没有必要的活动电源功耗
在引导过程中关掉不需要的电源消耗者	处理器在启动时通常是全部供电,使用最大时钟率,不可避免的使一些还不需要或者一直没有被应用的资源被上电。在引导期间,应用和OS横贯整个系统,关掉或者闲置没有必要的电源消耗者
仅当需要时打开子系统电源	一个系统可能包括那些不需要一直上电的功耗量大的模块。例如,一个移动设备可能有的无线电通信模块,只需要在用它连接时打开。通过控制需要的电源,避免了没有必要的电源消耗
激活外设低功率模式	一些外设拥有内置在低功率模式,当没有立即被用到时,这个模式就会被激活。例如,当没有音频工作,或者整个系统正在向低功耗睡眠模式转变时,管理串口编解码的设备驱动可能要求编解码进入低功耗模式
启用外设活动探测器	一些外设(例如磁盘驱动器),具有内置探测器,在一段不活动状态后可以通过编程掉电
利用自动刷新模式	动态存储器和显示器一般会有本身的自动刷新模式,可以使驱动进行有效的刷新操作
基准测试应用,寻找频率和电压的最小需求	一般情况下,系统在设计时是超过内置的处理能力,不仅是安全目的,而且是为了以后的扩展和升级。在后一种情况下,通常的开发技术是全部执行,对应用进行基准测试以确定这种过剩能力,然后降低运行频率和电压,使得应用能全部实现要求,但将过剩能力最小化。基于标准测试的活动,频率核电压通常不会在运行期间里改变,而在引导期间改变
基于整个活动,调整CPU频率和电压	另外一种对待过剩能力的技术是在运行期间周期的抽样CPU的使用情况,然后基于该处理器经验利用率动态地调整频率和电压。这种“基于时段的调度”技术利用了处理器所需的动态变化,比先前的静态基准测试技术进一步节省了功耗
动态地规划CPU频率和电压配合预测的工作负载	“基于时段的调度”技术基于历史数据可以动态调整处理器的能力,但是通常在预期将来的设备需要方面做得并不是很好,因此没有被具有实时时限的硬件系统接受。替代这个技术是基于预测的工作负载,动态地改变CPU频率和电源。例如,运用已完成的工作与最坏的情况执行时间(WCET)的动态比较以及下一个任务的时限,CPU频率和电源可以动态地变为要求的功耗最小状态。这种技术可以应用在数据相关的需要精确描述的专门系统上。由于不能全面的描述应用,限制了这种技术的通用能力

续表 7.2

决　策	描　述
优化代码的执行速度	开发者经常优化代码获得更好的执行速度。在通常情况下，执行速度已经足够，不用进行深度优化，但是考虑到功耗，执行速度快的代码意味着更多的时间调整空闲和睡眠模式，减小 CPU 频率。注意到在一些情况下，速度的优化实际上会增加功耗(例如，更多的并行结构和与之相应的循环活动)，但是在其他情况下可以实现节省功耗
运用低功耗代码序列和数据样式	不同的处理器指令执行不同的功能单元，数据通道，产生不同的电源要求。除此之外，因为数据总线电容和在总线之间的电容，从总线传送的数据样式影响了所需的电量。分析这些个别指令和数据样式是一项极端的技术，有时会用来提高电源效率
通过代码覆盖减小高速存储器要求	对于一些设备，将代码从非易失性的存储器覆盖到高速存储器里面，额外的高速存储器成本和功耗都会减少
在电源改变上键入缩减功能模式	当供电改变时，例如当一个手提式电脑从交流电供电转为电池供电，通用的技术就是用更为有效的运行期间电源管理方法使之进入缩减功能模式。同样的技术可以用来只有电池的系统里，当电池监视器检测到缩减时，激活更有利的电源管理方法，例如减慢 CPU 运行速度、禁止高功耗的 LED 显示等
折衷准确性和电源功耗	这种情况是在应用中结果的过度计算(例如当短整型数据可以满足时运用了长整型)。在一些计算中接受不很精确计算会大大减少处理要求。例如，一些信号处理的应用中，可以容忍很多结果的噪声，这样可以减少显影相应的处理，减少功耗

第8章

DSP 实时操作系统

在早期的 DSP 中,大部分软件是用低级的汇编语言以一个循环的形式运行来实现一系列相对较小的功能。这种实现方法存在着几个潜在的问题:

- 算法需要以不同的速率运行,这使用“查询”或者“超级循环”的方法来调度系统变得困难。
- 一些算法会掩盖其他的算法,并很快地耗尽它们的时间。在没有资源管理的情况下,一些算法将永远得不到运行。
- 不能保证能否遇到实时时限。查询在描述方式中是不确定的。由于要求可能动态的变化,通过循环所经的时间可能每次都不同。
- 时序不确定。
- 没有中断抢占或很难实现中断抢占。
- 中断的上下切换难以控制。
- “超级循环”的方法难以理解和维持。

随着应用复杂性的增加,现在 DSP 要求以不同的速率处理非常复杂的并发进程任务,一个简单的查询循环已经不能胜任了。现在的 DSP 应用必须要快速响应许多额外事件,区分进程的优先级,并要求同时处理许多任务。上市时间也显得越来越重要。就像其他许多软件开发者一样,DSP 的开发者现在必须把应用软件发展为可维护的、可移植的、可复用的和可升级的。

带有实时操作系统的现代 DSP 系统能够处理多重任务,服务来自基于中断结构环境的事件并高效的处理系统资源。

8.1 操作系统、实时操作系统的构成

一个操作系统是一个计算机程序,它由引导程序最初装载进处理器。被装载后,就控制着处理器的所有其他程序。这些程序被称为应用程序或者任务。后面将详细描述任务。

操作系统属于系统软件层,见图 8.1,它的功能是为应用程序控制资源。一些外围设备如

DMA、HPI或者片上存储器，它们都是必须被控制的系统资源。DSP和其他资源一样，是一种用来被控制和调度的处理器资源。

操作系统为应用软件提供了基础结构和硬件抽象。随着应用复杂性的上升，在多任务设计模式下，一个实时操作内核能够用多任务设计模式极力简化DSP的任务线程并提高管理效率。开发者也有关于执行I/O接口和中断处理机制的一系列标准。

由于有实时内核提供的硬件抽象和相关的外围支持软件，使得操作系统移植到下一代处理器也比较容易。

应用软件通过一个定义好的应用软件接口(API)来利用操作系统获得它的服务请求。

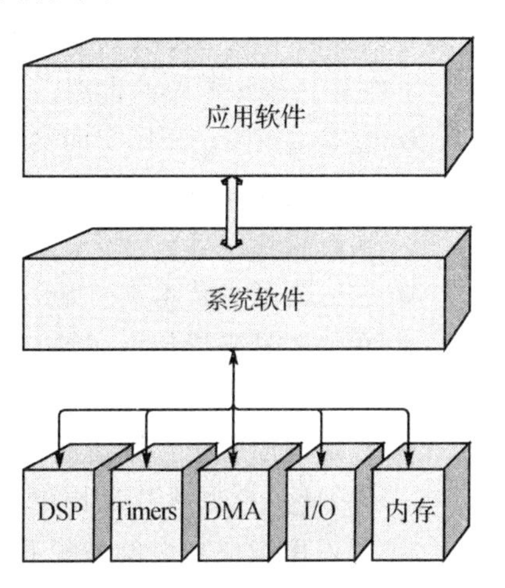

图8.1 嵌入式DSP的软件构架

一个通用的操作系统为应用软件提供以下服务：

- 在一个能够同时运行多道程序的多任务操作系统中，操作系统决定在何种命令下运行哪个应用程序，并且决定每个应用程序运行多长时间。
- 它控制多道应用程序之间的内存共享。
- 它控制输入/输出端口和连接的硬件设备，如硬盘、打印机及拨号上网端口。
- 它把操作状态和所有发生的错误发送给各个应用软件和交互式用户。
- 它能够卸载批处理任务(比如打印)，因此使得启动程序在执行后能够被释放。
- 在能够提供并行处理的计算机上，操作系统能够拆分程序，使其能同时运行多道进程。

在某些方面，大部分通用操作系统(例如微软的Windows NT)都能够被认为具有实时操作系统性质。但此处把实时操作系统(RTOS)定义为一种在规定的时间约束内，能够确保一定性能的专门操作系统。

一个操作系统必须有一些性能才能称得上是实时操作系统。其中最重要的是RTOS必须是多线程的且可抢占的，RTOS也必须支持任务优先级。由于实时系统的可预知性和要求确定性，RTOS必须支持可预见任务同步机制。一个优先权继承系统必须限制任何优先级倒置的情况。最后一点就是，RTOS应该让应用软件开发者精确地预知系统的性能。实时操作系统的目的是控制和仲裁访问全部资源，比如CPU、内存和外围设备。RTOS的调度程序以每秒百万条指令的速率运行来维持处理器的实时方面性质。内存处理器分配、释放和保护代码和内存单元。RTOS的驱动控制着I/O设备、定时器、DMAS等。除此之外，实时操作系统有时还管理一些显示资源来提供一个可接受、可预见的任务完成时间。

8.1.1 实时操作系统的选择

一个好的 RTOS 远远不仅指一个高速的内核,执行的效率仅仅是问题的一部分而已,还需要考虑实际的成本因素。如果你发现因缺少工具或驱动支持而使工程推迟了数月,那么是否拥有最短的中断延迟或上下转换时间都不显得那么重要了。

下面是一些要考虑的重点:

- 它是专门的 DSP 实时操作系统吗?一些实时操作系统是为专门的应用开发的,如 DSP 或者手机。其他的大多都是通用操作系统。一些现存的操作系统都宣称自己是实时操作系统。
- 它的文献和技术支持是否完善?
- 它的工具支持是否完善? RTOS 也应该附加好的工具来开发和调试应用软件。
- 它的设备支持是否完善?有你要用的或者将来可能要用到的设备的驱动吗?
- 你能适应它吗?和通用操作系统不同,RTOS 更加模块化和可扩张化。由于 RAM 和 ROM 的空间大小的限制,在嵌入式系统中内核必须很小。这就是为什么许多 RTOS 考虑用微核来提供一些基本的服务:任务调度、同步、中断处理及多任务处理。
- 它可靠吗?一些系统包括操作系统需要极其安全可靠。

8.1.2 DSP 特性

选择一个面向 RTOS 的 DSP 有许多优点。一个典型的嵌入式 DSP 应用是由系统软件和应用软件两个主要部分组成的。

DSP 实时操作系统的延迟非常低。因为许多 DSP 系统需要与外部事件或者中断驱动进行通信,低开销的中断处理对于 DSP 系统非常重要。由于许多这样的原因,DSP RTOS 也确保中断不能用的时间要尽可能短。当中断是禁用时(如正在上下转换),DSP 不能对环境作出响应。

一个 DSP RTOS 也有非常高的独立输入/输出(I/O)设备性能。它包括使设备和其他线程之间相互作用的基本输入/输出能力。这些 I/O 应该是异步的,低开销的并且是有确定性的,即 I/O 的转换完成时间不能依赖于数据的大小。

DSP RTOS 必须有专门的内存管理器。它应该提供高效地定义和配置系统内存的能力。用低开销空间来对齐内存分配和多重堆的能力也是非常重要的。RTOS 将来还会有连接不同类型的存储器的能力,这些存储器可能会被应用到 DSP 系统中,包括 SRAM、SDRAM、高速片上存储器等。

DSP 实时操作系统大多会有一个适合设备的芯片支持库(CSL),本章的后面将更详细地讨论 CSL。

8.2　实时操作系统的概念

实时操作系统需要具备一系列的功能来高效地完成它的职责。其职责就是在不违反规定时间的约束下,执行所有的任务。本节描述了实时操作系统的主要功能。

8.2.1　基本任务

1. 功能——基本任务

任务是操作系统控制的一个基本程序单元。每个不同的操作系统可能在定义任务时有细微的不同。一个任务实现一个计算工作,它是调度程序处理的一个基本工作单元。内核创建任务,为任务分配内存空间,并且将代码引入内存来被任务执行。一种叫作任务控制块的结构被创建,用来管理任务的调度。任务是一个与程序的单次应用相关联的信息单元,这个程序能够处理多重并发用户。从编程的角度来看,任务是服务于一个单用户或一个特殊的服务请求所必需的信息。

2. 实时任务的类型

周期性的——根据预先计算好的调度表有规律的执行。

偶发的——被外部事件或条件以预先确定的最大执行频率触发。

自发的——如果资源是可用的,实时操作系统中的任务将随时响应外部事件。

正在进行的——公平分享的线程。

8.2.2　多重任务

现在的处理器一个时刻只能执行一条指令。但是由于执行的速度非常快,使它看起来可以同时运行许多程序,服务许多用户。这个假象是在一组活动的任务上对处理器进行高速复用来得到的。处理器的高速操作使得所有的用户任务都像是在同一时间被处理的。

由于所有的多任务都依靠于处理器的多路复用技术的时间,这样就存在许多处理器调度策略。在基于优先级调度的系统中,每个任务都会根据它的相对重要程度、消耗资源量以及其他因素来被指派一个优先级。操作系统通过抢占低优先级任务来提供给更高优先级任务运行的机会。本章后面将对调度给予更多的讲解。

这里有三种多任务的算法:

① 抢占式。在这种算法下,一个高优先级的任务只要准备好执行,就能立刻抢占低优先级任务的执行并获得处理器,而不需要等到下一次重新调度的到来。这里的“立刻”是指在调

度延迟期之后，延迟是实时操作系统的最重要的特征之一，它在很大程度上显示了系统对外部刺激的响应性。

② 协作式。在这种算法下，一个任务只要没有准备执行，就会自动放弃对处理器的控制，以至于其他任务能够得到运行。这种算法不需要很多的调度，并且通常不适合作实时应用。

③ 分时式。一个纯正的时间共享算法的响应率明显低些（被调度间隔时间的长度所限制）。但是，时间共享算法总是在实时操作系统中得以实现。其原因就是在实时系统中几乎总是不只有一个非实时任务（与用户的交互、信息账目的记录及各种其他任务的记录）。这些任务有着低优先级，并且在没有更高优先级任务准备好执行的情况下，以时间共享机制进行调度。

8.2.3 中断快速响应

中断是指来自于计算机相连设备或者计算机内部程序的一个信号，它使处理器停止当前工作并决定接下来做什么。几乎所有的DSP和通用处理器都是中断驱动型。处理器将持续执行一个程序中的一系列计算机指令，直到本任务已经完成、无法执行下去（例如等待系统资源）或感知到一个中断信号为止。当一个中断信号被感知后，处理器就会重新运行正在运行的程序，或开始运行另外的程序。

在RTOS中有一段叫做中断处理程序的代码。中断处理程序为中断分配优先级，如果在等待被处理的中断不只一个，还得将其保存在一个队列中。接着，RTOS中的调度程序决定接下来处理哪个程序。

中断请求（IRQ）被分配了一个可将其识别为特殊设备的值。IRQ的值是一个被指派的区域，处理器通过向这个区域发送信号来产生中断。这个随时都可能产生的中断信号将中断处理器，从而决定哪个进程将被调用。所以每个外部设备都是唯一的中断号，以方便处理器识别中断源。

在很多方面，中断为嵌入式实时系统提供了“能量”。这个能量是在任务执行时被消耗的。典型地，在DSP系统中，中断是由DMA或其他等同硬件在缓存边界区产生的。在这种方式下，每个中断事件将准备一个DSP RTOS任务，该任务将在空和满两种状态下重复使用一段缓存区。中断来源于许多中断源，见图8.2，DSP RTOS必须高效地处理来自系统内外部的多重中断。

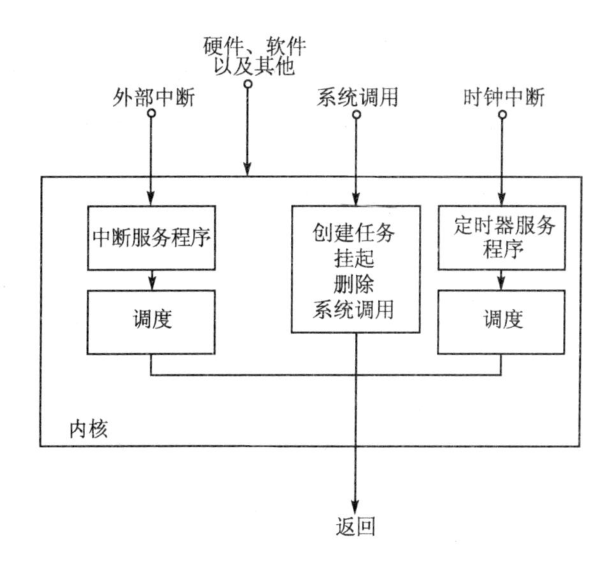

图 8.2 处理器需要通过应用程序的内部和外部来共同管理中断

8.2.4 实时操作系统的调度

RTOS 的调度策略是在实时应用中评估一个 RTOS 性能时考虑到的 RTOS 的最重要特征之一。调度程序决定哪个任务有资格立刻得到运行，哪个任务应该实际上获得处理器。调度程序和用户任务一样运行在 CPU 中，对于实时系统来说，不是所有的调度算法和调度特性都重要。

DSP 的实时操作系统需要一系列特殊的属性来体现其高效性。任务调度应该基于优先级。DSP RTOS 的任务调度程序有多个中断优先级，并且高优先级的先运行。DSP RTOS 的任务调度也是可抢占的。如果有更高优先级的任务已经准备好了运行，那么它立刻会抢占正在运行的低优先级的任务，这也是实时应用所要求的。最后，DSP RTOS 是由事件驱动的。RTOS 有响应外部事件的能力，例如响应来自环境的中断。如果有要求，DSP RTOS 也响应内部事件。

1. 调度术语

由于处理器多路复用技术有太多不同的策略和技巧，多任务术语经常使初学者感到困惑。在各种各样循环出现的策略中，最关键的区别就是一个任务是如何失去控制，又如何重新得到处理器的控制的。进行设计时(RTOS 设计者)，调度术语总是被隐含在文献和日常对话中。

(1) 如何让任务失去控制的调度方案?

- 自动放弃,叫做协作式多任务。为了使一个任务失去对处理器的占用,这个任务必须自动地调用实时操作系统。只要任务继续不冲突地共享,系统就继续是多任务形式。
- 在其完成工作之后,叫做运行结束。在实际中,这种方式要求所有的任务的生命期相对较短。
- 听从调度程序的安排,叫做抢占式。在这种方式下,RTOS的调度程序能够在任意时刻中断任务。通常,抢占调度能比其他方式更好地满足特殊时间要求(注意:如果调度程序在常规固定间隔内调度,这种方式就叫时间分片)。

(2) 任务如何重新得到控制方面的调度方案?

- 在一个简单FIFO任务队列,有时被错误地叫做轮询调度。
- 任务在一个固定的循环中等待,叫做溢出式循环调度。在本章最前面提到的"超级循环"就是循环调度的一种形式。如果这个循环在特殊固定间隔中只允许重启,那么它就叫做比率循环调度。
- 等待一个特殊的时间量。多线程技术对已经准备好的任务将给予固定的时间量。如果任务在FIFO命令中被处理,那么这种方式就叫加权轮询调度。如果任务选择用其他方案,那就是时间分片调度。
- 比任何正在竞争处理器的任务的优先级都要高,叫做优先级调度。

并不是所有的联合都有意义的,但即使这样,理解任务中断和任务选择是独立的机制是非常重要的。一些联合非常普通(如优先级抢占),以致于一个性质(优先级的)常常被误解为暗示着其他的性质(可抢占的)。实际上一个优先级的,非抢占(如运行到完成)调度是很合理的。由于技术上的原因,抢占式优先级调度在RTOS中应用得最多。

调度是内核的中心部分,它在线程变化的任意时刻周期性地执行。一个单任务系统并不真的需要调度,因为没有多任务来竞争处理器。相反,由于多个任务要竞争处理器,多任务就意味着要调度。调度程序必须经常运行来监控任务对CPU的利用情况。在大多数实时系统中,调度程序是在常规间隔中被调用的。这个调用常常是周期性的定时中断的结果。这些中断被调用的周期叫做tick size或"统心率"。在每个时钟中断中,RTOS分析任务执行预算并决定哪个任务应该访问CPU,通过这样来更新系统的状态。

2. 任务状态

除了准备执行状态外,如果还要给任务分以其他状态,那么将可以细化成很多。一个典型的RTOS的主要状态包括:

- 睡眠状态——线程在被创建和初始化之后立刻进入睡眠状态。随着特殊事件的发生,线程被释放并且离开这个状态。随着线程的完成,它又将被执行,被初始化,进入睡眠状态。

- 准备状态——线程在被释放或者被抢占之后就进入准备状态。在这个状态下的线程都排在一个准备队列中，它们都符合执行的条件(RTOS可能维持着多条准备队列。在固定优先级调度中，每个优先级就有一个队列。RTOS的调度程序是基于任务的状态和优先级来决定是否允许访问CPU的，它优于简单的允许任务访问CPU的形式)。
- 执行状态——当线程执行时就进入了执行状态。
- 挂起(阻塞)状态——一个已经被释放的线程，由于一些原因不能执行时，它仍然没有完全地进入挂起或阻塞状态。内核把挂起的线程放入挂起队列中。多任务的DSP进入挂起状态有许多的原因，任务可能由于资源访问控制问题被阻塞，也有可能是为了等待同其他任务同步执行，也有可能由于一些原因(I/O完成和抖动控制)在保持着等待状态。可能由于缺乏预算或非周期性的工作来执行(这是带宽控制的一种形式)。RTOS保持着许多不同的任务挂起或阻塞队列，它们是由不同的原因产生的(例如，等待资源的任务队列)。
- 终止状态——当线程完成后就进入终止状态，它将不会得到再次执行。一个终止状态的进程可能会被销毁。

不同的RTOS在状态方面会有着细微的不同。图8.3显示了TI公司的DSP RTOS、DSP/BIOS的状态模式。

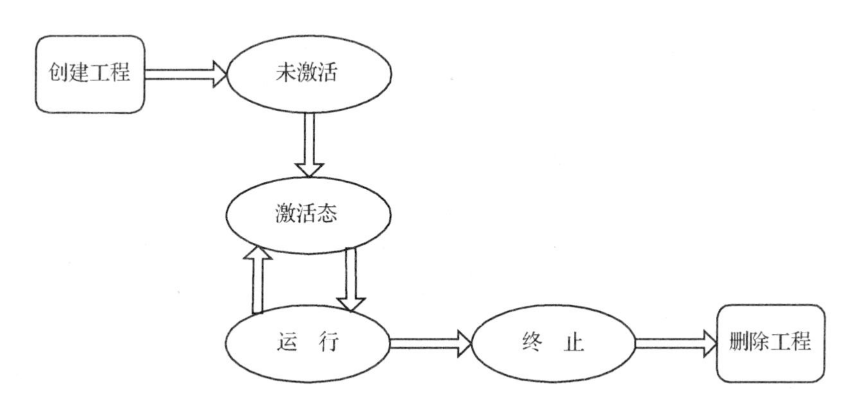

图8.3 TI DSP BIOS的线程状态图

对于相同优先级的线程，大多数RTOS都为用户提供加权轮询调度和FIFO调度作为选择。加权轮询调度中用到了时间分片算法(预算执行)。在每个时钟中断中，调度程序通过最小时间单位来减少线程的预算。在必要时，任务将会被抢占(FIFO调度算法用了一个极大的时间片)。在每个时钟中断，RTOS调度程序会更新准备队列，并且把控制权归还给当前任务，如果当前任务的优先级已经不再是最高，就把它抢占。由于先前的活动，一些线程可能已经准备好了(由于时间耗尽而被释放),线程的执行必须是可抢占的。调度程序相应地更新准备队列,并且把控制权交给排在最高优先级队列最前面的线程。

3. 循环执行

循环执行(也叫中断控制环)是设计简单的基于实时系统的DSP的一种方法,它是最近才流行起来的。控制环"循环"在代码中以一种可预知的方式来通过一个预定的路径,这就是"循环"这个名字的来由。它是一个非常简单的结构,因为系统中的"执行"代码很小,这也使得系统开销非常小。这种类型的系统仅需要一个单定期(周期性的)中断来处理控制环。

(1) 循环执行系统模式中的步骤

图8.4中是循环执行的一个例子。循环执行系统主要处理进程的同时启动(包括使能系统中断)。接着系统进入了一个无限循环。循环中的每个周期(在第一个小循环后)都被一个周期性的中断初始化。在每个周期,系统首先接受任何请求输入;然后在应用进程的控制下,把数据读入系统。接着产生结果输出;在一个周期的最后,软件进入了一个空循环来等待初始化下个周期的中断。在这段空闲的时间里,系统可以运行一些低级的自检进程。

(2) 循环执行模式的不足之处

对于用周期性的中断使所有的进程都以确定速率完成的简单系统来说,基本的循环执行系统模式是非常高效的。把所有的"任务"以同样的速率运行,这可能是不必要的,甚至是不良的。这就是这种模式的一个缺点——低效率。

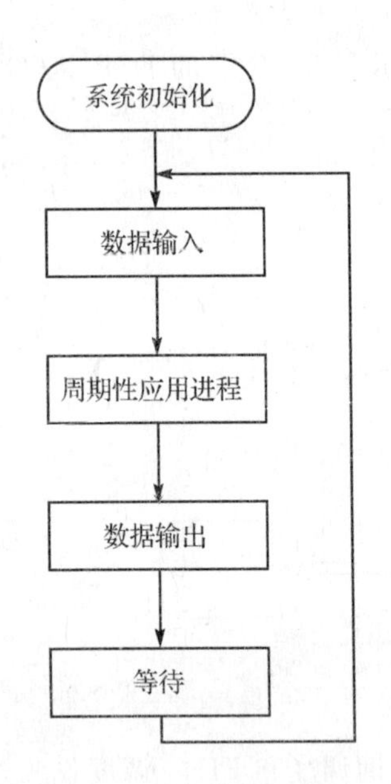

图8.4 一个周期模型

它对数据输出的时间有影响。如果系统的每个任务都有一个不同的执行时间,那么数据的输出时间就与不同的固定处理周期有关,这种影响就叫做抖动,它在系统中以交替循环的形式发生。这个影响可能不完全地符合一个实时系统,这依赖于系统的抖动量和敏感度。一个解决方法就是用些无意义的计算增加时间来填充时间片较短的运行任务,直到其花费的时间与其他任务一样。这是解决同步问题的另一个不理想的途径。如果其中的一个任务发生了改变,那么系统的定时时间也必须得到调整来重新确定输出时间的稳定性。

(3) 循环执行模式的优点

循环执行方法有一些优点。这种模式概念上简单并且潜在地高效,对内存和处理器资源的开销相对较少。

(4) 循环执行模式的不足之处

尽管这种方法有一些优点,但是也有着一些严重的缺点。由于循环执行模式不支持任意任务进程速率,在这种模式下很难增加系统的复杂性。所有的任务只能以周期性中断的一次时长为速率运行。循环执行也需要非常简单的控制关系来将任务由低线程速率到高线程速率进行编排。由于循环执行是非抢占式的,系统开发者必须把低速率的进程拆分为许多能够在每个循环中运行的不自然的“任务”。循环执行不支持非周期处理,而非周期处理是许多DSP实时系统所要求的。系统一旦启动后,要想改变它是非常困难的,并且易于出错。为使系统稳定即使相对较小的系统变动也会导致事件的重分配,尤其当处理器载荷比较大的情况下。系统在处理时间中任何的改变都会影响相关的输入/输出操作时间。它需要重新检验系统中所有控制参数的行为。应用的任何改变都需要一个时序分析来阻止整个系统操作的副作用。

8.2.5 RTOS的内核

内核可以说是操作系统的核心。它为操作系统的其他部分提供一系列的基本服务。内核有一系列的基本功能:

- 中断处理机制来处理内核服务竞争的要求。
- 一个调度程序,用来决定哪个任务共享内核的处理时间,用哪个指令来使用这个时间。
- 一个资源处理机制来控制系统资源的用法,如内存和存储器,它们在系统中如何被不同的任务共享。

可能还有其他的操作系统成分,比如文件管理机制,但是这些是考虑到内核的基本要求以外,核心处理能力方面去了。

RTOS包括一个提供基本操作系统功能的内核。内核从正在执行的线程中夺得控制并且执行自己,这有三个原因:

- 为了响应系统的呼叫。
- 为了控制调度和服务定时。
- 为了处理外部中断。

RTOS的优先级关系如图8.5所示。

最高优先级:硬件中断有最高的优先级。一个硬件中断能够中断其他中断。

次高优先级:软件中断——RTOS也支持一些软件中断。软件中断的优先级比硬件中断要低,并且软件中断之间也有优先级之分。一个更高的软件中断能够抢占低优先级的软件中断。所有的硬件中断都能抢占软件中断。软件中断类似于硬件中断,它在实时多任务应用中非常有用。这些中断都是被内部的RTOS时钟模块驱动的。软件中断运行至完成,其不能被阻塞和挂起。

较低优先级:任务——任务的优先级比软件中断的优先级要低。高优先级的任务也能抢占低优先级的任务。任务会运行至完成,如果因等待资源而被阻塞,就会停止,或者任务会自动支持某种调度算法比如加权轮询。

8.2.6 系统调用

应用程序通过应用程序接口(API)来访问内核代码和数据。API是由操作系统或者用户的应用程序所决定的,用户通过API向操作或者其他的应用程序发送请求。系统调用就是调用API函数。当它发生时,内核保存调用任务的环境,从用户模式转换到内核模式(确保内存保护),代表任务调用来执行这个函数,最后回到用户模式。表8.1描述了DSP/BIOS RTOS的一些普通API。

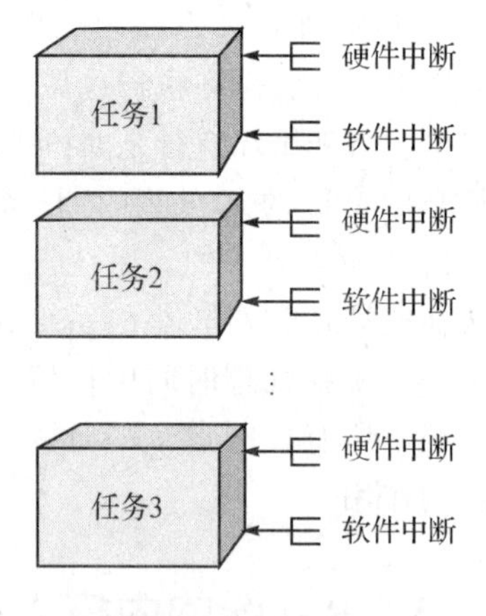

图 8.5 RTOS的优先级图:硬件中断,软件中断,任务

表 8.1 DSP/BIOS RTOS 的 API

API名称	功 能
ATM_cleari,ATM_clearu	清除内存内存后回到先前的值
ATM_seti,ATM_setu	设置内存和回到先前值
CLK_countspms	每毫秒的硬件定时器的计数值
CLK_gethtime,CLK_getltime	得到高和低解决时间
HWI_denable,HWI_disable	全局的屏蔽或使能硬件中断
LCK_create,LCK_delete	创建或删除一个资源锁
LCK_pend,CLK_post	申请或放弃一个资源锁的所有权
MBX_create,MBX_delete MBX_pend,MBX_post	创建,删除,等待一个信息,且把一个信息投入信箱中
MEM_alloc,MEM_free	分配一段内存,释放一个内存块
PIP_get,PIP_put	得到与把一个帧放入一个管道
PRD_getticks,PRD_tick	设置当前振荡计数器
QUE_Create,QUE_delete QUE_dequeue,QUE_empty	创建和删除队列,从队列前移除,检测空队列
SEM_pend,SEM_post	等待和发送信号量

续表 8.1

API 名称	功 能
SIO_issue,SIO_put	给数据流发送和设置缓冲器
SWI_enable,SWI_getattrs	使能软件中断,获得软件中断属性
SYS_abort,SYS_error	取消程序执行,标记错误情况
TSK_create,TSK_delete	创建任务,删除任务
TSK_disable,TSK_enable	禁用和使能 RTOS 调度
TSK_getenr,TSk_serpri	获得任务环境,设置任务优先级

8.2.7 动态内存分配

动态内存调用允许内存在可变的地址中分配。应用程序一般不关心内存的实际地址。动态内存分配的一个缺点就是潜在着内存碎片。在整个内存足够,但由于缺少单个足够大的内存块而使内存块分配失败时,就会发生内存碎片,RTOS 必须高效地管理好堆,允许堆的最大使用量。

8.3 DSP RTOS 的片上支持软件

部分 DSP RTOS 支持基础结构就是指软件要支持各种片上外围设备的访问。CSL 是一个实时运行时的库,它用来配置和控制所有的 DSP 片上外设如高速缓存、DMA、外存接口(EMIF)、多通道缓存串口(MCBSP)、定时器、高速并行接口(HPI)等。CSL 为外设提供初始化和运行时的控制。DSP 提供商能够提供在代码尺寸和执行速度方面都已经最优化了的大部分用 C 语言写好的软件。图 8.6 显示了 CSL 是如何适应 DSP RTOS 的基本结构的。

1. CSL 的好处

由于不同的 DSP 系列支持不同的外设(TMS320C2x DSP 设备可能支持特殊外设支持电机如 CAN 设备,如 TMS320C5x 设备,它是为低功耗、便携式应用优化的,能支持一系列不同的外设,包括优化 I/O 的多通道缓存串口),每个外设需要一个不同的芯片支持库。这个库提供的硬件抽象几乎没有增加系统开销并且为 DSP 开发者提供了几个好处:

- 缩短了开发周期——DSP 开发者不需要理解大量的 DSP 外设内存映射寄存器。在 CSL 中的硬件抽象层已经定义了它,见图 8.7。
- 标准化——一个适当发展的 CSL 将有一个统一的方法论来发展 DSP 开发者使用的 API 的定义。抽象的程度和宏的复杂度将是一致的。

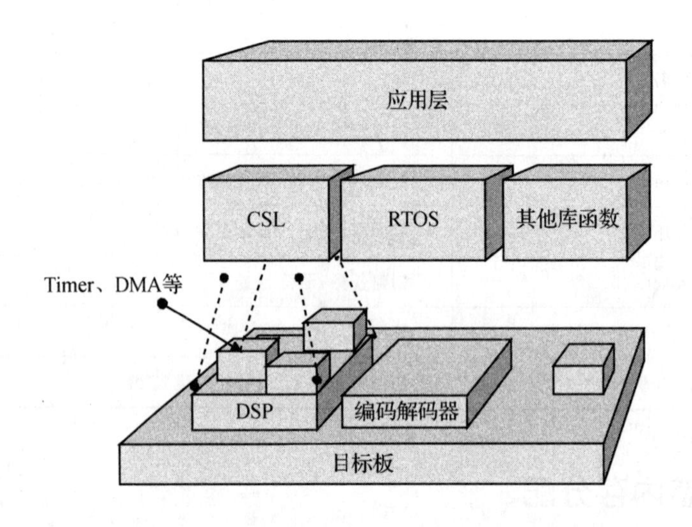

图 8.6 CSL 支撑 DSP RTOS 整体框架

- 工具支持——DSP 工具能很方便地对 DSP 体系进行初始化配置。
- 资源处理——多通道端口、设备等外设的基本资源处理非常简单。

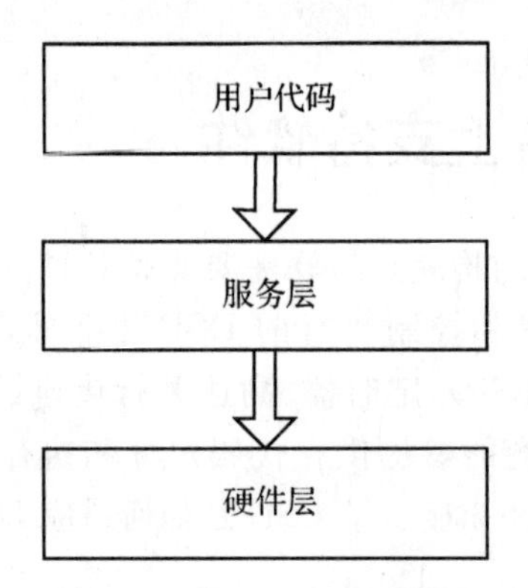

图 8.7 硬件抽象方便外部设备的管理

2. 实 例

图 8.8 是一个简单的 CSL 函数的例子。这个例子打开一个 EDMA 通道，配置它，并且在完成时关闭它。

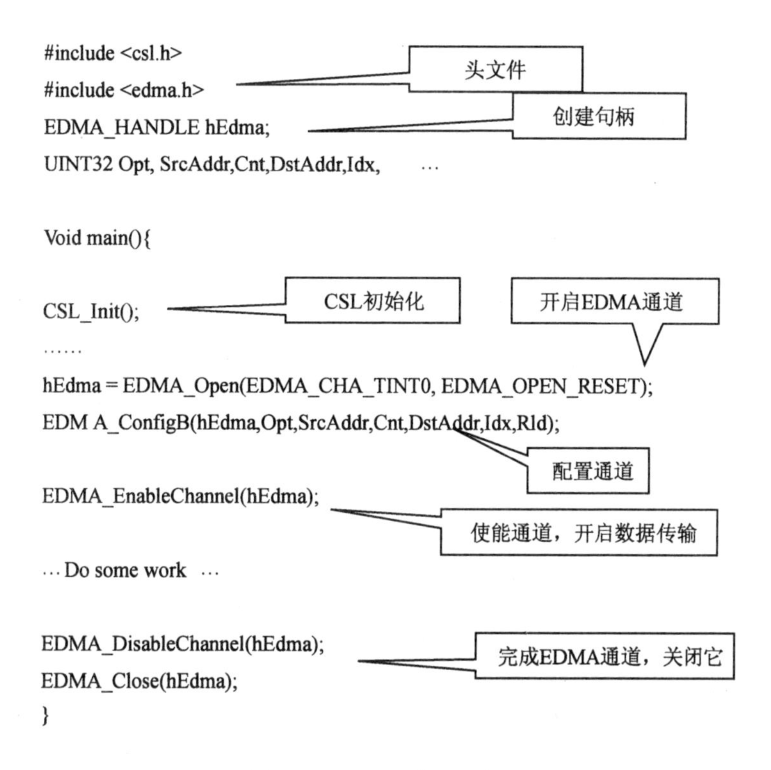

图 8.8 EDMA 的 CSL 例子

8.4 DSP RTOS 应用例子

一个简单的电机控制曾经在本章作为一个技术和概念上的例子讨论过，这里将继续讨论。在此例中，一个单 DSP 将用来控制一个电机，见图 8.9。DSP 也负责通过键盘与操作者交互。更新简单的显示设备，并且把数据从 DSP 的一个端口发送出去。操作者用键盘来控制系统。电机速率必须以 1 kHz 的速率来采样。定时器以这个速率来中断进程，这样就允许 DSP 执行一些简单电机控制算法。每一次中断，DSP 都将读一次电机的速度，执行一些简单的算法，同时调整好电机的速度。诊断的数据被操作者用键盘选择出后，传出 RS232 接口。表 8.2 列出了电机控制要求的摘要。

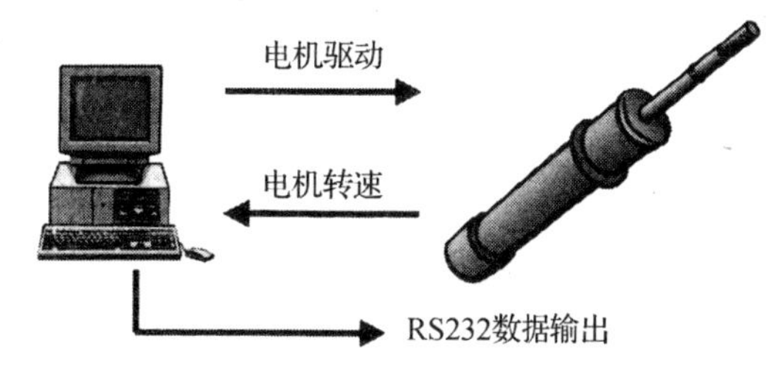

图 8.9 电机例子

8.4.1 定义线程

开发一个多任务系统的第一步就是设计独立的应用线程。在这一阶段，有些可以利用的工具来帮助系统设计者。这个结构定义会产生数据流图、系统方框图或者有限状态机。图 8.10 写出了一系列独立执行进程的一个例子。这个设计中，有 4 个独立线程：

- 主电机控制算法，它是一个周期性的任务，以 1 kHz 的速率运行。
- 键盘控制线程，它是一个由操作者控制的周期性的任务。
- 显示更新进程，它是一个周期性的任务，以 2 Hz 的速率执行。

数据输出线程，它作为一个后台任务运行并且在不需要其他进程时输出数据。

表 8.2 电机控制的要求摘要

要 求
控制电机速率(1 kHz 采样速率——dV/dT)
接受键盘命令来控制电机，更新显示，或者把数据发送出 RS232 接口
驱动一个简单的显示，并且每秒刷新 2 次
没有其他任务做时，就把数据从 RS232 接口发送出去

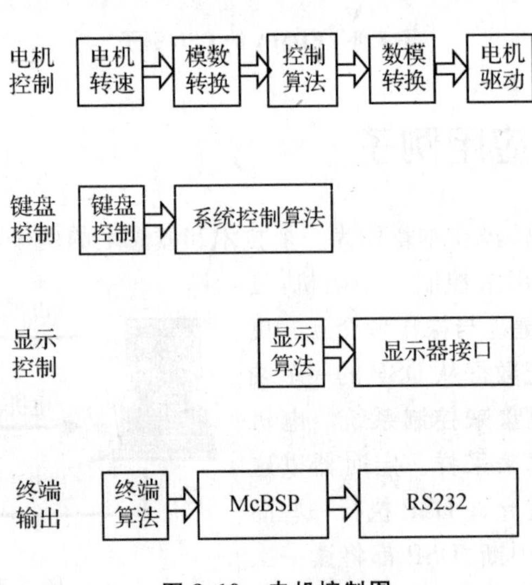

图 8.10 电机控制图

8.4.2 线程相对优先级的确定

一旦应用程序的主要线程被定义后，那么这些线程的相对优先级也必须被确定。因为电机控制的例子是个实时系统(有严格的时间要求)，必须指派给线程执行一个优先级。在这个例子中，有一个硬实时线程，电机控制算法必须以1 kHz的速率执行，这个系统中也存在一些软实时任务。2 Hz的速率的显示更新就是软实时任务(即使显示更新是一项要求，但如果显示没有精确地每秒更新2次，系统也不会崩溃，所以它是一个软实时任务)。键盘控制也是一个软实时任务，但是一旦主控制被输入，它就应该有比显示更高的优先级。远端输出线程是一个后台任务，它在没有其他的任务运行时运行。

8.4.3 硬件中断的使用

这个电机控制系统将被设计成用一个硬件中断来控制电机控制线程。中断有快速的上下转换时间(比线程的上下转换时间要快)，并且能由DSP上的定时器产生。在表8.3中，列出了电机控制系统例子中的任务优先级。它是单调速率优先级分配的一个例子。线程的时间越短，其优先级就越高。

表8.3 电机控制线程和运动机理的优先级分配

任 务	速 率	优先级	周期性/非周期性	活动机制
电机控制	1 kHz	1	周期性	硬件中断
键盘控制	5 Hz	2	非周期性	硬件中断
显示控制	2 Hz	3	周期性	软件中断
远端输出1	后台	4	非周期性	空循环

激活机制同优先级一起得以描述。最高优先级的电机控制线程将使用硬件中断来触发执行。在大多数实时操作系统中，硬件中断是最高优先级的调度机制，见图8.11。键盘控制函数是一个环境接口(控制台)并且用硬件中断来为键盘控制行为发出信号，这个优先级将比电机控制中断的优先级要低。显示控制线程使用软件中断来调度2 Hz速率的显示更新。软件中断与硬件中断相类似，但比硬件中断优先级要低(但比线程优先级要高)。远端输出任务是最低优先级任务，它以闲置循环的形式执行。在没有其他更高优先级的线程运行时，闲置循环将在后台持续地运行。

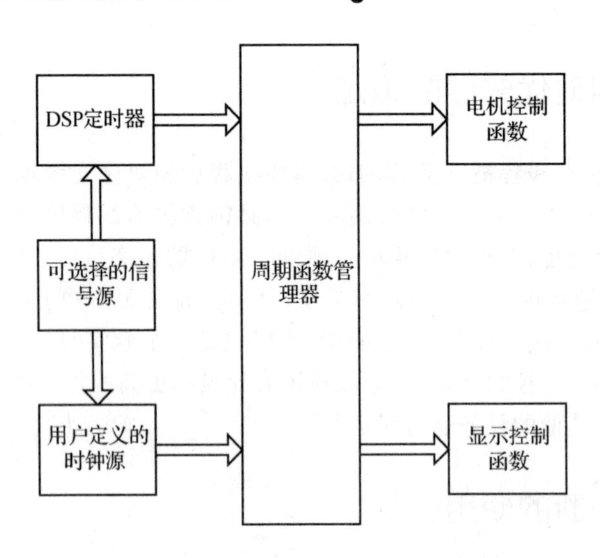

图 8.11　电机控制例子中的周期线程

8.4.4　线程周期

表 8.3 中也描述了每个线程的周期性。电机控制线程是最高优先级的线程，它是个周期性的线程。就像 DSP 的许多应用程序一样，这个线程以 1 kHz 的速率周期性地处理数据。电机控制例子实际上是一个多速率系统，也就是说，它有多个操作周期（如电机控制和显示控制）。这些线程以不同的速率操作。DSP RTOS　允许多周期性线程的运行。表 8.3 显示了在 RTOS 结构下，系统内的双周期性线程是如何构建的。为了这样的每个线程，DSP 系统设计者必须确定特殊操作运行的周期和操作要求完成的时间。接着 DSP 开发者将以这种方式编写 DSP 定时函数来产生中断，或者用其他的调度方法来以想要的速率运行线程。大多数 DSP RTOS 都有一个标准时钟控制器和 API 函数来处理这些操作步骤。

8.4.5　小　结

实时系统的复杂度在继续增加。随着 DSP 开发者从单任务 DSP 应用程序的"小编程模式"，到大量复杂任务应用程序的"大量编程模式"的转变，优化地调度系统资源变得越来越困难了。通过一定的规则，DSP 开发环境可以对 RTOS 进行配置和管理多任务，从而高效地处理外部事件和管理系统资源。

商业的 DSP RTOS 为 DSP 开发者提供了很大的价值。它们已经被调试好（过去已经被许多商业用户使用过），并且有很好的相关文档和工具支持。DSP RTOS 也已经被优化，它尽可能地提供最小的封装，使主要功能(如上下转换和中断延迟进程)的性能最好。

多进程缺陷

虽然多进程在复杂实时系统中需要用到，但其使用会遭遇某些潜在的危险和正确性问题。我们必须谨慎考虑问题，来阻止意外情况的出现。多进程问题非常隐蔽，并且很难诊断和更正。一些问题不能通过“调试”来可靠地移除，因而设计要非常细心，并且设计规范要极度严格。RTOS 的一个主要部分就是尽可能多地压缩这些实际问题，并且通过建立“隐喻”来构架规范。

本章将概述执行的多进程系统的主要问题。首先讨论死锁，然后讨论多线程系统共享普通资源的方式。DSP 系统和主要嵌入式系统的设计者必须经常控制稀有资源的分配。这些资源可能包括片上存储器、DMA 控制器、外围设备、I/O 缓存等。本章将介绍资源共享的同步方式和任务同步的其他形式。

8.5 死 锁

死锁是一个常见的危险，也叫做“死抱”。死锁是指共享着同一资源的两个计算机程序互相阻止对方访问这个资源，这样导致两个程序都不能实现其功能。早期的计算机操作系统一次只运行一个程序。在这种情形下，系统的所有资源都能被这个单运行的程序所利用，不会有死锁问题。随着操作系统的发展，它开始支持分时机制和多道程序的交错执行。在早期的分时系统中，程序要求提前指定其所用的资源，以避免与其同时运行的其他程序的冲突，这也不存在死锁的问题。但是随着分时系统的发展，一些分时系统开始提供资源动态分配。这些系统程序或者任务在其运行之后，要求更多的资源分配。这时死锁就是一个问题了——在有的情况下，一个问题在一天中能瘫痪整个系统数次。

下面的例句说明死锁是如何发展的，它是如何涉及资源动态(局部的)分配的：

- 程序 1 需要资源 A，且接收它。
- 程序 2 需要资源 B，且接收它。
- 程序 1 需要资源 B，且进入队列等待资源 B 的释放。
- 程序 2 需要资源 A，且进入队列等待资源 A 的释放。
- 现在每个程序都不能进行直到另一个程序释放一个资源。

操作系统不知道采取什么行动。在这种情况下，唯一的选择就是废除(停止)其中的一个程序。

8.5.1 死锁的前提条件

正如介绍了操作系统的简短历史一样，接下来介绍产生死锁的几个必要条件：

- 互斥条件——一个任务一次只能使用一个资源。
- 多线程挂起和等待——在等待其他资源的时候,必须有任务来管理资源。
- 环路挂起——循环任务链占据其他任务链中所需的资源(循环进程)。
- 不可剥夺条件——资源只能被任务自动地释放。

不幸地是,几乎任何动态的多任务系统都自然地满足了这些前提条件,平均实时嵌入式系统也是如此。

无限延迟在任务中是一种很危险的情况,因为一个任务在所需要的资源得不到满足的情况下将永远无法工作,比如,其他任务总占用资源的情况。这种情况也被称为资源匮乏或禁入锁定。

8.5.2 死锁的处理

对于处理死锁,这里有两个基本的策略:由程序员负责或者由操作系统负责。

大型的通用操作系统通常自己来避免死锁。另外,小型的 RTOS 通常希望程序员遵守一定规范来避免死锁。程序员通过遵守一些规范来确保死锁的前提条件(互斥、请求保持、不可剥夺及环路)中至少有一个条件永远不能在系统中发生,以阻止死锁,例如,通过资源共享来消除互斥条件。但在很多情况下这是非常难的,几乎不可能。另一个方法就是消除环路挂起。可以通过在申请的资源中设置一个特殊的命令来解决它(例如,所有的进程必须在 B 之前申请 A 资源)。第三种方法就是通过规定每个任务总能获取所有可整体使用的资源来消除多路挂起和等待情况,这增加了"饿死"的危险性,必须很谨慎地使用。最后,操作系统必须有能力对资源进行抢占式的调度,换句话说就是,如果一个任务在一定的时间内不能获得特殊的资源,那么就必须释放它占用的所有资源且重试一次。

1. 死锁的探测与恢复

有些操作系统能够通过对死锁的探测和恢复,或者通过拒绝一些可能导致死锁的请求来为程序员处理死锁。由于死锁一般很难被探测到,所以这种方法是非常困难的。可以用资源分配曲线图的方法,但是在大型实时系统中,也非常难实现。在大多情况下,恢复是不容易的。一个极端的方法就是重新设置系统。另一个方法就是回退到先前死锁状态。一般来说,与 RTOS 相比,死锁探测更适合于通用操作系统。

也许死锁探测与恢复的简单形式就是看门狗定时器。在死锁事件中,定时器将时间耗尽(死锁探测),并且重启系统(恢复)。作为一种不是经常出现的情况用这个安全的复位方法是允许的。

---

2. 死锁的避免

RTOS 动态地探测资源请求的兑现是否会导致进入一个不安全的状态。RTOS 必须实现一个算法来避免死锁，这个算法允许死锁的 4 个前提条件的发生，但又保证系统永远不会进入死锁状态。在资源分配方面，RTOS 需要动态地检查资源分配状态，并根据死锁发生的可能性来采取行动。资源分配状态是指可利用资源的数量、分配资源的数量和每个进程所要求的最大资源量。

3. 不安全状态的避免

死锁的避免算法远不只避免死锁的状态——必须避免所有的不安全状态。“安全”状态是指系统能够用一些命令分配给每个任务资源(高达其所需的最大量)，并且能避免死锁。下面的这个例子可以阐明这些不同。

假设有 12 块可以被分配的内存空间。下面这个状态是“不安全的”：

进程	已占用量	需要量
任务 1	5	10
任务 2	2	4
任务 3	3	9

虽然还剩两块空间，但是任务 1 和任务 3 仍然会产生死锁(不能其所需的所有资源)，即使加上任务 2 完成后释放出的两块内存空间也是如此。

假设有 12 块可以被分配的内存空间，下面是一个安全状态的例子：

进程	已占用量	需要量
任务 1	5	10
任务 2	2	4
任务 3	2	9

由于还剩下 3 块空间，所以任务 2 能够被完成，然后任务 1 得到任务 2 释放的两块空间后，也可以完成。最后，任务 3 由于得到任务 1 释放的空间，也可以完成。

8.6 共享资源的完整性

并发编程的第二个危害就是资源冲突。当两个(或者更多)执行的交织线程都试着去更新同一个变量(或者更改某个共享资源)时，这两个线程会相互干扰，同时改变这个变量或者共享资源的状态。

作为一个例子，请考虑具有如下特征的一个 DSP 系统：

● 共享的内存(在任务之间)；

● 加载存储结构(就像现在的许多 DSP 的结构);
● 可抢占的 RTOS;
● 有两个任务在系统中运行,T1 和 T2(T2 的优先级高些);
● 两个任务都要把共享变量加 1。

这个系统中的这些任务会有两种可能的交错情况,如下所示:

```
Interleaving 1
    t1:………
    t1:ld A,X
    t1:add A, 1, A
    t1:st A, x
             <t2:preempts
    t2:………
    t2:ld A, x
    t2:add A,1,A
    t2:st A,x
    t2:………
             <t2:completes
    t1:………
    result:x+2
```

```
Interleaving 2
    t1:………………
    t1:ld A,x
             <t2:preempts
    t2:………………
    t2:ld A,x
    t2:add A,1,A
    t2:st A,x
    t2:………………
             <t2:completes
    t1:add A,1,A
    t1:st A,x
    t1………………
    result:x+1
```

由于抢占发生在读/修改/写循环的中间,Interleaving 1 工作不正确。变量 X 在任务之间是共享的。为了正确操作,一个共享资源的任何读/修改/写操作必须对最小单元进行操作,也就是说,在这种方式下,它在完成之前不能被中断或抢占。必须被原子化执行的代码段就是临界区,临界区是不可分割执行的时序语句。

观察这个问题的另一方法就是,当共享变量能被共享时,它一次只能被一个线程操作或修改。即,当一个线程正在修改这个变量时,所有其他线程对这个变量的访问都会被排斥。这种排斥规定(或同步的类型)叫做互斥。

8.7 互斥的任务同步

有许多潜在的方法来满足同步要求。其中有些方法是依靠 DSP 硬件。这些方法的效率很高,但是有时会失效。

有一个方法就是屏蔽中断。如果简单地屏蔽了处理器的中断,由于所有的中断(不匹配的中断除外,它是为不得不发生或已经发生严重事情的情况预留的,例如 DSP 的复位)都不能用了,是不可能产生上下转换的。

注意：这种方法只能在有一个单处理器情况下才能有效。多处理器DSP系统越来越复杂，这里不讨论。

另一个方法是与硬件相关的，就是用一个原子级指令记录一个位的原始状态，然后改变它的状态。一些DSP有作为测试和置位的特殊指令。DSP硬件执行这样一条指令，在内存中有个特殊的位，它根据内存空间的内容来设置一段条件代码，接着把这个位置1。这种指令将高效地“原子化”内存中的变化，原子级的操作过程中是不会产生中断的，这样就避免了多进程系统中的数据共享问题。

由于互斥效应，临界区中一次只能有一个应用进程(意味着有程序计数器指向临界区代码)。如果在临界区中没有进程，且一个进程想进入临界区，那么这个进程就能够参与一个让进程进入临界区的判决。

有些其他的软件方法，其中一个就是通过查询RTOS中的一个资源管理函数来访问临界区。RTOS使用一种叫做信号量的机制来控制访问。一个信号量就是一个正整数值的同步变量。

接下来讨论这些方法及其优点并且平衡它们。

1. 由中断控制的互斥效应

互斥效应的一个方法就是主动地采取措施来阻止正在访问共享资源的任务或者阻止被中断的任务在临界区中执行，屏蔽中断是就一种方法。程序员能够在进入临界区前屏蔽中断，并在离开临界区时使能中断：

```
Disable_interrupts();
Critical_section();
Enable_interrupts();
```

由于没有时钟中断发生，进程排斥性地访问CPU，且不会被其他进程中断，这种方法是十分有用的、简单的而且高效的。

这种方法也存在些重大的缺点。屏蔽中断会关闭系统的抢占调度的能力。这样做会对系统性能有不利的影响。以中断屏蔽的状态在临界区花的时间越多，系统延迟的退化就越严重。如果程序员被允许可以任意的屏蔽中断，在离开临界区后，他可能很容易忘记把中断使能。这样就导致系统处于挂起状态。就是这个错误倾向的进程，在没有正确的编程规范下，可能导致重大的综合性漏洞问题。最后要指出的是，这种方法工作于单处理器系统，它不能工作在多处理器系统中。

RTOS会帮助编程者管理好临界区域而不被中断扰乱。

2. 简单信号量的互斥效应

在信号量最简单的形式中，它只是一个线程安全标志，它用来标志资源是“锁住”的。大多数现代指令集都包括特殊设计的指令，使它们能作为一个简单的信号量来使用。最普通的两条相配的指令就是测试和置位指令及交换指令。最重要的特征就是标志变量都必须当作一个单次的、原子的操作来被测试和修改。

注意："信号量"在使用时往往比一个简单的线程安全标志要复杂得多，那是因为被许多操作系统提供的这个"信号量"服务是信号量(在技术上的一个"阻塞信号量")的一个特殊的、更复杂的(至少要被执行)形式。如果申请的资源处于空闲状态，它会自动地暂停等待中的进程。下一段将讨论如何使用阻塞信号量。

在临界区上同步的最原始的技术就是忙等待。在这种方法中，一个任务设置且检查一个作为提供同步标志的共享变量(一个简单信号量)，这种方法也叫做旋转标志变量叫做自旋锁。为了标志一个资源(使用这个资源)，一个任务设置一个标志的值并且继续执行，一个任务检查这个标志的值来等待资源。如果这个标志是被置位了，那么这个任务可能继续使用这个资源；如果这个任务没有被置位，那么这个任务将再次检查。

等待的缺点就是任务使处理器循环地检查条件而不去做有用的工作。这种方法也会导致额外内存开支。最后，如果不只一个任务在等待一个条件，那么强加排队规则会非常困难。为了适当的工作，作为一个单原级操作，忙等待操作必须测试标志位，如果资源是一个变量，它还要设置这个变量。现在的结构体系典型的包括了一条特意设计这些操作的指令。

(1) 测试和置位指令

测试和置位指令通过硬件设计到原子级。这些指令允许一个任务用以下方式来访问一块内存空间：

- 如果访问的这个位是0，那么就把其设为1，并返回0；
- 如果改为是1，那么就返回1。

这个操作的伪代码如下：

```
boolean
    testset int i
    {
    if (i == 0)
      {
        i = 1;
        return true;
      }
    else
      return false
    }
```

任务在执行一个等待之前必须测试这个内存空间是否为0。如果其值为0,这个任务就可能继续;如果不是0,这个任务就必须等待。在完成这个操作后,这个任务必须把这个内存空间重新设置为0。

(2) 交换指令

交换指令与测试和置位指令类似。在这种情况下,希望执行一个信号量操作的任务将和锁存位交换一个1。如果这个任务得回一个0,它就能继续;如果这个任务得回一个1,那么一些其他的任务就被这个信号量给触发,且必须重新测试。

下面这个例子是在忙等待环中使用一个测试和置位指令来控制临界区的进入。

```
int var = 0 or 1;
    {
    while (testset(var) );
    <critical section>
    var = 0;
    }
```

3. 没有原子更新的情况

如果操作系统或语言没有提供同步原语,或者系统不可接受使能和屏蔽中断的情况下(这很容易去滥用屏蔽/使能中断的方法,如果过度或控制不当,就很容易犯错误),一个合适的忙等待(为两个竞争进程)能够用两个变量来构造。然而这是很难做到的。使用忙等待循环的协议很难设计和理解,证明它的正确性也是困难的。当考虑到不只两个任务时,事情就会更糟。程序的测试可能不会检查罕见的交错,这样会打破互斥条件或者导致活锁。这些方法效率很低,并且会被一个恶性任务破坏。

下面是两个任务的一段代码。在这个方法中,"turn"必须被初始化为1或者2。如果一个任务死在临界区中,那么活锁仍然会发生。

```
task  t1;
…
flag1 := up;
turn := 2;
while flag2 = up and turn = 2 do nop ;
…excute critical code…
flag1 := down
…
end task1;
task t1;
…
```

```
flag2：= up；
turn：= 1；
while flag1  =  up and turn  =  1 do nop；
…execute   critical code…
flag2  =  down；
…
end   task1；
```

4. 阻塞信号量排斥

阻塞信号量是一个非负整数，它能用来和操作系统的 wait()和 signal()服务一起实现几种不同的同步。Wait()和 signal()服务的行为如下：

- Wait(S)——如果信号量 S 的值比 0 大，就使它的值加 1；否则，延迟这个任务直到 S 比 1 大为止(接着增加它的值)。
- Signal(S)——把信号量 S 的值加 1。

操作系统保证 Wait 和 Signal 行为是原子的。在同一个信号量上，执行 Wait 或者 Signal 操作不会相互干扰。在一个信号量操作(它需要底层操作系统的支持)的执行期间，任务不会失败。

当一个任务必须等待一个阻塞信号量时，以下情况将有可能发生：

- 这个任务执行一个等待(信号量悬挂)。
- 这个 RTOS 被调用。
- 这个任务从 CPU 上被移除。
- 这任务被放入一个为该信号量而悬挂的任务队列。
- 这个 RTOS 运行另一个任务。

最后，执行一个关于该信号量的信号。

RTOS 将挑选出一个等待该信号量信号的悬挂任务，并且让它为可执行的。

当一有效信号或者一个等待情况正在发生时，RTOS 将不会抢占调度，同时，RTOS 也会屏蔽外部中断。在多进程系统中，要求有一个原子的内存交换或者测试和置位指令来锁住信号量。

基于阻塞信号量的互斥效应移除了对忙等待循环的需要。下面是这种操作的一个例子：

```
var mutex ：semaphore；( * initially zero * )

    task t1；( * waiting task * )
    …
    wait(mutex )；
```

```
…critical section
signal(mutex)
…
end t1;
task t2;( * waiting task * )
…
wait(mutex);
…critical section
signal (mutex)
…
end t2;
```

这个例子一次只允许一个任务访问资源，如片上存储器或DMA控制器。在图8.12中，互斥信号量的初始计数被设为1。当访问一个临界区时，任务1将调用挂起的项进入临界区域以及外部资源的操作。

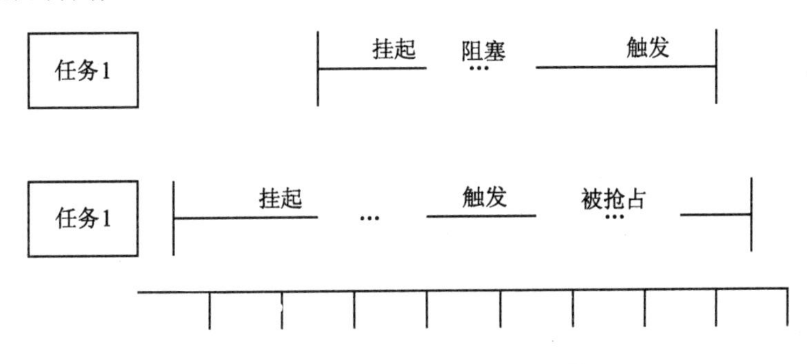

图8.12 一组相互排除的信号量

总体上，信号量属于一种软件方法——它们不是由硬件提供的。信号量有着如下几个有用的性质：

- 机械独立性——信号量在软件中实现，它是DSP RTOS 中同步机制的标准。
- 简单——信号量的使用相对比较简单。它只需一个申请和放弃操作，这个操作通常是指API调入RTOS。
- 正确性容易被证明——对于复杂实时系统，这是非常重要的。
- 在许多进程中使用——信号量的使用不被系统的复杂性所限制。
- 不同的临界区有不同的信号量——用不同的信号量能够保护不同的系统资源，这样很大程度上缩短了系统的响应。如果所有重要的代码段和系统资源都由单个信号量来保护，那么在总的系统响应时间方面，这个使用该信号量的“等待列”是不可被接受的。
- 能同时查询多个资源——如果有两个或多个同样的系统资源需要保护，那么可以用一个“计数”信号量来控制这个资源“池”。

8.8 通过共享资源互斥

目前所有同步技巧都存在着一个共同的缺点：它们需要程序员在每次使用资源时都得遵守一个特殊的编程规范。互斥问题的一个更可靠且可维持的解决办法就

是使资源共享。

许多操作系统提供相当高级的共享数据结构，包括队列、缓存器和数据管道来确保线程的安全，因为这些资源只能通过同步的操作系统服务来被访问。

1. 循环队列或环形缓存器

通常，如果信息是由循环队列或者环形缓存来传送，它能够在没有直接同步的情况下在任务之间交流。这种缓冲器被看作一种环。数据在该环形缓冲器的尾部装载，在头部被读出。这种缓存机制被用来实现FIFO请求队列、数据队列、循环系数和数据缓存。下面是这种缓存的一个例子。

生产者

```
In = pointer to tail
    Repeat
    Produce an item in nextp
    While counter = n do nop;
    Buffer[in]: = nextp;
    In := in+1 mod n;
    Counter := counter +1;
    Until false.
```

用户

```
Out = pointer to head
    Repeat
    While counter = 0 do nop;
        Nextc: = buffer[out];
        Out := out+1 mod n;
    Counter := counter-1;
    Consume the item in nextc
    Until false.
```

2. 环形缓存的伪代码

这种结构的优点就是，如果指针更新不是原子的，且这个队列只被单个的读/写共享，那么就不需要直接同步。因为缓冲器是有限(有界限)的，所以读/写操作都必须谨慎地观察下面两

个苛刻条件的正确性：

- 如果缓冲区是满的，那么生产者任务不能尝试把数据堆入缓冲区。
- 如果缓冲区是空的，那么消费者任务不允许从缓冲区中取出数据。

如果有多个读/写操作，那么就必须保证互斥来使指针不被破坏。

3. 双缓存

双缓存（乒乓结构）采用两个等大小的缓存空，当其中一个在进行写操作，另一个用来执行读操作时，缓存之间的转换能用软件或者硬件实现。

当时间相关数据需要在不同速率循环之间传送，或者当一个任务需要满系列数据时，但是这些数据只能被另一任务缓慢地提供时，就可以使用这种缓存方案。

双缓存被应用于许多探测系统、磁盘控制器、图形接口、导航装置、机器人控制和其他应用领域中。例如，许多图形显示器利用两个缓冲器，写缓存和读缓存之间转换且交替的循环。这个转换由硬件或者软件来实现。

(1) 缓存大小的计算

当接受数据任务的速度比发送或者产生数据的任务速度慢时，就需要开辟一段临时的存储空间用来存储数据，例如，来自环境的数据可能以高速率进入 DSP，并停留有限的时间。在这数据被放入 DSP 以后，一个任务就被调度用来处理缓冲区的数据。

典型地，这数据以一个更高的速率发送有限的时间，叫做突发时期。如果这个数据以 $P(t)$的速率产生，且能以 $C(t)$的速率消耗（当 $C(t)<P(t)$时），由于突发时期是 T，那么 DSP 应用工程师必须确定缓冲区的大小来阻止数据的流失（通常，系统能够依据周期性重发生的单个突发时期来得到分析，比如来自传感器的以预定速率突发输入的数据）。

如果产生速率是恒定的（$P(t)=P$）并且消耗速率也是恒定的（$C(t)=C$）超过了突发时期，那么缓冲区的大小这样计算得到：

$$B=(P-C)T$$

对于一些突发时期，假设 $P>C$。如果不是，那缓冲区是不需要的。缓冲区会在下次突发之前被耗尽。如果不是这种情况，那么该系统是不稳定的。

(2) 实　例

假设在 2 s 内，设备依靠 DMA 以 9 600 ps 的速率为一个 DSP 提供实时数据。这计算机有以 800 ps 的速率处理数据的能力。这缓冲区大小至少要为：

$$B=(9600-800)*2=1\ 700\text{ 字节}$$

为了确定在系统变得不稳定之前，会以什么样的频率发生突发：

$$800*T_{\mathrm{p}}=9\ 600*T$$

$$T_{\mathrm{p}}=9\ 600*2/800=24\ \mathrm{s}$$

以恒定的速率分析，由于在整个突发时期中 $P>C$，所以在突发时期的最后这额外数据得到最小值。如果 $P(t)$和 $C(t)$都是变量，但是在整个突发时期内 $P(t)>C(t)$，那么在突发时期的最后缓冲区的尺寸最大，并且 $P-C$ 能被大于突发时期的 $P(t)-C(t)$ 的一个整数值代替。在这种情况下，突发时期应该被定义为 $P(t)>C(t)$ 是解决这个问题的另一办法。这种情况下的解决办法就是指派给需要互斥的任务相同优先级。当一个任务申请资源失败时，所有的资源都被释放。RTOS 可以调用已经被其他任务占用的资源，这种方式叫做高优先级协议。

4. 数据管道

实时应用中作为支持在任务间传送数据的例子，DSP BIOS 使用了一个管道的概念在线程（及中断）之间提供 I/O 建设块。

管道是一个有两面的物体，一个是生产者面的"尾巴"，另一个是消费者面的"头"，见图 8.13。当系统准备好 I/O 时，就会调用一个"通报函数"。在这个协议下，数据缓冲区能被划分为一固定数量的帧，叫做 nframe 和 framesize。

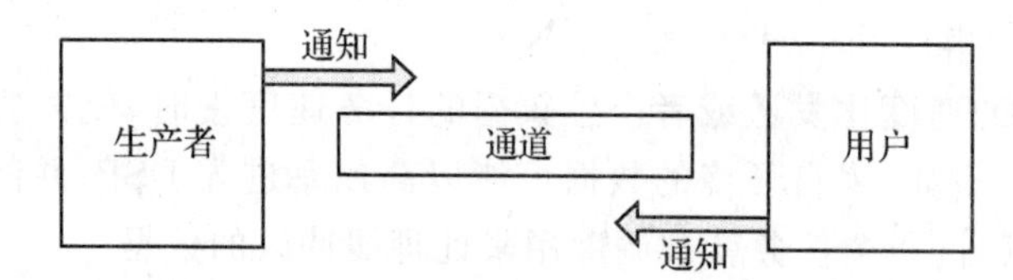

图 8.13　DSP/BIOS 数据通道

每个数据传送线程应该有一个隔离的管道，见图 8.14。一个管道应该有单个的读和单个的写操作（点对点协议）。通报函数能在软件中断箱中完成操作。在程序启动期间，每个管道都调用一个通报写函数。

(1) 写管道

在写管道时，有一个函数首先在管道中检查 writerNumFrames，以确保至少有一个空帧能用。这个函数叫做 PIP_alloc，用来得到一个空帧。如果有更多的空帧可以用，PIP_alloc 函数将为每个帧运行 notifywrite 函数。这个函数把数据写入以 writerAddr 为起点，大小为 writerSize 的一段地址。按 writerSize 的大小往 writerAddr 中写入数据。最后，这个函数应该调用 PIP_put 函数来把帧送入管道。调用 PIP_put 函数，将导致调用 notifyReader 函数来与消费者同步，见图 8.14。

(2) 读管道

在读管道时，有一个函数首先在管道中检查 readerNumFrames，以确保至少有一个满帧能用。这个函数叫做 PIP_get，用来从管道中得到一个满帧。如果有更多的满帧可以用，PIP_alloc 函数将为每个帧运行 notifyReader 函数。这个函数读取 readerAddr 和 readerSize 之间的数据。最后，这个函数调用 PIP_free 函数来重循环这个帧，使其被 PIP_alloc 重使用。调用 PIP_free 函数，将导致调用 notifyWriter 函数来与生产者取得同步，见图 8.14。

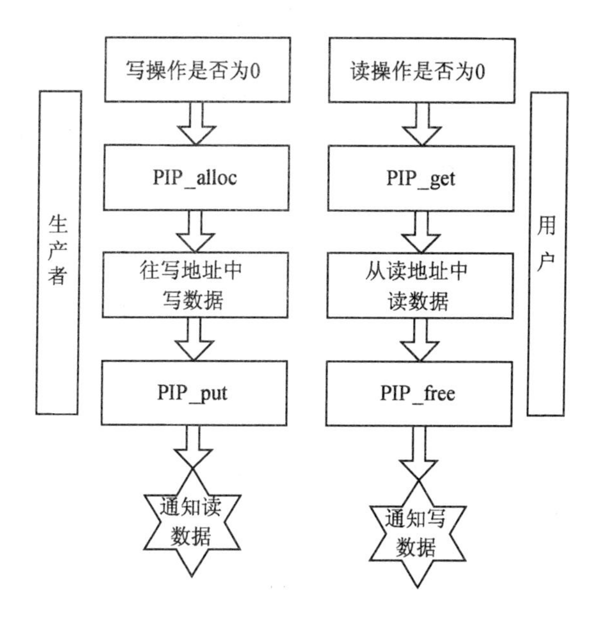

图 8.14 管道在 DSP 中的应用

(3) 实　例

作为一个例子,考虑这样一个情况,部分通信系统使用一个操作在 64 点数据帧上的 8∶1 压缩率算法,把一个 8 kHz 的输入(声音)流转变为一个 1 kHz 的输出(数据)流。这个系统预想就需要以下几个任务:

① 必须有一个被 8 kHz 的速率的周期性中断触发的输入端口(周期=0.125 ms)。有一个输入设备驱动来服务这个端口,且把帧封装为 64 数据点。这是任务 1。

② 有一个被 8 kHz 速率的 POSTED 周期性中断更新的输出端口(周期=1 ms)。有一个输出设备驱动来服务这个端口,并且把 8 点输出帧拆开。这是任务 2。

③ 任务 3 是一个每 8 ms 执行一次的压缩算法,它是这个例子的核心。(64×0.125 和 8×1)当一个满帧和一个空帧都可用时,它需要被触发。其执行时间需要远少于 8 ms 来允许 DSP 上的其他装载。

这个任务被两个管道连接起来,一个从任务 1 到任务 3,一个从任务 3 到任务 1。管道 1 将需要两个 64 字节数据的帧,管道 2 将需要两个 8 字节数据的帧。当输入设备已经填满一帧后,系统将用 PIP_put 来通报管道 1 已满。管道 1 通过 SIG_andn 通道任务 3 清除帧满指示位,任务 3 随即被触发。

当输出设备驱动耗尽了一帧,它会通过一个对管道 1 的 PIP_free 函数的调用来通报管道。管道 1 触发任务 3 用一个 SIG_andn 函数的调用来清空一位,这样来指示空输出帧。如果指示满帧的位已经是 0,是可用的,任务 3 将通报。这些任务的伪代码如下。

任务 1 的代码：

```
inputInterrupt(){
    service hardware
    if('current frame is full'){
    HWI_enter;
    PIP_put(inputPipe);              /*当前全帧入队*/
      PIP_alloc(inputPipe);          /*下一空帧出队*/
      HWI_exit;                      /*分派挂起信号*/
    }
     return;
    }
```

任务 2 的代码：

```
outputInterrupt(){
    service hardware
    if('current frame id empty'){
    HWI_enter;
    PIP_free(outputPipe);            /*当前空帧入队*/
    PIP_get(outputPipe);             /*下一全帧出队*/
    HWI_exit;                        /*分派挂起信号*/
    }
    return;
    }
```

任务 3 的代码：

```
compressionSignal(inputPipe,outputPipe){
    PIP_get(inputPipe);              /*全帧出队*/
    PIP_alloc(outputPipe);           /*空帧出队*/
    do compression algorithm         /*读/写数据*/
    PIP_free(inputPipe);             /*释放输入帧以回收利用*/
    PIP_out(outputPipe);             /*输出数据*/
    return;
    }
```

(4) 电信系统任务的伪代码

注意，通信和同步与输入驱动的本质、压缩程序无关，甚至其与输入/输出中断是否真的是每个数据点(还是帧大小)无关。

5. 其他种类的同步

当任务需要与它的行为同步时,共享资源是最主要的原因。在需要某些形式的同步的地方会出现另外的状况。有时,一个任务需要等到其他的任务完成才能进行(会和)。有时一个任务只有在满足一定条件才能进行(条件性)。接下来解释这些类型的同步是如何达到的。

(1) 任务同步(集合点)

信号量常常是用来实现任务同步的。考虑这样一种情况,有两个任务在DSP中执行,它们有同样的优先级。如果任务A比任务B先进入准备状态,那么任务A将发出一个信号量并且任务B将被挂起,如图8.15所示。如果任务B的优先级比任务A高,且任务B比任务A先进入准备状态,那么任务A用触发操作释放一个信号量后可能被抢占,如图8.16所示。

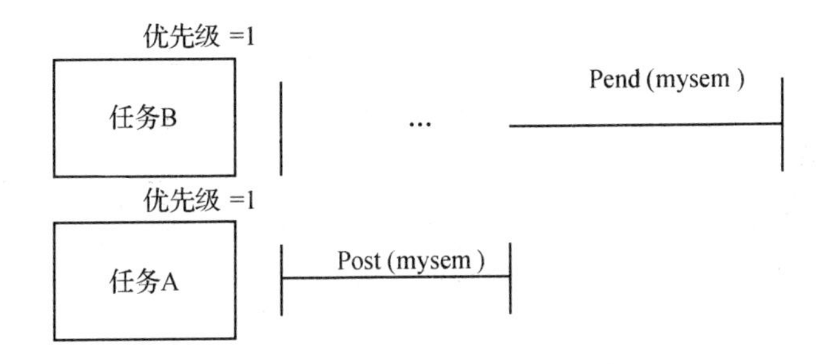

图8.15 同步标志:任务A与B有同样的优先权,A在B之前准备好

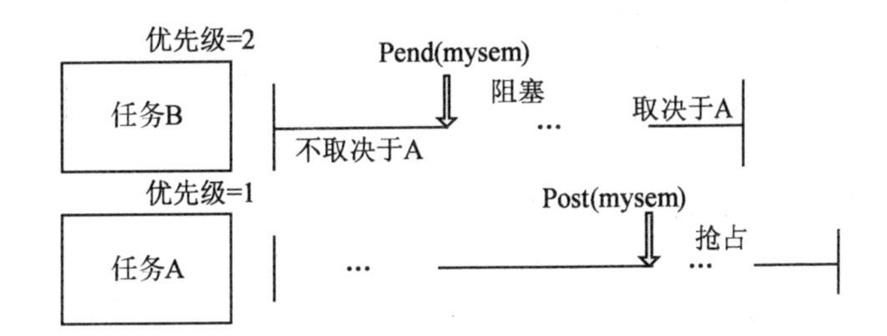

图8.16 同步标志:任务B比任务A优先权高,B在A之前准备好

(2) 条件同步

当一个任务希望执行一个操作时,其前提条件是已经在其他任务中被触发,此操作将被按照规定好的逻辑要求安全地执行,条件同步就是在这种情况下所需的一种同步。缓冲器就是这种同步的一个例子。缓冲器是用来连接(减弱)两个任务的,一个任务是写数据,另一个是读数据。缓冲器可以用来高效处理任务间速率的波动,生产者与消费者之间不同的数据大小、保存关联时间以及数据的重分配。下面是一个基于信号量的条件同步的实例:

```
Var semi :semaphore;( * initially zero * )
    Task t1;( * waiting task * )
```

```
…
Wait (semi);
…
End t1;
Task t2;( * waiting task * )
…
Signal (semi);
…
End t2;
```

6. 小　结

并发执行(多重处理)促进了复杂实时系统的发展。但是,多重处理的一个重大问题是多重处理往往需要共享数据(保存在共享内存的数据结构中)和资源、如片上存储器、I/O 端口、或外设等。这就需要控制的访问共享数据、资源或进程可能对数据有不一致的观点,或不正确地使用硬件资源。多重处理执行的效果将最终依赖于间隔执行的命令。这导致在执行中有非确定因素,对于实时系统来说,这是一个灾难性的问题,其很难被诊断和更正。

并发错误是非常隐蔽并且是间歇性的。确定和适当的同步共享线程或任务间一切是非常重要的。RTOS 的一大优点就在于它可以很方便地解决此问题。

DSP RTOS 在多进程系统中,通过确保临界区不会同时被多个进程执行来实现互斥。这些代码通常访问通用存储器的共享变量或共享硬件,如片上 DSP 存储器及 DMA 控制器。在临界区中究竟发生了什么,这是与互斥问题不相关的。在实时系统中,通常假设临界区相当短,以缩短系统响应。

在实时 DSP 系统中,信号量的使用有两个主要目的:任务同步和资源管理。一个 DSP RTOS 执行了信号量机制。应用程序员负责正确的管理资源,而信号量就是用来管理资源的一个重要工具。

8.9　可调度性和响应时间

如前所述,在分析实时系统时,确定性是非常重要的。现在来讲述一下这些分析。在实时系统中,检验一个任务执行调度是否满足强加时间约束要求的进程是与调度性的分析相关的。首先来看调度算法的主要两类:静态和动态。然后来看实际确定系统调度性的分析技巧。最后,讲解一些在使用通用调度算法时使通用调度算法问题最小化的方法。

8.9.1　实时系统的调度策略

在实时系统中有几种途径来调度任务。它们一般遵循这两大类:固定的或静态优先级调度策略和动态优先级调度策略。

如今许多商业RTOS都支持固定优先级调度算法。该算法在任务运行时不改变任务的优先级。由于一些原因,任务允许自己改变自己的优先级,这些原因在本章的后面将会讲述。固定优先级算法只需要很少的支持代码来使调度程序实现此功能,这个算法下调度程序的速度非常快且是可预知的,主要在脱机状态(在系统运行前)下完成。它要求DSP系统设计者知道任务要先验设置(提前),并且不适合在运行期间动态地创建任务。任务的优先级必须预先设定好,并且在系统运行时不能被改变,除非该任务自己改变其优先级。

动态调度算法允许调度程序修改任务的优先级。它是一个更复杂的方法,在调度程序中需要更多的代码来实现其功能。这就导致在DSP系统中花费更大的开销来处理任务设置。因为调度程序现在必须花更多的时间在系统任务设置和分配执行任务优先级方面动态地排序。这将导致不确定因素,尤其在硬实时系统中它是不受欢迎的。动态调度算法是一种在线调度算法,这个调度策略被用来在系统执行期间设置任务。在系统运行时,这个活动的任务设置动态地改变,任务的优先级也动态地改变。

1. 静态调度策略

单调速率调度和单调时限调度是静态调度策略的例子,最早时限优先调度和最小空闲时间调度是动态调度策略的例子。

(1) 单调速率调度

单调速率调度是一个最优的固定优先级策略,任务的频率(周期的倒数)越高,其优先级就越高。这种方法在任何支持固定优先级抢占方案的操作系统中都能实现,例如DSP/BIOS和VxWorks。单调速率调度假设周期性任务的时限与其周期相同。单调速率调度方法并不是一种新的方法,美国航空宇航局在阿波罗太空任务中曾经就使用过该方法。

(2) 单调时限调度

单调时限调度是单调速率调度策略的一个推广。在这种方法中,从周期的开始,任务的时限在时间上是个固定(相对)的点。这个(固定的)时限越短,它的优先级就越高。

2. 动态调度策略

动态调度算法能被划分为两种主要的算法。第一种叫做基本动态规划方法。这种方法对那些必须动态接受新任务的系统非常有用。例如,一个无线基站,它必须以动态速率接受新的调用给系统。这种方法结合了动态方法的一些适应性和静态方法的一些可预知性。在任务到达,开始执行前,必须做一个检查来决定一个能处理新任务和当前执行任务的调度是否能被创建。

另一种方法叫做动态最大努力方法,它使用任务时限来设置优先级。在这种方法下,任务在执行期间的任何时候都能被抢占。因此,在任务时限到达或执行完成前,都不能得到确定的时间约束。最早时限优先调度就是动态最大努力算法的一个例子。

(1) 最早时限优先调度

最早时限调度是一个动态优先级抢占策略。在这种方法下,一个任务实例的时限是时间上一个绝对的点,实例必须在这个点之前完成。在实例被创建时,任务时限就计算好了。操作系统的调度程序选择运行最早时限的任务。更早时限的任务抢占相对迟时限的任务。

(2) 最小空闲时间调度

最小空闲时间调度也是一个动态优先级抢占策略。任务实例的空闲时间等于绝对时限减去实例完成的剩余时间。操作系统调度程序先运行最短空闲时间的任务。空闲时间小的任务抢占空闲时间大的任务,这种方法是任务最小,延迟最大化。

(3) 动态优先级抢占调度

在动态调度方法中,例如动态优先级抢占调度,任务的优先级能够在不同的情况中改变或能够在一个实例的执行期间改变。在这个方法中,高优先级的任务抢占低优先级的任务。由于这种方法导致分析其实时性和决定优先级非常困难,很少有商业 RTOS 支持这种策略。下面段的重点将放在静态调度策略上。

3. 周期性任务调度

许多 DSP 系统都是多重系统。这就意味着在 DSP 系统中有多个任务在以不同的周期性速率运行。多重 DSP 系统能用非抢占和抢占调度技术来控制,非抢占技术包括使用状态机和循环执行。

8.9.2 抢占系统中的调度行为分析

抢占方法包括使用与刚才描述(单调速率调度、单调时限调度等)的几种方法类似的调度算法。这部分总结分析 DSP 系统任务的技巧,以期可以用最优的方法来调度它们。讲述决定一个特殊的任务设置是否满足其底限的 3 种不同的方法:单调速率分析、完成时间分析以及响应时间分析。

1. 单调速率分析

大部分的时间策略都不能准确地给出各个任务的时间周期,单调速率分析法将给出如何确定任务的时间周期。这种方法假设一个优先级抢占调度算法,也假设独立的任务(没有联系或者同步)。

每个讨论的任务都有以下的性质:

- 每个任务都是周期性的任务,其周期为 T,这也是执行的频率。
- 一个执行时间 C,这是在周期中所需的 CPU 时间。
- 一个利用率 U,它等于 C/T 的比率。

如果所有的时限都满足了(也就是任务在时间耗尽之前完成了执行),那么这个任务是可调度的。如果每个任务都能满足它的时限,那么很多任务都被认为是可调度的。

单调速率分析(RMA)是在已知开支的情况下解决周期性任务的调度问题的一种机制。RMA方法假设整体利用率必须总是小于或等于100%。

由于是一组独立的周期性任务,单调速率算法根据任务的周期指派给每个任务一个固定的优先级,任务的周期越短,其优先级越高。如果有3个任务T1、T2和T3,它们的周期分别是5 ms、15 ms和40 ms。由于任务1的周期最短,所以它的优先级应该最高,而中等的优先级应该分配给任务T2,最低的优先级给任务T3。

注意: 这个优先级的分配是独立于应用程序的"优先级"的。也就是说,对于系统的功能方面和用户所关心的来说,满足时限是非常重要的。

---

2. 最坏情况执行时间的计算

为了确定最坏情况下任务的执行时间,需要实际建模或者测量。为了确定最坏情况下的静态性能(通过代码观察),下面的步骤必须用到:

① 把任务代码分解到一个基本块的有向图中(基本块是直线代码段)。

② 基于基本块评估处理器性能(高速缓存、管道、内存冲突、内存等待状态就是这样的没有精确模拟器的系统难点)。

③ 瓦解基本块(例如,如果执行路径能够通过两个基本块,那么选择最长的基本块)。使用最大边界的理论能够瓦解循环。

要精确地模块化任务的行为,循环和递归必须是有界的。一个可选择的途径就是通过模拟任务计数循环来建立最坏情况条件。仿真和处理器模拟器将在后面讨论。

如果观察的所有系统任务都以最坏的情况满足时限,系统的利用率将总是很低。如果硬件和软件的时限都已出现,那么下面的方针能被用到:

- 所有的硬实时任务应该用最坏执行时间和最坏到达率来调度。
- 所有的任务应该用平均执行时间和平均到达率来调度。

3. 边界利用率定理

任务调度的RMA方法使用一个边界利用率定理来确定调度能力。如果任务设置的整个利用率比在表8.4中给出的边界利用率还低,那么由单调速率算法调度的一组独立的周期性的任务将总是满足时限。表8.4写出了几个任务实例的边界利用率。

表8.4 不同任务设置的边界利用率

任务号码	边界利用率	任务号码	边界利用率
1	1.0	3	0.779
2	0.828	4	0.756

续表 8.4

任务号码	边界利用率	任务号码	边界利用率
5	0.743	8	0.720
6	0.734	9	0.720
7	0.728	无限	0.69

这个理论是最坏情况下的近似值。因为随机选出的一组任务,它被证明最大可能达到88%。在所有周期是完美匹配的特殊情况下,利用率最大可以达到100%。在有短暂的超载的条件下,这个算法是稳定的。在这种情况下,会有所有任务数目的一个子集,即那些有最高优先级的任务,它们将满足时限。

一个非常有用的特殊情况

在所有谐波周期的特殊情况下,RMS 允许使用100%的处理器吞吐量和满足所有时限。换句话说,就是谐波任务组的边界利用率是1.0。如果一个任务组的所有任务的周期是另一个的整数倍或者约数,这个任务组就被认为是谐波的。

假设 n 个周期性任务的任务组,每个任务的周期 T_i 和最坏执行时间 C_i 都给了单调速率优先级,也就是短周期(高频率)的任务指派一个更高的固定优先级。如果遵守了这些简单的规则,所有的任务都确保能满足时限。

谐波周期趋势任务的应用例子包括:硬件中的音频采样、音频采样处理、视频捕捉及处理、反馈控制(侦测和处理)导航及温度速度监控。

这些例子都有周期的固定进程开支。

4. 一个调度实例

这是边界利用率理论的一个简单例子。假设有以下的任务:

- 任务 t1:$C_1=20$;$T_1=100$;$U_1=0.2$;
- 任务 t2:$C_2=30$;$T_2=150$;$U_2=0.2$;
- 任务 t3:$C_3=60$;$T_3=200$;$U_3=0.3$。

这个任务组的总利用率是 $0.2+0.2+0.3=0.7$。由于这比这个任务组的边界利用率0.779要少,所以所有的时限都会满足。

5. 一个不能被调度的双任务实例

考虑一个简单例子,如图8.17所示,一个任务在系统中执行。这个例子显示了一个任务的执行间隔是10(调度程序以10为周期调用这个任务),执行时间是4(忽略了起始时间单元)。

如果有第2个任务加入了系统,这个系统就是可调度的了吗?如图8.18所示,一个周期为6,执行时间是3的任务加入了系统。如果给任务1的优先级比任务2高,那么在这个例子中任务2要到任务1完成(假定最糟糕的情况,任务相位调整,这些实例中已经暗示的这种情

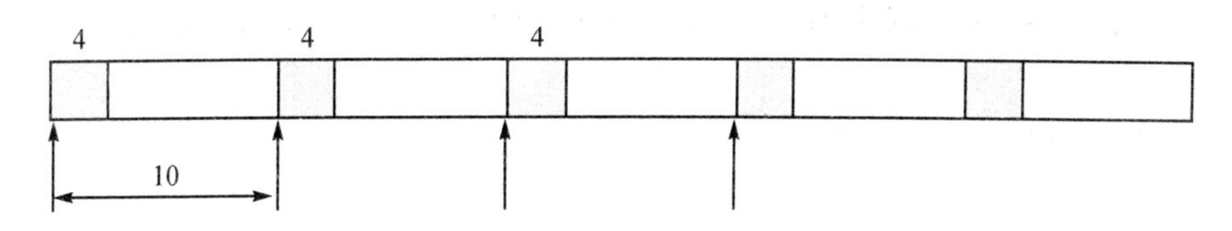

图8.17 一个任务的总时间是10,执行时间为4

况,所有任务都准备同时运行)后才能执行。任务2在任务1完成后启动,一直执行到周期满为止,并且这个系统是不可调度的。

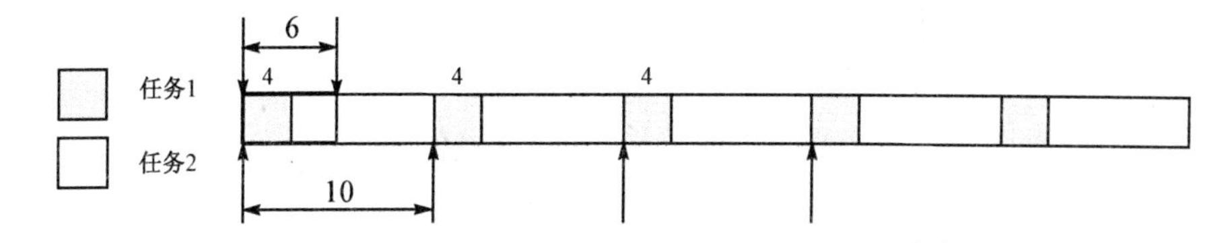

图8.18 如果在事件2之前事件1先执行,则事件2不能执行完成

现在假设转换图8.18~图8.22中的两个任务的优先级。现在任务2以一个比任务1高的优先级运行,任务1要在任务2完成之后才能运行。图8.19显示了这种设想。这种设想下,两个任务能没有中断地运行到完成。在这种情况下,比任务2优先级低的任务1,在任务2再次执行之前都不能完成。这个系统仍然是不可调度的。

如果任务1的优先级比任务2低,并且任务1准备运行是允许被任务2抢占,这个系统就是可调度的了。如图8.20所示。任务2运行直到完成。当任务2准备再次运行,任务1准备启动运行时,任务2把任务1中断并且运行到完成。接着任务1继续执行,完成进程。

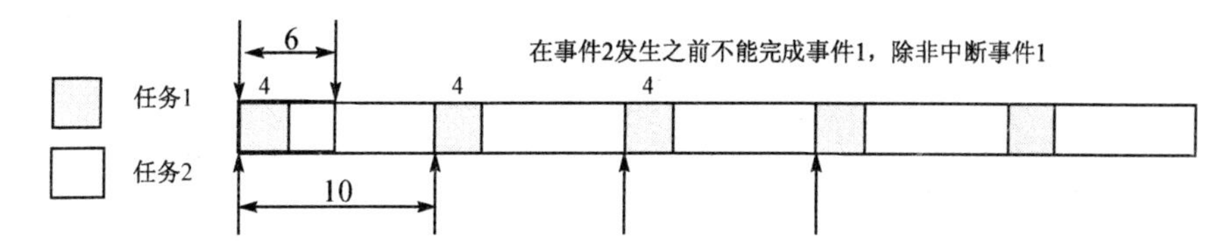

图8.19 不带单调速率管理的任务系统

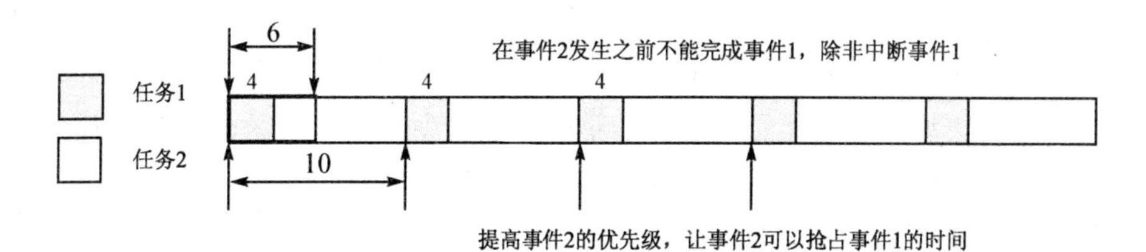

图8.20 带单调速率管理的任务系统

超过边界利用率但是该利用率又比 100%低的任务组需要更深度的调查。考虑如下的任务组：

- 任务 t1：$C_1=20$；$T_1=100$；$U_1=20/100=0.2$
- 任务 t2：$C_2=30$；$T_2=150$；$U_2=30/150=0.3$
- 任务 t3：$C_3=90$；$T_3=200$；$U_3=90/200=0.45$

总利用率等于 0.2＋0.2＋0.45＝0.85。它比这个 3 任务的任务组的边界利用率 0.779 要大。这意味着这些任务的时限可能或不可能被满足。这种情况需要更深度的分析。

8.9.3 完成时间理论

完成时间理论是指一组独立的周期性任务，如果当所有任务在同一时刻启动时，每个任务都满足了该任务的第一时限，那么时限将会被所有的启动时间满足。如果检查给出任务的第一周期的终点是必需的，那么所有高优先级任务的周期终点的检查也是必需的。图 8.21 给出了关于一个给定的任务组的一个时间轴分析。

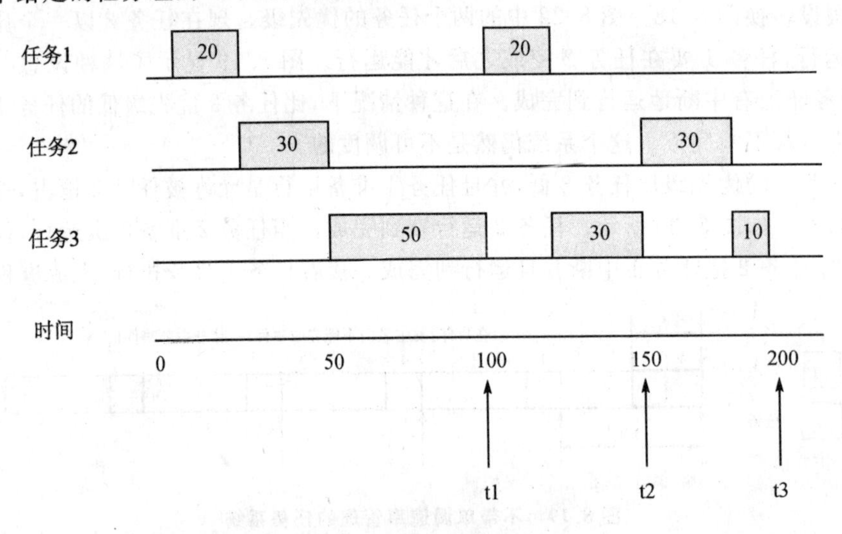

图 8.21　三任务时间通道分析

下面以最坏情况任务定相的条件来做这次分析，这个条件即意味着这所有的 3 个任务是同时准备运行的。这些任务的优先级是基于单调速率调度方法来指派的。因为任务 1 的周期最短，所以它的优先级最高，任务 2 的优先级其次，任务 3 的优先级最低。如图 8.21 所示，由于任务 1 的优先级最高且在需要时可以抢占任务 2 和任务 3，所以它的时限容易满足。任务 2 在任务 1 完成后才执行，它也能满足 150 的时限。优先级最低的任务 3，在需要时必须屈服于任务 1 和任务 2。任务 3 在任务 1 和任务 2 完成后才开始执行。在 t1 的时刻，任务 3 被中断来允许任务1执行其第2个周期。当任务1完成后，任务3继续执行。然后任务3再次被中断来允许任务2执行其第2个周期。当任务2完成后，任务3又继续运行，并且在它的周期200之前完成它的进程。所有3个任务在最坏情况下都成功(按时)地完成了。这个完成时间理论的分析显示出系统是可以调度的。

实 例

考虑如下任务组：

任务 t1：$C_1=10$；$T_1=30$；$U_1=10/30=0.33$

任务 t2：$C_2=10$；$T_2=40$；$U_2=10/40=0.25$

任务 t3：$C_3=12$；$T_3=50$；$U_3=12/50=0.24$

总利用率是0.82。它比这3个任务的任务组的边界利用率要高，所以需要更深一步分析。图8.22描述了该任务组的时间轴分析。在这个分析中，任务1和任务2都有时限，但是周期为50的任务3却失去了它的第二时限。这是导致系统不可调度的时间轴分析的例子。

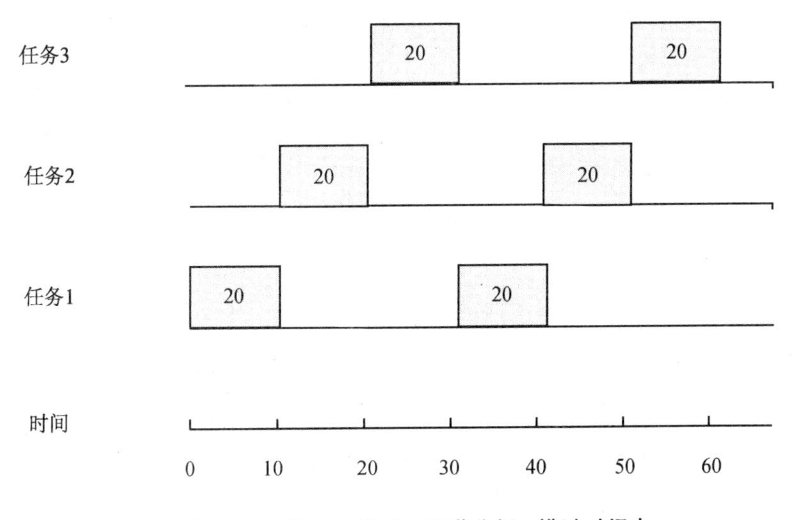

图8.22 三任务集合的时间通道分析：错过时间点

8.9.4 响应时间分析

前面讨论的基于测试的利用率是评估一个任务组的调度能力的快速方法。这种方法不精确(如果但不仅仅是如果)且对一个通用模式来说不易扩张。

一个可选择的方法叫做响应时间分析。在这个分析中，有两个阶段。第一阶段是预知每个任务的最坏情况响应时间，然后把响应时间与所需的时限相比较。这种方法要求对每个任务独立分析。

这响应时间分析需要一个最坏情况响应时间 R，即任务在被触发后到完成其操作的时间。这个分析上，假设采用相同独立抢占性任务模式。

$$R_i = C_i + I_i$$

这里 I_i 是最大干扰，在任意离散时间间隔 $t, t+R_i$ 中，任务 i 能够占用更高优先级。和图表分析一样，当所有高优先级任务像任务 i 一样同时被释放时将取得最大干扰。因此，在这个分析中假设任务在 $t=0$ 的时刻释放。

来自一个任务的干扰计算如下。给定一个周期性任务 j，其优先级比任务 i 要高。在 0 和 R_i 之间被释放的次数为：

$$\text{Number\_of\_releases} = \lceil R_i \,/\, T_j \rceil$$

顶层函数在其运行时给出比分数大的最小整数(把分数向整数靠拢，例如 7/4 就是 2)。

任务 i 每执行一次就被延迟执行时间 C_j。这就导致了如下特殊任务的最大干扰。

$$\text{Maximum\_interference} = \lceil R_i \,/\, T_j \rceil * C_j$$

如果 $hp(i)$ 是一个所有任务的优先级都比任务 i 高的任务组，这个干扰能被替代为：

$$I_i = \sum_{j \in hp(i)} \left\lceil \frac{R_i}{T_j} \right\rceil C_j$$

响应时间由固定点方程给出(注意 R_i 在方程两边都出现了)：

$$R_i = \sum_{j \in hp(i)} \left\lceil \frac{R_i}{T_j} \right\rceil C_j + C_i$$

响应时间的等式关系；

$$W_i^{n+1} = \sum_{j \in hp(i)} \left\lceil \frac{W_i^n}{T_j} \right\rceil C_j + C_i$$

W 的值是单调非递增的，由于所有的数都是正数和顶层函数的本质。

$$W_i^{n+1} = W_i^n$$

如果 R_i 小于这个时限，那么任务 t_i 能满足其时限；如果 W 比时限大，那么将没有解决的办法。

1. 实例 1

考虑下面任务组，它是一个关于响应时间计算的例子。

任务 t_1：$C_1=20; T_1=100; U_1=0.2$

任务 t_2：$C_2=30; T_2=150; U_2=0.2$

任务 t_3：$C_3=60; T_3=200; U_3=0.3$

2. 实例 2

下面的任务组来演示第二个关于响应时间计算的例子：

任务 t_1：$C_1=20; T_1=100; U_1=0.2$

任务 t_2：$C_2=30; T_2=150; U_2=0.2$

任务 t_3：$C_3=90; T_3=200; U_3=0.45$

响应时间方程如下：

任务 1 与任务 2 的计算是一样的。

$W_3^0 = 90$

$W_3^1 = 90 + [90/100] * 20 + [90/150] * 30 = 140$

$W_3^2 = 90 + [140/100] * 20 + [140/150] * 30 = 160$

$W_3^3 = 90 + [160/100] * 20 + [160/150] * 30 = 190$

$R_3 = W_3^4 = 90 + [160/100] * 20 + [160/150] * 30 = 190 < 200$

3. 实例 3

这是最后一个例子。考虑如下任务组：

任务 t_1：$C_1 = 10$；$T_1 = 30$；$U_1 = 0.24$

任务 t_2：$C_2 = 10$；$T_2 = 40$；$U_2 = 0.25$

任务 t_3：$C_3 = 12$；$T_3 = 50$；$U_3 = 0.33$

如下所示，这个任务组的响应时间测试失败，并且系统在所有最坏情况条件下都不可以调度。

$W_3^0 = 12$

$W_3^1 = 12 + [12/30] * 10 + [12/40] * 10 = 32$

$W_3^2 = 12 + [32/30] * 10 + [32/40] * 10 = 42$

$W_3^3 = 12 + [42/30] * 10 + [42/40] * 10 = 52 > 50$

4. 中断延迟

不可屏蔽中断
复位中断
时钟中断
其他中断优先级
最低中断优先级
调度程序中断
最高任务优先级
⋮
不可屏蔽中断

图 8.23　DSP 中断的优先级

硬件中断为把外部发生的事件通报给应用程序提供了一个有效的方法。中断也用来通报偶尔发生的 I/O 事件。中断服务的时间是由中断源的种类决定的。在包括 DSP 在内的大多数处理中，中断处理被分为两步：立即中断服务和调度中断服务。立即中断按照中断优先级别执行，中断优先级别号决定于硬件。例如，TMS320C55 DSP 系列，支持预先定好优先级的 32 个中断。所有的中断优先级别都比任务优先级别要高。如图 8.23 所示，立即中断服中的中断优先级别要比调度执行中的要高些。

服务 DSP 中断的整个延时是指处理器要完成当前指令，做一些必要的工作，跳至陷阱处理程序和中断内核调度所花的时间，此时内核必须屏蔽外部中断。也有可能需要时间来完成更高优先级中断的立即服务程序。内核必须保存中断线程的现场环境，识别中断设备，获取 ISR 的起始地址。这些时间的总和叫做中断延迟，由中断机制来测量对外部事件的响应性。许多 RTOS 在中断再次使能时提供应用程序控制的能力，然后 DSP 能够控制外部中断服务的速率。在 TMS320C55 DSP 中,服务可屏蔽中断和不可屏蔽中断的流程图如图 8.24 所示。

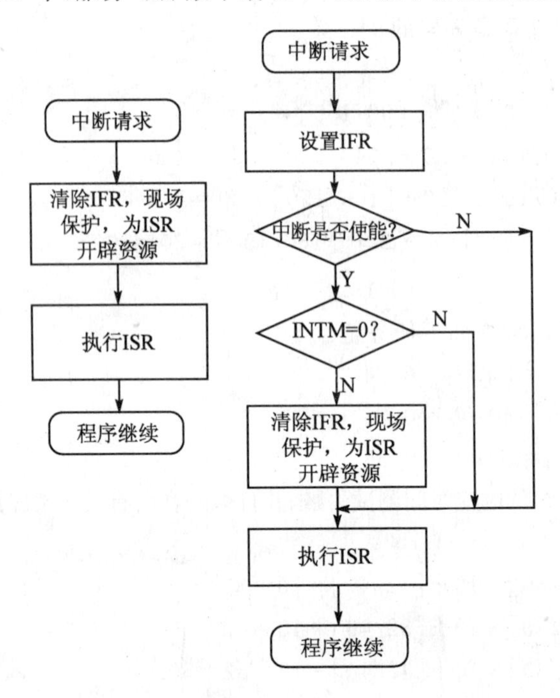

图 8.24　不可屏蔽中断和可屏蔽中断流程

5. TMS320C55 DSP 的中断流程

DSP 中断处理的第二步叫做调度中断服务。调用它来完成中断处理的另外一个服务程序,它是一个典型的可强制式中断进程(除非再次期间中断被 DSP 特意的关闭)。

8.9.5　上下转换开销

在任务系统中,RTOS 调度程序要花费有限的时间在不同线程之间的转换,这就是上下转化开销。

任务的上下转换最坏的影响有两种调度行为,一个是在任务开始时执行,还有一个是在任务完成时执行。在计算任务边界利用率时,必须考虑上下转换开销。这将涉及到下面等式中的 CS,它代表任务之间的往返转换时间。

$$U_i = C_i/T_i + 2CS_i$$

实时系统的系统构建者的目标是保持 $2CS$ 为任务执行时间 T_1(系统中所有任务的最小周期)的一小部分。

8.10　更复杂系统的分析

直到现在，用来决定任务调度性的模式相当简单：

- 所有任务都是周期性的，并且有已知的周期。
- 所有任务有一个等于它周期的时限。
- 单调速率优先级分配。
- 所有任务都完全独立于其他任务。
- 可抢占调度策略。
- 应用程序有一系列固定的优先级(静态)。
- 所有的系统开销都包括在执行时间中。
- 所有任务有固定的最坏情况执行时间。

事实上，在实时系统中有许多非周期的例子和周期性的事件。非周期任务被认为是在某个时间 T_a 内执行一次，这样来描述激活任务的事件的最小时间间隔。CPU 时间 C_a 是被单事件引起的执行时间。利用率时间是指最坏情况利用率时间，其比实际值要小。根据调度性能分析，非周期任务等同于周期等于 T_a，执行时间等于 C_a 的周期任务。

非周期任务的响应常常要比最小到达时间快得多。例如，当需要处理紧急情况却很少中断时，信号会出错。这就打破了时限等于周期的假设，现在时限是小于周期的，这被称为单调速率优先级倒置。由于单调速率任务有更短的周期，它只能被单调速率优先级倒置的任务抢占一次。任务最多会被阻塞来满足单调速率优先级倒置的任务的执行时间。最坏的假设就是每个低优先级任务 t_1 都被每个单调优先级倒置的非周期任务阻塞一次。

8.10.1　单调时限调度

单调时限调度将最高的优先级分配给时限最短的任务。

$$D_i < D_j \Rightarrow P_i > P_j$$

在应用程序开始之前，优先级就固定且指派好了。这被证明是在使用静态调度模式的情况下，时限小于或等于周期 T 的最佳调度算法(单调速率是当所有 $D_i = T$ 时的特殊情况)。

应用以下单调时限调度来测试一个任务组是否是在单调时限策略下调度的。

对所有的工作 $J(i)$，在工作组 J 中

```
{
          I = 0;
        do{
            R = I + C;
```

```
        If(R>D(i)) return unschedulable
        I= ∑ R/T(j)×C(j)   for j = i ,i-1
        }while ( (I+C(j)>R)
    return schedulable
    }
```

单调时限调度算法测试所有的工作在最坏条件下是否满足它们的时限(严格任务定相)。最坏情况响应时间包括每个任务被其他更高优先级任务抢占带来的延时。这个算法很容易扩张到包括其他延时因素的情况,如上下转换时间、等待系统资源引起的阻塞和其他调度开销及延时:

$R(i)=((\text{Context Switch Time}(i)*2)+\text{Scheduler latency}(i)+\text{Blockong}(i)+C(i)+I(i)$

1. 例子:动态和静态调度的比较

单调速率调度在静态优先级方针中是最理想的。然而,某些用 RMS 不能调度的任务组用动态策略能够被调度。例如,任务组的完成进程时限不等于其周期的情况(有时时限比任务周期要短)。这个例子中,任务组能在单调时限优先级策略下被调度,而在 RMS 下不能。

考虑如下任务组:

任务	时限/ms	完成时间/ms	周期/ms	利用率	优先级
t_1	5	3	20	0.15	1
t_2	7	3	15	0.20	2
t_3	10	4	10	0.40	3
t_4	20	3	20	0.15	4

用单调时限方法来调度,任务执行轮廓如图 8.25 所示。所有任务都用这个方法来满足各自的时限。

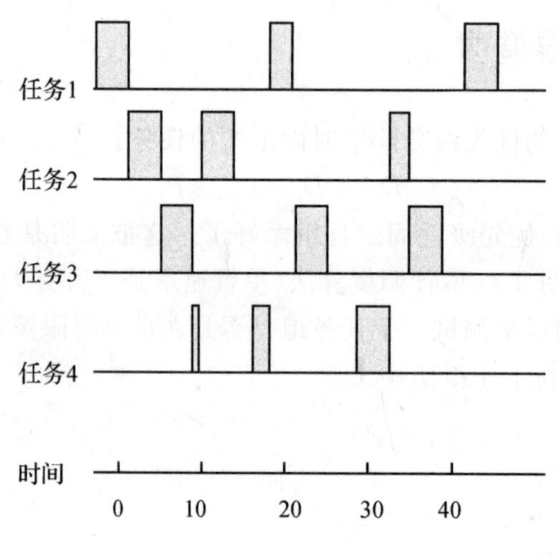

图 8.25 单调时间调度

现在考虑同样的任务设置，用单调速率方法来调度时间优先级。如下所示，用 RMA 方法来改变任务优先级。

任务	时限/ms	完成时间/ms	周期/ms	利用率	优先级
t_1	5	3	20	0.15	3
t_2	7	3	15	0.20	2
t_3	10	4	10	0.40	1
t_4	20	3	20	0.15	4

2. 相同任务组的单调速率调度

图 8.26 是 RMA 调度技巧的时间轴分析。注意，在任务组中使用 RMA 方法和定义好的时限约束时，任务 1 是不可调度的。虽然任务 1 满足它的周期，但是它不满足定义好的时限。

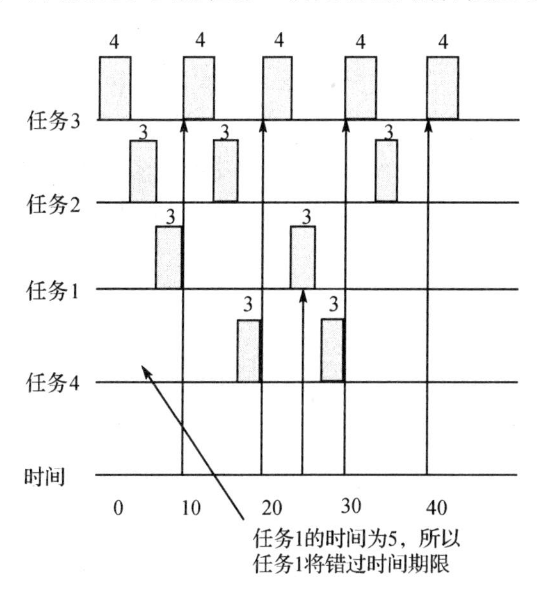

图 8.26 单调速率调度

8.10.2 其他动态调度算法

动态调度算法的其他例子包括最早时限优先和最小松弛时间。为了成功实现最早时限优先动态算法，调度程序必须知道任务的时限。调度以最近的时限运行任务。这个算法的一个优点就是可调度范围是 100%。大型任务组用 RM 调度的范围逼近了 69%。然而，这个方法的一个主要问题就是在系统瞬态超载的情况下不能确保是哪个任务失败。瞬态超载就是指系统利用率暂时性地超过了 100%的情况。这个情况下，控制哪个任务失败，哪个任务继续执行是非常重要的。如果用RM调度方法，是让最低优先级任务(这是基于之前的优先级安排)失败，而高优先级任务继续执行。如果用例如EDF的动态方法，将不知道哪个任务失败，而哪个任务继续执行。

如果使用最小松弛时间算法，任务管理器需要知道任务时限和剩余执行时间。这个算法给系统中的每个任务都指派一个“松弛”。有最小松弛的任务被选出来接下来执行。这个算法的松弛期由以下算式决定：

松弛时间＝时限时间－当前时间－完成进程还需的CPU时间

松弛时间的计算是一个很灵活的方法。它意味着任务会由于计算好的松弛时间和需要按时完成进程的原因而进行延时。一个松弛时间是0的任务意味着它必须立刻执行或者失败。最小松弛时间方法也受到这样的限制，在系统瞬态超载的情况下，它不能确保哪个任务失败。

图8.27是动态调度算法的一个例子。这3个任务t_1、t_2和t_3的执行时间是C_1、C_2和C_3，它们的时限是d_1、d_2和d_3。这个任务组用了EDF调度算法。如图所示，最早时限的任务取得的执行优先级与静态单调速率方法取得的刚好相反。t_2中断t_1获得执行以及t_3中断t_2获得执行的情况。因为t_2的时限比t_1的更接近将来，所以在t_3执行后，执行t_2而不是t_1。

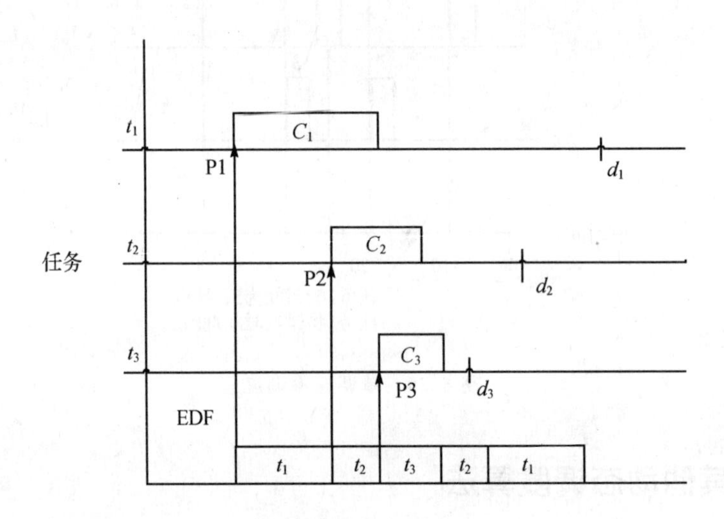

图8.27　动态调度算法

动态调度算法有几个优点。如果调度程序允许在执行期间改变任务组的优先级，就能在整体上获得一个更好的利用率(即更低的空闲时间)。动态算法也能处理好非周期任务，周期性的考虑不需要确定优先级。

动态调度算法也存在些缺点。例如EDF就需要调度程序知道每个任务的周期，而有些周期的优先级是不知道的。动态调度算法在运行期间有更高的花费评估。以必须在调度程序中实时处理的额外任务为例,任务转换时间由于系统延时可能会更长。最后,在系统超载条件下,动态调度算法实际上不能控制哪个任务失败,在静态调度方法中,这个失败的任务一般是低优先级的任务,但是在动态调度系统中,这个失败的任务就更不可预知了。

8.10.3 任务同步调度

至此,我们一直假设任务是独立的,但实际中这种情况是有限的。任务的相互作用在所有应用程序中是很常见的。任务同步要求带来了一系列新的潜在问题。考虑如下情况,任务进入临界区(它需要独占资源,例如I/O设备或数据结构),高优先级任务抢占并且想使用同样的资源。高优先级任务被阻塞直到低优先级任务完成为止。由于低优先级任务能被其他更高优先级任务阻塞,这是无边界的。高优先级任务必须等待低优先级任务完成的例子叫做优先级倒置。

1. 例子:优先级倒置

图8.28是优先级倒置的一个例子。任务 $Task_{low}$ 开始执行,且需要利用临界区。而在临界区中,一个更高优先级的任务 $Task_{h}$ 抢占低优先级的任务,并且开始执行。在执行期间,这个任务需要利用同一临界资源。由于这临界资源已经被低优先级的任务占有,任务 $Task_{h}$ 必须阻塞到低优先级任务释放资源为止。任务 $Task_{low}$ 继续执行,且只被中间优先级任务 $Task_{med}$ 抢占。$Task_{med}$ 不需要利用同一临界资源,直到它执行到完成。$Task_{low}$ 继续执行,完成临界资源的利用且立刻被更高优先级任务抢占,这个高优先级任务执行它的临界资源,完成执行且把控制归还给低优先级任务。优先级倒置发生在当高优先级任务等待低优先级任务释放临界资源时。

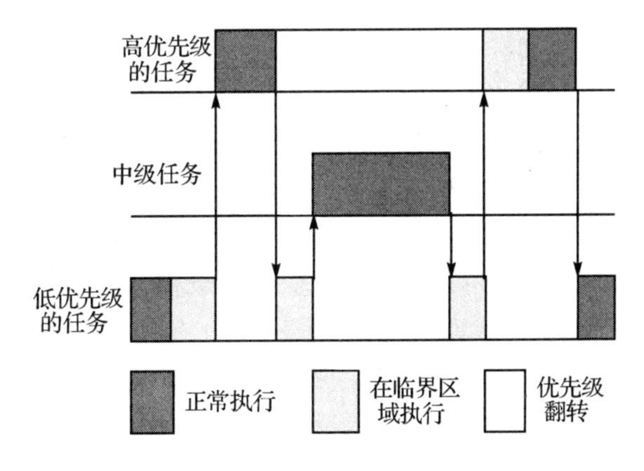

图8.28 优先级倒置的例子

这种类型的优先级倒置是无界的。这个例子中，由于中间优先级任务不需要利用临界资源，它抢占了在临界区运行的低优先级任务，且运行直到完成。如果有很多这样的中优先级任务，它们都能抢占低优先级的任务，并且执行到完成(高优先级任务仍然被阻塞)。高优先级任务的时间量可能不得不像这样一直等下去，可能演变成无休止等待，见图 8.29。

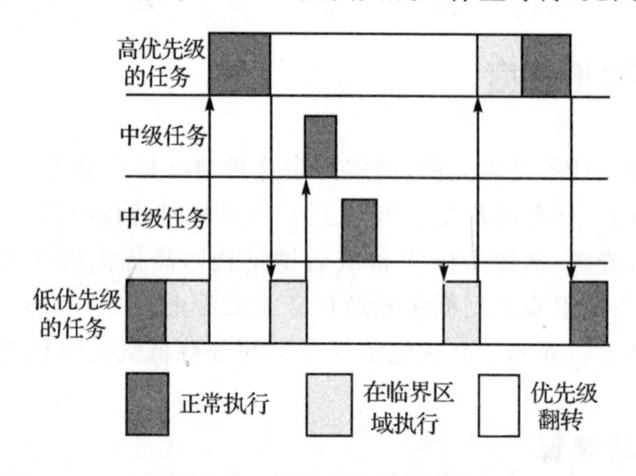

图 8.29 极大优先级倒置

2. 优先级继承协议

有几种方法可以限制任务系统中的优先级倒置。一种方法就是优先级继承协议。如果任务P挂起，等待任务q完成一些计算，那么q的优先级将等同于P的优先级。使用优先级继承协议，任务的优先级分配是动态的。这个协议并不是只限制于两个任务的情况。例如，如果任务 L4 等待 L3，而 L3 等待 L2，那么 L3 和 L2 的优先级都会和 L4 的相同。这就意味着运行的调度程序必须处理优先级时常变化的任务。这将使优先级队列无效。最后的结果是调度程序在运行时可以更好的作出调度决定。

3. 例子：优先级继承

图 8.30 是 PIP 的一个例子。相同的基础应用方案。任务 $Task_{low}$开始执行且需要利用临界资源。而在临界区中，更高的优先级任务 $Task_h$抢占低优先级任务并且开始执行。在执行期间，这任务需要同一临界资源。由于这临界资源已经被低优先级的任务占有，任务 $Task_h$必须阻塞，等待着资源被这低优先级任务释放。$Task_{low}$ 继续执行，但是它的优先级已经变成和 $Task_h$一样的优先级了。这个优先级比 $Task_{med}$ 优先级高，这样就可以阻止 $Task_{med}$ 抢占 $Task_{low}$。$Task_{low}$一直运行到临界区的末端，这时 $Task_h$把其抢占并执行到完成。之后 $Task_{low}$的优先级又回到原来没改变之前的优先级。这样当 $Task_h$ 执行完成后，$Task_{med}$就可以抢占 $Task_{low}$并且轮流执行到完成。这时 $Task_{low}$运行完成进程。

4. 优先级继承边界的计算

如果一个任务有 m 个能导致它被低优先级任务阻塞的临界区，那么它被阻塞的时间的最

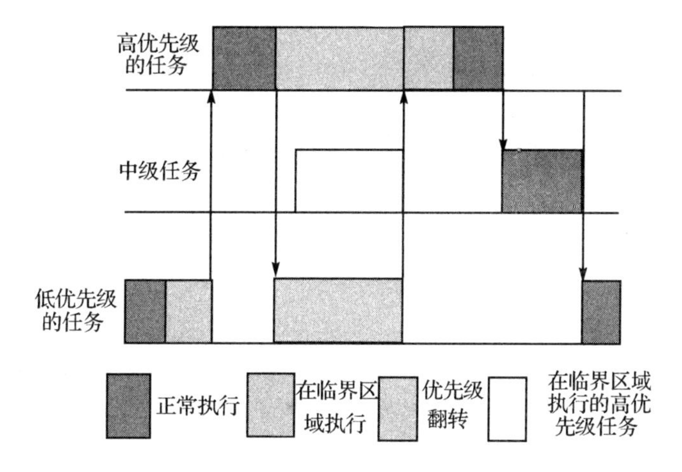

图 8.30　优先级遗传协议

大值就是 m。但如果只有 $n(n<m)$ 个这样低优先级的任务，那么这个最大值就是 n。因此，最坏情况下任务被阻塞的时间可以这样来计算，把所有可能被用到的低优先级任务或者同样或更高优先级的任务的临界区执行时间加起来求和（这个和就是下面等式中的 B_i）。

任务阻塞响应时间的计算如下：

$$R_i = C_i + B_i + \sum_{j \in hp(i)} \left\lceil \frac{R_i}{T_j} \right\rceil C_j$$

由于阻塞因素有不可预计的因素，所以上面公式并不绝对。例如所有任务都是同样周期的周期性任务，即使阻塞计算公式计算出了一个正数值，抢占也不能发生。

5. 优先级置顶协议

优先级置顶协议（PCP）比简单优先级继承协议复杂，但其有很多优点。如果用 PCP，高优先级的任务在执行期间最多能被低优先级任务阻塞一次，并且不允许阻塞链的发生（任务 1 被任务 2 阻塞，任务 2 又被任务 3 阻塞）。使用 PCP 还能阻止死锁，确保互斥访问资源。

在 PCP 中，每个共享资源都有一个和最高优先级任务一样的置顶优先级，使其能在任何时候访问共享资源。当任务离开临界区后，它就回到了原始的优先级。只有当任务的优先级比所有共享资源的置顶优先级要高时，这个任务才能锁定共享资源。否则，这个任务将被阻塞。PCP 的一个作用是使任务不能够锁住资源，哪怕是有效的资源。

PCP 的一个非常有用的性质，就是任务最多只能被阻塞一个临界区的持续时间。这样就限制了可能的优先级倒置的量。

使用优先级顶置协议，系统的每个任务都有一个静态的默认优先级。每个资源也有一个定义好的静态的顶置值，它就是使用这个资源的任务优先级的最大值。系统中的每个任务也都有一个动态优先级，它是这个任务所拥有的静态优先级和这个任务锁定的所有资源的顶置值的最大值。使用 PCP，任务只在它开始执行时会遭受阻塞。一旦任务开始运行，那么它所

有所需的资源都必须是没有被占用的。如果不是这样，一些其他任务可能会有同样或更高的优先级，并且这个准备运行的任务可能不能启动。

使用优先级顶置协议，任务最多只能被一个阻塞中断。最坏情况时间下，任务能被阻塞 B_i 次，它可以通过确定优先级最低且时间最长的任务在临界区的执行时间来计算，在其他的有限级，响应时间的计算也是一样的。

6. 例子：顶置优先级

图 8.31 是一个顶置优先级的例子。任务 $Task_{low}$ 开始执行且进入一个临界区。一个高优先级任务，$Task_h$ 抢占 $Task_{low}$ 且执行到进入 $Task_{low}$ 锁定的临界区为止。在这一点，$Task_{low}$ 以一个更高的优先级执行其临界区。由于 $Task_{low}$ 有更高的优先级以及临界资源，中间优先级任务不允许抢占 $Task_{low}$。$Task_h$ 所经历的优先级倒置的量限制在 $Task_{low}$ 完成临界区执行的时间量内。在 $Task_h$ 完成之前，其他的任务不允许运行。

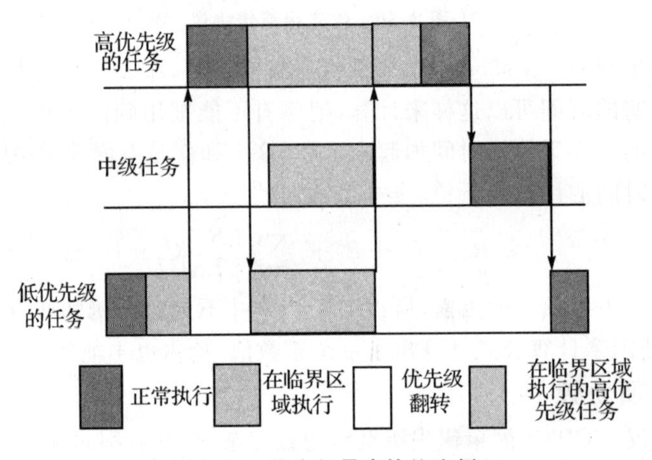

图 8.31　优先级最高协议实例

8.10.4　小　结

许多 DSP RTOS(大多数商用 RTOS)使用静态调度算法。因为它容易实现，易于理解并且支持和拥有一系列丰富的技巧分析。DSP 软件开发者使用单调速率分析法来确定系统任务组是否可以被调度。如果不能被调度，那么分析方法就用来确定是否有任何资源阻塞问题，这问题能用来重新设计系统任务组和资源需求，并且可以专门用来进行初步的可行性研究。现有的大多商用 RTOS，如 VxWorks、VRTX 和 DSP RTOS(如 DSP/BIOS)，都使用单调速率调度方法，且一些形式的优先级继承或者优先级顶置协议来限制资源阻塞和优先级倒置。尽管这种方法有效，但是 DSP 软件开发者必须意识到静态调度的局限，它对非周期进程的处理效率非常低，且要对最坏情况下的资源进行评估。

第9章

测试和调试 DSP 系统

在软件开发中，最重要也是最不可预测的就是调试阶段。在调试软件应用程序时，很多因素都掺入进来。在这些因素中，时间非常重要。设置和调试软件应用程序所需时间在很大程度上对上市时间、满足用户期望产生影响，关系到产品能否在市场取得成功。一个应用程序的集成工作依照一个螺旋式的模型，该模型在构建、加载、调试/调谐和修正这四个步骤循环。

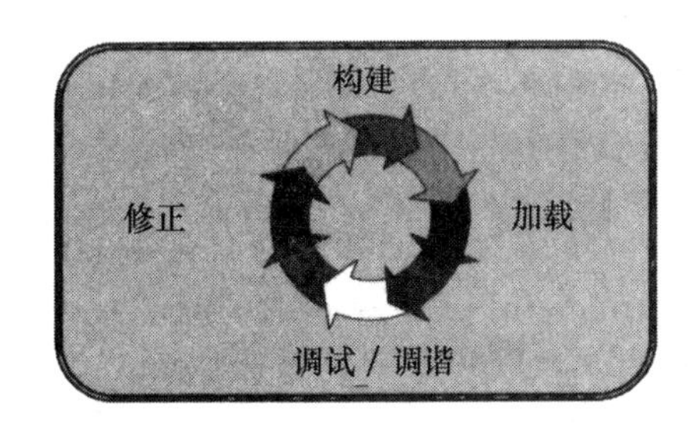

图 9.1　集成和调试周期。目的是最小化循环时间，同时最小化每个阶段花费的时间

调试嵌入式实时系统既是科学也是艺术。在调试和集成系统的过程中使用的工具和技术对调试、集成和测试阶段消耗的时间有很大影响。正在运行的系统的可视化程度越高，检测和更正错误的速度就越快。

一个更传统和最简单的获得系统可视化的方法是在软件中某些点增加一些信息，输出系统的状态信息。这些信息可以用“printf”语句的形式输出到监视器，令一个或用一组 LED 闪烁指示系统状态。每个函数或任务在开始时可以输出一个状态信息，指出系统运行到了程序的某个位置。如果系统在某个位置崩溃了，通过诊断输出信息可以帮助工程师了解系统最后正常的位置，从而将问题孤立出来。当然，用这种方法插装系统引入额外开销，改变了系统性能。工程师必须在系统测试完后移除这些测试代码，然后在发布之前重新验证系统；或者连带这些测试代码仪器一同推向市场。工程师必须经常发布正在测试的系统，或者测试将要发布的系统。

工程师可以利用更多高级的调试手段，以减少集成和测试阶段的时间，其中一个手段是利用调试监视程序。调试监视程序是相对较小的代码，嵌入到目标应用程序或集成到微控制器或 DSP 内核中，通过串口与主机通信。这些监视程序可以下载代码，读/写 DSP 存储器和寄存器，设置简单和复杂断点，单步运行程序以及剖析源代码。

对于软件程序在 ROM 上的系统，可使用另一个形式的调试监视器（称为 ROM 仿真器）。ROM 仿真器是目标系统 ROM 设备的嵌入式替代。该嵌入式设备通过一个链接（串口、并口、以太网等）连接到主计算机。ROM 仿真器在调试阶段为工程师提供更快的周转时间。通过 ROM 仿真器，代码可以被下载到快速 RAM 中，而不是利用 ROM 编程器对每个软件版本都重新编程。然后，系统运行就可以像代码在 ROM 设备上运行一样。

调试监视器和 ROM 监视器为嵌入式系统调试提供了很大便利。但是，随着嵌入式处理器变得越来越快，以及系统向片上系统方案转变，为了解决内部处理器可视化的挑战，需要更加高级的调试方案。

集成与调试复杂的数字系统也需要利用高级和复杂的调试工具，例如逻辑分析仪。逻辑分析仪帮助系统集成工程师捕捉数字信号并以各种格式（例如位、字节和字）显示出来。利用逻辑分析仪，系统集成工程师可以分析数字性能，例如：数字计数器、复杂状态机、缓冲和 FIFO、系统总线及其他片上系统（SOC）功能，例如 FPGA、ASIC 和标准单元实现。

逻辑分析仪是强大的工具，同时也非常轻便与实用。这些工具需要很短时间就能掌握，但是需要很高的初始投资（取决于功能数量和时钟频率高低）。通过触发机构，系统集成工程师可以捕捉数据并存入逻辑分析仪内部的大容量缓冲中。数据可以是前触发、后触发或者两者结合。信号踪迹可以被保存、打印和以多种方式过滤。

用逻辑分析仪调试嵌入式 DSP 软件有一个根本的缺点：对于软件调试来说，这是复杂的硬件调试工具。利用逻辑分析仪所能取得多少效果，取决于系统集成工程师对硬件的理解程度，这是由于该工具是基于硬件调试的，并可能需要复杂的装备与配置以得到正确的信息。

另一个缺点是信号的可视化。逻辑分析仪需要连接到 DSP 的引脚以获得对系统的可视化，该可视化程度受到 DSP 引脚的限制。由于 DSP 越来越集成到片上系统中，对设备的可视化程度减少了。

消失的可视化

在 1988 年，嵌入式系统工业经历了从在线仿真到扫描仿真的转变。设计周期时间压力和嵌入式设备中为片上仿真留出的空间促进了这种转变。基于扫描的或者 JTAG 仿真在很大范围内替代了更陈旧、更昂贵的“在线仿真”或“ICE”技术。

9.1 DSP 调试面临的挑战

很多产业因素一直在改变 DSP 系统开发的局面。

系统级集成——由于应用复杂性增加和片上系统复杂性导致更小的封装，系统部件可视化程度减少，见图 9.2。嵌入式系统总线技术带来对仪表的挑战，更宽的系统总线也导致系统

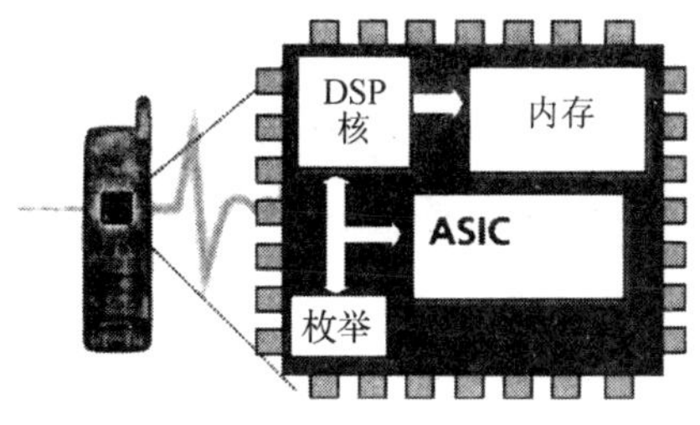

图 9.2 系统级集成导致可视化消失

带宽问题。在这些环境下，程序控制非常困难。

为了恢复可视化，DSP供应商在如下几个方面解决该问题：

① 片上仪器——随着系统越来越集成化，设备操作的片上可视化受到阻碍，见图9.3。总线监听逻辑分析仪功能已经通过片上逻辑实现，例子包括寻找感兴趣事件的触发逻辑、踪迹采集、用于事件观测的导出逻辑和最大化DSP内核引脚的导出带宽。调试控制是通过仿真器提取有用信息的。

② 片外采集功能——一旦数据从DSP内核导出，数据必须被存储、处理、过滤和格式化成有意义的数据格式。

③ 数据可视化功能——DSP集成功能包括以不同配置观测数据的功能。图9.4为整个功能链。逻辑分析仪功能现在在片上，控制和仪表功能主要通过仿真控制器见图9.5，数据在可视化容器上显示。最关键的问题在于，正确地配置系统，以在正确的时间抓住正确的问题采集正确的数据。

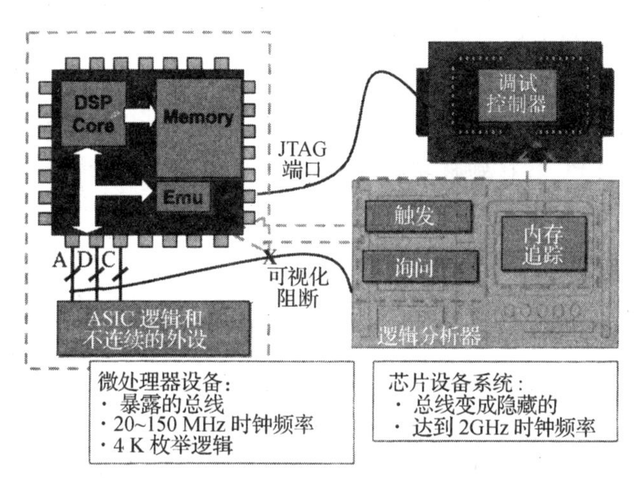

图 9.3 可视化消失需要片上高级调试逻辑

④ 应用领域的多样性——DSP应用变得越来越密集，这为DSP测试和集成工程师带来挑战。多种多样的应用领域需要不同的成本模型以支持调试：

- DSP基站应用需要高带宽高频率调试功能。
- IP语音应用需要MIPS密度和每个电路板上有许多同构处理器。
- 移动电话和其他无线应用需要异构处理器和高度的系统集成。
- 汽车DSP应用需要低成本调试方案，DSP芯片引脚奇缺。

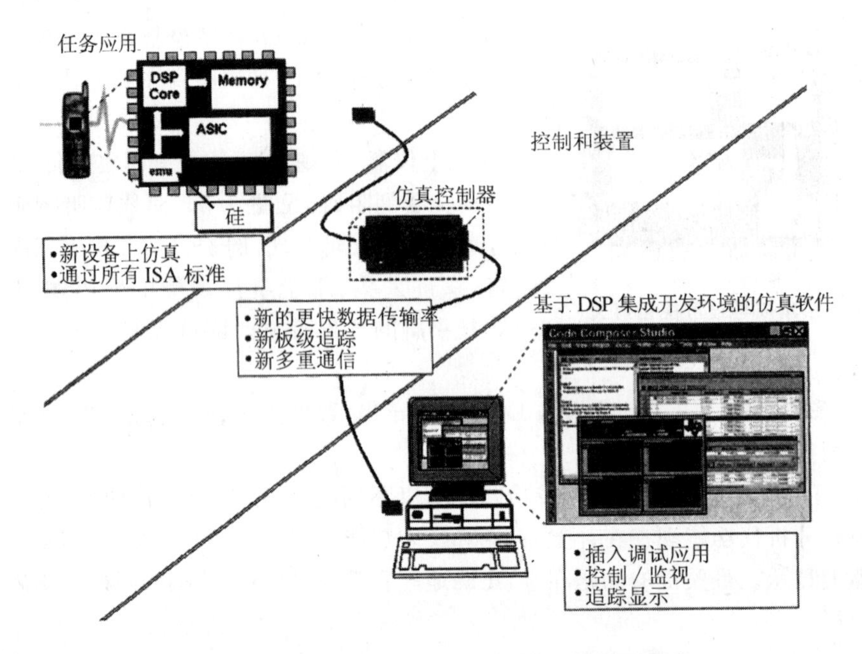

图 9.4　DSP 工具用于对 DSP 调试数据进行可视化

DSP 调试功能的类型，用于解决不同应用领域中面临的集成挑战。

用户开发环境：DSP 开发环境和 DSP 调试技术正在改变，以适应新的环境。DSP 工程师逐渐把调试平台从桌面 PC 转移到移动电脑，以便于在用户环境进行现场调试。便携远程应用需要便携式 DSP 调试环境。

持续的时钟频率的增长：随着 DSP 内核的时钟频率的增长，进行调试需要更多的数据。事实上，调试和调谐所用的数据量直接与 DSP 内核时钟频率成正比。需要更多的 DSP 引脚和每个引脚上更多的数据来维护对设备行为的可视化。

DSP 调试功能的不同级别为集成工作提供了很多好处，其不合常规的经验使得用户提高其工作效率。基本的调试可以帮助 DSP 开发者使应用运转起来。高级调试功能，例如实时捕捉高带宽数据，使开发者可以实时运行应用。基本的调谐功能用于执行代码长度和性能的调谐。

片上和片外的仿真功能的联合提供了一系列好处。实时执行控制提供了标准的功能，例如单步、运行、断点(程序计数器)和数据观测点。高级事件触发(AET)功能提供可视化和程序员模型的控制。实时数据采集通过调谐一个稳定的程序提供对算法行为的实时可视化。跟踪功能在调试不稳定程序过程中，提供对程序流程的实时可视化。

9.2　JTAG 介绍

收缩技术的一个缺点是测试小型设备的复杂度呈指数式增长。当电路板较大时，可以利用针床测试仪技术测试。这是一种技术，可以利用带弹簧的测试探针在电路板底部连接焊盘。这种测试工具是定制的，昂贵且低效。同时，大多数测试工作只能等到设计完成时才可以进行。

随着电路板尺寸的减小和标贴封装技术的发展，针床测试仪带来的问题愈发加剧。另外，如果元件是在电路板双面安装的，就没有给测试点留有空间了。

9.2.1　边界扫描

1985 年，一些欧洲的电子公司联合起来，为这些问题找到了一个解决方案。该组织称自己为联合测试工作组（JTAG）。他们的努力结果是形成了一个在集成电路级别执行硬件边界扫面测试的规范。1990 年，该规范引出了一个标准——IEEE1149.1，详细说明了通过所谓 JTAG 接口访问任何芯片的细节。

边界扫描技术通过少量专用测试引脚对嵌入式系统进行大量的调试和诊断。可以串行地将信号扫描进出设备的 I/O 单元，以在各种情况下控制输入和测试输出。今天，边界扫描技术可能是最流行的工业测试技术。

9.2.2　测试引脚

设备通过一组引脚与外界通信。这些引脚本身只能提供很有限的可视化功能，以观测设备内部正在发生什么。但是，支持边界扫描的设备包含了一个移位寄存器单元对应每个信号引脚。这些寄存器通过一个专门的路径连接在一起，见图 9.5，该路径环绕设备的边界（由此得名）。这创建了一个虚拟的访问功能，既获得了输入又直接控制了输出。

在测试时，设备的 I/O 信号通过边界扫描单元进出芯片。边界扫描单元可以被配置成支持外部测试（用于测试芯片间互联）或内部测试（用于测试芯片内部逻辑）。

为了提供边界扫描功能，IC 供应商必须为设备增加额外的逻辑，包括每个信号引脚的扫描寄存器、一个连接这些寄存器的专用扫描路径、4 个（第 5 个可选）附加引脚以及额外的控制电路。

额外逻辑带来的开销很少，相对于在板级提供有效的测试功能来说，它是物有所值的。边界扫描控制信号全体称作测试访问接口（TAP）。这些信号为基于扫描的设备定义了一个串行协议：

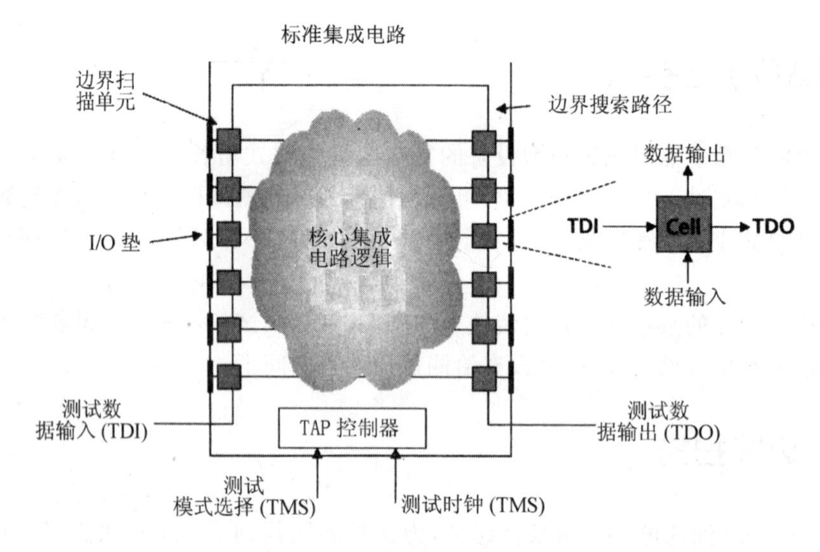

图 9.5　一个标准的带有 JTAG 边界扫描的集成电路

TCK/clock	同步内部状态机操作。
TMS/mode select	在 TCK 上升沿被采样，用来确定下一个状态。
TDI/data in	当内部状态机处于正确状态时，该信号在 TCK 上升沿被采样，并移入设备的测试或编程逻辑。
TDO/data out	当内部状态机处于正确状态时，该信号在 TCK 下降沿有效，代表了从设备的测试或编程逻辑中移出的数据。
TRST/reset(可选)	当被拉低时，内部状态机异步地进入到复位状态。

TCK、TMS 和 TRST 输入引脚驱动一个 16 状态的 TAP 控制器状态机。TAP 控制器管理数据和指令的交换。控制器根据每个 TCK 上升沿的 TMS 信号值进入到下一个状态。通过合适的布线，多个 IC 或电路板可以同时被测试。一个被称为边界扫描描述语言 BDSL 的外部文件定义了所有单个设备的边界扫描逻辑的功能。

9.2.3　测试过程

利用边界扫描技术检验设备(或电路板)的标准测试过程如下：

① 测试者在设备输入引脚上使用测试或诊断数据。

② 边界扫描单元捕捉用于监控输入引脚的边界扫描寄存器中的数据。

③ 通过 TDO 引脚，数据被扫描移出设备，用于检验。

④ 通过 TDI 引脚，数据被扫描移入设备。

⑤ 测试者可以检验设备输出引脚上的数据。

简单的测试可以找到制造缺陷,例如设备引脚开路、缺少某个设备、电路板上旋转或错误放置的设备以及失效或毁坏的设备。

边界扫描技术的主要优点是独立地观测设备输入数据以及控制输出数据。另一个主要优点是减少了设备测试点的总体数量。利用边界扫描,不再需要实际的测试点(边界扫描使其变得冗余),从而降低电路板的制造成本并提高封装密度。

相对其他测试技术,边界扫描提供了一系列更优秀的诊断方式。传统技术在设备输入加载测试向量(测试模式),然后观测输出。如果测试中出现问题,孤立问题非常费时,必须做额外的测试以孤立错误。通过边界扫描,边界扫描单元通过监视设备输入引脚观测设备响应。这样可以简单地将各种测试错误孤立出来,例如没有连接到电路板上的引脚。

边界扫描可以在各种级别的功能性测试调试中使用,从IC内部测试到板级测试。该技术甚至在软硬件集成测试时也非常有用。

某些测试设备和ASIC子公司利用JTAG扩展实现软件调试功能。在目标CPU适当的支持下,JTAG接口可以用于下载和执行代码,以及检测寄存器和存储器的值。这些功能涵盖了一个典型的调试器的绝大部分低级功能。一个廉价的远程调试器可以在工作站或PC上运行,以协助软件调试。

边界扫描技术同样可用于仿真。仿真器前端作为扫描管理器,控制进出目标和调试器窗口的扫描信息的传送。当然,当主机控制JTAG扫描信息时,它需要知道连接到扫描链上的任何其他的设备。

JTAG同样允许扫描设备内部部件(例如CPU)。该功能使JTAG可以访问CPU可以访问的所有设备,同时保持系统的全速运行。这已经成为芯片制造商使用的标准的仿真调试方法。JTAG也可以提供系统级的调试功能,为设备增加额外的引脚可以提供额外的系统集成功能,例如基准测试、剖析和系统级断点。

下列因素导致了设计周期时间压力:

- 更高的集成级别——越来越多的功能集成到了一个设备中,而不是分立的设备。
- 更快的时钟频率——外部支持逻辑导致电子干扰。
- 更复杂的封装——导致调试连接问题。

目前,这些问题更复杂地纠结在一起。基于扫描的仿真器面临挑战,如何完成系统调试功能,以满足当今更复杂、时钟更快、集成度更高的设计。系统将更小、更快以及更廉价。在获得高性能的同时,封装也将更密集。系统的这些正面的发展趋势反过来影响了对系统活动的观测,而这些观测是系统快速开发的关键。这些影响被称为"消失的可视化"。

片上系统(SOC)模型意味着将整个系统的功能集中到单个硅片上。这包括处理器、存储设备、逻辑单元、通信外设和模拟设备。SOC的优点在于通过将这些部件结合到单个芯片,部件之间的物理距离缩短,设备将更小。这使运行速度更快,也更易于制造。这些优点导致可靠性的改善和成本的降低。

应用开发工程师更喜欢如图9.6所示最优可视化级别,因为可以提供所有相关系统活动的可视化和控制。集成程度和时钟频率的不断提高,逐步减少了可视化和控制能力。这导致了可视化和控制能力差距,即希望的可视化和控制能力级别与实际级别之间的差异。随时间推移,这种差距将越来越大。应用开发工具制造商正在努力减少差距的增长速度。开发工具、软件以及相关硬件部件必须尽量利用各种方法,在少占用资源的情况下完成更多的任务。高级仿真技术提供了所需的对程序行为和执行情况的可视化。由于许多上面提到过的原因,基于DSP的系统需要这种可视化。

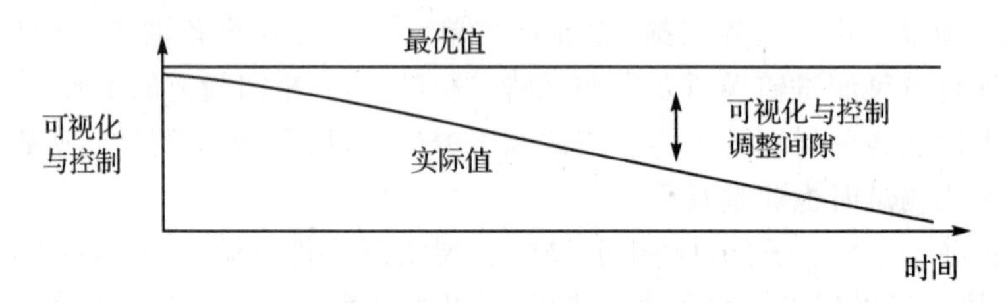

图9.6 可视化和控制能力差距

9.3 仿真基础

仿真是一项用于嵌入式系统开发的技术。仿真为软硬件集成工作提供所需的控制和可视化能力。该技术有效模仿了DSP处理器的电子特性和性能,同时,相对于处理器本身,该技术提供更多的对于处理器行为的可视化和控制能力。

仿真器同时包含了硬件和软件技术。

仿真硬件是DSP芯片上的一些功能模块,可以采集数据。这些数据提供了系统状态行为和其他信息。硬件用于从DSP设备高速提取信息,并格式化数据。

仿真软件提供额外的高级控制功能以及一个与主计算机的接口(通常称为调试器)。调试器使开发工程师可以方便地从编译环境(编译、汇编和链接应用)转移到执行环境。调试器从编译环境获得输出(例如一个.out文件),然后将镜像加载到目标系统。工程师利用调试器,与仿真器相互作用,以控制和执行应用程序并寻找和更正问题。这些问题可能是硬件的,也可能是软件的。仿真器被设计成一个完整的集成和测试环境。

1. 仿真系统部件

所有的仿真功能都是通过三个主要仿真部件相互作用产生的:片上调试功能、仿真控制器及运行在主机上的调试器应用程序。

这些部件以如图9.7的方式连接。主机与仿真控制器连接(位于主机外部),仿真控制器与目标系统连接。用户通过IDE中的调试器控制目标应用程序。

DSP仿真技术应用在整个开发环境中,从处理器到仿真器到主机。

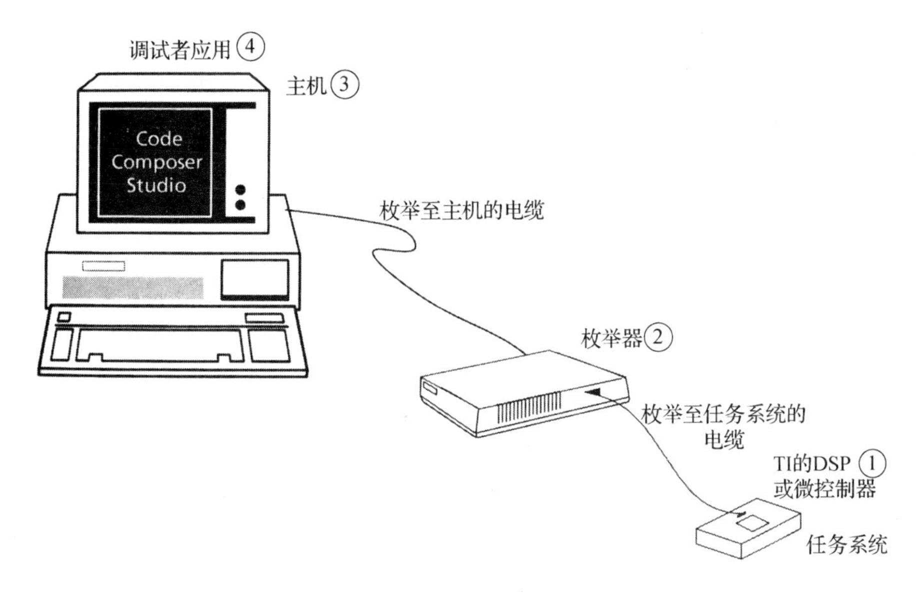

图9.7　一个基本的仿真系统

对于DSP设备本身,更高的时钟频率需要仿真逻辑集成到片上,从而可以运行在最高时钟,以跟上处理器的速度。更高级别的集成可以使总线隐藏在片内,而不是使其出现在芯片引脚上。这也推动了仿真逻辑集成到片内,使其可以访问内部系统总线。DSP制造商正积极将高级仿真功能集成到DSP设备本身。

下一个部件是仿真器。仿真器用于连接目标板和主机平台,并在主机和目标处理器之间提供数据传输机制。

第三个也是最后一个部件是调试器和仿真软件。该软件可以针对DSP设备进行自我配置,并实现用户接口以尽量简化片上系统(SOC)设备的调试。这些IDE同样支持"嵌入式"应用程序的开发,这样既可以控制处理器,也可以通过高速接口使得处理器的仿真数据可视化。

运行调试器的主计算机可以是PC或者工作站。主机通过各种接口连接到仿真器,包括以太网、通用串行总线(USB)、火线(IEEE 1394)或并口。

主计算机对于设备到主机的数据带宽起到关键作用。对于在特定数据传输协议下的最大可持续数据带宽,主机到仿真器的通信起到关键作用。在某些方针实现中,仿真器清空接收数据缓冲区的速度必须和数据缓冲区被填入的速度一样。另外,负责发送或接收数据的主机客户端必须具有足够的MIP和/或磁盘带宽,用于维持准备、发送、处理和/或存储来自DSP的数据。所要强调的是,PC或工作站会对整个仿真系统的性能起到作用。

2. 仿真器物理特性

大多数仿真控制器物理上位于主计算机外部。仿真器可以分为通信和仿真部分,通信部分支持主机通信链接,而仿真部分支持链接目标的接口、管理目标调试功能和设备调试接口。

3. 仿真器/目标通信

仿真控制器通过线缆与目标通信。调试、跟踪、触发和实时传输功能分享目标线缆，并且在某些情况下使用相同的设备引脚。当目标系统部署的跟踪带宽无法在一根线缆上实现时，就需要多根线缆。所有的跟踪、实时数据传送和调试通信都发生在这个链接上。该仿真器允许目标/仿真器分隔至少2英寸，为在各种环境下的DSP开发者提供便利。

9.4 片上仿真功能

由于目前复杂的DSP处理器消失的可视化，调试功能日益集成到芯片本身，这一般称为片上调试。片上调试实际上是硬件与软件的结合，属于DSP本身的功能是硬件实现的资源。这些资源包括为终端用户代码提供的功能（例如断点寄存器）和其他专用硬件。芯片和调试器主机之间的通信需要DSP设备有额外的引脚。这些可以是JTAG接口引脚，也可能是一些额外的专门用于控制或数据传输的引脚。

片上调试同样需要一个主机系统，用于控制调试部分、与调试部分通信或者提取数据。主机软件运行调试器程序，并通过专用接口与片上调试寄存器通信。主机调试器提供源代码、处理器资源、存储器位置及外设状态等的图形显示。

片上调试提供的主要功能包括：

- 在程序和/或数据存储器地址中断或断点进入调试模式；
- 在访问外设时中断或断点进入调试模式；
- 利用DSP微处理器指令进入调试模式；
- 读/写所有DSP内核寄存器；
- 读/写外设存储器映射寄存器；
- 读/写程序或数据存储器；
- 单步一个或多个指令；
- 跟踪一个或多个指令；
- 读取实时指令跟踪缓冲。

图9.8是一个可用于某些更高性能DSP设备的仿真器硬件的例子，该逻辑位于DSP设备上，执行一系列功能：

- 观测——总线事件检测器用于观测系统内发生的特定事件。这些特定的事件或条件可以由用户通过调试器接口编程决定。
- 记录——计数器和状态机被用于记录系统发生的事件。
- 指引和控制——触发构建器，用于安排从计数器和状态机采集的有用数据的路径。
- 导出——导出功能被用于从系统导出数据。例如，跟踪逻辑被用于从系统导出原始的程序计数器和数据跟踪信息。

- 加速——本地振荡器，用于为高速设备增加数据传输速率。
- 导入——用于从主计算机导入数据。该功能允许开发者输入数据文件以调试和集成系统。

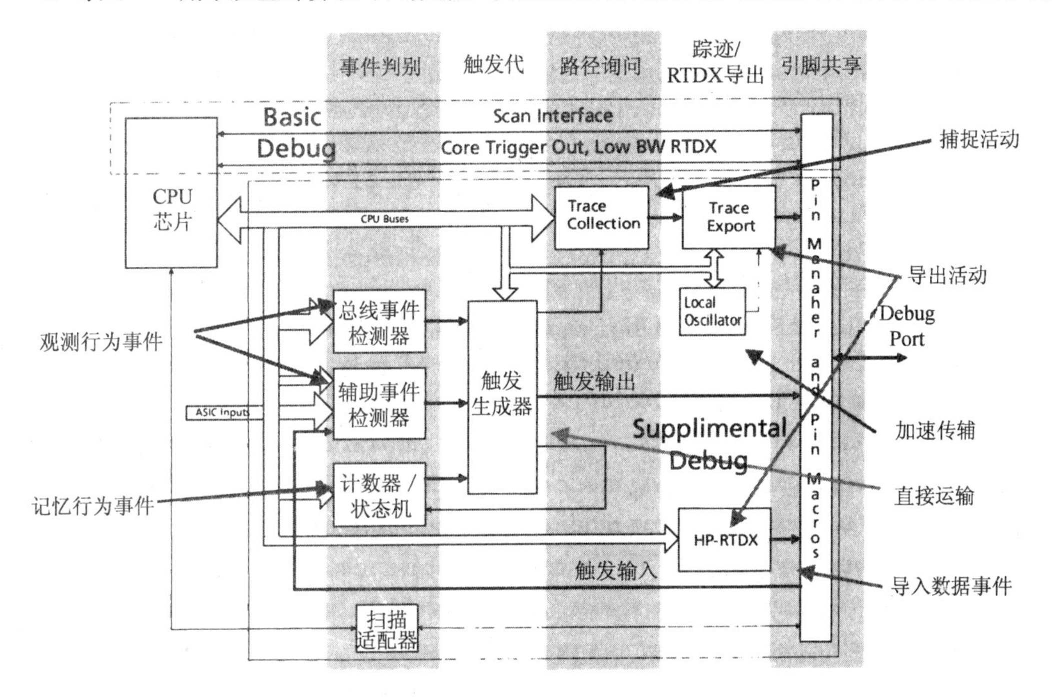

图 9.8 DSP 设备上的仿真逻辑为高效的系统集成工作提供可视化

仿真模型同样包括主机通信控制器。这提供了与主机调试器的连接，主机调试器控制了整个仿真处理过程。调试器位于 PC 或工作站，可被加入到更集成的开发系统或者独立运行。在 PC 或工作站上构建的代码通过通信链接加载到目标。仿真控制器(协同调试器)作为调试工具，拥有两组不同的功能特性。

一组特性提供了简单的运行控制。该功能允许 DSP 开发者控制 DSP 处理器的操作。运行控制的例子包括运行、中止、单步和在给定存储器位置设置断点。

另一组特性用于捕捉和记录 DSP 处理器的活动。触发系统允许开发者指定条件以控制踪迹信息的捕捉。踪迹系统记录了 DSP 处理器总线活动，存入高速 RAM、系统本身或系统外部。

调试器是一个软件部件，在主机系统上运行。调试器负责监视和控制整个仿真部分。调试器提供的某些常见功能如下：

- Go/Run——该命令将使目标 CPU 开始运行。执行开始于当前的程序计数器位置和寄存器值。
- Stop/Halt——该命令用于通知仿真器停止目标 CPU 并中止程序运行。该命令执行时，目标 CPU 和寄存器的当前上下文将被保存。这样使得处理器再次运行时，程序可以继续执行,如同从来没有中止过一样。

- Single-Step——该命令是 Go 或 Run 命令的特殊情况：在下一个指令处有一个断点。该功能使用户可以顺序地单步执行代码。在每一步,用户可以观察寄存器、程序堆栈和其他反应系统状态的重要信息。这可能是最常用的用户命令,用于寻找软件或固件模块的问题。
- Step-Over/Step-Through——该命令与单步命令类似,但是有一个重大的区别。当单步运行经过一个子函数调用时,Step-Over/Step-Through 命令将执行子程序,但不会单步进入子程序。如果使用 Single-Step 命令,调试器将会单步进入子函数并每次执行一条子函数的指令。当用户不希望看到子函数或库函数的每个指令时,Step-Over/Step-Through 命令可以允许用户跳过这些细节。
- Run-To——该命令可以在代码中某个有用的位置设置一个断点,然后持续执行到该断点。这避免了用户执行许多单步指令才能到达同样的位置。

DSP 仿真器提供了对 DSP 处理器、寄存器和应用软件的可视化。该可视化功能允许软件工程师了解在程序执行时处理器内部发生了什么改变。软件工程师可以根据硬件信号值或软件位置,在应用程序中设置断点。在这些断点中,用户可以知晓处理器的状态和数据,然后确定应用程序是否运转正常。通过仿真器还可以对应用程序进行基准测试(时序分析)和剖析(CPU 负载)。多处理器调试允许用户同时在多个处理器上调试软件;可以基于其他处理器的条件组合停止运行一个或多个处理器;在需要时捕捉整个系统的状态。在软件开发过程中,这些功能和 DSP 调试器中更多其他的功能可以大大减少调试时间。

仿真器直接连接到 DSP 处理器上。电子信号发送到仿真器,仿真器可以访问处理器的某些部分,而一个标准的软件调试器做不到这点。工程师可以观测和修改寄存器,而这些功能不是标准的软件调试器可以做到的。硬件信号可以更好地支持实时控制。仿真器也可以实时记录处理器的活动。因此,如果有问题发生,开发者可获得系统的活动历史以分析。

另一个仿真器超越标准软件调试器的优点是调试系统的启动代码。标准软件调试器通常需要目标操作系统以支持对系统的访问和通信接口。在系统初始化阶段,这是不可能提供的。仿真器具有自己的通信接口(通常是 JTAG),它可以访问系统的任何部分,通常可以获得与 CPU 相同的可视化范围。

另一个仿真器的优点出现在调试已崩溃的系统时。如果目标系统由于任何原因崩溃了,操作系统通常挂起操作。这使得软件调试无法进行。仿真器不受这类系统崩溃的影响,它可以保存有价值的踪迹信息和 DSP 处理器状态信息(例如寄存器值)。这些数据可以被分析,以帮助确定导致崩溃的情况。

基本仿真部件

当利用 DSP 调试器在硬件平台上进行软件调试时,有必要进行一些设置步骤,以保证目标处理器与调试器协调工作。仿真设置包括两个工具：仿真器本身(例如 TI XDS510 或

XDS560,仿真器控制进出目标的信息流)和调试器(用户访问这些信息的接口)。在仿真设置之外是目标处理器,大多数DSP处理器内部的仿真逻辑利用联合测试行动组(JTAG)连接标准,以从处理器内部获得调试信息。

硬件调试时,首先停止DSP内核运行,然后通过JTAG接口将信息扫描进/出设备。这些信息按照IEEE1149.1标准通过JTAG接口串行地传输。需要注意的是,这种调试方法接近于实时,但是侵入式的,因为它需要中止内核以扫描信息。虽然JTAG接口的连接方式是相同的,但是用于仿真目的的扫描链不同于用于边界扫描的。在处理器内部,有各种串行扫描链,信息可在这些扫描链上进出。一个微处理器用于控制使用哪条数据链,以及每条数据链上将包含什么数据。该"扫描管理器"负责控制在扫描链上的各个处理器进出的信息,并指示信息进出各个调试器窗口。

仿真器主机作为扫描管理器,控制扫描信息进出目标和调试器窗口。例如,操作系统可以是PC,并通过ISA板卡实现JTAG连接,见图9.1。其他配置也可能存在。当主CPU或分立的处理器控制JTAG扫描信息时,主机需要获得扫描链上的设备的信息。

9.5 仿真功能

仿真提供了一组标准的操作,用于集成和调试阶段。其中一些功能描述如下。

9.5.1 断 点

仿真技术支持的一个常用的功能是断点。断点可以中断DSP,并允许开发者检查目标系统的数据或寄存器,断点功能通过仿真器控制。仿真器在程序执行流最早的可能位置执行协议以停止CPU,同时允许开发者必要时从当前位置继续执行。大多数断点与运行状态到暂停状态的转变同步。

软件中断是同步中断的一种形式。一个软件中断函数将保存中断位置的指令,然后用另一个指令替换,该指令制造了一个意外情况。这样就将控制权交给控制器,保存重要DSP状态寄存器的上下文。然后控制权被交给了主机调试器,开发者可以在CPU暂停时存取寄存器和变量。当需要使CPU继续从当前位置执行时,需要做相反的操作。对于那些包含RAM的系统,由于可以填写和替代指令,这种断点就变得十分有用。

另一种断点形式叫做硬件断点。这种形式的断点利用目标设备的定制硬件实现。这种断点对于两种系统十分有用:具有复杂的指令获取顺序的DSP设备和包含ROM的系统(不能利用"软件"中断技术进行指令替代)。该断点的硬件逻辑用于监视设备的一组地址和状态信号,并且当CPU从指定位置获取代码时停止程序运行。

9.5.2　事件检测

如图 9.9 所示的事件检测器提供了一种高级的目标可视化和程序中断形式。图 9.4 所示总线事件和附加事件检测逻辑在发生一组复杂的事件时中断系统。除了硬件和软件断点提供的代码执行中断功能之外，事件检测器提供了一种根据地址、数据和系统状态的组合导致中断的方式。图 9.9 所示的事件检测器包括一系列比较器和其他逻辑。用户通过调试器接口可以对这些比较器进行编程，以找到一个指定的系统事件模式。比较器将触发其他事件逻辑，以执行某些操作，例如停止运行、递增计数器以跟踪某个特定事件的发生或者在引脚产生信号以驱动其他设备执行操作。

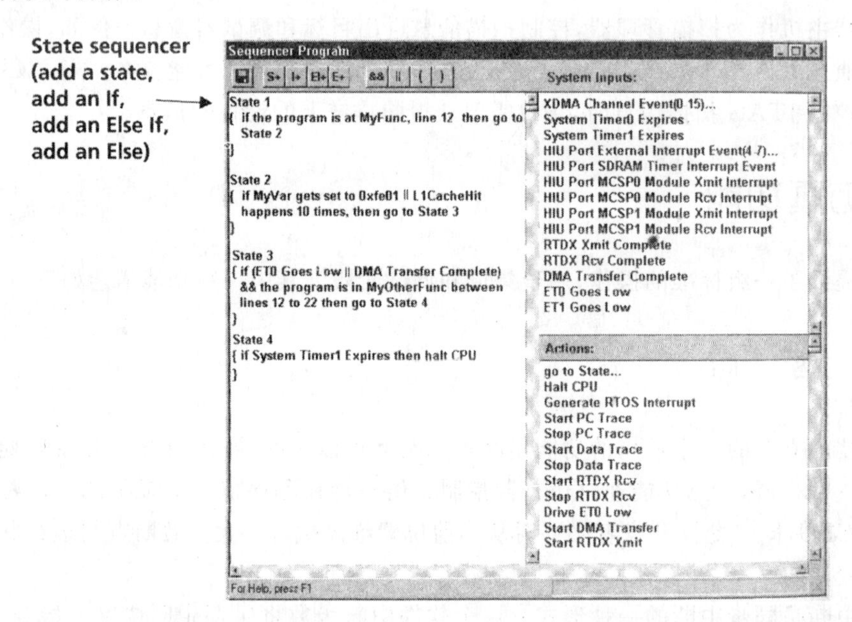

图 9.9　开发者可以通过用户界面对事件计数器和比较器进行编程。开发者可以编写复杂的逻辑，其只受到设备上实现这种功能的逻辑的数量的限制

一旦被开发者编程，总线和辅助事件系统逻辑将监视系统是否满足所设置的逻辑条件。一旦条件满足，将产生所设置的响应。这可能是一个中止程序运行的仿真器命令，或者是对输出引脚的设置以通知其他设备或测试仪器。这种片上逻辑的一个优点是可以“看见”设备内部发生了什么。利用外部引脚实现的可视化仅仅局限于这些引脚所表示的信号和条件。通过片上逻辑提供 DSP 内部的可视化，使得 DSP 制造商改善了该功能。这对于 DSP 或其他嵌入式处理器向片上系统转移时至关重要，因为这种转移将导致对设备内部可视化程度的减少。

因为这些事件触发功能直接在DSP处理器内部构建。它们不需要CPU时钟周期或存储器的任何开销。当通过用户被激活后，事件触发逻辑非侵入式地检测到所有的事件，而不用停止CPU。这保护了系统的实时性能，并减少了调试时间，因为开发者不必为每个独立的事件设置断点，然后重复地单步直到下一个复杂事件产生。

9.5.3 踪 迹

图9.9所示踪迹采集模块是DSP仿真功能的一个强大扩展。该功能可以在全速时钟条件下，从设备提取程序计数器、时序信息和原始数据访问信息。数据被记录，然后在外部的大型存储模块被格式化。利用该数据，开发者可以获知处理器活动的细节，这对于调试很多间歇式的软硬件问题十分有效。踪迹功能可以由外部事件逻辑控制，仅当系统满足一系列特定的条件时才会启动，例如计数器到达一个特定值，一个特定的模块被执行或者一个特定的变量被访问。程序计数器和/或数据访问信息通常附带时间标签。这有利于确定访问时间、中断演示、模块执行时间和其他有价值的剖析数据。

9.5.4 连续执行可视化

对于某些DSP应用，需要在处理器停止时继续响应中断。一些控制应用需要这种功能，例如在硬盘驱动应用中，DSP负责控制磁盘头的定位。在连续执行可视化模式下，当一个物理中断发生时，调试器放弃控制并允许应用响应硬件中断。然后，当从硬件中断程序(ISR)返回后，处理器再次被中止。在这些系统中，DSP控制伺服器，以避免在通信时磁头毁坏。在调试该系统时，开发者需要与一个通信系统保持同步。这需要调试时，DSP也要持续响应中断。这需要特殊的DSP仿真逻辑支持这种功能。很多时候是由应用领域推动某种仿真功能的发展，以上只是其中一个例子。

9.5.5 源代码级调试

源代码级调试是一种有用的功能，允许开发者在更加抽象的级别集成系统。该调试方法可以将从系统提取的数据与编写的源代码对应起来。可以利用源代码标号和数据的原始地址访问系统变量和其他程序位置。源代码经常与相应汇编代码一起显示，从而可以看到编译器产生的汇编代码。这在利用优化编译器生成代码时非常重要。DSP编译器提供了不同等级的高性能优化功能，在利用优化功能时，能看到每条高级语言语句对应的汇编代码十分重要。开发者可以利用标号访问各种程序变量、数据结构和代码段，这些标号是由编译器和链接器根据构建系统时选择的调试选项产生的。标号信息在每个调试阶段前加载到仿真器。

另一个有用的仿真功能是对正在执行的汇编语言的可视化。由于编译过程产生的目标文件是一个二进制文件,必须有一个转换过程,将二进制目标代码(机器代码)转换成汇编指令,该转换过程被称为"反汇编"。反汇编功能从存储器读取二进制数字,然后对其进行反汇编处理,使用户可以看到生成机器语言的实际的汇编语言。

踪迹功能也需要反汇编操作。踪迹反汇编必须先读取踪迹流,然后对其进行反汇编处理,得到实际执行的代码。这些数据对开发者非常有用,可以精确指出在数据采集阶段系统内发生了什么。利用数据踪迹功能,用户不仅可以看到实际执行的代码(而不是估计被执行的代码),还可以看到这些代码访问的数据。

9.6 高速数据采集和可视化

通过断点停止应用程序,然后与主机交换数据"快照"的技术被称为"停止模式调试"。这是一种侵入式的调试方法,可能具有误导性,这是由于一个被暂停应用的孤立快照不能反映系统的实际运行情况。

DSP制造商已经通过实时数据交换技术解决了这个问题。该技术有很多称谓(TI称为实时数据交换RTDX),它可对应用进行连续实时的可视化,实现的方式是异步地在目标与主机之间交换数据,而不是停止目标应用程序。这在调试许多实时应用时非常重要。

该技术是一个数据链接,在DSP应用和主机之间提供一个"数据管道"。这种双向功能既可读取应用数据以实现实时可视化,也可以在实时传感器硬件可用前模拟DSP的输入数据。这使得开发者可以以更真实的角度观察系统操作。

该技术需要从早先讨论的标准仿真技术获得支持。该技术的数据传输速率性能由使用的仿真器和主机决定,而数据传输速率的需求由应用决定,见图9.10。

诸如CD音频或低端视频会议等应用需要上至10 kbps的数据带宽。更高端的应用,例如视频流和ADSL,则需要超过2 Mbps的带宽。

该数据传输功能需要某些支持,并且该功能随DSP制造商的不同而有所变化。当准备使用该技术时,确认以下事情:

- 如果需要,目标DSP设备上要有专用的高速外设。
- 需要有支持该技术的仿真器。
- 应用程序需要链接到相关的库,以使能该功能。例如TI的技术是通过一个小监视器程序(2到4K字节)实现的,该程序是RTOS的一个组成部分。实现该功能,需要最小程度的CPU开销。

必要的可伸缩性

由于这些片上功能影响芯片的制造成本,调试方案的可伸缩性非常重要。"只花在你需要

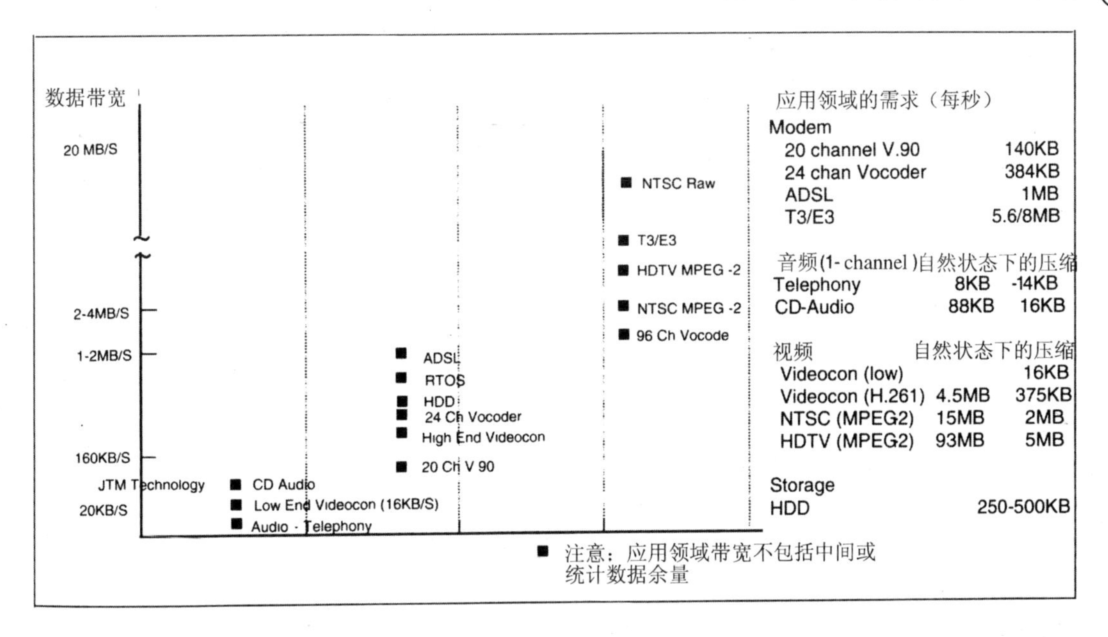

图 9.10 不同应用领域所需要的用于调试和可视化的数据带宽

的地方上"是布署片上工具的指导原则。在这种新的范例下，系统构建工程师将片上调试设备与其他功能一起指定，在芯片成本约束和产品开发团队的调试需要之间寻求平衡。表 9.1 所列是不同的 DSP 应用的例子以及与其对应的调试功能的类型，这些调试功能可以解决集成相应应用时面临的挑战。

表 9.1 不同 DSP 应用领域所需调试技术

应用领域	控制		可见度		用途
	执行及控制	事件触发	跟踪	实时数据	配置
基站（高性能，高频率）	实时	精确触发（强制高带宽跟踪）	PC 和数据跟踪 高带宽/脚	高带宽点对点	长线缆（架式安装）联合仿真器工具（高带宽）
IP 电话（许多同构型处理器）	实时 同构型多处理器 全局命令	共享的触发组件 交互式触发	多路并发 PC 跟踪 选择性数据跟踪	多点结构 实时数据交换（JTAG）	宽跟踪 联合仿真器工具（每板多芯片）
无线（多重异构型处理器）	实时 异构型多处理器 全局命令	共享的触发组件 交互式触发	多路并发 PC 跟踪 选择性数据跟踪	多点结构 实时数据交换（JTAG）	小连接足迹（系统调试中）短线缆（桌面、小系统调试）
汽车（成本极度敏感）	实时	有效触发 选通最少	有效的 PC 跟踪 低引脚数	低成本实时数据（JTAG）	小连接足迹（系统调试中）

数据传输技术在目标和主机之间实时而异步地运行。一旦目标数据到达主机，可以通过不同方式查看，比如用户定制的浏览器或商业浏览器(Mathworks 或 Labview)。

这些浏览器用于检查嵌入式 DSP 算法的正确性。检查的方式可以是将嵌入式算法的结果与标准正确的数据分析或信号处理算法的结果对比。直接的结果对比可通过可视化的方式完成，也可通过脚本在更细致的精确度上进行比较。

9.7 编译器和链接器依赖关系

大多数 DSP 编译器为用户提供选项，使其可以向链接器和调试器传递调试所需的信息。该信息包括但不限于标号定义和其他可以使调试器将地址映射到源代码行号的信息。这最终帮助实现了源代码级调试和代码显示功能。

DSP 编译器提供多种不同的代码优化等级。当编译器执行优化后，产生的代码可能不同于最初编写的代码。这是由于编译器会重新安排代码语句以充分利用 DSP 硬件的优点，但同时还要保证最初的高级语言源代码的正确性。如果编译器不需要，一些代码可能干脆被删掉。其他代码可能被重新安排顺序，从而以更高效的方式执行。所有这些都增加了开发者进行源代码级开发的难度。

作为一个例子，考虑一下代码片段：

```
for(i = 0;i<10;i ++ )
{
  array_A[i] = 4 * constant_X * array_B[i];
}
```

DSP 优化编译器会发现这个循环是低效的。编译器会发现计算“4 * constant_X”是多余的，没有必要在每次循环周期都计算。该计算将会被放到循环以外，而且只执行一遍，然后把结果应用在每次循环周期中。编译器会根据 DSP 结构试图展开循环，然后在每次循环周期中进行多个操作。循环展开的数量取决于 DSP 的体系结构。最后，DSP 编译器将可能发现，在数组计算中可以用指针代替数组索引。使用数组索引需要很多存储器访问操作，从而影响效率；而使用指针访问下一个数组单元时，仅需要一个递增操作，从而避免了存储器访问操作。这些优化将减少循环中加法和乘法运算的总数，显然，这对 DSP 应用的实时要求是非常有益的。最后，代码性能将得到很大地改善，但是产生的代码看起来与程序员最初开发的非常不同。如果开发者试图调试该代码，调试器中的源代码(反汇编和源代码)将非常不同于工程目录下的源代码文件。

优化工作将提高整体性能，但 DSP 开发者在试图调试优化后的代码时要非常小心，这将是一个痛苦的过程。一种方法是首先调试未经优化的代码，保证代码在功能上正确，然后回过头优化代码并重新验证。这将花费更多的时间，但会减少痛苦。

调试过程也受到用于构建DSP程序的链接器技术的影响。在准备用于仿真和调试的DSP代码的过程中,链接处理是最后一步。链接器主要负责将各个编译过的代码段、所需库函数和其他可复用部件融合到一个单独可下载、可执行的镜像文件。该镜像由链接器格式化成一种可以被调试器理解的二进制形式。例如,调试器需要在目标系统合适的存储器段放置代码。链接器也生成标号文件(有时称为map文件),文件中包含源代码在系统中的精确位置,可用于源代码级调试。同其他嵌入式系统设备一样,DSP链接器技术提供各种链接模式和开关,可生成各种信息。每个设备都是不同的,所以可能需要几次试验才能在输出文件中得到正确调试信息。

当为DSP开发选择工具时,构建过程的输出需要与调试器的输入相匹配。例如,如果DSP构建工具包产生了一个.coff格式的文件,那么必须选择一个能够读取.coff格式文件的调试器,或者找到合适的转换工具将.coff文件转换成调试器需要的文件格式;否则,不能将代码下载到仿真器。

9.8 实时嵌入式软件测试技术

实时系统的特殊性质使其难于测试。实时应用的时间相关特性为测试增加了新的困难元素。开发者不仅要运用标准的黑白箱测试技术,而且要考虑系统数据的时序和系统任务的并行关系。在很多情况下,当系统处于一个状态但要转移到另一个状态时,实时嵌入式系统的测试数据会导致错误。对于实时系统,需要使用全面测试情况设计技术,以覆盖各种情况并满足系统质量要求。DSP系统属于实时系统的范畴。DSP实时系统的基本测试方法如图9.12所示,包括:

- 任务测试——包括分别对每个系统任务进行测试。
- 行为测试——测试实时DSP系统对外部事件的响应行为。
- 任务交互测试——该测试阶段包括时间相关的外部事件。外部事件将按照实际情况的频率产生,系统的响应行为将被测试。
- 系统测试——在最后阶段,软件和硬件被集成在一起。全面的系统测试将检查发生在软件与硬件接口的错误。

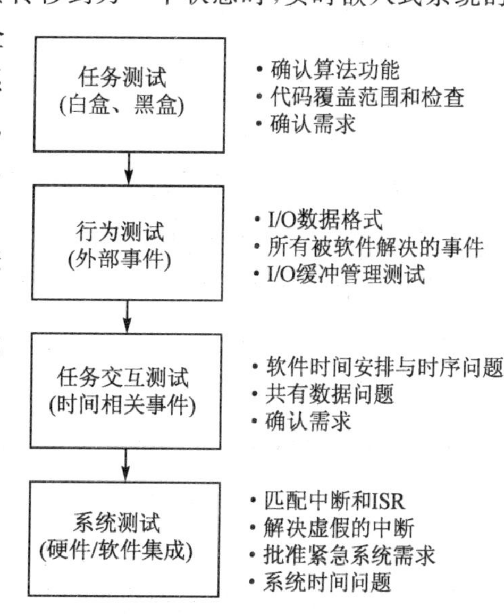

图9.12 实时DSP测试过程

测试是非常昂贵的,其过程也难以预期。但由于嵌入式实时系统具有特殊的需求,需要计划测试过程，以使测试最节省时间，同时也最有效果。关键目标是知道你寻找什么和如何有效地定位问题。你必须计划成功，但也要控制风险，尽量优化和定制必要的测试步骤。需要回答的关键问题是"我们在寻找什么？"。

一个错误造成的影响结果取决于它的严重程度；停产、严重的、烦人的、"允许存在"都是软件错误的类型，需要不同程度地注意。如何组织错误的种类以及处理它们可以有很多方法，但是按照严重程度进行这种递增的级别分类是通常的方法。

许多错误可以在源代码中被发现，这种错误成为实现错误。这些错误源于对算法或其他处理的不正确实现、实时错误（只针对实时嵌入式系统）和其他相关的系统错误。

除了可以在源代码中发现的错误，还有很多非实现错误同样会导致破坏。非实现错误源自规范、设计、硬件甚至是编译器（记住同其他软件程序一样，编译器同样是一个带有错误的软件程序）产生的错误。

算法错误

DSP 系统由复杂的信号处理算法组成。前面讨论了一些算法。由于本身的复杂性，实现这些算法时容易产生错误。信号处理算法中常见的错误包括：

- 复杂函数的返回代码不合适；
- 参数传递错误；
- 重入错误；
- 算法流程的错误控制；
- 逻辑错误；
- 数学计算错误；
- 循环次数设置错误。

例如，在图 3.12 中，我们讨论过许多 DSP 算法的结构。

大多数出现软件循环操作错误。许多错误是由不适当的循环限制引入的——一位偏移错误会给数据流引入隐含错误。简单表达式如下：

```
for(x = 0;x< = 1000;x ++ )
```

将运行 1001 次而不是 1000 次。这是一个 DSP 算法循环结构中常见的错误。

当对滤波器系数或采样输入数据数组进行初始化时，会发生同样的错误：

```
for(x = array_min;x< = array_max;x ++ )
```

由于循环边界一个简单的逻辑错误，该代码片段不会初始化数组的最后一个单元。

许多 DSP 算法是由控制结构封装起来的，该控制结构负责管理信号处理算法的运行。这些控制结构可能是复杂的布尔表达式，例如：

```
If((a AND b) OR (c AND d)
```

```
AND NOT (x AND y))
```

第一次很难正确地理解和实现。注意 George Miller 的 7±2 原理。他研究发现,当有人试图解决一个新问题或是一个不熟悉的任务时,所能掌控的独立变量的个数相对较少;4 个变量便已很难,5 个几乎不可能。如果把上面例子中的每个逻辑单元都看成变量,会发现很容易产生逻辑错误。

DSP 算法错误还包括上溢和下溢。此类错误在 DSP 系统中十分常见,这是因为许多 DSP 系统开发首先都是利用浮点处理器进行原型设计以测试精确度和性能,然后由于成本因素向定点处理器移植。这些转换或移植活动很容易给 DSP 算法引入算数上溢和下溢,除非进行后退测试。

DSP 系统也是实时错误的潜在受害者。由于 DSP 系统的实时特性以及控制复杂任务而使用的操作系统,这些实时错误在 DSP 系统中变得越来越常见。

9.9 任务同步和中断错误

我们在第 8 章讨论过调度问题,包括优先级反转、竞态条件和任务调度策略不当而导致的调度问题。对于实时 DSP 系统,时间结果与正确性结果同样重要。因此,调度问题也可导致实时错误。

中断也是实时系统的基本部件。使用得当时,中断可以为实时系统的高优先级任务处理提供有效的机制。但如果使用不当,中断将导致各种类型的错误。例子包括:

中断服务程序太长:由于在 ISR 中通常将中断屏蔽,ISR 太长将导致系统过长延时。对策是 ISR 尽量简短,只完成最基本的任务,而将其他处理任务推迟到主函数中完成。

共享数据破坏:在大多数实时系统中,一些类型的资源必须由系统的各种任务共享。共享资源包括 CPU、存储器和外设。当在实时系统中共享数据(存储器)时,如果对数据访问没有进行同步管理,会引起数据破坏。为了说明共享数据问题,将使用 Simon 的经典例子。下面的代码显示了一个被称为 vReadTemperatures 的 ISR,从硬件读取两个数据值到变量 iTemperature。main()函数也修改了相同的数据结构。如果 main()函数正在修改 iTemperatures 结构时被中断,然后跳转到 vReadTemperatures 中断服务程序,该 ISR 也对 iTemperatures 结构进行修改,当 main()函数重新获得程序控制权时,又会继续修改相同的数据结构,这就可能导致数据破坏。

```
static int iTemperatures[2];
void interrupt vReadTemperatures(void)
{
    iTemperatures[0] = !! Read in value from hardware register
    iTemperatures[1] = !! Read in value from hardware register
```

```
}

void main(void)
{
     int iTemp0, iTemp1;
     while(TRUE)
     {
        iTemp0 = iTemperatures[0];
        iTemp1 = iTemperatures[1];
        if (iTemp0 != iTemp1)
             !! Set off alarm
     }
}
```

这是一个由数据保护不当导致数据破坏的简单例子。一些机制可以解决这个问题,包括屏蔽中断和利用信号量。但是这些保护机制是由程序员负责的,所以如果处理不当,还是会产生错误。

9.10 小　结

随着 DSP 和一般嵌入式应用的复杂性的增加,软硬件集成阶段变成了整个开发过程的最大的瓶颈。集成工具支持成为减少复杂嵌入式 DSP 工程上市时间的最大动力。

DSP 仿真和调试功能在复杂应用的集成和测试阶段非常有用。将硬件调试功能和软件调试功能正确结合可以从很多角度帮助 DSP 开发者:

- 重现导致系统崩溃的事件。
- 特定指令序列的可视化。
- 主机到目标的快速下载时间,将减少调试集成"循环"的整体时间消耗。
- 利用硬件辅助调试 ROM 或 FLASH 内的代码。
- 在实际环境条件下以非侵入的方式跟踪应用的行为。
- 获取性能数据,以帮助提高系统的整体性能和效率。

第10章 DSP软件开发管理

10.1 概　述

本章将讨论与DSP软件开发管理相关的几个问题。首先讨论DSP系统工程以及DSP实时软件开发的问题，然后讨论面向DSP应用开发的高级设计工具，集成开发环境和虚拟样机环境也会被讨论。还将回顾DSP开发者所面临的特殊的挑战，比如代码调谐、剖析和优化。最后，讨论了与DSP实时系统开发、集成、分析相关的问题。

许多DSP软件开发面临与其他软件开发相同的限制与挑战。这包括缩短了的上市时间、冗长重复的算法集成过程、面对实时应用紧迫的调试过程、将多种任务集成到单片DSP上以及其他实时处理的要求。多达80%的开发工作都集中在对DSP系统软件模块的分析、设计、实现和整合上。

早期的DSP开发依靠低级的汇编语言实现最高效的算法。这种开发方式对于小型系统很有效。但是，随着DSP系统在规模和复杂程度上的增长，使用汇编语言实现这些系统变得不切实际。在成本和时间的限制下，开发大型DSP系统需要大量的工作。开发方式向高级语言(例如C)的转变提供了更好的可维护性、可移植性和生产能力，进而满足成本和时间的要求。其他的实时开发工具也在陆续出现，更加快了复杂DSP系统的开发速度，见图10.1。

DSP开发环境可以分为主机工具和目标工具，见图10.2。主机工具为开发者提供应用开发工具，如程序构建、程序调试、数据监测和其他分析功能。目标工具是指运行在DSP上的软件的集合，包括实时操作系统(如果需要)和实现各种功能任务的DSP算法。在主机和目标之间有一个通信机制，用于数据通信和测试。

如图10.3所示，DSP开发包括几个阶段。在每个阶段，都有工具帮助DSP开发者迅速进入下一个阶段。

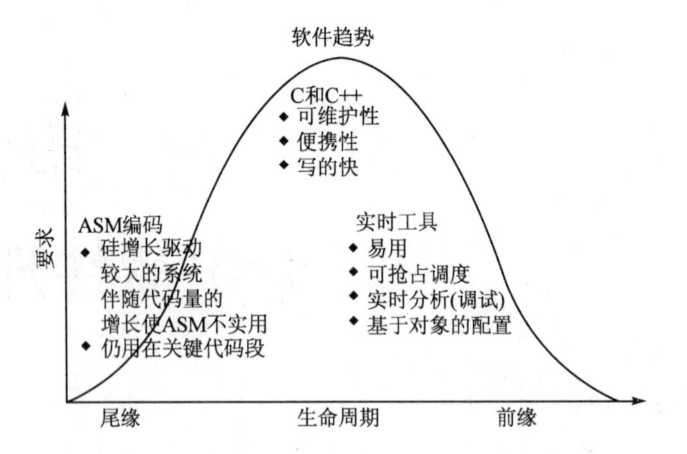

图 10.1　大规模的编程迫使 DSP 开发者依靠更高级的语言和实时工具以完成其任务

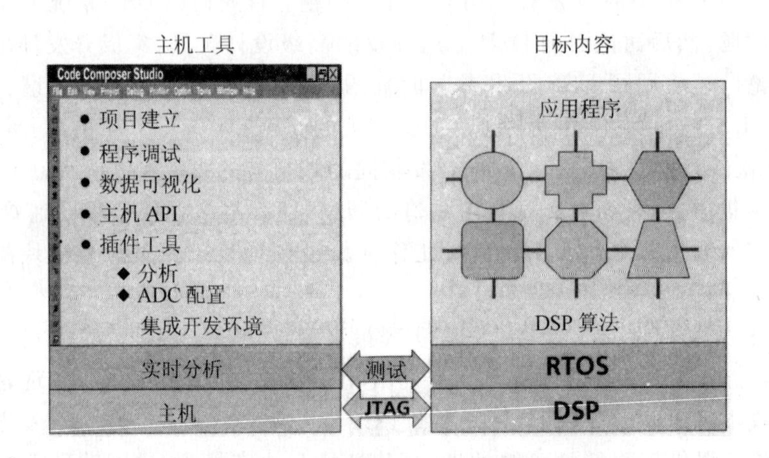

图 10.2　DSP 开发可以分为主机开发环境和目标环境

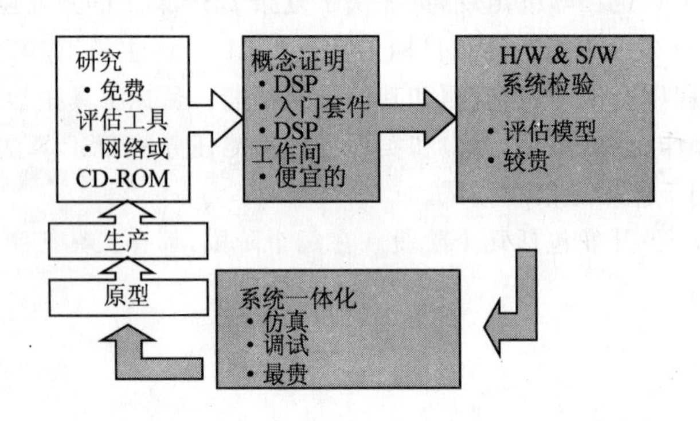

图 10.3　DSP 开发过程

10.2 DSP应用开发的挑战

嵌入式数字信号处理应用的软件实现是一个复杂的过程。过程复杂的原因包括嵌入式应用日益增加的功能;紧迫的上市时间的压力;严格的成本、功耗和速率限制。

大多DSP应用算法的主要目标在于最大限度地减少代码的长度和存储量(用于缓冲主通信通道的输入数据流)的需求。该问题非常重要,因为可编程DSP有非常有限的片上内存,而对于许多对成本敏感的嵌入式应用来说,使用片外存储器又会对速率、功耗和成本产生很大的不利影响。使这个问题更加复杂的是,实际应用对存储器需求的增长速度明显高于集成电路技术进步带来的片上内存容量的增长。

为了解决这个问题,DSP系统设计者越来越依靠高级图形设计环境,在该环境中,系统规范是基于分级数据流程图表示的。在工程的程序管理、代码构建调试阶段,集成开发环境(IDE)也被广泛采用以管理愈发增加的复杂性。

本章的主要目的在于阐释DSP应用开发流程,以及回顾能帮助DSP开发者对复杂DSP应用进行分析、构建、集成和测试的工具与技术。

历史上,数字信号处理器是通过汇编语言进行手动编程的。这是一个枯燥而易于出错的过程。更有效的手段是利用工具自动生成代码。但是,自动生成的代码必须是高效的。DSP具有稀缺的片上内存,它必须被小心地使用和管理。利用片外存储器会降低效率,因为这样会带来成本和功耗的增加、速率的降低。而这些缺点对于实时应用来说是非常关键的。

10.3 DSP设计流程

DSP的设计流程同标准的软件和系统开发流程是相似的。但是,为了实现高效率高性能的开发,DSP开发流程也有其独特之处。

图10.4是DSP系统设计流程的一个高级模型,如图所示,DSP设计开发中的一些步骤与传统的系统开发流程是一致的。

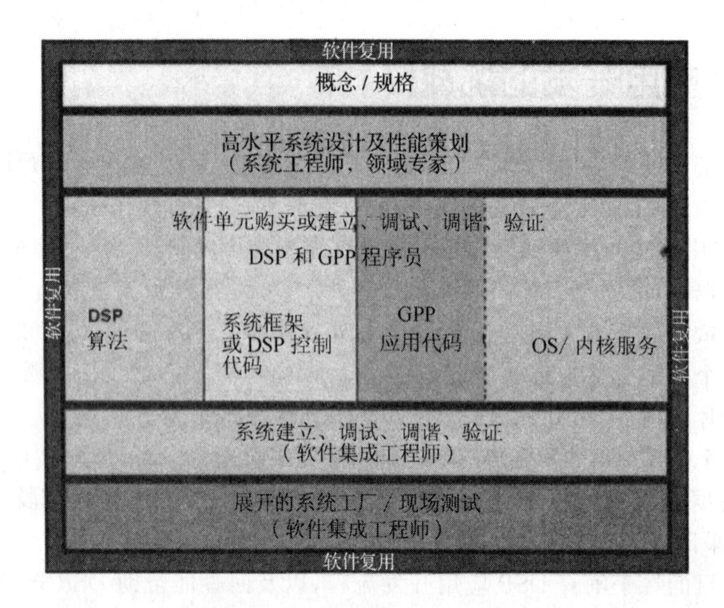

图 10.4　通用系统设计流程图

10.3.1　概念和规范阶段

任何信号处理系统开发都起始于确定系统需求。在这个阶段，设计者试图通过一组需求来描述系统的特性。这些需求必须能够定义外部观察者(用户或其他系统)所期望的系统的特征。这个定义指导设计阶段的其他决策。

DSP 系统的许多需求是和其他电子系统相同的，包括功耗、大小、重量、带宽和信号质量。但是，DSP 系统的有些需求仅与数字信号处理有关，包括采样率(与带宽相关)、数据精确度(与信号质量相关)和实时性要求(与一般系统的性能和功能相关)。

开发者为系统设计了一系列规范，描述了哪类系统能满足要求，这些规范是对系统的非常抽象的设计。指定规范以满足要求的过程被称为需求分配。

1. 一个 DSP 系统的规范制定流程

针对 DSP 系统，推荐使用实时规范制定流程(例如 Sommerville 的六步实时设计过程)。这 6 个步骤包括：

① 确定系统的激励和期望的响应。

② 对于每个激励和响应，确定时间约束。这些时间约束必须是可计量的。

③ 将所有激励和响应处理并入同时发生的软件过程。一个过程对应一类激励和响应。

④ 设计算法，用来处理每类激励与响应。这些算法必须满足给定的时间要求。对于 DSP 系统，这些算法主要是信号处理算法。

⑤ 设计一个调度系统，保证所有的过程都及时开始，以满足其时限要求。这个调度系统经常基于一个抢占式多任务模型，利用速率单调或时限单调算法。

⑥ 利用实时操作系统进行整合(如果应用足够复杂)。

一旦激励和响应被确定，可以生成一个软件函数，用于产生所有输入激励序列到响应的映射。这对实时系统非常重要。任何未映射的激励序列都可能导致系统行为错误。附录D是一个手机应用的激励序列映射的例子。

2. 算法开发和验证

在概念和规范阶段，开发者的主要精力是放在算法开发上。在这个阶段，设计者着重在探索方法来解决抽象层规范定义的问题。此时，开发者通常并不关心算法的实现细节，而是关注于定义一个计算过程是否可以满足系统规范。用于确定算法处理主机——DSP、GPP、硬件加速器(例如ASIC)或FPGA——的分割决策还不是该阶段需要考虑的重点。

大多数DSP应用需要精确的控制功能和复杂的信号处理功能。控制功能负责做决策，并控制整个系统的流程，例如控制手机的各种功能操作，并依据用户输入调整某些算法参数。在该算法开发阶段，设计者必须能够对应用的控制行为和信号处理行为进行规定和测试。

在许多DSP系统中，算法开发首先从浮点算法开始。此时，对于应用程序运行在定点处理器上所引起的定点影响，还没有任何分析与考虑。但是这个分析并非不重要，它对于应用的整体成功是非常关键的，不久就将讨论它。但是，该阶段的主要目标是获得一个正确的算法流，保证系统确实能够正常工作。当进行实际产品的开发时，可能会选择比较廉价的定点处理器。此时必须考虑定点影响。在大多数情况下，利用更简单、更小动态范围的数字格式可以降低系统的成本和复杂度。这只适用于定点DSP。

对于多数应用，在提交具体设计和软硬件实现之前，系统设计者必须能够对候选的算法进行实时运行评估。有必要对算法质量进行主观测试，例如，在评估数字手机的语音压缩算法时，有必要进行实时双向通信测试。

10.3.2 DSP算法标准和指导

数字信号处理器经常被按照“传统”的嵌入式微处理器的模式进行编程。作为DSP，编程模式为C语言和汇编语言的混合，可以直接访问硬件外设，由于性能原因，通常没有标准的操作系统的支持。同传统的微处理器类似，很少有商业现货(COTS)级别的DSP软件构件。与通用嵌入式微处理器不同的是，DSP被设计用于运行复杂的信号处理算法启发式算法。例如，DSP可能用于在含有噪声的情况下检测重要数据，或者在时速65 miles的嘈杂的汽车环境中进行语音识别。这样的算法经常是许多年研究和开发的成果。然而，由于缺少一致的标准，在不加重大修改的情况下，很难将一个算法用于多个系统。这就给DSP开发者带来了上市时间的问题。附录F提供了更多的关于DSP算法开发标准和指导的细节。

10.3.3 高级系统设计和性能工程

高级系统设计是指对DSP系统中软硬件部件进行整体的分割、选择和组织。在规范阶段开发的算法作为分割和选择阶段的的首要输入。其他需要考虑的因素如下：

- 性能要求；
- 大小、重量和功耗限制；
- 生产成本；
- 一次性工程(必要的工程资源)；
- 上市时间限制；
- 可靠性。

该阶段非常关键，设计者需要在各种互相冲突的要求之间寻求平衡。该阶段的目标是选择一系列软硬件部件，构建一个整体的系统框架，与应用需求相匹配。

现代DSP系统开发为工程师提供了各种实现系统的选择。包括：定制软件、经过优化的DSP软件库、定制硬件及标准硬件构件。

设计者必须平衡各种冲突和优化设计，以满足最重要的性能需求(性能、功耗、存储器、成本、可制造性等)。

性能工程

软件性能工程(SPE)的目的在于对系统性能进行预测，贯穿系统部署和开发的整个过程，指定和分析系统的定量行为。DSP设计者必须考虑性能需求、设计和系统运行环境。分析基于各种建模和分析工具。SPE是一系列技术，包括：数据采集、系统模型构建、性能模型评估、不确定性风险控制、可替代方案评估及模型和结果验证。

SPE要求DSP开发者利用下列信息分析整个DSP系统：

- 工作负担——最差情况；
- 性能目标——用于评价系统性能(CPU、存储器及I/O)的定量指标；
- 软件特性——各种性能场景的处理步骤；
- 运行环境——系统运行平台；
- 资源需求——估计系统的关键单元的服务数量；
- 处理开销——关键场景的基准测试、仿真和样机虚拟。

附录A是一个利用软件性能工程开发DSP系统的案例。

10.3.4 软件开发

大多数DSP系统是通过软硬件部件结合开发的。根据应用的不同，软硬件之间的比例也不同(一个需要快速升级和改变的系统会更多的利用软件;一个部署了成熟算法并需要较高性能的系统可能利用更多硬件)。大多数基于可编程DSP处理器的系统是软件密集的。

DSP系统的软件各式各样。除了信号处理软件,可编程DSP解决方案还需要很多其他的软件部件:控制软件、操作系统软件、片上外设驱动软件、片外设备驱动软件、其他板级支持和芯片支持软件及中断程序软件。

利用可重用软件或现货软件部件开发日益成为一种趋势。这包括利用可重用信号处理软件部件、应用框架、操作系统和内核、设备驱动和芯片支持软件。DSP开发者要尽可能利用这些可重用部件,有关可重用DSP软件部件的内容将在第11章讨论。

10.3.5 系统构建、集成和测试

随着DSP系统复杂性的日益增加,系统集成变得非常重要。系统集成可以被定义为:逐步链接和测试系统部件,将他们的功能和技术特性综合到系统中。由于DSP系统可能包含多个复杂的硬件和软件子系统,系统集成变得日益普遍。一般来讲,这些子系统之间都是互相依赖的。系统集成通常伴随着整个开发过程。系统集成可以依靠仿真技术在硬件实际生产之前完成。

系统集成在子系统设计开发和完善之后进行。首先,很多系统集成工作运行在DSP模拟器上,该模拟器与其他硬件和软件模拟器连接。下一个级别的系统集成工作运行在DSP评估板上(这允许对设备驱动、板级支持包、内核等进行集成)。一旦剩余的硬件和软件部件被完善,就可以进行最后一个级别的系统集成。

10.3.6 工厂与现场测试

工厂与现场测试是指在工厂或现场环境下对DSP系统进行远程分析和调试。这个阶段的工作需要精密复杂的工具,使得现场测试工程师能够快速准确地诊断现场问题,并将问题反馈给产品工程师,使其在本地实验室调试。

10.4 DSP系统设计挑战

应用中使用的信号处理算法定义了DSP系统。这些算法表示了所做运算的数字化方案。但是,这些算法的实现决策是DSP工程师的责任。DSP工程师面对的挑战是充分理解算法,以作出明智的实现决策,在保持算法计算精确度的同时实现DSP的“全部技术授权”,以获得可能的最高性能。

许多计算密集型DSP系统必须实现非常严格的性能目标。这些系统的操作对象是长时间的实际世界的信号片段,必须对这些信号作出实时处理。对于硬实时系统来说,必须时刻满足这

些性能目标。对于软实时系统来说，这些指标是非常困难的要求，可以偶尔不满足时限要求。

DSP 被设计成可以快速执行某些运算操作，比如加乘运算。DSP 工程师必须知晓这些优点，并能明智地利用数据格式和运算类型提高 DSP 系统的整体性能。选择定点算法还是浮点算法非常重要。相比之下，浮点算法可以提供更大的动态范围，同时减少溢出的可能性和数据缩放的需要。从而显著简化了算法和软件的设计、实现和测试。浮点处理器(或者浮点软件库)的缺点是比较慢，也比较昂贵。DSP 工程师必须进行必要的分析以确定贯穿整个应用的数据动态范围。对于复杂 DSP 系统来说，在算法流的不同阶段，可能需要不同级别的动态范围和精确度。

为了有效测试 DSP 系统，需要一系列实际测试数据。这些测试数据可能代表进入基站的调用或者来自其他类型传感器的代表实际场景的数据。这些实际测试信号用于确定系统的数字性能和系统的实时约束。有些 DSP 应用必须经过长时间的测试以确定没有累加器溢出或其他极端情况，这些情况可能恶化或破坏系统。

10.5 高级 DSP 设计工具

DSP 的系统级设计需要高级建模以建立系统概念，同时也需要低级建模以确定性能细节。DSP 系统设计者必须建立完整的端到端模拟模型，并集成各种组成部件(例如模拟和混合信号、DSP 和控制逻辑)。一旦设计者对系统进行了建模，该模型必须被运行和测试，以按照规范确定性能。这些模型被用于进行平衡设计、假设分析和系统参数调谐，以优化系统性能。

DSP 建模工具帮助设计者快速开发基于 DSP 的系统和模型。层次式的框图设计和模拟工具可用于系统建模以及对各种 DSP 部件进行模拟。应用库为设计者提供了许多 DSP 中常见的模块和数字通信系统。这些库使设计者可以构建完整的端到端系统。同样，也有工具支持事件触发系统的控制逻辑，见图 10.5。

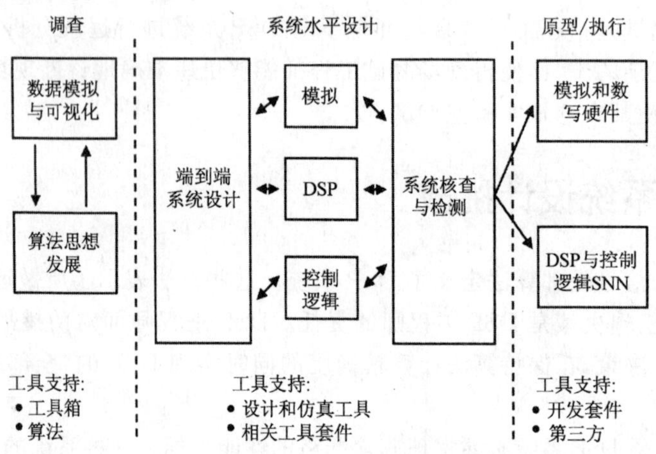

图 10.5 DSP 系统开发需要研究、系统开发和原型设计的阶段

10.6 DSP工具箱

DSP工具箱是信号处理函数的集合，为模拟和数字信号处理提供可定制的框架。DSP工具箱的图形化用户界面允许交互式系统分析。这些工具箱算法具有健壮、可靠和高效的优点。很多工具箱允许DSP开发者对提供的算法进行修改以更加适合现有架构，同时也允许开发者增加用户算法到工具箱。

DSP系统设计工具也提供功能实现DSP系统的快速设计、图形化仿真和原型设计。通过点击操作就可以实现从可用的库中选择模块，并以各种结构互连。信号源模块可以用于测试模型。仿真可以可视化，并被传递至下一步处理。ANSI标准C代码从模型中直接生成。各种信号处理模块(包括FFT和DFT、窗口函数、抽样/插值、线性预估及多速率信号处理)可以用于快速系统设计和原型设计。例如，一个Kalman自适应滤波器可以用图10.6中的框图表示。

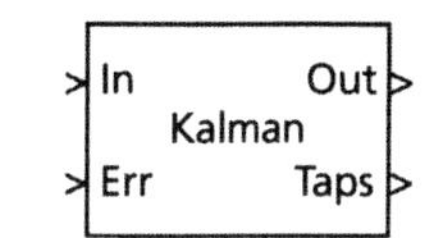

图10.6 一个信号处理功能的框图

框图系统也有其物理实现。Kalman滤波器的框图功能是基于图10.7所示动态系统的物理实现。在这个例子中，Kalman自适应滤波模块利用单步预测器算法计算FIR滤波器系数的最优最小线性均方估计。

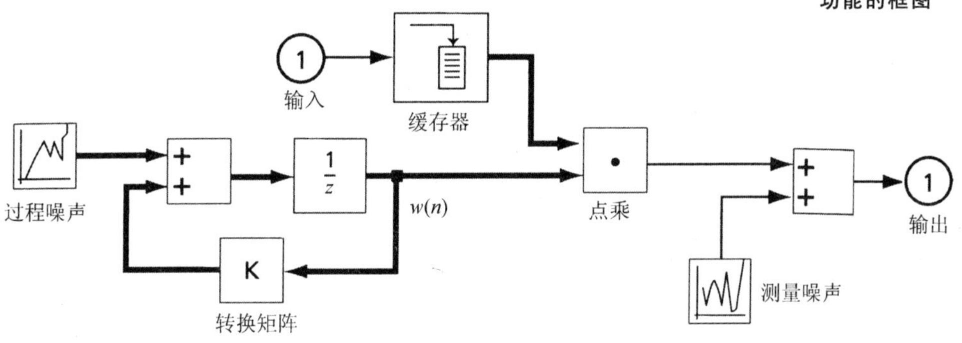

图10.7 框图信号处理功能的物理实现

10.7 面向DSP开发的主机开发工具

根据前面的讨论，实时DSP开发者面临很多软件挑战：

- 产品生命周期成本增加；
- 简单的系统调试不复存在；
- 软件可用性很少；
- 系统日益复杂。

一组强壮的 DSP 开发工具可以帮助加快开发速度、减少错误以及更有效地管理大型工程等。集成开发环境(IDE)是指将各种不同的工具整合到一个集成环境。IDE 是一个被封装成应用程序的编程环境。一个典型的 IDE 包括代码编辑器、编译器、调试器和一个图形用户界面(GUI)。IDE 为构建复杂应用提供了一个友好的框架。目前,应用于已经足够大型与复杂、需要相应规模的 DSP 开发环境。DSP 开发环境在部分而不是整个 DSP 应用开发生命周期中提供支持。如图 10.8 所示,IDE 主要应用在工程开发的最初的概念探索、系统工程和分割阶段之后。在 IDE 下开发 DSP 应用主要解决软件体系结构、算法设计和编程,贯穿整个工程的构建、调试和优化阶段。

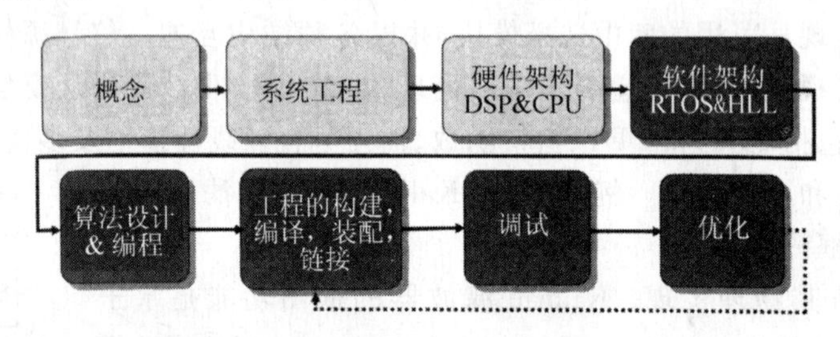

图 10.8　DSP IDE 可以用于某些,而不是全部,DSP 开发生命周期

一个典型的 DSP IDE 包括几个主要部件,见图 10.9:代码生成(编译/汇编/链接)、编辑、模拟、实时分析、调试和仿真、图形化用户界面、其他“插入式”工具及有效连接到目标系统。

一个 DSP IDE 与 Microsoft Visual C++ IDE 类似,但是为 DSP 开发做了专门优化。DSP 开发与其他开发很不相同,从而使 IDE 必须包含一系列以 DSP 为核心的选项:

- 高级实时调试,包括高级断点、基于 C 语言的条件断点以及同时观察源代码和反汇编;
- 高级观察窗口;
- 多处理器调试;
- 全局断点;
- 多组同步控制;
- 探针点(高级断点)提供类示波器功能;
- 文件 I/O,可以高级地触发数据信号的注入和抽取。

例如,数据可视化允许 DSP 开发者进行图形化信号分析,这使开发者能够以本地的格式观测数据和动态地改变变量以观测其影响。还有很多以应用为导向的图形工具,包括 FFT 瀑布图、眼图、星座图和图像显示,见图 10.10。

随着 DSP 复杂性的增加以及系统从循环执行过渡到基于任务执行,需要更多的高级工具推动开发的集成和调试阶段。DSP IDE 提供一套健壮的“仪表板”,以帮助分析和调试复杂的实时应用。图 10.11 是一个仪表板的例子。该图形显示了在系统中运行的各种任务的执行历

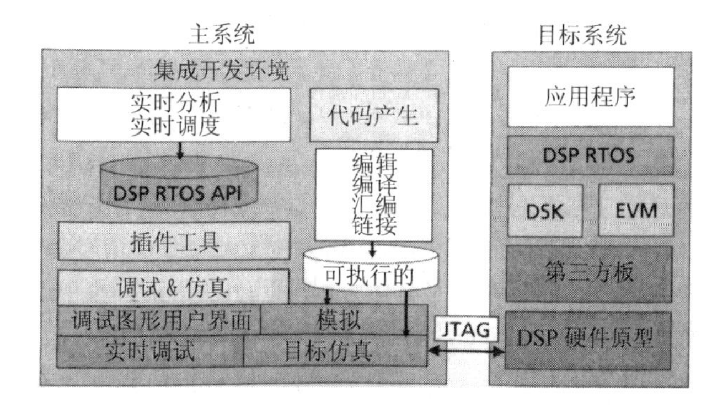

图10.9 一个DSP集成开发环境

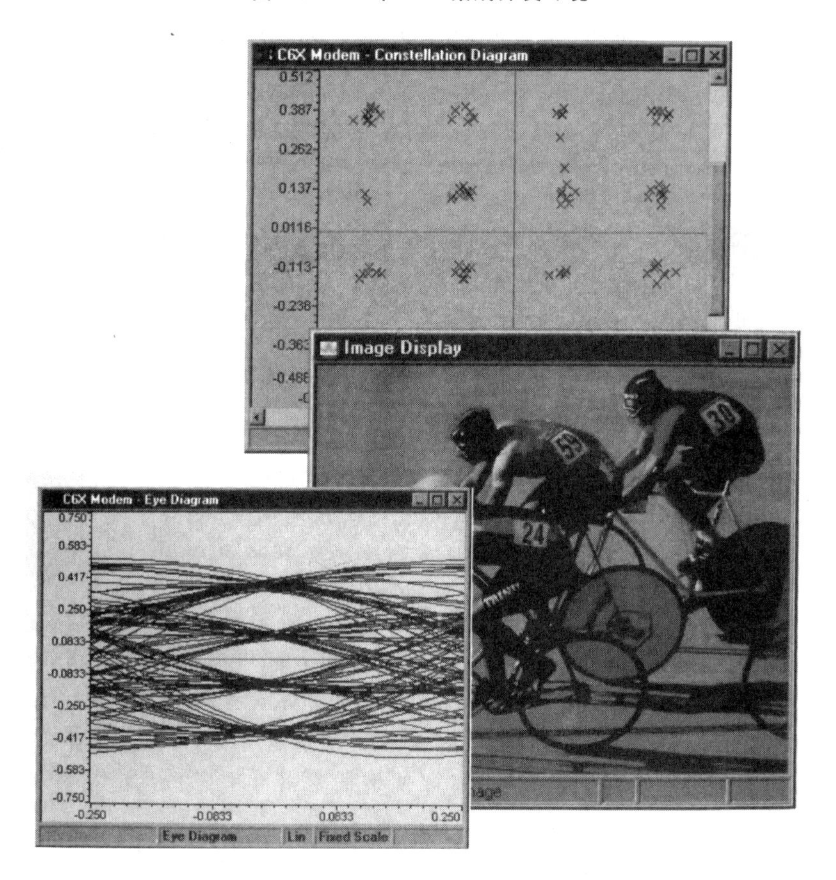

图10.10 可视化显示对于DSP开发者非常有用

史。该“实时分析”仪表板显示了每个任务随时间变化的状态(运行、准备好等)。如果需要更多的高级任务执行分析,则可以利用第三方提供的嵌入功能。例如,如果DSP开发者需要知道一个任务为什么以及在哪被阻塞，而不仅仅是是否被阻塞，可以利用第三方的速率单调分析工具进行更详细的分析。

DSP应用需要在系统运行时对其进行实时分析。DSP IDE可以在非常少的开销和干涉的情况下对系统进行实时监测。由于实时应用多种多样，这些分析功能是由用户控制和优化的。分析数据被累计并后台传送给主机（一个低优先级非干涉线程执行这个功能，通过JTAG接口发送数据到主机）。这些实时分析功能如同软件逻辑分析仪，执行过去由硬件逻辑分析仪完成的工作。该分析功能可以显示CPU工作负载百分比（利于寻找应用中的热点）、任务执行历史（显示实时系统中事件发生的先后顺序）、对DSP的MIPS的粗略估计（通过利用一个空闲的计数器）以及记录最佳和最差情况下的执行时间，见图10.11。这些数据可以帮助开发者确定系统是否按照设计规范操作，是否满足性能目标以及系统运行时的模型是否有隐含的时序问题。

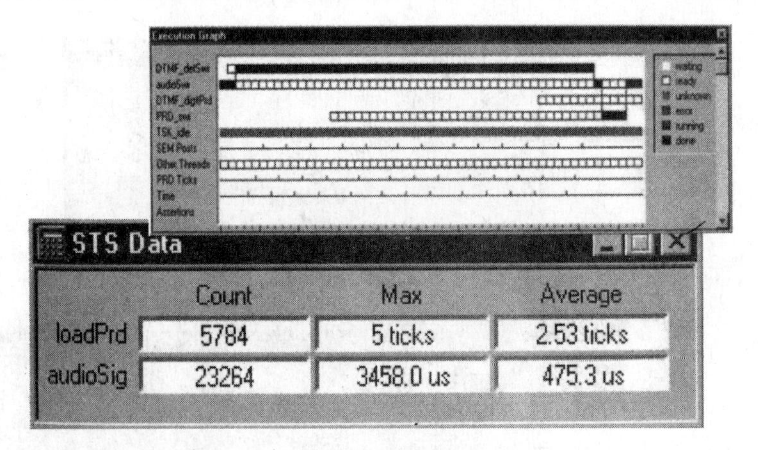

图10.11　实时分析功能为DSP开发者进行实时系统集成提供有价值的数据

系统配置工具如图10.12所示，使DSP开发者可以快速设置系统功能的优先级以及对不同的运行时模型执行假设分析。

图10.13显示了满足最基本要求的开发工具流程。编辑器、汇编器和链接器是最基本的功能模块。一旦链接器构建了一个可执行文件，必须有方法可以将文件下载到目标系统。为此，必须有对目标的运行控制功能。目标可以是一个模拟器（SIM），模拟器十分适于在硬件原型未完成之前对算法进行检查。目标也可以是一个初学者套件（DSK）或者评估板（EVM）。评估版允许开发者在实际硬件上运行程序，评估板通常带有一定数量的可配置I/O。最后，DSP开发者在原型样机上运行代码，这需要仿真器支持。

图10.13中模型的另一个重要组成部分是调试器。调试器用于控制模拟器或仿真器，可以使开发者对目标系统的程序、存储器和寄存器进行低级别的分析和控制。这意味着DSP开发者必须在完全没有接口或有I/O但是没有实际数据的条件下调试系统。此时，文件I/O可以帮助调试。DSP调试员通常可以运用数据捕获和显示功能，以分析具体的输出比特数文件。

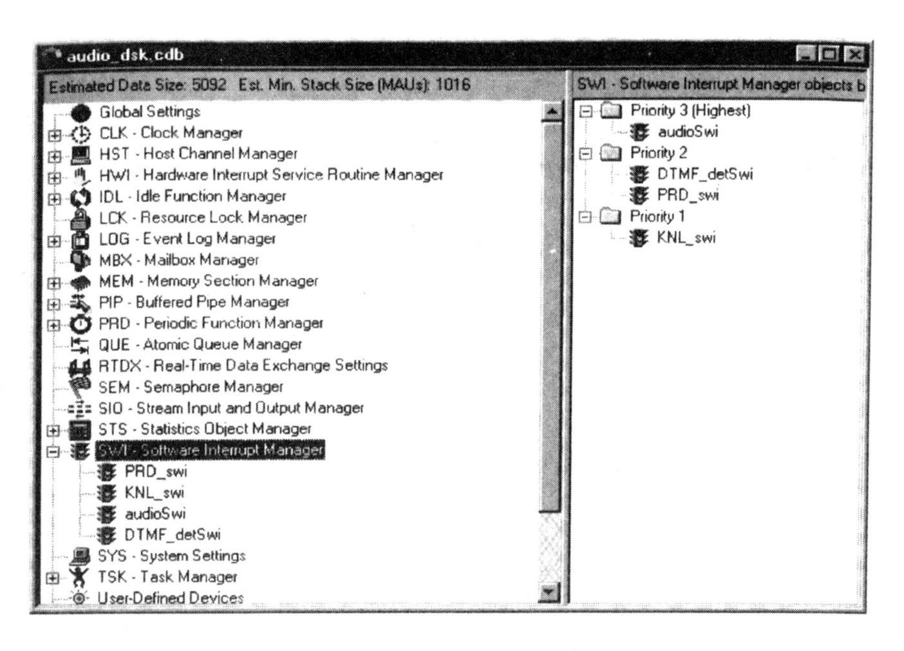

图 10.12　系统配置工具使 DSP 开发者可以快速地对应用资源和任务进行配置和区分优先级

由于 DSP 注重代码和应用程序的性能，所以提供一种方法衡量代码速度非常重要，该手段通常被称为剖析。最后，如图 10.13 所示的一般数据流程，实时操作系统功能允许开发者构建大型复杂的应用，而嵌入式的接口允许第三方（或者开发者）开发附加功能并集成到 IDE 中。

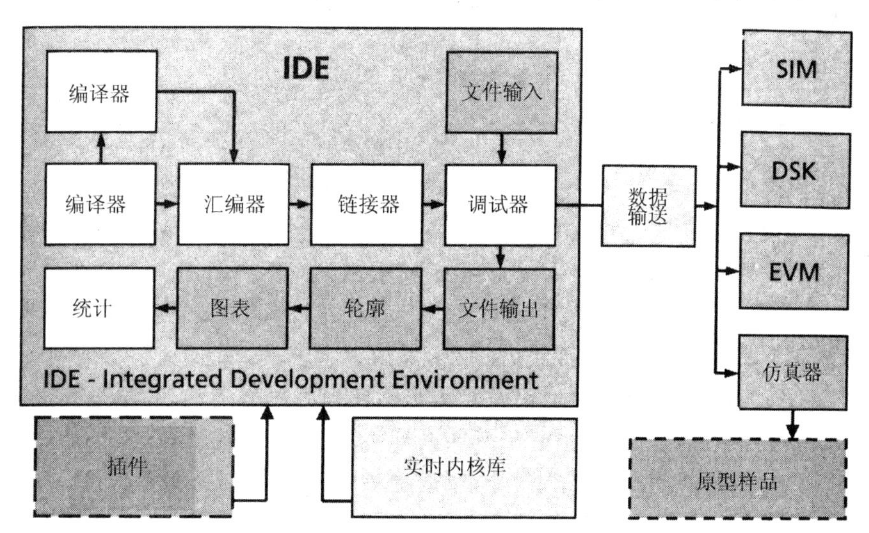

图 10.13　DSP 开发环境的基本部件

10.8 一个通用数据流程实例

本节将描述一个简单的例子，汇集了 DSP 开发的各个阶段和工具，以完成一个完整的集成 DSP 应用开发。图 10.14 显示了一个软件系统的简单模型。输入被处理并变换成输出。从实时系统的角度，输入来自某个模拟环境的传感器，输出将控制某个模拟环境的执行机构。下一步将把数据缓冲加入到该模型中。许多实时系统需要一定数量的输入/输出缓冲，用于在 CPU 忙于处理前一个缓冲数据时保存数据。图 10.15 显示了增加了输入和输出的系统，一个更具体的数据缓冲模型是图 10.16 所示双缓冲模型。

图 10.14　一个通用数据流程实例

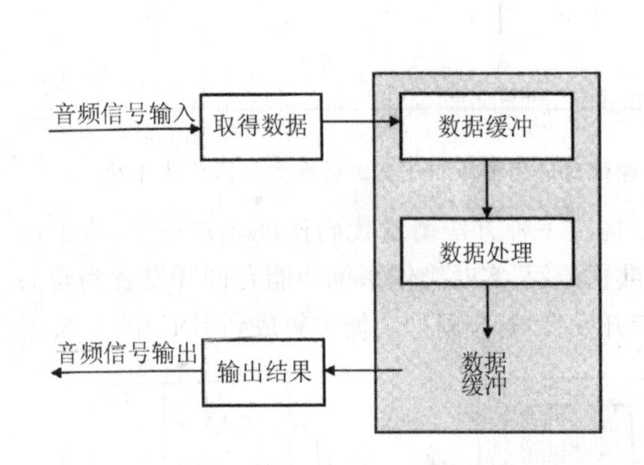

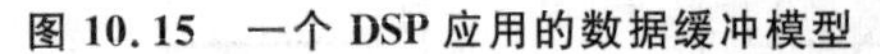

图 10.15　一个 DSP 应用的数据缓冲模型

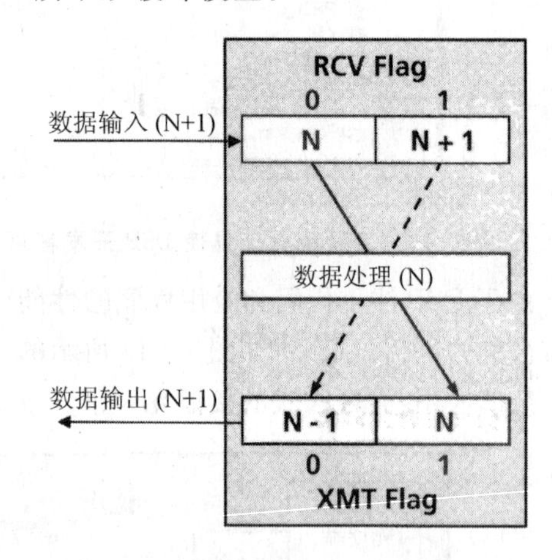

图 10.16　一个处理实时采样数据的缓冲模型

双缓冲是必要的，因为当 CPU 忙于处理一个缓冲时，来自外部传感器的数据必须有一个地方存放，然后等待 CPU 完成对当前缓冲数据的处理。当 CPU 处理完一个缓冲时，它将开始处理下一个缓冲。而原先的缓冲则用于存放来自外部传感器的数据。当数据已经准备好被接收时(RCV"ping"为空，RCV 标志为 1)，RCV"pong"缓冲被清空用于为输出准备的 XMT "ping"缓冲(XMT 标志为 0)，反之亦然。

DSP 被定制化以进行图 10.17 所示基本操作。模拟数据作为输入，通过多通道带缓冲串口(McBSP)获得。外部直接存储器访问控制器(EDMA)负责将输入数据搬运到 DSP 内核，从而解放了 CPU 使其可以进行其他处理。双缓冲是通过片上数据存储器实现，CPU 负责处理每个缓冲的数据。

图 10.18 是两种视角的组合，一个 DSP 初学者套件或者评估板模型的系统功能框图。图 10.19 所示 DSP 初学者套件拥有一个 CODEC，可以在数据被送入 McBSP 并利用 DMA 传

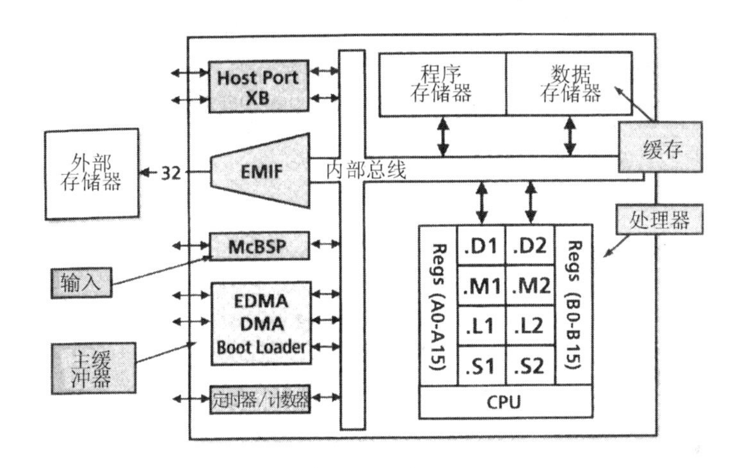

图 10.17 DSP 功能显示核心部分管理输入、存储、处理环境采样数据

递给 DSP 内核之前进行数据转换。DMA 可以被配置成向 PING 或 PONG 缓冲输入数据,并自动进行转换,这样使开发者不必直接控制双缓冲机制。

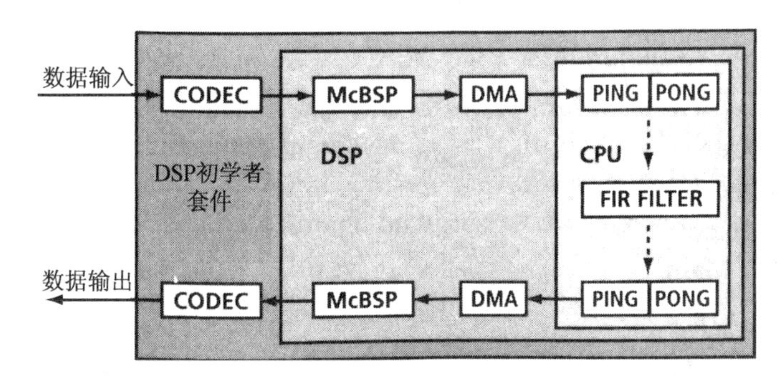

图 10.18 一个在 DSP 初学者套件上实现的 DSP 应用的系统框图

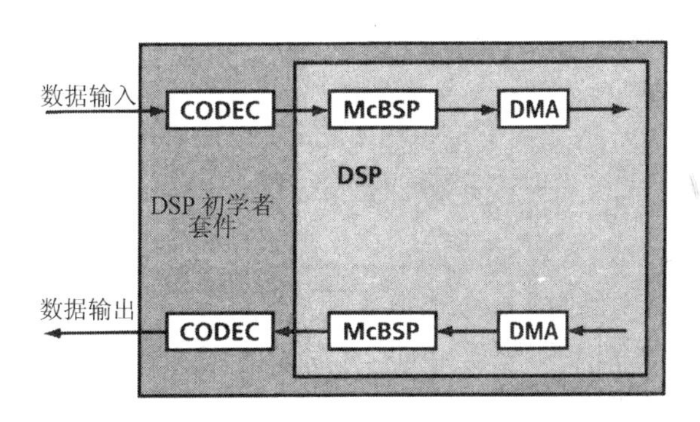

图 10.19 数据进出 DSP 片上内存所需的外设操作

DSP 开发者按照下面的步骤，以完成对这些外设处理的编码，见图 10.20。

① 引导 DMA 持续地填充 PING - PONG 缓存，并且当缓冲填满时中断 CPU。

② 选择 McBSP 的模式，以匹配 CODEC。

③ 通过 McBSP 选择 CODEC 模式并启动数据流。

④ 将 McBSP 的发送/接收中断作为 DMA 同步事件。

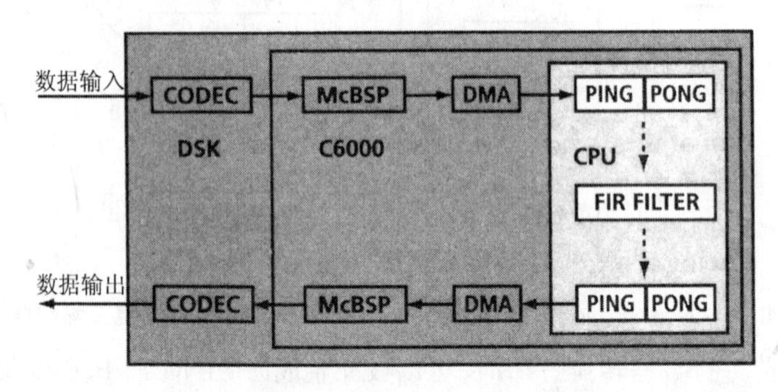

图 10.20　主函数、缓存逻辑和滤波器代码是首要的 DSP 函数

主要的软件初始化处理和流程包括：

① 硬件复位。

- 复位向量表；
- 系统初始化；
- 启动“主函数”。

② 主函数。

- 设置应用程序；
- 设置中断；
- 进入无限循环；
- 如果有新数据输入，则清标志位；
- 启动“数据处理”。

③ 数据处理。

- 更新缓冲指针；
- 对数据滤波。

复位向量表操作执行下列任务：

- 将硬件事件与软件响应链接；
- 确定硬件事件的相对的优先级。

这是一个面向设备的任务，通过手动控制。图 10.21 显示了通过 DSP IDE 编辑器查看的复位向量表的部分代码。图 10.22 显示了“主函数”循环的部分代码。该段代码设置了应用程序,初始化中断,并进入了一个无限循环,在循环中不断检测并处理新数据。图 10.23 显示了附加的 initApplication()函数的代码。该函数声明了外设函数,声明 PING PONG 缓存以处理输入数据并进行了外设和缓存的初始化。图 10.24 显示了主循环中执行初始化和检测新数据的代码样本。

运行时支持库能够辅助 DSP 开发者开发 DSP 应用。运行时软件支持不属于 C 语言本身的函数,包括下列部件:

- ANSI C 标准库;
- C I/O 库——包括 printf();
- 用于主机操作系统 I/O 的低级支持函数;
- Intrinsic 算术程序;
- 系统设置程序_c_int00;
- 允许 C 访问具体指令的函数和宏。

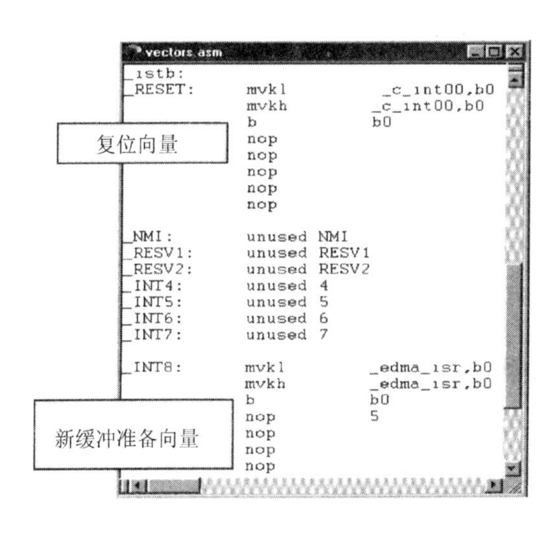

图 10.21　复位向量表部分代码

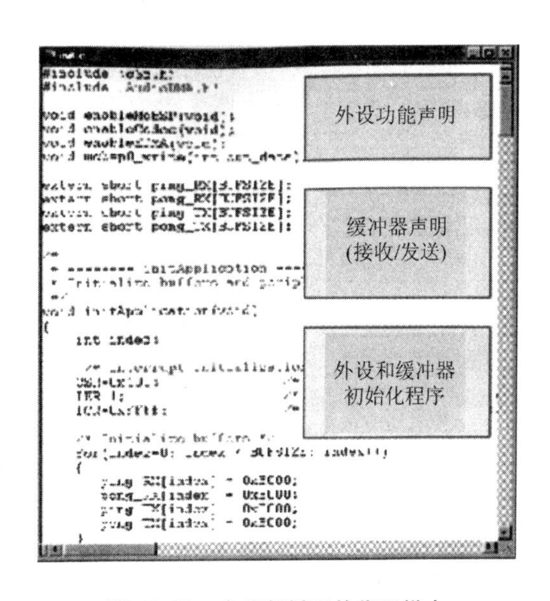

图 10.22　主函数循环的代码样本

DSP 应用的主循环检测 dataReadyFlag 并当数据准备好时调用 processBuffer()函数,图 10.25 是代码样本。图 10.26 为 processBuffer 函数的代码样本。该函数实现了 ping pong 缓冲数据传送功能,并调用了 FIR 滤波器程序对每个缓冲的数据进行滤波。最后,图 10.27 显示了 FIR 滤波器函数的代码样本,该函数对输入数据进行了滤波,FIR 滤波器系数也被声明。

```
void processBuffer(void);

void main()
{
    initApplication();
    initInterrupts();

    while(1)
    {
       if(dataReadyFlag)
       {
            dataReadyFlag = 0;
            processBuffer();
            printf("Loop count = %d\n",i++);
       }

    }
}
```

图 10.23　主循环中执行初始化和检测新数据的代码样本

```
Init.c
*
*   RETURN:          none
*************************************
void initInterrupts(void)
{
    /* enable NMIE  */
    IER |= 0x00000002;

    /* enable GIE  */
    CSR |= 0x00000001;

    /* Enable EDMA-to-CPU interrupt */
    IER |= 0x0100    /* INT 8 */
}

/**********************************************
*   FUNCTION:       enableEDMA
```

初始化CPU中断使能寄存器,并使能EDMA-CPU数据传输中断

图 10.24　执行 CPU 中断寄存器初始化的 initInterrupts( )函数的代码样本

```
void processBuffer(void);

void main()
{
    initApplication();
    initInterrupts();

    while(1)
    {
       if(dataReadyFlag)
       {
            dataReadyFlag = 0;
            processBuffer();
            printf("Loop count = %d\n",i++);
       }

    }
}
```

图 10.25　主循环检测 Ping Pong 缓冲中的数据是否准备好

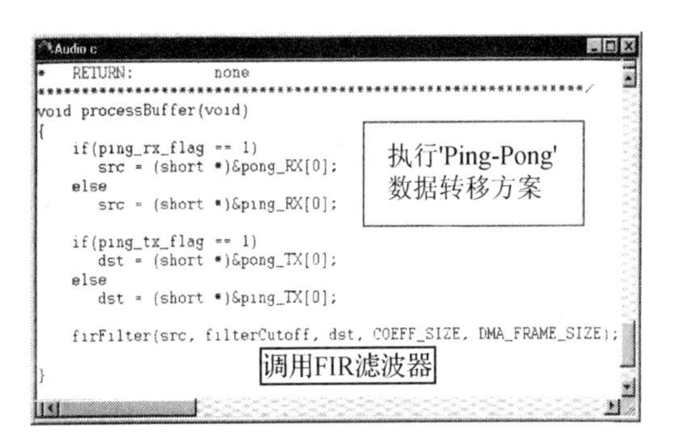

图 10.26 管理输入缓冲的 processBuffer 函数的代码样本

```
filter c
void firFilter(short x[], int f, short y[], int N, int M)
{
    int i, j, sum;

    for (j = 0; j < M; j++) {
        sum = 0;
        for (i = 0; i < N; i++)
            sum += x[i + j] * filterCoeff[f][i];

        y[j] = sum >> 15;
```

FIR function:
DSP =
Sum of Products

```
filter c
0x049E,0x0225,0xFE46,0xFB7B,
0xFAEE,0xFC46,0xFE04,0xFF9E,

const short filterCoeff[MAX_FILTER_SELECTIONS][COEFF_SIZ

0xFF0A,0xFDA8,0xFD88,0x0000,
0x0346,0x037B,0xFFC7,0xFCE2,
0xFFB9,0x0592,0x058A,0xFCA2,
0xF5A0,0xFF5D,0x19D6,0x3177,
0x3177,0x19D6,0xFF5D,0xF5A0,
0xFCA2,0x058A,0x0592,0xFFB9,
0xFCE2,0xFFC7,0x037B,0x0346,
0x0000,0xFD88,0xFDA8,0xFF0A,

};
/*
eight.txt
```

FIR
coefficient
sets

图 10.27 FIR 滤波器函数代码样本

下一步是将各种软件部件链接到硬件结构中。图 10.28 显示了链接处理是如何将应用程序的输入文件映射到硬件平台的的存储器映像上的。存储器由各种类型组成，包括中断向量表、代码、堆栈空间、全局变量和常量。

链接命令文件 LNK. CMD 用于定义硬件资源以及输入文件对硬件资源的使用情况。MEMORY 段列出了目标系统拥有的存储空间及其地址范围。图 10.29 所示为 TMS320C6211 DSP 的存储器分布。SECTIONS 指令确定软件部件在存储器中存放的位置。一些段的类型如下：

● .Text——程序代码；

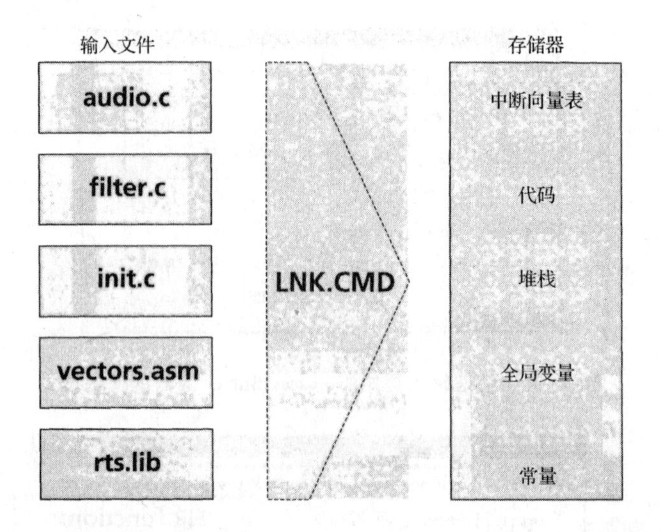

图 10.28　将应用程序的输入文件映射到硬件存储器映像上需要链接处理

● .Bss——全局变量；
● .Stack——局部变量；
● .Sysmem——堆。

下一步为设置调试目标。现在 DSP IDE 支持多个硬件电路(通常为同一生产商)。大多数设置工作可以通过在 IDE 下的拖放操作完成，见图 10.30。DSP 开发者可以轻松地利用 IDE 对 DSP 或非 DSP 设备进行配置。

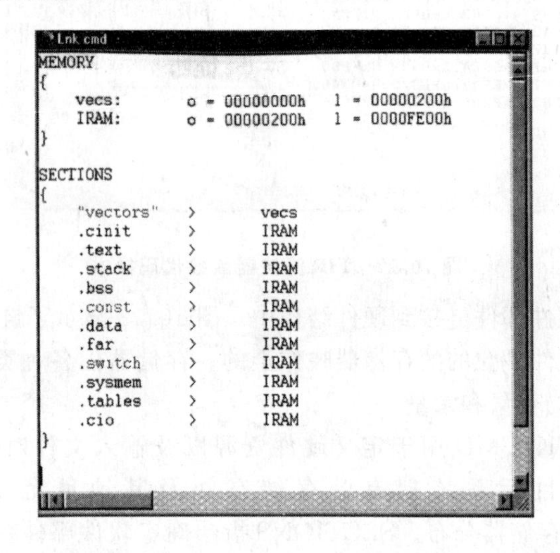

```
MEMORY
{
    vecs:       o = 00000000h    l = 00000200h
    IRAM:       o = 00000200h    l = 0000FE00h
}

SECTIONS
{
    "vectors"   >   vecs
    .cinit      >   IRAM
    .text       >   IRAM
    .stack      >   IRAM
    .bss        >   IRAM
    .const      >   IRAM
    .data       >   IRAM
    .far        >   IRAM
    .switch     >   IRAM
    .sysmem     >   IRAM
    .tables     >   IRAM
    .cio        >   IRAM
}
```

图 10.29　链接器命令文件将输入文件映射到硬件结构的代码样本

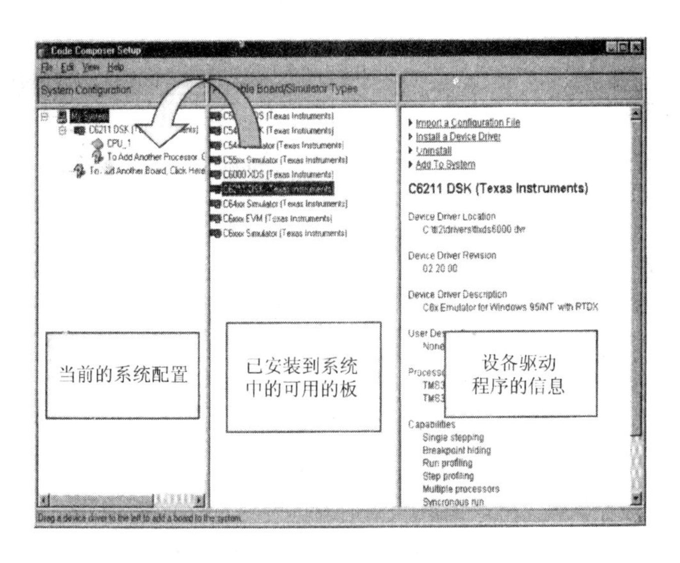

图 10.30　为目标应用配置调试器

DSP IDE 允许对工程进行可视化管理，见图 10.31。各个文件可以通过简单的拖放操作加入工程中。依赖关系表也是自动维护的。DSP IDE 支持工程管理功能，并允许对 DSP 应用中的大量文件进行配置和管理，见图 10.32。

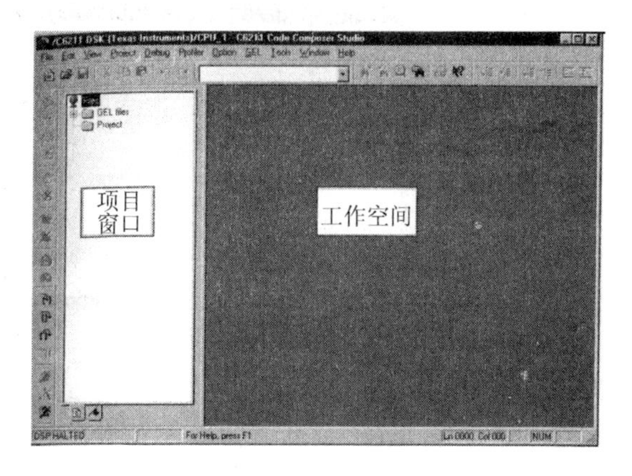

图 10.31　DSP IDE 下的工程窗口

DSP IDE 提供的嵌入式功能允许 DSP 开发者根据具体需要定制开发环境。在开发环境下，开发者可以分别定制输入/输出设备，用于输入和分析数据。框图工具、用户编辑器和构建工具可以对开发环境进行有价值的扩展，见图 10.33。

调试——验证代码性能

DSP IDE 也支持软件开发生命周期中的调试阶段。在该阶段中，首要目标是验证系统的

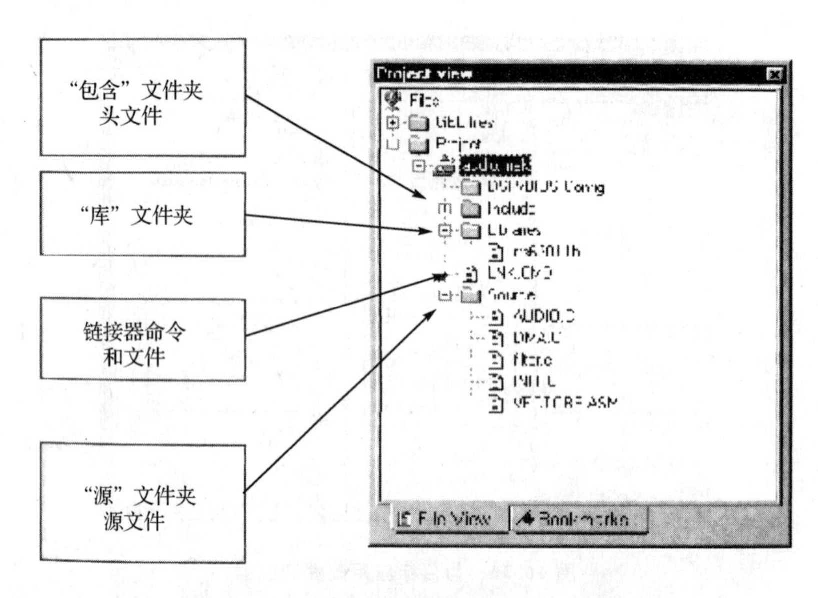

图 10.32　DSP IDE 对大量文件进行工程管理

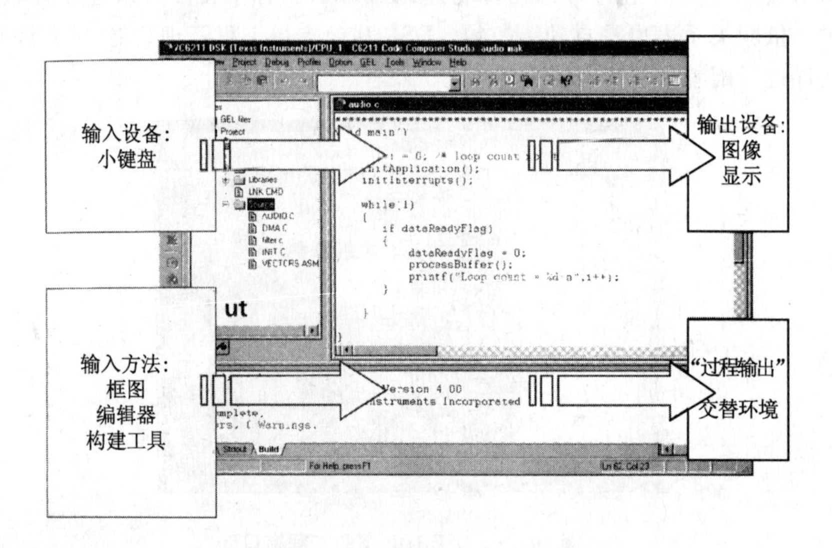

图 10.33　嵌入功能可以扩展开发环境

逻辑正确性。在下面的例子中,调试阶段是为了保证滤波器对音频输入信号处理正确。下列步骤用于设置和运行系统以验证系统的逻辑正确性。

① 加载程序到目标 DSP;

② 运行"主函数"或其他函数;

③ 打开观察窗口,检测关键数据;

④ 设置并运行至断点,以在任何地方中止程序运行;

⑤ 在图形窗口显示数据,以对信号数据进行视觉化分析;

⑥ 指定探针点,以确定观测数据的位置;

⑦ 通过动画持续运行至断点。

调试阶段也用于验证系统是否满足时限或实时目标。此时,开发者要确保代码以最高效率运行,并检查在不牺牲算法精确度的条件下执行时间开销是否足够低。探针点工具可用于连接图形化工具,以帮助验证系统的功能性和时限性,见图 10.34。图形显示在每次代码运行到探针点时被更新。

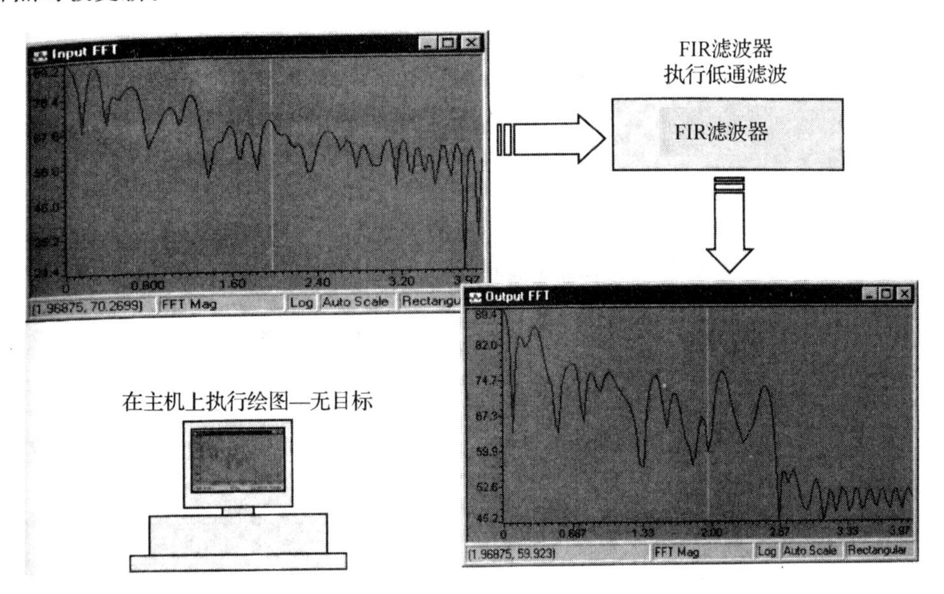

图 10.34　利用图形功能分析 FIR 函数

10.9　代码调谐和优化

实时系统和非实时系统开发的主要区分点在代码调谐和优化阶段。在这个阶段,DSP 开发者寻找“热点”或低效率的代码片段,并试图优化这些片段。实时 DSP 系统代码通常在速度、存储器大小和功耗方面进行优化。DSP 代码构建工具(编译器、汇编器和链接器)正在不断改进,以使开发者可以用高级语言(例如 C 或 C++)编写大部分应用代码。

但是,开发者必须为编译器提供帮助和指导,以从 DSP 体系结构中获得技术授权。DSP 编译器执行面向体系结构的优化,并反馈在编译过程中作出的决策和假设。开发者需要反复执行这一步骤,以不断修正作出的决策和假设,直到满足性能目标。DSP 开发者利用编译器选项提供给编译器具体的指令。这些选项在如下方面指导编译器:编译代码时的积极程度,

注重代码速率还是代码长度，编译时是否附带高级调试信息以及其他选项。图 10.35 显示了 DSP IDE 如何使开发者利用点击操作管理这些选项。图 10.36 显示了编译器在输出文件中提供反馈的例子。

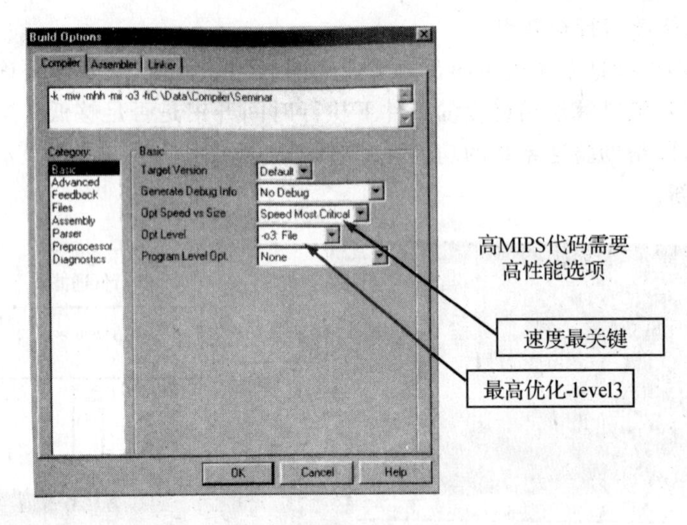

图 10.35　开发者可以通过 IDE 轻松设置编译器选项

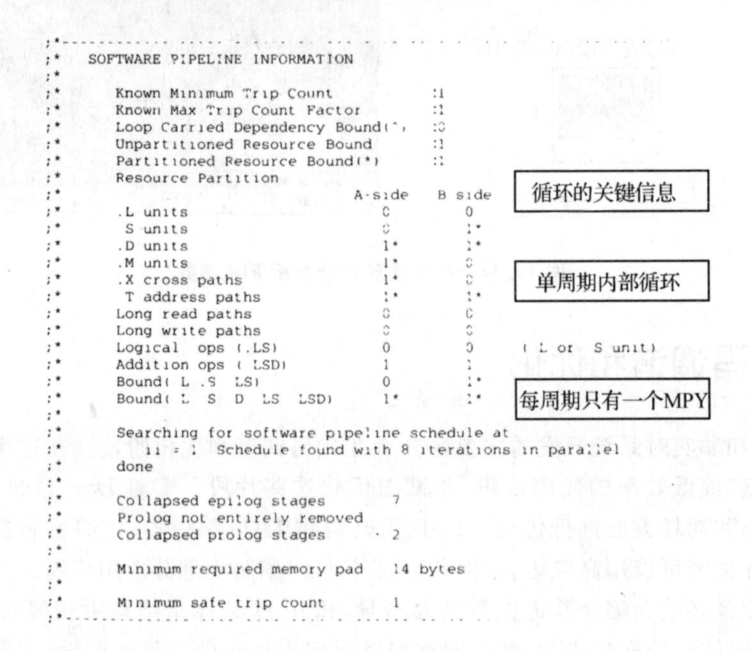

```
;*----------------------------------------------------------------------------*
;*   SOFTWARE PIPELINE INFORMATION
;*
;*      Known Minimum Trip Count                    :1
;*      Known Max Trip Count Factor                 :1
;*      Loop Carried Dependency Bound(^)            :0
;*      Unpartitioned Resource Bound                :1
;*      Partitioned Resource Bound(*)               :1
;*      Resource Partition
;*                                   A-side   B side
;*      .L units                       0        0
;*       S units                       0        1*
;*      .D units                       1*       1*
;*      .M units                       1*       0
;*      .X cross paths                 1*       0
;*       T address paths               1*       1*
;*      Long read paths                0        0
;*      Long write paths               0        0
;*      Logical  ops (.LS)             0        0     (.L or .S unit)
;*      Addition ops (.LSD)            1        1
;*      Bound(.L .S .LS)               0        1*
;*      Bound(.L .S .D .LS .LSD)       1*       1*
;*
;*      Searching for software pipeline schedule at
;*         ii = 1  Schedule found with 8 iterations in parallel
;*      done
;*
;*      Collapsed epilog stages        7
;*      Prolog not entirely removed
;*      Collapsed prolog stages      : 2
;*
;*      Minimum required memory pad   14 bytes
;*
;*      Minimum safe trip count        1
;*----------------------------------------------------------------------------*
```


图 10.36　提供给用户的编译器反馈例子

如果编译器选项和优化方向(速度、代码长度及功耗)有很多等级,则在优化阶段需要做很多平衡(特别是考虑到每个函数或文件可以按照不同的选项编译)。基于剖析的优化见图 10.37,可被用于显示代码长度对比速率选项的总结。开发者可以选择满足速度和功耗目标的选项,并按照选项自动编译应用程序。

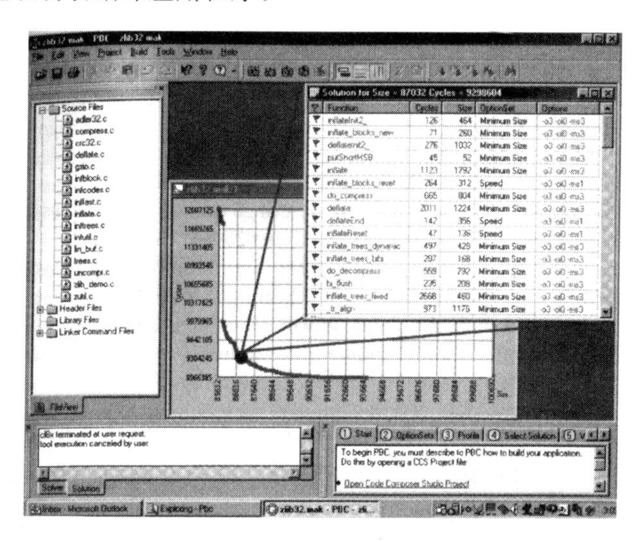

图 10.37　基于剖析的编译允许 DSP 开发者快速便利地作出代码长度/速率平衡

1. 典型的 DSP 开发流程

DSP 开发流程可以分为如下几个阶段:

- 应用定义——开发者开始集中在最终性能、功耗和成本目标上。
- 结构设计——应用被系统级设计。如果应用做得够大,可以利用框图和信号流程工具。
- 硬件/软件映射——对结构设计中的每个模块和信号作出目标决策。
- 代码生成——最初的设计被完成,原型和样机被开发。
- 验证/调试——验证功能正确性。
- 调谐/优化——保证开发的目标是为了满足系统性能指标。
- 生产部署——向市场发布。
- 现场测试。

开发一个精心调谐和优化的应用需要在验证和优化阶段间做几个循环。每次通过验证阶段时,开发者会编辑和构建修改过的应用程序,在目标或仿真器上运行程序,并分析功能正确性结果。一旦应用程序在功能上正确,开发者将开始对功能正确的代码进行优化。这包括朝系统性能目标(例如速度、存储器和功耗)调谐应用,在目标或模拟器上运行调谐后的代码以衡量性能,以及评估剩余“热点”、未解决好的区域或者未满足性能目标的区域,见图 10.38。一旦评估完成,开发者将回到验证阶段,运行更加优化的新代码并验证其功能正确性。如果功能正确并且应用性能在可接受范围内，则停止循环。如果某个优化破坏了代码的功能正确性，开发者将调试系统，以确定什么被破坏，并更正所出的问题，然后继续进行下一个回合的优化。从本质上说，开发者对应用的优化越多，越会导致代码复杂并增加破坏已有正确代码的可能性。该过程可能要循环很多次，直到满足系统性能目标。

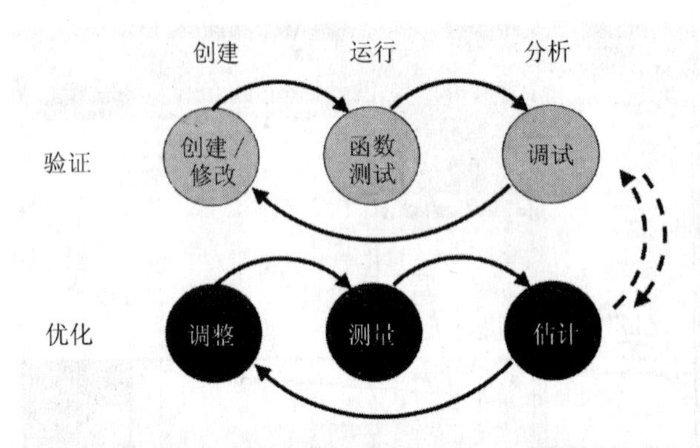

图 10.38　DSP开发者不断重复一系列优化和验证步骤，直到达到性能目标

一般来讲，一个DSP应用在开始时并没有优化。在开发早期，DSP开发者首先要保证应用的功能正确性。因此，这个从性能角度讲不合常规的经验并不令人印象深刻，甚至当利用DSP编译器中更积极的优化级别时也是如此。这种观点可以被称为“悲观的”观点，在编译输出中没有任何积极的假设，同时也没有任何积极的算法变换使得应用程序更加高效地运行。

通过集中处理应用的一些关键区域，系统性能可以得到显著提高：

- 使有多次迭代的循环代码变得紧凑；
- 保证关键代码在片上存储器中；
- 可行时，展开关键循环。

实现那些在优化DSP软件部分讨论的优化技术。如果进行了这些关键的优化措施，整个的系统性能会有显著提高。如图10.39所示，对很小比例的代码进行一些关键的优化措施可以明显改善性能。随着优化机会的减少，额外的优化措施将越来越困难，同时优化的成本收益比也在降低。DSP开发者进行优化的目的是满足系统性能目标，而不是使应用程序运行在其理论性能峰值下。成本与收益之比证明那是多余的。

DSP IDE提供剖析功能，使DSP开发者可以剖析应用程序并显示其有用信息，例如代码长度、总时钟周期计数、算法通过某个特定函数的次数等。分析这些信息可以确定哪个函数可作为候选的优化对象，见图10.40。

剖析和调谐DSP应用程序的最优方法是首先处理正确的区域。这些区域意味着以最小的努力可以获得最大的性能改善，见图10.41。通过帕累托指标指出的最大性能区域会引导DSP开发者关注那些可以显著提高性能的区域。

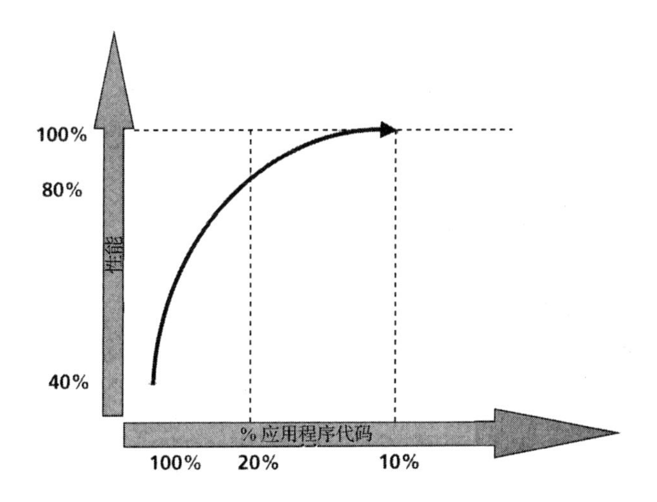

图 10.39　为达到期望的性能目标,DSP 代码优化所需的时间和努力

Functions	Code Size	Incl. Count	Incl. Total	Incl. Maximum	Incl. Minimum	Incl. Average	Excl. Count	Excl. Total
GSM51.out								
search_10i40	4524	4	51552	12888	12888	12888	4	51552
Syn_filt	328	36	33768	986	554	938	36	33768
Lag_max	564	6	23946	6721	1807	3991	6	23712
Norm_Corr	1160	4	22121	5993	4910	5530	4	14286
Chebps	280	209	13576	66	64	64	209	13576
Convolve	176	8	11128	1391	1391	1391	8	11128
Coder_12k2	4768	1	223984	223984	223984	223984	1	8268
G_pitch	1012	4	7048	1786	1690	1762	4	7048
cor_h_x	612	4	6396	1599	1599	1599	4	6396
Autocorr	792	2	6076	3038	3038	3038	2	6076
Az_lsp	852	2	19353	9722	9631	9676	2	5150
Decoder_12k2	2396	1	19646	19646	19646	19646	1	5134
Residu	248	16	4256	266	266	266	16	4256
Get_lsp_pol	396	20	3480	174	174	174	20	3480

Files　Functions　Ranges　Setup

图 10.40　一个 DSP 应用剖析数据。该数据帮助 DSP 开发者着重于那些在优化过程中可以提供最佳成本收益比的函数

2. 开始着手

DSP 初学者套件见图 10.42,便于安装,并使开发者可以快速开始编写代码。与初学者套件一起供给的通常还有:扩展子卡、目标硬件、软件开发工具、供调试用的并口、电源和相应线缆。

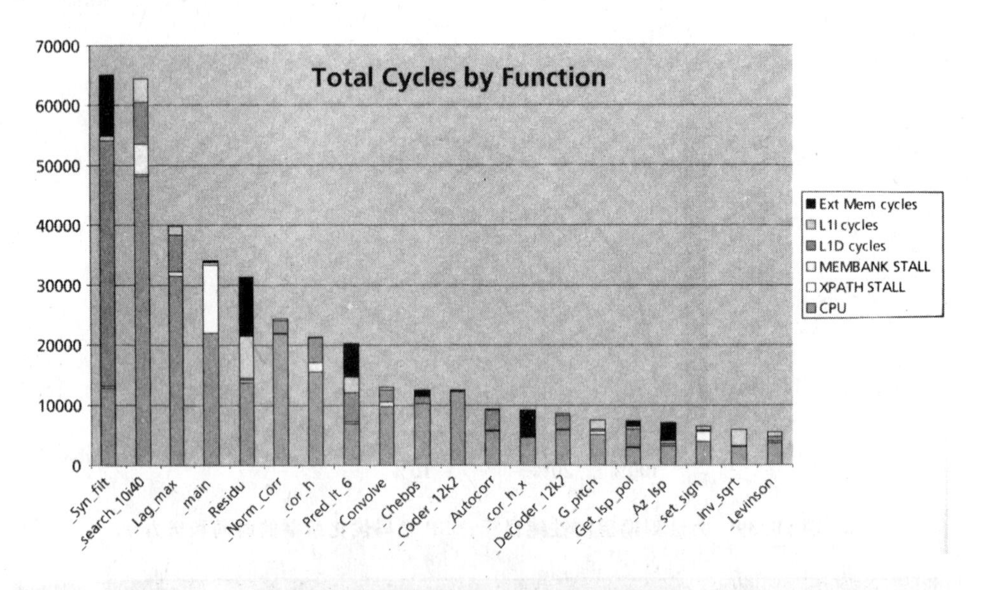

图 10.41　DSP 函数的帕累托指标，使 DSP 开发者可以先关注最重要的区域

图 10.42　DSP 初学者套件使得 DSP 开发者可以快速开始上手

10.10　小　结

图 10.43 显示了整个 DSP 开发流程。DSP 开发有 5 个主要阶段。

① 系统概念和需求：包括引出系统级的功能性和非功能性（有时称作“质量”）要求。功耗要求、服务质量（QoS）、性能和其他系统级需求被引出。建模技术（例如信号流程图）被建

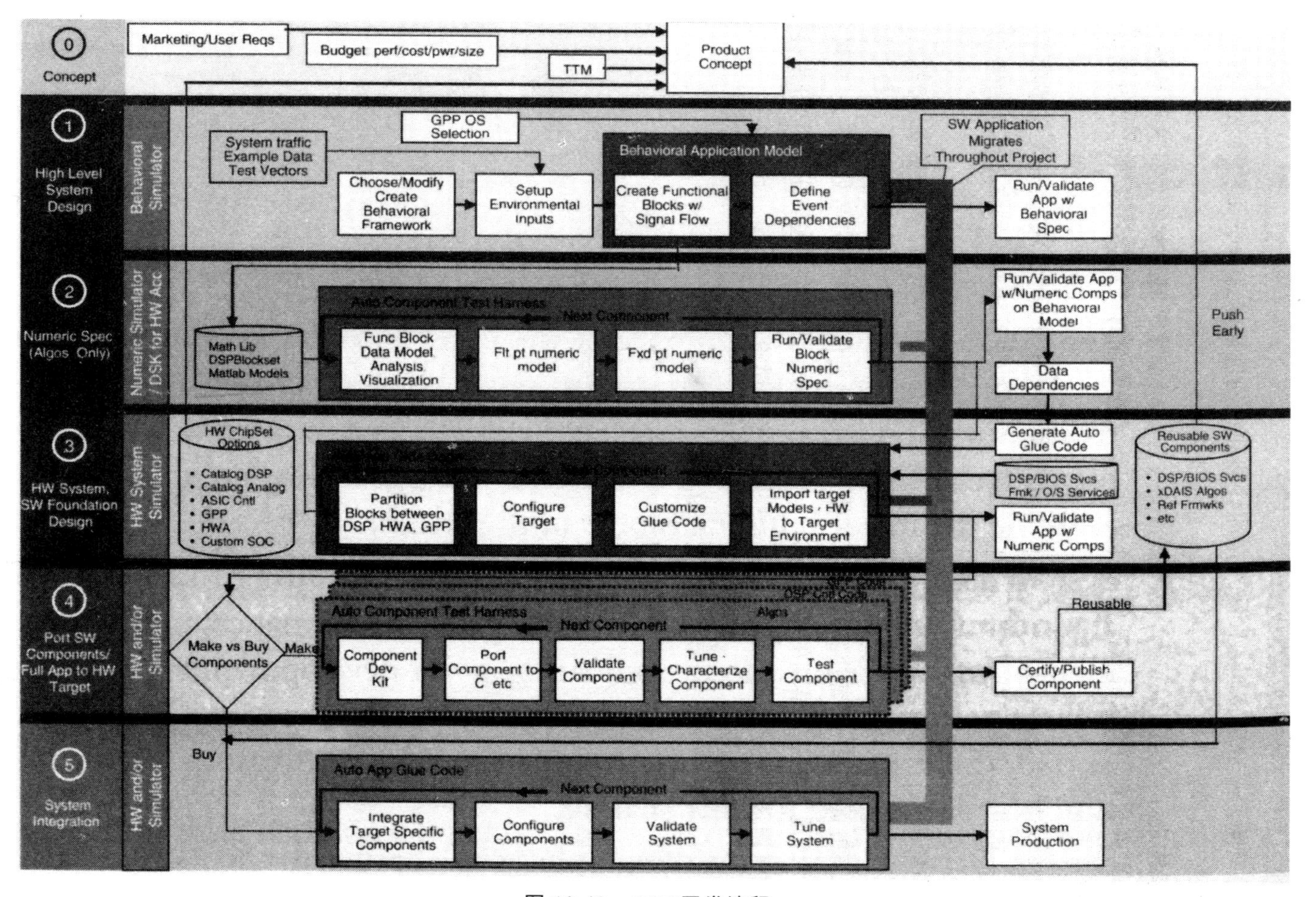

图 10.43　DSP开发流程

立,用于检测系统主要的构建模块。

② 系统算法研究和试验:根据预定的性能和精确度需求开发详细的算法。首先分析浮点开发系统,以确定性能和精确度需求是否能被满足。

③ 系统设计:系统的软硬件模块被选择或开发。通过原型或模拟分析这些系统,以确定分割是否正确和利用给定的软硬件部件是否可以实现性能目标。软件部件可以根据应用被定制开发成可重用的。

④ 系统实现:利用来自系统原型设计、平衡研究和硬件综合的输入开发完整的系统共同模拟模型。利用软件算法和部件开发软件系统。信号处理算法和控制框架的结合被用于系统开发。

⑤ 系统集成:系统在模拟环境或硬件环境被构建、验证、调谐(如果需要)和执行。如果没有满足性能目标,给定的系统将被分析并重新分割。

在很多方面,DSP 系统开发过程与其他开发过程类似。由于信号处理算法数量日益增加,这些系统越来越需要早期的模拟分析。日益增加的对性能的关注要求 DSP 开发注重实时时限和性能调谐。本书对这些阶段中的一些细节做了讨论。

第11章

基于多核片上系统(SoC)架构的嵌入式 DSP 软件设计

11.1 多核片上系统

由于本身资源的稀缺(处理能力、内存、吞吐量、电池寿命和成本),设计和构建嵌入式系统是一项困难的任务。当设计一个嵌入式系统时,需要在各种资源之间维持平衡。现代嵌入式系统利用在单个芯片上集成多种处理单元的设备,这类多核片上系统(SoC)可以在增加处理能力和系统吞吐量的同时,延长电池寿命,减少总体成本。一个基于 DSP 的 SoC,见图 11.1,多核的设计策略将硬件保持在低时钟频率范围(每个单独的处理器可以运行在较低的时钟频率下,减少了整体功耗和热量的产生)。与单核高频的设计相比,多核低频的设计在成本、性能和灵活性(在软件设计和任务分割方面)方面都有显著改善。

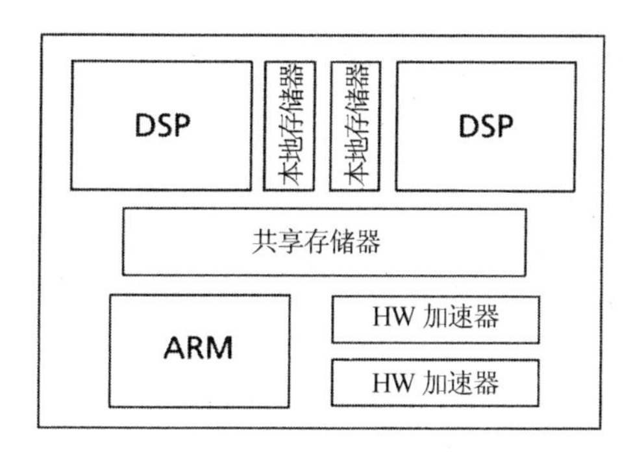

图 11.1 一个基于 DSP 的 SoC 的框图

我们将讨论 SoC 的几个特点,并用一个处理器的实例来演示这些特点以及它们是如何部署到一个现有的 SoC 上的。

① 为应用定制——与一般的嵌入式系统类似,SoC 是为某个应用领域定制设计的。以视

频应用为例。图 11.2 所示为一个嵌入式视频应用的功能流程图。这个系统包括输入采集、实时信号处理和输出显示部件。其中有多种与构建一个灵活的系统相关的技术，包括模拟信号格式化、视频转换、数字信号格式化和数字信号处理。为了实现图 11.2 所示的系统一个 SoC 处理器包含了处理单元、外设、存储器及 I/O 等一系列部件。图 11.3 是一个数字视频系统 SoC 的例子。这个处理器包括各种部件，用来输入、处理和输出视频信息。后面会讨论更多该 SoC 的细节。

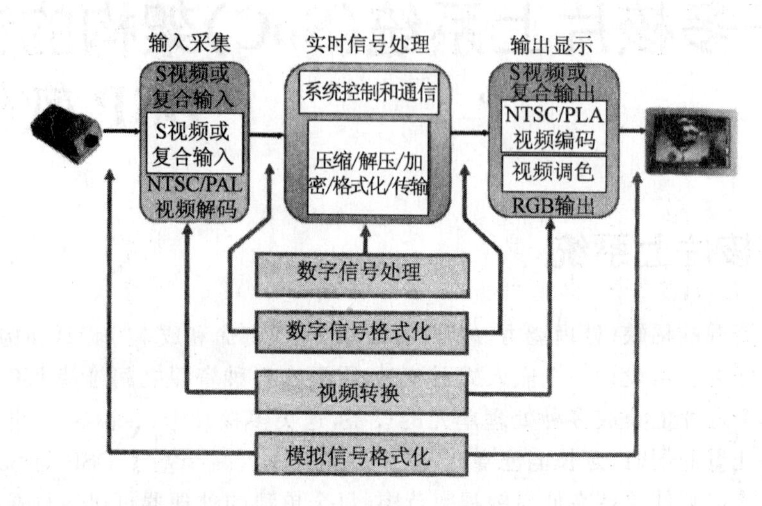

图 11.2 数字视频系统应用模型

② SoC 改善了“功耗/性能”比——大型高频处理器功耗大，冷却费用高。若干个小型低频处理器可以在承担相同工作的同时减少功耗和热量。在图 11.1 中，通过在 ARM 处理器、两个 DSP 处理器和硬件加速器这四种任务单元之间进行合理的任务分割可以高效地处理大型信号。

③ 许多应用需要可编程性——SoC 包含多个可编程单元。多种原因导致了这个需求：

- 新技术——与不可编程器件相比，可编程性使升级和改变更容易。例如，当新的视屏编解码技术被开发出来后，支持新标准的算法可以更加容易地在可编程器件上实现。新的特性也更易于添加。
- 对多种标准和算法的支持——一些数字视频应用需要支持多种视频标准、分辨率和图像质量。这些需求在可编程系统中更容易实现。
- 全面的算法控制——一个可编程系统为设计者提供了必要时对特定算法进行定制和(或)优化的能力，这使得应用开发商可以从容地应对不同应用间存在的差别。
- 未来系统的软件重用——通过将数字视频软件作为一个部件来开发，使这些软件可在必要时重新使用/封装作为构建新系统的一个模块。

④ 实时性、功耗和成本的限制——实时嵌入式系统有很多限制条件，其中许多要通过对

特定应用定制化来达到。

⑤ 特殊的指令——SoC通过特殊的CPU指令来提高应用的处理速度。作为一个实例，图11.3所示SoC用特殊的DSP指令来加速操作，例如：

- 用于延长精度计算的32位乘法指令；
- 用于支持FFT和DCT算法的扩展算术功能；
- 增强的复杂乘法；
- 用于改善FIR循环吞吐量的二次点积指令；
- 并行封装指令；
- 增强的Galois域乘法。

以上每组指令可以加速某些数字视频算法的操作。当然，为了调度这些指令，编译器的支持非常必要，相应的工具也成为整个系统的重要组成部分。

⑥ 可扩展性——许多SoC在字长和高速缓存容量方面是可扩展的。当这些系统参数改变时，要采用特殊的工具来分析系统。

⑦ 硬件加速——在SoC中应用硬件加速器有许多好处。最主要的原因是能获得更好的“成本/性能”比。高速处理器非常昂贵。通过将任务分割到几个更小的处理单元中，可以降低整个系统的成本。较小的处理单元功耗更低，并且因为专用单元可以更高效地响应外部事件，更适于实现实时系统。

在一些应用领域中，算法不能有效映射到CPU体系结构中，在这类应用中硬件加速器非常有用。例如：含有大量位操作的算法需要很多寄存器，传统的CPU寄存器模型可能不适于执行该类算法。可以构建一个硬件加速器专门高效执行位操作，该硬件加速器位于CPU旁边并被CPU使用进行相应运算。对于要求快速响应的I/O操作，一个专用加速器外加I/O外设可以更好地执行该操作。最后，一些需要处理数据流的应用领域(比如许多无线和多媒体应用)不能很好地映射到传统的CPU体系结构中，特别是那些需要实现高速缓冲的系统。由于每个数据流单元生命期有限，处理时需要持续抖动缓冲，用以读取新的数据单元。带有取数逻辑的硬件加速器可以为数据流处理提供专门的支持。

在SoC上使用硬件加速器是一种高效执行某些类算法的方法。本章提到过的功耗优化以及利用加速器降低整体系统功耗是因为这些加速器是为某类处理定制的，可以有效率地执行这些计算。图11.3的SoC有硬件加速器支持。视频处理子系统VPSS和DSP子系统内的视频加速模块是用于高效执行视频处理算法的硬件加速器模块的实例。图11.4是一个VPSS的功能框图。这个硬件加速器由一个前端模块和一个后端模块构成。

前端模块包括：

- CCDC(电荷耦合器件)；
- 图像预检器；
- 图像缩放器(从预检器或外部存储器获取数据，然后进行1/4倍至4倍的缩放)。

后端模块包括：

- 色彩空间转换；
- D/A 转换器；
- 数字输出；
- 屏幕显示。

这个 VPSS 处理单元通过硬件加速减轻了 DSP/ARM 的整体负担。图 11.5 是一个 VPSS 的应用实例。

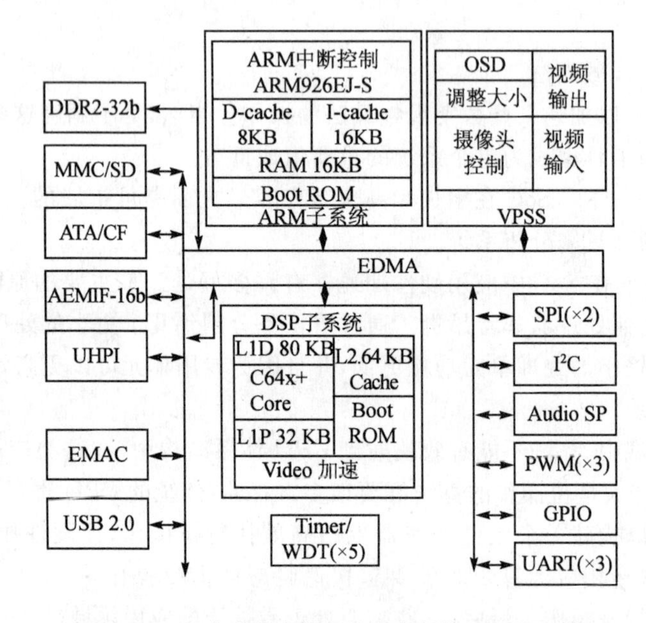

图 11.3　一个为数字视频处理定制的 SoC 处理器

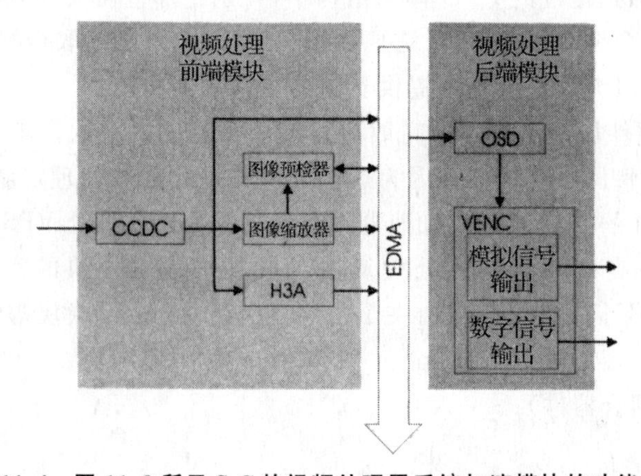

图 11.4　图 11.3 所示 SoC 的视频处理子系统加速模块的功能框图

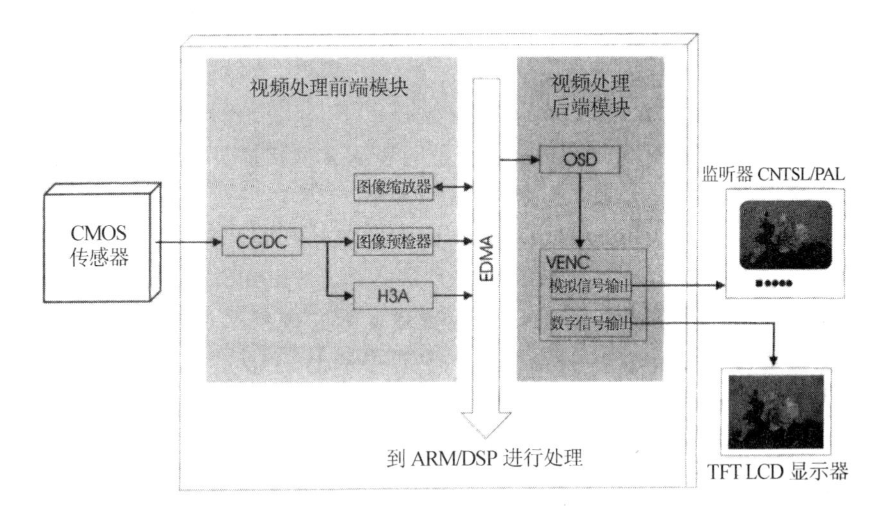

图11.5 一个应用VPSS加速模块的视频电话实例

⑧ 异构存储器系统——许多SoC设备具有属于不同处理单元的分立的存储器。这样减少了存储器访问延时,并且通过减少总线仲裁和转换降低了功耗,从而提高了整体性能。

这个可编程协处理器是为图像和视频应用专门优化的。这个加速器被优化用来专门执行滤波、缩放、矩阵操作、加法、减法、绝对差求和及其他相关计算。

大多数计算被指定为数组操作命令的形式。一组简单的API可以实现对加速器处理功能的调用。在这种情况下,一个简单的命令可以驱动数百甚至数千个指令周期。

按照之前的讨论,加速器用于执行那些不能有效映射到CPU的计算。图11.6所示的加速器是一个利用并行计算执行高效操作的加速器的例子。该加速器含有一个8并行度的乘法累加(MAC)引擎,可以显著地加速需要并行计算的信号处理算法。该加速器可以执行的算法

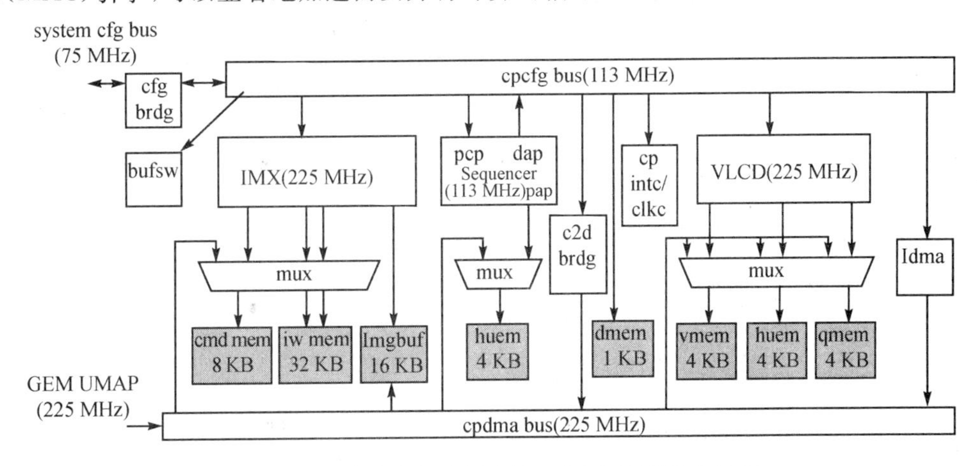

图11.6 一个硬件加速器实例:视频和图像协处理器

包括：JPEG 编解码、MPEG－1/2/4 编解码、H.263 编解码、WMV9 解码及 H.264 基线档次解码。

加速器中的变长编码/解码(VLCD)模块支持以下基本操作的高效运行：量子化和反量子化(Q/IQ)、变长编解码(VLC/VLD)、霍夫曼码表及 Z 型扫描灵活性。

该模块每次对一个数据宏块进行操作(最多 6 个 8×8 数据块，4∶2∶0 格式)。在开始对码流进行编码或解码之前，VLCD 模块中适当的寄存器和存储器需要首先通过应用软件进行初始化。

硬件加速器还包括一个时序处理器模块，该模块实际就是一个 16 位微处理器，用于简单控制、地址计算和循环控制功能。这个简单的处理单元替 DSP 分担了时序操作方面的负担。应用程序开发者可以对该时序处理器进行编程，用来协调其他加速器单元(包括 iMX、VLCD、系统 DMA 和 DSP)之间的操作。时序处理器的代码可以利用简单的宏通过支持工具进行编译，然后与 DSP 代码链接，在运行时通过 CPU 加载。

另一个推动 SoC 技术发展的因素是日益增加的对可编程性能的需求。在许多应用领域中，单片 DSP 性能的发展速度已经跟不上性能需求的发展速度。对于复杂的实时系统，在多个 CPU 中进行性能分配会更容易，响应时间也更短。并且在外设或特殊加速器中的专用 CPU 可以为主 CPU 分担低级功能，从而使主 CPU 聚焦在高级功能上。

11.2　SoC 的软件结构

SoC 的软件开发需要在效率最高计算模型的基础上将任务分割到各个处理单元中。确定合适的分割方案需要进行很多次试验与误差调整。从较高的角度看，SoC 的任务分割原则如下：

- 将状态机软件(应用程序控制、时序控制、用户接口控制及时间触发软件等)分配到 RISC 处理器，比如 ARM。
- 将信号处理软件分配到 DSP，充分利用 DSP 为信号处理定制的特殊体系结构。
- 如果硬件加速器存在并且是为这类具体的算法设计的则将高频率的计算密集型算法分配到硬件加速器中。

以图 11.7 的软件分割为例。这个 SoC 模型包括一个通用处理器(GPP)、一个 DSP 和硬件加速器。GPP 包括一个芯片支持库(一组低级 API，可以高效访问芯片外设)、一个通用操作系统、一个算法抽象层、一组面对应用和用户接口层的 API。DSP 包含一个类似的芯片支持库、一个以 DSP 为中心的内核、一组特定的 DSP 算法和面向更高级应用软件的接口。硬件加速器包含一组供程序员访问的 API，以及一些映射到加速器的特定算法。应用程序员负责将整个系统分割，并将算法映射到各自的处理单元。一些制造商为一个或更多的处理单元(包括 DSP 和硬件加速器)提供“黑箱”解决方案。这提供了另一个级别的抽象，使得应用开发者不需要了解一些底层算法的细节。其他的系统开发者可能想要访问这些底层算法的细节，因此这些系统的编程模型一般都依照定制和裁剪需要带有一定的灵活性。

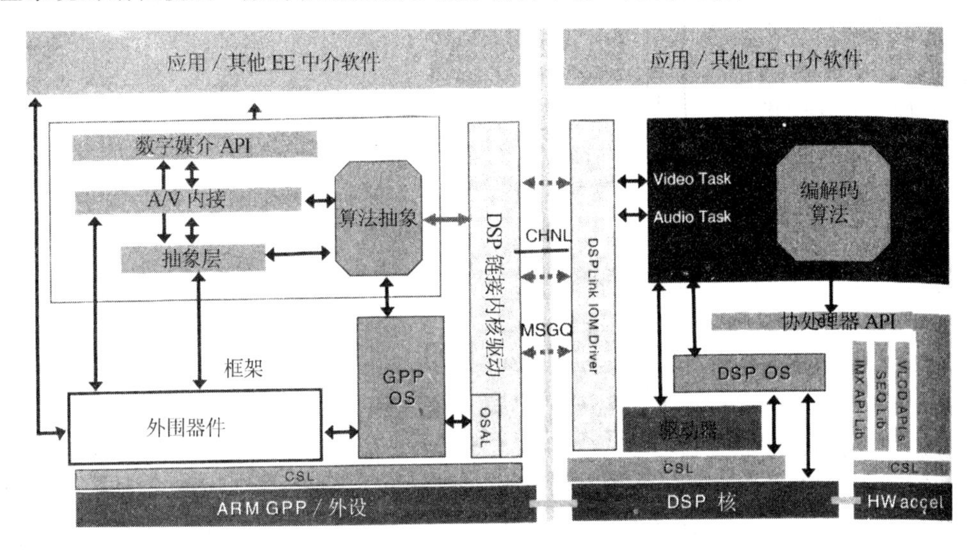

图 11.7　SoC 的软件构架

SoC 的内部通信主要通过软件构建。例如图 11.7 中的 DSP 与 ARM 之间的通信接口，其实现方式是：将位于 DSP 数据空间的存储器地址定义为寄存器，ARM 通过主机接口访问这些寄存器。两个处理器都可以异步地向对方发送命令，而不是一个控制另一个。命令的顺序是纯顺序式的，在 DSP 发送"命令完成"确认信号前，ARM 不能发送新的命令。

有两组寄存器对用于建立 ARM 与 DSP 之间的双向异步通信：一组寄存器对用于向 ARM 发送命令，另一组用于向 DSP 发送命令。每组寄存器对有如下特性：

- 拥有一个命令寄存器，用于向 ARM 或 DSP 传递命令；
- 拥有一个命令完成寄存器，用于返回命令的执行状态；
- 每个命令可以传递最多 30 个字的参数；
- 每个命令执行者也可以返回最多 30 个字的参数。

ARM 向 DSP 发出命令的步骤如下：

① ARM 向命令寄存器写入一个命令；

② ARM 向参数数目寄存器写入参数个数；

③ ARM 向命令参数空间写入命令参数；

④ ARM 向 DSP 发出一个不可屏蔽中断；

⑤ DSP 读取命令；

⑥ DSP 读取命令参数；

⑦ DSP 执行命令；

⑧ DSP 清空命令寄存器；

⑨ DSP 向结果参数空间写入结果参数；

⑩ DSP 填写"命令完成"寄存器；

⑪ DSP 向 ARM 发送 HINT 中断。

DSP 向 ARM 发出命令的步骤如下：

① DSP 向命令寄存器写入一个命令；

② DSP 向参数个数寄存器写入参数个数；

③ DSP 向命令参数空间写入命令参数；

④ DSP 向 ARM 发出一个 HINT 中断；

⑤ ARM 读取命令；

⑥ ARM 读取命令参数；

⑦ ARM 执行 DSP 命令；

⑧ ARM 清空命令寄存器；

⑨ ARM 向结果参数空间写入结果参数；

⑩ ARM 填写"命令完成"寄存器；

⑪ ARM 向 DSP 发送 INT0 中断。

ARM 与 DSP 之间的通信通常通过一系列通信 API 完成。下例是一组用于通用处理器(在本例中是 ARM)与 DSP 之间通信的 API。在本章最后有这些 API 详细的软件实现。

```
# define    ARM_DSP_COMM_AREA_START_ADDR 0x80
            Start DSP address for ARM_DSP.
# define    ARM_DSP_COMM_AREA_END_ADDR 0xFF
            End DSP address for ARM_DSP.
# define    ARM_DSP_DSPCR (ARM_DSP_COMM_AREA_START_ADDR)
            ARM to DSP, parameters and command from ARM.
# define    ARM_DSP_DSPCCR (ARM_DSP_COMM_AREA_START_ADDR + 32)
            ARM to DSP, return values and completion code from DSP.
# define    ARM_DSP_ARMCR (ARM_DSP_COMM_AREA_START_ADDR + 64)
            DSP to ARM, parameters and command from DSP.
# define    ARM_DSP_ARMCCR (ARM_DSP_COMM_AREA_START_ADDR + 96)
            DSP to ARM, return values and completion code from ARM.
# define    DSP_CMD_MASK (Uint16)0x0FFF
            Command mask for DSP.
#define     DSP_CMD_COMPLETE (Uint16)0x4000
            ARM_DSP command complete, from DSP.
# define    DSP_CMD_OK (Uint16)0x0000
```

ARM_DSP valid command.

\# define　DSP_CMD_INVALID_CMD (Uint16)0x1000

ARM_DSP invalid command.

\# define　DSP_CMD_INVALID_PARAM (Uint16)0x2000

ARM_DSP invalid parameters.

函　数

STATUS　ARMDSP_sendDspCmd (Uint16 cmd, Uint16 * cmdParams, Uint16 nParams)

Send command, parameters from ARM to DSP.

STATUS　ARMDSP_getDspReply (Uint16 * status, Uint16 * retParams, Uint16 nParams)

Get command execution status, return parameters sent by DSP to ARM.

STATUS　ARMDSP_getArmCmd (uint16 * cmd, Uint16 * cmdParams, Uint16 nParams)

Get command, parameters sent by DSP to ARM.

STATUS　ARMDSP_sendArmReply (Uint 16 status, Uint16 * retParams, Uint16 nParams)

Send command execution status, return parameters from ARM to DSP.

STATUS　ARMDSP_clearReg()

Clear ARM_DSP communication area.

11.3　SoC系统引导次序

一般地，DSP的引导镜像是ARM引导镜像的一个组成部分。针对不同的DSP执行任务，可能存在多个DSP引导镜像。引导次序从ARM下载与DSP的具体执行任务对应的镜像开始。ARM复位DSP(通过控制寄存器)，然后释放复位。此时，DSP从一个预先定义的位置开始执行，一般位于ROM。该位置的ROM代码初始化DSP的内部寄存器，然后使DSP进入空闲状态。此时，ARM通过主机接口向DSP下载代码。在DSP镜像下载完毕后，ARM向DSP发出一个中断，该中断将DSP从空闲状态中唤醒，然后指向一个起始位置，开始执行由ARM加载的应用程序代码。DSP的引导次序如下：

① ARM复位DSP，然后释放复位。

② DSP跳出复位，然后向程序计数器(PC)加载一个起始地址。

③ 该地址的ROM代码使DSP跳转到一个初始化程序的地址。

④ 初始化DSP状态寄存器，使得中断向量表移动到特定地址，所有中断都被屏蔽，除了一个专门的不可屏蔽中断。DSP被设置到空闲状态。

⑤ 当DSP处于空闲状态时，ARM向DSP的程序/数据空间加载相应的代码/数据。

⑥ 完成DSP代码加载后，ARM通过使能一个中断信号将DSP从空闲状态中唤醒。

⑦ DSP跳转到一个起始地址,该地址加载了一个新的中断向量表。ARM至少要在该地址加载一条指令,跳转到起始代码。

11.4 SoC的支持工具

SoC以及一般的异构处理器需要更复杂的工具支持。一个SoC可能包含多个可编程调试的处理单元,需要工具支持代码生成、调试访问和可视化、实时数据分析。图11.8是一个支持工具的一般模型。一个SoC处理器包括多个处理单元,例如ARM和DSP。每个处理单元都需要一个开发环境,其功能包括:提取、处理和显示调试数据流,从存储器存数和取数,控制可编程单元的执行,为可编程单元生成、链接和构建可执行镜像。

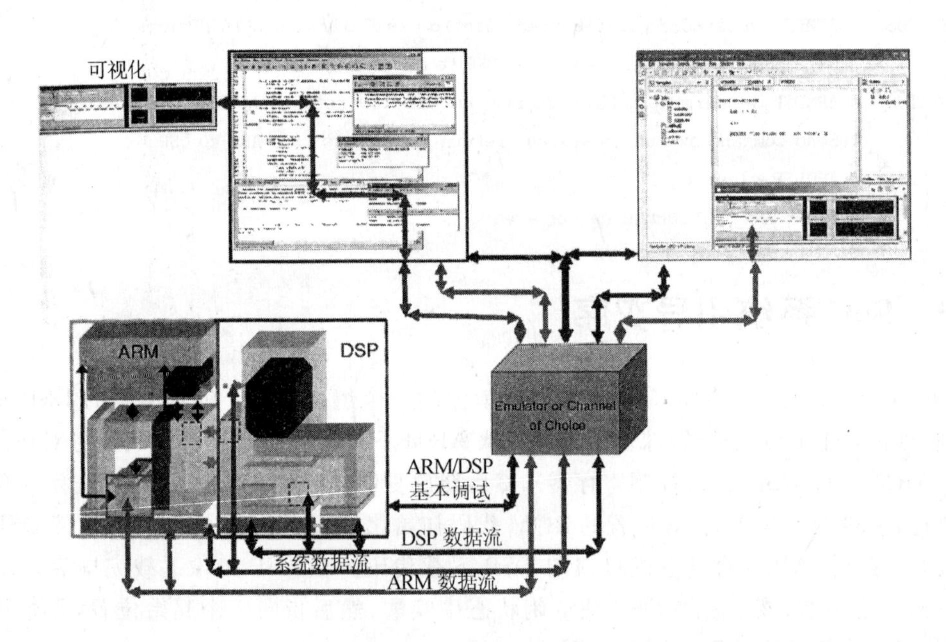

图11.8 一个SoC工具环境

SoC工具环境也支持监控每个处理单元的具体状态。如图11.9所示,在SoC中详细的状态报告和对每个处理单元的控制,允许开发者获得整个系统的执行情况的可视化。同样,在应用程序执行时,对功耗敏感的SoC设备可能关闭部分或全部设备,因此了解应用的功耗情况也十分必要。该情况同样可以通过相应的分析工具获得。

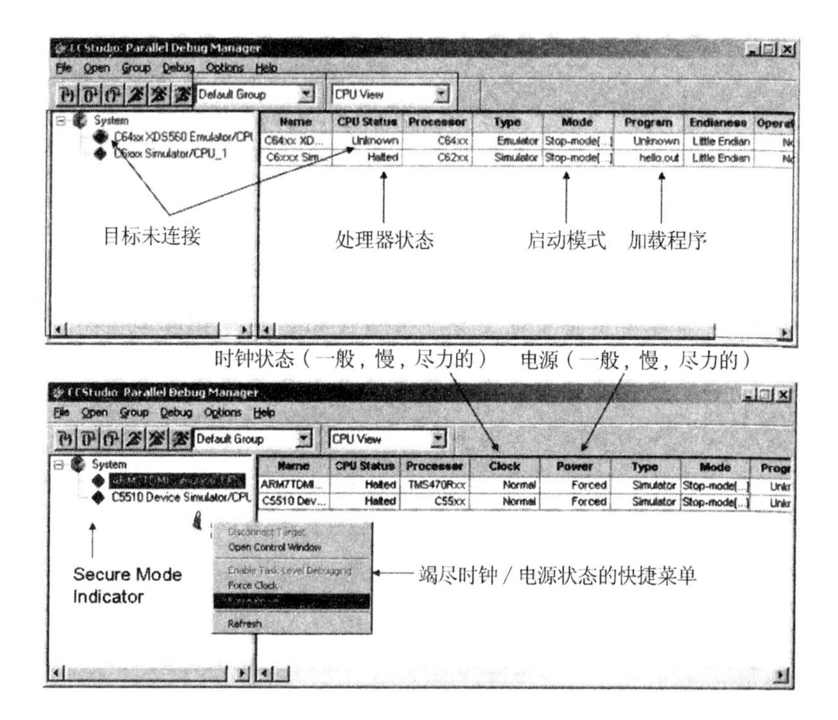

图 11.9　支持工具提供对每个 SoC 处理单元的状态的可视化

11.5　一个用于视频处理 SoC 的例子

视频处理是一个很好的片上系统的商业应用实例。视频处理应用是计算密集型的，并且需要很多 MIPS 来保持应用所需的数据吞吐量。该应用涉及的计算密集型算法包括：成像管道处理和视频稳定、压缩与解压、色彩转换及数字水印和各种加密算法。

根据视频的分辨率的不同，30 帧/秒的 MPEG－4 算法最高需要 2 500 个 MIPS。

音频处理的要求不像视频那样高，但是仍然需要足够的 MIPS，用来执行音频压缩解压、均衡化和采样率转换。

由于应用变得越来越复杂与苛求（例如不断发明出来的新压缩技术），SoC 需要支持不止一种的压缩标准。面向视频应用的 SoC 包括专用的指令集加速器，用以提高性能。SoC 编程模型和外设的组合具有灵活度，可以有效支持多种标准格式。

例如，图 11.10 中的 DM320 SoC 处理器配有片上 SIMD 引擎（即 iMX）专门用于视频处理。该硬件加速器可以执行常见的视频处理算法，例如离散余弦变换（DCT）、IDCT 及运动估计。

VLCD（变长编解码）处理器用于支持变长编解码和量子化标准，例如 JPEG、H. 263、MPEG－1/2/4 视频压缩标准。

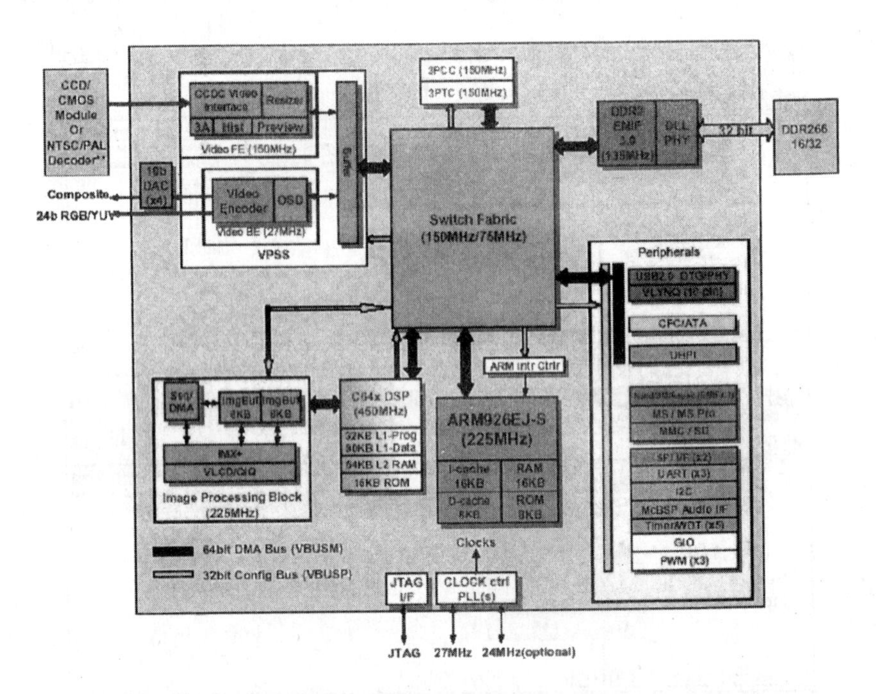

图 11.10　一个为视频和图像处理设计的 SoC，使用了 RISC(ARM926)和 DSP

如图 11.10 所示，一个 SoC 解决方案包括合适的加速机构、专门的指令集、硬件协处理器等，以有效支持重要的 DSP 算法。前面讨论了一个视频处理的例子，但是同样的机构也可以支持其他应用，例如无线基站和微型手持设备。

下面的代码清单是一组 API，实现了 ARM 与 DSP 控制器的对话，该控制器通过 DSP 的主机接口管理 ARM/DSP 通信。这些 API 用于复位和引导 DSP，并从 ARM 加载 DSP 代码(因为 DSP 只能从内部存储器执行代码)。

```
/ * *
      /DSP Control Related APIs
 * /
static STATUS DSPC_hpiAddrValidate Uint32 dspAddr, Uint8 read);
/ * *
      \Reset the DSP, Resets the DSP by tcggling the DRST bit of HPIB Control Register. \n
 * /
STATUS DSPC_reset() {
      DSPC_FSET(HPIBCTL, DRST, 0);
      DSPC_FSET(HPIBCTL, DRST, 1);
      return E_PASS;
```

```
}
/**
    /Generate an Interrupt to the DSP. Generates either INT0 or NMI interrupt to the DSP depen-
ding on which one is specified.

    \param intID    DSP interrupt ID:INT0 - interrupt 0 NMI - NMI interrupt
    \return if success, \c E-PASS, else error code
*/
STATUS DSPC_strobeINT(DSP_INT_ID intID) {

 STATUS status = E_PASS;
  switch(intID){
   case INT0:
            DSPC_FSET(HPIBCTL,DINT0,0);
            DSPC_FSET(HPIBCTL,DINT0,1);
            status = E_PASS;
            break;
   case NMI:
            DSPC_FSET(HPIBCTL,HPNMI,0);
            DSPC_FSET(HPIBCTL,HPNMI,1);
            status = E_PASS;
            break;
   default:
            status = E_INVALID_INPUT;
            break;
  }
  return (status);
}

/**
    \Assert the hold signal to the DSP
*/
STATUS DSPC_assertHOLD() {
    DSPC_FSET(HPIBCTL,DHOLD,0);
    return E_PASS;
}

/**
    \Release the hold signal that was asserted to the DSP
*/
```

```
STATUS DSPC_releaseHOLD() {
        DSPC_FSET(HPIBCTL,DHOLD,1);
        return E_PASS;
}
/**
        \Check if HOLD acknowledge signal received from DSP
*/
DM_BOOL DSPC_checkHOLDDACK() {
        return ((DM_BOOL)(DSPC_FGET(HPIBSTAT, HOLDA) = = 0? DM_TRUE:DM_FALSE));
}
/**
        \Enable/Disable byte swapping when transferring data over HPI interface
        \param enable Byte swap, DM_TRUE: enable, DM_FALSE: disable
*/
STATUS DSPC_byteSwap (DM_BOOL enable) {
        DSPC_FSET(HPIBCTL, EXCHG, ((enable = = DM_TRUE)? 1 : 0));
        return E_PASS;
}
/**
        \Enable/Disable HPI interface
        \param enable HPI interface, DM_TRUE: enable, DM_FALSE: disable
*/
STATUS DSPC_hpiEnable (DM_BOOL enable) {
        DSPC_FSET(HPIBCTL, EXCHG, ((enable = = DM_TRUE)? 1 : 0));
        return E_PASS;
}
/**
        \Get HPI interface status register HPIBSTAT
        \return register HPIBSTAT(0x30602)
*/
Uint16 DSPC_hpiStatus() {
        return DSPC_RGET(HPIBSTAT);
}
/**
        \Write data from ARM address space to DSP address space
```

```
        Memory map in DSP address space is as follows:
        \code
        Address               Address Access           Description
        Start           End
        0x60            0x7F   R/W             DSP specific memory area (32W)
        0x80            0x7FFF R/W             DSP on-chip RAM, mapped on
both program and data space      (~32 kW)
        0x8000          0xBFFF R/W             DSP on-chip RAM, mapped on
data space only       (16 kW)
        0x1C000         0x1FFFF      R/W       DSP on-chip RAM,
mapped on program space only (16 kW)
\endcode
        \param address             Absolute address in ARM address space, must be 16-bit aligned
        \param size                Size of data to be written, in units of 16-bit words
        \param dspAddr             Absolute address in DSP address space, 0x0.. 0x1FFFF
        \return if success, \c E_PASS, else error code
*/
STATUS DSPC_writeData(Uint16 * address, Uint32 size, Uint32 dspAddr) {
        if (size = = 0)
                        return E_PASS;
                        if (cuint32) address & 0x1
             return E_INVALID_INPUT;
                        if (DSPS_hpiAddrValidate cdSPA_ddr,0)! = E_PASS)
                        return E_INVAL ID_INPUT;
        {
             Uint16 * hpiAddr;
             Uint16 * armAddr;

             hpiAddr = (Uint16 * )HPI_DSP_START_ADDR;
             armAddr = (Uint16 * )address;

             if (((dspAddr >= 0x10000)&&(dspAddr < 0x18000)) || (dspAddr > = 0x1C000))
             {
                    hpiAddr += (dspAddr - 0x10000);
             }else if ((dspAddr > = 0x0060)&&(dspAddr < 0xC000)){
                    hpiAddr += dspAddr;
             }else {
                    hpiAddr = (Uint16 * )COP_SHARED_MEM_START_ADDR;
                    hpiAddr += (dspAddr - 0xC000);
```

```
            }
            while(size -- )
                  * hpiAddr ++ = * armAddr ++ ;
      }
      return E_PASS;
}

/ * *
      \Read data from DSP address space to ARM address space
      Memory map in DSP address space is as follows;
      \code
      Address            Address Access           Description
      Start         End
      0x60          0x7F   R/W               DSP 专用内存区域(32W)
      0x80          0x7FFF R/W               DSP 片上 RAM,映射到程序和数据空间(～32 kW)
      0x8000        0xBFFF R/W               DSP 片上 RAM,只映射到数据空间(16 kW)
      0x1C000       0x1FFFF      R/W         DSP 片上 RAM,只映射到程序空间
\endcode
      \param address  ARM 地址空间中的绝对地址,必须 16 位对齐
      \param size     所读数据的大小,以 16 位字为单位
      \param dspAddr  DSP 地址空间中的绝对地址,0x0...0x1FFFF
      \return if success, \c E_PASS, else error code
 * /
STATUS DSPC_readData(Uint16 * address, Uint32 size, Uint32 dspAddr) {
      if (size == 0)
            return E_PASSL;
      if ((Uint32)address & 0x1)
            return E_INVALID_INPUT;
      if (DSPC_hpiAddrValidate(dspAddr, 1)!= E_PASS)
            return E_INVALID_INPUT;
      {
            Uint16 * hpiAddr;
            Uint16 * armAddr;
            hpiAddr = (Uint16 * )HPI_DSP_START_ADDR;
            armAddr = (Uint16 * )address;
            if (((dspAddr >= 0x10000)&&(dspAddr < 0x18000)) || (dspAddr >= 0x1C000))
```

```
        {
            hpiAddr += (dspAddr - 0x10000);
        } else if ((dspAddr >= 0x0060)&&(dspAddr < 0xC000)){
            hpiAddr += dspAddr;
        } else {
            hpiAddr = (Uint16 * )COP_SHARED_MEM_START_ADDR;
            hpiAddr += (dspAddr - 0xC000);
        }
            while(size - - )
                * armAddr ++ = * hpiAddr ++ ;
        }
        return E_PASS;
}
/ * *
        \Similar to DSPC _writeData(), except that after writting it verifies the contents
written to the DSP memory
    Memory map in DSP address space is as follows:
    \code
    Address             Address Access          Description
    Start          End
    0x60           0x7F    R/W       DSP 专用内存区域(32W)
    0x80           0x7FFF   R/W      DSP 片上 RAM,映射到程序和数据空间(～32 kW)
    0x8000         0xBFFF   R/W      DSP 片上 RAM,只映射到数据空间(16 kW)
    0x1C000        0x1FFFF   R/W     DSP 片上 RAM,只映射到程序空间
\endcode
    \param address              ARM 地址空间中的绝对地址,必须 16 位对齐
    \param size                 所读数据的大小,以 16 位字为单位
    \param dspAddr              DSP 地址空间中的绝对地址,0x0...0x1FFFF
    \param retryCount           写数据失效情况下重试次数
    \return if success, \c E_PASS, else error code
 * /
STATUS DSPC_writeDataVerify(Uint16 * address, Uint32 size, Uint32 dspAddr, Uint16 retryCount) {
    if (size = = 0)
        return E_PASS;
    if ((Uint32)address&0x1)
        return E_INVALID_INPUT;
```

```
if (DSPC_hpiAddrValidate(dspAddr, 0) ! = E_PASS)
        return E_INVALID_INPUT;
{
        volatile Uint16 * hpiAddr;
        volatile Uint16 * armAddr;

        hpiAddr = (Uint16 * )HPI_DSP_START_ADDR;
        armAddr = (Uint16 * )address;

        if (((dspAddr > = 0x10000)&&(dspAddr < 0x18000)) || (dspAddr > = 0x1C000))
        {
                hpiAddr + = (dspAddr - 0x10000);
        } else if ((dspAddr > = 0x0060)&&(dspAddr < 0xC000)) {
                hpiAddr + = dspAddr;
        } else {
                hpiAddr = (Uint16 * )COP_SHARED_MEM_START_ADDR;
                hpiAddr + = (dspAddr - 0xC000);
        }
        {
                Uint16 i;
                volatile DM_BOOL error;

                while (size -- ) {
                        error = (DM_BOOL)DM_TRUE;
                        for(i = 0;i < retryCount;i ++ ) {
                                * hpiAddr = * armAddr;
                                if( * hpiAddr == * armAddr) {
                                        error = (DM_BOOL)DM_FALSE;
                                        break;
                                }
                        }
                        if (error = = DM_TRUE)
                                return E_DEVICE;
                        hpiAddr ++ ;
                        armAddr ++ ;
                }
        }
}
return E_PASS;
```

```
}

/ * *
    \Download code to DSP memory
    \param pCode code to be dowloaded
    \see DSPCODESOURCE
 * /
STATUS DSPC_loadCode (const DSPCODESOURCE * pCode) {
    if (pCode = = NULL || pCode -> size = = 0)
      return E_INVALID_INPUT;
      // reset DSP
    DSPC_reset();
    // download the code to DSP memory
    while (pCode -> size!= 0) {
        Uint16 nRetry = 5;
        if (DSPC_writeDataVerify((Uint16 * )pCode -> code, pCode -> size, pCode -> ad-
dress, nRetry)!= E_PASS)
            return E_DEVICE;
        pCode ++ ;
    }
    // let DSP go
    DSPC_strobeINT(INT0);
    return E_PASS;
}
static STATUS DSPC_hpiAddrValidate (Uint32 dspAddr, Uint8 read) {
// even if dspAddr <= 0x80 allow write
    if (dspAddr >= 0x60 && dspAddr <= 0xFFFF)
        return E_PASS;
    if (dspAddr >= 0x10000 && dspAddr <= 0x17FFF)
        return E_PASS;
    if (dspAddr >= 0x1c000 && dspAddr <= 0x1FFFF)
        return E_PASS;
    return E_INVALID_INPUT;
}
/ * *
    \ARM_DSP Communication APIs
```

```
*/
/*
/**
    \Sead command, parameters from ARM to DSP

    This routine also triggers the NMI interrupt to DSP

    \param cmd          command to be sent to DSP
    \param cmdParams    pointer to paramters
    \param nParams      number of parameters to be sent 0..30,\n
if \c nParams < 30, then remaining ARM_DSP register set is filled with 0's
    \return if success, \c E_PASS, else error code
*/
STATUS ARMDSP_sendDspCmd(Uint16 cmd, Uint16 * cmdParams, Uint16 nParams) {
    DSPC_writeData(& cmd, 1, ARM_DSP_COM_AREA_START_ADDR);
    DSPC_writeData(& nParams, 1, ARM_DSP_COMM_AREA_START_ADDR + 1);
    DSPC_writeData(cmdParams, nParams, ARM_DSP_COMM_AREA_START_ADDR + 2);
    DSPC_strobeINT(NMI);
    return E_PASS;
}
/**
    \Get command execution status, return parameters sent by DSP to ARM
    \param status       command status received from DSP
    \param retParams    pointer to return paramters
    \param nParams      number of parameters to be fetched from ARM_DSP communication area, 0..30
    \return if success, \c E_PASS, else error code
*/
STATUS ARMDSP_getDspReply(Uint16 * status, Uint16 * retParams, Uint16 nParams
) {
    DSPC_readData(status, 1, ARM_DSP_COMM_AREA_START_ADDR + 32);
    DSPC_readData(retParams, nParams, ARM_DSP_COMM_AREA_START_ADDR + 34);
    return E_PASS;
}
/**
    \Get command, parameters sent by DSP to ARM
    \param cmd          command received from DSP
    \param cmdParams    pointer to paramters
    \param nParams      number of parameters to be fetched from ARM_DSP communication area, 0..30
```

```
    \return if success, \c E_PASS, else error code
*/
STATUS ARMDSP_getArmCmd(Uint16 * cmd, Uint16 * cmdParams, Uint16 nParams) {
    DSPC_readData(cmd, 1, ARM_DSP_COMM_AREA_START_ADDR + 64);
    DSPC_readData(cmdParams, nParams, ARM_DSP_COMM_AREA_START_ADDR + 66);
    return E_PASS;
}
/**
    \Send command execution status, return parameters from ARM to DSP
This routine also triggers the NMI interrupt to DSP
    \param status      command execution status to be sent to DSP
    \param retPrm      pointer to return paramters
    \param nParams     number of parameters to be sent 0..30, \n
if \c nParams < 30, then remaining ARM_DSP register set is filled with 0's
    \return if success, \c E_PASS, else error code
*/
STATUS ARMDSP_sendArmReply(Uint16 status, Uint16 * retParams, Uint16 nParams
) {
    DSPC_writeData(& status, 1, ARM_DSP_COMM_AREA_START_ADDR + 96);
    DSPC_writeData(retParams, nParams, ARM_DSP_COMM_AREA_START_ADDR + 98);
    DSPC_strobeINT(INT0);
    return E_PASS;
}
/**
    \Clear ARM_DSP communication area
    \return if success, \c E_PASS, else error code
*/
STATUS ARMDSP_clearReg() {
    Uint16 nullArray[128];
    memset((char *)nullArray, 0, 256);
    if (DSPC_writeData(nullArray, 128, ARM_DSP_COMM_AREA_START_ADDR) != E_PASS)
        return E_DEVICE;
    return E_PASS;
}
```

第12章

DSP 软件技术的未来①

12.1 DSP 技术——软件和硬件的变革

在过去的十年里 DSP 硬件技术取得了巨大的进步，在性能价格、功耗以及决定了今天 DSP 器件特性的硅晶片集成度等方面获得了空前的成功；并且所有的指标都显示，在未来的若干年里 DSP 硬件性能仍将以相似的速度继续提高。相反，DSP 软件技术在过去的十年中进步缓慢，如下事实充分说明了这个问题：今天，开发一个 DSP 应用系统，软件占据了工程成本的 80%；已有结果显示软件(不包括硬件)已经成为影响基于 DSP 的鲁棒终端设备快速进入市场的主要因素。

从低层次的汇编代码到高水平的 C 或 C++语言，软件一直伴随着 DSP 编程产品的成长，今天 DSP 器件应用软件的简单代码及复杂编程已经完全说明了这个问题。过去几百条指令组成的简单单一功能的 DSP 程序已经快速增长为由具有超过 100 000 行高级语言代码的子系统组成的大规模软件，这些代码实现多系统控制以及信号处理的功能。为了应付这种规模的程序，开发过程还要包括集成可视环境，并且调试工具对于高级语言混合必要的汇编所写的 DSP 核心程序提出了特殊的要求。

尽管对于类似 C 或 C++等高级语言所写的大规模 DSP 程序的编写和调试工具已经有了较大的进步，但开发者面对新的应用仍然常常需要(重新)创建许多目标软件；软件模块的扩展重复使用——尤其是第三方内容——从一个应用到下一个应用仍然不遵循工业规则。将当前和以后的趋势工程化时，我们面临的风险是：引入了硬件和软件功能之间不可逾越的间隙，而这个间隙严重地阻碍了 DSP 市场的增长。简而言之，如果客户对于新器件不能及时地开发新的应用，我们将永远不能充分地享受硅晶片技术潜在的能力所带来的喜悦。

为了避开这个日益严重的问题，开发者将越来越多地转向基于模块化的设计。但是，在基于模块化设计之前，应该给他们充分的承诺，工业必须从“封闭”系统走向开放。

---

① 由 TI 荣誉会员 Bob Frankel 撰写。

12.2 软件模块化的基础

DSP 销售商正在利用促进重复使用目标代码的方式打碎坚冰，其基本的核心服务方式通用于所有 DSP 应用以及第三方算法之间灵活互操作的通用编程标准。通过提供给客户的来自不同销售商的模块化 DSP 软件模块，开发新器件的新应用所伴随的工程成本和风险将大大减小；广大应用开发者及系统集成商由于缺乏对 DSP 基本专门知识的深入了解，长期以来都回避使用这一技术。大量的“准运行”目标代码也将使 DSP 器件对于他们更具吸引力，因此，让更多的开发者能够利用更少的时间和精力开发新的应用将加速整个工业的改革步伐。

预制作和交互操作转件模块作为 DSP 编程技术的下一个攀登阶段将会催生一个新的领域，它会影响整个工业，甚至比利用先进的鲁棒优化编译器激发的高级语言移植重要得多。随着工业在今天环境中的进化，编程者不断地“循环发明”，所采用的方法将着重于开发 DSP 应用中出现的软件模块化内容。预制作、互操作软件模块对于 DSP 客户将产生类似的影响，使得他们有效地使用其有限的资源。但是模块本身就足以催生这个转换。为了使开发者充分享受模块化开发的好处，他们的开发工具必须是集中设计的已知模块。最终，也需要更好的工具进行有效的产品开发和维护。

1. 已知模块的集成开发环境 IDE

尽管基础很简单，但充分开发 DSP 软件模块基本模型的潜能，要求对模块的充分理解，这些模块包含于下一代的 IDE 环境中——非常类似于今天的编程器和调试工具，在目标应用中充分地领悟高级语言的使用。从组件认知开始，编译器、连接器、调试器以及环境内部集成的附加基本内容等，将包含一个保持配置参数设置的程序模块数据库以及执行目标应用程序期间用于仲裁主机与独立模块之间交互作用的服务。下一代 DSP RTOS——独立配置模块的自身融合——将使一系列运行期内核能够为嵌入在目标程序中的其他任何程序模块服务。

从更高的层面看，复杂的可视化工具具有充分的机会，这些工具不仅使编写、封装、发布单个组件等重复性工作更为自动化，而且也将简化编程，尤其是对于模块化客户应用，利用一套新的应用开发工具更为有效，这套工具的特征是直接“拖拉”用户界面上的软件模块，而这个界面屏蔽了底层细节。通过使用一套预制作交互软件模块把传统的编译—连接—调试编程周期提升为配置—构建—分析，通过充分利用相对较少的模块开发者的努力和专业知识，更多的应用开发者和系统集成商可以有效地开发更大的 DSP 程序。

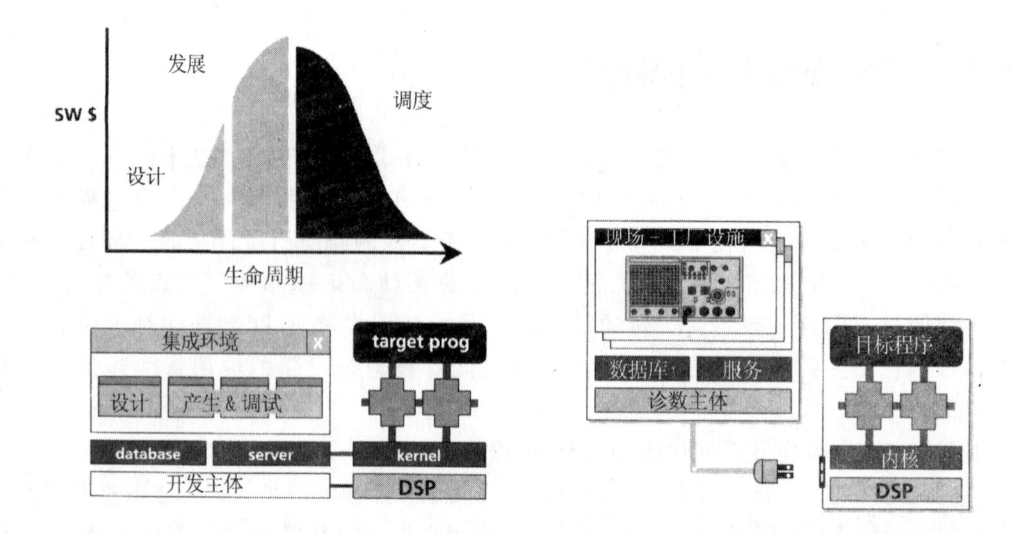

图12.1 开发复杂的DSP系统的成本的大部分在于软件。生产DSP模块更高的生产率和更高的质量系统

2. 设计焦点IDE

DSP IDE 环境目前使得许多软件开发常规过程更为容易，包括编辑源代码，管理工程文件，构建可执行程序，配置DSP平台，调试目标应用，分析实时状态等。虽然加速生产鲁棒DSP应用软件非常重要，这些开发活动的成本只是客户终端产品生命周期中总软件成本的1/3。随着产品变得越来越复杂，在软件开发开始之前，客户也进行直接的系统设计：调查产品需求，分析软硬件利弊，建模或仿真系统性能等。利用便于理解的可视化软硬件协同设计工具是非常有效的，他们来自业界处于领导地位的销售商，如Cadence和Synopsys，挑战是在DSP IDE——一个开放的可扩展的环境中集成这些功能，它创造了从高层系统设计到传统软件开发更为开放的流程。事实上，可重复使用可互操作的软件组件模型符合这种观点，今天大多数可用的软硬件协同设计工具，已经包含了许多可配置、可连接的“黑箱”，表现了各种综合实现的标准系统功能目标。

3. 更好的开发和维护

诚然，即使是最先进的系统设计和软件开发环境也不能应付产品开发周期中出现的所有挑战。我们习惯于在“维护”的口号下混淆第一次产品出来之后所发生的与软件相关的基本活动，这代表一种资源责任，这种责任通常等于(有时超过)设计期间所产生的工程和与之结合的开发周期成本。随着DSP应用程序越来越大，开发者尤其容易因为他们拥有的产品生命周期结尾所隐含的花费而遭受损失。为了说明这一点，实现了各种实时信号处理和系统控制功能的现代DSP应用常常显示出严重的软件“失灵”，这是由于单一目标程序中存在多任务时，表现出的时序异常；更糟的是，这些似乎很随机的程序缺陷可能只在产品分散到终端消费者环境中时才呈现出来。由于软件错误开始支配基于DSP的系统的整体成败率，开发者必须具备在工厂及现场辨别、分析、诊断以及解决此类故障的能力,这可能成为推动未来的 DSP 应用从第一批货到全规模生产的控制变量。

随着预制作交互软件模块化占据未来 DSP 应用的更大百分比,服务于配置的可操作 DSP 产品新领域将会出现。尤其是,随着嵌入越来越多由第三方独立开发的“黑箱”软件模块目标应用程序的发展,工业界将同时要求每个程序模块都要接受经标准化接口的软件测试;为了促进潜在的基础构架,宿主程序应在准备使用的模块构架上抽取数据,提取适合于手头工作的相关信息。在构架的进一步支撑下,开发者也可以发现领域产品的公共程序,这些公共程序可以在操作系统内飞快地删除错误或更新陈旧的软件模块,见图 12.2。

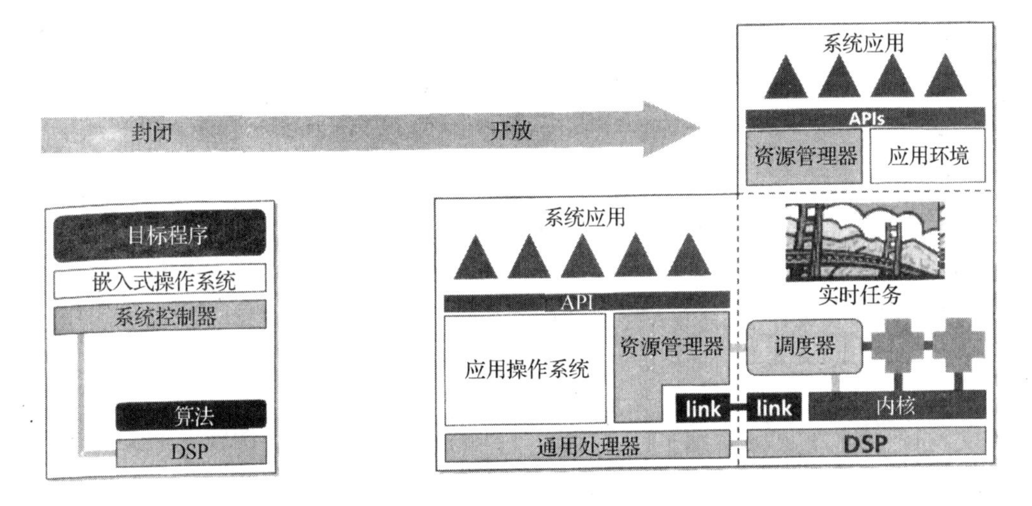

图 12.2 DSP 应用开发过程转变为开放式结构

12.3 从封闭到开放的嵌入式系统

DSP 软件和系统开发的未来可能正在步入一个重要的领域,它是与通用处理器(GPP)相关联的使用可编程 DSP 的终端设备设计,从封闭的嵌入式系统,其中 DSP 的软件功能大部分保留不变,到开放的应用平台,其中 DSP 资源库对 GPP 程序也是有效的,可以长期扩展和变异。在 DSP 方面,这些开放的平台将使目标基础模块,如基本的实时核服务和运行时间支持等,与交互操作软件模块合而为一。在 GPP 方面,无论如何,围绕通用嵌入式应用的永久操作系统(WinCE、VxWorks 及 Java)——为广大开发者所熟悉的系统,将刻画出功能构建的巨大差异。潜在的候选终端设备打开了 GPP · DSP 平台的范围,从新一波“聪明”用户仪器到最近的“智能”网关,它们共同决定了可编程 DSP 的某种巨大的市场定位。

两种处理器开放的利用使得革新应用成为可能,不同的 GPP · DSP 平台实际上需要一个跨越了从前开发者与他们各自操作环境的鸿沟的软件桥梁。然而,不同于受迫的相同化压力,

DSP 工业必须面对每一个领域迥然不同的需求，并利用软件作为沟通它们的桥梁。受此限制，此类连接解决方案将进一步放大可重用 DSP 软件模块对生产者和消费者的影响：相同的少数专家模块开发者群体现在可以用他们的知识带动到广大的 GPP 应用开发者队伍；后者虽对信号处理技术知之甚少，也成为软件模块的用户而不必写任何一行 DSP 代码。

12.4 远离无差别堆砌

为什么无法控制不断的重复工作？为什么一再地重犯别人犯过的错误？为什么不从领域内最专业的工程师那里学习最好的经验？在使用 DSP 或任何其他器件的软件开发工程之前，许多疑问会得到解答。

以前软件团体公认软件开发就像盖建筑一样，有特定的模式。这提供了这样一种解决方案，软件团体循遵一个已被证明是成功和正确的通用模式，就可以针对自己的特殊需求自定义一种解决方案。有各种层次的软件模式概要，包括结构模式、设计模式及习惯，它们都是低级执行方案。软件模式包含问题的信息，包括描述所研究问题模式的名称、模式解决的问题、外联关系、设置、其中发生的问题、问题的解决方案、解决问题的思路以及某些与解决方案相关的例程源代码等。

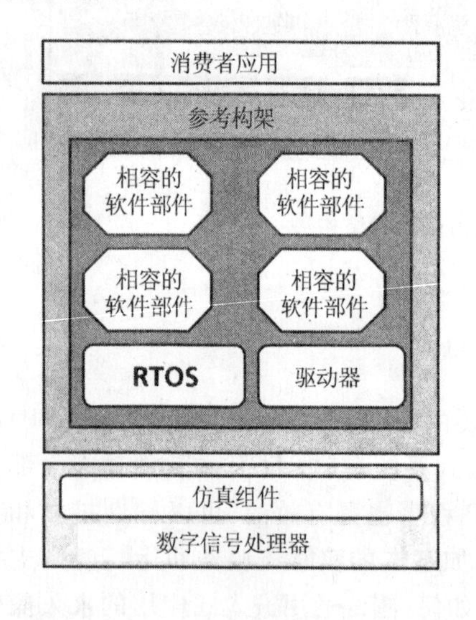

图 12.3 一个目标层面的 DSP 软件库，许多软件模块是可重用的软件模块，避免了“无差异堆砌”

嵌入式系统销售者已经开始认识到，应该通过提供软件模块和框架加速软件开发过程，后者类似于设计模式。在 DSP 领域，销售商提供数以百计的 DSP 核心软件模块，他们的第三方程序，被 DSP 设计者在产品和系统开发中使用。他们也介绍了一系列 DSP 软件参考框架。这些为设计准备的软件框架在早期应用开发中为设计者提供入门解决方案。RF 包括易于使用的源代码，这些源代码可用于多种应用中。许多初始的底层设计决策已经被删除，给了开发者更多的时间集中于开发其产品中真正特殊的代码。设计者可以选择最好地满足设计要求的特定框架，然后用算法填充这个框架(其他销售商或他们自己出售的 DSP COTS 算法)，创造出终端设备的特定应用，如宽带、语音、视频、生物及无线电设备等。这些框架常常是 100%的 C 源代码。这进一步取消了开发者花费时间实现无差别功能的需要，那对于整个应用没有特殊的价值。如图 12.3 所示，一个 DSP 应用由各层软件组成：驱动、目标支持库、操作系统、标准 DSP 算法模块、通用应用框架、客户应用。

这些层次中的驱动、目标支持库、操作系统、DSP算法模块子集以及部分应用框架，不再将任何不同的值加入到应用中。每一个应用都需要这个功能，而在一个又一个的实现中，它们并不会改变。

一个包含了这些预封装的易于扩展和修改的软件部件的参考设计可以使DSP开发者把更多的时间集中于那些对于应用真正有价值的革新功能，并使应用更快地上市。图12.4显示出一个“梗概”参考设计，它提供了一个标准乒乓缓冲框架、一个控制模型、以及一个包含默认软件模块插件的DSP算法(图中的FIR模块)。应用注释为用其他的软件部件代替默认算法提供简单的指令。如果需要，这个参考设计可以使用RTOS，并包含所有的芯片支持库及特定DSP器件所需要的驱动。

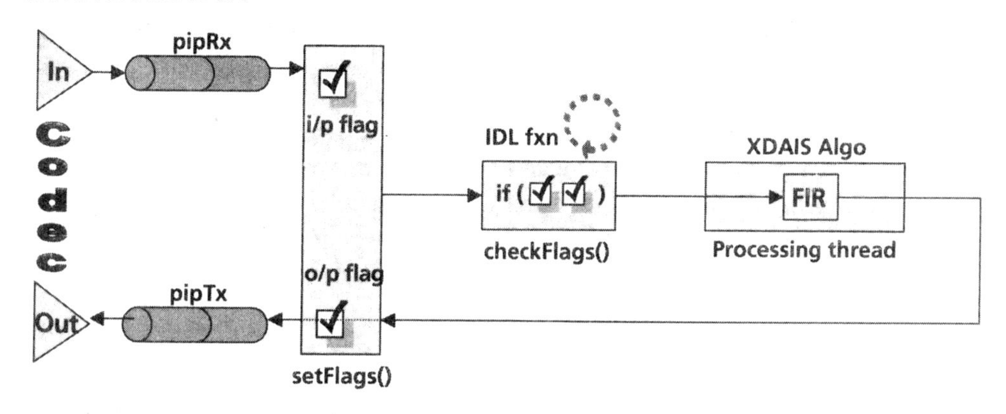

图12.4 一个简单的参考设计

图12.5显示一个更为复杂系统的参考设计。这个参考设计处理了多通道、多算法系统中易用性的关键问题。这个参考设计将中等范围的系统作为目标，它可以达到10个处理通道。这个参考设计也呈现出一组数据包，包括RTOS模块、DSP软件模块、框架源代码、芯片支持库和驱动以及应用注释，它描述了如何把所有的程序结合在一起，以满足开发者特殊的应用需求。参考设计用户通过修正源代码来创建自己的应用。

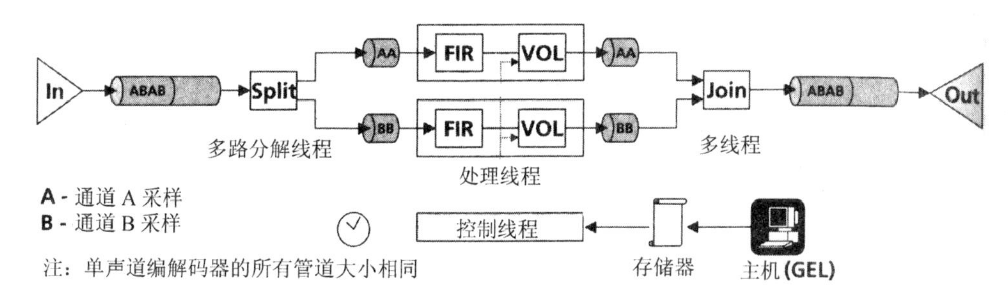

图12.5 更高级的参考设计

12.5 结 论

为了明天的应用,驾驭今天的 DSP 的力量,要求潜在的软件技术的强烈变化,包括减少实现系统过程中的工程成本和风险,以及使得 DSP 被更广泛的用户所接受。

过去十年建立在从底层汇编代码到高级语言的迁移上,开发和配置独立软件模块和参考设计的综合模型代表了面向 DSP 编程技术进军的下一个高峰。

随着程序开发之后,一半的软件成本的下降以及 DSP 应用程序的增长,更大规模 DSP 软件技术必须将必要的工具和产品配置周期基础一体化。

随着开放式 GPP·DSP 平台用得越来越广泛,必须有一个桥梁来连接截然不同的软件领域,如大型 GPP 应用开者可以透明地控制以及与在毗邻的 DSP 和硬件加速器上执行的实时信号处理任务通信。这个桥梁必须能够初始化和控制 DSP 中的任务,与 DSP 交换信息,管理 DSP 的输入/输出数据流,完成状态查询。通过提供一个编程模型的无缝的抽象的观念,应用开发者可以在 OMAP 平台上使用同样的方式,就像他们也可以在一个单一的 RISC 处理器上进行开发一样。

附录 A

嵌入式 DSP 系统应用的软件性能工程[①]

A.1 概述及工程描述

若软件开发生命周期中的系统性能评估较早发生，则昂贵的灾难可以被避免。若在方案设计执行之前先进行评估，则应用一般会有较好的性能。软件性能工程（SPE）是用来实现数据收集、系统性能模型构建、性能模型评估、不确定性风险管理、替代评估和模型及结果验证的一套技术。SPE 同样包含对这些技术进行高效使用的策略。软件性能工程概念已被结合到雷神系统公司的程序中，兼用下一代基于 DSP 的阵列处理器开发数字信号处理应用。算法性能和能否有效实现是程序的操作标准。由于处理是与软件应用同时开发的，相当数量的系统和软件开发将在物理硬件可用之前完成。这导致 SPE 技术被纳入到开发生命周期中。该技术被跨功能纳入到负责开发信号处理算法的系统工程和负责在嵌入式实时系统中执行算法的软件及硬件工程组织中。

考虑图 A.1 所示的基于 DSP 的系统。此应用是一个大型分布式多处理器嵌入式系统。每个子系统包含两个大型信号处理器（DSP）阵列。这些 DSP 执行一系列信号处理算法（各种类型的 FFT 和数字滤波器，以及其他噪声去除和信号增强算法）。该算法流实施的既包括处理步骤时间上的分解，又包括数据集空间上的分解。使用网状连接的 DSP 阵列是因为我们所需的空间分解适于映射到该种结构中。所需的整个系统决定了阵列的尺寸。该系统是一个数据驱动应用，通过中断来示意下次数据采集的到来。这个系统是一个"硬"实时系统，意味着一次达不到数据处理安全界限就会导致系统性能灾难性的损失。

该系统是软硬件协同设计的成果。这牵涉一个使用高性能 DSP 设备的新的基于 DSP 的阵列处理器的并行开发。在这个项目中，所交付系统不能满足性能需求的风险是一个关注焦点。算法流作为开发成果的一部分被增强和修正使问题进一步复杂化。各种功能组织开发过程中，SPE 技术的引入被视为减轻这些风险的关键。

在整个发展阶段中，性能问题要从计划的起始开始考虑。性能的衡量主要有三个指标：

---

① 基于 Robert Oshana 的著作"Winning Teams; Performance Engineering Through Development"，发表于 IEEE Computer，2000 年 6 月，33 卷，6 号。© 2000 IEEE

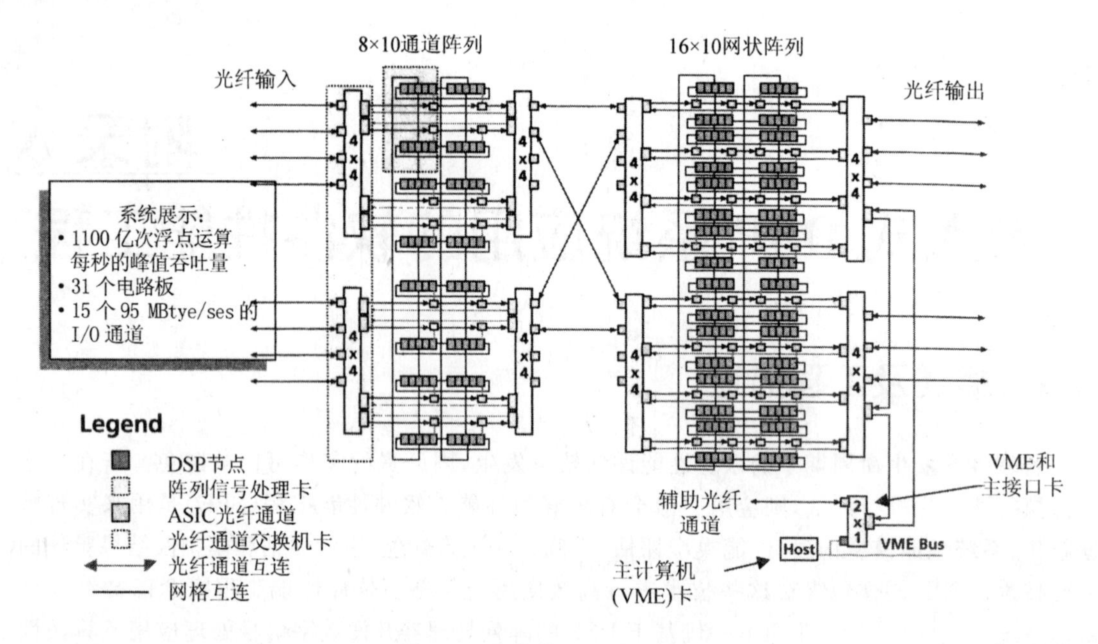

图 A.1 网状的 DSP 阵列结构

- 处理器吞吐量;
- 内存利用率;
- I/O 带宽利用率。

它们被选为指标是因为这些指标的每月报告是客户对计划的要求。这些指标的初步评估在计划开始前完成,并在开发过程中每月更新。与影响这些评估的关键因素相关的不确定性被辨识出来,为解决这些开发过程中的不确定性,相应计划被制定出来,而且关键数据也被识别出来。指标的更新和相关风险消除方案的维持是一个涉及系统工程、硬件工程和软件工程的跨功能协作成果。

A.2 初始性能评估和信息需求

SPE 评估通常需要的信息有:

工作负荷——系统的预期使用和可适应的性能情况。我们选择为阵列处理器提供最坏情况数据速率的性能情况,这些最坏情况通过与用户及系统工程师的互动得到改善。

性能目标——指的是性能评估的量化标准。使用 CPU 利用率、内存利用率和 I/O 带宽是因为客户需要我们每月报告这些数据。

软件特性——描述了每个性能情况的处理步骤和处理顺序。由于一个较早的系统原型使用了相似的算法流,我们得到了准确的软件特性。还有一个算法描述文档详细给出系统中每个功能的算法需求。由此开发了一个离散事件仿真来为算法的执行建模。

执行环境——描述的是执行被提议系统的平台。由于包含了 DSP 外围 I/O 部件以及某些 DSP 核心特征的设计,我们准确描述了硬件平台。其他硬件成分由硬件组模拟。

资源需求——提供了系统关键元件的服务需求量的评估。对于每个 DSP 软件功能,我们的关键元件是 CPU、内存和 I/O 带宽。

处理开销——这允许将软件资源映射到硬件或其他设备资源中。处理开销通常可通过对每个主要性能情况的经典功能进行标准检测获得。

CPU 吞吐量利用率是最难以评估或实现的指标。因此本文剩下部分将主要关注怎样对 CPU 吞吐量利用率指标进行准确评估。

A.3 开发初步评估

性能指标初步评估的产生过程如图 A.2 所示,这一流程被用来在整个开发过程中更新这些指标。这些算法流被记录在一个算法文档中,从这个文档中,系统工程组织开发了算法流的静态电子表格模型,提供了算法需求文档中每个算法吞吐量和内存利用率的评估。该电子表格包含了操作系统访问和处理器内部通信的余量。系统工程组织使用目前这一代 DSP 处理器来完成算法成形和调查活动。该工作成果影响了算法执行结果,并被用来开发用于评估性能指标的离散事件仿真。离散事件仿真被用来为算法流的动态性能建模,该仿真模型包含操作系统任务选择及相关访问的余量。为每个算法进行资源分配的初始算法电子表格以及离散事件仿真过程提供了系统工程"算法"性能指标。就此而言,反映吞吐量、内存和 I/O 带宽的指标需要执行算法文档中定义的算法,并通过原型实现完成。软件工程组织则更新了性能指标来反映将算法流嵌入到一个鲁棒实时系统中的成本。这些指标调整包括系统等级实时控制、自检验、输入/输出数据格式化以及系统工作所需的其他"开销"功能(处理开销)的影响。处理结果就是报告的处理器吞吐量、内存利用率以及 I/O 利用率性能指标。

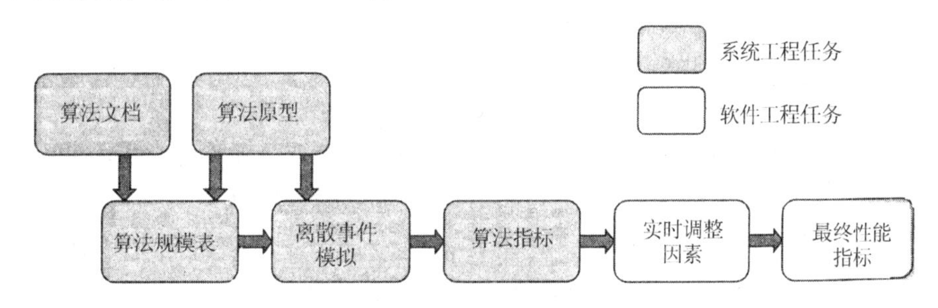

图 A.2 性能指标计算流程

电子表格中影响处理器吞吐量指标的关键因素是:

- 执行算法的数量；
- 基本操作成本(于处理器周期中计算)；
- 持续吞吐量达到峰值吞吐量的效率；
- 处理器家族的加速。

执行算法的数量源自算法流中函数所需数学操作的数目的直接测量。将被处理的数据点的数目同样包括在此测量中。基本操作成本测量了执行乘加操作、复杂乘法、超越函数、FFT等所需处理器周期数。持续吞吐量达到峰值吞吐量的效率因素消减了“市场”处理器吞吐量的数量至可实现的程度，持续时间超过一个现实世界代码流所需时间。这个因素允许在操作中遭遇到处理器停顿和资源冲突。处理器家族的加速因素被用来适应以当前一代处理器为基准获得的数据，这个因素解决了下一代设备相较于当代处理器在时钟频率和处理流水线数目上的增加。

电子表格中影响内存利用率指标的关键因素是：

- 将被储存的中间数据产品的大小和数量；
- 动态性质内存应用；
- 字节/数据产品；
- 字节/指令；
- 基于最坏系统情况(工作量)的输入/输出缓冲器的大小和数量。

中间数据产品的大小和数量来自算法流的直接分析。离散事件仿真被用来分析内存应用模式并建立高水平线。字节/数据产品和字节/指令是用来测量程序加载图像所需处理和存储数据点数目的量度标准。

所有这些不确定的领域，是目标处理器硬件与软件及算法流同时开发的结果。当原型的结果来自目前这一代DSP阵列计算机时，将这些结果转换为一种新的DSP架构(C40的超标量结构相比C67DSP的甚长指令字(VLIW)结构)、不同的时钟频率以及新的储存器技术(同步DRAM相比DRAM)需要利用工程判断。

A.4 指标的跟踪报告

软件开发小组负责与处理器吞吐量和内存相关的指标的评估和报告。这些指标被定期报告给用户，并用来减轻风险。储备需求也需满足功能的未来增长(我们的储备需求是CPU和内存的75%)。在整个开发生命周期中，这些评估广泛基于不同的用于评估和硬件设计决策的建模技术，影响了可用于执行算法组及测量错误的硬件数量。图A.3展示了第一阵列处理器应用的吞吐量和内存的指标历史。在整个生命周期中，吞吐量有广泛的可变性，反映了一系列降低吞吐量评估的尝试，其后由于新信息导致了评估大幅增长。在图A.3中，注释描述了CPU吞吐量测量评估的增加和减少。表A.1描述了项目过程中的评估年表(未全部列出)。

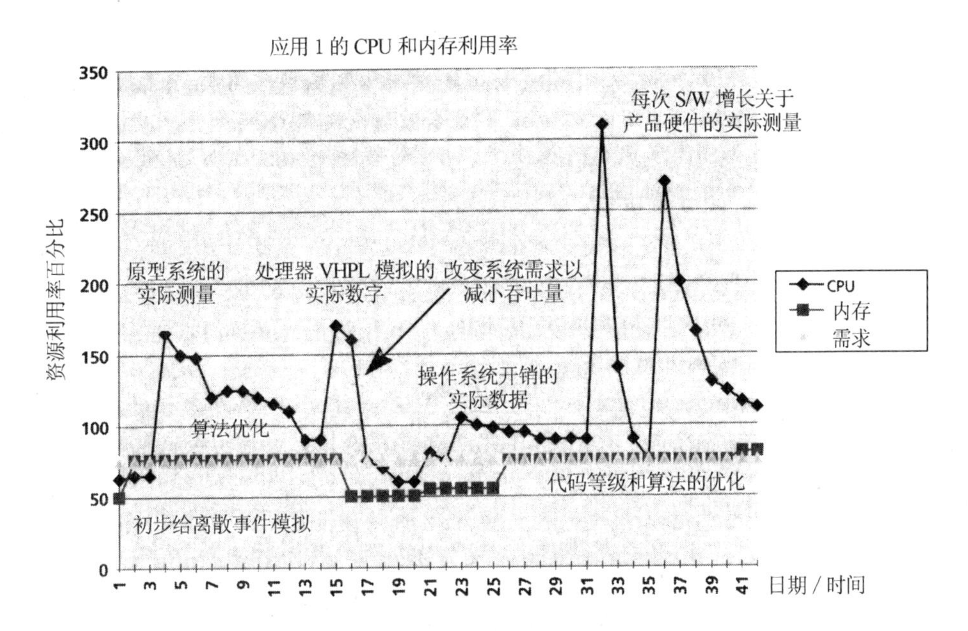

图 A.3 应用 1 的资源利用指标

表 A.1 应用 1 的 CPU 吞吐量减少年表

指标的增减	解　释
初始的离散事件仿真被用作为指标评估的起点	离散事件仿真的建立采用了算法周期评估和解决由上下文切换引起的任务迭代的一阶建模等
基于 C40 的阵列原型的测量	原型代码被移植到一个基于 C40 的 DSP 小型阵列并测量。接着基于加速的基于 C67 的 DSP 全面大规模阵列对测量进行调整
算法等级优化	通过算法重建方法和减少其他算法流领域的复杂度,算法变得更加有效
处理器 VHDL 测量	吞吐量测量的大幅增长是由于意料外的来自外部(非片上)存储器的高成本数据存取。对整个应用,几个基准被执行和调整
系统等级需求改变	项目决策被用来改变系统等级参数。这导致显著的算法结构调整,是一个不受客户欢迎的决定
操作系统(OS)等级开销测量	由于处理器是新的,COTS OS 不是立即可用的。这一点表明了在一个多任务环境的操作系统中应用程序的首次运行
对每个软件增加,硬件 DSP 阵列产品的现状	产品代码被初步开发,没有适当的代码优化技术(使其工作正常并工作迅速)。当首次进行测量时,对整个算法流的初始测量没有完全优化
代码和算法等级的继续优化	适当的专职团队负责代码优化和其他算法改造技术,以减少 CPU 吞吐量(即在算法和创新技术中利用对称性来减少昂贵的 DSP 之间的通信)

评估的首次大幅增长是在当代处理器原型上执行算法流的结果，然后基于下一代处理器的预期性能对这些测量进行调整，采取努力来优化算法流的执行以降低吞吐量评估。

第二个意外的增长来自下一代周期精确模拟器上运行的典型基准。此模拟允许对外部存储器访问、流水线停顿和其他引起算法执行成本增长的处理器性能的真实成本进行评估。这些结果致使开发团队另外付出极大的努力来为实时操作优化算法流。该阶段采用的主要技术有：直接存储器存取(DMA)设备控制芯片的数据输入/输出，调整代码以允许关键循环实现流水，算法关键部分的汇编语言执行，有效使用和管理存取时间更短的片上存储器。

典型基准使我们知道可以通过代码等级优化技术(使用片上存储器，流水重要循环等)减少吞吐量，但是依然处在不能满足全部吞吐量需求的危险之中。正是此时，一个系统需求被改进以减少吞吐量。虽然是一个很不受用户欢迎的决定(该变更减小了数据速率和算法性能)，但是它无需给系统增添附加硬件(每个单元的成本更高)，使我们节省了金钱。算法的研究说明依然可以通过改进系统的其他领域来满足系统性能。

第三个显著的增长在于目标DSP阵列上测量充分应用时产生。增长的主要原因是由于很多算法未被优化。只有很小百分比的算法在处理器VHDL仿真上进行了基准化(最常用算法代表性的样本，比如FFT和其他在代码的重要循环中被引用的算法)。该软件小组仍需为每个被开发软件增量的剩余代码使用相同的优化技术。这时优化技术已被该小组所熟悉，并且处理进行得相当快。

内存评估，虽不像吞吐量评估一样严重，但在整个开发周期中持续增长。内存增长的主要原因是：

- 附加的输入/输出缓冲器需要实时系统来操作；
- 附加内存被每个提供使用DMA的代码段所需要；
- 代码优化技术，比如导致指令数量增加的循环展开和软件流水，需要附加内存。

第二个阵列处理器应用的生命周期吞吐量评估见图A.4。由于基本问题相同，这里可以看到报告数据中的相似部分，表A.2展示了CPU利用率评估年表。

再一次初始的离散事件仿真被证明是不精确的，而由于对CPU吞吐量过于积极的估计，原型系统测量比预期高很多，未能解决现实的开销限制等。代码和算法优化的漫长过程能够使评估回落接近在VHDL仿真测量发现某些使评估增长的其他领域之前的目标。应用中评估的增长导致几个风险管理活动被触发。

在计划进度表中，第5个月的评估足够高并且产生得足够早，从而可以添加更多硬件资源以减少算法的分配和降低吞吐量评估。这要求更多功率和冷却需求开支，也就是更多的硬件经费(并非新设计所需，仅仅是更多的电路板)。这些功率和冷却上的增长不得不通过牺牲其他地方来弥补，以维持对这些参数的整体系统需求。

第19个月的测量使经理和技术员惊讶。虽然我们觉得代码等级的持续优化会大幅降低数值，但满足75%CPU吞吐量(保留25%以供增长)的应用需求仍将难以实现。

低估了最坏系统情形的结果使 CPU 吞吐量评估增长，其导致了处理流数据速率的增长。这使几个算法循环被更频繁地执行，增加了整个 CPU 利用率。

做出决定将某些 DSP 中完成的软件功能转移到硬件 ASIC 中，以有效减少吞吐量（ASIC 中有大量未使用的门电路来处理增加的功能）。然而，由于开发周期中这个决定做得如此之晚，需要 ASIC 以及界面的大量重新设计和返工，对于硬件所需努力以及系统综合和测试阶段的延误而言，这是非常昂贵的。

CPU 利用率最后的增长是从小型（单节点）DSP 基准到全面 DSP 阵列算法调整的结果。该增长主要是由于错估了处理器内部通信的开销。再一次，开发团队面临鉴于这些新的参数展示实时操作的困难挑战。在开发周期最后的阶段里，系统设计者没有剩余太多的选择。这时减少吞吐量评估所采取的主要技术是附加代码优化，附加核心算法的汇编语音执行，附加有限硬件支持，以及围绕缓慢操作系统功能使用的算法控制流的有效结构改造。例如，可以消除点对点联系 API 一些鲁棒性以节约宝贵的 CPU 周期。

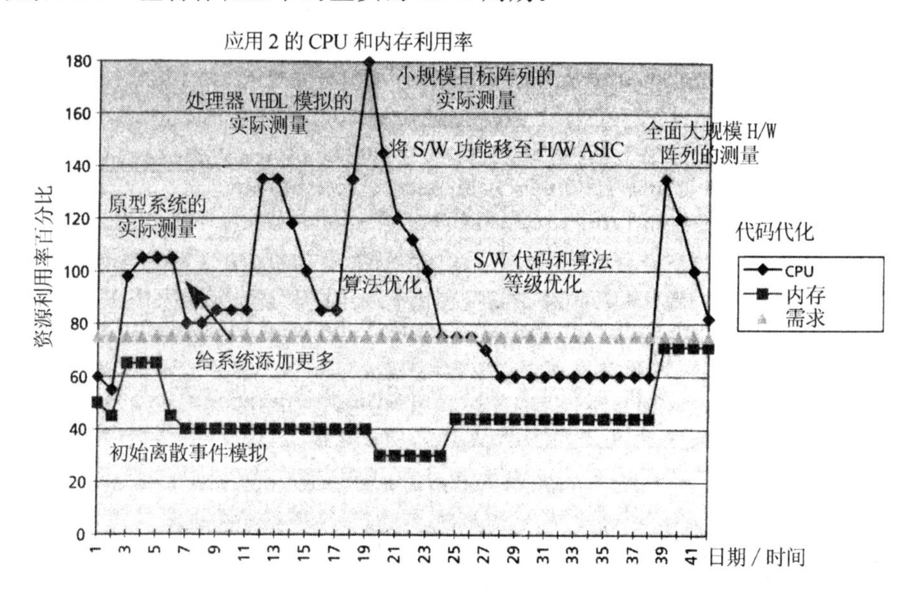

图 A.4 应用 2 的资源利用率指标

表 A.2 应用 2 的 CPU 吞吐量减少年表

指标的增减	解 释
初始的离散事件仿真被用作为指标评估的起点	离散事件仿真的建立采用了算法周期评估和解决由上下文切换引起的任务迭代的一阶建模等
基于 C40 的阵列原型的测量	原型代码被移植到一个基于 C40 的 DSP 小型阵列并测量。接着基于加速的 C67 的 DSP 全面大规模阵列对测量进行调整

续表 A.2

指标的增减	解 释
为系统添加更多硬件	通过增添更多 DSP 板,DSP 节点数量增加。优秀的硬件设计使实现可扩展性相对容易
处理器 VHDL 测量	吞吐量测量的大幅增长是由于意料外的来自外部(非片上)存储器的高成本数据存取。对整个应用,几个基准被执行和调整
算法优化	因为算法的自身性质,能够通过重调算法结构以将算法流的主要循环实现流水,从而有效削减 CPU 吞吐量利用率
小规模目标硬件的实际测量	在硬件/软件合作设计努力中,我们一直没有全面大规模的硬件直到最近这个周期。这个应用的初始基准化是在单节点 DSP 原型卡上执行的
转移软件功能至硬件 ASIC	为减轻风险做出决定,转移部分算法流至另一个子系统的硬件 ASIC 上,节省了应用软件中重要的 CPU 周期
软件代码和算法等级优化	适当的专职团队负责代码优化和其他算法改造技术,以减少 CPU 吞吐量
全面大规模硬件测量	全面大规模硬件上应用 CPU 吞吐量的测量显示出低估了整个阵列节点结间的通信开销,我们开发了通信专用 API 来更迅速地执行内部节点通信

没过多久,管理人员就意识到这些 CPU 吞吐量利用率中的"尖峰"将持续存在,直到所有的应用都已在最坏系统负荷情况下的目标系统中得到测量。预期周期性地为一个新的数字所惊讶(我们逐段的优化代码,因此大约每几个月就要面对算法流的一个新的部分),我们被要求开发一项行动计划和里程碑(POA&M)图表,在由计划的里程碑支持完成的每次新的测量之后,预报我们何时将得到新的数字和减少吞吐量的计划。计划中预报评估中的剩余峰值以及降低这些数字的计划,见图 A.5。这种新的报告方式使管理人员知道我们了解增长的到来并为完成项目制订计划。

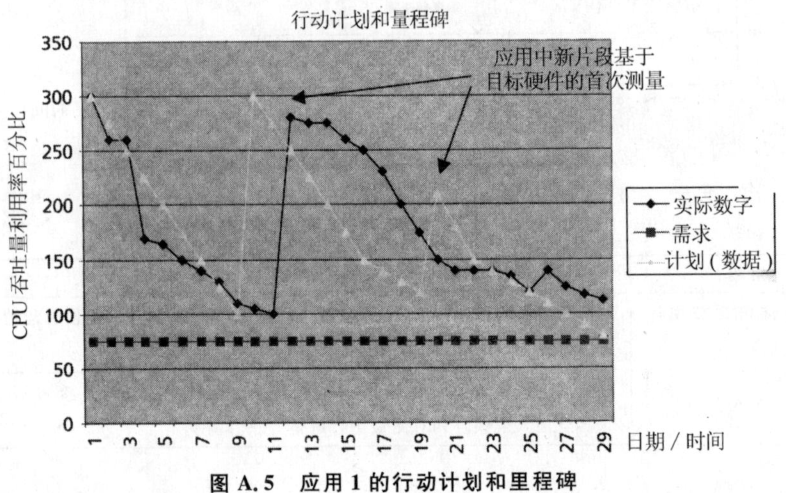

图 A.5 应用 1 的行动计划和里程碑

A.5　减少测量错误

性能工程计划详述了何时硬件和软件工具将变为可用的，可以用来减少性能指标中的错误。这些可用的数据与系统开发进度联合，提供执行设计权衡的决策点，配平算法、硬件和软件设计点以产生一个满足成本和性能目标的系统。表 A.3 列出了鉴别的工具及因其减少的错误因素。

表 A.3　性能计划中鉴别的工具以及由其解决的错误

工　具	解决的错误因素
代码产生工具(编译器、汇编器、链接器)	编译器效率 所产生汇编代码的质量 加载图像的尺寸
指令等级处理器仿真器	双处理器的流水利用 基础操作的循环计数
精确周期设备等级 VHDL 建模	外部存储器存取时间的影响 指令缓存的影响 处理器和 DMA 通道间设备资源的争夺
单 DSP 测试卡	验证 VHDL 结果 运行中断的影响
多 DSP 测试卡	跨处理器的通信资源争夺的影响

由于这些工具可用，基准测试代码通过它们执行，并且性能指标也相应地更新。该数据用来支持程序等级决策点，以重审所提议的计算机设计方案。该重审包括计算机中的硬件资源、分配给计算机的算法功能和拟议的软件体系结构。在不同的决策点处，所有这些领域都被改进。通过附加更多 DSP 处理器节点，计算机硬件资源得到增加。DSP 的时钟频率增加了 10%。一些算法被移植到系统的其他部分。修正软件结构，通过消除不相干的中断和任务切换来减少开销。所有方面的设计都被考虑并适当调整，以满足性能和成本目标。

性能计划还包括使用分析工具来解决整体调度和大规模阵列处理器的性能。我们尝试使用单调速率分析(RMA)来验证软件结构的可调度性。RMA 是一种确定最坏任务相位调整情况下的可调度性，并允许设计者提前确定系统性能是否满足时间要求的数学方法。相比离散事件仿真，RMA 的优势在于其模型更易于开发和改变，并且该模型提供了一个确保可调度性的稳妥答案(使用仿真，难以预言在一系列导致系统暂停的任务相位调整之前执行模型需要多长时间)。RMA 工具的一个强大功能就是识别阻塞情况的能力。阻塞和抢占是错过最后期限的最通常的原因，也是大多数 RMA 工具的主要重点之一。我们对使用 RMA 感兴趣是因为该模型甚至能够在系统建立之前找出潜在的时间问题。各种不同设计可以在实际执行之前被快速分析。使用RMA的尝试只提供了对可调度性一个高层次而非细节的观察。该工具没有足够的规模来应付大型系统数以千计的任务切换的可能性和无抢占环节(编译器优化技术之一产生了那些软件流水循环,因为处理器的特性流水在流水循环期间关闭了中断,从而创造了一小段无抢占环节。试图输入并为大量的这些情况建模,经证明,对于应用而言是过于麻烦的,对目的而言没有变得过于抽象)。

由于阵列计算机硬件正与软件被同时开发,软件设计团队没有可用的目标硬件直到开发生命周期晚期。为了使该团队能在可用的硬件产生之前进行功能验证,一个环境通过Sun网络工作站运行Solaris而被开发。利用Solaris操作系统的特点,该环境使一小部分阵列计算机创建逻辑上模型化的跨处理器通信通道。应用代码被链接到一个使用Solaris特征执行DSP操作系统的API的特殊库。这使软件团队能够在目标硬件上执行之前进行算法功能验证,包括跨任务和跨处理器通信。

根本的方法是使应用工作正确,然后尝试增加代码效率,"先使其工作正常,然后使其工作迅速!"我们认为,该应用被需要有以下原因:

- 根据给定的硬件/软件协同设计的努力,处理器(和用户文件)是不可用的,因此开发团队无法彻底理解用来优化算法流的技术。
- 算法本身是复杂难以理解的,这被开发团队视为一种风险。使算法流功能运转正常是开发团队处理一个新领域的重要的第一步。
- 算法流的优化应当基于应用整形的结果执行。只有开发团队知道周期在何处花费之后,才能有效地优化代码。优化不经常执行的代码是没有意义的。然而,从一个执行数千次的循环中移除几个周期能导致底线上的更大的节省。

A.6 结论和经验教训

评估吞吐量可能不是精确的科学,但是在生命周期阶段积极关注它能够减少性能风险,并有时间在满足整体计划进度和性能目标的同时进行取舍。这需要跨学科的协同努力,系统性能是所有有关当事人共同的职责,失败的团队中没有胜利者。

处理器CPU、内存和I/O利用率是一个开发成果的重要指标。它们给出问题的早期迹象并提供充足的机会供开发团队在生命周期中足够早地采取缓解措施。这些指标也给管理人员提供必要的信息,以管理系统风险和为各处分配所需储备资源(就是经费和进度)。通常,在开发周期过程中,一个或多个指标会在某些点上成为一个问题。获得问题的系统解决方案,灵敏度分析是经常执行的,来检查各种权衡吞吐量、内存、I/O带宽、成本、进度和风险的取舍方案。当执行这些分析时,必须了解当前指标评估的准确性。生命周期早期的准确性比在稍后阶段要少,由于更多的信息可以被采用这一简单事实,那时测量跟实际系统要匹配得多。

这里有几条从经验中得到的教训:

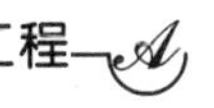

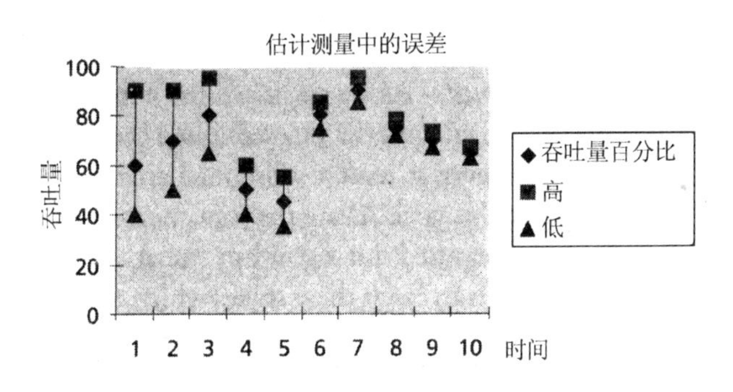

图 A.6　评估准确性随时间提高

① 开发生命周期早期原型——如果合适等级和种类的原型化被执行，我们遭遇的很多惊讶就被较早地揭露。虽然原型化被安排在生命周期早期，但是进度压力迫使开发团队在开发周期早期只能为它提供有限的资源。

② 基准——不要完全依赖处理器的营销信息。大多数处理器无法达到资料中所提到的吞吐量，那些通常是理论数字。在很多情况下，实际上要低很多，并且决定于应用程序与处理器结构的映射如何(DSP 运行 DSP 的算法很适合，但它们不擅长有限状态机和其他“控制”软件)。处理器的营销信息将展示它们对处理器支持的映射最好算法的执行是如何之好。

③ 经常分析功能执行情况——这些领域是隐藏循环能够困扰开发团队的所在。仅从一个执行很多遍的函数中消除一些循环就能显著影响整个吞吐量。

④ 不要忽视界面——实时系统担负着一个固有的“开销”，它似乎从未被计入吞吐量的评估。虽然信号处理算法可能是系统需求和功能点观察的主要焦点，实时系统依然需要吞吐量来进行中断处理、数据打包和拆包、数据提取、错误处理以及在吞吐量评估中容易忽视的其他管理功能。许多争端是基于应该将多少时间致力于开销的任务的。

⑤ 不适于实时系统的离散算法的基准化——基准化一个独立算法本质上暗示着该算法已经完全控制和使用了所有的处理器资源，包括内部和外部存储器、DMA 控制器以及其他系统资源。事实上，可能还有其他的任务为同样的资源而竞争。基准化独立算法时做出的假设也许不适用于系统被放在一起并运行于完整的系统负载下的情况。资源冲突导致的附加开销很容易在建立吞吐量评估时被忽视。

⑥ 保持管理人员消息灵通——随着我们接近完成代码等级优化的努力，看起来在项目早期建立的模型是一个比较准确的评估。然而，为完成这一目标花费了大量的资源(进度和预算)。沿着这条路，随着对算法流的优化和测量，评估周期性的上升和下降。这些指标的报告周期足够短，能捕捉那些造成来自管理人员的过早关注的尖峰值。一个较长的报告间隔可能“平滑”某些尖峰。

⑦ 相应预算——功能修正的双通途径及随后的代码优化将花费更多时间和资源来完成。这需要计划。开发功能性的同时，代码等级优化的单通途径只应由在处理器结构和算法方面有经验的工作人员尝试完成。

附录 B

DSP 优化的更多提示和技巧

第一阶段首先是 60%～70%的优化，这包括设置正确的编译选项以实现流水，确保循环不会失去流水资格，以及其他的"简单"优化。这个阶段要求具备体系结构和编译器的基础知识。到这一阶段的最后，代码应能够实时运行。本附录将提供所需技术背景和优化技巧帮助完成优化第一阶段。

第二阶段是剩余的 30%～40%。这个阶段要求很强的专业知识，比如怎样解释编译器反馈信息以减少循环的从属性限制、减少资源限制、对内部循环和外部循环的智能分区等，这一阶段的优化也要求智能内存的使用。事实上，DA6xx DSP 的高速缓存结构对性能可能会有很大影响，当设法充分优化算法时应该考虑在内。优化高速缓存的用法将不会在这本附录上标注。但是，这里有关于这一主题的其他文章，请参阅参考文献作为指南。本附录也不会解释关于第二阶段编码优化的技术。但在本附录及参考文献中会给出到哪里去找更多关于第二阶段优化的信息。

伴随正确的编译器选项和少量的重组 C 代码，任何能在 TI C6000 DSP 上运行的 ANSI C 代码，都可以实现大幅的性能提升。对于现有的 C 代码，需要用快速的优化去改进，以获得更好的性能。可是，为了开发新算法，应该合并这些优化进入"编程式样"中，从而至少消除开发周期中的一个优化步骤。

软件开发周期早就不是一个新的概念了。原因在这里明确给出，请记住，"使代码工作"和"优化代码"是两个截然不同的步骤，而不应重叠。优化工作应该在代码正确运行后才可以开始。

一般地，当编译器没有保留任何调试信息时，可以是最具积极性的。对应三个阶段的软件开发，C6000 编译器可以被认为是有三个积极性级别。

在第一阶段，使用正确的编译器选项，编译器应该设置为最低积极性。在这个级别，编译器会在没有优化的情况下运转。每一行的 C 代码将有相应的汇编代码，按照与 C 源代码相同的顺序排列起来。当"使代码工作"时，这种积极性级别是恰当的。

在第二阶段，使用正确的编译器选项，编译器应该设置为中级积极性。在这个级别，编译器会执行许多优化，如函数简化、消除不使用的任务、转换数组为指针以及软件流水循环。这些优化的净结果是这些汇编代码与 C 源代码不再进行匹配，这使得 C 代码单步调试和断点设置更加困难。例如，使该阶段的调试更加困难。然而，充足的信息被保留，以在 function-by-

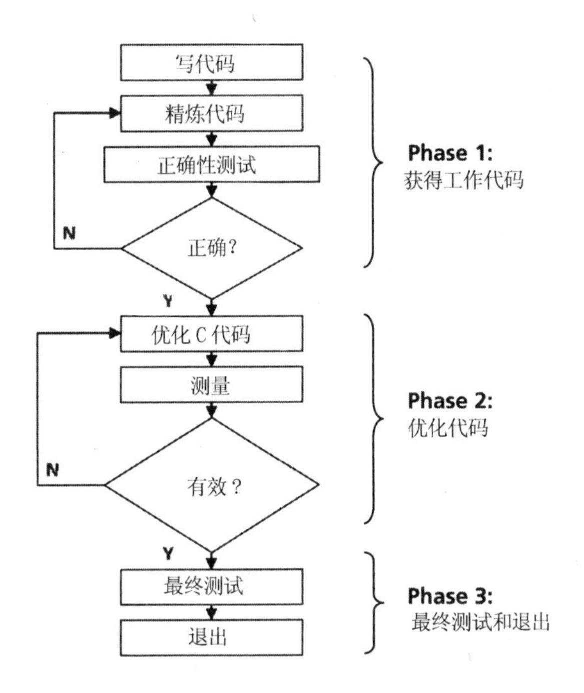

图 B.1 软件开发流程

function 基础上进行剖析。这些优化措施没有改变原有的源代码功能(假设初始源代码是正确的 ANSI C,并且不依靠未定义的行为)。

在第三阶段,使用正确的编译器选项,编译器应该设置为最高积极性。在这个级别,编译器明显介入整个编程,跨越了不同的函数和文件。编译器基于广泛的编程知识执行优化,将多个 C 源文件输出压缩成一个单独的中间模块。只有系统级别的调试和剖析可以在这个阶段执行,因为代码将被减少和重新排序(取决于可能的优化程度),它与 C 源代码只在功能上相匹配。

值得注意的是,在多次 C 优化迭代后,如果没有达到预期性能,程序员可选择使用线性汇编。线性汇编可被视为伪汇编编码,程序员在此使用汇编助记忆码,但代码没有立即涉及某些更加复杂的 CPU 结构,也就是说,程序员无需注意指令的调度。编译器和汇编优化器会管理线性汇编代码的调度和优化。一般地,写线性汇编比写 C 代码更繁琐,但可能会产生稍好的执行代码。

如果线性汇编编码之后,预期性能仍未实现,程序员可选择脱离编译器或汇编优化器的帮助进行人工编码和人工优化汇编代码。

B.1 DSP 技术概述

DSP C6000 系列 CPU 与 C 编译器同时开发。CPU 在易于 C 编程的形式下被开发，并且编译器被开发用来最大化 CPU 资源利用率。为了理解如何在 C6000 DSP 上优化 C 代码，需要理解 CPU 的基本成分、功能单元以及编译器用以利用 CPU 结构、软件流水的主要技术。

B.1.1 功能单元

深入了解 CPU 和编译器知识有益于充分优化代码，这需要至少 4 天的讲习班学习和数星期的实践操作经验。本附录没有这一主题的种种应用指南和讲解，而只是为第一轮的优化提供足够的信息。

DA610 处理器的 CPU 的简化形式，见图 B.2。

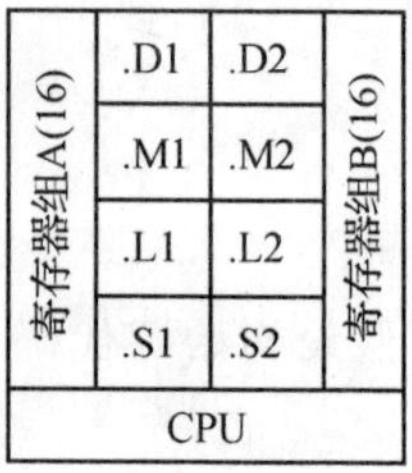

寄存器组A(16)
.D1 .D2
.M1 .M2
.L1 .L2
.S1 .S2
寄存器组B(16)
CPU

图 B.2　C6000 CPU 结构

当然，这个图并没有显示所有内存总线和互联，但为讨论提供了足够的信息。CPU 有两套四个截然不同的功能单元和两套 16 位(32 位)寄存器。对于多数情况，每个功能单元可以在单个周期中执行单指令(少数例外)。所有的功能单元是独立的，换言之，所有的功能单元都可以平行操作。因此，理想的利用是每个周期执行 8 个单元(内存结构和 CPU 被组织起来，从而 8 个指令可以在每个周期读取并供给 CPU)。

编译器的目标是要实现每个周期 8 个指令的有效利用。程序员的目标是组织代码并给编译器提供信息，以帮助编译器实现目标。程序员将通过采用适当的编译器选项并组织 C 代码来开发强大的 CPU 以实现其目标。本附录的优化技术部分将讨论这种编译器选项和 C 编码技术。

每个功能单元执行什么样的“功能”?

下表是每个功能单元功能的简化分类(每个功能单元都能执行比这里所列更多的指令，见图 B.2)。

单　元	浮点型	整　型
M	乘法	乘法
L	加法/转换	加法/比较
S	比较/倒数	比较/移位
D	加载/存储	加法/加载/存储

例如：一个点乘的简单例子。

$$Y = \sum a_i * x_i$$

用简单的 C 代码可写为：

```
int dotp(short *a, short *m, int count)
    {
        for(i = 0; i<count; i ++ )
            sum += a[i] * m[i] ;
    }
```

在这样一个循环中，DA610 能够执行相同双 MAC 操作。伪汇编代码举例如下(事实上，上面的 C 代码不能产生以下汇编代码，它只是为了进行说明)：

```
loop:    PIPED LOOP KEREL
    LDDW    .D1         *a, A7:A6      ; a[i]与 a[i+1]双字(64 位)装载
    || LDDW    .D2      *m, B7:B6      ; m[i]与 m[i+1]双字(64 位)装载
    || MPYSP   .M1      A6, B6, A5     ; a[i] * m[i]单精度(32 位)乘
    || MPYSP   .M2      A7, B7, B5     ; a[i+1] * m[i+1]单精度(32 位)乘
    || ADDSP   .L1      A5, A8, A8     ;寄存器 A8 偶数乘累加
    || ADDSP   .L2      B5, B8, B8     ;寄存器 B8 奇数乘累加
    || [A1] SUB.S1      A1, 1, A1      ;循环计数器存于,如果 (A1 != 0), A --
    || [A1] B.S2        loop           ;如果(A1!= 0),则跳转至循环开始处
```

在第一列的并行标志(||)表明指令与之前的指令并行执行，在这种情况下，所有 8 个指令并列执行。第二列包含了汇编助记忆码。第三列包含了使用的功能单元。第四列包含了指令的操作。最后一列包含了前用(;)隔开的注释。方括号([])表明，该指令在缓存区中执行是有条件的。[A1]指出指令只在 A1 ！=0 时执行。所有的指令都能有条件地执行。

从这个例子中可以看出，CPU 有能力执行两个单精度(32 位)浮点型乘法、两个单精度(32 位)浮点型加法和每个周期中的一些额外开销的指令。在每个周期中，每个.D 功能单元都有能力加载 64 位或等效的两个单精度(32 位)浮点型元素；每个.M 功能单元都能执行单精度(32 位)浮点型乘法；每个.L 功能单元都能执行单精度(32 位)加法。.S 功能单元可以执行其他的操作，例如流程控制和循环递减，以帮助维持最高吞吐量。

图 B.3 列出了一个每个功能单元所能执行的综合指令列表。

从图 B.3 可以看出，每个功能单元可以执行许多操作，在某些情况下，相同的指令可以被多类单元所执行。这为编译器提供了指令调度的灵活性。例如，.S、.L、.D 单元每个都可执行一个 ADD 操作。实际上，这意味着中央处理器在每个循环可以执行 6 个 ADD 指令以及 2 个 MPY 指令。

.S单元		
ADD	NEG	ABSSP
ADDK	NOT	ABSDP
ADD2	OR	CMPGTSP
AND	SET	CMPEQSP
B	SHL	CMPLTSP
CLR	SHR	CMPGTDP
EXT	SSHL	CMPEQDP
MV	SUB	CMPLTDP
MVC	SUB2	RCPSP
MVK	XOR	RCPDP
MVKH	ZERO	RSQRSP
		RSQRDP
		SPDP

.L单元		
ABS	NOT	ADDSP
ADD	OR	ADDDP
ABD	SADD	SUBSP
CMPEQ	SAT	SUBDP
CMPGT	SSUB	INTSP
CMPLT	SUB	INTDP
LMBD	SUBC	SPINT
MV	XOR	DPINT
NEG	ZERO	SPRTUNC
NORM		DPTRUNC
		DPSP

.D单元	
ADD	NEG
ADDAB (B/H/W)	STB (B/H/W)
LDB (B/H/W)	SUB
LDDW	SUBAB (B/H/W)
MV	ZERO

.M单元		
MPY	SMPY	MPYSP
MPYH	SMPYH	MPYDP
MPYLH		MPYI
MPYHL		MPYID

NO UNIT USED	
NOP	IDLE

图 B.3　功能单元相关的汇编指令

B.1.2　软件流水

在大多数的传统DSP代码中，大多数周期都在循环代码中，即for()循环的内容。在算法上面向块的音频DSP代码中尤其如此。软件流水是一种被编译器用来优化循环代码以试图达到CPU的功能单元最高利用率的技术。软件流水在中级以上编译器中使用。

软件流水可通过一个例子作完美的解释。这个例子是不完整的，因为它去除了某些概念，如延迟插槽，这里只是要说明软件流水的概念。

执行下面这个循环需要多少个周期？

```
   LDW          ; 装载一个32位数值
 ||LDW          ; 装载一个32位数值
   MPYSP        ; 两个32位浮点数相乘
   ADDSP        ; 两个单精度32位浮点数相加
```

在开头的第2行的并行标志(||)，说明汇编指令与之前的指令并行执行。在这种情况下，第1行和第2行并行执行；即在单个周期中两个32位值被加载到CPU。

下面的表格说明这个编码在无软件流水时的执行情况。

周期	.D1	.D2	.M1	.M2	.L1	.L2	.S1	.S2
1	LDW	LDW						1 次迭代 3 周期
2			MPYSP					
3					ADDSP			
4	LDW	LDW						
5			MPYSP					
6					ADDSP			
7	LDW	LDW						
8			MPYSP					

由上表得出，循环一次迭代需时 3 周期。因此，循环的 5 次迭代将花费 5×3=15 个时钟周期。

通过使用软件流水，编译器试图在每个周期最大限度地使用功能单元，比如，在某些情况下，指令的结果不会出现在指令的下一个周期，它可能在两到三个周期都不会出现。这些因等待指令结果而花费的周期被称为延迟槽。由于功能单元在这些“延迟槽”期间没有被占用，为了最大限度地提高效率，编译器将使用这些“延迟槽”执行其他独立的指令。

当算法的一部分不依赖于另一部分，软件流水也可被派上用场。比如，在循环码中，如果每次迭代与上次无关，那么两次迭代可以重叠。

在这个例子中，“延迟槽”没有被体现出来，仍然可以通过重叠执行连续的迭代将代码流水。因为迭代 2 不依赖于迭代 1 的完成，迭代 1 完成之前 CPU 可以开始执行迭代 2。此外，迭代 2 和迭代 1 完成之前，CPU 也可以开始执行迭代 3，以此类推。

下表列出了软件流水后代码的执行。

周期	.D1	.D2	.M1	.M2	.L1	.L2	.S1	.S2
1	LDW	LDW						
2	LDW	LDW	MPYSP					内核
3	LDW	LDW	MPYSP		ADDSP			
4	LDW	LDW	MPYSP		ADDSP			
5	LDW	LDW	MPYSP		ADDSP			开销
6			MPYSP		ADDSP			
7					ADDSP			
8								

从上表看出，5 次迭代总执行时间为 7 周期。通过使用软件流水，执行时间的减少超过 50%。同时也注意到，6 次迭代总执行时间为 8 周期，即每个附加迭代只花费 1 个周期。对于

大量的迭代，每次迭代的平均成本接近一周期。

下面术语需要加以界定用来讨论的软件流水循环：

Prolog(前奏)：内核填满流水之前的开销。

Kernel(内核)：循环的内核。在内核中，最多的功能单位被并行利用，最多的迭代也被并行执行。在这个例子中，内核里，4个指令是被平行执行的(LDW、LDW、MPYSP、ADDSP)，4个功能单元马上被利用起来(.D1、.D2、.M1、.L1)， 循环的3次迭代被并行执行。对于循环的大多数时间，内核被反复执行。

执行一次内核迭代所需的周期数目被称为迭代间隔ii(iteration interval)。这一术语将反复出现在优化章节。此例中，每次内核迭代(LDW、LDW、MPYSP、ADDSP)在一个周期执行，故ii=1。

Epilog(收尾)：流水化循环的末尾清空流水的开销。

为了利用软件流水提供的性能，程序员需要采取两个重要措施。首先， 软件流水必须通过选择适当的编译器选项来启用(在优化技术部分会详细解释)。其次，含有for()循环的C代码需要被重组，从而编译器使能将其流水。有几种情况使代码无法被软件流水。程序员需要确保代码没有失去软件流水资格，更多关于软件流水失格的内容参见“算法特殊优化”。

for()循环能够被软件流水之后，进一步地优化技术将改善该软件流水的性能。这也会在优化技术部分介绍。

B.1.3 优化技术

此时，开发周期的第一阶段应已完成。该算法已被设计并用C语言实现，以及测试正确。虽然没有预计那么快，但是代码正如期待地工作着。现在准备优化。直到此时，在“使代码工作”阶段，最低等级的积极性应被使用，也就是说，唯一的编译器选项应为-g和-k (-ml0表明远程数据模式，为保安全)。

低级优化深度如下：

-g　　充分调试信息；

-k　　保持产生汇编文件；

-ml0　　长数据内存模式(以保安全)。

长数据内存模式表明，整个.bss部分是大于32 KB的。也就是说，所有静态和全局数据的总空间超过32 KB。如果.bss小于32 KB，那么近程数据内存模式就成为必要。近程数据模式的指示，根本不使用-ml。近程模式比远程模式采用了稍微更有效率的方法加载数据。如果近程的模式被选定，而.bss部分实际上大于32 KB，一个错误将在创建期间被标记。

现在，应该确定需要优化的函数。这些都是消耗最多周期的函数，或是满足关键截止期限的函数。在这些关键函数中，主要的for()循环，即周期最密集的for()循环，应被确定(有很多复杂的剖析方法被Code Composer Studio启用，但超出了这个文档的范围。有关剖析的更多信息请参阅Code Composer Studio User's Guide，spru328)。优化努力都应该集中于for()循环。在优化之前需要做两件事，一是需要获得基线周期计数，二是需要开发一个简单的正确性测试。

B.1.4 获得基线周期计数

周期将成为用来测量代码优化程度的指标。可以测量一个代码未曾运行的特殊循环的周期数，这是一个非常粗略的测量方式，但给出了一个快速评估优化成果的途径，而不需要硬件或模拟器。

假设被优化的循环是在foo.c文件的func()函数中。编译器会产生一个名为foo.asm的文件(假设选择了-k选项)。在foo.asm中，可以向下翻滚至_func以找到func()的汇编版本。

在foo.asm中，_func下面，有这样一条信息：

```
;*----------------------------------------*
;*    SOFTWARE PIPELINE INFORMATION
;*        Disqualified loop:loop contains a call
;*----------------------------------------*
```

这是for()循环的开始。计算此处与下面注释之间的周期数量：

```
        ;     BRANCH OCCURS                  ;|60|
```

它标志着循环的结束。注意并行指令计为一个周期，而NOP x计为x个周期。

很多其他复杂技术存在于Code Composer Studio中以供剖析代码。它们超出了该文档的范围。

B.1.5 开发"正确性"测试

当使用中高级积极性时，编译器将积极地使用各种技术优化代码，如移除未使用的函数，移除未使用的变量，简化指令等。在很多情况下，不恰当的编写代码可能会被编译器严格解释从而产生错误结果。举例来说，一个全局变量可能会在一个文件中被检测，但也可能会在程序中其他地方设置(例如在一个中断处理程序中)。当编译器优化该循环时，它会假定该变量在循环过程中保持恒定并消除对该变量读取和检测，除非该变量标注着关键字"volatile"。

要抓住此类问题，健全性检查——不管怎样检测对开发的系统总是有意义——应该在每一轮优化后被运行。

B.2 编译器优化

这些优化不是具体算法，可以等效地在所有代码中应用。

提示：设置中级优化深度

为了设置中级优化深度，改-g 选项为-gp，添加-o3 选项，保留-k 选项。在这个积极性级别，编译器尝试软件流水循环。-k 选项完全与编译器积极性无关，它只是告诉编译器保存中间汇编文件。为了"软件流水信息"反馈，我们需要这样做。

中级优化深度：

- gp　　函数剖析调试；

- o3　　Opt. 级别：文件级；

- k　　保持产生.asm 文件；

- ml0　　远程汇合数据内存模式(为保安全)。

使用剖析方法来测量优化的收获。上面提到的简单技术，打开.asm 文件并数出周期数是可接受的。将此周期计数与基线计数相比较。

B.2.1 C 代码优化

现在，观察编译器的汇编输出(例如 foo.asm)，将会在 for()循环的开头发现两种可能注释之一：

A

```
;*----------------------------------------------------------------------*
;*    SOFTWARE PIPELINE INFORMATION
;*        Disqualified loop:loop contains a call
;*----------------------------------------------------------------------*
```

B

```
;*----------------------------------------------------------------------*
;*    SOFTWARE PIPELINE INFORMATION
;*
;*        Loop source line                                 :41
;*        Loop opening brace source line                   :42
;*        Loop closing brace source line                   :58
;*        Known Minimum Trip Count                         :1
;*        Known Maximum Trip Count                         :65536
```

```
;*          Known Max Trip Count Factor                        :1
;*          Loop Carried Dependency Bound(^)                   :14
;*          Unpartitioned Resource Bound                       :4
;*          Partitionde Resource Bound( * )                    :4
;*          Resource Partition:
;*                                   A - side      B - side
;*          .L units                 3             3
;*          .S units                 0             1
;*          .D units                 2             3
;*          .M units                 1             1
;*          .X cross paths           2             2
;*          .T adress paths          2             3
```

如果发现 A,则 for()失去软件流水资格,即编译器不会试图流水该循环。如果看到 B,则 for()循环没有失去软件流水资格,编译器将会尝试流水该循环。在这里不必理解 B 的内容(下文详解)。只要知道如果观察到 B,循环没被取消资格就足够了。若缺乏 TI C 编译器的某些初步知识,A 的发生并不罕见。

如果观察到 A,这意味着编译器正在试图软件流水可疑的循环,但某些代码结构阻止了它被流水。循环被取消软件流水资格有几个原因(更多信息,请参阅 spru187)。下面是几个比较常见的原因。

循环包含调用:如果循环中有函数调用,并且编译器不能内联该函数,那么循环将失去资格。

坏的循环结构:坏循环结构的例子如下。

— 使用"asm()"的 C 循环中的汇编语句(内联函数正确)

— 循环中有 goto 语句;

— 循环中有 break 语句;

— 嵌套的 if()语句;

— 需要 5 个以上条件寄存器的复杂条件代码。

软件流水禁用:流水被编译器选项禁用。如果- mu 选项被选中,如果- o2 或- o3 未选中,或者如果- ms2 或- ms3 被选中,流水是被禁用的。

过多指令:将进行软件流水的循环中有过多的指令。这成为一个问题,因为这些代码通常需要同时使用比可用寄存器更多的寄存器。一种迂回方法可将循环分成几个连续的较小循环或者使用内联函数(在"使用内联函数"一节中看对内联函数的解释)。

未初始化行程计数器:编译器无法确认行程计数器(循环计数器)的初始化指令。

抑制以防止代码扩展:如果使用- ms1 选项或更高级选项,编译器折中代码大小换取速度的积极性较低。在这种情况下,软件流水增加了代码大小而没有获得速度,软件流水被禁止以防止代码的扩展。要一直禁用流水，要使用-ms0选项或根本不使用-ms选项。

循环的依赖性限制过大：循环的依赖性是指一个较晚循环迭代对较早迭代的任何依赖性。两次迭代之间存在依赖，循环的依赖性限制是循环的迭代"n"开始到"$n+1$"之间最小的周期数。

如果编译器发现循环的依赖性太大，以致于它不能在软件流水中重叠多次循环迭代，那么将取消循环的流水资格。由于其依赖性，软件流水无法改善循环的性能。

此问题最可能(但不是唯一的)的原因是循环顶部的加载指令和循环底部的存储指令之间的"内存混叠"依赖。明智地使用"resrict"关键字会有所帮助。

不能确定行程计数器：这条消息表明该行程计数器在循环体上无法确定或使用不当。循环计数器在循环主体不应更改。

上面的标记出现在汇编文件的软件流水信息注释中。例如，如果循环因为"循环包含调用"而失去流水资格，那么汇编文件中的注释将为：

```
;*-----------------------------------------------------------*
;*    SOFTWARE PIPELINE INFORMATION
;*        Disqualified loop:loop contains a call
;*-----------------------------------------------------------*
```

提示：从循环中去除函数调用

for()循环内的函数调用是音频DSP代码失去流水资格的最常见原因， 因此，当循环失去流水资格时，首先应按寻找是否有函数调用。去除函数调用听起来可能很简单，但有可能有几个棘手的情况。

首先，去除所有明显的像printf ()之类的调用或其他用户函数调用。消除像printf()一样的调试调用的一个方法是保存信息至临时变量，出循环后再打印出来。

另一个消除printf()调用的方法是用#ifdef来监视它们或将其包在宏里。举例来说，可以用下面的宏：

```
#ifdef  DEBUG
#     define  dprintf(x) printf(x)
#else
#     define  dprint(x)
#endif
```

为了使用这段宏，如下写出printf语句(注意其中的双括号)：

```
dprintf(("Interations %2d:x=%.8x y=%.8x\n",i,x,y));
```

如果代码使用-d DEBUG编译器选项编译，那么printf()启用。否则，printf()不会出现。

为了消除其他函数调用(可能是用户定义的),尝试内联被调用函数至正在调用的函数。

在循环中,一个不明显的函数调用可能是对模算子%的调用。当编写音频 DSP 代码时,循环缓存的使用很常见。程序员不熟悉 TI DSP 可能使用模算子来执行循环缓存寻址。例如,为更新循环缓存的指数,可能会这样编写:

```
sample = circ_buffer[index];                    /* access the circular buffer via index */
index = (index + step) % cir_buffer_size;       /* update the pointer */
```

在多数情况下,该语法可以被很好地接受。更多细节关于循环缓存寻址技术,请参阅“提示:智能寻址循环缓存”。然而,某些情况下,此语法将产生效率较低的代码。尤其如果模算子的自变量(这里即'circ_buffer_size')是可变的,那么模算子(%)将引发对运行支持(RTS)库的调用以执行模操作。该函数调用使循环失去软件流水资格。关于如何代替模算子的建议,请参阅“提示:智能寻址循环缓存”。

其他不明显的函数调用还有:被一个变量除,结构分配(如执行“x=y”时 x 是一个“struct foo”),以及 long ->float 或 float ->long 的类型转换。

在去除所有函数调用以后,循环现在应该具有了流水资格。这可以通过查看汇编输出文件的注释来证实,如前面的 B。如果循环仍无资格,检查上面列出的其他流水失格原因。如果代码成功获得流水资格,再次测量周期计数以观察性能的改进。

提示:智能寻址循环缓存

音频 DSP 算法中,循环缓存的使用相当普遍。不幸的是,当在 da6xx DSP 上用 C 编程时,程序员无法访问该循环缓存寻址硬件,用汇编编程该循环缓存寻址硬件是可用的。这迫使程序员为“缓存结束”条件手动检查缓存指数,并使指针回到缓存的开始。虽然这个导致部分程序员的一点额外工作(额外的一两行代码 vs. 使用循环寻址硬件),好消息是如果做的谨慎,多数情况下,该缓存指数的手动处理可以实现与循环寻址硬件相同的性能。

音频 DSP 代码使用循环寻址硬件的一行典型代码看起来就像这样:

```
sum += cirv_buffer[index += step];
```

由于 index 累加 step,循环缓存寻址硬件使 index 绕回到缓存开头。当然,在此代码段之前,循环寻址硬件需要根据缓存的大小编程。

在 TI DSP 上,为了达到相同的功能,程序员将需要额外的一两行代码。有许多不同的代码编写方式来处理指针使其绕回循环缓存的开端。针对特定的环境,一些代码编写方式会比另一些更为有效。

在 TI DSP 上编写这些代码最有效的方式是:

```
sum += circ_buffer[index];
```

```
index = (index + step) % size;
```

size 是循环缓存的长度。

第一种情况下，只有一行额外的源代码被添加。为从编译器获得最高的效率，以这种方式编写代码有几个限制。

- "size"必须为常数(不能是变量)；
- "size"必须是 2 的幂；
- "step"和"size"必须是正整数并且"step"<"size"；
- 编译器知道"index"的初始值为 0<="index"<"size"。

前两点很直观，最后一点可能需要更多解释。index 的起始值很可能满足范围 0 <="index"<"size"，但如何告知编译器这个事实呢？

这项工作是通过一个叫做_nassert ()的内联函数完成的，更多关于_nassert()的信息可以在"提示：使用_nassert()"部分发现。现在，知道_nassert ()只为编译器提供信息并且不产生任何代码就足够了。在这种情况下，必须将"index"的初始值告知编译器。某些时候的代码中，上述例子中的"index"(在循环中)被使用之前，必须被初始化。此时，_nassert ()被用来告知编译器这个初始值。语法如下：

```
int    index;
…
_nassert(strating >= 0);          //告知编译器变址初始值 >= 0
index = startingIndex % size;     //设置变址位初始值
…
for  (i = 0; i<loop_count; i ++ )
{…
    sum += circ_buffer[index];
    index = (index + step) % size;
…
}
```

当然，如果条件得到满足，该代码是最有效的。在某些情况下，条件可能无法得到满足，尤其是前两个。可能有一种情况，size 不是常数，或 size 不是 2 的幂。在这种情况下，使用模算子(%)是被不推荐的。事实上，如果这两个条件未满足，模算子实际上会触发一个对运行支持(RTS)库的访问，从而使循环丧失软件流水资格(更多信息参阅"提示：去除循环中的函数调用")。在这种情况下，需要一个替代方案来更新缓存指数。

如果模算子因为条件不符合不能使用，那么应使用以下代码来更新缓存指数：

```
sum += circ_buffer[index];
    index += step;
```

```
if (index >= size)
index -= size;
```

虽然这个代码乍看可能看起来低效，相较于循环缓存寻址硬件的使用，它只需要3行额外的C源代码。在这些额外的3行代码中，执行的有1次ADD、1次COMPARE和1次SUB。回忆“功能单元”部分可知，ADD和SUB指令可以在6个不同功能单位中的任意一个中执行（CPU任何一边的L、S或D单元）。同样，COMPARE可在两个单元（CPU的任意一边的L单元）的任意一个中执行。因此，这3个额外的指令可以很容易与for()循环中包括任何MPY指令在内的其他指令并行执行。

最终结果是，相较于循环寻址硬件，手动更新循环缓存指数没有添加多少开销，尽管事实上需要更多行源代码。

提示：较多C代码并不总是产生低效汇编代码

由于CPU的功能单元是独立的，当代码分解为元操作时，关于何时调度一个操作以及在哪个功能单元调度，编译器有最大的灵活性。在上面的例子中，例如对一个可变的自变量取模的复杂操作，可减为3个元操作——add、compare和zero，这使编译器产生更有效的代码。

现在，我们需要了解一点如何读取软件流水信息。下面是一个例子：

```
    ;*--------------------------------------------------------------*
    ;*  SOFTWARE PIPELINE INFORMATION
    ;*
1   ;*       Loop source line                    :51
2   ;*       Loop opening brace source line      :52
3   ;*       Loop closing brace source line      :70
4   ;*       Known Minimum Trip Count            :1
5   ;*       Known Maximum Trip Count            :65536
6   ;*       Known Max Trip Count Factor         :1
7   ;*       Loop Carried Dependency Bound(^)    :17
8   ;*       Unpartitioned Resource Bound        :4
9   ;*       Partitionde Resource Bound(*)       :4
10  ;*       Resource Partition:
    ;*                              A-side     B-side
11  ;*       .L units                  3          3
12  ;*       .S units                  0          1
13  ;*       .D units                  3          3
14  ;*       .M units                  2          0
15  ;*       .X cross paths            1          1
16  ;*       .T adress paths           3          3
```

```
17  ;*        Long read paths                  1            1
18  ;*        Long write paths                 0            0
19  ;*        Logical ops (.LS)                0            0   (.L or .S 单元)
20  ;*        Addition ops (.LSD)              6            1   (.L or .S or .D 单元)
21  ;*        Bound(.L .S .LS)                 2            2
22  ;*        Bound(.L .S .D .LS .LSD)         4*           3
23  ;*
24  ;*        Searching for software pipeline schedule at...
25  ;*        ii= 17 Schedule found with 3 iterations in parallel
26  ;*        done
27  ;*
28  ;*        Collapsed epilog stages          : 2
29  ;*        Prolog not entirely moved
30  ;*        Collapsed prolog stages          : 1
31  ;*
32  ;*        Minimum required memory pad      : 0 bytes
33  ;*
34  ;*        For further improvement on this loop, try option -mh2
35  ;*
36  ;*        Minimum safe trip count          : 1
37  ;*----------------------------------------------------------------------*
```

1～3行：C代码的位置信息。

4～6行：编译器得到的关于循环执行次数的信息。这是很重要的，因为编译器得到的关于循环计数器(行程计数器)的信息越多，执行诸如循环展开等优化的选项就越高。此例中，除了至少运行一次及至多2^{16}次，编译器没有关于循环计数器的更多信息。

如果关于特殊循环的循环计数器的某些信息被程序员得知，但编译器不知，程序员将此信息告知编译器是很有用的，并可通过使用#pragma来进行。#pragma只用来为编译器提供信息，它不产生任何代码，更多信息参见“技巧：使用#pragma”。

注意：当编译器设置为最高级选项时，它通常能自行计算出循环计数信息，无需使用pragma。通过检查4～6行，程序员可以确定编译器是否尽可能地拥有关于循环的足够信息。如果没有，使用pragma就是适当的。

7行：测量了连续循环迭代之间的最长数据依赖。这很重要，因为循环的内核绝不能低于这个数量。由于连续迭代之间的依赖，循环依赖限制了多次循环迭代重叠的积极性。循环中携带限制的那部分指令在汇编文件中由^号标记出。

8、9行：指出由于资源(功能单元、数据路径等)约束，内核最小尺寸的极限(界限)。Unpartitioned 指的是在资源被分配给 CPU 的 A 或 B 区之前所有的资源限制。Partitioned 则指的是资源分配给 A 或 B 区之后的资源限制。这很重要，因为循环内核的周期计数绝不能低于第 8 和第 9 行较大者。

通过比较 8、9 行（资源限制）与第 7 行（循环携带的依赖性限制），可以迅速确定内核尺寸的减少是受资源使用限制还是循环的数据依赖性限制。二者中较大的一个就是限制项。这有助于指导进一步的优化努力：要么减少资源的使用，要么消除数据依赖性。

10～22 行：8、9 行的进一步详细描述，展示了每次内核迭代每种资源的实际使用情况。关于哪些资源使用的最多（从而导致资源限制）以及哪些利用不足，这几行提供了一个快速摘要。如果内核受资源限制，可以尝试优化，并将操作从过度使用的资源移至使用较少的资源。“*”指明了使用最多的资源，即限制性资源。

.LS 指的是可以在 L 或 S 单元执行的操作。类似地，.LSD 指的是能在 L、S 或 D 单元执行的操作。

“Bound(.L .S .LS)”是由使用 L 和 S 单元的指令数目决定的资源限制值。

```
Bound(.L .S .LS) = ceil((.L + .S + .LS)/2)
```

“Bound(.L .S .LS .LSD)”是由使用 L、S 和 D 单元的指令数目决定的资源限制值。

```
Bound(.L .S .LS .LSD) = ceil((.L + .S + .LS + .LSD)/3)
```

如果迭代间隔（ii）受资源限制（非依赖性），这条信息是有用的。如果遇到这种情况，应尝试重编代码，以利用未使用的资源，并缓解大量使用的资源。

25 行：ii 即迭代间隔。这是内核周期数的长度。内核是循环计数期间反复重复的循环部分。也是大批处理发生的地方。

某些情况下，依赖于提供给编译器的循环相关信息，编译器可以展开循环。循环被展开后，内核的一次迭代将执行原始循环的多次迭代。例如，如果编译器按系数 4 展开循环，那么内核的每次迭代将执行原始循环的 4 次迭代。

如果循环被编译器展开，一条注释将出现在软件流水信息中：

```
;*          Loop Uroll Mutliple          : 4x
```

对于大型循环计数，通过用 ii 除以循环展开倍数 i，能够计算原始循环的一次迭代的近似周期数。循环未展开的情况下，循环展开倍数为 1。因此，ii 除以循环展开倍数将近似得到原始循环每次迭代的周期数目，即，for() 循环的总周期数可由循环计数×(ii/循环展开倍数)近似得到。

优化循环的目标是使内核尽可能小，也就是说，使 ii/内核展开倍数尽可能小。通过每次优化步骤后测量 ii，将能够评估循环优化的好坏。

建立 3 次迭代并行的安排意味着对于循环的任何迭代，迭代 n 完成之前，迭代 $n+1$ 和 $n+$

2已经开始。

28～30行：编译器将尽可能多地尝试优化代码尺寸和执行速度。为此，通过更多次执行内核，编译器有时能够去除循环的prolog和/或epilog(关于prolog/epilog的定义，参阅“软件流水”部分)。这几行指出，在尝试去除prolog和epilog部分时，编译器做得有多么成功。基于这几行信息，无需程序员采取行动。

32行：有时编译器能通过去除prolog和/或epilog以及更多次运行内核来减少代码尺寸。例如，如果epilog被去除，内核可以运行一次或更多的额外迭代，但是额外迭代的某些结果可能不被使用。缓存之前和之后，在数据缓存中额外的内存加长可能被需要，用来防范“出界”访问。该加长区域中的数据不会改变。流水反馈这一行指出需要多少内存加长。该技术被称为“预测加载”。

注意，在DA610上，缓存的溢出部分(内存加长)可能不属于L2高速缓存。执行它可能导致错误的行为。使用预测加载技术的循环的缓存肯只存在于L2 SRAM，并且距离L2 SRAM末端(以及L2 Cache的开始)至少“内存加长”大小的字节(关于内存结构的更多细节参阅spru609)。

“预测加载阈”值是对编译器使用该技术折叠代码的积极程度的测量。该预测加载阈值能用-mh<n>编译选项调节。如果为循环提出一个内存加长，第二行注释将被添加，以告知程序员达到该级别折叠所需最小阈值。

34行：该行以较高阈值的形式供了一个优化建议，可能导致循环更多次折叠。

36行：循环产生正确结果所需运行的最少次数，即最小循环计数。

提示：注意你的指针

尽量多的告知编译器指针/数组的性质。

如果数组的大小已知，根据提示完成的一个简单的C代码优化将在函数声明中包含数组的大小，数组为该函数的自变量。例如，已知数组的大小是256个元素，那么使用该数组的函数声明为：

```
void function(int array[256]);
```

这帮助编译器改善器函数分析。通常，编译器乐于见到函数声明，特别是数组大小已知时。

如果有两个指针传递给同一个函数，将发生另一种根据提示的C优化。如果已知两个指针是否指向同一个内存位置，编译器能更好的优化。

这里是一个音频算法的样例：

```
void delay(short * inPtr, short * outPtr, short count)
    {...}
```

函数传递了一个指针到输入缓存(inPtr)和一个指针到输出缓存(outPtr)。这在音频算法中很常见。该算法将从输入缓存读取数据，并将数据写入输出缓存。

没有附加信息，编译器必须默认 inPtr 和 outPtr 访问相同的缓存，换言之，一个指针的写能影响另一个指针的读。restrict 关键字能用作一个指针的类型修饰向编译器担保，在指针声明的范围，指向的目标只能由该指针访问。这帮助编译器确定内存依赖性，从而有更多的优化选项。restrict 也能用于数组。

这种情况下，使用 restrict 向编译器提供保证 inPtr 和 outPtr 不指向溢出内存区域。重编上面的函数，用 restrict 帮助编译器产生更多优化代码：

```
void delay(short * restrict inPtr, short *  restrict outPtr, short count)
    {...}
```

指针可能产生的另一个问题更为微妙，但仍很常见。如果指针指向溢出区域，即两个指针指向同一缓存将会发生什么？这在音频算法中使用延迟缓存时很常见。一个指针可以从延迟缓存的一部分读出，另一个指针可以存一个值到缓存的另一部分。例如：

```
for (i = 0; i<loop_count; i ++ )
    {
    …
    delay_buffer[current] = constant * delay_buffer[old];
    out[i] = in[i] + (gain * delay_buffer[old]);
    …
    }
```

观察该代码，delay_buffer[old]可以被读一次并用于两行代码。根据 CPU 知识，我们将假设 delay_buffer[current]和 out[i]能被并行计算。

然而，这种情况下，delay_buffer[current]和 delay_buffer[old]物理上存在于同一缓存。没有任何其他信息，编译器不得不默认设存在 current==old 的可能。这种情况下，代码如下：

```
delay_buffer[old] = constant * delay_buffer[old];
    out[i] = in[i] + (gain * delay_buffer[old]);
```

第一行的结果用在第二行，意味着在第一行结束以前第二行无法开始执行。如果能够保证始终 current! =old，那么需向编译器说明，从而它能有更高积极性，并且并行执行两行代码。

这就是微妙之处所在。如果 delay_buffer[old]和 delay_buffer[current]在整个函数期间从不指向相同的位置（理想情况），那么它们应作为两个截然不同的指针传递给函数，其中一个被指定为 restrict。

例如，如果 loop_count=100，并且我们知道（old > current=100），那么 delay_buffer[old]和 delay_bufer[current]在循环计数期间将绝不指向同一位置。这种情况下，函数的声

明应为：

```
void delay(int * restrict oldPtr, int * currentPtr, int count)
```

并且函数调用应使用：

```
delay(&(delay_buffer[old], &(delay_buffer[curretn], 100) ) )
```

这将通知编译器两个指针在循环期间绝不指向同一内存位置。

第二种情况(不理想的)是不能保证 delay_buffer[old]和 delay_buffer[current]在循环期间不会指向相同内存位置。然而，如果能够保证对于它们循环的每次迭代不指向相同内存位置，那么仍能进行优化。这种条件下，不改变已定义的函数，但略微修改循环的代码。

如果知道循环的每次迭代都有 current != old，那么能这样重编代码：

```
float temp_delay;      //为了不改变 delay 值，定义一个临时变量
    for(i = 0;…)
    {
    …
    temp_delay  = delay_buffer[old];
    delay_buffer[current] = feedback * temp_delay;
    out[i] = in[i] + (gain * temp_delay);
    …
    }
```

现在编译器将产生代码来并行执行这两行。

注意：如果出现 current ==old 的情况，那么该代码将产生错误结果！这不受编译器检查。程序员必须保证这种情况不会发生。

提示：浮点调用

浮点常量作为双精度(64 位)处理，除非具体规定为单精度(32 位)。例如 3.0 被作为 64 位常量处理，而 3.0f 或(float)3.0 被作为单精度(32 位)对待。

DA610 的优点之一是能够编写浮点代码。然而，当使用常量时，需知编译器如何理解该数字。在 C6000 家族中，浮点数据类型使用以下名字：

float -(IEEE) 32 - bit floating - point

double -(IEEE) 64 - bit floating - point

使用浮点型常量时需要小心。观察下面这行代码：

```
#define M 4.0

    float y,x;
    x = 3.0;
```

```
y= M * x;
```

在这个例子中，代码向编译器具体规定 x 和 y 是单精度(32 位)浮点型数值(通过定义它们为 float)，但编译器所知的 M 是浮点型(根据小数点的作用确定)，但是没具体规定是单精度(32 位)还是双精度(64 位)。通常，没有任何信息，编译器将默认为双精度。

上面代码的汇编代码为：

```
ZERO     .D1     A0
||MVKH   .S1     0x40100000,A1          ;置常数(4.0)到寄存器 A1
                                        ;A1:A0 构成 DP(64 位)常数(4.0)
MVKH     .S1     0x40400000,B4          ;置 x(3.0)到寄存器 B4
SPDP     .S2     B4,B5:B4               ;传送 x 到 DP(64 位)
MPYDP    .M1X    B5:B4,A1:A0,A:A0       ;x(B5 : B4)和 M(A1 : A0)DP 乘
NOP      9                              ;为乘法等待 9 个空操作延时
DPSP     .L1     A1:A0,A0               ;送 DP(64 位)结果(y)到 SP(32 位)
```

这里的代码比预期的 32×32 浮点型乘法要多。问题是即使计划一个 32×32 乘法，也没有告知编译器。为改善这种情况，向编译器指出该常量是单精度的。这里有两种方式：

① 在常数后接一个“f”，例如

```
#define  M   4.0f
```

② 配置该常量类型为单精度：

```
#define  M   (float)4.0
```

改变上面代码为：

```
#define M 4.0f // or (float)4.0

float y,x;
x = 3.0f;
y= M * x ;
```

产生了以下汇编输出：

```
MVKH     .S1     0x40400000,B4          ;将 x (3.0)送到寄存器 B4
MVKH     .S1     0x40800000,A0          ;将 M (4.0)送到寄存器 A0
MPUSP    .M2X    B4,A0,B4               ;M * x (单精度)相乘
```

确保规定常量为“float”，当期望单精度浮点型时，将节省代码空间和周期。

通常，程序员总是不得不留心数据类型。当不需要时，在计算中混合使用浮点和定点数据类型会导致多余的开销。例如：

```
int a;
    int b;
    #define C 1.0
    b = C * a;
```

这种情况下，编译器将视 C 为一个浮点值，但是 a 和 b 被声明为定点型。这迫使编译器在做加法之前添加指令将 C 由浮点型转换为定点。替换后，代码应为：

```
int a;
    int b;
    #define C  1
    b = C * a;
```

这使得编译后的代码将更为有效。

提示：小心数据类型

下列符号被解释为如下 C6000 编译。小心分配合适的类型，下面每个数据类型都可以是有符号或无符号的。

char	8 位定点数
short	16 位定点数
int	32 位定点数
long	40 位定点数
float	32 位浮点数
double	64 位浮点数

不要混淆 int 和 long 类型。C6000 编译器为 40 位操作使用 long 值。这可能导致额外指令的产生，限制功能单元的选择，并使用额外的寄存器。

在任何可能时，为定点乘法输入使用 short 数据类型，因为该数据类型提供了在 C6000 中使用 16 位乘法的最高有效性("short * short"用 1 周期 vs. "int * int"用 5 周期)。

循环计数器使用 int 类型，而不使用 short 类型，以避免不必要的符号扩展指令。

不要对循环计数器或数组下标变量等使用无符号整型，用 int 代替 unsigned int。

当在浮点设备上使用浮点指令时，例如 C6700，使用-mv6700 选项从而代码将由设备的浮点硬件产生，而不是用定点硬件执行任务。例如，如果没用-mv6700 选项，RTS 浮点乘法函数将被调用替代 MPUSP 指令。尤其是，DA6xx 和 C671x 设备应使用"-mv6710"标记而 C621x 设备应使用"-mv6210"标记。

提示：限制定点与浮点间的类型转换

从定点到浮点(例如 short->float 或 int->float)或从浮点到定点(float->short 或 float->int)的任何转换需使用 CPU 中宝贵的 L 单元。而这种硬件单元还可以执行浮点 ADD。许多浮点 ADD 和诸多类型转换将使 L 单元过载。

例如，如果变量需要从整型转换为浮点型且将被使用多次，那么转换变量一次并储存在临时变量中比每次使用都进行一次转换要好。

假设循环的部分如下：

```
void delay(short * in,short * out,int loop_count)

float feedback,gain,delay_value
...
for(i = 0;i<loop_count;i ++ )
{...
buffer[current] = (float)in[i] + feedback * delay_value;
out[i] = (short)((float)in[i] + (gain * delay_value));
...
}
```

在这种情况下，数组 in[]和 out[]都包含定点数值。因此，在与(浮点型)delay_value 相加之前，in[i]需要转换为浮点型。这需要做两次，每个加法一次。从定点到浮点转换一次，然后两次计算都使用转换后的值将更有效率。换句话说，更有效的编码方式应该为：

```
void delay(short * in,short * out,unsigned short loop_count)

float feedback,gain,dealy_value;
float temp_in;            //临时变量，存储转换为浮点型的 in[i]
...
for(i = 0;i<loop_count;i ++ )
{...
temp_in = (float)in[i];  //只做一次转换
buffer[current] = temp_in + feedback * delay_value;
out[i] = (short)(temp_in + (gain * delay_value));
...
}
```

提示：不要从 for()循环中访问全局变量

这是一个 C 编程风格的普通技巧，应被融入程序员的编程风格中。如果全局变量需要在 for()循环中使用，在循环之前复制该变量到局部变量中并在循环中使用局部变量。如果数值发生变化，循环后该数值可被复制回全局变量。汇编程序总会从数据指针域中加载全局变量，导致代码效率降低。

提示：使用#pragma

在某些情况下，程序员可能接触到编译器不能自行决定的某些变量。在这种情况下，程序员可以通过使用#pragma 为编译器增添信息。#pragma 并不产生任何代码，它只是编译器在编译时使用的一个简单指令。

例如，对于循环代码，循环计数器经常作为变量传入含有循环代码的函数。这种情况下，编译器将难以确定有关循环计数器的任何特征。程序员可以通过使用 MUST_ITERATE pragma 将有关循环计数器的信息供给编译器。

Pragma 的语法是：

```
#pragma MUST_ITERATE(min,max,factor)
```

min 循环可能执行的最小迭代数目；

max 循环可能执行的最大迭代数目；

factor 使循环计数器得知 factor，例如，如果循环将运行偶数次，factor 可设为 2。

使用 pragma 没有必要拥有全部 3 条信息，任何一个值都可被省略。例如，如果关于一个特殊循环的全部只知道无论它何时运行，它将至少运行 4 个迭代并且迭代次数为偶数，那么可通过以下方式使用 pragma：

```
#pragma MUST_ITERAT(4, ,2)
```

这一行说明循环将至少执行 4 次，并且它将运行偶数次（例如 4,6,8,…）。这一行应立即嵌入上述 C 源文件的 for()循环中。

#pragma 的另一个用处是指示编译器以特殊方式编译代码。一个对循环代码更有用的 pragma 是 UNROLL pragma。这个 pragma 规定了编译器应展开循环多少次。它有用是由于 CPU 资源可以遍布于循环的多次相互作用，以此资源的利用更有效率。

例如，对于循环的每次迭代，最初的源代码需要 3 次乘法。这里有两个乘法硬件单元，每次迭代需要两个周期来执行 3 次乘法。如果循环被展开，一次执行初始源代码的两次迭代，每次迭代只需执行 6 个乘法。由于有两个乘法硬件单元，执行 6 次乘法需要 3 个周期。换句话说，执行初始源代码的两次迭代需要 3 个周期，平均每次迭代 1.5 个周期。通过展开循环 2 次，我们将执行时间由每次迭代 2 个周期减少为每次迭代 1.5 个周期。

使用这个 pragma 时还需考虑一些事情。它只在优化器(-o1、-o2 或-o3)被调用时工作。编译器可以选择忽略该 pragma。在此 pragma 和 for()循环之间不应有语句（其他 pragma 可以）。

该 pragma 的语法是：

```
#pragma UNROLL(n)
```

向编译器指出循环应被展开 n 次。换言之，一次内核的迭代应执行原始循环的 n 次迭代。

为了增加循环展开的机会，编译器需要知道循环迭代的最小可能数量，最大可能数量，以及循环将迭代 x 次。编译器也许能够自行算出这些信息，但是程序员可以通过 MUST_ITERATE pragma 的使用向编译器传输这些信息。

```
#pragma MUST_ITERATE(32,256,4)
    #pragma UNROLL(4)
    for (i = 0;i<loop_count;i ++ )...
```

这些语句指出循环将运行至少 32 次至多 256 次，并且 loop_count 将为 4 的倍数(32,36,40,…)。它还向编译器指出我们希望每个编译后循环的一次迭代运行原循环的 4 次迭代，就是说，我们希望循环展开 4 次。

提示：使用_nassert()

_nassert()不产生代码，它告诉优化器其自变量所包含的语句为真，隐含地提示了优化器哪些优化是有效的。

_nassert()的一个通常用法是向优化器担保一个指针或数组具有一定的对齐。给出指针对齐的语法是：

```
_nassert((int) pointer % alignment = = 0);
```

例如，为告知编译器一个指针沿 8 字节边界对齐("双字对齐")：

```
_nassert((int) buffer_ptr % 8 = = 0);
```

这本质上与 MUST_ITERATE pragma 一起给编译器提供了很多关于何时优化循环的知识。

使用_nassert()时，一个问题可能会出现：如何知道一个指针是否对齐？答案是可以通过使用 DATA_ALIGN pragma 强迫编译器按一定边界对齐数据。该 pragma 的语法是：

```
#pragma DATA_ALIGN(symbol, constant);
```

这种情况下，symbol 是要对齐数组的名字，而 constant 是它将按照对齐的字节边界。例如，按照 16 位(短型或双字节)边界对齐，将令常数 constant 为 2。这就要保证数组的首地址是 2 的倍数(换句话说，编译器将安排数组的起始地址为 0x0、0x2 或 0x4,…)。按 64 位(即双字或 8 字节)边界，将使用常数 8(即编译器将安排数组的起始地址为 0x0、0x8 或 0x10 或 0x18,…)。这个 pragma 在数组声明前直接插入。例如：

```
#pragma DATA_ALIGN(buffer, 8);
    float buffer[256];
```

这将声明一个 256 浮点(1024 字节)长的 buffer，且按 8 字节边界对齐该 buffer。现在_nassert 本质上可以用来告知编译器：buffer 是按照双字边界。

提示：获得更多反馈

使用-on2，编译器产生一个.nfo 文件。为获得更佳的 C 性能，该文件为高级优化提供了更多信息。建议通常以不同编译器开关的形式，或者是附加的编译器指令。如果给出了编译器指令，.nfo 文件将指出包含了什么代码，以及其位于 C 源文件何处。

B.2.2 其他系统级别优化

有些优化不是特殊循环所必需的，但能帮助提高 DSP 整体性能。

提示：使用快速运行支持(RTS)库

快速运行支持(RTS)库是由 TI 提供并被优化运行于 TI 的浮点型 DSP 的一系列数学函数。Fast RTS 库执行反正切、余弦、正弦、指数(基于 e、10 和 2)、对数(基于 e、10 和 2)、幂运算、倒数、分数和平方根。当这些函数在代码中出现时，编译器将自动访问 Fast RTS 库。

为了使用 Fast RTS 库，该库必须被明确的加入项目。项目在 CCS 中打开，到项目菜单，选择“添加文件到项目…”，找到 fastrts67x.lib，并点击添加。该库通常安装在：C:\ti\c6000\cgtools\lib 。

关于下载 Fast RTS 库的信息，请访问 http://dspvillage.ti.com/，并浏览 C6000 软件库。

提示：使用浮点型 DSP 库(DSPLIB)

另一个可以提供更好的系统性能的库是 67x-优化 DSP 库(DSPLIB)。撰写本应用说明的同时，这个库仍然在被开发(请查找与 Fast RTS 库相同的网站)。该 DSP 库将为普通 DSP 功能执行浮点型优化代码，例如 FIR、IIR、FFT 及其他。

提示：使用内联函数

编译器提供了能被 C 代码访问但直接映射到汇编指令的特殊函数。所有不能被 C 简单支持的都可作为内联函数支持。内联函数提供了一种快速简易优化 C 代码的方式。

例如：下面代码执行了一个饱和加法功能。由此产生的编译代码需要多个周期来执行。

```
int sadd(int a, int b)
    {
      int  result;
      result = a + b;
      if(((a^b) & 0x80000000) == 0)
      {
        if((result^a)& 0x80000000)
        {
            result = (a<0)? 0x80000000:0x7fffffff;
        }
```

```
    }
  }
  return(result);
```

使用内联函数,代码可以被置换为:

```
result = _sadd(a,b);
```

这将编译为一个单独的 SADD 指令。硬件每个周期最多能支持 2 个 SADD 指令。

B.2.3　最终编译器优化

提示:使用最高级优化深度

一旦代码接近尾声,还有一个能应用的最后优化:编译器应为它的最高级的优化深度作好准备。不幸的是,该级别提供更多优化的原因与其难以剖析的原因相同。当使用最高级优化深度时,所有调试和剖析信息都被从代码中移除。为了剖析一个更系统级的方法。取代基于 loop-by-loop 或 function-by-function 的剖析,可以在一个中断到中断或者输入到输出的基础上进行剖析。相似地,为了测试最终代码,需要一个系统级的方法。例如,取代了循环或函数的步进,我们将不得不从相关输入中捕获一个输出位流,并与相关输出进行比较。

通过移除-gp,保留-o3,增加-pm 和-op0,设置最高级优化深度。

高级积极性

-o3	文件级别优化
-pm-op0	程序级别优化
-ml0	远程访问/数据存储模式(为了安全)

全部的编译器选择应为:-o3 -pm -op0 -ml0。除了-op0,其他选择能被用于更多优化,但-op0 是一个安全的开始。

使用-pm 和-o3 使能程序完全优化。在转到优化阶段之前,所有源文件都被编译到一个单独的中间文件(程序模块)中。这给优化器提供了比其通常基于 file-by-file 的编译时更多的信息。某些被执行的程序级别优化包括:

- 如果函数有一个自变量总是保持同一个数值,编译器将在函数中硬编码此变量,而不是对初始源中该变量的每个位置产生一次数值并传递数值。
- 如果函数的返回值用不到,编译器将在那个函数中删除代码的返回端口。
- 如果函数不被只直接或间接访问,编译器将移除该函数。

注意:如果一个文件具有与项目中其他文件不同的特殊文件编译器选项,它将被单独编译,即它将不会参与程序级别编译。

-op 选项是用来控制程序级别优化的。它用来指示其他模块中什么范围的函数可以访问一个模块的外部函数或存取一个模块的外部变量。-op0 选择是最安全的。它指明其他模块将可以访问模块中声明的外部函数和外部变量。

在最高级优化深度之前,从这一步骤获得的性能数量依赖于C代码的优化程度。如果代码已经优化得很好,那么通过这一步骤只能看到很小的改善。

某些组装分程序经常出现在音频处理算法中。我们将研究两个常见的程序以及每个的优化效果。

Delay

一个 delay 程序可以用于影响延迟、合唱或相位调整,下面是一个执行 Delay 算法的例子。

```
void delay(delay_context * delHandle, short * in, short * out, unsigned short Ns)
{
short i;
int delayed,current,length;
float * buffer = delHandle->delBuf;
float g = delHandle->gain;
float fb = delHandle->feedback;
current = delHandle->curSamp;
length = delHandle->sampDelay;
for(i=0; i<Ns; i++)
{
    delayed = (current+1) % length;
    buffer[current] = (float)in[i] + fb * buffer[delayed];
    out[i] = (short)( (float)in[i] + ( g * buffer[delayed]) );
    current = delayed;
}
delHandle->curSamp = current;
}
```

假设这段代码是正确的,使用第一个提示(设置中级优化深度)可以获得该代码的基线周期计数。

提示:设置中级优化深度

以上代码伴随以下选项(中级积极性)被编译(使用 codegen v4.20,该 codegen 工具来自 CCS 2.1):

```
-gp -k -o3
```

以下是汇编输出：

```
;*-----------------------------------------------------------*
;*    SOFTWARE PIPELINE INFORMATION
;*        Disqualified loop:loop contains a call
;*-----------------------------------------------------------*
L1:
        .line   12
                B           .S1     __remi          ;|66|
                MVKL        .S2     RL0,B3          ;|66|
                MVKH        .S2     RL0,B3          ;|66|
                ADD         .D1     1,A3,A4
                NOP                 1
                MV          .D2     B7,B4           ;|66|
RL0:            ; CALL OCCURS               ;|66|
                LDH         .D2T2   *B5,B4          ;|66|
||              LDW         .D1T1   *+A7[A4],A5     ;|66|
                SUB         .D1     A0,1,A1
                SUB         .S1     A0,1,A0
                NOP                 2
                MPYSP       .M1     A8,A5,A5        ;|66|
||              INTSP       .L2     B4,B4           ;|66|
                NOP                 3
                ADDSP       .L1X    A5,B4,A5        ;|66|
                LDH         .D2T2   *B5++,B4        ;|67|
                NOP                 2
                STW         .D1T1   A5,*+A7[A3]     ;|66|
                LDW         .D1T1   *+A7[A4],A3     ;|67|
                NOP                 4
                INTSP       .L2     B4,B4           ;|67|
||              MPYSP       .M1     A9,A3,A3        ;|67|
                NOP                 3
                ADDSP       .L2X    A3,B4,B4        ;|67|
                MV          .D1     A4,A3           ;|69|
                NOP                 1
        [A1]    B           .S1     L1              ;|70|
```

```
            SPTRUNC          .L2      B4,B4              ;|67|
            NOP              3
    .line  19
            STH              .D2T2    B4, * B6 ++        ;|67|
            ; BRANCH OCCURS                              ;|70|
;* * -----------------------------------------------------------------
--*
            LDW              .D2T2     * ++ SP(8),B3     ;|73|
            MVKL             .S1      _delay1 + 12,A0    ;|71|
            MVKH             .S1      _delay1 + 12,A0    ;|71|
            STW              .D1T1    A3, * A0           ;|71|
            NOP                       1
            B                .S2      B3                 ;|73|
    .line  22
            NOP                       5
            ; BRANCH OCCURS                              ;|73|
    .endfunc  73,000080000h,8
```

观察这些代码可以立即得出两个明显结论。首先，软件流水反馈指出该代码是不适合流水的，因为循环中包含了函数调用。通过观察这段 C 代码，发现模算子被用来引发运行支持 RTS 库中函数 remi()的调用，其次，汇编代码的第一列中几乎没有并行标志(||)。这说明了功能单元的利用率很低。

通过手工计数内核循环的指令(在.asm 文件中)，确定该内核占用了大约 38 个周期，不包括访问运行支持库的时间。

基于这个应用说明中的技巧，代码得到优化。以下是用到的技巧以及使用它们的原因。

提示：从循环中去除函数调用

提示：较多的 C 代码并非总是产生低效的汇编代码

第一个优化措施是从循环中去除导致无法流水的函数调用。针对缓冲指数 delayed 更新的模算子导致了该函数调用。基于以上两点技巧，指数 delayed 的更新应通过增加指针和手动检查来观察指针是否需要被回置到缓冲的开始。

提示：注意指针

该技巧应用在两个方面。首先，它通过在函数开头增添关键字 restrict 去除了 * in 和 * out 之间的依赖性。其次，通过分配 buffer[delayed]给临时变量，它去除了 buffer[current]与 buffer[delayed]之间的依赖性。注意为了使其工作，程序员必须保证始终 current！＝delayed。

提示：注意数据类型

循环计数器“I”由 short 型变为 int 型。

提示：限制定点和浮点型间的类型转换

语句 (float)in[i]在初始源代码中两次使用，导致两次从 short 到 float 的类型转换(in[]被定义为 short 型)。创造一个临时变量 temp_in，并将转换值 (float)in[i]存在该临时变量中。那么随后的代码中 temp_in 被使用两次。这样，只需执行一次从 short 到 float 的类型转换。

提示：使用＃pragma

为给编译器提供更多信息，两个 pragma 被添加。MUST_ITERARE pragma 是用来告知编译器循环的运行次数。UNROLL pragma 被用来提示编译器循环可以展开 4 次(事实上，编译器将忽略这一指示)。

提示：使用_nassert

_nassert intrinsic 被使用了 3 次。前两次是给编译器提供关于被传递给编译器的 in[]和 out[]数组的对齐信息。这种情况下，我们告知编译器这些数组是按照 int(32 位)边界。注意这些_nassert 语句是外加 DATA_ALIGN pragma 来强迫 in[]和 out[]数组被限制在 4 字节边界。也就是说，像“＃pragma DATA_ALIGN(in,4);”之类的语句是被置于 in[]数组所声明的位置，这在下面没有示出。

_nassert intrinsic 还被用来告知编译器有关循环缓冲 buffer[]的数组指数 delayed。delayed 值被设为 current＋1，_nassert 被用来告诉编译器 current＞＝0，因此‘delayed’＞＝0。

以下是优化后重写的代码(改变由粗体标出)：

```
void delay(delay_context * delHandle, short * restrict in, short * restrict out, int Ns)
    {
      int i;
      int delayed,current,length;
      float * buffer = delHandle->delBuf;
      float g = delHandle->gain;
      float fb = delHandle->feedback;

      float temp_delayed;                    /* 增添临时变量来存储 buffer[delayed] */
      float tmep_in;                         /* 增添临时变量以存储 in[i] */

      current = delHandle->curSamp;
      length = delHandle->sampDelay;
```

```
    _nassert((int)in % 4 = = 0);                    /* 告知编译器 in[]指针对齐 */
    _nassert((int)out % 4 = = 0);                   /* 告知编译器 out[]指针对齐 */
  #pragma MUST_ITERATE(8,256,4);
  #pragma UNROLL(4);
    for(i = 0; i<Ns; i ++ )
    {
        _nassert(current> = 0);                     /* 告知编译器 current> = 0 */
        delayed  =  (current + 1);                  /* 手动更新循环缓存指针 */
        if(delayed> = length) delayed = 0;          /* 这将消除由 % 导致的函数调用 */
        temp_in = (float)in[i];                     /* 执行一次类型转换并存于临时变量 */
        temp_delayed = buffer[delayed];
        buffer[current] = temp_in + fb * temp_delayed;
        out[i] = (short)( temp_in + ( g * temp_delayed ) );
        current = delayed;
    }
    delHandle - >curSamp = current;
  }
```

再次,代码伴随以下选项(中级积极性)被编译(使用 codegen v4.20-CCS 2.1):-gp -k -o3。

以下是汇编输出:

```
;*------------------------------------------------------------------------*
  ;*     SOFTWARE PIPELINE INFORMATION
  ;*
  ;*         Loop source line                         :88
  ;*         Loop opening brace source line           :89
  ;*         Loop closing brace source line           :103
  ;*         Known Minimum Trip Count                 :64
  ;*         Known Maximum Trip Count                 :64
  ;*         Known Max Trip Count Factor              :64
  ;*         Loop Carried Dependency Bound(^)         :14
  ;*         Unpartitioned Resource Bound             :4
  ;*         Partitionde Resource Bound( * )          :4
  ;*         Resource Partition:
```

```
;*                                A-side          B-side
;*          .L units               3               3
;*          .S units               0               1
;*          .D units               2               2
;*          .M units               1               1
;*          .X cross paths         2               2
;*          .T adress paths        2               2
;*          Long read paths        1               1
;*          Long write paths       0               0
;*          Logical ops (.LS)      0               0        (.L or .S unit)
;*          Addition ops (.LSD)    7               1        (.L or .S or .D unit)
;*          Bound(.L .S .LS)       2               2
;*          Bound(.L .S .D .LS .LSD)  4*           3
;*
;*          Searching for software pipeline schedule at...
;*             ii = 14 Schedule found with 2 iterations in parallel
;*          done
;*
;*          Epilog not removed
;*          Collapsed epilog stages        : 0
;*          Collapsed prolog stages        : 1
;*          Minimum required memory pad    : 0 bytes
;*
;*          Minimum safe trip count        : 1
;*---------------------------------------------------------------------*
L1:         ; PIPED LOOP PROLOG
;**--------------------------------------------------------------------*
l2:         ; PIPED LOOP KERNEL
            .line   22
               NOP              1

               INTSP    .L1X    B7,A0           ;|99|
||             INTSP    .L2     B7,B7           ;|96|
||             MPYSP    .M2X    B4,A0,B8        ;^|99|
||             MPYSP    .M1     A0,A4,A6        ;|100|

               NOP              3

               ADDSP    .L1X    B8,A0,A6        ;^|99|
```

```
||              ADDSP    .L2X     A6,B7,B7         ;
                MV       .D1      A5,A0            ;Inserted to split a long  life
||              ADD      .S1      1,A5,A5          ;@|93|
        [B0]    SUB      .D2      B0,1,B0          ;|103|
||              CMPLT    .L1      A5,A3,A1         ;@|94|
        [B0]    B        .S2      L2               ;|103|
        [!A2]   MV       .S1      A0,A8            ;Inserted to split a long  life
||      [!A2]   STW      .D1T1    A6,*+A7[A8]      ;^|99|
||              SPTRUNC  .L2      B7,B7            ;|100|
||      [!A1]   ZERO     .L1      A5               ;@|94|
                LDH      .D2T2    *B6++,B7         ;@|96|
||              LDW      .D1T1    *+A1[A5],A0      ;@^|97|
                NOP               2
                .line             36
        [A2]    SUB      .D1      A2,1,A2          ;
||      [!A2]   STH      .D2T2    B7,*B5++         ;|100|
;**----------------------------------------------------------------*
```

这里没有展示收尾程序，对这个讨论而言，它并不令人感兴趣。

现在该循环被成功地完成软件流水，并且更多并行标志(||)的存在说明了更有效的单元利用率。然而，还要注意 NOP 的存在指出还可以做更多的优化工作。

迭代间隔 ii 是循环内核的周期数量。对中型到大型循环计数，ii 代表了循环一次迭代的平均周期，即，for()循环所有迭代的总的周期计数可以通过 Ns×ii 近似得到。

根据软件流水反馈，ii=14 周期(优化之前为 38 周期)，性能改善 63%。由于消除了对未被计算的 remi()的访问，此改善事实上非常显著。

通过观察原始的 C 源代码(优化之前的)，可以确定以下操作在每次循环迭代中执行：

- 2 次浮点型乘法(M 单元)：fb * buffer[delayed]及 g * buffer[delayed]。
- 2 次浮点型加法(L 单元)：in[i]+(fb * ...)及 in[i]+(g * ...)。
- 1 次整型加法(L、S 或 D 单元)：delayed=(current+1)%length。
- 2 次数组加载(D 单元)：in[i]和 buffer[delayed]。
- 2 次数组存储(D 单元)：buffer[current]和 out[i]。

从此分析可以看出，使用最频繁的单元是 D 单元，它每周期做 2 次加载和 2 次存储。换句话说，D 单元的资源限制(约束)了性能。

由于每次迭代需要在一个 D 单元上运行 4 个操作，共有 2 个 D 单元，那么最好的情形就是每次迭代约 2 个周期。由于资源限制，对于该循环这是理论上最小(最好)的性能。

事实上，由于没有考虑诸如浮点型到整型转换的某些操作，实际的最小值可能比这略高。然而，这给我们一个近似的目标，使我们能度量性能。代码被编译为 ii=14 周期，而理论最小值大约是 ii=2 周期，因此还能做更多的优化。

软件流水反馈提供了前进的信息。回想一下，ii 既受资源限制，又受依赖性限制。

含有 * 的一行需要被检查，以看代码是否受资源限制（“ * ”指出了限制性最强的因素）：

```
;*          Bound(.L .S .D .LS .LSD)          4*          3
```

这一行指出需要在 L、S 或 D 单元上执行的操作数量为每次迭代 4 次。然而，CPU 的每一边只有 3 个这种单元（1 L、1 S 和 1 D），因而将需要至少 2 个周期来执行这 4 个操作。因此，由于资源限制 ii 的最小值为 2。

这一行代码需要被检查以寻找依赖性限制：

```
;*          Loop Carried Dependency Bound(^) : 14
```

从这一行中，由于代码中的依赖性，最小的 ii 可以被确定。由于该循环的 ii 是 14，该循环受依赖性限制而不缺少资源。在实际的汇编代码中，用^标出的行都是受依赖性限制的部分（执行依赖性路径的循环部分）。

将来的优化应集中在减少或移除代码中的内存依赖性（关于寻找和去除依赖性的信息参阅 spru 187）。

如果无需进一步代码优化，也就是说，性能足够好，对于最终代码，编译器可以被设为最高级积极性。在最高级积极性设置后，记得对代码执行健全性检查。

Comb Filter

Comb filter 是一个在混响算法中经常使用的模块。执行 comb filter 的 C 代码如下：

```
void combFilt(int *in_buffer, int *out_buffer, float *delay_buffer, int sample_count)
  {
    int samp;
    int sampleCount = sample_count;
    int *outPtr;
    float *delayyPtr = delay_buffer;
        int read_ndx, write_ndx;

    inPtr = (int*)in_buffer;
    outPtr = (int*)out_buffer;
    for(samp = 0;samp < sampleCount; samp++)
    {
```

```
        read_ndx = comb_state;                  // 初始化读地址
        write_ndx = read_ndx + comb_delay;      // 初始化写地址
        write_ndx % = NMAXCOMBDEL;              // 建立写地址变量
        //在延时缓冲内写当前结果
        delayPtr[write_ndx] =
        delayPtr[read_ndx] * (comb_gain15/32768.) + (float) * inPtr ++ ;
        //存延时结果到输入缓冲
         * outPtr ++ = (int)delayPtr[read_ndx];
        comb_state + = 1;                       // 加 1,定义状态地址
        comb_state %= NMAXCOMBDEL;
    }
  }
```

假设该代码是正确的,那么在基线周期计数前应用了一个技巧。

提示:设置中级积极性

以上代码采用以下选项(中级积极性)编译(使用 codegen v4.20-CCS 2.1):-gp-k-o3。下面是产生的汇编文件:

```
;*-----------------------------------------------------------------*
;*   SOFTWARE PIPELINE INFORMATION
;*        Disqualified loop:loop contains a call
;*-----------------------------------------------------------------*
L1:
        .line   14
                B         .S1       _remi                       ;|60|
||              LDW       .D2T1     * + DP(_comb_delay),A2      ;|60|
                NOP                 3
                MVKL      .S2       RL0,B3                      ;|60|
                ADD       .S1X      B6,A4,A4
||              MVKH      .S2       RL0,B3                      ;|60|
||              MV        .D2       B8,B4                       ;|60|
RL0:            ; CALL OCCURS
                LDW       .D2T2     * + DP(_comb_gain15),B4     ;|60|
                NOP                 4
                INTDP     .L2       B4,B5:B4                    ;|60|
                NOP                 2
                ZERO      .D1       A9                          ;|60|
```

```
            MVKH       .S1     0x3f000000,A9          ;|60|
            MPYDP      .M1X    A9:A8,B5:B4,A7:A6      ;|60|
            NOP                2
            LDW        .D2T2   *+B7[B6],B4            ;|60|
            NOP                4
            SPDP       .S2     B4,B5:B4               ;|60|
            LDW        .D1T2   *A10++,B9              ;|60|
            MPYDP      .M2X    A7:A6,B5:B4,B5:B4      ;|60|
            NOP                3
            INTSP      .L2     B9,B9                  ;|60|
            NOP                3
            SPDP       .S2     B9,B1:B0               ;|60|
            NOP                1
            ADDDP      .L2     B1:B0,B5:B4,B5:B4      ;|60|
            NOP                6
            DPSP       .L2     B5:B4,B4               ;|60|
            NOP                2
            MV         .S2X    A4,B5                  ;|60|
            STW        .D2T2   B4,*+B7[B5]            ;|60|
            LDW        .D2T1   *+B7[B6],A4            ;|64|
            NOP                4
            B          .S1     _remi                  ;|66|
||          SPTRUNC    .L1     A4,A4                  ;|64|

            NOP                3

            STW        .D1T1   A4,*A3++               ;|64|
||          MVKL       .S2     RL2,B3                 ;|66|

            MV         .D2     B8,B4                  ;|66|
||          ADD        .S1X    1,B6,A4
||          MVKH       .S2     RL2,B3                 ;|66|

RL2:        ; CALL OCCURS                             ;|66|
            SUB        .D1     A0,1,A1
  [A1]      B          .S1     L1                     ;|69|
            NOP                4
      .line  30
            MV         .S2X    A4,B6
||          SUB        .D1     A0,1,A0
```

```
            ; BRANCH OCCURS                                     ;|69|
;**-----------------------------------------------------------*
            STW         .D2T2       B6,*+DP(_comb_state)
            LDW         .D2T2       *+SP(4),B3                  ;|70|
;**-----------------------------------------------------------*
L2:
            LDW         .D2T1       *++SP(8),A10                ;|70|
            NOP                     3
            B           .S2         B3                          ;|70|
      .line     31
            NOP                     5
            ; BRANCH OCCURS                                     ;|70|
      .endfunc      70,000080400h,8
```

从软件流水反馈可以确定，由于包含函数调用，该循环无流水资格。由此推知，该循环编译得不好，因为第一列中较少的并行标志(||)说明了功能单元的低利用率。

通过手工计数内核循环的指令(在.asm 文件中)，确定该内核占用了大约 68 个周期，不包括访问运行支持库的时间。

现在，这些技巧被采用以改善代码。

提示：智能寻址循环缓存

提示：从循环中去除函数调用

提示：较多的 C 代码并非总是产生低效的汇编代码

观察 C 源代码可以发现，循环中调用了两次模算子。模算子被用来增加“delayPtr”使用的指数，一个指向循环“delay_buffer”的指针。回想一下，使用模算子有 4 种情况，该代码失效于第二种情况。缓存的长度为 NMAXCOMBDEL。在该代码中，NMAXCOMBDEL 是一个常数但并非 2 的幂。这意味着该模算子触发了一个对运行支持库的函数调用，因此循环无流水资格。这两个模算子被去除，并由手动更新指针及检查卷绕情况的代码代替。

提示：注意指针

通过添加关键字 restrict 到 in_buffer 和 out_buffer，向编译器指出它们没有指向重叠区域。

提示：浮点调用

浮点型常量 32768.被改为浮点型变量。在原始代码中，没有这种类型分配，编译器假设该常量是 double 型，并在循环中使用昂贵的双精度操作。

提示：不要从 for()循环中存取全局变量

在初始 C 源代码中，3 个全局变量被直接从 for()循环中访问：comb_state、comb_delay 和 comb_gain15。本地备份由这些变量组成，并且这些本地备份在 for()循环中替代使用。由于 comb_state 在循环中更新，本地备份不得不结束 for()循环后复制回全局变量。

在一个相似的脉络中，进入 for()循环之前，本地备份由 loacl_comb_gain15 /(float)32768 构成，因为这些值在循环的多次迭代中是恒定的。通过这样做，除法运算无需在循环中完成。

提示：使用 # pragma

假设关于循环运行次数的某些信息已被程序员得知。MUST_ITERATE 可以用来为编译器提供这些信息。在这种情况下，程序员知道循环将至少运行 8 次，至多 256 次，并且循环计数器将为 4 的倍数。

```
#pragma MUST_ITERATE(8, 256, 4)
```

同样，其他 pragma 可以被用来尝试和强迫循环展开 4 次(经证实，编译器将忽略该通告)。

```
#pragma UNROLL(4)
```

提示：使用 _nassert()

_nassert()用来告知编译器 in_buffer、out_buffer 和 delay_buffer 按 8 字节边界对齐。实际上，_nasset intrinsic 的自变量是缓存 inPtr、outPtr 和 delayPtr 指针各自的本地备份。

```
_nassert((int)inPtr % 8 = = 0);
_nassert((int)outPtr % 8 = = 0);
_nassert((int)delayPtr % 8 = = 0);
```

对应该代码，表达式被较早地添加到程序中，实际上对这些缓存进行对齐。例如，这些早期的语句看起来像：

```
#pragma  DATA_ALIGN(in_buffer, 8);
int  in_buffer[NUM_SAMPLES];
```

所有缓存声明处都要这样做。

经以上优化后的代码重写为(改变用粗体标出)：

```
void combFilt(int * restrict in_buffer, int * restrict out_buffer, float *delay_buffer,
        int sample_count)
{
    int samp;
    int sampleCount = sample_count;
    int * outPtr;
    float *delayyPtr = delay_buffer;
    int read_ndx, write_ndx;

    //全局变量的局部复制
    int local _comb _delay = comb _delay;
```

```
    int local_comb_state = comb_state;
    int local_comb_gain15 = comb_gain15;

    //计算存储在局部变量中的常量,不能在循环中进行
    float temp_gain = (local_comb_gain15/(float)32768.);

    inPtr = (int *)in_buffer;
    outPtr = (int *)out_buffer;

        _nassert((int)inPtr % 8 == 0);             /* 指出指针是8字节数组 */
        _nassert((int)outPtr % 8 == 0);
        _nassert((int)delayPtr % 8 == 0);
        #pragma MUST_ITERATE(8, 256, 4);           /* 将循环计数信息告知编译器 */
        #pragma UNROLL(4);                         /* 建议编译器展开循环 */

for(samp = 0;samp < sampleCount; samp++)
{
        read_ndx = local_comb_state;                  // 初始化读地址
        write_ndx = (read_ndx + local_comb_delay);    // 初始化写地址
        //手动刷新循环缓冲地址,检查循环
if(write_ndx >= NMAXCOMBDEL) write_ndx -= NMAXCOMBDEL;

        //存当前的结果到延时缓冲
        delayPtr[write_ndx] =
        delayPtr[read_ndx] * (temp_gain ) + (float) * inPtr++ ;
        //存延时结果到输入缓冲
        *outPtr++ = (int)delayPtr[read_ndx];
        local_comb_state += 1;                        //加1,给出状态地址
        //手动检查循环状态
        if (local_comb_state >= NMAXCOMBDEL) local_comb_state = 0;

}
        //复制局部变量回全局变量
        comb_state = local_comb_state;
}
```

代码再次伴随以下选项(中级积极性)被编译(使用codegen v4.20-CCS 2.1):-gp-k-o3。以下是汇编输出的相应部分:

```
;*----------------------------------------------------------------------------*
;*      SOFTWARE PIPELINE INFORMATION
```

```
;*
;*        Loop source line                       :113
;*        Loop opening brace source line         :114
;*        Loop closing brace source line         :129
;*        Known Minimum Trip Count               :8
;*        Known Maximum Trip Count               :256
;*        Known Max Trip Count Factor            :4
;*        Loop Carried Dependency Bound(^)       :14
;*        Unpartitioned Resource Bound           :4
;*        Partitionde Resource Bound( * )        :5
;*        Resource Partition:
;*                                     A-side        B-side
;*        .L units                       2             3
;*        .S units                       0             1
;*        .D units                       3             2
;*        .M units                       1             0
;*        .X cross paths                 1             2
;*        .T adress paths                3             2
;*        Long read paths                1             1
;*        Long write paths               0             0
;*        Logical ops (.LS)              1             0     (.L or .S unit)
;*        Addition ops (.LSD)            7             3     (.L or .S or .D unit)
;*        Bound(.L .S .LS)               2             2
;*        Bound(.L .S .D .LS .LSD)       5 *           3
;*
;*        Searching for software pipeline schedule at...
;*           ii = 14 Schedule found with 2 iterations in parallel
;*        done
;*
;*        Epilog not removed
;*        Collapsed epilog stages                 :0
;*        Collapsed prolog stages                 :1
;*        Minimum required memory pad             : 0 bytes
;*
;*        Minimum safe trip count                 : 1
;*----------------------------------------------------------------------*
L1:         ; PIPED LOOP PROLOG
```

```
;**----------------------------------------------------------------*
l2:            ; PIPED LOOP KERNEL
               .line  29
               NOP              2
   [!A2]       STW      .D1T2   B8,*+A0[A4]        ;^|121|
||             ADD      .D2     1,B7,B7            ;@Define a twin register
||             ADD      .S1     A7,A9,A4           ;@
||             MV       .L1     A9,A3              ;@

               CMPLT    .L2X    A4,B6,B0           ;@|118|
||             ADD      .L1     1,A9,A9            ;@|127|
||             LDW      .D2T2   *B5++,B8           ;@|121|
||             LDW      .D1T1   *+A0[A3],A3        ;@^|121|
   [!A2]       LDW      .D1T1   *+A0[A1],A3        ;|125|
||  [!B0]      ADD      .S1     A6,A4,A4           ;@|118|
||             CMPLT    .L1     A9,A5,A1           ;@|127|
   [!A1]       ZERO     .D2     B7                 ;@|128|
               MV       .D1     A3,A1              ;@Inserted to split a long life
||  [!B0]      MV       .S1X    B7,A9              ;@Define a twin register
               NOP              1
   [B1]        B        .S2     L2                 ;|129|
||[B1]         SUB      .D2     B1,1,B1            ;@|129|
||             INTSP    .L2     B8,B8              ;@|121|
||             MPYSP    .M1     A8,A3,A3           ;@^|121|
               SPTRUNC  .L1     A3,A3              ;|125|
               NOP              2
               ADDSP    .L2X    B8,A3,B8           ;@^|121|
          .line     44
  [A2]         SUB      .D1     A2,1,A2            ;
||  [!A2]      STW      .D2T1   A3,*B4++           ;|125|
;**----------------------------------------------------------------*
L3:            ; PIPED LOOP EPILOG
               NOP              1
               MVC      .S2     B9,CSR             ;interrupt on
               STW      .D1T2   B8,*+A0[A4]        ;(E)@^|121|
```

```
        LDW         .D1T1    * + A0[A1],A0          ;(E)@|125|
        NOP                  4
        SPTRUNC     .L1      A0,A0                  ;(E)@|125|
||      B           .S2      B3                     ;|133|
        NOP                  3
        STW         .D2T1    A0, * B4 ++            ;(E)@|125|
    .line    48
        STW         .D2T1    A9, * + DP(_comb_state);|132|
        ; BRANCH OCCURS                             ;|133|
    .endfunc        133,000000000h,0
```

首先,注意该循环没有流水资格。内核中并行标志(||)的存在说明了功能单元较高的利用率。然而,NOP 的存在指出还有更多的优化可以做。

迭代间隔 ii 是循环内核的周期数量。对中型到大型循环计数,ii 代表了循环一次迭代的平均周期,即,for()循环所有迭代的总的周期计数可以通过 sampleCount * ii 近似得到。

根据软件流水反馈,ii=14 周期对应性能改善 79%。事实上,由于对运行支持库的访问未被考虑,该改善更为显著。

通过检查初始的 C 源代码,能够确定该循环的理论最小(最好)性能。通过观察初始 C 源代码,发现以下操作在循环的每次迭代中执行:

- 1 次浮点型乘法(M 单元):--delayPtr[read_ndx] * (comb_gain15/32768)。
- 1 次浮点型加法(L 单元):--上面乘法的结果+(float) * inPtr++。
- 2 次整型加法(L、S 或 D 单元):--read_ndx+comb_delay 及--comb_state+=1。
- 2 次数组加载(D 单元):--delayPtr[read_ndx]和 inPtr。
- 2 次数组存储(D 单元):-- delayPtr[write_ndx]和 outPtr。

从以上分析,可以确定 D 单元的使用最频繁,因为每次迭代它需要执行 4 个操作(2 次加载和 2 次存储)。共有 2 个 D 单元,由于资源限制,该循环理论上最小(最好)性能是近似 2 周期/迭代。还能做更多的工作来改善该循环的性能以接近理论最优。

软件流水反馈能够指导未来优化成果。记得 ii 能通过两种方式被限制:代码的资源或依赖性。为发现资源的限制,找出有"*"的一行:

```
;*          Bound(.L .S .D .LS .LSD)        5*          3
```

这一行指出需要在 L、S 或 D 单元上执行的操作数量为每次迭代 54 次。然而,CPU 的每一边只有 3 个这种单元(1 L、1 S 和 1 D),因而将需要至少 2 个周期来执行这 5 个操作。因此,由于资源限制 ii 的最小值为 2。

为找出受依赖性影响的约束,以下代码行需要被调查:

```
;*          Loop Carried Dependency Bound(^) : 14
```

受依赖性影响的约束是 ii 不能比这个数小。由于 ii=14,可以确定在程序中 ii 受依赖性约束并且不受资源缺乏的约束。在实际的汇编代码中,用^标出的行都是受依赖性限制的部分(部分循环带有依赖性路径)。

如果无需进一步代码优化,也就是说,性能足够好,对于最终代码,编译器可以被设为最高级积极性。在最高级积极性设置后,记得对代码执行健全性检查。

感谢 George Mock 提供了附录 B 中的资料。

附录C
DSP和嵌入式系统的缓存优化

缓存是一段直接与嵌入式CPU连接的高速存储区。嵌入式CPU访问处理器缓存远快于访问主存储器。因此频繁使用的数据被存放在缓存中。

缓存的类型有很多种,但基本作用都相同——将最近要使用的信息放在能快速存取的地方。磁盘高速缓存是一种常见的类型,这种缓存模式将最近从硬盘读取的信息存到计算机的RAM或存储器中。从RAM中读取数据远远快于直接从硬盘驱动器中读取,这使得在硬盘驱动器上获取文件和文件夹更加快速。另外一种缓存类型是处理器缓存,其将信息就存在处理器旁,使得普通指令的处理更加有效,从而加快了计算。

怎样以有效的方式将数据从外部存储器转移到CPU历来是个难题,这对于处理器中需要保持忙碌状态以获得高性能的功能单元来说尤为重要。但是,存储器和CPU之间速度的差异却是越来越大,RISC或CISC架构使用分级存储体系来抵消这种差异并通过数据局部性使用获得了高性能。

局部性原理

局部性原理指明一个程序在任何时间点将首先访问所有地址空间中相对小的部分。当一个程序从地址N读数据时,那么很可能地址N+1的数据马上就会被读取了(空间局部性),并且程序会多次使用刚读取过的数据(时间局部性)。在这种背景下,局部性加强了层次结构,速度大概是最高的等级,总体成本和大小是最低的等级。从顶端到底部的存储等级分别包括寄存器、不同等级的缓存、主存储器和磁盘空间,见图C.1。

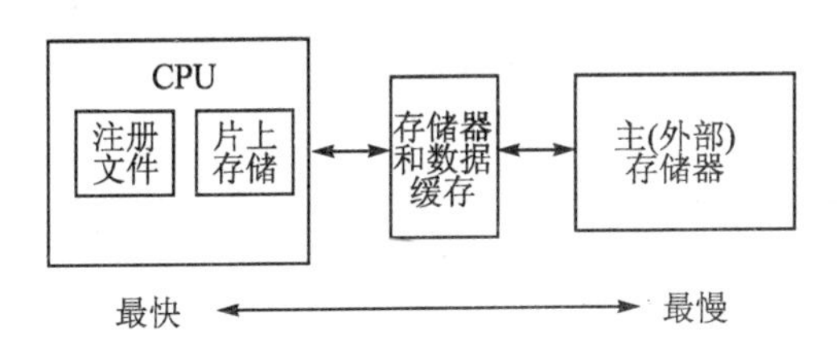

图C.1 DSP设备的存储等级

存在两类存储器:动态随机存取存储器(DRAM)通常用作主存储器,它很便宜但是相对较慢;静态随机存取存储器(SRAM)较贵,功耗大,但速度更快。

供应商们使用有限的静态随机存取存储器作为处理器和主存储器之间的高速缓存,以存储来自主存储器的正在使用的数据，并用缓存来隐藏存储器的延迟，这种延迟体现了存储器响应读写请求的快慢。这种缓存不必很大(片上没有空间)，但是必须很快。先进的芯片可以有很多的缓存，包括缓存的多种层次：

- 一级缓存(L1)位于CPU芯片上；
- 二级缓存(L2)同样位于这块芯片上；
- 三级缓存(L3)在CPU之外，比较大。

图C.2是存储器类型和访问时间的大致比较。使用缓存有效地编码可以体现更高的性能，通过块算法可最有效地使用缓存，后面将会介绍。

存储器类型	访问时间/ns
寄存器	2
片上L1	4
片上L2	5
片上L3	30
内存	220

图C.2 存储器类型和速度的相对比较

缓存方案

不同的缓存方案被用来提高处理器的总体性能。编译器和硬件技术努力保证缓存总是充满有用(而不是失效)的信息。很多技术被用来对缓存进行长时间间隔的更新：随机替换将随机扔掉正在使用的块；先入/先出模式会先替换在存储器中停留最久的信息；最近最少使用模式会先替换过去最长一段时间内未被使用过的块。如果请求出现在缓存中，那么它叫做缓存命中。命中速率越高，性能越好。请求未出现在缓存中则为未命中。

例如，如果一次存储器访问70%的时间使用L1缓存，20%的时间使用L2缓存，5%的时间使用L3缓存，5%的时间使用主存储器.那么该存储器的平均性能将是：

$$0.7\times4+0.2\times5+0.05\times30+0.05\times220=16.30\ \text{ns}$$

当程序顺序存取存储器时，缓存工作良好：

```
do i = 1,1000000
        sum = sum = sum + a(i)   !访问成功
        数据元素(单位跨步)
enddo
```

以下编码的性能不好：

```
do i = 1,1000000,10
        sum = sum = sum + a(i) !存取大数据结构
enddo
```

图 C.3 中左边的模块表示的是一个水平的存储器系统架构。CPU 和内部存储器都运行在 300 MHz,存储器存取失效只会出现在 CPU 连接外部存储器时,不会出现在访问内部存储器时。但是如果将 CPU 时钟增加到 600 MHz 会怎样?那样将会进入等待状态。因此我们需要一个 600 MHz 的存储器。可惜的是,现今的存储技术不能跟上处理器速度的增长。一个同样大小的工作在 600 MHz 的内部存储器实在是太贵了。将它的速度保持在 300 MHz 也是不可能的,因为这同样会使 CPU 的时钟减到 300 MHz。

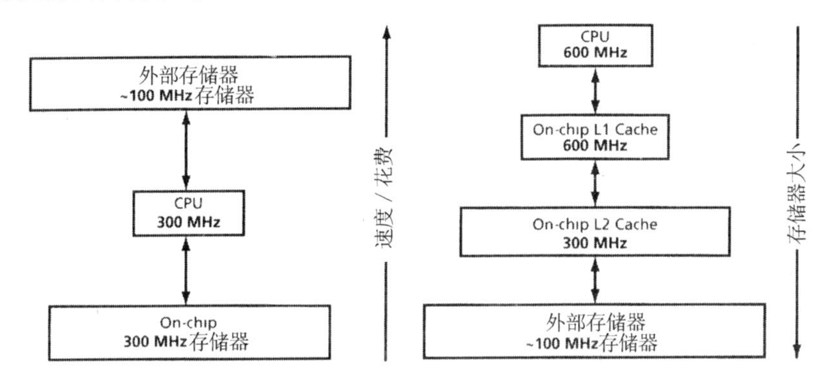

图 C.3　水平和垂直的存储器结构

解决方案是使用分级存储体系,速度快、小且昂贵的邻近 CPU 的存储器可以被无延迟地进行存取。离 CPU 较远的存储器变得越来越大,同时也越来越慢。最接近 CPU 的存储器层次通常作为更低层次的存储器的缓存。

缓存工作原理是什么?它又为什么能加快存储器的存取时间呢?

看一下 FIR 滤波器的存取模式,以 6 位的 FIR 滤波器为例。需要的计算如下:为了计算得到结果,需要从输入数据缓冲区 x[]读进 6 位数据样本(同样需要 6 级滤波系数,但是在这里可以将它忽略掉,因为比起样本数据来,它只是很小的数据)。当第一个存取发生后,缓存控制器为刚存取的地址以及接下来一定数量的地址取数据到缓存中。这个地址范围被称作缓存行,这么做是因为这些存取具有空间局部性,即如果一个存储器地址被访问后,它附近的地址将马上被访问。这种情况下,所有的存取将在很快的缓存中进行,而不是在慢的低层次的存储器中。到临近的存储器地址中进行存取被称为空间局部的存取。

让我们看看计算下一个输出会得到什么结果,图 C.4 展示了其存取模式。样本中的 5 个被再次使用,只有一个样本是新的,但是它们都被缓存保存了。同样,CPU 延迟没有出现。这阐明了时间局部性的原则:在先前步骤中使用过的相同数据再次被使用。

- 空间局部性——如果一个存储器位置被存取,它邻近的位置将马上被存取。
- 时间局部性——如果存储器位置被存取,它将马上再次被存取。

缓存是基于数据存取在时间和空间上的局部性构建的。在较慢、较低层次存储器中存取

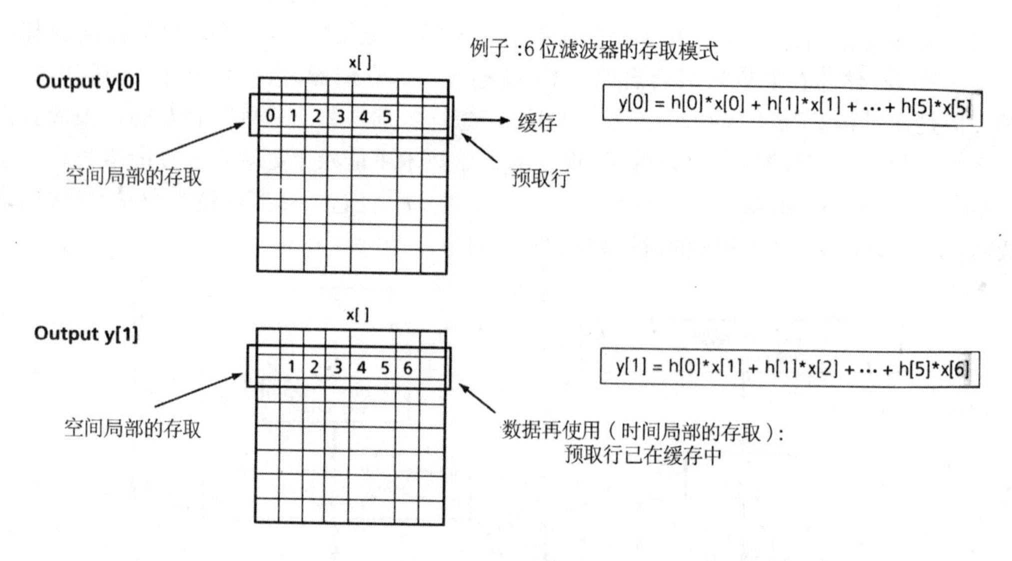

图 C.4　空间原则

是很少的，主要的存取以 CPU 速度从高级缓存中执行。例如：

N＝1024 输出数据样本，16 位滤波器：1024×16/4＝4096 周期

将 2048 字节数据写入缓存带来的延迟：大约 100 周期（每 64 字节行 2.5 个循环），2.4％。

换句话说，我们付出 100 个以上周期的代价，可以获得两倍的执行速度，最终仍能得到 1.95 倍的加速！

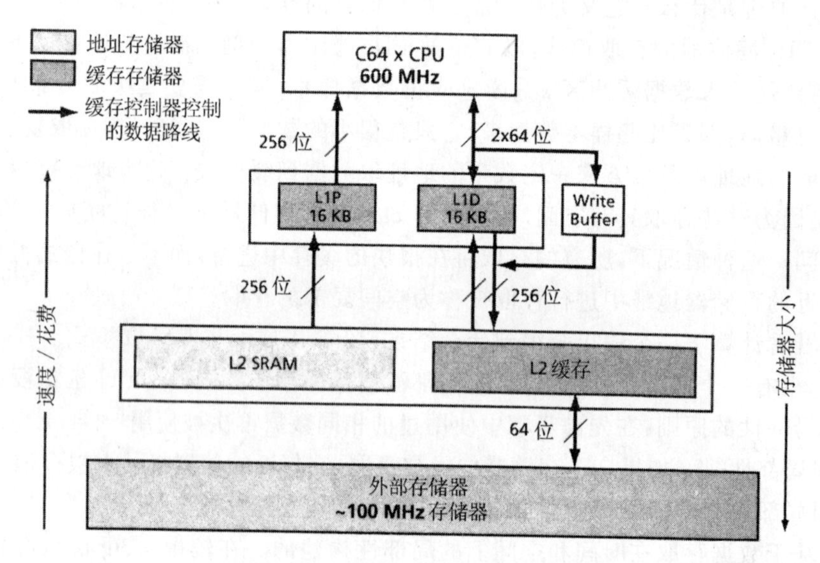

图 C.5　C64x 的缓存存储器架构

C64x 的存储器架构(见图 C.5)包括两个层次的基于缓存的内部存储器架构以及外部存储器。一级缓存分为程序缓存(L1P)和数据缓存(L1D),每部分 16 KB。CPU 可以没有延迟地访问第一级的存储器。一级的缓存不能关闭。二级的存储器可以进行配置,也可以分割成 L2 SRAM 和存储外部存储器地址的 L2 缓存。在 TI 的 C6416 型号的 DSP 上,L2 的大小为 1 MB,但是每两个周期中只有一个存取可以被执行。最后,外部存储器速度可高达 2 GB,这个速度根据使用的存储技术而定,但总地来说在 100 MHz 左右。所有的缓存和数据通路都自动由缓存控制器管理。

L1P 寻址内存映射

首先看一下直接映射缓存是怎么工作的。使用 C64x 的 L1P 作为直接映射缓存的例子。图 C.6 是可寻址内存(如 L2 SRAM),L1P 缓存存储器和 L1P 缓存控制逻辑。L1P 缓存 16K 字节,包括 512 个 32 字节的行。每一行映射到相对应的存储器地址中。例如地址 0x0 到 0x19(32 字节)将始终被存在 0 行,地址 3FE0h～3FFFh 将始终对应 511 行。由于缓存的容量耗尽,地址 4000h～4019h 再次映射到 0 行。注意这里每一行都含有一个取令包。

访问,缓存的无效状态,标签/组/偏移

现在看如果 CPU 访问地址位置 20h 会出现什么情况。假定缓存完全无效,意味着没有行包含缓存数据。一行的无效状态是通过有效位来表示的。有效位为 0 表示相应缓存行是无效的,即不包括数据。因此,当 CPU 发出请求去读地址 20h 时,缓存控制器将这个地址分成偏移、组、标签 3 个部分。组部分告诉控制器设置地址映射的目的地。对地址 20h 来说,设置部分是 1。控制器接着检查标签和有效位。由于假定无效位为 0,控制器记录一个失效,即要求的地址不包括在缓存之中。

失效,行分配

失效意味着包含被请求地址的行将在缓存中分配。控制器从存储器中取行(20h～39h)并将数据存储到组 1 中。地址的标签部分被存在标签 RAM 中,并且有效位被置 1。被取出的数据同样到达 CPU 从而完成访问过程。如果再次访问地址 20h,就知道为什么需要一个标签部分了。

再访问同一个地址

假定一段时间后再次访问地址 20h,缓存控制器再次将地址分为 3 部分。组部分决定了组值。被存储的标签部分现在将和被要求地址的标签部分进行比较。因为存储器中的多行被映射到相同的组,所以比较是必需的。如果访问了指向同样组的地址 4020h,但是标签位不同,那么访问将失效。在这种情况下,标签比较是有效的,且有效位也是 1。控制器将记录一次命中并将缓存行中的数据移到 CPU 中。访问结束。

现在需要提醒自己使用缓存的目的是什么。缓存的目的是减少存储器平均存取时间。对每一个失效,我们不得不用一个间隔去将一行数据从存储器转移到缓存。因此,为了从付出中

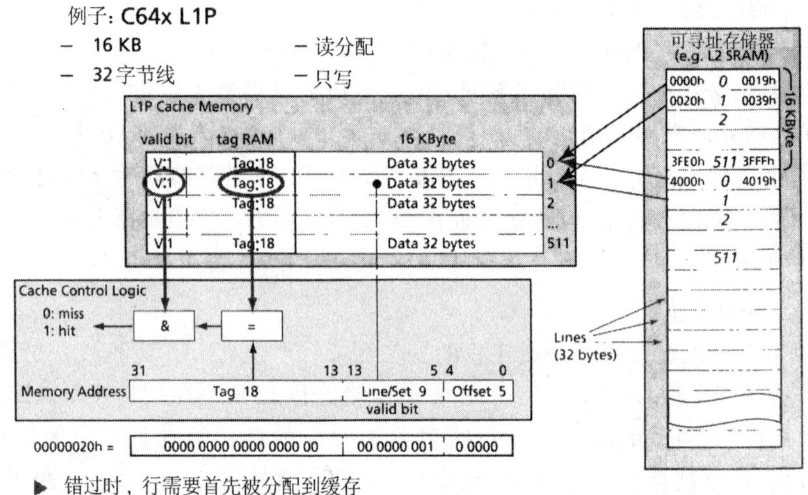

图 C.6　直接映射的缓存架构

得到最高的回报，在已被读取数据行被其他行替代之前，我们应当尽可能多地重复使用这些行。重复使用这些行，但是在这些行中访问不同的位置改进了访问的空间局部性。重复使用某行的相同位置改进了访问的时间局部性。这也就是针对缓存性能优化存储器访问的基本策略。

这里的关键是在行被置换前的再使用。通常术语“逐出”(eviction)在这种情况下使用：行被从缓存中逐出。行被逐出之后又被访问会发生什么？访问失效和行必须首先被带到缓存中。因此，尽量长时间地避免逐出是很重要的。为了避免逐出，必须知道什么导致了逐出。逐出是由冲突引起的，即被访问的存储器位置和先前被访问的地址映射到了一个相同的组。新访问的地址引起先前在那个组下存储的行被逐出并被分配到它的地方。其他对先前行的访问将导致失效。

这里涉及冲突失效，失效的出现是因为行在再使用之前遇到一个冲突而被逐出。根据冲突的发生是否由缓存容量耗尽引起，可以进一步区分冲突失效。如果容量耗尽，失效就被称为是容量失效。确认失效的原因可以帮助选择适当的方法来避免失效。如果出现冲突失效，意味着被访问的数据可以进入缓存，但是由于冲突行被逐出。

在这种情况下，也许想改变存储器的布局以使被访问的数据被存储器接收而不在缓存中发生冲突。相对地，从硬件设计的方面来看，可以创建能容纳两行或多行的组。那样，来自存储器的映射到同一组的两行可以被分配到缓存中，而不用驱逐其中一个。

如果是容量失效，我们可能希望减少一次运行的数据量。相对地，从硬件设计的角度看，可以提高缓存的容量。

第三种失效类型叫做强制失效，或者叫做首次访问失效。它们出现在数据第一次进入缓存时。和前两种失效不同，它们不可避免，因此它们是强制的。

直接映射缓存的扩展是所谓的组相关缓存，见图C.7。例如C6x系列的L1D是2通道的设置相关缓存，16K字节容量，含有64字节行。与直接映射缓存不同的是它每一个组包括两行，一行在0通道，一行在1通道，即存储器中的一行可以被分配到这两行中的任一行中。为了这个目的，缓存被分为两个通道，每个通道包括8K字节。

命中、失效的确定和在直接映射缓存中一样，两个标签（每个通道一个）的比较是必需的，来决定请求的数据被保留在哪个通道。如果通道0有一个命中，通道0中的行数据就被访问了。如果通道1有一个命中，通道1中的行数据就被访问了。

如果两个通道都失效了，数据就需要从存储器中分配。数据被分配到哪个通道决定于LRU位。LRU位存在于每一个组中。LRU可以被看做是一个开关：如果是0，那么行被分配到通道0；如果是1，那么行被分配到通道1。无论何时缓存行出现一个访问（读/写），LRU位的状态就会改变：如果通道0中的行被访问，那么LRU位变成1（引起通道1中的行被替换）；如果通道1中的行被访问，那么LRU位变成0。这样可以实现总是最近最少使用的行被替换。也就是说，LRU位变成被访问通道的另一通道是为了保护经常使用的数据不被置换。注意：LRU仅在失效时起指示作用，但只要一行被访问，它的状态时刻都在更新，而不用考虑访问是读或写、失效还是命中。

和L1P相比较，L1D是一个读分配的缓存，即只在读失效时从内存分配新数据。在写失效的情况下，数据绕过L1D缓存经写缓冲区到达存储器。在写命中的情况下，数据被送到缓存而不是马上到存储器。由于被CPU写操作修改的数据又被写回存储器，这种类型的缓存被称为写回缓存。那数据什么时候被写回？

首先，我们要知道哪一行被修改了并且需要被写回到低层次的存储器。为了实现这一点，每一个缓存行都有一个相关的重写标志位（dirty bit）。它之所以被称为重写过的是因为它告诉我们对应的行是否被修改。标志位的初始数是0，一旦CPU在这行写数，相应的重写标志位马上被置1。同样，当读失效引起新数据被分配到重写中时，它就被写回去了。假定设置0，通道0中的行是CPU写入的，LRU位将指示通道0将在下一次失效中被替换。如果CPU发出一个读访问到对应于组0的存储器位置，那么现在的重写过的数据首先被写回存储器，然后新数据被分配到其他行。写回操作可以用程序通过发送一个写回命令到缓存控制器来进行重置。

现在来看缓存的一致性。缓存一致性指的是如果存在多种设备，如DSP或者外设共用可缓存存储器区域，那么缓存和存储器可能产生不一致。假定一个系统具有以下特性：

① CPU访问一个存储器位置随后分配到缓存中；

② 外设写数据到相同的位置，而这些数据将要被CPU读取并处理；

③ 由于存储位置是在缓存中，存储器访问命中缓存，CPU将读取旧数据而不是新数据。

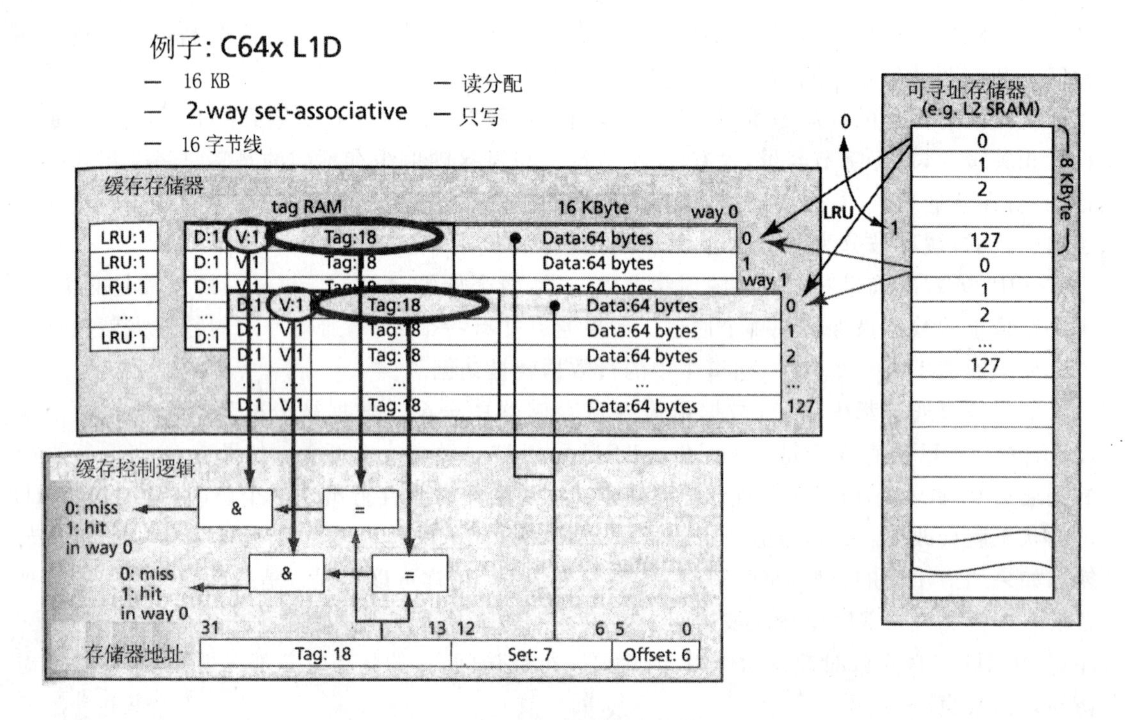

图 C.7　设置相关缓存架构

当 CPU 对一个存储器位置写数据被缓存，并且这个数据将被外设写出时，也会出现同样的问题。这时缓存和存储器就被称为“不一致”。

这个问题如何解决？通常用缓存控制器执行缓存一致性协议以保持缓存和存储器的一致性。让我们看看 C6x 存储器系统是怎样解决这个问题的。

优化缓存性能的策略是一个自上而下的处理模式，见图 C.8，从应用层次开始，一直到程序层次。如果必要，在算法层次考虑优化。应用层次的优化方法倾向于直截了当地执行，通常对整个性能的提高有较大影响。如果必要，可以使用低层次的优化方法进行微调。

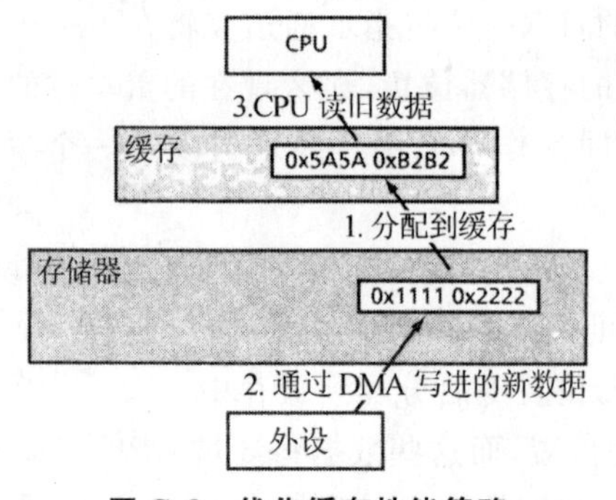

图 C.8　优化缓存性能策略

为了阐述一致性协议，假定一个外设正在写数据到位于L2 SRAM的输入缓冲区，见图C.9。然后CPU读取这个数据并处理它，再将它送回到输出缓冲区，此后这个数据被写到其他外设。数据是通过DMA控制器传输的。首先考虑一个DMA写操作，即外设将输入缓冲区装入数据，然后展示DMA读操作，即在输出缓冲区的数据被外设读出。

① 外设请求到L2 SRAM中的第1行进行一个写访问。通常数据会被调拨到存储器。

② L2缓存控制器通过检查L1D标签存储器的有效位和标签来判断要求写入的行地址是否已经被缓存在L1D中。如果没有，则不采取进一步操作，而数据被写入存储器。

③ 如果该行已经被缓存在L1D中，则L2控制器发出一个SNOOP-INVALIDATE命令到L1D。这就将相应行的有效位置为0，即使这行无效。如果这行是被写过的，它就被写回L2 SRAM，然后来自外设的新数据被写入。

④ CPU下一次访问存储器地址时，访问将跳过L1D，从外设写入的新数据的行将分配到L1D并被CPU读取。如果该行仍然有效，CPU将读取暂存在L1D的旧数据。

另外，在载入程序编码的情况下，L2控制器必须发送INVALIDATE命令到L1P。在这种情况下，没有数据需要被写回去，因为L1P中的数据是从来不用修改的。

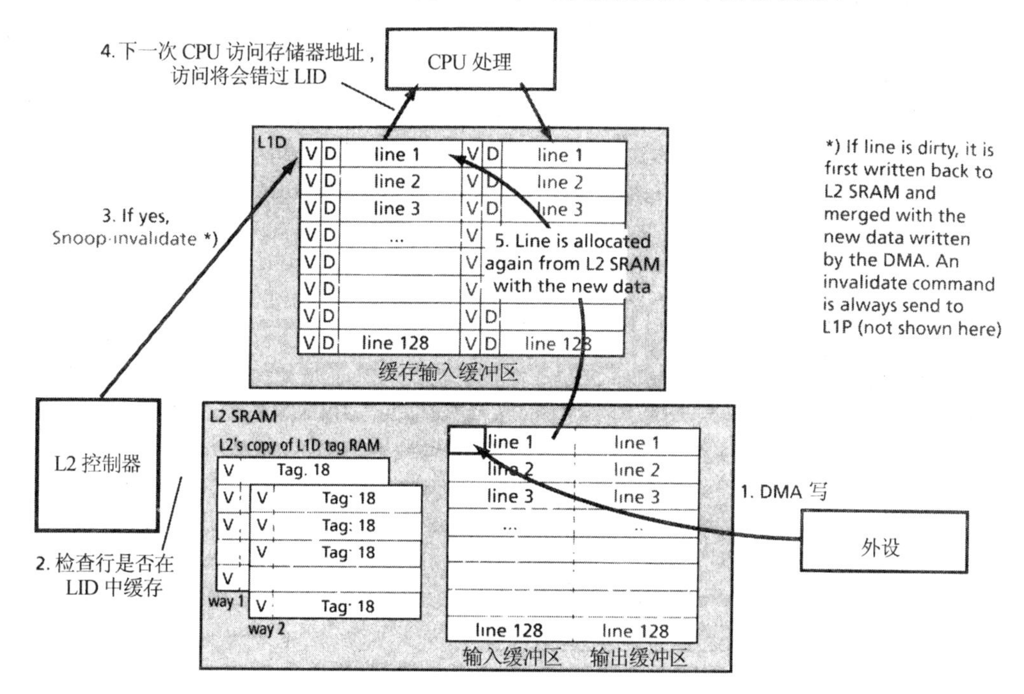

图C.9 DMA写运行。这是建议的使用方法：让数据流入L2 SRAM而不是外部存储器

在描述了DMA怎样读/写到L2 SRAM后，我们来看看在一个典型的双缓冲计划中所有事是怎样一起运行的，见图C.10。假定我们从外设读入数据并处理它，并通过其他外设将它

写出，这是一个传统的信号处理结构。处理思路是当 CPU 处理数据，访问一个缓冲区（如 InBuffA 和 OutBuffA）时，外设则使用其他缓冲区读/写数据。

假定 InBuffA 已经被外设填满。

① 转换开始去填满 InBuffB。

② CPU 正处理 InBuffA 的数据。OutBuff 的行被分配到 L1D，数据被 CPU 处理后即通过写缓冲区被写到 OutBuffA。

③ 然后缓冲区转换，CPU 读 InBuffB，并写到 OutBuffB。

④ 在此同时，外设将新数据填入 OutBuffA。L2 缓存控制器通过 Snoop-Invalidates 自动地处理 L1D 中对应行的有效性，以使 CPU 能再次将新数据分配到来自 L2 SRAM 的行中，而不是读取包含旧数据的缓存行。

⑤ 同样，其他的外设读 OutBuffA。然而，由于缓冲区不在 L1D 中缓存，Snoop 信号不是必需的。

为了得到每一个缓存失效的最高回馈，让缓冲区适合多个缓存行是一个很好的主意。

这里有一个通过 DMA 实现双缓存区计划的例子。

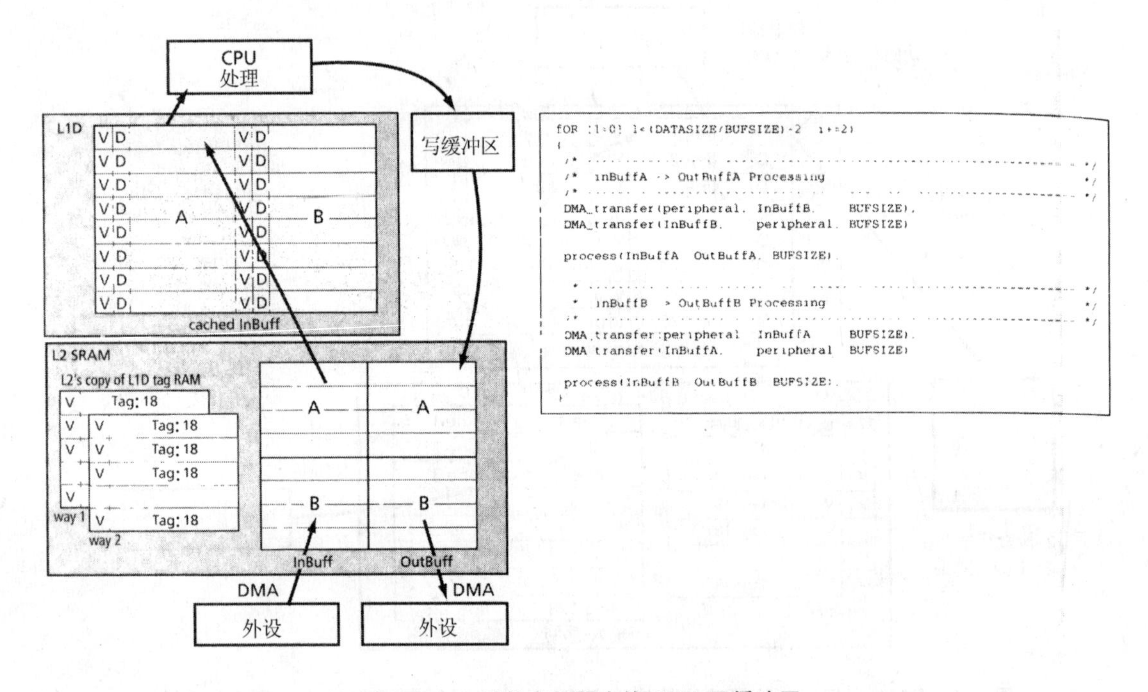

图 C.10　一致性存储器中的 DMA 双缓冲区

现在看看另一个同样的双缓冲区方案，见图 C.11，这个缓冲区位于外部存储器。由于缓存控制器不是自动地获得一致，程序设计者有责任手工获得一致性。同样，CPU 从外存读取数据并处理它，然后通过 DMA 将它写到其他外存。但是现在数据额外地通过了 L2 缓存。

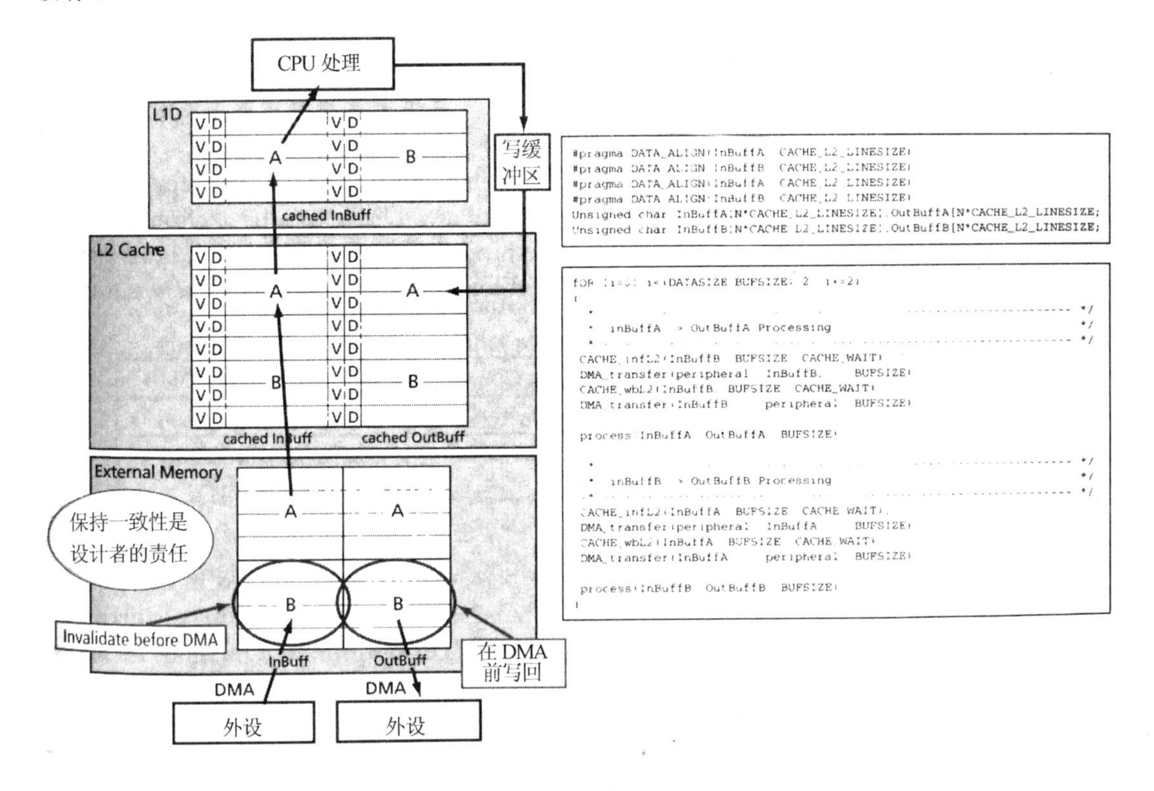

图 C.11　一致存储器中的 DMA 双缓冲区

假定转移已经出现，并且 InBuff 和 OutBuff 都在 L2 缓存中存储，InBuff 在 L1D 中存储。进一步假定 CPU 完成了 InBuffB 中的任务，填满了 OutBuffB，正准备处理 A 缓存区域。在开始处理功能前，希望初始化将新数据带进 InBuffB 的转移器。

从先前的例子中，已经看到 L2 缓存控制器对保持 L2 SRAM 和 L1D 之间的一致性所做的贡献。我们不得不做大致相同的工作来保证 L2 缓存和 L1D 以及外部存储器之间的一致性。在先前的例子中，数据无论何时被写到输入缓冲区，缓存控制器都将使相对应缓存中的行失效。同样地，在初始化转移器之前或转移完成之后，需要将 L2 缓存和 L1D 中所有对应外部存储器输入缓冲区的行置为无效。在这种方式下，当输入缓冲区下一次被读时，CPU 将会重新分配这些来自外部存储器的行，而不是访问先前的没被置为无效还仍然在缓存中的数据。怎么才能将缓存中的输入缓冲区置为无效呢？

芯片支持数据库 CSL 提供一整套例行程序允许编程人员初始化缓存运行。在这种情况下，使用 CACHE_控制(CACHE_L2，CACHE_INV，InBuffB，BUFSIZE)；需要指定外部存储器中缓冲区的起始地址及其字节的数目。

同样地，在 OutBuffB 转移到外设前，数据需要首先从 L2 缓存写回到外部存储器。这是通过发出 CACHE_控制(CACHE_L2，CACHE_WB，OutBuffB，BUFSIZE)来实现的；由于 CPU 只将数据写回缓存(OutBuffB)，所以这是必需的一步。

下一阶段将概括介绍现今为了防止意料之外的不一致问题而存在的 L2 缓存运行机理。在此之前，有必要将所有的缓冲区以 L2 缓存行大小进行排列。将缓冲区紧挨着排列在存储器中以避免逐出也是一个很好的主意。

用双缓冲区的例子是为了展示怎样以及何时使用缓存的一致性行动。那么通常说来，什么时候需要使用它呢？

只有 CPU 和 DMA 控制器共用同一个外部存储器缓存区域时需要。共用的意思是 CPU 读取 DMA 写的数据，反之亦然。只有在这种情况下，需要手动保持外部存储器的一致性。

最安全的准则是在 DMA 从外部存储器转移之前发出一个 Global Writeback-Invalidate。但是缺点是可能需要运行一些不必要的缓存行，这将会需要一个相对大的周期开销。

而一个目标更明确的途径会更加有效率。首先，我们需要在存储器块中运行。然后在以下三个方案中进行比较：前两个比较相似，我们使用它们来做为双缓冲区的例子。

① 如果 DMA 读取 CPU 写的数据，在 DMA 启动前，需要使用一个 L2 写回。

② 如果 DMA 要写 CPU 读的数据，在 DMA 启动前，需要设置无效。

③ 如果 DMA 要修改 CPU 写的数据，并且这些数据接下来会被 CPU 读回。在这种情况下，CPU 要在外设或其他设备写到缓冲区之前，首先初始化存储器(将其置 0)。我们需要将初始数据送到外部存储器，然后使缓冲区失效。这些操作可以用 Writeback-Invalidate 命令实现(在 C611/6711 中，不支持使无效操作。Writeback-Invalidate 作为代替被使用)。

什么时候使用缓存的一致性控制操作？

CPU 和 DMA 共用外部存储器的缓冲空间。最安全的途径是在 DMA 转移到外部存储器之前使用 writeback-invalidate 缓存，缺点是运行会出现较大系统开销。可以通过只运行服务于 DMA 的缓冲区来减少系统开销。3 个可能的方案的比较见图 C.12.

DMA 读取 CPU 写的数据	在 DMA 前写回
DMA 写将要被 CPU 读的数据	在 DMA 前失效
DMA 修改 CPU 写的并要读回的数据	在 DMA 前写回-失效

图 C.12　使用 DMA 减少缓存失效的方案

优化缓存性能的好策略是用自上而下的模式进行处理，从应用层次开始，一直到程序层次，如果必要，在算法层次考虑优化。应用层次的优化方法倾向于直截了当地执行，通常对整个性能的提高有较大影响。如果必要，可以使用低层次的优化方法进行微调。

应用层次优化

有很多不同的应用层次优化可以用来提高缓存的性能。

对信号处理代码来说，在DSP的控制和数据流处理被充分地了解情况下，更多的优化就成为可能了。使用DMA将数据流引入到片上存储器获得最好的性能。片上存储器很接近CPU，因此可以减少延迟缓存一致性同样可能自动获得。

对一般用途代码，技术有些不同。一般用途代码有很多直线代码和附加的分支。它通常不是并行的，且执行结果大多不可预测。在这种情况下，要尽可能多地使用L2缓存。

一些常用于减少缓存失效的技术包括最大限度的缓存行再利用。在一条缓存行中访问所有的存储器地址。相同的一条缓存行中的地址应该被尽可能多地再使用。同时避免出现行逐出直到该行被再利用。有一些方法完成上述任务：

- 阻止逐出——不要超过缓存方式的数量；
- 延迟逐出——将冲突访问移开；
- 受控逐出——使用LRU更换计划。

基于缓存的系统优化技术

在开始讨论提高缓存性能的技术之前，要知道不同的方案与缓存和软件应用有关。有三个主要的方案需要考虑：

方案1：工作组的所有数据/代码与缓存大小相符合。从定义来看，这种方案没有容量失效，但是冲突失效是存在的。在这种情况下，目标是通过连续分配消除冲突失效。

方案2：数据组比缓存大。在这个方案中，因为数据不会被再使用，所以容量失效不会出现。数据是连续分配的，但是会出现冲突失效。在这种情况下，目标是通过交叉组消除冲突失效。

方案3：数据组比缓存大。在这个方案中，因为数据被再使用，所以会出现容量失效。冲突失效同样会出现。在这种情况下，目标是分裂工作组来消除容量和冲突失效。

下面针对上述每一个方案分别举一个例子。

方案1

方案1的主要任务是将函数连续地分配到存储器中。图C.13(a)显示了两个函数分配到存储器中的重叠缓存行中。当这些函数被读到缓存中，因为存储器中两个映射的冲突，缓存将被放弃，就像两个函数分别被调用一样，见图C.13(b)、(c)。这个问题的一个解决方法是像图C.13(d)那样将这些函数连续地分配到存储器中。

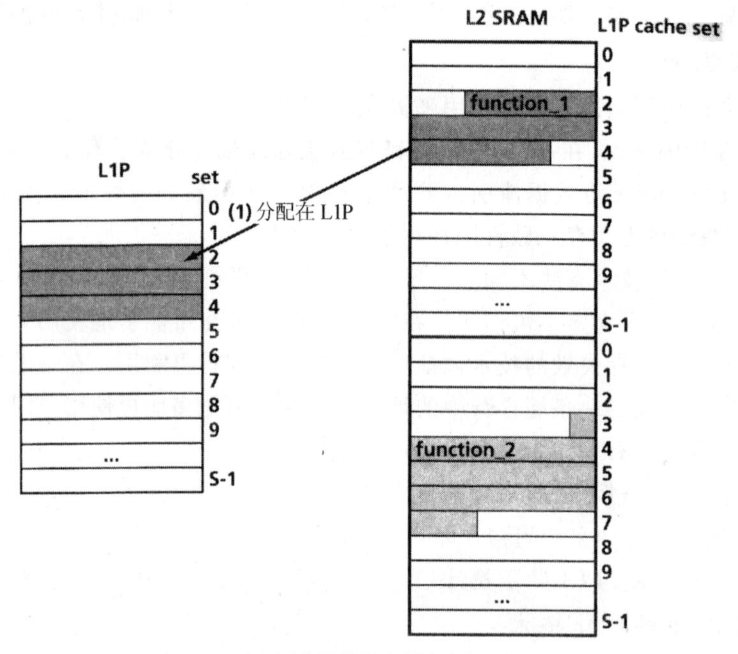

(a) 两个函数争夺缓存空间

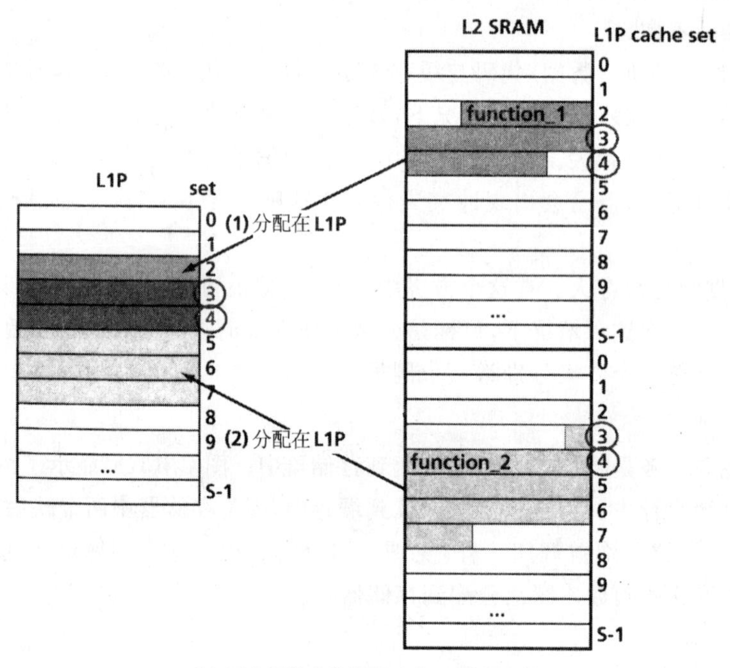

(b) 两个函数中的缓存冲突(3 行和 4 行)

图 C.13　将函数分配到存储器中

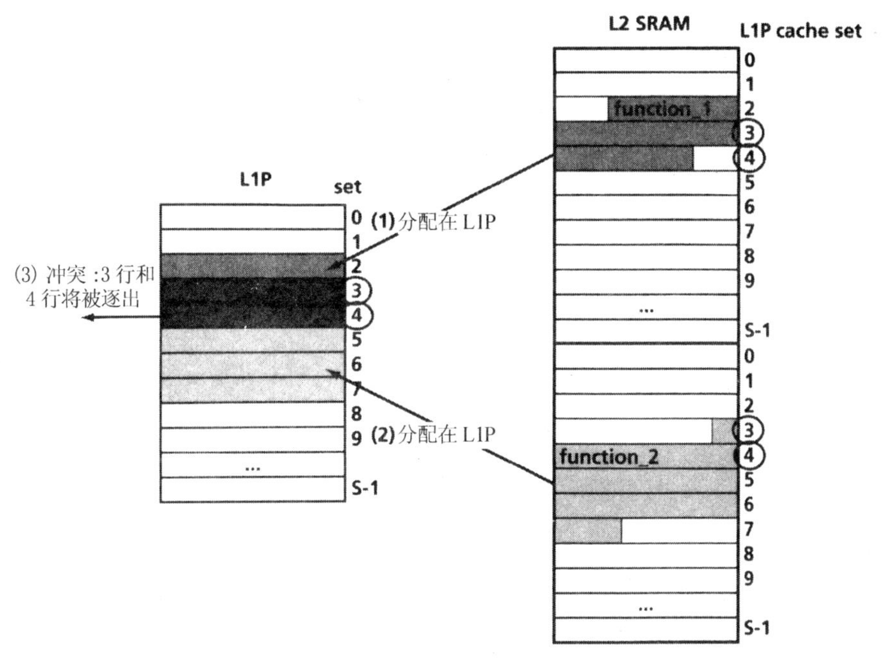

(c) 冲突引起的逐出

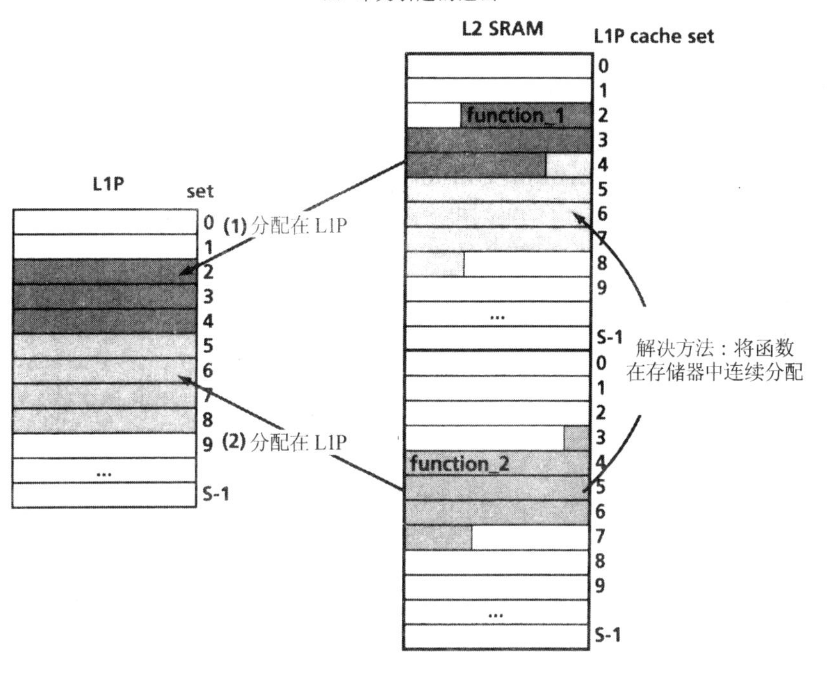

(d) 在存储器中连续分配可阻止缓存冲突

图 C.13　将函数分配到存储器中(续)

方案 2

方案 2 的数据结构比缓存大。因为数据不被再使用，容量失效不会出现。数据在存储器中是连续分配的，但是会出现冲突失效。在这种情况下，目标是通过交叉组消除冲突失效。如果一个通道出现多个不同大小的数组，那么破坏就出现了。考虑图 C.14 中映射到相同结构的数组 w[]、x[]和 h[]。这将引起失效并降低性能。通过简单地加上标记字，数组 h 的偏移量将和其他数组不同，并且映射到缓存中的不同位置。这就可以提高整个系统的性能。

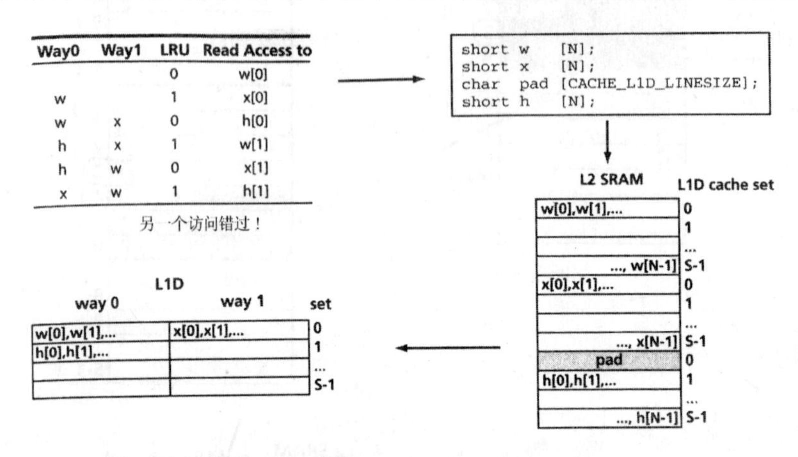

图 C.14　通过标记数组避免缓存破坏

图 C.14(a)展示了一系列变量按某种次序被申明而导致低效映射到双通道组关联缓存架构中的例子。这些声明的一个简单重排将促使更有效率的映射到双通道组关联缓存，并除去潜在的可能破坏，见图 C.14(b)。

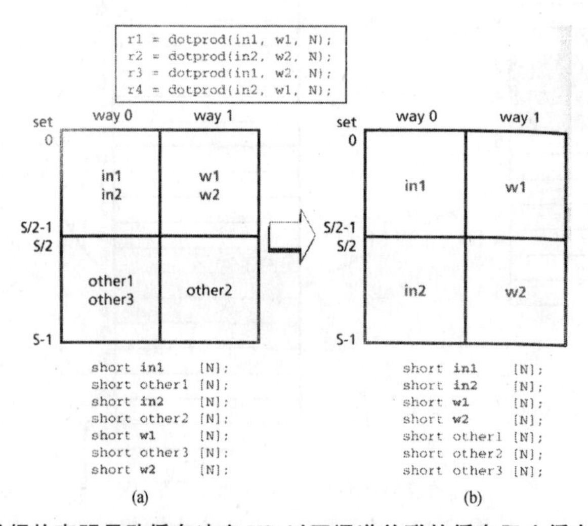

图 C.15　数据的声明导致缓存冲突 VS. 以双通道关联的缓存阻止缓存冲突的方式

方案 3

方案 3 的数据结构比缓存大。在这个方案中，因为数据被再使用，所以会出现容量失效。冲突失效同样会出现，目标是分裂工作组来消除容量和冲突失效。考虑图 C.16 中数组超过缓存容量的例子。可以通过封锁技术解决这个问题。缓存封锁是使结构应用数据块最好地适应缓存块的技术。这是控制数据缓存地址的一种方法，最终提高了性能。下面将展示这段算法。

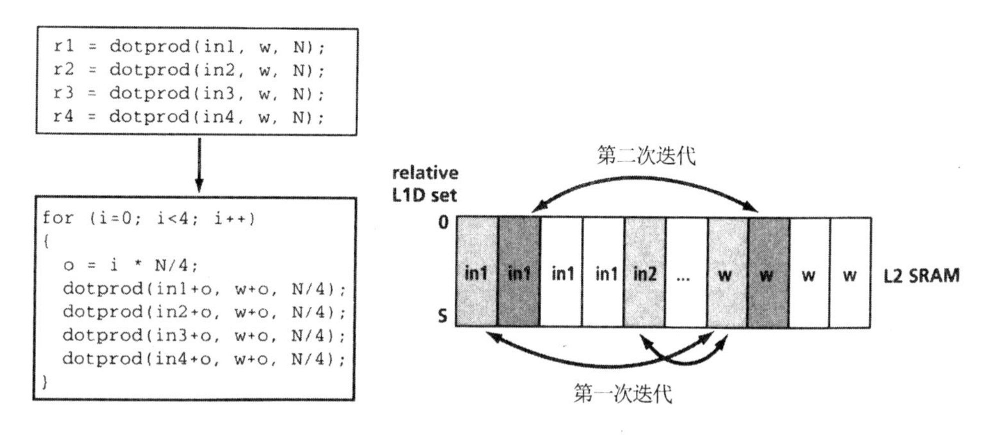

图 C.16　数组超过缓存能力的例子

处理链

在考虑不同的情况前，先考虑一下处理链的概念。

通常一个算法的输出组成了下一个算法的输入，见图 C.17。in_buf 被 func1 读取，然后将它的结果写到作为 func2 的输入的临时缓冲区。然后 Func2 将它的输出结果写到一个输出缓冲区。如果可以将临时缓冲区分配到 L1D 中，那么 func2 将不会有任何的读失效。数据被写到 L1D，然后从 L1D 中读取，避免数据从 L2 存储器中读取。

因此，在这个处理链中，只有第一个函数会出现读失效。所有后面的函数都可以正常运行。

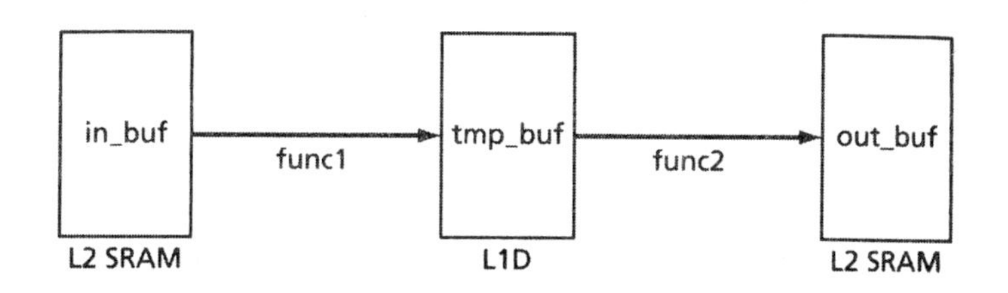

图 C.17　处理链

另外一个例子见图 C.18。在这个处理链中只有第一个函数存在读失效。所有后面的函数可以直接在缓冲区运行：在这种情况下，将没有缓存开销。最后一个函数通过写缓存区写数据。

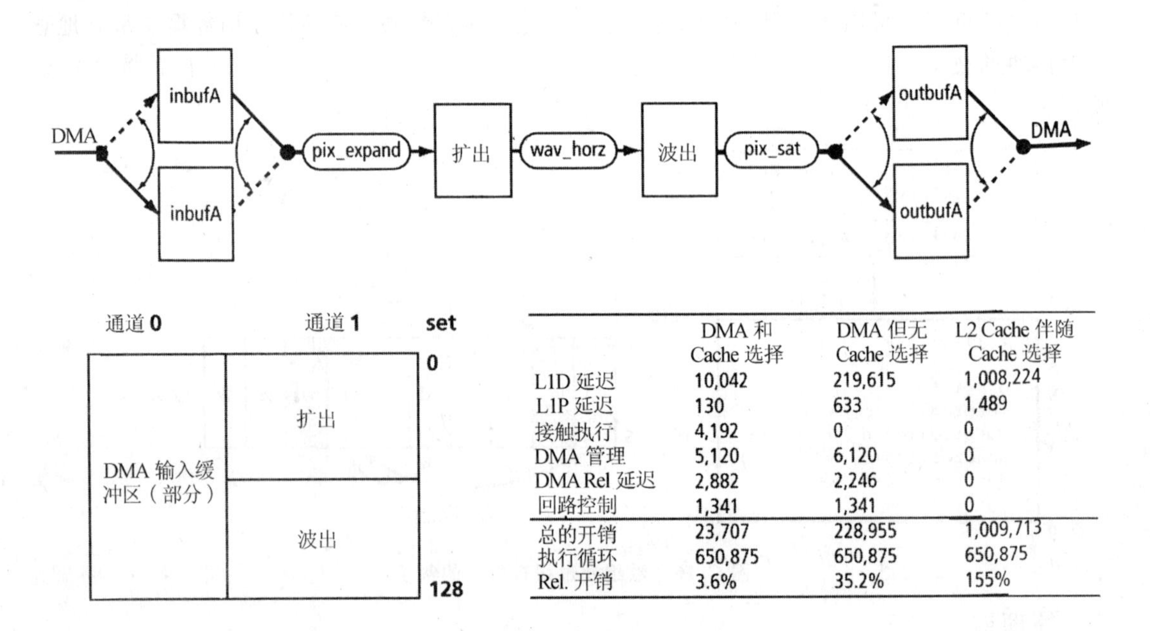

	DMA 和 Cache 选择	DMA 但无 Cache 选择	L2 Cache 伴随 Cache 选择
L1D 延迟	10,042	219,615	1,008,224
L1P 延迟	130	633	1,489
接触执行	4,192	0	0
DMA 管理	5,120	6,120	0
DMA Rel 延迟	2,882	2,246	0
回路控制	1,341	1,341	0
总的开销	23,707	228,955	1,009,713
执行循环	650,875	650,875	650,875
Rel. 开销	3.6%	35.2%	155%

图 C.18　C64x 例子：DMA 处理链

当基准化算法和应用时，我们不得不牢记处理链的影响。在这个例子中，第一个函数是接在网络产品后的一个 FIR 滤波器。图 C.19 展示了这些算法的周期计数。其中的执行周期指的是 CPU 的执行周期，下面的 L1D 延迟主要是 L1D 失效引起的，L1P 失效也引起 L1P 延迟。这些周期计数被分为第一和第二迭代。

可以看到，FIR 滤波器的第一、第二 L1D 延迟基本上差不多，这是因为从 L2 SARM 读新数据，即强制性失效。从另一个方面说，一旦临时缓冲区被分配到 L1D，在第一个点刺激后将不会有迭代失效。可以看到，在第一个迭代中有 719 个延迟(同样是强制性失效)，在第二个迭代中只有 6 个。理想的是 0 个，但是可能因为栈访问等造成一些失效。719 个延迟意味着 148%的系统开销，这似乎很大，但是它只是对第一次迭代起作用。如果仅仅运行处理回路 4 次，只包括 1.9%的系统开销。

如果 FIR 和 DOTPROD 反转会出现什么结果，见图 C.19，系统开销将更高，但不是很多，大概 2.5%。关键是拥有与内存访问量相比能进行大量处理的算法，或者有高的数据重用量。

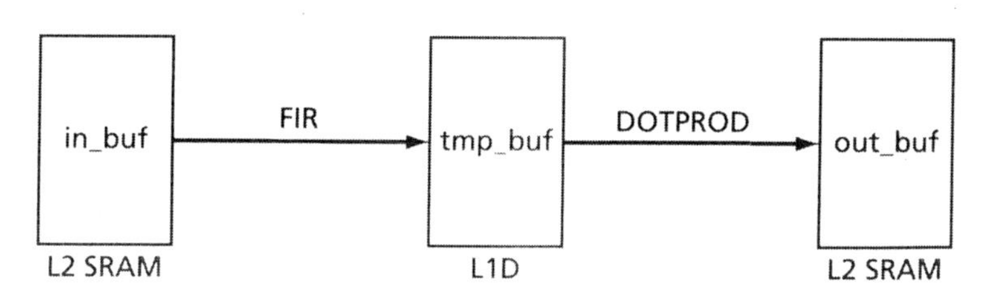

C64x	1st 迭代		2nd 迭代		总数 (4 个迭代)
	fir	dotprod	fir	dotprod	
执行循环 L1D 延迟 L1P 延迟	31,766 396 58	520 719 53	31,766 396 0	520 6 0	520 6 0
总数	32,220	1,292	32,160	526	526
缓冲开销	1.5%	148%	1.2%	1.1%	1.1%

图 C.19 处理链

缓存开销基准解释

下面说明怎样正确地使用和配置缓存。鉴于 L1 缓存不能关闭,L2 缓存可以被配置为不同的大小。图 C.20 左边显示哪些配置是可能的。L2 缓存能被关闭,设置为 32 KB、64 KB、128 KB或 256 KB。复位后 L2 缓存被关闭,剩下的是总从地址 0x0 开始的 L2 SRAM。假设

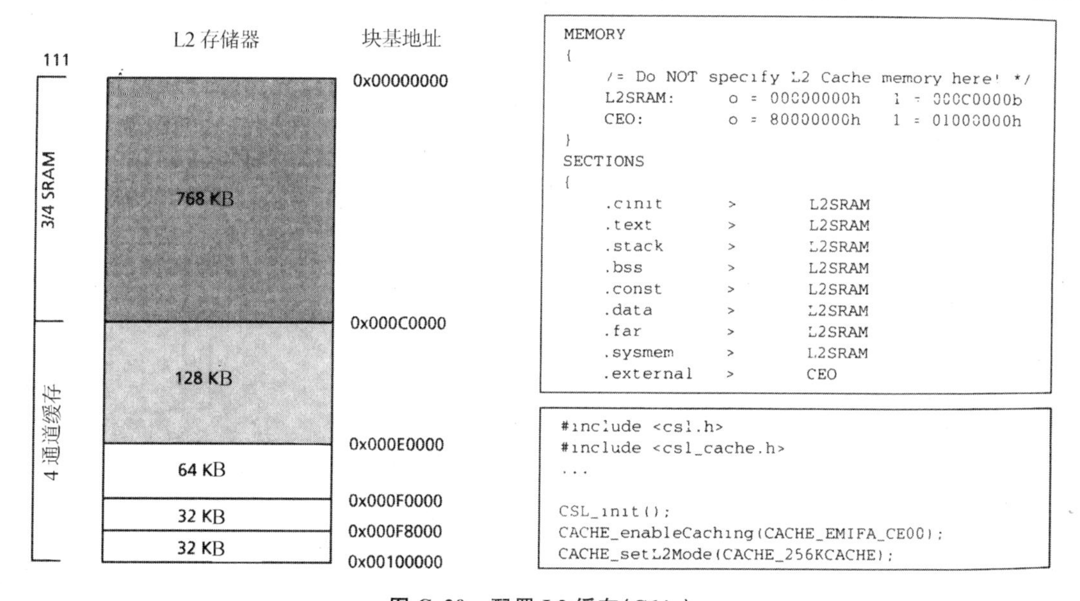

图 C.20 配置 L2 缓存(C64x)

想使用 L2 的 256 KB 作为缓存。首先需要确定没有数据或编码链接到 L2 SRAM 要被用来充当缓存的区域。图 C.20 是一个正确的连接器命令文件例子。L2 SRAM 从 0 开始运行，16 进制 C0000 字节大小，共 768 KB，然后缓存从 C0000 开始，16 进制 40000 字节大小，用十进制是 256 KB。最后的存储器是外部存储器。我们通过在存储器指令下不对其定义来确保没有东西连接到它之中。在程序中，需要按此顺序调用 CSL 命令来使外部存储器的位置进入 L2。第一个命令初始化 CSL，然后使外部存储器回应到外部存储器中第一个 16 MB 的空间 CE00 缓存。最终将 L2 缓存置为 256 KB。

缓存优化的软件转变

有很多不同的编译器优化能够提高缓存性能。使用优化编译器可以同时优化指令和数据。指令优化的一个例子是重排程序以减少可能发生的缓存冲突。首先分析应用，然后在链接控制文件中进行改变以对程序重新排序。

编译器同样可能运行许多种数据优化，包括：合并数组、循环交换、缓存分块、循环分配。

考虑合并数组的一个例子，定义数组如下：

```
Int array1[array_size];
Int array2[array_size];
```

结构调整后的数组，将通过提高空间局部性提高缓存性能。

```
Struct merged_arrays
{
  Int array1;
  Int array2;
}new_array[array_size]
```

考虑循环交换的例子，有一个如下的代码段：

```
for(i = 0;i<100;i = i + 1)
        for(j = o;j<200;j = j + 1)
                for(k = 0;k<10000;k = k + 1)
                        z[k][j] = 10 * z[k][j];
```

通过将第二和第三个嵌套循环进行交换，我们将以一个更有顺序的访问代替 100 步幅的访问，这将提高空间紧密度。

```
for(i = 0;i<100;i = i + 1)
        for(k = 0;k<10000;k = k + 1)
                for(j = o;j<200;j = j + 1)
                        z[k][j] = 10 * z[k][j];
```

正如前面提到过的，缓存分块是优化结构应用数据块使它适合缓存存储器块的一项技术。这种办法控制数据的缓存空间，反过来提高了缓存性能。这可以在应用或某些情况下用编译器完成。这项技术将数据的大数组分成许多可以被处理的很小的块。许多视频和图片的处理算法有它们固有的结构，因此可以在这种方式下运行。这种技术能提高系统性能的程度取决于缓存的大小，数据块的大小和其他因素，例如包括在缓存数据再被置换前可以被访问多少次。举个例子，有以下一段代码：

```
for i = 1,100
for j = 1,100
  for k = 1,100
  A[i,j,k] = A[i,j,k] + B[i,k,j]
  end
end
end
```

通过下面那样改变以上代码成一个块结构，可以在数据块在缓存中移到下一个块中前最大限度地使用它。在这个例子中，缓存块大小是20。目标是将数据块读到缓存中，并在它在缓存中移到下一个块之前，完成最大数量的数据处理。在这种情况下，有数组A的20个元素和数组B的20个元素同时在缓存中。

```
for x = 1,100,20
for y = 1,100,20
  for  k = x,x + 19
    for  j = y,y + 19
      for i = 1,100
      A[i,j,k] = A[i,j,k] + B[i,k,j]
      end
    end
  end
end
end
```

循环分配是尝试将大的循环分成小循环的一种优化技术。这些小一点的循环不仅增加了被编译器流水化和矢量化的机会，同时增加了循环完全适应缓存的机会。在循环执行和提高性能时，这可以防止缓存破坏。下面的代码段展示一个包含很多函数的循环。通过切断这个循环：

```
* * *循环分配前的代码段
for(i = 0;i< limit; i ++ ){
a[i] = func1(i);
```

```
b[i] = func2(i);
:
:
z[i] = func10(i);
}
***循环分配后的代码段
for(i = 0;i< limit; i ++ ){
a[i] = func1(i);
b[i] = func2(i);
:
:
    m[i] = func5(i);
}
for(i = 0;i< limit; i ++ ){
n[i] = func6(i);
o[i] = func7(i);
:
:
z[i] =  func10(i);
}
```

应用层次的缓存优化

开发者需要知道同样有一些应用层次的优化可以提升整体的性能。优化会根据应用是否是信号处理软件或控制编码软件而不同。如果是信号处理软件,DSP处理的控制和数据流很容易被理解。因此,可以进行更详细的优化。一个提高性能的特别方法是使用DMA追踪到片上存储器的数据以获得最好的性能。片上存储器紧挨CPU,因此延迟很少。使用这些片上存储器可以自动获得缓存一致。

通用的DSP软件是用直线编码和其他的分支表征的。它通常不是并行的,且执行结果大多不可预测。可行的话,这时对开发者应配置PSP来使用L2缓存。

技术概览

总之,DSP开发者为了DSP的嵌入式应用应该考虑以下这些缓存优化。

① 减少缓存失效。

- 最大程度再使用缓存行。
  - 在一条缓存行中访问所有的存储器地址;
  - 相同的一条缓存行中的地址应该被尽可能多地再使用。
- 尽可能长地避免行逐出直到它被再使用。

- 阻止逐出：不要超过缓存方式的数量；
- 延迟逐出：将冲突访问移开；
- 受控逐出：使用 LRU 更换计划。

② 减少每一个失效的延迟周期数量：失效流水线。

图 C.21 是一个缓存时间上的命中和失效的可视映射。直观看到的命中或失效构成模式都可以提醒观察者缓存的运行问题。记录下这些数据和程序，同时使用已介绍的技术可以帮助我们去除部分失效模式。

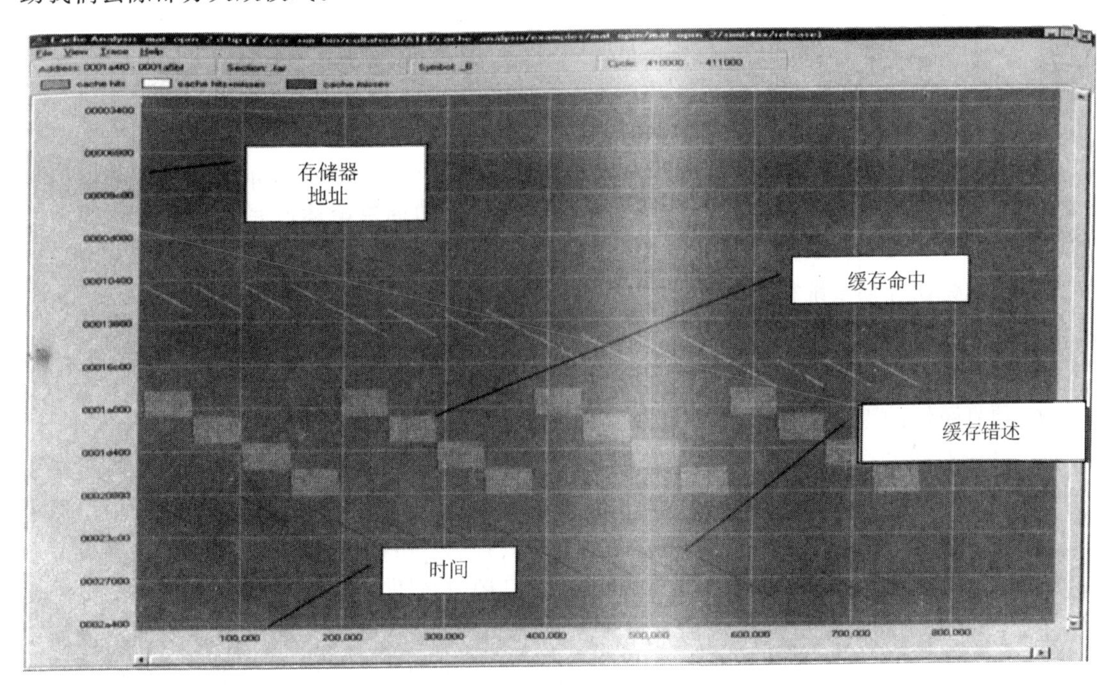

图 C.21　缓存分析决定存储器中代码的位置怎样影响代码的执行

感谢 Oliver Sohm 对这篇附录做的重大贡献！

附录 D

嵌入式 DSP 系统的行为详述

怎样制定合适的需求?

制定合适、正确、完整且可验证的“需求”是软件工程的基本原则。功能和成本上的成功与否都受到“需求”质量的影响。什么是需求？从高级服务的抽象论述或系统的约束到详细的数学函数描述，需要“需求”有以下几个原因：

- 具体说明外部系统行为；
- 具体说明执行约束；
- 作为维护的参考工具；
- 预测系统的生命周期；
- 描述意外事物的特征。

系统设计者必须理解“需求”，并且能够将它们组织起来。这需要技术支持和对用户需求的了解。在设计开始之前，每一个“需求”必须就重要性、优先级安排解决策略。因为开发商和消费者都必须能读懂用通俗语言描述的“需求”。但是通俗语言描述的“需求”不利于技术交流。问题至少有两个，许多词或短语有许多不同的意思，其意思因人们使用环境的不同而不同。一个词对于某个人来说是一个意思，对于另一个人可能想表达完全不同的观点。例如，“桥”对于建筑工程师、脑科医生、电子工程师等就表示完全不同的事物。

其他的学科需要更精确的语言作为交流规范。建筑蓝图或示意性的电路板就是包含了所需的所有整体而不含细节的正式规范。软件“需求”应该遵循同样的道理。软件“需求”规范不应该包含执行细节。这些规范应该详细包含这个软件会做什么，而不是怎么做。一套好的“需求”有以下特征。

- 正确：必须满足“需求”。
- 明确：每个“需求”只有一种解释。
- 完整：包含所有的“需求”。
- 一致：各个“需求”之间没有冲突。
- 依重要性排次。
- 能被证实：可以进行测验。

- 易追踪：易于查阅“需求”。
- 可更改：易于添加新的“需求”。

试图用受线性二维结构局限的文件去详细说明大型的多维性能的复杂嵌入式系统几乎是不可能的。从另一方面来说，程序设计语言的使用过于详细。它只能说明怎么去实现，不能说明需要什么。

发展一套严格的“需求”来说明一个系统是件很困难的事。在很多情况下，利益参与者并不知道他们真的需要什么，不同的利益参与者会根据他们的实际情况提出不同的“需求”，并且这些“需求”还会相互冲突，而我们不得不想办法解决。行政组织上的因素同样会影响系统的设计要求。随着分析过程的进行，新的利益参与者的加入，设计要求又会随之变化。

优秀的设计通常是经过多次严密的思考和反复的试验得到的。多种设计的互相影响乃至于互相融合是很正常的，而不是一种设计排斥另一种设计。通常来说，设计应该倾向于变得越来越简单。

因为系统可能的应用总数很大，试图去详尽描述整个复杂系统的所有响应是很困难的。那正好让我们思考用什么途径去保证设计的完全性和一致性。正如James Kowal说的：

“如果系统设计者和顾客不能详细说明与系统的各种交互中可能发生什么，即系统的行为，那么其他人也不能。这里的其他人最可能是在写IF语句的ELSE选项的程序员。程序员对预期系统行为的猜测与顾客的期望相符的可能性很低。”

困难的部分会主导系统所有可能的相互作用。使用案例可以探索研究这些“需求”，并且帮助决定交互的特定形式预测激励因素和系统的关系。但是使用案例并不总适合于描述完整的一致的行为。一旦案例被用于问题检测或者前端领域分析，就可以运用其他的技术完整地详述解决策略。我想阐述一个好用的方法，它在我们的嵌入式系统上运行得很好，叫做顺序列举法。

顺序列举法

顺序列举法是详细说明嵌入式系统激励和响应的一种方法。这个方法考虑了所有输入激励的排列。它列出了已发生的及现有的激励情况下特定的响应。要求开发者考虑所有可能的情况，并将它对应的响应列举出来。顺序列举法最大的难处在于这项技术需要设计者考虑到那些模糊的最容易被忽视的排列项。

图D.1 手 机

下面举个例子，考虑一个手机，见图D.1。这个系统一整套用通俗语言描述的要求列于表D.1。

表 D.1　通俗语言描述的手机系统要求

序　号	要　求
1	当开关按键被激活时，屏幕灯亮，显示初始画面
2	在手机开机的情况下，按下开关键，手机将关闭，并显示“再见”信息
3	每一个数字键被按下，屏幕将显示相应的数字
4	如果一个正确的号码被输入后，按下拨号键，屏幕显示“连接中”
5	如果屏幕上少于 4 字，“接通”键将不起作用
6	如果手机处于激活状态，当按下“STOP”键，屏幕显示“结束通话”然后通话结束
7	如果手机屏幕上有号码且不处于通话状态，“STOP”将清除屏幕内容
8	如果屏幕上没有号码，“STOP”键将不起作用
9	需要一个 4 字编码，表示手机的号码

假　设

- 所有 4 位数字组合都表示一个特定的号码。
- 手机只有在加电源的情况下才能工作。这是系统运行的前提条件，不是需求。加上电源后，系统所有的激励响应才能运行。它不应被考虑为系统的激励，系统的激励必须影响运行系统以产生特定响应。

首先，使用案例可以经过开发以描述系统的某种类型的相互作用。使用案例是从一个用户端的角度讲述的关于系统使用的过程。这个过程包括：

- 先决条件——在使用案例开始前，需要具备什么条件，完成哪些工作。
- 叙述——过程本身。
- 例外——过程正常流程中的例外。
- 图解——帮助理解使用实例的插图。
- 后置条件——系统的状态。

开发使用案例的动机：

- 让消费者理解系统的工作方式。
- 作为分析、改进系统的工具。
- 使系统功能性的塑造尽可能地快。

使用案例必须详细说明最重要的功能性的需求，描述使用该系统最常用的方式。通常来说，使用案例不应该尝试去展示完成一个任务所有可能的方法。特定的重要的例外可以在“次重要”使用案例中进行描述。一个简单的使用案例如下。

- 先决条件：手机已经打开，处于待机状态。
- 叙述：用户决定用手机打一个电话。装好了电池，按下了开关，号码输入完毕，接通按键被按下正在连接对方，这时开启按钮再次被意外地按下。但是系统忽略了这个操作（假设是在电话连接期间只有“stop”或“off”能中断电话的连接）。

- 例外：无。
- 后置条件：手机显示待机画面。

其他的使用案例可以根据该系统不同的商业应用进行规划。一旦想实现某些特定功能，就可以做一个系统。首先以顺序列举法绘制一个由激励到响应的所有可能组合的图表，强烈建议先用“黑箱”代替该系统。以上介绍的系统，见图 D.2。表 D.2 总结了这个系统的激励和响应。

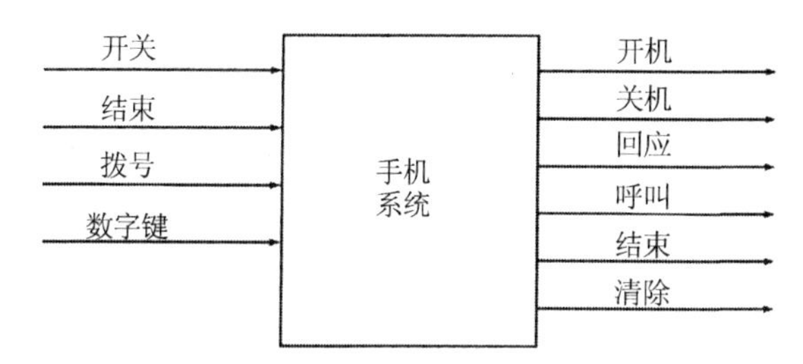

图 D.2　手机黑箱

表 D.2　手机的激励和响应

激　励	描　述	要求轨迹数
手机激励：		
开机	屏幕灯亮，显示初始画面	1
关机	“再见”	2
数字键	相应数字显示在屏幕上	3
拨号	显示“连接中”信息	4
结束	结束通话或其他输入	5
充电	正在充电中	6
响　应	**描　述**	**要求轨迹数**
手机响应：		
屏幕灯亮	点亮屏幕	1
屏幕灯灭	黑屏	2
初始画面	显示初始画面	1
“连接中”	屏幕显示“连接中”	4
“结束通话”	屏幕显示“结束通话”	5
“再见”	屏幕显示“再见”	2
数字回应	显示所输入数字	3
手机充电	正在充电中	6

顺序列举法可以在一个简单的 excel 电子表格里进行。从单独的一个激励开始列举，逐一写下对应的适当响应，直到完成所有的激励。表 D.3 是该系统的列举，正如表上所列，每一个激励都分别得到赋值。从“长度 1”的第一个激励开始，该条显示“B”激励必须在手机系统运行之前出现。如果其他的激励在这个时候出现，其响应被认为是不合法的顺序(例如在手机没开机的情况下，它是不能使用的)。在其他项目进行之前要保证“B”已经完毕。因此“B”激励被用于下一个阶段：阶段 2。

激　励

N　开机；

F　关机；

D　输入数字；

G　连接；

S　结束；

B　充电。

表 D.3　手机的顺序列举

顺　序	响　应	等同序列	要求轨迹数
长度 0			
Empty	Null		手机没电
N	不合法		开机之前应该先装好电池
F	不合法		手机本来就是关着的
D	不合法		手机关机时，任何数字键无效
G	不合法		手机关机时，任何数字键无效
S	不合法		手机关机时，任何数字键无效
B(到下一级)	充电		第一步应该是：给手机装上电池
长度 2			
BN(到下一级)	屏幕灯亮/初始屏幕		1
BF	null	B	手机本来就处于关机状态
BD	null	B	手机关机时任何数字键无效
BG	null	B	手机关机时任何数字键无效
BS	null	B	手机关机时任何数字键无效
BB	null	B	手机已经装好电池
长度 3			
BNN	null	BN	手机已打开
BNF	再见/屏幕灯灭		1,2

续表 D.3

顺　序	响　应	等同序列	要求轨迹数
BND	数字回应		需要 4 位号码
BNG	null	BN	在连接前必须输入 9 位号码
BNS	null	BN	在这种情况下结束无效
BNB	null	BN	手机已装好电池
长度 4			
BNFN	屏幕被点亮初始画面	BN	1
BNFF	null 激励被忽略	BF	手机处于关机状态时任何键无效
BNFD	null 激励被忽略	BF	手机处于关机状态时任何键无效
BNFG	null 激励被忽略	BF	手机处于关机状态时任何键无效
BNFS	null 激励被忽略	BF	手机处于关机状态时任何键无效
BNFB	null 激励被忽略	BF	手机处于关机状态时任何键无效
长度 5			
BNDN	null	BN	假设：如果在 4 位号码输入完成前按下“开”“拨号”或“停止”键系统将重置
BNDF	屏幕灯灭/再见	BNF	
BNDD	数字回应		需要 4 位数
BNDG	null	BN	假设：如果在 4 位号码输入完成前按下“开”“拨号”或“停止”键系统将重置
BNDS	null	BN	假设：如果在 4 位号码输入完成前按下“开”“拨号”或“停止”键系统将重置
BNDB	null	BND	假设：充更多的电不会重置系统，激励被忽略
长度 6			
BNDDN	null	BN	如果在 4 位号码输入完成前，“开”“连接”或“停止”被按下，手机将重置
BNDDF	屏幕灯灭/再见	BNF	2
BNDDD	数字回应		需要 4 位数
BNDDG	null	BN	如果在 4 位号码输入完成前，“开”“连接”或“停止”被按下，手机将重置
BNDDS	null	BN	如果在 4 位号码输入完成前，“开”“连接”或“停止”被按下，手机将重置
BNDDB	null. 激励被忽略	BNDD	如果在 4 位号码输入完成前，“开”“连接”或“停止”被按下，手机将重置
长度 7			
BNDDDN	null	BN	如果在 4 位号码输入完成前，“开”“连接”或“停止”被按下，手机将重置
BNDDDF	屏幕灯灭/再见	BNF	

续表 D.3

顺　序	响　应	等同序列	要求轨迹数
BNDDDD			需要 4 位数
BNDDDG	null	BN	如果在 4 位号码输入完成前,“开”“连接”或“停止”被按下,手机将重置
BNDDDS	null	BN	如果在 4 位号码输入完成前,“开”“连接”或“停止”被按下,手机将重置
BNDDDB	null	BNDD	假设:充更多的电不会重置系统,激励被忽略
长度 8			
BNDDDN	null	BN	如果在 4 位号码输入完成前,“开”“连接”或“停止”被按下,手机将重置
BNDDDDF	屏幕灯灭/再见	BNF	如果在 4 位号码输入完成前,“开”“连接”或“停止”被按下,手机将重置
BNDDDDD	null	BN	如果在 4 位号码输入完成前,“开”“连接”或“停止”被按下,手机将重置
BNDDDDG	呼叫中		超过 4 个数字被输入系统重置
BNDDDDS	null	BN	如果在 4 位号码输入完成前,“开”“连接”或“停止”被按下,手机将重置
BNDDDDB	null	BNDDDD	假设:充更多的电不会重置系统,激励被忽略
长度 9			
BNDDDDGN	null,激励被忽略	BNDDDDG	在通话期间只有“停止”“关机”键能结束通话
BNDDDDGF	屏幕灯灭/再见	BNF	2
BNDDDDGD	null,激励被忽略	BNDDDDG	在通话期间只有“停止”“关机”键能结束通话
BNDDDDGG	null,激励被忽略	BNDDDDG	在通话期间只有“停止”“关机”键能结束通话
BNDDDDGS	取消通话		
BNDDDDGB	null,激励被忽略	BNDDDDG	在通话期间只有“停止”“关机”键能结束通话
长度 10			
BNDDDDGSN	null,激励被忽略	BN	手机已开机
BNDDDDGSF	屏幕灯灭/再见	BNF	2
BNDDDDGSD	数字回应	BND	3

续表 D.3

顺　序	响　应	等同序列	要求轨迹数
BNDDDDGSG	null,激励被忽略	BN	如果在 4 位号码输入完成前,"开""连接"或"停止"被按下,手机将重置
BNDDDDGSS	null,激励被忽略	BN	如果在 4 位号码输入完成前,"开""连接"或"停止"被按下,手机将重置
BNDDDDGSB	null,激励被忽略	BN	假设:充更多的电不会重置系统,激励被忽略

阶段 2 列举的激励不像前一阶段存在不合法的顺序,因此如表 D.3"长度 2"区域所说明的,第一个激励都是"B",第二个激励是系统所有可能的激励。例如,阶段 2 顺序列举"B N"表示如果在手机系统充电之后紧接着输入"开"激励,系统就会做出"打开屏幕灯,显示开机画面"的响应。顺序"B D"代表充电完成后按下一个数字键,系统将没有任何反应。换句话说,激励"B N"对于系统的作用等同于"B"——当没开机时,"D"激励被系统忽略了。

由于激励"BN"是在第 2 阶段唯一存在响应、不被系统忽略的激励。所以它还可以继续衍生到长度 3。

相同地,顺序"B N"再次和可能的激励组合得到"长度 3"中的结果。在这种情况下,能看到"B N N"等同于稍短的顺序组合"B N"。顺序组合"B N F"意味着装好电池,开机后,"OFF"按钮被激活,系统将显示"good bye",并且关掉屏幕灯。顺序组合"B N D"表示装好电池,系统启动,按下一个号码,系统屏幕将显示这个号码。"B N G"指示这样一个操作流程——装好电池,开启系统,按下拨号按键。这个顺序组合和"B N"对系统的效果是一样的——在没有输入任何号码的情况下按下了拨号键。

这个步骤一直进行到所有的激励组合都最终组合完毕(系统必须有个结束点,不然系统将一直运行下去)。表 D.3 显示该系统终止于"长度 9"。

先前讲过的使用案例可以在"长度 5"中的顺序组合"B N D D S"得到体现,它高效地展示了这样一个情景——系统开启后,输入两个号码,然后"STOP"键使系统回到初始屏幕。用户实例的第二部分和"长度 8"中顺序组合"B N D D D D G S"相关,展示了用户完成拨号接通的完整过程,然后又回到系统初始待机状态。

你可能已经注意到,以上的顺序表有一个"需求"栏。这一栏是当阐述各种行为时用于追踪需求的,这是记录行为的所有需求的一个很简单方法。你可能同时也注意到了源自前面的需求(指的是表 D.1、表 D.2 等)。这种需求是低一级的要求,必须在它的基础上,高一级的需求才能起作用。通常,这些需求贯穿了整个设计的进程。

从上面讲的一系列的过程中,可以总结几点比较重要的结论。这个过程一套行为如下。

- 完整:通过顺序列举法,完成了系统可能的所有激励组合,因此可以保证我们考虑到了所有的行为,需求追踪也保证包含了所有可能的要求。

● 一致：每一个激励组合只考虑一次，因此保证了它的一致性。换句话说，每一激励对应一个响应。

● 正确：由激励到响应的所有组合都经过严格的专家级审查。

一旦顺序列举完成后，我们只需做一些很简单的步骤用有限的设备状态代表各个详述过的行为。从一方面说，只需计算有效的顺序状态长度是多少，就可以决定设备需要多少个状态，它们被称作"规范"顺序，见表D.4。提炼表D.3中合法的顺序，得到表D.5中新的数据。可以给规范顺序中的每一个行为标上号得到状态数以便简化分析。表D.6就是简化的相应的系统行为状态数。

表 D.4 规范顺序

规范顺序	状态变量 电量，手机，屏幕状态	激励前的值	激励后的值
B	电量	No	Yes
BN	电量 手机 屏幕状态	Yes Off Light off	Yes On Light on/initial sc.
BNF	电量 手机 屏幕状态	Yes Off Light off	Yes On "good bye"
BND	电量 手机 屏幕状态	Yes Off Light on/initial sc.	Yes On d1
BNDD	电量 手机 屏幕状态	Yes On d1	Yes On d1d2
BNDDD	电量 手机 屏幕状态	Yes On d1d2	Yes On d1d2
BNDDDD	电量 手机 屏幕状态	Yes On d1d2d3	Yes On d1d2d3d4
BNDDDDG	电量 手机 屏幕状态	Yes On d1d2d3d4	Yes On "calling"
BNDDDGS	电量 手机 屏幕状态	Yes On "calling"	Yes On "terminating call"

表 D.5 手机的规范数据

Tag#	现在状态	响应	状态更新	Sequence Trace
1	手机 数字 状态	Phone on	Phone=ON	P
2	手机 数字 状态	数字显示	Number=ONE	P D
3	手机 数字 状态	数字显示	Number=TWO	P D D
4	手机 数字 状态	数字显示	Number=THREE	P D D D
5	手机 数字 状态	数字显示	Number=ROUR	P D D D D
6	手机 数字 状态	呼叫	状态 已连接上	P D D D D G

表 D.6 手机的状态数和状态数标注

状态变量	取值范围	初　值
电源	{Yes/No}	No
手机	{On/ Off}	Off
屏幕状态	{显示数字,“呼叫中”,“取消”,“再见”}	None

在刚刚编号的状态数和顺序列举中阐述的行为的基础上,手机的各个设备状态很容易得到,如图 D.3。请仔细分析由 7 个规范顺序得到的对应的 7 个状态。

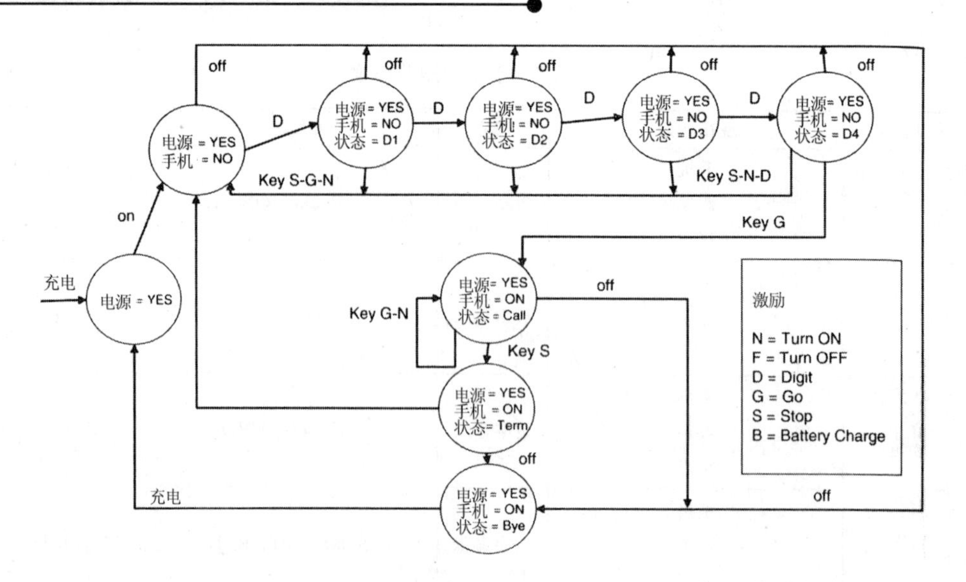

图 D.3　手机系统的设备状态图

它真的仅仅是数学!

刚刚分析过的过程可以通过对激励和响应的抽象扩大系统的规模,使其适用于更大的系统。随着系统逐渐细化,这些抽象可以在更详细的行为定义层次被分解、扩展。我们所做的只不过是为软件系统定义了一种规则。这个过程是植根于数学的函数映射理论的。该理论建立由系统特定的输入组成的集合到所有可能结果组成的集合的对应关系,见图 D.4。一般地,映射集合和被映射集合建立的关系允许相同的集合元素对应于多个被映射元素。正和软件系统里面发生的一样——没有初始化的系统在同样的输入下表现不同的行为。

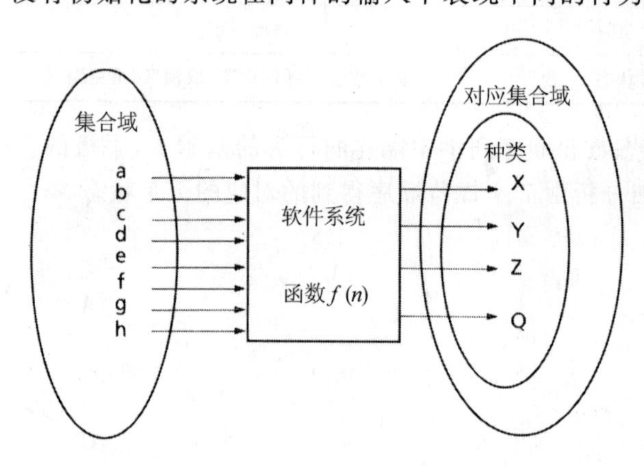

图 D.4　一个集合到另一个集合的函数映射

返回先前提到过的使用案例，你会注意到可以将使用案例中的各种行为映射到刚刚完成的顺序组合中去。使用案例描述了相当一部分的执行顺序。顺序列举法走得更远，它完整地解释了所有的源自于设计本身的行为。这就是顺序列举法和使用案例的协同作用的体现之处。使用案例和提纲是决定需要为系统的不同利益参与者做什么的有效工具。顺序列举法将给开发人员一个清晰的图景，告诉开发人员在整个开发过程中该做什么，同时可以协调解决利益参与者之间存在的矛盾。

附录 E
实时 DSP 系统分析技术

引 言

由于 DSP 的实时系统变得越来越复杂，导致设计者在分析原始的设计要求时不得不在软件和硬件之间寻求平衡。今天，工程师发现他们总是在权衡系统的复杂性、速度、造价、时间和可利用工具。另外，由于现成的集成器件越来越多，功能上的要求可以被硬件、软件及它们的组合所实现。

当软件和硬件被同时开发时，许多系统设计者会实行硬件、软件联合设计的周期。在这种情况下，软件设计师和硬件设计师就很有必要共同参与设计要求的解释和基础的设计进展。理解软件和硬件之间功能性的关系以及差异可以保证设计要求被完整正确地执行。

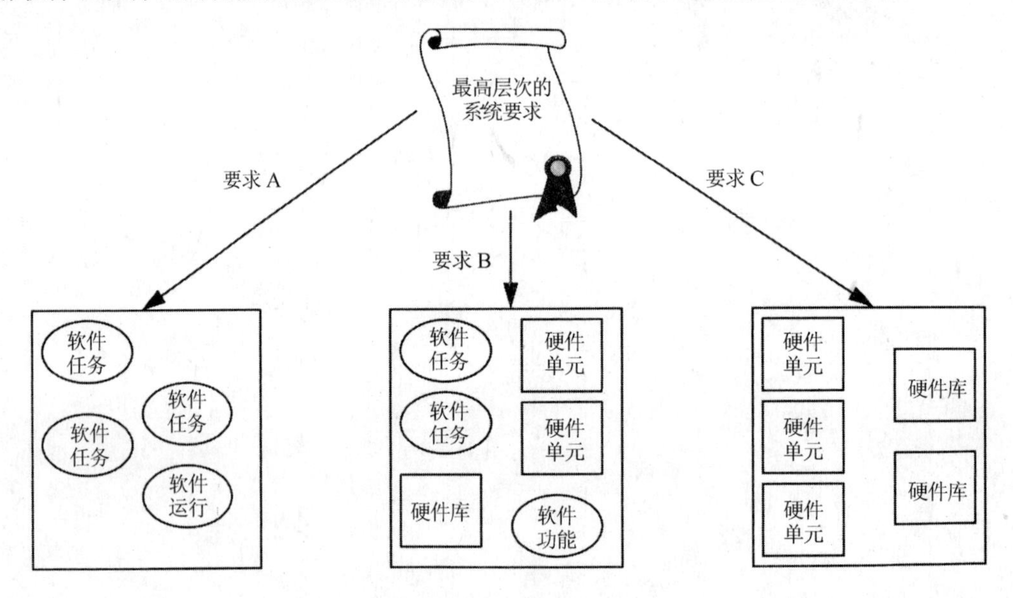

图 E.1 硬件、软件的要求配合

在要求的阐述和分析阶段，与软硬件工程师密切合作的系统开发者将要求分配给软件或硬件，有时是两者组合，见图E.1。这个分配是基于早期的系统模拟、原型、建模结果以及经验和先前提到过的一些平衡。一旦这个分配完成，详细的设计和落实就开始了。当软硬件并行地进行设计时，不同的分析技术便被用到实时的微系统开发中了：

- 软件和硬件模拟；
- 软件/硬件仿真；
- 速率单调分析；
- 原型和递增开发。

在有些情况下，现有的产品就可以完成不同层次的模拟和仿真。在另一些情况下，需要做一些必要的努力去保证正确的分析结果和风险管理。任何情况下，由许多层次支持的系统开发环境将帮助设计者完成整个开发周期，见图E.2。

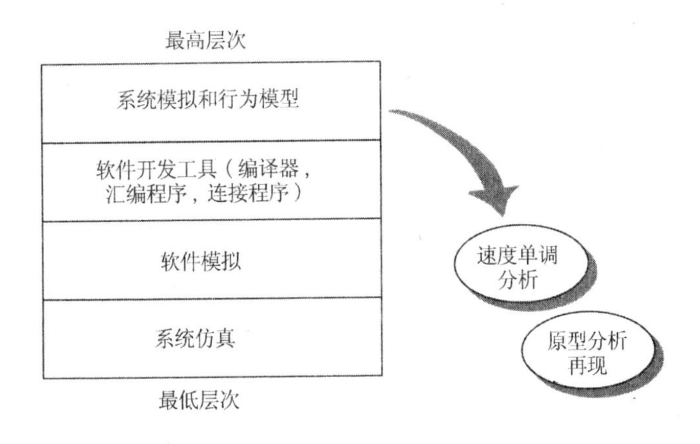

图E.2 系统开发层次

软件、硬件的模拟和建模

通过软硬件系统的模拟来建模系统软件和硬件各部分交互的行为。在综合的模拟软件包出现之前，建模主要是对系统进行静态的、不可执行的分析。许多建模出来的系统行为根据不同人的解释差别很大。现在的模拟软件包允许开发、分析可执行的模型。早在设计阶段的前期，模拟就被用来决定需要在软件和硬件中实现的功能。有三种能被实现的模拟形式：

- 功能上的(数据和算法)；
- 行为上的(测序过程)；
- 性能上的(资源利用、吞吐量和时间)。

模拟同样被用于系统性能的早期评估。特定模拟的不同目标决定模拟可在不同的抽象级得到实现。低层次的模拟用来模拟总线带宽和数据流，并且对性能的评估也很有作用。高层

次的模拟明确了功能的交互，完成软件/硬件的平衡研究，使设计生效。通过模拟，复杂的系统可以被抽象为最基本的组成部分和最基本的行为。这就使得设计者更好地理解各个部分，各种行为是怎么互相适应的。

使用现今市场上存在的综合模拟工具能帮助设计者开发可执行系统模型去分析功能性行为以及其架构。

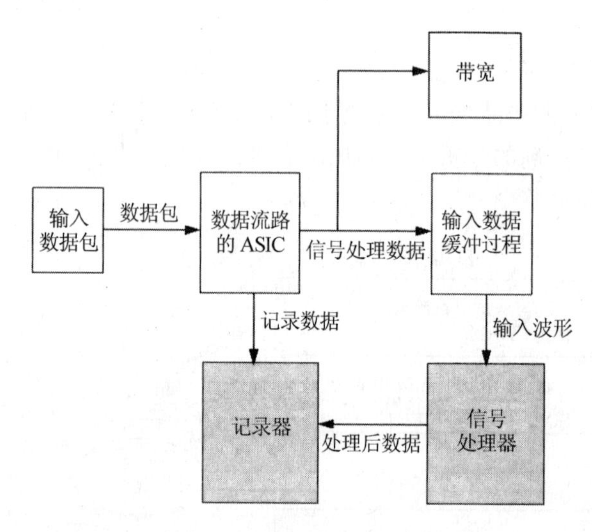

图 E.3　一个简单的系统模型

模拟的模型代表通用系统行为主要是使用数据流图(DFD)。数据流图由节点(代表单位工作的系统进程)、交叉点(系统数据和控制流)和数据存储(图 E.3)组成。模拟器同样为设计者提供数据要素，以使他们更好地监控系统的重要参数，比如带宽、温度或其他衍生的参数。这些形式的模型都可以被动态地分析和执行。

通过初步建模的努力获得的数据可以使软硬件设计者开始更详细的分析、设计。例如，如果图 E.3 中一个系统模拟的简单模型显示数据每 2 ms 将到达处理器一次，那么处理器上正运行的任务对进程的响应就是数据有 2 ms 去完成它的工作。最有效的时间段被建立来处理这个任务。同样，从处理器到记录器的数据流每 50 ms 建立与输出数据相联系的任务时间段。这些任务可以用其他的技术(比如单调速率分析)来进一步地完成以保证系统在极端恶劣的情况下的有序性。

尽管模拟和建模是抽象复杂系统的一个很实用的、很有效的方法，但它们也存在许多局限。首先，模拟通常是实际系统行为的逼近和抽象概括。其次，许多模拟模型需要大量时间来运行处理数据，并且通常需要运行高性能的电脑。但是，总地说来，作为建立系统模型以及分割软件和硬件的第一步，模拟还是很有效的。

软件/硬件仿真

仿真是用来验证软件和硬件的联合设计的。它允许在硬件实际准备好之前对系统各部分进行验证。软件仿真也同样允许软件工程师在到目标平台前对系统进行微调。软件仿真的实现存在不同的层次。图 E.4 是一个实际例子，它是应用软件和操作系统的应用程序编程接口(API)。

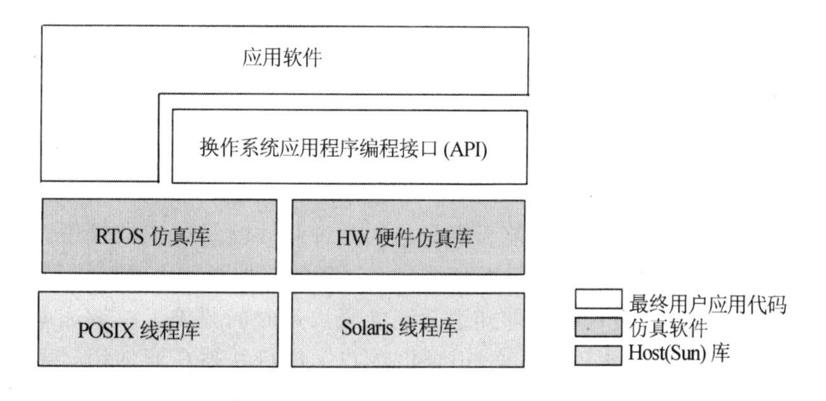

图 E.4 系统仿真方框图

实际的实时操作系统要求是通过 POSIX 和 Solaris 的线程进行仿真的。因此，软件可以在更大、更快的计算机上进行开发，例如使用目标操作系统作业的 Sun 系统；并且在硬件和操作系统完成前就可以开始软件开发。硬件功能仿真库也是可利用的。这些功能可同时包括 DMA、I/O 控制器和中断机制。硬件和操作系统接口的仿真允许主机硬件的开发在转换为原型或实际系统之前。

使用系统仿真的过程中，尽管缺少硬件和其他软件接口，软件设计同样可以进行。我们已经将开发系统仿真技术作为减轻风险的策略。硬件和集成通信技术(COTS)软件进度以及传递问题正引起关注。有了在一个和目标环境极为相似的环境下开发软件的能力，就可以不用等其他供应商而继续我们的开发工作。

速率单调分析

实时系统不仅要求运行速度快，还要求能够满足安全界线以及处理可能产生的错误。处理器上运行的算法可能在功能上是正确的，但是系统仍然可能失效。在实时的微系统中，许多任务对时间要求很苛刻。任务执行的上限有软、硬两方面的。软实时系统可能在错过上限之后仍对系统有边际效应。

在硬实时系统中，达到了一个对时间要求极为苛刻的任务的时间界线是致命的错误！在某些情况下，晚来的响应比没响应造成的后果更严重。满足所有的要求安全界线意味着任务列表必须严格遵守时间顺序。让算法有序化通常保证了系统的有序性。如果算法总是产生特定的进度表，那么任务的顺序性就能得到满足。

软件系统设计中一个最大的困难就是决定怎么在系统中给任务排程。根据任务的优先级决定哪一个任务最重要通常是很主观的。怎样对外部的事件作出反应，如中断，是一个很困难的问题。设计者通常通过模拟来观察系统是怎么运行的。但是仿真不仅会花很多时间去开发，并且如果设计者想试验不同的优先任务和调度策略，模拟系统很难更改。一个更简单的方法去建模任务调度是通过速率单调分析（RMA）。

RMA 理论

RMA 是在系统运行时预测系统能否满足它的时钟和吞吐量要求的模型。为了使系统可靠且具有确定性，程序中任务的时钟行为必须是可预测的。如果一个系统可预测，那么它就能被有效地分析。RMA 允许设计者提前知道系统能否满足时间要求。单调速率到任务调度的途径早在 20 世纪 70 年代就被开发出来，现今仍然非常流行并被广泛使用。主要的时序模型根据最短的任务周期分配优先级。因此，在一整套准备好的任务中，具有最短周期的任务将最先被执行（图 E.5 和表 E.1）。因为任务周期必须事先弄清楚，所以这种方法认为是静态优先的算法。

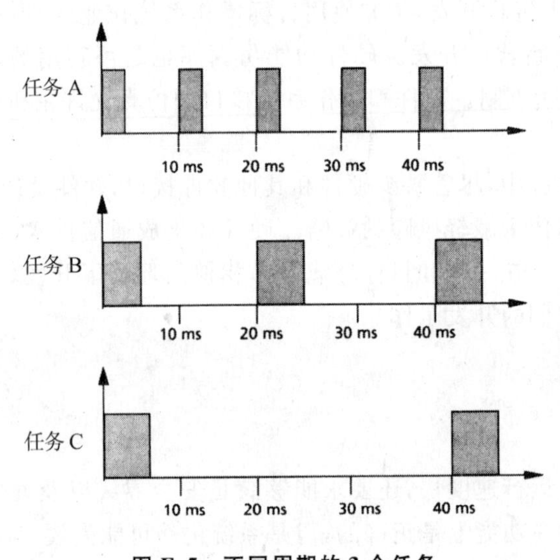

图 E.5　不同周期的 3 个任务

表 E.1 图 E.1 的任务特性

周期性任务	执行时间/ms	周期/ms	截止时间/ms
任务 A	1	10	10
任务 B	5	20	20
任务 C	10	40	40

于是根据以上介绍的例子，可以知道：

```
1/10 + 5/20 + 10/40  <= U(3) = 3(2 ** 1/3 - 1)
0.10 + 0.25 + 0.25 = 0.6 => 60 % <= 77.9 %
```

决定任务是否能运行的算法是：

```
C1/T1 + … + Cn/Tn < =  U(n)  = n(2 ** 1/n - 1)
```

其中：

C(i)为最糟糕情况下任务 i 的执行时间。

T(i)为任务 i 的周期。

U(n)为 n 个任务的最大使用约束。

三个任务少于最大使用约束 77.9%，意味着在不考虑它们怎么被排程的情况下，始终能够工作在安全界线之内。因为这个算法是以每个任务在最糟糕情况下的执行时间为基础，它被认为是“悲观”的算法。事实上，对绝大多数的任务，使用约束仅仅在 70%左右，这说明有 30%的 CPU 未使用。这个算法在这种情况下提供了足够的调度条件，使它在总的使用值未达到使用约束前始终能安排好给定的系统任务。如果这个测试通过，就能保证系统是可调度的。

速率单调性算法可以扩展包括阻塞功能。当一个低优先级任务锁存住了高优先级任务所需要的资源，此时阻塞就会导致优先级反转。对实时系统来说，优先级反转是个威胁。实时系统中的另外一个问题是任务的转换。无论什么时候当一个任务被停止来执行其他任务时，任务转换就产生了，而转换的过程是需要时间的。因此系统需要加入额外的任务执行时间。

速率单调性算法对周期性出现的任务也是很有用的。然而，实时系统有许多非周期性的事件，例如硬件中断。这些中断是随机产生的，并且可能具有破坏性。通过 RMA，这些非周期的事件用叫做定期服务器的设备进行建模。定期服务器被安排去处理每一个非周期的任务并完成这个任务的执行。

支持 RMA 的工具

有不可计数的工具能帮助软件开发者实现软件设计和支持应用开发。但是，帮助系统设计师验证时间约束在硬实时系统中是否得到满足的工具却很少。在大多数实时系统设计中，应用软件被开发出来后，使用非正式特殊方法去验证时间约束。通常在整合和测试中，许多实时问题能够被发现。在这个阶段，它们的修复工作花费最多。模拟被用于实时分析，但它的开发倾向于大工程量，高花费，长时间。

速率单调分析工具在排序理论的基础上使用分析方法去验证实时约束。这些工具作为一个模型抽象地分析系统。系统设计者开发这些模型，然后根据不同的排序算法使用这些框架决定其可调度性。

有了这些工具后，设计者可以分析、验证、评价实时系统。同时可以用不同的调度和资源管理策略进行试验。许多不同的调度协议是现成的。这些工具支持速率单调性(RM)、截止时间单调调度算法、优先上限协议(PCP)、基于堆栈的协议(SBP)、最早截止时间第一(EDF)和循环可执行优先级分配算法。

这些工具的优点是为设计者提供了一个交互的设计环境。它们允许使用者学习系统中直接影响整个任务的可调度性的不同参数之间的影响和关系。同时决定系统任务配置是否具有可调度性，告诉设计者什么时候、什么情况下最可能超过安全界线。设计者可以很容易地修改一系列的系统参数来提高系统的可调度性。这些工具同样可以预测在硬件和操作系统软件水平上的参数改变的时间影响。由于这些工具以分析计算为基础，得到结果通常说来比较快，使设计者快速处理“假设”情况。

速率单调分析是和模拟不同的验证可调度性的建模途径。模拟需要运行相当长的一段时间，可能或不可能知道，去寻找特定情况下收敛或分歧。建模(如 RMA)只用运行分析过程一次来看最糟糕情况下的实行是怎么样的，而不用尝试猜测时间框架是什么来看最糟糕的情况调度。用 RMA 建模让你在处理“假设”情况时远远快于换一个仿真，然后运行仿真程序几个小时或几天来看结果。现在市场上的部分 RMA 工具包含一些最起码的仿真能力。

有些 RMA 工具同样可以允许用许多调度算法中的一个运行一个模型。调度算法很容易修改，且再分析运行快。多节点分析和端对端分析同样可以在一些工具的帮助下得到实现。在分布式应用或 LAN/WAN 建模(使用端对端调度)中它尤为有用。

RMA 工具(仿真通常不行)能确定阻塞条件，并且允许用户在不改变物理架构的条件下很容易地改变阻塞条件。阻塞和超前是错过安全界线最通常的原因，同时也是大多数 RMA 工具的聚焦点。

RMA 贯穿整个软件开发周期

速率单调分析可以和其他方法一起或它独自应用在整个软件开发周期中。在不同的软件开发阶段，我们已经用其他技术和 RMA 一起开发了一个不断改善的关于任务周期和系统架构的估计。图 E.6 显示的是一个将速率单调分析技术和之前提到过的技术纳入的开发周期模型。在开发的早期阶段(软件要求分析),为了决定任务执行的时钟和安全界线,使用历史数据(如果存在)和消费者规范。更多深层次的分析需要对系统建一个离散事件模拟模型。系统层次模拟得到的结果可能给任务的周期和执行时间提供原始的数据。

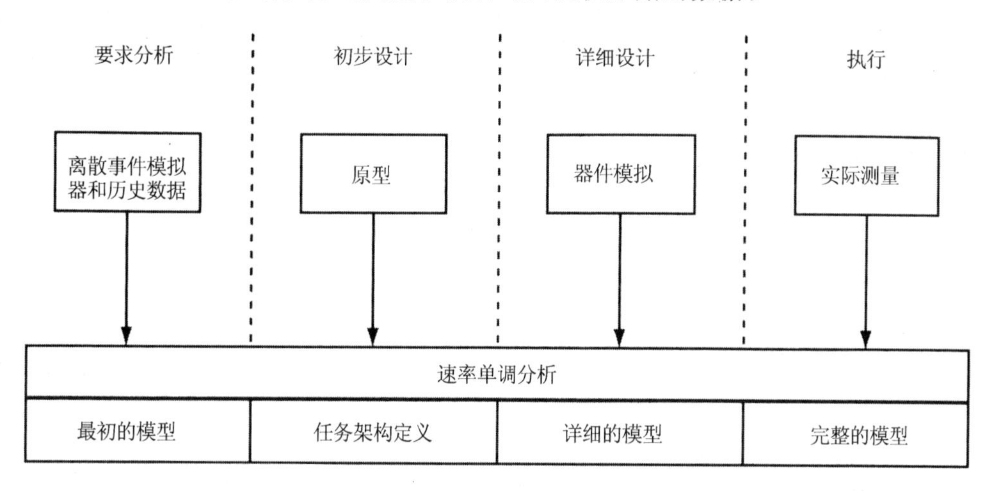

图 E.6　速率单调分析的开发周期模型

初步设计是软件的任务架构(任务的数目和它们怎么互相交互)必须被界定的阶段。每一个软件任务及其优先级需要确定下来,任务之间的同步性也就被确定了。在这个阶段,使用RMA工具来确定任务的架构是非常有用的。正如图E.6所展示,原型可以为更新RMA模型提供任务的执行时间和资源要求的估计。在这个模型中,任务可以很容易地被创建和修改。根据使用的操作系统和期望的调度策略,可以为模型选择不同的调度算法。任务的优先级可以被快速地更改。这种灵活性在执行灵活度分析,为一套给定的任务、资源决定最好的调度途径时很有用。初步设计阶段的完成标准是一个使用RMA的可调度的软件架构;可能你不知道逐步的任务是什么,在RMA中具有可调度性意味着即使是在最糟糕的情况下,系统仍然是有调度性的。在开发周期的这一点上对消费者来说是一条好消息。

详细的设计阶段通常是指系统架构完全被设计完成,完成设计的信息可以来自以下几个资源:原型、指令正确的模拟、周期精确的装置模拟、硬件设计/分析。

开发团队可以使用这些信息的资源来更正确地决定:资源要求、任务执行时间、I/O要求、同步性要求。

任务同步性、跨进程间通信、资源管理的细节被确定。调度模型通过更新来影响这些新条件。使用RMA工具,加上资源、任务及相互的依赖并不困难(但加上许多封锁时期就很繁琐了)。将资源要求的细节加到模型中得到更详细的系统分析。例如阻塞条件、优先级反转条件及其他的瓶颈都可以被发现。器件模拟(比如对一个新的处理器),如果可行,可以产生详细的任务和资源的预测。问题可以在开发者开始整合和测试之前得到改正。开发者可以用可调度

的分析结果来早早地修正这些问题。

过去,在整合和测试之前永远都不知道系统真正将怎样去运行。那时系统调度的问题很难发现并且修复也会花费巨大。即使开发一个系统的离散事件模拟都总是不尽如人意,因为我们不知道这个模拟运行会花多长时间。如果一个调度问题仅在特定任务阶段发生,模拟可能永远也发现不了它。以调度数学为基础的 RMA 工具会根据最糟糕的情况在几秒钟内给出答案。

即使是在整合、测试阶段,RMA 同样有用。RMA 模型可以根据实验室获得的实际时间测量进行更新。RMA 模型可以用来评估建设性改变的影响,甚至可以分析将功能从一个任务转移到中断服务途径的影响,或者在改变软件之前重新分配模型的资源。已存在的待升级或加强的系统可以通过任务架构模型来决定建议的升级或加强能否工作。

原型和增量开发

目前逐渐获得势头的软件产品开发途径是增量开发。通过这种途径,每一个增量包含端对端的功能。每一个增量包含先前增量的所有功能及新加上去的功能。在这一系列中最后的增量就是最终的交付产品。每一个增量应该能显示业务用户功能。每一个软件增量应该可以在运行环境下执行。通常情况下,最稳定的要求在最早的增量中实现,得到一个最小系统。这些要求很可能不会改变,并且可以执行,而不用担心稍后的改变,见图 E.7。

越不稳定的要求在越后面的增量中执行。在等待下一个增量时,许多要求将有时间稳定下来。增量开发可以实现对管理者关心的软件可靠性,开发者关心的危险区域的反馈信息的早期评价,以及用户和消费者关心的功能方面的考察。当要求从系统层次到达个人软件产品时,增量计划首先被实行。

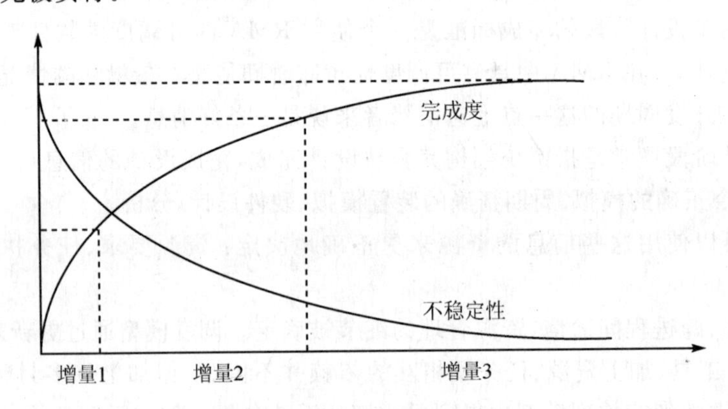

图 E.7 不断演变要求的增量计划

决定增量内容

软件增量计划过程需要以下列因素为基础：

- 可用资源——更大、更复杂的增量需要更多时间和资源并且需要有根据地进行计划。在很多情况下，可能必须并行地开发才能保证增量被按时完成并纳入系统。
- 硬件的可用性——如果在所有可能的情况下，增量能在系统环境中执行。那么端对端用户功能就能被很容易地显示。
- 要求功能——功能和增量应该被设计得能无缝地纳入到最终的系统中去。每一个连续增量应该在不改变前一个增量的前提下建立在它之上。
- 要求的形式和数目——开发、整合增量的最高层途径允许开发者首先建立起系统的框架，然后在后续的增量中加强、演变那个框架。这也是在其他工程中广泛应用的准则。
- 业务使用概况——增量应该以系统预期的使用情况为基础进行计划。那些有高预期使用情况的功能被候选为与早一些的增量进行合作。由于这些功能经常会被用户使用，因此它们需要进行更完整的测试。
- 可靠性和冒险考虑——由于越来越多的用户期望软件满足预定的可靠性测量，对系统可靠性做出最大贡献的软件部分应该首先被开发。然后更多的测试在这些部分上实行以增加整个系统的可靠性。

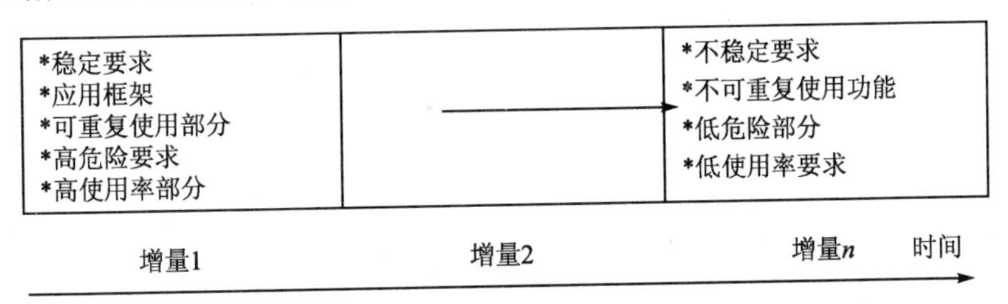

图 E.8 将软件要求分配给增量

图 E.8 总结了在软件系统中分配要求给不同的增量时需要考虑的参数。图中深一点的阴影代表强一点的参数。例如，“高”危险要求作为早一些的增量备选，“低”危险要求作为晚些的增量备选。

小 结

我们叙述了很多技术帮助系统设计者对系统建模、平衡软件和硬件、在硬件和其他供应商的软件准备好之前开始软件开发。系统建模和模拟工具在复杂系统的开发行为模型中提供帮

助。这些模型可以被静态分析或执行来进行架构分析。

仿真可以在硬件实际完成之前对系统各部分进行验证。软件仿真可以让软件工程师在系统到达目标平台之前进行系统微调。

速率单调分析是决定实时软件系统可调度性的一种方法。可靠的实时系统的建立需要预测任务的时钟行为。RMA 能够预测系统是否满足它的时间和吞吐量要求。RMA 在一整套要求得到满足的情况下,可以保证系统是可调度的。其他决定系统可调度性的方法,比如模拟,不能可靠地预测整套任务在任何情况下的可调度性。这些工具允许快速原型化以及广泛的"假设"分析。

RMA 工具还能为设计者指出问题区域。封锁问题和其他资源瓶颈可以被图形化地呈现给设计者。早先,许多这样的问题直到进行系统的整合和测试时才被发现。逻辑分析仪和总线分析仪要花费几个小时来发现引起许多顺序延迟的微妙的不可重复的时间问题。端对端分析帮助设计者在具体处理器或整个嵌入式系统中单独考察某个任务设置。

增量开发可以实现对管理者关心的软件可靠性,开发者关心的危险区域的反馈信息的早期评价,以及用户和消费者关心的功能方面的考察。当要求从系统层次到达个人软件产品时,增量计划首先被实行。有了这个途径,每一个增量就包括了端对端的功能。每一个增量包含先前增量的完整功能,并加上其他的功能。这一系列最终的增量就是最终的交付产品。

附录 F
DSP 算法开发——规定和准则

数字信号处理器通常按照传统的嵌入式微处理器方式编程。传统嵌入式微处理器用 C 语言与汇编语言混合编程，它们直接连接外部设备，并且由于性能原因，通常大多数没有标准的操作系统支持。同其他传统微处理器一样，DSP 很少应用到集成通信技术组件。然而，不同于多用途的嵌入式微处理器，DSP 是为了最尖端的信号处理算法而设计的。例如，它可以被用来探测存在噪声干扰的关键数据，或者用于在以 65 km 时速行驶汽车中的语音信号识别等。诸如此类的算法通常需要经过很多年的研究和改进才能完成。与此同时，由于缺少固定的标准，一种算法移植到其他系统必须经过重新设计和再编码过程。

本附录定义了 DSP 算法一系列的要求。只要遵循这些要求，系统综合者可以从一个或更多算法中快速搭建高质量系统。因此，这些标准将使 DSP 算法开发人员能够使用这些算法更快捷地改进和配置系统，使得新的 DSP 算法可以重用已编好的程序，也为 DSP 算法技术开辟了广阔的集成通信技术市场空间，并且大大减小了基于 DSP 新产品的市场化时间。

DSP 算法开发标准的一些要求

这个章节列出了 DSP 标准算法的要素。这些要求被用于本章的其余部分以帮助进行设计上的抉择。这些要求还可以帮助阐明制定规则和方针的目的。

- 不同厂商的算法可以被整合成一个系统。
- 算法与框架无关。这就是说，同样的算法实际上可以在任何应用程序和程序框架中被有效应用。
- 算法既可以在纯静态环境也可以在实时动态环境中配置。
- 算法可以被发布为二进制格式。
- 尽管需要重新配置和重新连接客户端程序，但算法的综合并不需要重新编写客户端程序。

在当今的市场需要大量的 DSP 算法，包括调制解调器、语音编码器、语音识别、回声消除、智能朗读等。一个需要应用这一系列算法的产品开发商不可能通过一个单一的途径来获得所有需要的算法。另一方面，因为兼容性问题，有时集成不同开发商提供的算法是不可能的。这就是算法标准产生的原因。

DSP 算法标准可以分为概述和详细内容，具体结构见图 F.1。

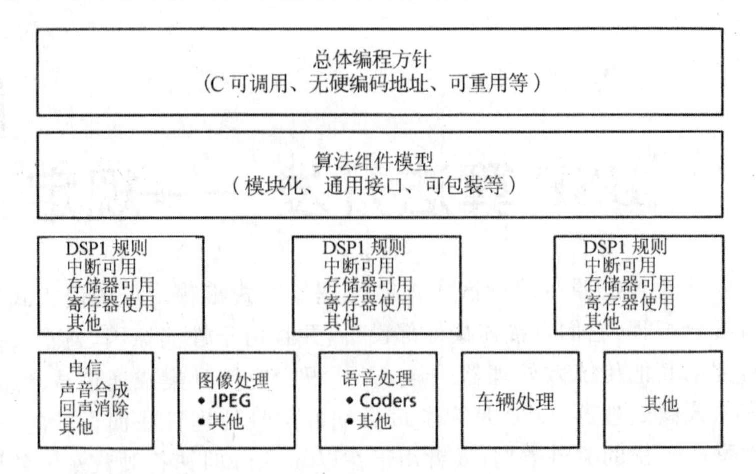

图 F.1　DSP 算法标准模板

现在存在着几十种完全不同的 DSP 程序框架。每一种框架都是为某种特定种类的系统最优化设计的。例如，客户机系统设计消耗内存低、DSP 负担较小的单通道系统。客户机程序对性能降级非常敏感。另一方面，主控机系统使用单独的 DSP 来控制多通道，降低了每个通道的消耗。因此，它可以支持很多动态环境。而且，客户机系统和主控机系统要求由同一家开发商提供，对于算法转换以二进制形式传递非常关键：不止保护了算法的正确性，而且提高了算法的可重用性。如果需要源代码，所有的客户机都需要重新编译。由于客户机增加的不稳定性，算法的版本控制变得几乎不可能。

DSP 系统体系结构

很多先进的 DSP 系统体系结构可以用图 F.2 中的流程图来描述。

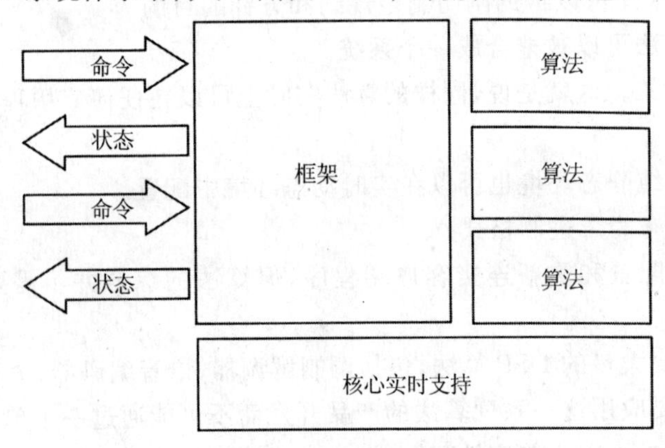

图 F.2　DSP 软件结构

算法是“单纯”的数据转换器。也就是说，算法接收输入数据并在输出端产生输出数据。实时核心支持部分包括复制内存函数和中断响应函数。框架集成各个使用核心支持程序的实时数据源，和算法一起，创造一个完全的 DSP 子系统。DSP 的框架通常与外围设备（包括系统中的其他处理器）相互作用并且为算法的成员定义 I/O 端口。

不幸的是，由于性能原因，很多 DSP 系统并没有加强算法代码和系统级代码（框架）的明确联系。因此，并不能在更多的系统中方便的重用一种算法。DSP 算法标准应当明确定义这两者之间的联系，这样，在不必牺牲性能的前提下，代码的重用性将得到大幅加强。

DSP 框架

框架通常为一个设备定义一个独立的 I/O 子系统，并且详细说明必要的算法如何与子系统相互作用。例如，究竟是算法通知函数来要求数据还是框架发送数据包到进程？框架还定义了模块在请求状态下的自由度。也就是说哪些组件可以被替换、增加或者删除。在何时（编译时，连接时或者实时）组件可以被替换。即使在电话应用程序领域，仍然采用多种不同的框架，并且每种都为特定的程序部分进行过最优化（例如，大音量的客户端产品和低音量高密度的主控端产品）。

DSP 算法

仔细检查各种正在使用的框架，我们发现在某些层面上，它们都有各自的算法。尽管每种框架各不相同，但是在算法上有很多共同的部分：

- 算法是 C 语言可调用的；
- 算法是可重用的；
- 算法对于每个 I/O 外设都是相互独立的；
- 算法是按存储器和 MIPS 的要求来描述的。

在很多种框架中，算法要求对输入数据进行简单处理。其他一些框架则声明算法可以通过调用特定框架、独立硬件或者 I/O 函数来主动获取数据。在任何情况下，算法的设计必须独立于系统中的 I/O 外设。在使框架依赖性最小化的过程中，标准规则要求算法处理的数据必须通过参数来传递。这使得由一个“积极的”算法可以直接转化为一个只能简单地接受参数数据的算法，从而减小甚至消除性能上的影响。

每个特定的程序执行时都是用多媒体数字信号编解码器代替了复杂的工程转换，包括编码格式、数据格式、MIPS 和性质上的转换，意识到这一点很重要。此外，系统集成时倾向于使用低性能且引脚数少的设备，而不是那些高性能且引脚数量庞大的设备（例如数码相机和手机）。因此，相同算法的批量执行是有意义的，很多算法并非是单独执行效果最好。不幸的是，系统集成者通常选择同一家开发商的算法来确保算法间的兼容性，并且将上层互异的应用接口最小化。

如果标准已经被强制应用或被大多数开发商所接受，系统集成者可以插入一种新算法或者用一种算法代替另一种，这样可以节省很多市场化的时间，因为系统集成者可以从很多工程中挑选算法。DSP 程序也可以更有效率地建立一个所有系统都能共同使用部分的目录。

实时核心支持部分

为了使算法满足可重用最低要求,实现 I/O 外设的独立性以及可调试性,算法必须依赖于一直执行的核心服务集。由于许多算法仍然由汇编语言编写,所以很多的核心级服务必须兼容汇编语言。实时核心支持的服务必须包括 DSP 操作系统用以修改控制/状态寄存器的中断函数子集(比如设置溢出模式),还必须包括标准 C 语言中的实时支持库(比如 memcpy、strcpy)等。

一般 DSP 算法开发流程

我们可以提出一系列一般 DSP 算法的开发流程。在这个部分里,我们发展了开发流程,使它适用于任何结构的 DSP 算法,而无论应用场合。

C 语言的使用

所有的算法都必须满足 C 语言提出的实时编程协议。这确保了系统集成者可以自由地使用 C 语言将各种算法捆绑在一起,在算法之间控制数据流,并且方便地与系统中其他处理器进行交互。

规则 1

所有的算法必须满足 C 语言提出的实时编程协议。这并不是说算法一定要使用 C 语言编写,算法可以完全由汇编语言实现。然而,它必须是 C 语言可调用的,并且满足 C 语言的实时协议。很多关键算法并不能由单一的函数实现,比如任何复杂软件,都是由很多相互关联的内部函数组合而成的。再次强调非常重要的一点,这些内部函数并不需要符合 C 语言的协议,只需顶层接口遵循 C 语言协议。另一方面,必须注意这些内部函数不能使顶层函数违反 C 语言的实时协议。例如,在第一次更新堆栈指针之前,没有调用的函数必须使用栈内的一个字来激活中断。

线程和可重用

因为 DSP 系统采用多框架架构,所以就存在多种类型的线程,也就存在多种类型的可重用要求,本部分的目的是明确定义标准支持的线程类型和算法的可重用要求。

线　程

在一个程序中,线程是一种控制流的封装。很多人习惯于写单线程程序,即程序在某一时刻只执行一个代码通路。多线程程序可以有很多个线程同时执行很多个代码通路。在典型的多线程程序中任意时刻,0 个或者更多的线程都在运行。线程的个数取决于处理过程中系统中 CPU 的数量和进程系统的实现。一个具有 n 个 CPU 的系统,直观上最多并行运行 n 个线程,但是这个系统通过线程间共享 CPU 看起来可以同时运行远远多于 n 个线程。最常见的情

况就是 $n=1$，一个单独的 CPU 运行应用程序的所有进程。

为什么会对进程感兴趣呢？一个操作系统或者框架可以确定它们运行的时间，减轻了独立线程开发人员的负担，他们不必全部了解系统中的其他线程。在多 CPU 的系统当中，通信进程可以在各 CPU 之间移动来使系统的性能达到最优而不必改动应用程序代码。在更普遍的单 CPU 进程中，创建多进程应用程序的能力使得 CPU 可以更有效率地使用，当一个线程在等待数据的时候，另一个可以处理数据。

事实上，所有的 DSP 系统都可以是多线程的，甚至是只有一个主程序和一个或多个硬件中断服务程序组成的最简单的系统。另外，很多 DSP 系统被设计成控制多通道或多端口，也就是说，它们可以为两个或更多的独立数据流执行相同的处理过程。

具有优先级和不具有优先级的多任务系统

在不具有优先级的多任务系统中，每个线程，必须在另一个线程执行前，将控制权转交给操作系统。这通常要求线程定期地调用一个操作系统函数 yield()来允许其他线程控制 CPU 或简单地要求所有线程在特定的很短的时间内完成操作。在不具有优先级的多线程环境里，一个线程运行的时间长短完全决定于线程本身，然而在具有优先级的环境中，这个时间取决于操作系统和准备就绪的任务集。

注意，这两种多线程方式之间存在着非常重大的差异。比如，在不具有优先级的系统中，可以安全地假设当一个特定的算法正在处理片上存储器中的数据时不会有其他线程同时执行。而在具有优先级控制的系统则不然。当一个线程正在执行时，它仍有可能被其他线程取代。因此，如果程序建立在数据处理中一切都不会改变的假设之上，那么在具有优先级的执行配置下程序将会崩溃。

在具有优先级的系统中，优先进程暂停时，其状态就被保护，当其继续运行时会被重新加载，所以进程可以安全地认为大多数寄存器和全部的进程数据都保持不变，那么是什么导致应用程序的运行失败呢？任何假设都涉及在两个指令之间的最大时间间隔。在具有优先级的系统中，两指令之间的最大时间间隔高速数据缓存等系统全局资源，多线程访问全局变量等都可能引起应用程序的崩溃。

不具有优先级的环境具有更少的致命性问题，通常具有更高的系统性能。例如，数据高速缓冲存储器在不具有优先级的环境中更高效，因为在具有优先级的环境中可能导致每个线程都可以控制 CPU 的情况（缓冲器发生溢出）。

另一方面，不具有优先级的环境要求每个线程必须在特定的最大工作时间内完成，或以某个最小频率周期性放弃 CPU 的控制权将控制权还给框架（或操作系统）。一切都是由线程自己完成，这并不存在问题，因为大多数 DSP 线程都是以某个实时的期限为周期的。然而，这个最小频率是一个系统中的其他线程的函数，因此，不具有优先级的环境下的线程并不能够完全独立于其他线程。他们必须响应系统中其他线程的时间安排要求。多频率采样和多通道采样系统通常要求具有优先级控制；否则，每当系统中加入一个新的算法，就必须重写原有的算法。

如果想要所有算法都独立于框架,我们必须定义框架中立的途径来使得算法放弃控制权,或者确定在不具有优先级的环境中所有用到的算法都能够在最大访问时间内完成。因为要求文件在最坏情况下执行多次,所以完全有可能很快确定算法是否会在不具有优先级的系统中违背延时要求。

由于算法可以在具有优先级和不具有优先级的环境中使用,设计算法时必须使算法同时支持两种环境。这就意味着算法必须尽可能减小,它在不具有优先级环境中使用时对其他算法造成的延时。

可重用性

可重用性是一个程序允许两个或更多线程同时进行同样操作的属性。可重用性是函数非常重要的一项属性。在多通道系统中,例如,任何会在通道的数据处理过程中被调用的函数都必须是可重用的,否则,这个函数将不可被其他通道调用。在单通道多速率采样系统中,任何应用于两种不同速率采样的函数必须是可重用的。比如一个一般的消除回波和预增强的数字滤波函数。但是通常确定一个函数是否可重用并不容易。

定义一段可重用的代码通常意味着这段代码并不能包含状态信息。这就是说,一个或多个线程不管在何时调用同一段代码,只要输入数据相同,结果就是一样的。然而这并不总是正确的。如何使一个函数保持状态信息而又是可重用的?考虑一下 rand()函数,或许一个更好的例子是一个拥有状态信息的函数通过在它的临界状态屏蔽时序安排来保护它的状态。这些例子说明了一些微妙的可重用编程思想。

可重用的属性是一个线程模型的函数。毕竟在确定多线程是否可以应用一个特定的函数之前,必须了解系统中可能的线程类型。比如,如果线程是不具有优先级的,函数可以自由使用全局变量,如果函数只用全局变量来进行存储。也就是说,在函数的入口处不必声明这些变量的值。然而在具有优先级的环境中,在使用全局变量时,关键部分或那些所有线程的共享部分必须被严格保护。

尽管有一些特例,可重用性通常要求算法具有如下性质:

- 只在堆栈中或者常值对象中修改数据。
- 将全局变量和静态变量看作只读数据。
- 永远不要使用递归代码。

通过屏蔽所有违反上述规则的关键部分周围的中断(因此屏蔽了所有线程的工作时间安排),这些规则可以放宽要求。因为算法并不允许直接操作处理器的中断状态,允许该操作的 DSP 操作系统函数必须被调用来创建这些关键部分。

规则 2

所有的算法必须在具有优先级的环境下可重用(包括离散时间的优先级)。

举 例

本附录的最后部分介绍一种简单的算法的实现——对输入语音数据流的数字滤波系统，以此来说明如何使算法在可重用的前提下性能仍保持在可以接受的等级范围内。有一点需要注意，虽然这些例子是用 C 语言编写的，原理和技术都与汇编程序完全相同。

语音信号在进一步处理之前，通常要经过一个预增强滤波器来在频域进行平滑滤波。信号的预增强通常可以对输入的数据按照下面的等式计算得到增强结果：

$$yn = xn - xn - 1 + 13/32\ c\ xn - 12$$

由于声明并且改变了全局变量 Z0、Z1，下面的程序不是可重用的，即使在不具有优先级的环境中，这个函数仍然是不可重用的。因为它在两个固定变量(Z0 和 Z1)中保持了一个特定数据流的状态，所以使用这个函数对两个以上的数据流进行处理是不可能的。

```
int z0 = 0,z1 = 0;                /* 初始化输入值 */
void PRE_filter (int input[], int length )
{int i,tmp;
for (i = 0;i<length;i ++ ){
tmp = input[i] - z0 + (13 * z1 + 16)/32;
z1 = z0;
z0 = input[i];
input[i] = tmp;
}
}
```

可以通过要求调用者提供预先输入变量作为函数的自变量来将这个函数改为可重用的。用这种方法，PRE_filter1 函数中将不再声明任何可用的全局变量，因此，可以处理任何数目的输入数据流。

```
void PRE_filter1(int input[], int length, int *z )
{int i,tmp;
for (i = 0;i<length;i ++ ){
tmp = input[i] - z[0] + (13 * z[1] + 16)/32;
z[1] = z[0];
z[0] = input[i];
input[i] = tmp;
}
}
```

将声明全局变量改为声明函数参数是一种可以应用于任何可重用代码的普遍技术。简单地定义一个“全局结构体”作为包含所有算法所需状态变量。再将一个指向这个结构体的指针传递给函数(伴随着输入/输出数据)。

```
typedef struct PRE_Obj{        /*为之前的重要进程提供目标文件*/
int z0;
int z1;
} PRE_Obj;
void PRE_filter2(PRE_Obj *pre,int input[], int length)
{int i,tmp;
for (i=0;i<length;i++){
tmp=input[i]-zpre->z0+(13*pre->z1+16)/32;
pre->z1=pre->z0;
pre->z0=input[i];
input[i]=tmp;
}
}
```

尽管C代码看起来比原来的程序更加复杂,但是它的性能是和原来相似的,而且完全可重用的,它的性能可以通过处理单个基础数据包来计算。由于每个全局结构体可以在数据存储区的任何地方存放,因此有些结构体存储在内存储器,有些则存储在外存储器上。指向这个结构体的指针是函数私有的"数据页面指针"。所有的函数数据都可以通过这个指针进行固定的偏移来有效地进行读取。

注意,虽然性能和原来相比没有受到大的影响,但是性能由于指针更改地址而稍稍地变慢了。直接声明全局变量通常比通过地址寄存器指向数据更加有效。另一方面,效率的减小通常会在出循环和进入循环设置代码阶段显现出来。因此,增加的性能消耗已经降到最低,并且代码可在任何系统中重用——无论系统支持单通道还是多通道,又或者是否具有优先级。

"我们必须忘记那些微小的效率,比如优化到97%的时间:不成熟的追求最优化是一切恶果的根源"。——Donald Knuth

数据存储器

片上存储器和片外存储器巨大的性能差异使得每个算法设计者都要尽可能使其代码在片内存储器上执行。由于性能上的巨大差异在未来的几年内将进一步扩大,这个趋势将会在可见的未来持续下去。TMS320C6000 系列 DSP 为外部 SDRAM 数据存储器的读取设计了一个25路等待处罚寄存器。虽然片内存储器的容量能够满足每个算法单独执行的要求,随着现代 DSP 的 MIPS 的增大,单个芯片同时处理多个线程。因此,必须要有一种机制用以实现第三方算法间的高效资源共享。

存储空间

在一个理想的 DSP 中，片内存储器无限大，所有的算法都可以使用这个存储器。然而实际上片内存储器的空间十分有限。目前常用的有两种性能迥异的片内存储器类型：在一个指令周期内同时支持读/写的双臂访问存储器和一个时钟周期内只允许读取一次的单存取存储器。

因为考虑到这些实际情况，大多数 DSP 算法都设计为在片内和片外存储器上联合操作。在片内存储器有足够空间并行处理所有算法的数据时，这种设计方法效果很好。系统开发者可以简单地给每一个算法分配一块片内存储器。很重要的一点是算法不能指定片内存储区域或包含任何"硬件编码"地址，否则系统开发者将不能在算法间最优分配片内存储器。

规则 3

算法的数据声明必须完全可再次定位(由于队列结构的要求)。这就是说，不能有"硬件代码"数据存储器位置。注意算法可以通过连接器直接访问包含在静态数据结构体中的数据。这条规则只是要求所有操作都必须是象征性的。也就是说依赖于重定位标签，而不是固定的数字地址。

在系统中并不预先了解算法设定的部分或者在片内存储器没有足够空间的情况下，要求有更多对珍贵的片内存储器资源的复杂管理。特别是必须描述片内存储器在实时条件下如何被任意数量的算法共享。

可擦写和永久保持

在本附录中，我们改进了一种算法间共享存储区域的一般模型。例如，这个模型可以用来共享一个 DSP 的片内存储器。这个模型本质上是编译器在函数间共享 CPU 寄存器技术的一般化。

编译器通常将 CPU 寄存器分为两部分：可擦写的和永久保持的。函数可以自由使用可擦写寄存器而不必保存函数的返回值。另一方面，永久保存寄存器必须在改变存储数据之前保存当前值，并在函数返回之前恢复状态。通过将寄存器分成这两部分使最优化成为可能：函数并不需要存储和恢复可擦写寄存器，在调用函数前，调用者无需保存寄存器状态，也无需在函数返回后恢复寄存器状态。考虑如下分别调用两个函数(称为 a()、b())的程序执行的顺序。

```
Void main()
{…/ * 使用可擦写寄存器 r1、r2 * /
/ * 调用函数 a() * /
a(){
…/ * 使用可擦写寄存器 r0、r1、r2 * /
}
```

```
/＊调用函数 b()＊/
b(){
…/＊使用可擦写寄存器 r0 及 r1＊/
}
}
```

注意一下,a()和 b()完全自由地使用了相同的可擦写寄存器,并且没有保存和恢复这些寄存器状态。这是完全可以的,因为 a()和 b()都满足可擦写寄存器的设置,并且每个函数调用前寄存器中的值都是不确定的。

用类推的方法,将所有的存储器分为两组:可擦写的和永久保持的。

可擦写存储器是不必理会存储器使用之前的值的一类存储器,算法可以自由使用。也就是说,算法无需假定存储器内容,并且可以在存储器为任何状态时返回。

永久保持存储器用来在算法实例暂停执行时保存其状态信息的。

永久保持存储器是这样一种区域,在这个区域中,算法可向其中写入数据,并可假定在应用程序调用一系列算法的过程中,其内容不会改变。所有的物理内存都有这种行为,但是可以控制在多线程之间共享存储器的应用程序可以选择性的重写一些存储区域,例如片上的DARAM。

一类特殊的永久保持存储器是一次性写入的永久保持存储器。一个算法的初始化函数确保了它的一次性写入存储器在创建时被初始化,并且严格确保了所有算法处理的子序列读取一次性写入存储器的模式为只读。另外,算法可以连接到它自己的静态分配的一次性写入存储器,并且为客户端提供这些位的地址。客户端可以自由使用这些提供的位或者分配它们。框架可以重新排列同一个算法的多种情况,这个算法创建同样的参数来共享一次性写入存储器。框架可以通过这种方式来优化存储器分配方式。

注意,为共享静态初始化只读数据声明一次性写入存储器的较简单方法是用全局静态连接表,并且将它们的队列和存储空间要求加入标准算法要求的文档中。如果数据不得不实时运算或者重新寻址,可以采用一次性写入存储器。

可擦写存储器和永久保持存储器的区别见图 F.3。

所有的算法擦写存储器都是覆盖同样的物理存储器。

如果不区分可擦写存储器和永久保持存储器,那么必须在算法间严格区分存储器。使得总的存储器要求是所有算法对存储器要求的总和。另一方面,通过区分存储器,一组算法对总的存储器要求是每一个算法对各自存储器的要求,加上所有共享的一次性写入的永久保持存储器的要求和这些算法中最大的可擦写存储器的存储要求的总和。

方针 1

算法必须尽可能减小其对永久保持数据存储器的要求,这有利于可擦写存储器的应用。另外,根据以上的存储器类型的描述,DSP 通常向算法提供了若干存储空间。

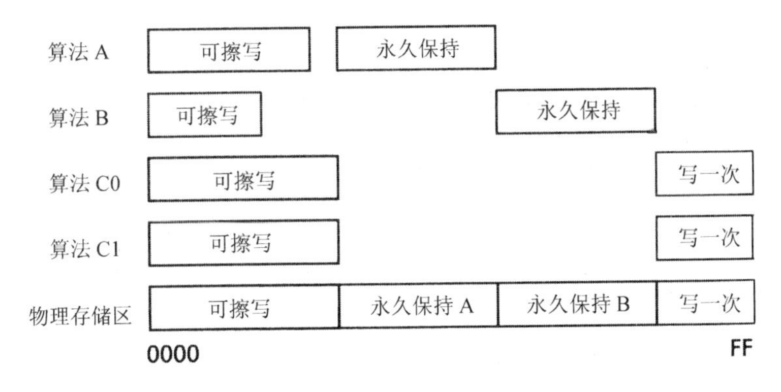

图 F.3 可擦写 VS. 永久保持存储分配

- DARAM 是允许在同一个指令周期内同时进行两次访问操作的片内存储器。
- SARAM 是在一个指令周期内只能进行一次访问操作的片内存储器。
- 外部存储器是在 DSP 外部的存储器，每次访问数据时可以请求等待状态。

这些存储器空间通常在算法执行时被区分对待，比如为了优化性能，频繁访问的数据被放置在片内存储器上。一块存储器的可擦写或永久保持属性是独立于存储空间之外的。因此，实际上有 6 种不同的存储器类型：3 种存储器都可细分为可擦写和永久保持两类。

算法和应用程序

一个内存块除了大小、排列顺序和存储空间外，在客户端完全管理一个算法的数据内存块前，还要回答 3 个问题：

- 这个算法中内存是可擦写的还是永久保存的？
- 这个存储器是否被几个算法共享？
- 共享时此算法是否比其他算法优先？

第一个问题在算法执行时决定。算法必须声明确定内存单元的内容。这有利于区分可擦写存储器和永久保持存储器。但这完全取决于算法执行是否会增加可擦写存储器，减少永久保持存储器，并通过重新计算中间结果来提高系统潜在的性能。

后面两个问题都与共享和优先级有关。它们只能由 DSP 算法的客户端来回答。客户端决定了是否要求系统具有优先级，也负责分配所有的存储器。因此，只有客户端知道存储器是否被几个算法共享。比如说一些框架永远不会在算法间共享已分配的存储器，反之，其他一些框架总是共享可擦写存储器。

有一类区别于其他存储器的由算法客户端管理的特殊类型的存储器叫做遮蔽存储器，它是不可共享的永久保持存储器，用来在系统中隐藏或者保存共享寄存器和存储器的内容。隐藏存储器并不由算法使用，它由算法的客户端保存各个算法间共享的存储区域时使用。

图 F.4 说明了各种类型的存储器之间的关系。

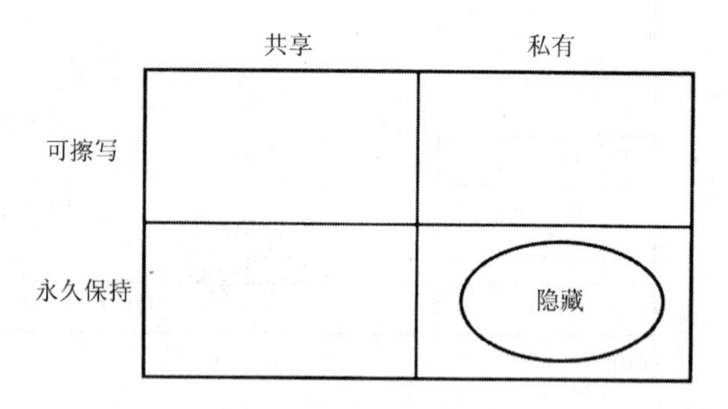

图 F.4　数据存储类型

程序存储器

类似于前面章节描述过的数据存储器的要求，所有的 DSP 算法都必须是可重新定位的。也就是说，绝不能有任何算法配置在特定的地址上。然而，按照指定页面大小对算法进行排序是允许的。

规则 4

所有的算法代码必须是可重新定位的。这就是说，不允许有写有硬代码程序的存储单位存在。类似于对数据存储器的要求，这个规则只要求依赖于连接器的编码是可重新定位的。比如，并不需要总是使用 PC 相关的分区。这个要求允许系统开发者对不同算法的程序空间进行最优化分配。有时算法模块要求初始化代码必须在客户端调用其他算法过程之前执行。通常这些代码在程序的生命空间中只运行一次。一旦程序开始运行，这些代码实际上已经失效了。这些代码所分配的空间在很多系统中可以被重用。这些系统将这种一次性运行的代码配置在数据存储器中，并且在算法执行过程中使用数据存储器。一种类似的情况是“最终”代码。例如，算法的调试版本经常执行这样的功能：当系统退出时，提供有价值的调试信息，例如，仍然存在的对象或者没有被正确删除的对象。由于很多系统被设计成永远不会退出(即只有断电才能让它退出)，最终代码必须放置在单独的对象模块中。这样就允许系统积分器拒绝包含永远不执行的代码。

方针 2

每个初始化和最终函数都必须在一个独立的对象模块中定义。这些模块不能包含任何其他代码。有些情况下，将每个函数都放在一个单独的文件中会很繁琐。这就要求标识符在全局可见，或者要求对现有基础代码作重大改变。一些 DSP 的 C 编译器支持预编译指令，它允许将专用的函数配置到通用文件对象格式的输出部分。预编译指令可以用于单独文件中配置函数。下表总结了常用部分的名字及其功能。

程序段	名　称	目　的
Text：init	Run once	初始化代码
Text：exit	Run once	结束代码
Text：create	Run time	产生对象
Text：delete	Run time	删除对象

只读存储器

算法可以使用很多地址模式来访问数据存储器中的数据。有时数据是由指针指向存储器来引用，有时是算法直接引用全局变量。当算法直接引用全局变量时，操作数据的命令通常包含数据的地址(而不是一个从数据页面寄存器开始的偏移量)。因此，这种编码不能放置在只读存储器上，除非被引用的数据配置在系统中的固定地址上。如果一个模块配置的参数导致数据结构体长度可变，而这些结构体又是直接被引用的，那么这样的代码并不认为是只读的。代码的偏移量是固定的，然而相关数据的引用位置是可以改变的。算法代码可以选择总是应用一个数据页面的偏移量来进行定常声明，并且在数据页面上配置一个指针指向每个变长结构体。在这种情况下，只需对数据页面进行适当的设置，就可以在系统中的任何位置配置和定位数据。

规则 5

必须明确算法是否可以在只读存储器上执行。显然，递归的代码并不能在只读存储器上执行。并不要求所有算法都不采用递归代码，只是要求一个算法可以在只读存储器上执行。还有一点值得指出，如果采用了递归算法，它必须是自动执行的。也就是说，所有的中断都是关闭的。否则这些代码是不能重用的。

外设的使用

为了确保 DSP 算法的互相调用的正确性，非常重要的一点是保证算法不能直接访问外设。

规则 6

算法不能直接访问外设。这包括但并不仅限于片上 DMA、I/O 端口设备和高速缓冲控制寄存器。为了保持算法对于框架的独立性，很重要的一点是任何算法都不能直接调用外设来进行数据读取。算法生成或消毁的所有数据必须通过客户端调用外部程序传递给算法。例如，算法不能发送获取数据的请求到独立的 I/O 设备。这是框架或客户端程序的职责。

DSP 算法组成模板

这个部分从细节上描述了在任何应用领域 DSP 结构的所有算法采用的规则和指导方针：接口和模块、算法、封装。

这些规则和方针与面向对象编程结合在一起带来了很多益处,并且很少或者没有开销。更重要的是,这些方针是将两种不同算法集成在一个单独的应用程序而不是修改算法源代码所必需的。这些规则包括可以防止重用外部名称冲突的命名惯例、初始化算法的统一形式和统一的数据存储管理技术的详细说明。

关于这个层面的标准还有很多可以写,在这里,参考一个特定的DSP算法组成模板是很有必要的。关于DSP算法的组成模板请参考下面的网址:http://focus.ti.com/lit/ug/spru352e.pdf。

在附录F的结尾列出了本标准中规则的总结。

DSP算法性能描述

这个部分需要定义一个算法执行时所提供的性能信息来使得系统设计者将算法结合成为实际的产品。

DSP算法的唯一资源消耗是MIPS和存储器。所有的I/O端口、外设控制、设备管理还有程序执行的时间表都是由应用程序管理的,而不是算法管理的。因此,我们需要描述代码和数据存储要求以及最坏情况下的执行时间。然而,还有很重要的一点,算法延长关闭中断的时间可能无意间会将系统中线程的执行时间表打乱。所以算法一定要尽量减小每次关闭中断的持续时间,并记录在最坏情况下的持续时间。注意,由于先进的DSP传递途径,在很多种情况下中断都会被隐含地关闭掉。比如在一些零负担的循环中。因此,及时算法并没有隐含地关闭终端,仍然有可能导致额外的中断关闭时间。定义和记录的主要部分是:数据存储器、程序存储器、中断等待时间及执行时间。

数据存储器

算法使用的所有的数据存储器都是下面3种中的一种:

- 堆存储器——程序执行时隐含分配的数据存储器。
- 堆栈存储器——C语言中的实时堆栈。
- 静态数据——程序编写时分配的数据。

堆存储器是函数用来进行运算的存储器。从函数的角度来看,在函数调用过程中,这个存储器的内容是不可改变的,或许执行时可以被重新分配,不同的缓冲器在不同的物理存储器上。另一方面,堆栈存储器是在连续的函数调用之间位置可以改变的可擦写存储器,程序执行时,它被先分配然后释放,它的管理策略是后进先出。静态数据是任何设计时分配的数据(即程序编写时),它的地址在程序运行时是固定的。此处我们应当定义性能的衡量标准来描述算法对数据存储器的要求。

程序存储器

算法代码常常被分为两部分:经常被调用的代码和不经常被调用的代码。显然,算法的内循环代码是经常执行的。然而，像很多应用程序代码一样，经常出现的情况是：少量的函数占据了应用程序要求的大部分 MIPS。

中断等待时间

在大多数 DSP 系统里，算法是通过数据的到达开始执行的，而数据到达是以一个中断信号为标志的。因此，中断发生的方式越及时越好。特别地，算法必须尽可能减小中断的关闭时间。理想情况下，算法不会关闭中断。然而，在一些 DSP 结构中，零负担循环会隐含地关掉中断，因此，优化代码时通常要求一定的中断等待时间。

执行时间

定义执行时间信息也十分重要。它使得系统设计者可以将算法结合成为实际的产品。

MIPS 是远远不够的

当多种算法结合到一起时，意识到简单的 MIPS 计算是远远不够的是十分重要的一点。下面这种情况是完全可能的：不可确定执行时间表的两种算法，即使算法需要的 MIPS 中只有 84%是活动的。在最坏的情况下，不可确定时间表的一组算法需要的 MIPS 中只有 70%是活动的。

假设一下，一个系统由任务 A 和 B 组成，时间周期分别为 2 ms 和 3 ms。假设任务 A 需要使用 1ms CPU 来完成它的数据处理。任务 B 也需要 1 ms CPU 来完成数据处理。两个任务总的 CPU 使用百分比是 83.3%，A 使用 50%，B 使用 33.3%，见图 F.5。

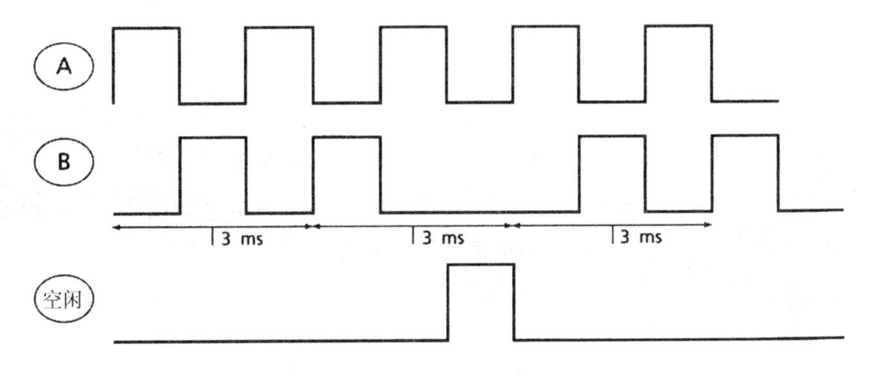

图 F.5　两周期任务的执行时间

在这个例子中，A 和 B 都满足要求，还可以有 18%(1/6)的 CPU 空闲时间。假设现在增加一点任务 B 的处理时间，比如 1.0000001 ms。注意一下，任务 B 将会无法满足最终期限，因为任务 A 占用了任务 B 2 ms 的活动时间，只留给 B 1 ms 的时间，然而 B 需要稍稍大于 1 ms 的时间来完成它的工作。如果 B 具有较高的优先级，那么 A 将无法满足它的最终期限，因为 B 将会占用 A 稍稍大于 1 ms 的时间。在这个例子中，拥有一个 18%的时间都在空闲的 CPU，但却无法在满足 A 和 B 的实时最终期限的同时，完成 A 和 B 的计算。

此外，如果在系统中增加更多的任务，情况将会更糟。

Liu 和 Layland 证明了在最坏情况下，系统中即使 CPU 有 30%以上的空闲时间，仍然有可能无法满足执行任务时的最终期限。好消息是最坏情况在实际应用中并不是经常出现，坏消息是并不能相信这种情况在一般情况下并不发生。如果在程序中所有任务都是已知的，并且对 CPU 的要求也是已知的情况下，判断一个特定的任务是否能满足任务的时序要求相对比较容易。重要的是意识到这种确定性是基于软件的数学模型，但它并不能 100%符合实际。

此外，模型依赖于对每个组件的精确性能描述，如果一个组件对它的 CPU 有甚至 1 个时钟周期的低估，都有可能导致系统崩溃。最后，在最坏情况下设计 CPU 的时序要求通常无法创建可行的组件组合。如果平均情况下一个组件对 CPU 的时序要求和最坏情况下远远不同，按最坏情况考虑的 CPU 带宽存在严重的浪费。

DSP 的细节方针

DSP 算法通常由汇编语言编写，因此，它可以发挥指令系统全部的优势。但是，对于系统集成者来说，由于 DSP 的特征的使用存在矛盾(比如同时使用溢出模式和专用寄存器等)，这通常意味着多个算法无法集成成为一个单独的系统。这个部分将会包含一个特定 DSP 指令系统的方针，这些指导方针设计时最大化算法的适应性。同时确保多种算法可以集成到一个独立的系统中，标准必须包括下面一些事项：

CPU 寄存器种类

标准应该包含多种寄存器种类的目录：

- 可擦写寄存器——算法可以自由使用可擦写寄存器。在进入算法函数前不能包含任何确定值，并且退出函数后状态不确定。
- 永久保持寄存器——算法可以使用永久保持寄存器，在进入算法函数前不能包含任何确定值，退出时必须恢复进入函数前的寄存器状态。
- 初始化寄存器——算法可以使用初始化寄存器，在进入算法函数前包含一个明确的初始值(比如紧邻寄存器的下一地址)，并且退出时必须恢复进入函数前的寄存器状态。
- 只读存储器——这种存储器只能被读取，而算法不能对其进行修改。

除了上面提到的目录之外，所有的存储器必须进一步明确是局部使用还是全局使用。局部存储器是线程专用的，即每个线程保存这种存储器的副本，并且只要线程运行时存储器就被激活。另一方面，全局存储器可以被系统中所有线程共享。如果一个线程改变了全局存储器，所有的线程都会接受它的改变。

浮点的使用

在定点 DSP 的算法中声明浮点型数据格式会生成一个包含于所有使用该算法的应用程序中大型浮点型支持库。

大小端存储顺序

DSP 家族支持大小端顺序，采用了启动时的配置格式。DSP 在启动时设置采取大小端存储格式这种设定将会在程序的生命周期内被保持。

选择使用的数据格式一般由系统中的其他处理器所决定，其他处理器的数据格式决定了 DSP 数据格式的设置。因此，不可能简单地选择单个 DSP 算法的数据格式。

数据模型

DSP 的 C 编译器支持很多种数据模型：一种小模型和多种大模型模式。幸运的是，在系统中混合采用各种数据模型相对比较容易。使用小的模型编辑的程序将会获得最优的性能。然而这种模型限制了一个应用程序中直接访问数据的大小不得超过 32 KB(在最坏情况下)。因为算法将会在很庞大的应用程序中使用，所有的数据引用都必须是远程引用。

程序模型

DSP 算法不能设定片内程序存储器的位置。即它们只能在高速缓冲模式下操作程序存储器。另外，算法不能直接控制高速缓冲控制寄存器。很重要的一点是，适当的算法可以被系统开发者配置在片内程序存储器上。以上规则简单说明了算法不得要求配置在片内存储器上。

寄存器协议

使用 DSP 片内寄存器时也需要遵守一定的规则。寄存器有不同的种类。只有程序模型明确定义了的寄存器才被允许进行访问。下面是一个必须由程序模型定义的寄存器设置的例子：

地址模式寄存器	初始化	(局部)
通用寄存器	可擦写	(局部)
通用寄存器	永久保持	(局部)
框架指针寄存器	永久保持	(局部)
数据页面指针寄存器	永久保持	(局部)
堆栈指针寄存器	永久保持	(局部)
控制与状态寄存器	永久保持	
中断清除寄存器	不可访问	(全局)
中断使能寄存器	只读	(全局)
中断标志寄存器	只读	(全局)
中断返回指针	可擦写	(全局)
中断设置寄存器	不可访问	(全局)
中断服务表指针	只读	(全局)
不可屏蔽中断返回指针	只读	(全局)

程序计数器　　　　　　　　只读
浮点控制寄存器
以状态寄存器和中断延迟程序为例。

状态寄存器

DSP 和其他嵌入式处理器一样，拥有一个状态寄存器。状态寄存器进一步分为独立的区域。尽管每个区域都被看作一个独立的寄存器，但是不可能单独访问这些区域。例如，若设定一个区域将有必要设置状态寄存器中的所有区域。因此，使用状态寄存器时一定要特别小心，如果状态寄存器的一些区域是永久保持或者只读的，整个寄存器都必须被当作永久保持寄存器。

中断延迟程序

尽管 DSP 算法没有额外地处理中断延迟地规则，仍然需要理解 DSP 在算法执行时对结构上产生的一些重要影响。比如在一些 DSP 中，所有的代码在延迟部分都是不可中断的，即一旦获取中断信息，中断也将会被屏蔽直到该部分执行完毕。因此必须注意避免使用连续一长串的无法中断的指令。特别地，紧密的循环通常会导致不可接受的无法中断的序列。注意，C 编译器有选项可以限制循环执行时间。即使选择了该选项，仍然需要十分小心来限制那些长度不是常量的循环的长度。

使用 DMA 资源算法开发

存储器直接访问(DMA)控制器可以在 CPU 执行指令的同时在后台完成异步时序数据传输。一个好的 DSP 算法标准应该包括建立合理利用 DMA 资源的 DSP 算法规定和指导方式。

事实上，某些算法需要一些 CPU 操作后台移动数据的方式。这对于处理和移动大块数据的算法尤其重要，比如图像和视频算法。DMA 是为了这种需求而设计的，算法因为性能上的原因也需要访问 DMA 资源。

DSP 算法标准需要概述有利于使用 DMA 资源的算法模型。

DSP 算法标准将算法看作纯粹的数据转换器。它们并不能做出任何影响时序或者存储器管理的操作。这些操作必须由框架控制来确保来自不同开发商算法的集成易于实现。总地来说，框架必须负责管理系统资源，包括 DMA 资源。

算法不能直接访问 DMA 寄存器，也不能被特定的物理 DMA 通道写入数据。框架拥有排列所有可用通道的自由，当准许算法使用 DMA 资源时可以与算法共享 DMA 通道。

使用 DMA 资源的要求

下面列出了 DSP 算法使用 DMA 的一些要求，这些要求可以帮助阐明本章中提出的规定和方针。

所有的物理 DMA 资源必须由框架拥有和管理。

算法必须通过由 DMA 逻辑通道提取出的句柄访问 DMA 资源。这些句柄由框架使用标准程序授权算法使用。

① 必须提供一种机制使算法可以确定完成数据传输。

② DMA 时序必须工作在一个具有优先级的环境中。

③ 必须支持请求多框架间数据传输的算法(二维数据传输)。

④ 框架必须可以满足在算法初始化阶段最坏情况下的 DMA 资源要求。

⑤ DMA 时序必须足够灵活来满足静态和动态系统,或者同时具有静态特征和动态特征的系统的要求。

⑥ 所有的 DMA 操作必须在调用结束之前完成。在可调用框架的操作中,调用结束之前算法必须使所有的 DMA 操作同步。

⑦ 必须支持多个算法共享一个物理 DMA 通道的算法。

已经介绍的算法标准中关于 DMA 使用的细节参见前文提到的网址。

DSP 算法开发的规则和方针

本章中总结了已经提出的 DSP 算法的一般规则、DSP 特有的规则、性能描述规则、DMA 使用规则。因此比前文更加精炼。

一般规则

规则 1　所有的算法必须满足 C 语言提出的实时要求。

规则 2　在具有优先级的环境中所有的算法必须可重用(包括时序优先级)。

规则 3　算法引用的数据必须完全可重新定位(根据排列方式的要求而定)。这就是说,数据存储单元不能存在"硬编码"。

规则 4　所有算法代码必须完全可重新定位,即程序存储单元不能存在"硬编码"。

规则 5　算法必须描述他能否读取只读存储器,即是否可访问 ROM。

规则 6　算法永远不能直接访问外设。这包括但不仅限于片内 DMA、时钟、I/O 端口和高速存储器控制寄存器。

注意,执行适当的程序算法可以使用 DMA 资源。

规则 7　所有的头文件必须支持多个只包含一个源文件的程序。

规则 8　所有的外部定义必须是应用可编程接口或应用可编程接口加上开发商前缀。

规则 9　所有未定义的引用必须与适当的 C 实时支持库中或者适当的其他库中的函数的特定操作相关联。

规则 10　所有的模块必须符合算法客户端规定的外部声明命名规则。

规则 11　所有的模块必须有初始化和终止方法。

规则 12　所有的算法必须与适当的已定义的接口连接。

规则 13　算法执行的每种方法必须独立可重新定位。

规则 14　所有抽象的算法接口必须从标准接口定义中派生出来。

规则 15　每个 DSP 算法必须封装到档案文件中，档案文件的名字必须符合命名惯例。

规则 16　每个 DSP 算法头必须符合命名规则。

规则 17　同一个开发商的不同版本的 DSP 算法必须符合相同的命名规则。

规则 18　如果一个模块头包含一个调试变量的定义，则必须用一个公共的符号来选择适当的定义，为调试而定义的符号只能在调试过程中使用。

DSP 专用规则

规则 25　DSP 算法必须满足小端格式。

规则 26　DSP 算法访问静态和全局数据时必须使用远程访问方式。

规则 27　DSP 算法不能设定片内程序存储器的位置。即它们只能在高速缓冲模式下操作程序存储器。

规则 28　在支持大型程序模型的处理器中，所有函数访问独立可重定位的对象模块必须使用远程引用。例如，在特定的 DSP 中，逻辑乘法函数引用的算法和外部函数引用其他 DSP 模块必须都是远程引用方式。

规则 29　在支持大型程序模型的处理器中，所有独立可重定位的对象模块必须声明为远程函数。例如，对于特定的 DSP，调用者必须将 XPC 和当前的 PC 送入栈，算法函数必须远程返回结果。

规则 30　在支持扩展程序地址空间的处理器中，当覆盖功能开启时，所有独立可重定位对象模块的代码的规模不能超过在一个数据页面上可用代码空间规模。

规则 31　所有 DSP 算法必须记录堆栈配置寄存器的内容。

规则 32　所有 DSP 算法访问静态和全局数据使用远程数据访问方法。算法应该可以在大存储器模板中提供实例。

规则 33　DSP 算法不能设定片内程序存储器的位置。即它们只能在高速缓冲模式下操作程序存储器。

规则 34　所有的通过 B 总线方式访问数据的 DSP 算法都必须记录：当前的通过 B 总线访问的 IALG_MemRec 结构体的编号（堆数据），还有 B 总线访问的数据区的名字（静态数据）。

规则 35　所有 DSP 算法访问静态和全局数据使用远程数据访问方法。算法应该可以在大存储器模板中提供实例。

性能描述规则

规则19 所有算法必须描述在最坏情况下对堆数据存储器的需求(包括排列方式)。

规则20 所有算法必须描述在最坏情况下对堆栈数据存储器的需求(包括排列方式)。

规则21 所有算法必须描述对静态数据存储器的需求。

规则22 所有算法必须描述对程序存储器的需求。

规则23 所有算法必须描述在最坏情况下每个操作的中断延迟。

规则24 所有算法必须描述典型情况下和最坏情况下每个操作的执行时间。

DMA规则

DMA规则1 所有的数据传输必须在调用结束前完成。

DMA规则2 所有算法通过标准接口使用DMA资源。

DMA规则3 DSP算法应用的每个DMA方法必须独立可重定位。

DMA规则4 所有算法必须声明当前使用的DMA每个逻辑通道的传输数据最大值。

DMA规则5 所有算法必须描述每次操作每个DMA逻辑通道传输的数据的平均和最大数量以及平均和最大传输频率。

DMA规则6 在DMA传输数据时,指定的DSP算法不能发布任何CPU读/写外部缓冲器的命令。此规则也适用于通过算法接口输入函数的缓冲器。

DMA规则7 如果DSP算法使用了一个DMA接口,所有输入/输出缓冲器定位在外部存储器,通过函数调用将数据传递给函数。输入/输出缓冲器应该分配在高速缓冲器的线边界上,并且等于高速缓冲器的线长度。应用程序必须在传送缓冲区之前为所有的缓冲区清空高速缓冲器的入口。

DMA规则8 所有DMA数据传输使用的片外存储器应当分配到高速缓冲器的线边界上,并且等于高速缓冲器的线长度。

DMA规则9 算法不应该把堆栈分配缓冲器作为DMA数据传递的数据源或者目标。

DMA规则10 算法要求所有在片外的数据缓冲器都为32位排列,大小应为4的倍数。

DMA规则11 在读取或者写入片外存储器或者数据缓冲器时,算法必须使用同样的数据种类、访问模式和DMA传输设置。

一般方针

方针1 算法需要尽可能减小对永久保持存储器的要求,有利于擦写内存。

方针2 每个初始化和结束函数都必须在独立的对象模块中定义。这些模块不能包含其他代码。

方针3 所有支持对象创建的模块必须支持编写时对象创建。

方针4　所有支持对象创建的模块必须支持实时对象创建。

方针5　算法应当保持堆栈需求的大小在最小值。

方针6　算法应当尽可能减小对静态存储器的需求。

方针7　算法中不能存在任何可擦写的静态存储器。

方针8　算法代码应当明确分成若干部分，每个部分应该用输入单位样本时执行的平均指令数量来描述。

方针9　中断延迟不要超过10 s(或者其他合适的阈值)。

方针10　算法应当避免使用全局寄存器。

方针11　算法应当避免使用浮点型数据。

方针12　所有的算法应当提供大端和小端两种方式。

方针13　在支持大型程序模型编译的处理器上，一个版本的算法应当在访问所有的实时支持核心代码时采用近程调用方式，在访问算法时采用远程调用方式。

方针14　所有的算法不应该声明任何明确的堆栈配置，并且应当工作在三种堆栈模式下。

DMA方针

方针1　数据的传输应该在CPU执行之前完成。

方针2　所有的算法必须通过请求为每个不同的DMA数据传输类型分配不同的目标DMA逻辑通道来最小化通道配置。

方针3　为了确保正确性，所有使用DMA的DSP算法需要应用程序客户端配置其要求的内存储器。

方针4　为了促进性能的提升，DSP算法应当要求DMA传输的数据源和目标都排列在32位字节的地址上。

方针5　DSP算法应当通过为不同的传输种类分别请求单独的逻辑通道来最小化通道配置。

网址

http://www.faqs.org/faqs/threads-faq/part1/

词汇表

抽象接口(Abstract Interface)　C头文件定义的接口，用一个包含所有函数指针的结构体说明应用的函数。根据惯例，这些接口的头由字母i开头，接口由字母I开头。之所以说接口抽象是因为一般情况下系统中很多模块应用相同的抽象接口，也就是说，接口定义了很多模块支持的抽象操作。

算法(Algorithm) 技术上讲,一个算法是一个操作序列,从有限个定义的操作(比如计算机指令)中每次选择一个执行,然后暂停一段时间,计算数学函数。然而在这个说明的文本部分,允许算法是启发式,并且不需要永远得到正确的结果。

API 应用程序接口的简称,即一个详细的常量、格式、变量、与软件的一部分进行交互函数设置。

异步系统调用(Asynchronous System Calls) 大多数系统调用在阻塞调用线程直到调用完成,并且在调用结束之后立刻继续执行。一些系统也提供异步调用格式:当系统调用完成后内核通过一些带外方式来通知调用方。处理异步系统调用对于程序设计者来说更加困难。复杂度常常会超过应用程序实时计算性能上的优势。

客户端(Client) 客户端一般用来表示使用函数、模块或者端口的软件。例如如果函数a调用函数b,a就是b的客户端,类似地,如果一个应用程序App使用了模块MOD,App就是MOD的客户端。

COFF 通用输出文件格式的简称。TI编译器、汇编程序和连接器生成的文件格式。

具体接口 C头文件定义的接口,所有的函数在一个单独的模块中执行。与可以在多个模块中调用同一个端口的抽象端口对立。每个模块的文件头定义了一个具体接口。

上下文切换(Concrete Interface) 上下文切换是在一个线程和另一个线程之间切换CPU的一种行为(或者在它们之间转移控制权),也许会导致更多的保护障碍。

临界区(Critical Section) 临界区的代码中,数据被其他线程调用会产生矛盾。在更高的层面上说,临界区可以看作一组向其他线程说明一些数据可能不正确的情况。如果其他线程可以在临界区中访问这些数据。程序或许执行得不正确。有可能导致程序溢出、锁死、产生错误结果或者其他一些你不希望出现的情况。

其他线程一般拒绝访问临界区中不协调的数据(通常使用锁定)。如果临界区过长,程序性能将会低下。

字节序(Endian) 说明在多种数据格式中哪些字节更加重要。大端结构中,最左端的数据最重要(一般为低地址)。在小端结构中,最右端的数据最重要。惠普、IBM、摩托罗拉68000、SPARC系统按照大端结构存储多字节数据。因特尔80x86、DEC VAX、DEC Alpha系统按照小端结构存储多字节结构。Internet标准字节也是按照大端结构存储的。TMS320C6000是大端小端联合存储的,因为它支持所有的系统。

帧(Frame) 算法通常同时处理很多样本数据,样本集有时被称为帧。此外,为了提高性能,一些算法要求帧的大小最小来更好地执行程序。

框架(Framework) 框架是应用程序的一部分,被设计用来在选中的软件内容增加,删除和修改时保持不变量的值。有时框架被描述成为应用程序操作系统。

实例(Instance) 分配在应用程序的定义一个特别对象的数据。

接口(Interface)　一组相关的函数、格式、变量和常量。接口常常依赖于 C 头文件。

中断延迟(Interrupt Latency)　中断发生到中断响应程序开始执行的最大时间。

中断服务程序(ISR)　中断服务程序是 CPU 检测到中断后调用的函数。

方法(Method)　术语方法是一个可以应用于接口中对象定义的函数(成员函数)的同义词。

模块(Module)　模块是一个(或多个)接口的执行。此外,所有的模块必须遵循一定的设计要素。这些要素是所有符合标准的软件所共有的。大概说来,模块是 C 语言对 C++ 中类的执行。因为一个模块是一个接口的执行,它可以由很多个独立的对象文件组成。

多线程(Multithreading)　多线程是指对同一个程序中多个当前正在使用的线程的管理。很多操作系统和现代计算机语言都支持多线程。

抢占式的(Preemptive)　一个时序允许一个任务异步打断正在执行的任务转而执行其他任务的性质。被打断的程序不需要调用任何时序函数来激活这种转换。

保护边界(Protection Boundary)　保护边界保护一个软件的子系统不能被其他计算机执行。在这种方式下,只有数据是可以通过边界进行共享的。总地说来,保护边界内所有的代码可以访问所有边界上的数据。规范的保护边界的例子是在现代系统中进程和内核。内核相对于进程是被保护的,因此它们只能通过一些严格定义的方式来检查或者改变内部状态。在现代系统中,保护边界也在独立的进程间存在着。这防止了错误或者恶意进程对其他进程产生很大破坏。为什么对保护边界感兴趣呢?因为在进程间转移控制权的代价很高。它花费了很多工作时间。大多数 DSP 不支持保护边界。

可重用程序(Reentrant)　附属于一个程序或者程序的一部分的可执行版本中,可以重复进入或者在前面的执行结束前就可以进入。每个这样的程序执行时都是独立于其他程序的。

运行完成线程(Run to Completion)　在全部线程同步执行完毕之后执行的一个进程模型。注意这种特性是完全独立于线程是否具有优先级时序。运行完成线程可能优先于其他线程(比如 ISR),并且不具有优先级的系统可以允许线程同步终止。

注意系统中只有实时堆栈被所有完成线程需要。

调度(Scheduling)　决定哪个线程紧邻着特定的 CPU 执行,通常有上下文来提示转移到相应线程。

调度延迟(Scheduling Latency)　一个准备好的线程由于低优先级线程而被推迟的最大时间。

可擦写存储器(Scratch Memory)　可以被重写的存储器。即之前的内容在使用前后必保存和恢复。

可擦写寄存器(Scratch Register)　可以被重写的寄存器。即之前的内容在使用前后不必保存和恢复。

线程(Thread)　操作系统管理的程序声明定义的逻辑独立的程序指令序列。这种状态像程序计数器一样微小,但是常常包含大部分的 CPU 寄存器设置。